BIM全过程造价管理

主　编　张燕斌
副主编　李建茹　王春林　杨国平
　　　　吴晓丽　贾铁梅
参　编　毕玉革　李中华

中国·武汉

图书在版编目(CIP)数据

BIM 全过程造价管理/张燕斌主编.—武汉:华中科技大学出版社,2021.12(2024.1 重印)
ISBN 978-7-5680-7479-7

Ⅰ.①B… Ⅱ.①张… Ⅲ.①建筑造价管理-计算机辅助设计-应用软件-教材 Ⅳ.①TU723.3-39

中国版本图书馆 CIP 数据核字(2021)第 246568 号

BIM 全过程造价管理
BIM Quanguocheng Zaojia Guanli

张燕斌 主编

策划编辑:康 序
责任编辑:李曜男
封面设计:孢 子
责任监印:朱 玢
出版发行:华中科技大学出版社(中国·武汉) 电话:(027)81321913
武汉市东湖新技术开发区华工科技园 邮编:430223
录 排:华中科技大学惠友文印中心
印 刷:武汉开心印印刷有限公司
开 本:880mm×1230mm 1/16
印 张:20.75
字 数:698 千字
版 次:2024 年 1 月第 1 版第 2 次印刷
定 价:58.00 元

随着大数据、云计算、AI技术、5G、区块链等相关科学技术的不断发展，BIM技术蓬勃发展，并且在持续助推建筑工程信息化管理等方面起到了十分显著的作用，它不仅能够使复杂且烦琐的建筑工程可视化、数字化、智能化，而且能在建筑工程的降本增效领域发挥极其重要的作用。本书系统阐述了全过程造价管理的投资决策、设计、招投标、施工以及竣工阶段的工程造价的确定和控制等相关内容，并将BIM技术与全过程造价管理各阶段的实际应用相结合，引入GCCP 6.0、BIM 5D等软件，具有理实一体化的特点。

在编写过程中，本书做到了以应用为目的，以“必需、够用、实用、精练”为原则，理论与实际相结合，符合应用型本科和高职高专人才培养目标的需要。全书分8个单元，内容包括全过程造价管理概述、建设项目总投资构成、工程造价计价依据、建设项目投资决策阶段的工程造价管理、建设项目设计阶段的工程造价管理、建设项目招投标阶段的工程造价管理、建设项目施工阶段的工程造价管理、建设项目竣工阶段的工程造价管理等。为方便读者学习，本书每个单元后附案例分析、单元总结及复习思考题与习题。

本书由内蒙古农业大学职业技术学院张燕斌任主编；内蒙古机电职业技术学院李建茹、赤峰学院王春林、南京城市职业学院杨国平、内蒙古农业大学职业技术学院吴晓丽、内蒙古鸿德文理学院贾铁梅任副主编；内蒙古农业大学毕玉革、中国恒大集团有限公司李中华也参与了编写。具体编写分工如下：内蒙古农业大学职业技术学院张燕斌编写单元4，单元6和单元8的8.4、8.5、8.6，内蒙古机电职业技术学院李建茹编写单元2和单元3，赤峰学院王春林编写单元5，南京城市职业学院杨国平编写单元8的8.1、8.2和8.3，内蒙古农业大学职业技术学院吴晓丽编写单元7，内蒙古鸿德文理学院贾铁梅编写单元1。内蒙古农业大学毕玉革、中国恒大集团有限公司李中华在本书的前期资料搜集和后期案例编写过程中做了大量工作，并参与了部分单元的编写。全书由张燕斌负责统稿、整理。

本书可作为应用型本科和高职高专土木工程专业、工程造价专业、建筑工程管理专业等土建类相关专业的教材，也可作为相关工程技术人员的参考书和培训用书。

由于时间和编者水平有限，书中难免有不妥之处，恳请读者批评指正。

编　者
2021年12月

目录
CONTENTS

Chapter 1

单元1 全过程造价管理概述

案例导入

广东省建筑科学研究院集团股份有限公司检测实验大楼建设项目于2006年2月经广东省发改委批准立项，2011年4月正式开工，2014年4月竣工验收。项目初次立项申请建筑方案面积为13 000 m^2(地上12层)，设计方案为普通的办公楼建筑，概算值为2000万元。后因项目涉及与地铁合建需调整设计方案、与广东省科技厅商定确认建设三星级绿色建筑等工程建设条件的改变，设计方案发生多次调整、变更。至工程竣工验收，核准建筑面积为17 544 m^2(其中地上12层，面积为12 710 m^2；地下3层，面积为4834 m^2)。该项目采用了40多项重点绿色智能建筑技术，包括屈曲约束支撑、智能遮阳百叶、低辐射夹胶玻璃和LOW－E中空玻璃、窗式通风器、垂直绿化、太阳能光伏发电、太阳热水器、导光管自然采光、雨水中水综合处理、楼宇智能控制等。该项目因前期立项的偏差及实施过程中政策的变化，项目的造价管理尤为重要。

如何控制好每一个项目的工程造价，合理地使用建设资金，提高投资效益，一直是各级政府管理部门和各类项目建设主体单位所关注的热点问题。随着社会主义市场经济体制的完善和不断深化，工程造价领域改革的步伐也在不断加快，客观上要求建筑施工企业对建设项目实行全过程造价管理。如何做好工程造价的全过程动态管理来实现企业利润的最大化，从而保证企业在激烈的市场竞争中生存下去，是建筑施工企业需要认真研究的课题。工程建设每个阶段对项目造价都有不同程度的影响，因此，工程的造价管理应贯穿于项目建设的整个过程，包括投资决策、设计、招投标、施工、竣工、项目后评价等阶段，如图1-1所示。

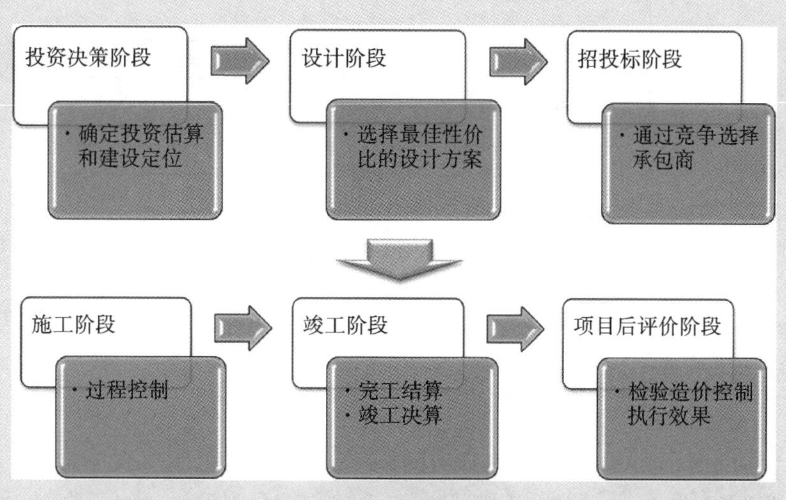

图1-1 全过程造价管理的各阶段的内容

单元目标

知识目标

1. 掌握工程造价的含义，计价的特征；
2. 掌握建设项目的划分；
3. 掌握全过程造价管理的概念；
4. 了解造价行业的发展；
5. 熟悉造价工程师的相关知识。

能力目标

通过本单元的学习，学生应能够准确理解全过程造价管理，并了解 BIM 在全过程造价管理各阶段的应用。

知识脉络

单元 1 的知识脉络图如图 1-2 所示。

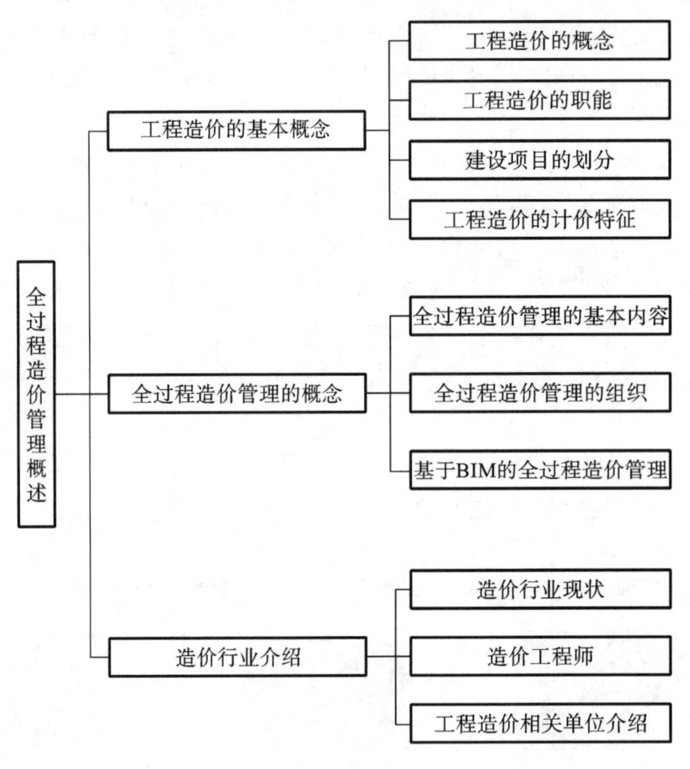

图 1-2　单元 1 的知识脉络图

1.1 工程造价的基本概念

1.1.1　工程造价的概念

工程造价通常是指建设项目在建设期（预计或实际）支出的建设费用。由于所处的角度不同，工程造价有不同的含义。

从投资者（业主）的角度分析，工程造价是指建设一项工程预期开支或实际开支的全部固定资产投资费用。投资者为了获得投资项目的预期效益，需要对项目进行策划决策、建设实施（设计、施工）直至竣工验收等一系列活动。在上述活动中所花费的全部费用，即工程造价。从这个意义上讲，工程造价就是建设项目固定资产总投资。

从市场交易角度分析，工程造价是指在工程发承包交易活动中形成的建筑安装工程费用或建设项目总费用。显然，工程造价的这种含义是指以建设项目这种特定的商品形式作为交易对象，通过招标投标或其他交易方式，在多次预估的基础上，最终由市场形成的价格，这里的工程既可以是整个建设项目，也可以是其中一个或几个单项工程或单位工程，还可以是其中一个或几个分部工程，如建筑安装工程、装饰装修工程等。随着经济发展、技术进步、分工细化和市场的不断完善，工程建设中的中间产品也会越来越多，商品交换会更加频繁，工程价格的种类和形式也会更为丰富。工程承发包价格是一种重要且较为典型的工程造价形式，是在建筑市场通过发承包交易（多数为招标投标），由需求主体（投资者或建设单位）和供给主体（承包商）共同认可的价格。

工程造价的两种含义实质上就是从不同角度把握同一事物的本质。对投资者而言，工程造价就是项目投资，是"购买"建设项目需支付的费用；同时，工程造价也是投资者作为市场供给主体"出售"建设项目时确定价格和衡量投资效益的尺度。

1.1.2 工程造价的职能

1. 评价职能

工程造价是评价总投资和分项投资合理性和投资效益的主要依据之一。在评价土地价格、建筑安装产品和设备价格的合理性时，必须利用工程造价资料，在评价建设项目偿贷能力、获利能力和宏观效益时，也可依据工程造价。工程造价也是评价建筑安装企业管理水平和经营成果的重要依据。

2. 调控职能

国家对项目建设规模、结构进行宏观调控是在任何条件下都不可或缺的，对政府投资项目进行直接调控和管理也是必需的。这些都要以工程造价为经济杠杆，对工程建设中的物资消耗水平、建设规模、投资方向等进行调控和管理。

3. 预测职能

投资者或是建筑企业都要对拟建工程进行预先测算。投资者预先测算工程造价不仅可以作为项目决策依据，同时也是筹集资金、控制造价的依据。承包商对工程造价的预算，既为投标决策提供依据，也为投标报价和成本管理提供依据。

4. 控制职能

工程造价的控制职能表现在两方面：一方面是它对投资的控制，即在投资的各个阶段，根据对造价的多次计算和评估，对造价进行全过程、多层次的控制；另一方面是它对以承包商为代表的商品和劳务供应企业的成本控制。

1.1.3 建设项目的划分

建设项目可以按以下标准进行分类。

1. 按建设性质分类

基本建设项目，简称建设项目，是投资建设的以扩大生产能力或增加工程效益为主要目的的工程，包括新建项目、扩建项目、改建项目、迁建项目、恢复项目。

（1）新建项目是指从无到有的新建设的项目。按现行规定，对原有建设项目重新进行总体设计，经扩大建设规模后，其新增固定资产价值超过原有固定资产价值三倍以上的，也属新建项目。

（2）扩建项目是指现有企、事业单位，为扩大生产能力或新增效益而增建的主要生产车间或其他建设项目。

（3）改建项目是指企业为提高生产效率，改进产品质量或改变产品方向，对现有设施或工艺条件进行技术改造或更新的项目，还包括企业所增建的一些附属、辅助车间或非生产性工程。

（4）迁建项目是指现有企、事业单位出于各种原因而搬迁到其他地点建设的项目。

(5)恢复项目是指现有企、事业单位原有固定资产因遭受自然灾害或人为灾害等原因造成全部或部分报废,而后又重新建设的项目。

2. 按项目规模分类

根据国家有关规定,建设项目可划分为大型建设项目、中型建设项目和小型建设项目,不同等级标准的建设项目,国家规定的审批机关和报建程序也不尽相同。

3. 按用途分类

建设项目按在国民经济各部门中的作用,可分为生产性建设项目和非生产性建设项目。

(1)生产性建设项目是指直接用于物质生产或满足物质生产需要的建设项目,包括工业、农业、林业、水利、交通、商业、地质勘探等建设项目。

(2)非生产性建设项目是指用于满足人们物质文化需要的建设项目,包括办公楼、住宅、公共建筑和其他建设项目。

4. 按行业性质和特点分类

建设项目按行业性质和特点可分为竞争性项目、基础性项目和公益性项目。

(1)竞争性项目主要指投资效益比较高、竞争性比较强的一般性建设项目。这类项目应以企业为基本投资对象,由企业自主决策、自担投资风险。

(2)基础性项目主要指具有自然垄断性、建设周期长、投资额大而收益低的基础设施和需要政府重点扶持的一部分基础工业项目,以及直接增强国力的符合经济规模的支柱产业项目。这类项目主要由政府集中必要的财力、物力,通过经济实体进行投资。

(3)公益性项目主要包括科技、文教、卫生、体育和环保等设施,公、检、法等政权机关及政府机关、社会团体办公设施等。公益性项目的投资主要由政府用财政资金来安排。

5. 建设项目的组成与分解

一个建设项目是由许多部分组成的综合体。对项目整体进行一次性计价,以及进行工料分析计算是很困难的,也可以说是办不到的。因此,就需要借助某种方法将一个庞大、复杂的建筑及安装工程,按照构成性质、组成形式、用途类型等,分门别类地、由大到小地分解为许多简单而且便于计算的基本组成部分,然后计算出一个建设项目(如一个工厂、一所学校、一幢住宅)的全部建设费用。为了达到这个目的,就必须将一个形体庞大、结构复杂、构成内容繁多的建设项目逐层分解为建设项目、单项工程、单位工程、分部工程、分项工程等。建设项目按其层次划分为以下几种。

1)建设项目

建设项目是指在一个总体设计或初步设计范围内进行施工,在行政上具有独立的组织形式,经济上实行独立核算,有法人资格并与其他经济实体建立经济往来关系的建设项目实体。建设项目一般是针对一个企业或一个事业单位的建设来说的,如××化工厂、××商厦、××大学、××住宅小区等。建设项目可以由一个或几个单项工程组成。

2)单项工程

单项工程是建设项目的组成部分。一个建设项目,可以是一个单项工程,也可以同时包括几个或十几个单项工程。单项工程是指具有独立的设计文件,竣工后能够独立发挥生产能力或使用效益的工程,如工业建设项目××化工厂中的烧碱车间、盐酸车间,民用建设项目××大学中的图书馆、教学楼等。单项工程是具有独立存在意义的一个完整个体,也是一个极为复杂的综合体,它是由许多单位工程组成的。

3)单位工程

单位工程是指具有单独设计,可以独立组织施工,但竣工后不能独立发挥生产能力或使用效益的工程。一个单项工程,按照它的构成,一般可以划分为建筑工程、设备购置及安装工程,其中建筑工程还可以按照各个组成部分的性质、作用划分为若干个单位工程。以一幢住宅楼为例,它一般可以分解为土建工程、室内给排水工程、室内采暖工程、电气照明工程等单位工程。

4)分部工程

每一个单位工程仍然是一个较大的组合体,它本身是由许多结构构件、部件或更小的部分所组成的。在单位工程中,按部位、材料和工种进一步分解出来的工程,称为分部工程。如土建工程可划分出土石方工程、地基与防护工程、砌筑工程、门窗及木结构工程等。

5)分项工程

每一个分部工程中影响工料消耗大小的因素仍然很多,所以为了方便计算工程造价和工料消耗量,还必须把分部工程按照不同的施工方法、不同的构造、不同的规格等,进一步分解为分项工程,分项工程是指单独经过一定施工工序就能完成,并且可以采用适当计量单位计算的建筑或安装工程。例如每 10 m 暖气管道铺设、每 10 m^3 砖基础工程等,都是一个分项工程,但一般来说,分项工程独立存在往往是没有实用意义的,它只是构成建筑或安装工程的一种基本部分,是建筑工程预算中取定的最小计算单元,是为了确定建筑及安装工程造价而划分出来的假定性产品。

建设项目的划分如图 1-3 所示。

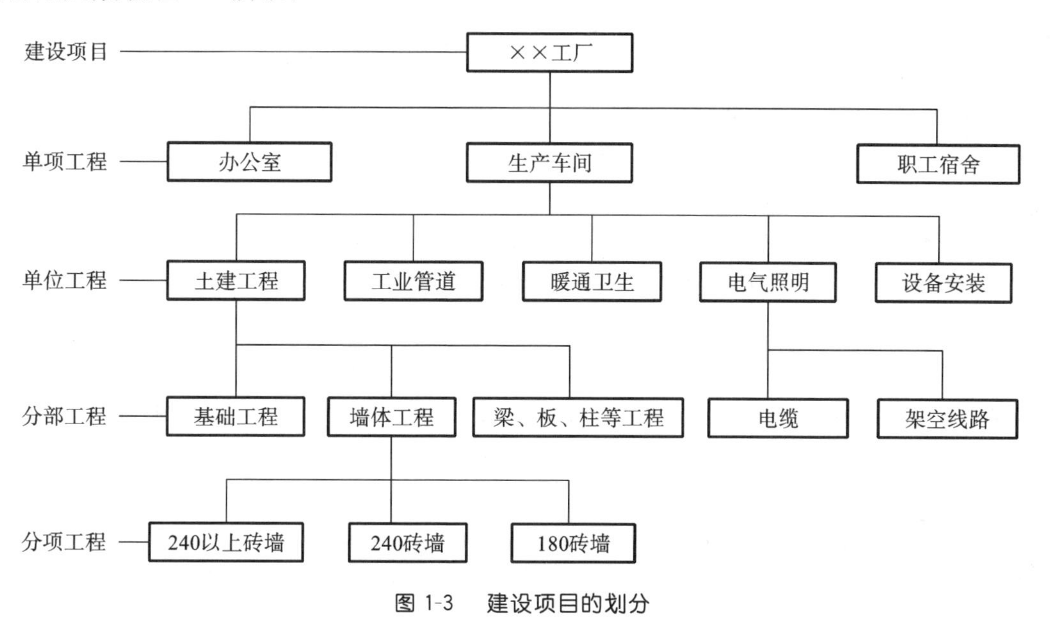

图 1-3 建设项目的划分

1.1.4 工程造价的计价特征

工程造价的计价特征由建设项目的特点决定,工程计价具有以下特征。

1. 计价的单件性

建筑产品的单件性特点决定了每个工程都必须单独计算造价。

2. 计价的多次性

建设项目需要按程序进行策划决策和建设实施,工程计价也需要在不同阶段多次进行,以保证工程造价计算的准确性和控制的有效性。多次计价是一个逐步深入和细化的过程,是不断接近实际造价的过程。工程多次计价过程如图 1-4 所示。

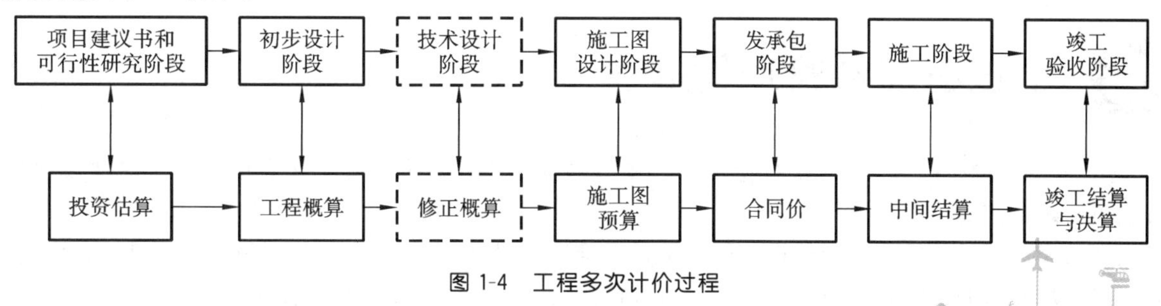

图 1-4 工程多次计价过程

(1)投资估算是指在项目建议书和可行性研究阶段通过编制估算文件预先测算的工程造价。投资估算是进行项目决策、筹集资金、合理管理和控制造价的主要依据。

(2)工程概算是指在初步设计阶段,根据设计意图,通过编制工程概算文件预先测算的工程造价。与投资估算相比,工程概算的准确性有所提高,但受投资估算的控制。工程概算一般又可分为建设项目总概算、各单项工程综合概算、各单位工程概算。

(3)修正概算是指在技术设计阶段,根据技术设计要求,通过编制修正概算文件预先测算的工程造价。修正概算是对工程概算的修正和调整,比工程概算准确,但受工程概算控制。

(4)施工图预算是指在施工图设计阶段,根据施工图纸,通过编制预算文件预先测算的工程造价。施工图预算比工程概算或修正概算更详尽和准确,但同样要受前一阶段工程造价的控制。并非每一个建设项目均要编制施工图预算。目前,有些建设项目在招标时需要确定招标控制价,以限制最高投标报价。

(5)合同价是指在工程发承包阶段通过签订合同所确定的价格。合同价属于市场价格,它是由发承包双方根据市场行情通过招投标等方式达成一致,共同认可的成交价格。但应注意,合同价并不等同于最终结算的实际工程造价。由于计价方式不同,合同价的内涵也会有所不同。

(6)工程结算包括施工过程中的中间结算(验工计价)和竣工验收阶段的竣工结算。工程结算需要按实际完成的合同范围内合格工程量考虑,同时按合同调价范围和调价方法,对实际发生的工程量增减、设备和材料价差等进行调整后确定结算价格。工程结算反映的是建设项目的实际造价,工程结算文件一般由承包单位编制,由发包单位审查,也可委托工程造价咨询机构进行审查。

(7)竣工决算是指竣工决算阶段,以实物数量和货币指标为计量单位,综合反映竣工项目从筹建开始到项目竣工交付使用为止的全部建设费用。竣工决算文件一般是由建设单位编制,上报相关主管部门审查。

3. 计价的组合性

工程造价的计算与建设项目的组合性有关。一个建设项目是一个工程综合体,可按单项工程、单位工程、分部工程、分项工程等不同层次分解为许多有内在联系的组成部分。建设项目的组合性决定了工程计价的组合过程,工程造价的组合过程是分部分项工程造价→单位工程造价→单项工程造价→建设项目总造价。

4. 计价方法的多样性

建设项目的多次计价有其各不相同的计价依据,每次计价的精确度要求也各不相同,由此决定了计价方法的多样性。例如,投资估算方法有设备系数法、生产能力指数估算法等;概算方法有概算定额法和概算指标法等;预算方法有单价法和实物法等。不同方法有不同的适用条件,计价时应根据具体情况加以选择。

5. 计价依据的复杂性

工程造价的影响因素较多,决定了计价依据的复杂性。计价依据主要可分为以下七类。

(1)设备和工程量计算依据,包括项目建议书、可行性研究报告、设计文件等。

(2)人工、材料、机械等实物消耗量计算依据,包括投资估算指标、概算定额、预算定额等。

(3)工程单价计算依据,包括人工单价、材料价格、材料运杂费、机械台班费等。

(4)设备单价计算依据,包括设备原价、设备运杂费、进口设备关税等。

(5)企业管理费、规费和工程建设其他费用计算依据,主要是相关的费用定额和指标。

(6)政府规定的税、费。

(7)物价指数和工程造价指数。

1.2 全过程造价管理的概念

20 世纪 80 年代中期开始,我国工程造价管理领域的理论工作者和实际工作者就提出了对建设项目进行全过程造价管理的思想。

建设项目全过程造价管理是指建设单位或工程造价咨询机构接受项目法人、建设单位或其他投资者的委托,为确保建设项目的投资效益,对建设项目项目可行性研究、项目设计、项目招投标、项目施工实施、项目竣工结算、项目后评价的各个阶段、各个环节的工程造价进行的全部业务行为和组织活动。

1.2.1 全过程造价管理的基本内容

1. 全过程造价管理的含义

全过程造价管理的核心思想是按照基于活动的方法做好建设项目造价的确定和控制，如图 1-5 所示。

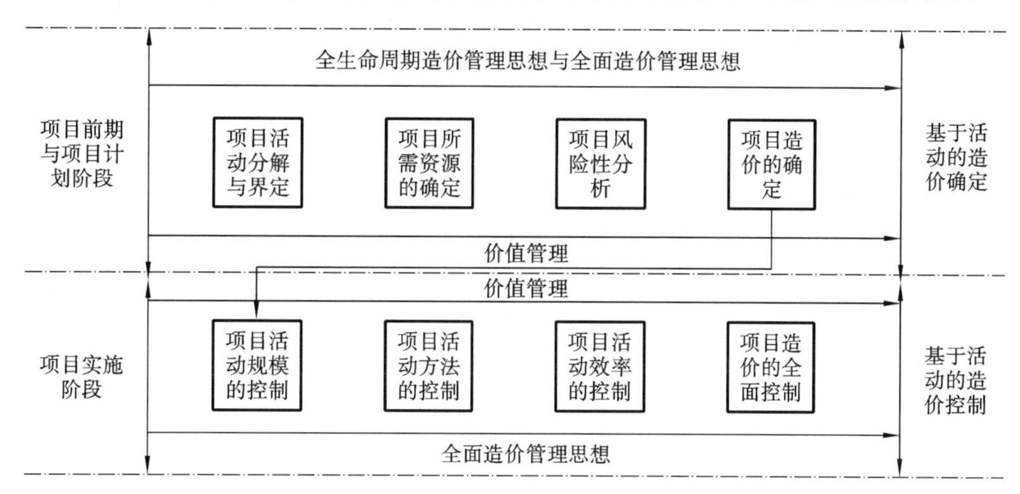

图 1-5　全过程造价管理示意图

基于活动的建设项目造价确定方法是按照基于活动的成本核算(activity based costing，ABC)的原理开展建设项目造价确定的一种新技术方法。它首先将一个建设项目的工作进行全面的分解并得到项目活动清单，然后分析和确定各个项目活动所需资源并收集和确定各种资源的市场价格，最终按照自下而上的方法确定建设项目的造价。

基于活动的建设项目造价管理和控制方法则是按照基于活动的管理原理和方法去开展建设项目造价管理的技术方法。它从项目活动和活动方法的控制入手，最终实现对建设项目造价的全面控制，它是一种通过减少和消除项目无效或低效活动及努力改善项目活动方法去控制项目造价的方法。

(1)全过程造价管理强调建设项目的建设是一个过程，建设项目造价的确定与控制也是一个过程，是一个项目造价决策和实施的过程，人们在项目全过程中都需要开展建设项目造价管理工作。

(2)全过程造价管理中的建设项目造价确定是一种基于活动的造价确定方法，这种方法是将一个建设项目的工作分解成项目活动清单，然后使用工程测量方法确定出每项活动所消耗的资源，最终根据这些资源的市场价格信息确定出建设项目的造价。

(3)全过程造价管理中的建设项目造价控制是一种基于活动的造价控制方法，这种方法强调一个建设项目的造价控制必须从对项目的各项活动及其活动方法的控制入手，通过减少和消除不必要的活动去减少资源消耗，从而实现降低和控制建设项目造价的目的。

(4)全过程造价管理必须要有项目全体相关利益主体的全过程参与，这些相关利益主体构成了一个利益团队，他们必须共同合作并分别负责整个建设项目全过程中各项活动造价的确定与控制。

从上述分析可以得出全过程造价管理的基本原理：按照基于活动的造价确定方法估算和确定建设项目造价；同时采用基于活动的管理方法以降低和消除项目的无效和低效活动，从而减少资源消耗与占用，并最终实现对建设项目造价的控制。

2. 全过程造价管理的方法

全过程造价管理的方法主要有两部分：其一是基本方法，包括全过程工作分解技术方法、全过程造价确定技术方法、全过程造价控制技术方法；其二是辅助方法，包括建设项目全要素集成造价管理技术方法、建设项目全风险造价管理技术方法、建设项目全团队造价管理技术方法等。

1)全过程工作分解技术方法

每一个建设项目的全过程都是由一系列的项目阶段和具体项目活动构成的，因此，全过程造价管理首先要对建设项目进行工作分解与活动分解。

(1)建设项目全过程的阶段划分。一个建设项目的全过程至少可以简单地划分为四个阶段:可行性分析与决策阶段、设计与计划阶段、实施阶段、完工与交付阶段。

(2)建设项目各阶段的进一步划分。项目的每一个阶段是由一系列的活动组成的。因此,可以对项目各阶段进行进一步划分,这种划分包括两个层次。

①项目的工作分解与工作包。任何一个建设项目都可以按照一种层次型的结构化方法进行项目工作包的分解,并且给出项目的工作分解结构,这是现代项目管理中范围管理的一种重要方法。该方法可以将一个建设项目的全过程分解成一系列的工作包,然后将这些工作包进一步细分成全过程的活动,以便更细致地确定和控制项目的造价。

②项目的活动分解与活动。任何一个建设项目的工作包都可以进一步划分为多项活动,这些活动是为了生成建设项目某种特定产出物服务的。这样,建设项目各阶段的工作包可以进一步分解为一系列的活动,从而进一步细分一个项目全过程中各工作包中的工作,以便更细致地管理项目的造价。

因此,一个建设项目的全过程可以首先划分成多个项目阶段,然后再将这些阶段的工作包分解并做出项目的工作分解结构,最后进一步将工作包分解成活动并给出项目各项活动的清单,就可以从对各项活动的造价管理入手去实现对项目的全过程造价管理了。

2)全过程造价确定技术方法

(1)全过程中各阶段造价的确定。根据上述项目的阶段性划分理论,一个建设项目全过程的造价就可以被看成项目各阶段造价之和。实际上各个阶段的工程造价是各不相同的。其中,项目的可行性研究与决策阶段的造价是决策和决策支持工作所形成的成本加上相应的服务利润,通常这种成本是项目业主和咨询服务机构工作的代价,它在整个项目的成本中所占比重较小。服务利润是指在委托造价咨询服务机构提供项目决策服务时应付的利润和税金等。项目的设计规划阶段的造价是设计和实施组织提供服务的成本加上相应的服务利润。项目实施阶段的造价是由项目实施组织提供服务的成本加上相应的服务利润和项目主体建设中的各种资源的价值转移形成的。项目的完工与交付阶段的成本多数是检验、变更和返工所形成的成本。

(2)全过程中项目活动的造价确定。项目各阶段的造价实际上都是由一系列不同性质的项目活动消耗或占用资源形成的,因此要准确地确定项目的造价还必须分析和确定项目所有活动的造价。项目每个阶段的造价都是由其中的项目活动造价累积而成的。

(3)全过程造价的确定。建设项目全过程的造价是由项目各个不同阶段的造价构成的,而项目各个不同阶段的造价又是由每一项目阶段中的项目活动造价构成的。所以在全过程造价的确定过程中必须按照项目活动分解的方法找出建设项目的项目阶段、项目工作分解结构和项目活动清单,然后按照自下而上的方法得到建设项目的全过程造价。

3)全过程造价控制技术方法

全过程造价控制工作主要包括以下三个方面的内容。

(1)全过程中项目活动的控制。全过程中项目活动的控制主要包括两个方面:其一是活动规模的控制,即控制项目活动的数量和大小,通过消除各种不必要或无效的项目活动实现节约资源和降低成本的目的;其二是活动方法的控制,即改进和提高项目活动的方法,通过提高效率降低资源消耗和减少项目成本。

(2)全过程中项目资源的控制。全过程中项目资源的控制主要包括两个方面:其一是项目各种资源的物流等方面的管理,即资源的采购和物流等方面的管理,其主要目的是降低项目资源在流通环节的消耗和浪费;其二是各种资源的合理配置方面的管理,即项目资源的合理调配和项目资源在时间和空间上的科学配置,其主要目的是避免各种停工待料或资源积压与浪费。

(3)全过程的造价结算控制。全过程的造价结算控制是一种间接控制造价的方法,可以减少项目贷款利息或汇兑损益及提高资金的时间价值,例如通过付款方式和时间的正确选择降低项目物料和设备采购或进口方面的成本,通过结算货币的选择降低外汇的汇兑损益,通过及时结算和准时交割减少利息支付等。

1.2.2 全过程造价管理的组织

全过程造价管理的组织是指履行工程造价管理职能的有机群体,为实现工程造价管理目标而开展有效的组织活动。我国设置了多部门、多层次的工程造价管理机构，并规定了各自的管理权限和职责范围，包括政府行政管理系统，企、事业单位管理系统，行业协会管理系统和项目参与方的管理系统。

1. 政府行政管理系统

政府在工程造价管理中既是宏观管理主体，也是政府投资项目的微观管理主体。从宏观管理的角度，政府的工程造价管理有一个严密的组织系统，设置了多层管理机构，规定了管理权限和职责范围。

（1）国务院建设主管部门造价管理机构的主要职责如下：

①组织制定工程造价管理有关法规、制度并组织贯彻实施；

②组织制定全国统一经济定额和制定、修订本部门经济定额；

③监督指导全国统一经济定额和本部门经济定额的实施；

④制定和负责全国工程造价咨询企业的资质标准及其资质管理工作；

⑤制定全国工程造价管理专业人员执业资格准入标准并监督执行。

（2）国务院其他部门的工程造价管理机构，包括水利、水电、电力、石油、石化、机械、冶金、铁路、煤炭、建材、林业、有色、核工业、公路等行业和军队的造价管理机构。这些机构的职责主要是修订、编制和解释相应的工程建设标准定额，有的还担负本行业大型或重点建设项目的概算审批、概算调整等职责。

（3）省、自治区、直辖市工程造价管理部门的主要职责是修编、解释当地定额、收费标准和计价制度等。此外，还有审核政府投资工程的标底、结算，处理合同纠纷等职责。

2. 企、事业单位管理系统

企、事业单位的工程造价管理属于微观管理范畴。设计单位、工程造价咨询单位等按照建设单位或委托方的意图，在可行性研究和规划设计阶段合理确定和有效控制建设工程造价，通过限额设计等手段实现设定的造价管理目标；在招标投标阶段编制招标文件、标底或招标控制价，参加评标、合同谈判等工作；在施工阶段通过工程计量与支付、工程变更与索赔管理等控制工程造价。设计单位、工程造价咨询单位通过工程造价管理业绩，赢得声誉，提高市场竞争力。

工程承包单位的造价管理是企业自身管理的重要内容。工程承包单位设有专门的职能机构参与企业投标决策，并通过市场调查研究，利用过去积累的经验，研究报价策略，提出报价；在施工过程中，进行工程造价的动态管理，注意各种调价因素的发生，及时进行工程价款结算，避免收益的流失，以促进企业盈利目标的实现。

3. 行业协会管理系统

中国建设工程造价管理协会是经建设部和民政部批准成立，代表我国建设工程造价管理的全国性行业协会，是亚太区工料测量师协会（PAQS）和国际造价工程联合会（ICEC）等相关国际组织的正式成员。

为了增强对各地工程造价咨询工作和造价工程师的行业管理，近年来，先后成立了各省、自治区、直辖市所属的地方工程造价管理协会。全国性工程造价管理协会与地方工程造价管理协会是平等、协商、相互支持的关系，地方协会接受全国协会的业务指导，共同促进全国工程造价行业管理水平的整体提升。

4. 项目参与方的管理系统

项目参与方的管理系统根据项目参与主体的不同，可划分为业主方的工程造价管理系统、承包方的工程造价管理系统、中介服务方的工程造价管理系统。

（1）业主方的工程造价管理系统。业主对项目建设的全过程进行造价管理，其职责主要是进行可行性研究、投资估算的确定与控制；设计方案的优化和设计概算的确定与控制；施工招标文件和招标控制价的编制；工程进度款的支付和工程结算及控制；合同价的调整；索赔与风险管理；竣工决算的编制等。

（2）承包方的工程造价管理系统。承包方的工程造价管理系统的职责主要有投标决策，并通过市场研究，结合自身积累的经验进行投标报价；编制施工定额；在施工过程中进行工程施工成本的动态管理，加强风险管理、工程进度款的支付申请、工程索赔、竣工结算；加强企业内部的管理，包括施工成本的预测、控制与核算等。

（3）中介服务方的工程造价管理系统。中介服务方主要有设计方与工程造价咨询方，其职责包括按照业主或委托方的意图，在可行性研究和规划设计阶段确定并控制工程造价；采用限额设计以实现设定的工程造价管理目标；在招投标阶段编制工程量清单、招标控制价，参与合同评审；在项目实施阶段，通过设计变更、索赔与结算的审核等工作进行工程造价的控制。

1.2.3 基于BIM的全过程造价管理

全过程造价管理是为确保建设项目的投资效益，对工程建设从投资决策阶段到设计阶段、招投标阶段、施工阶段、竣工阶段等的整个过程，围绕工程造价进行的全部业务行为和组织活动。基于BIM的全过程造价管理在项目建设各阶段的应用主要体现在以下几个方面。

1. 投资决策阶段

在投资决策阶段，可以利用以往BIM模型的数据，如类似工程每平方米造价，估计出投资一个项目大概需要多少费用；还可以根据BIM数据库的历史工程模型进行简单调整，估算项目总投资，提高估算准确性。

2. 设计阶段

在设计阶段，设计人员可以利用BIM模型的历史数据做限额设计，这样既可以保证设计的经济性，又可以保证设计的合理性。

设计限额由建设单位独立提出，目前限额设计的目的也由控制工程造价改成了降低工程造价。住房和城乡建设部绿色建筑评价标识专家委员曾表示，工程建设项目的设计费虽仅占工程建安成本的1%～3%，但设计决定了建安成本的70%以上。这说明设计阶段是控制工程造价的关键。设计限额可以促进设计单位的有效管理，转变长期以来重技术、轻经济的观念，有利于强化设计师的节约意识，在保证使用功能的前提下，实现设计优化。

设计限额是参考以往类似项目提出的。但是，多数项目完成后没有进行认真总结，造价数据也没有根据未来限额设计的需要进行认真的整理、校对，可信度低。利用BIM模型来测算造价数据，一方面可以提高测算的准确度，另一方面可以加大测算的深度。设计完成后，可以利用BIM模型快速做出概算，并且核对设计指标是否满足要求，控制投资总额，发挥限额设计的价值。

3. 招投标阶段

随着工程量清单招标投标在国内建筑市场的逐步应用，建设单位可以根据BIM模型短时间内快速、准确提供招标所需的工程量，以避免施工阶段因工程量问题引起的纠纷。

对于施工单位，由于招标时间紧，靠手工来计算，多数工程很难对清单工程量进行核实，只能对部分工程、部分子项进行核对，难免出现误差。利用BIM模型可以快速核对工程量，避免因量的问题导致项目亏损。

4. 施工阶段

在招标完成并确定总包方后，会组织由建设单位牵头，施工单位、设计公司、监理单位等参加的一次最大范围的设计交底及图纸审查会议。虽然，图纸会审是在招标完成后进行的，大多数问题的解决只能增加工程造价，但是能够在正式施工前解决，可以减少签证，减少返工费用及承包商的施工索赔，而且随着承包商和监理公司的介入，可以从施工及监理的角度审核图纸，发现错误和不合理的因素。

然而，传统的图纸会审是基于二维平面图纸的，且各专业的图纸分开设计，靠人工检查很难发现问题。利用BIM技术，在施工正式开始以前，把各专业整合到统一平台，进行三维碰撞检查，可以发现大量设计错误和不合理之处，从而为项目造价管理提供有效支撑。当然，碰撞检查不单单用于施工阶段的图纸会审，在项目的方案设计、扩初设计和施工图设计中，建设单位与设计公司已经可以利用BIM技术进行多次图纸审查，因此利用BIM技术在施工图纸会审阶段就已经将这种设计错误降到很低的水平了。

另外，建设单位可以利用BIM技术合理安排资金，审核进度款的支付。特别是对于设计变更，BIM可以快速调整工程造价，并且关联相关构件，便于结算。

施工单位可以利用BIM模型按时间、按工序、按区域算出工程造价，便于成本控制；也可以利用BIM模型做精细化管理，例如控制材料用量。材料费在工程造价中往往占很大的比重，一般占预算费用的70%，占直接费用的80%左右。因此，必须在施工阶段严格按照合同中的材料用量控制，从而有效地控制工程造价。控制材料用量最好的办法就是限额领料，目前施工管理中限额领料手续流程虽然很完善，但是没有起到实际效果，是因为领用材料时，审核人员无法判断领用数量是否合理。利用BIM技术可以快速获得这些数据并且进行数据共享，相关人员可以调用模型中的数据进行审核。

施工结算阶段，BIM 模型的准确性保证了结算的快速、准确，避免了有些施工单位为了获得较多收入而多计工程量的情况，结算的大部分核对工作在施工阶段完成，从而减少了双方的争议，加快了结算速度。

5. 竣工阶段

通过 2DCAD 图纸来进行工程量核对不仅烦琐，而且双方造价工程师需要按照各自的工程量计算书逐个构件核对，如果出入较大，还需要从源头对工程量的计算进行一一检查。在进行竣工结算时，需要调用整个过程的资料，传统的结算方法由于是依靠手工或电子表格，在结算时往往资料不全，且修改起来会有诸多不便。为了实现结算的高效性，必须增强审核力度和透明度。BIM 可以实现三维可视化的审核对量。

在结算管理中使用 BIM 模型不仅能准确、高效地计算工程量，而且还有助于使结算资料规范化、完整化。同时，BIM 模型也不断在造价管理过程中调整、更新、完善自己的数据库。BIM 模型的表达准确和记录完备的特点能够极大地提升结算速度。

BIM 全过程在造价管理中的作用主要体现在以下几个方面。

(1)提高工程量计算的准确性。基于 BIM 的自动化算量方法比传统的计算方法更加准确。工程量计算是编制工程预算的基础，但计算过程非常烦琐和枯燥，造价工程师容易人为造成计算错误，影响后续计算的准确性。一般项目人员计算工程量的误差在±3%左右已经算合格了；如果遇到大型工程、复杂工程、不规则工程结果就更加难说了。另外，各地定额计算规则的不同也是阻碍手工计算准确性的重要因素。每计算一个构件都要考虑哪些部分要扣减，需要极大的耐心和细心。BIM 的自动化算量功能可以使工程量计算工作摆脱人为因素影响，得到更加客观的数据。利用建立的三维模型进行实体扣减计算，对于规则或者不规则构件都能计算。

(2)合理安排资源计划，加快项目进度。好的计划是成功的一半，这在建筑行业尤为重要。建筑周期长、涉及人员多、条线多、管理复杂，没有充分合理的计划，容易导致工期延误，甚至发生质量和安全事故。

利用 BIM 模型提供的数据基础可以合理安排资金计划、人工计划、材料计划和机械计划。在 BIM 模型所获得的工程量上赋予时间信息，就可以知道任意时间段各项工作量是多少，进而可以知道任意时间段的造价是多少，可以根据这些制订资金计划。另外，还可以根据任意时间段的工程量，分析出所需要的人、材、机数量，合理安排工作。

(3)控制设计变更。遇到设计变更，传统方法是依靠手工先在图纸上确认位置，然后计算设计变更引起的工程量增减情况，同时，还要调整与之相关联的构件。这样的过程不仅缓慢，耗费时间长，而且可靠性也难以保证。变更的内容没有位置信息和历史数据，之后查询也非常麻烦。

BIM 模型可以把设计变更内容关联到模型。只要把模型稍加调整，相关的工程量变化就会自动反映出来，甚至可以把设计变更引起的造价变化直接反馈给设计人员，使他们能清楚地了解设计方案的变化对成本的影响。

(4)对项目多算对比进行有效支撑。BIM 模型数据库的特性，可以赋予模型内的构件各种参数信息，例如时间信息、材质信息、施工班组信息、位置信息、工序信息等。利用这些信息可以把模型中的构件进行任意的组合和汇总。例如，找某个施工班组的工作量情况时，在模型内就可以快速进行统计，这是手工计算无法做到的。BIM 模型的这个特性，为施工项目做多算对比提供了有效支撑。

(5)历史数据积累和共享。工程项目结束后，所有数据要么堆积在仓库，要么不知去向，今后遇到类似项目，如要参考这些数据就很难了。而且以往工程的造价指标、含量指标，对今后项目工程的估算和审核具有非常大的意义，造价咨询单位视这些数据为企业核心竞争力。利用 BIM 模型可以对相关指标进行详细、准确的分析和抽取，并且形成电子资料，方便保存和共享。

1.3 造价行业介绍

1.3.1 造价行业现状

1. 发达国家和地区的工程造价管理的发展

当今，国际工程造价管理发展主要在一些发达国家，包括英国、美国、日本，以及继承了英国模式又结合自身特点而形成独特工程造价管理模式的国家和地区，如新加坡、马来西亚和中国香港。

1)英国的工程造价管理

英国是世界最早出现工程造价咨询行业并成立相关行业协会的国家，英国的工程造价管理至今已有近400年的历史，在世界近代工程造价管理的发展史上，作为早期世界强国的英国，由于其工程造价管理发展较早，且其联邦成员国和地区分布较广，时至今日其工程造价管理模式在世界范围内仍具有较强的影响力。

英国工程造价咨询公司在英国被称为工料测量师行，成立时必须符合政府或相关行业协会的有关规定。目前，英国的行业协会负责管理工程造价专业人士、编制工程造价计量标准、发布相关造价信息及造价指标。

在英国，政府投资工程和私人投资工程分别采用不同的工程造价管理方法，但这些工程项目通常都需要聘请专业造价咨询公司进行业务合作。其中，政府投资工程由政府有关部门负责管理，包括计划、采购、建设咨询、实施和维护，对从工程项目立项到竣工各个环节的工程造价控制都较为严格，遵循政府统一发布的价格指数，通过市场竞争，形成工程造价。目前，英国政府投资工程约占整个国家公共投资的50%左右，在工程造价业务方面要求必须委托给相应的工程造价咨询机构进行管理。英国建设主管部门的工作重点则是制定有关政策和法律，以全面规范工程造价咨询行为。

对于私人投资工程，政府通过相关的法律、法规对此类工程项目的经营活动进行一定的规范和引导，只要在国家法律允许的范围内，政府一般不予干预。此外，社会上还有许多政府所属代理机构及社会团体组织，如英国皇家特许测量师学会(RICS)等协助政府部门进行行业管理，主要对咨询单位进行业务指导和管理从业人员。英国工程造价咨询行业的制度、规定和规范体系都较为完善。

英国工料测量师行经营的内容较为广泛，涉及建设项目全生命期的各个阶段，主要包括项目策划咨询、可行性研究、成本计划和控制、市场行情的趋势预测；招投标活动及施工合同管理；建筑采购、招标文件编制；投标书分析与评价，标后谈判，合同文件准备；工程施工阶段成本控制，财务报表，洽商变更；竣工工程估价，决算，合同索赔保护；成本重新估计；对承包商破产或被并购后的应对措施；应急合同财务管理，后期物业管理等。

2)美国的工程造价管理

美国拥有世界上最为发达的市场经济体系。美国的建筑业也十分发达，具有投资多元化和高度现代化、智能化的建筑技术与管理的广泛应用相结合的行业特点。美国的工程造价管理是建立在高度发达的自由竞争市场经济基础之上的。

美国的建设项目也主要分为政府投资和私人投资两大类，其中，私人投资项目可占整个建筑业投资总额的60%～70%。美国联邦政府没有主管建筑业的政府部门，也没有主管工程造价咨询业的政府部门，工程造价咨询业完全由行业协会管理。工程造价咨询业涉及多个行业协会，如美国土木工程师协会、总承包商协会、建筑标准协会、工程咨询业协会、国际造价管理联合会等。

美国工程造价管理具有以下特点。

(1)完全市场化的工程造价管理模式。在没有全国统一的工程量计算规则和计价依据的情况下，一方面，各级政府部门制定各自管辖的政府投资工程的计价标准，另一方面，承包商需根据自身积累的经验进行报价。同时，工程造价咨询公司依据自身积累的造价数据和市场信息，协助业主和承包商对工程项目提供全过程、全方位的管理与服务。

(2)具有较完备的法律及信誉保障体系。美国的工程造价管理是建立在相关的法律制度基础上的。例如，在建筑行业中对合同的管理十分严格，合同对当事人各方都具有严格的法律制约，即业主、承包商、分包商、提供咨询服务的第三方之间，都必须采用合同的方式开展业务，严格履行相应的权利和义务。

同时，美国的工程造价咨询企业自身具有较为完备的合同管理体系和完善的企业信誉管理平台，各个企业视自身的业绩和荣誉为企业长期发展的重要条件。

(3)具有较成熟的社会化管理体系。美国的工程造价咨询业主要依靠政府和行业协会的共同管理与监督，实行“小政府、大社会”的行业管理模式，美国的相关政府管理机构对整个行业的发展进行宏观调控，更多的具体管理工作主要依靠行业协会，由行业协会更多地承担对专业人员和法人团体的监督和管理。

(4)拥有现代化管理手段。当今的工程造价管理均需采用先进的计算机技术和现代化的网络信息技术。在美国，信息技术的广泛应用，不但大大提高了工程项目参与各方之间的沟通、文件传递等的工作效率，也可及时、准确地提供市场信息，同时也使工程造价咨询公司收集、整理和分析各种复杂、繁多的工程项目数据成为可能。

3)日本的工程造价管理

在日本，工程积算制度是日本工程造价管理所采用的主要模式。工程造价咨询行业由日本政府建设主管部门和日本建筑积算协会统一进行业务管理和行业指导。其中，政府建设主管部门负责制定、发布工程造价政策、法律、法规、管理办法，对工程造价咨询业的发展进行宏观调控。

日本建筑积算协会作为全国工程咨询的主要行业协会，其主要的服务内容是推进工程造价管理的研究；工程量计算标准的编制，建筑成本等相关信息的收集、整理与发布；专业人员的业务培训及个人执业资格准入制度的制定与执行等。

工程造价咨询公司在日本被称为工程积算所，主要由建筑积算师组成。日本的工程积算所一般对委托方提供以工程造价管理为核心的全方位、全过程的工程咨询服务，其主要业务内容包括工程项目的可行性研究，投资估算、工程量计算、单价调查、工程造价细算、标底价编制与审核、招标代理、合同谈判、变更成本积算，工程造价后期控制与评估等。

2. 我国工程造价管理的发展

我国是一个文明古国，在科学技术和文化发展等方面有着光辉的历史，据《辑古纂经》等书记载，我国唐代就已有夯筑城台的用工定额，公元 1103 年，宋代李诚所著的《营造法式》中的"功限"就是现在所说的劳动定额，"料例"就是材料消耗限额。该书实际上是官府颁布的建筑规范和定额，并一直沿用到明清。明代管辖官府建筑的工部所编著的《工程做法》一直流传至今。两千多年来，我国也不乏把技术与经济相结合，大幅度降低工程造价的实例。

新中国成立后，我国参照苏联的工程建设管理经验，逐步建立了一套与计划经济体制相适应的定额管理体系，并陆续颁布了多项规章制度和定额，在国民经济的复苏与发展中起到了十分重要的作用。改革开放以来，我国工程造价管理进入黄金发展期，工程计价依据和方法不断改革，工程造价管理体系不断完善，工程造价咨询行业得到快速发展。我国工程造价管理的发展过程，大体经历了以下六个阶段。

第一阶段为 1950 年—1957 年，是我国计划经济下工程造价管理和概预算定额制度的建立阶段。为了合理确定工程造价，我国全面引进、消化和吸收了苏联的一套概预算定额管理制度，建立了我国建设项目概预算工作制度，核心内容是"三性一静"，即定额的统一性、综合性、指令性及工、料、机价格为静态，对工程概预算的编制原则、内容、方法和审批、修正办法、程序等做了规定，并实行集中管理为主的分级管理。

第二阶段为 1958 年—1966 年，概预算与定额管理权限全部下放，各级概预算部门被精简，设计单位概预算人员减少，概预算控制投资作用被削弱。

第三阶段为 1967 年—1976 年，是概预算定额管理工作遭到严重破坏的阶段。概预算和定额管理机构被撤销，预算人员改行，大量基础资料被销毁，造成设计无概算、施工无预算、竣工无决算的状况。

第四阶段为 20 世纪 70 年代至 90 年代初，是我国工程造价管理工作恢复、整顿和发展的阶段。从 1977 年开始，我国恢复、重建国家的工程造价管理机构，并于 1983 年 8 月成立了基本建设标准定额局，组织制定了工程建设概预算定额、费用标准及工作制度，概预算定额统一归口。1988 年，国家基本建设标准定额局从国家计委划归建设部，成立标准定额司，各省市、各部委建立了定额管理站，全国颁布了一系列推动概预算管理和定额管理发展的文件，并颁布了几十项预算定额、概算定额、估算指标。尤其是在 1990 年 7 月中国工程造价管理协会成立以后，我国在工程造价管理理论与方法的研究和实践方面都大大加快了步伐。

第五阶段为 20 世纪 90 年代初至 2003 年 6 月，是工程造价管理体制改革和深化的阶段。我国工程造价文件的编制，招投标中的编标、评标、定标，合同价签订、调整等一系列的工程计价活动，均在原有的工程计价方法和计价定额基础上进行了相应的市场化改革。

第六阶段从 2003 年 7 月开始，随着国家颁布《建设工程工程量清单计价规范》(GB 50500—2003)作为国家标准，在全部使用国有资金投资或国有资金投资为主的大中型建设及工程项目中强制执行，逐步实现以市场机制为主导，由政府职能部门实行协调监督，与国际惯例全面接轨的工程项目造价管理新模式的转变。2013 年 7 月 1 日，最新的《建设工程工程量清单计价规范》(GB 50500—2013)由中华人民共和国住房和城乡建设部颁布施行。

3. 我国工程造价管理的特点

近年来，我国工程造价管理呈现出国际化、信息化和专业化的发展趋势。

1）工程造价管理的国际化

随着我国经济日益融入全球资本市场，我国的外资和跨国工程项目不断增多，这些工程项目大都需要通过国际招标、咨询等方式运作。同时，我国政府和企业在海外投资和经营的工程项目也在不断增加。国内市场国际化，国内外市场的全面融合，使我国工程造价管理的国际化成为一种趋势。境外工程造价咨询机构在长期的市场竞争中已形成自己独特的核心竞争力，在资本、技术、管理、人才、服务等方面均占有一定优势。面对日益严峻的市场竞争，我国工程造价咨询企业应以市场为导向，转换经营模式，增强应变能力，在竞争中求生存，在拼搏中求发展，在未来激烈的市场竞争中取得主动。

2）工程造价管理的信息化

我国工程造价领域的信息化是从20世纪80年代末期伴随着定额管理、推广应用工程造价管理软件开始的。20世纪90年代中期，伴随着计算机和互联网技术的普及，全国性的工程造价管理信息化已成必然趋势。近年来，尽管全国各地及各专业工程造价管理机构逐步建立了工程造价信息平台，工程造价咨询企业也大多拥有专业的计算机系统和工程造价管理软件，但工程造价管理仍停留在工程量计算、汇总及工程造价的初步统计分析阶段。从整个工程造价行业看，行业还未建立统一规划、统一编码的工程造价信息资源共享平台；从工程造价咨询企业层面看，工程造价管理的数据库、知识库尚未建立和完善。目前，发达国家和地区的工程造价管理已大量运用计算机网络和信息技术，实现工程造价管理的网络化、虚拟化，特别是建筑信息模型（building information modeling，BIM）技术的推广应用，必将推动工程造价管理的信息化发展。

3）工程造价管理的专业化

经过长期的市场细分和行业分化，未来工程造价咨询企业应向更加适合自身特长的专业方向发展。作为服务型的第三产业，工程造价咨询企业应避免走大而全的规模化，而应朝着集约化和专业化模式发展。企业专业化的优势：经验较为丰富、人员精干、服务更加专业、更有利于保证工程项目的咨询质量、防范专业风险能力较强。在企业专业化的同时，日益复杂、涉及专业较多的工程项目，势必引发和增强企业之间尤其是不同专业的企业之间的强强联手和相互配合。同时，不同企业之间的优势互补、相互合作，也将给目前的大多数实行公司制的工程造价咨询企业在经营模式方面带来转变，即企业将进一步朝着合伙制的经营模式自我完善和发展。鼓励及加速实现我国工程造价咨询企业合伙制经营，是提高企业竞争力的有效手段，也是我国未来工程造价咨询企业的主要组织模式。合伙制企业因对其组织方面具有强有力的风险约束性，能够促使其不断强化风险意识，提高咨询质量，保持较高的职业道德水平，自觉维护自身信誉。正因如此，在完善的工程保险制度下的合伙制也是目前发达国家和地区工程造价咨询企业所采用的典型经营模式。

1.3.2 造价工程师

1. 造价工程师的素质要求和职业道德

根据《注册造价工程师管理办法》（建设部令第150号，住房和城乡建设部令第32号，住房和城乡建设部令第50号修正），注册造价工程师，是指通过土木建筑工程或者安装工程专业造价工程师职业资格考试取得造价工程师职业资格证书或者通过资格认定、资格互认，并按照本办法注册后，从事工程造价活动的专业人员。注册造价工程师分为一级注册造价工程师和二级注册造价工程师。

我国注册造价工程师实行注册执业管理制度，取得职业资格的人员，经过注册方能以注册造价工程师的名义执业。

关于注册造价工程师的注册、执业活动的监督管理，国务院住房和城乡建设主管部门对全国注册造价工程师的注册、执业活动实施统一监督管理，负责实施全国一级注册造价工程师的注册，并负责建立全国统一的注册造价工程师注册信息管理平台；国务院有关专业部门按照国务院规定的职责分工，对本行业注册造价工程师的执业活动实施监督管理。

省、自治区、直辖市人民政府住房城乡和建设主管部门对本行政区域内注册造价工程师的执业活动实施监督管理,并实施本行政区域二级注册造价工程师的注册。

1)造价工程师的素质要求

造价工程师的职责关系到国家和社会的公共利益,对其专业和身体素质的要求包括以下几个方面。

①造价工程师是复合型专业管理人才。作为工程造价管理者,造价工程师应是具备工程、经济和管理知识与实践经验的高素质复合型专业人才。

②造价工程师应具备技术技能,技术技能是指应用知识、方法、技术及设备来达到特定任务的能力。

③造价工程师应具备人文技能。人文技能是指与人共事的能力和判断力。造价工程师应具有高度的责任心和协作精神,善于与业务工作有关的各方人员沟通、协作,共同完成工程造价管理工作。

④造价工程师应具备组织管理能力,造价工程师应能了解整个组织及自己在组织中的地位,并具有一定的组织管理能力,面对机遇和挑战,能够积极进取、勇于开拓。

⑤造价工程师应具有健康体魄。健康的心理和较好的身体素质是造价工程师适应紧张、繁忙工作的基础。

2)造价工程师的职业道德

造价工程师的职业道德,通常是在执业活动中所遵守的行为规范的总称,是专业人士必须遵守的道德标准和行业规范。

为提高造价工程师的整体素质和职业道德水准,维护和提高造价咨询行业的良好信誉,促进行业健康持续发展,中国建设工程造价管理协会制定和颁布了《造价工程师职业道德行为准则》,具体要求如下。

①遵守国家法律、法规和政策,执行行业自律性规定,珍惜职业声誉,自觉维护国家和社会的公共利益。

②遵守"诚信、公正、精业、进取"的原则,以高质量的服务和优秀的业绩,赢得社会和客户对造价工程师职业的尊重。

③勤奋工作,独立、客观、公正,正确地出具工程造价成果文件,使客户满意。

④诚实守信,尽职尽责,不得有欺诈、伪造、作假等行为。

⑤尊重同行,公平竞争,搞好与同行之间的关系,不得采取不正当的手段损害、侵犯同行的权益。

⑥廉洁自律,不得索取、收受委托合同约定以外的礼金和其他财物,不得利用职务之便谋取其他不正当的利益。

⑦造价工程师与委托方有利害关系的应当主动回避,委托方也有权要求其回避。

⑧对客户的技术和商务秘密负有保密义务。

⑨接受国家和行业自律组织对其职业道德行为的监督检查。

2. 造价工程师职业资格考试、注册和执业

为了加强建设工程造价管理专业人员的执业准入管理,确保建设工程造价管理工作质量,维护国家和社会公共利益,原国家人事部、建设部在1996年联合发布《造价工程师执业资格制度暂行规定》,确立了造价工程师执业资格制度。凡从事工程建设活动的建设设计、施工、工程造价咨询、工程造价管理等单位和部门,必须在计价、评估、审查(核)、控制及管理等岗位配备有造价工程师执业资格的专业技术管理人员。《注册造价工程师管理办法》(建设部令第150号,住房和城乡建设部令第32号,住房和城乡建设部令第50号修正)、《造价工程师继续教育实施办法》《造价工程师职业道德行为准则》等文件的陆续颁布与实施,确立了我国造价工程师执业资格制度体系框架。我国造价工程师执业资格制度如图1-6所示。

1.3.3 工程造价相关单位介绍

1. 全过程造价管理咨询企业

我国工程咨询服务市场化快速发展,形成了投资咨询、招标代理、勘察、设计、监理、造价、项目管理等专业化的全过程的管理咨询服务业态,部分专业咨询服务建立了执业准入制度,促进了我国工程管理咨询服务专业化水平提升。随着我国固定资产投资项目建设水平逐步提高,为更好地实现投资建设意图,投资者或建设单位在固定资产投资项目决策、工程建设、项目运营过程中,对综合性、跨阶段、一体化的咨询服务需求日益增强。

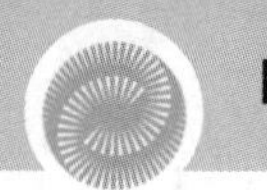

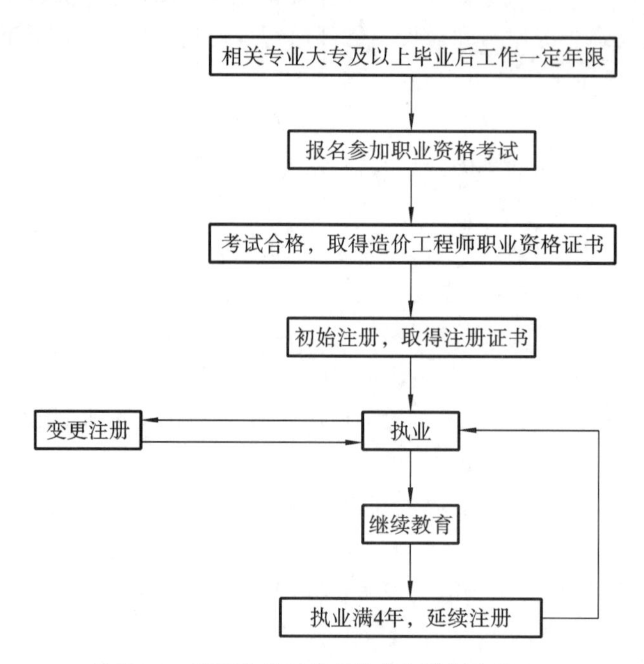

图 1-6　我国造价工程师执业资格制度简图

建设项目全过程造价管理咨询企业在这种背景下应运而生。

全过程造价管理咨询企业承担建设项目全过程造价管理咨询服务，应树立以工程造价管理为核心的项目管理理念，发挥造价管理的核心作用；应针对建设项目投资决策、设计、交易、施工、竣工的不同阶段，依据相关规范编制各阶段的工程造价成果文件，真实反映各阶段的工程造价。

按照国发〔2021〕7 号文件的要求，自 2021 年 7 月 1 日起，住房和城乡建设主管部门停止工程造价咨询企业资质审批，工程造价咨询企业按照其营业执照经营范围开展业务，行政机关，企、事业单位，行业组织不得要求企业提供工程造价咨询企业资质证明。

2. 与建设项目相关的其他单位

建筑施工企业(乙方)，工程建设监理公司，房地产开发企业，设计院，会计审计事务所，政府部门企、事业单位基建部门(甲方)等，从事工程造价招标代理、建设项目融资和投资控制、工程造价确定与控制、投标报价决策、合同管理、工程预(结)决算、工程成本分析、工程咨询、工程监理以及工程造价管理相关软件的开发。

单元总结

全过程造价管理是在工程项目的建设过程中，全过程、全方位、多层次地运用技术、经济及法律等手段，通过对建设项目工程造价的预测、优化、控制、分析、监督等，获得资源的最优配置和建设项目最大的投资效益。全过程造价管理包含工程项目从开始筹建到竣工验收各个阶段的工程造价及管理，包括投资估算、初步设计概算、施工图预算、合同价、中间结算、竣工结算、竣工决算等多个阶段。

复习思考题与习题

一、单项选择题

1. 建设项目的工程造价在量上与(　　)相等。

A. 建设项目总投资　　B. 固定资产投资　　C. 建筑安装工程投资　　D. 静态投资

2. 从投资者角度讲，工程造价是指(　　)。

A. 交易活动中所形成的工程价格

B. 建设成本加利润所形成的价格

C. 建设一项工程预期开支和实际开支的全部固定资产投资费用

D. 经过招标由双方共同认可的价格

3. 工程造价通常是指工程的建造价格，其含义有两种，下列关于工程造价的表述中正确的是(　　)。

A. 从投资者(业主)的角度而言，工程造价是指为建设一项工程预开支或实际开支的全部投资费用

B. 从市场交易的角度而言，工程造价是指为建设一项工程，预计或实际在交易活动中所形成的建筑安装工程价格和建设工程总价格

C. 分部分项工程，没有工程造价

D. 工程造价中较为典型的价格交易形式是结算

4. 在项目建设的各个阶段，即投资决策、初步设计、技术设计、施工图设计、招投标、合同实施及施工验收等阶段，都进行相应的计价，分别对应形成投资估算、工程概算、修正概算、施工图预算、合同价、结算价以及决算价等，这体现了工程造价的(　　)的计价特征。

A. 复杂性　　B. 多次性　　C. 组合性　　D. 方法的多样性

5. 下列不属于单位工程的是(　　)。

A. 地基与基础工程　　B. 设备安装工程　　C. 土建工程　　D. 工业管道工程

6. 工程造价两种含义的主要区别是(　　)。

A. 第一种含义属于价格管理范畴，第二种含义属于投资管理范畴

B. 第一种含义是投资者追求投资决策的正确性，第二种含义是承包商追求较高的工程造价

C. 第一种含义是作为市场供给主体，出售商品和劳务的价格总和，第二种含义是“购买”项目付出的价格

D. 第一种含义通常认定为工程发承包价格，第二种含义是工程投资费用

7. 工程概算是指在初步设计阶段，根据设计意图，通过编制工程概预算文件预先测算和确定的工程造价，主要受到(　　)的控制

A. 投资估算　　B. 合同价　　C. 修正概算造价　　D. 实际造价

8. 工程造价的有效控制，具体说就是(　　)。

A. 用概算造价控制设计方案的选择

B. 用预算造价控制施工图设计方案的选择

C. 用投资估算价控制设计方案的选择和初步设计概算造价

D. 用修正概算造价控制技术设计方案的选择

二、多项选择题

1. 工程造价的计价特征有(　　)。

A. 单件性　　B. 批量性　　C. 多次性　　D. 一次性　　E. 组合性

2. 工程造价的特点有(　　)。

A. 大额性　　B. 个别性　　C. 静态性　　D. 层次性　　E. 兼容性

3. 工程造价具有多次性计价特征，其中各阶段与造价对应关系正确的是(　　)。

A. 招投标阶段→合同价　　B. 施工阶段→合同价

C. 竣工验收阶段→实际造价　　D. 竣工验收阶段→结算价

E. 可行性研究阶段→概算造价

三、简答题

1. 简述建设项目的划分。
2. 简述工程造价的两个含义。
3. 简述工程造价的职能。
4. 简述工程计价的特征。
5. 简述工程造价管理的内容。
6. 试述我国注册造价工程师管理制度。
7. 试述 BIM 在全过程造价管理中的应用。

Chapter 2

单元 2 建设项目总投资构成

案例导入

某综合楼工程，在项目投资决策阶段由建设单位召集规划、设计、施工单位的专家进行座谈，根据地理位置、投资渠道，对建成后的收益等进行可行性研究，定论后通过招投标选择施工单位。该项目的主管接到任务后，对该项工程先组建概预算小组，对该大楼进行完整、详细的预算和工料分析，结合施工管理程序，进行分工合作，指定专人负责。同时该项目的主管要求各责任人在施工过程中各负其责，及时沟通，相互间密切配合，严格按照事前规定办事，按月审核工程量，将所发生的费用与事前核定的预算对照，发现较大出入时，及时分析原因所在，将讨论的意见下达，使工程得到及时调整，充分发挥工程造价管理在施工中的作用。

经过三方的配合操作，项目完成后，虽然施工前的工作量较大，施工过程却获得了收益，费用也比同等规模的工程节省了 5% 左右。从这个工程实例可以看出，建设项目只有全过程造价管理，才能有效地控制工程造价。

单元目标

知识目标

1. 掌握总投资及其构成；
2. 了解工程造价管理及控制的相关知识；
3. 掌握建筑安装工程费的构成与计算；
4. 掌握设备及工器具购置费的构成与计算；
5. 熟悉工程建设其他费用的构成；
6. 掌握预备费、建设期利息的计算。

能力目标

通过本章的学习，学生应能够运用所学理论知识解决实际建设项目总投资及各部分费用的计算。

知识脉络

单元 2 的知识脉络图如图 2-1 所示。

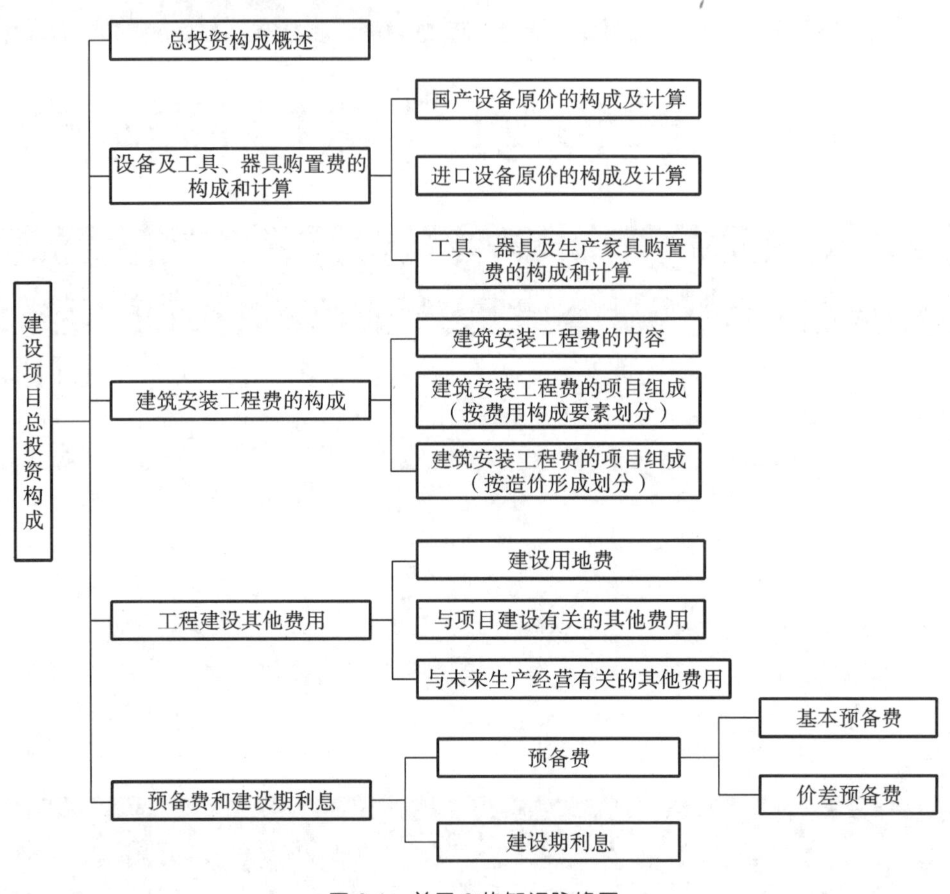

图 2-1 单元 2 的知识脉络图

2.1 总投资构成概述

2.1.1 总投资构成

1. 建设项目总投资

建设项目总投资是为完成工程项目建设并达到使用要求或生产条件，在建设期内预计或实际投入的全部费用的总和。

2. 建设项目总投资的构成

建设项目按用途可分为生产性建设项目和非生产性建设项目。生产性建设项目总投资包括建设投资、建设期利息和流动资金三部分；非生产性建设项目总投资包括建设投资和建设期利息两部分。其中建设投资和建设期利息之和对应于固定资产投资，固定资产投资与建设项目工程造价在量上是相等的。建设项目总投资的构成如图 2-2 所示。

工程造价（固定资产投资）是建设期预计或实际支出建设费用，包括建设投资和建设期利息。

建设投资是工程造价的主要构成部分，是为了完成工程项目建设，在建设期内投入且形成现金流出的全部费用。建设投资包括工程费用、工程建设其他费用和预备费三部分。工程费用是指建设期内直接用于工程建

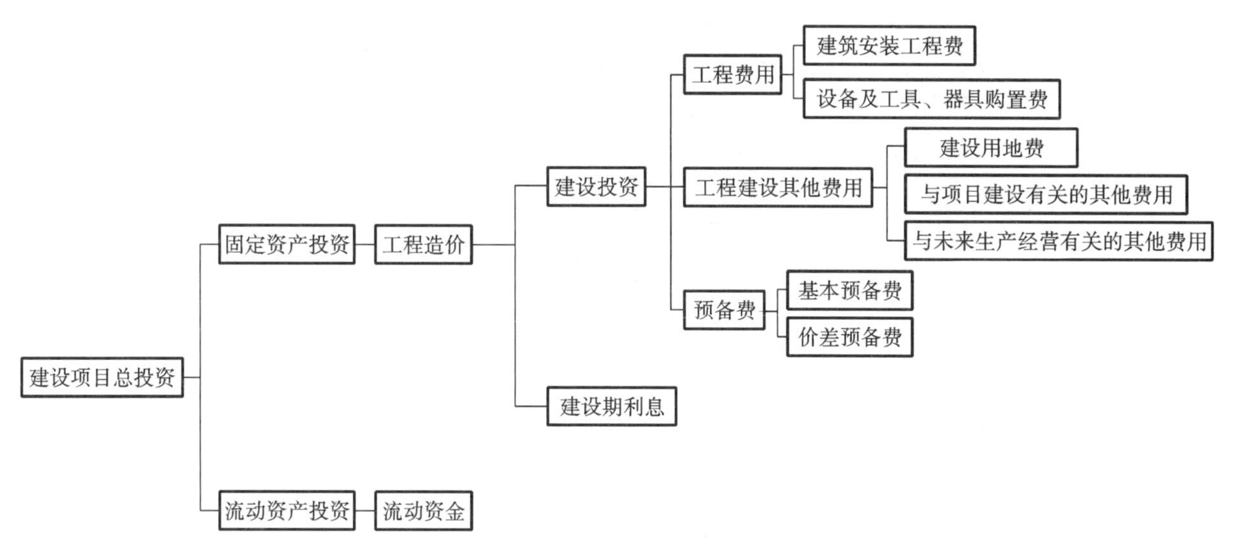

图 2-2　建设项目总投资的构成

造、设备购置及其安装的建设投资，可以分为建筑安装工程费和设备及工具、器具购置费。工程建设其他费用是指建设期发生的与土地使用权取得、整个工程项目建设以及未来生产经营有关的建设投资，但不包括在工程费用中的费用。预备费是在建设期内因各种不可预见因素的变化而预留的可能增加的费用，包括基本预备费和价差预备费。

总投资、工程造价、建设投资的概念区分如图 2-3 所示。

建设期利息是建设期内为工程项目筹措资金的融资费用及债务资金利息。

流动资金指为进行正常生产运营，用于购买原材料、燃料，支付工资及其他经营费用等的周转资金。

流动资金在可行性研究阶段可根据需要计为全部流动资金，在初步设计及以后阶段可根据需要计为铺底流动资金。铺底流动资金是指生产性建设项目为保证投产后正常的生产运营所需的，并在项目资本金中筹措的自有流动资金。

【例 2-1】

某建设项目总投资构成中，设备购置费为 2000 万元，工具、器具及生产家具购置费为 300 万元，建筑工程费 1000 万元，建筑安装工程费为 500 万元，工程建设其他费用为 400 万元，基本预备费为 120 万元，价差预备费为 300 万元，建设期贷款为 2000 万元，建设期利息为 120 万元，流动资金为 400 万元，则该建设项目的总投资是多少万元？

图 2-3　总投资、工程造价、建设投资的概念区分

【解】

总投资＝建筑工程费＋建筑安装工程费＋设备购置费＋工具、器具及生产家具购置费＋工程建设其他费用＋基本预备费＋价差预备费＋建设期利息＋流动资金

＝(1000＋500＋2000＋300＋400＋120＋300＋120＋400)万元

＝5140 万元。

2.1.2　工程造价控制

1. 工程造价控制的概念及原则

工程造价控制，就是在优化建设方案、设计方案的基础上，在建设项目的各个阶段，采用一定的方法和措施把工程造价控制在合理的范围和核定的限额以内。具体内容：用投资估算控制设计方案的选择和工程概算；用工程概算控制技术设计和修正概算造价；用工程概算或修正概算控制施工图设计和施工图预算，用最高投标限价控制投标价等。目的是合理使用人力、物力和财力，取得较好的投资效益。工程造价控制强调的是限定项目投资，如图 2-4 所示。

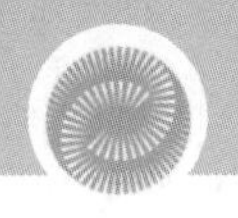

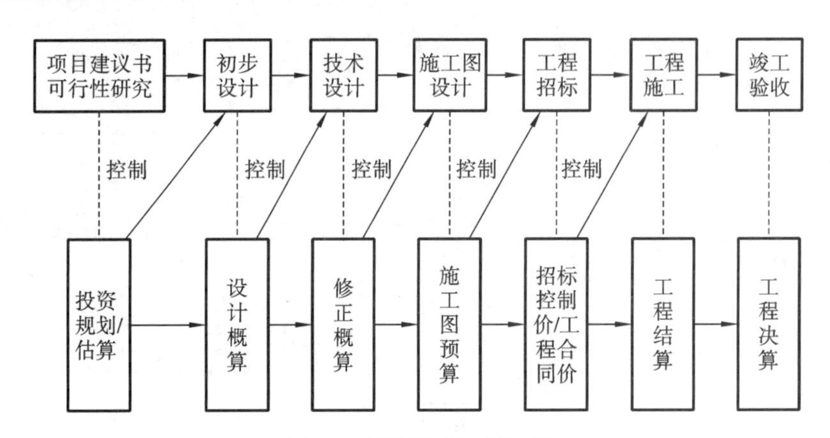

图 2-4　工程造价控制目标

工程造价控制应体现以下原则。

1)以设计阶段为重点的建设全过程造价控制

工程造价控制贯穿于项目建设全过程,但是必须重点突出。很显然,工程造价控制的关键在于施工前的投资决策和设计阶段,而在项目做出投资决策后,控制工程造价的关键就在于设计。建设工程全寿命费用包括工程造价和工程交付使用后的经常开支费用(含经营费用、日常维护修理费用、使用期内大修理和局部更新费用)以及该项目使用期满后的报废拆除费用等。据分析,设计费一般只占建设工程全寿命费用的1%以下,但正是这少于1%的费用对工程造价的影响很大。由此可见,设计的好坏对整个工程建设的效益是至关重要的。

要有效地控制工程造价,就要坚决地把控制重点转到建设前期阶段上来,尤其应抓住设计这个关键阶段,以取得事半功倍的效果。

2)主动控制,以取得令人满意的结果

一般说来,建设项目的工程造价与建设工期和工程质量密切相关,为此,应根据业主的要求及建设的客观条件进行综合研究,实事求是地确定一套切合实际的衡量准则。只要造价控制的方案符合这套衡量准则,取得令人满意的结果,造价控制就达到了预期的目标。

20世纪70年代初开始,人们将系统论和控制论研究成果用于项目管理后,将控制立足于事先主动地采取决策措施,以尽可能减少以至避免目标值与实际值的偏离,这是主动的、积极的控制方法,因此被称为主动控制。也就是说,我们的工程造价控制工作,不应仅反映投资决策、设计、发包和施工等,被动控制工程造价,更要能动地影响投资决策、设计、发包和施工,主动地控制工程造价。

3)技术与经济相结合是控制工程造价最有效的手段

有效地控制工程造价,应从组织、技术、经济等多方面采取措施。从组织上采取的措施包括明确项目组织结构,明确造价控制者及其任务,明确管理职能分工;从技术上采取的措施包括重视设计多方案选择,严格审查监督初步设计、技术设计、施工图设计、施工组织设计,深入技术领域研究节约投资的可能;从经济上采取的措施包括动态地比较造价的计划值和实际值,严格审核各项费用支出,采取对节约投资的有力奖励措施等。

技术与经济相结合是控制工程造价最有效的手段。由于工作分工与责任主体的不同,在工程建设领域,技术与经济往往不能有效统一。工程技术人员以提高专业技术水平和专业工作技能为核心目标,对工程的质量和性能尤其关心,往往忽视工程造价。片面追求技术的绝对先进而脱离实际应用情况,导致工程造价高昂。这就迫切需要以提高工程投资效益为目的,在工程建设过程中把技术与经济有机结合,通过技术比较、经济分析和效果评价,正确处理技术先进与经济合理两者之间的对立统一关系,力求在技术先进的条件下经济合理,在经济合理的基础上技术先进,把控制工程造价的观念渗透到各项设计和施工技术措施之中。

2. 工程造价控制的主要内容

为了做好建设工程造价的有效控制,要充分掌握各阶段的控制重点和关键环节。

1)投资决策阶段

此阶段根据拟建项目的功能要求和使用要求,按照项目规划的要求和内容以及项目分析和研究的不断深入,确定投资估算的总额,将投资估算的误差率控制在容许的范围之内。

投资估算对工程造价起指导和总体控制的作用。在投资决策过程中，特别是工程规划阶段开始，预先对工程投资额度进行估算，有助于业主对工程建设各项技术经济方案做出正确决策，从而对今后工程造价的控制起决定性的作用。

2)初步设计阶段

此阶段运用设计标准与标准设计、价值工程和限额设计等方法，以可行性研究报告中被批准的投资估算为工程造价目标值，控制和修改初步设计以满足投资控制目标的要求。

设计阶段是影响投资的关键，为了避免浪费，应采取方案比选、限额设计等方法来控制工程造价。

3)施工图设计阶段

此阶段以被批准的设计概算为控制目标，应用限额设计、价值工程等方法进行施工图设计，通过对设计过程中所形成的工程造价层层限额把关，实现工程项目设计阶段的工程造价控制目标。

4)工程施工招标阶段

此阶段以工程设计文件(包括概算、预算)为依据，结合工程施工的具体情况，如现场条件、市场价格、业主的特殊要求等，按照招标文件的规定，编制工程量清单和最高投标限价，明确合同计价方式，初步确定工程的合同价。

业主通过施工招标这一经济手段，择优选定承包商，不仅有利于确保工程质量和缩短工期，更有利于降低工程造价，是工程造价控制的重要手段。施工招标应根据工程建设的具体情况和条件，采用合适的招标形式。招标文件的编制应符合法律、法规的规定，内容齐全，前后一致，避免出错和遗漏。

5)工程施工阶段

此阶段以工程合同价等为控制依据，通过控制工程变更、风险管理等方法，按照承包人实际应予计量的工程量，并考虑物价上涨、工程变更等因素，合理确定进度款和结算款，控制工程费用的支出。

施工阶段是工程造价的执行和完成阶段，通过对施工阶段的跟踪管理，实现动态纠偏，有效地控制工程质量、进度和造价。

6)竣工验收阶段

此阶段全面汇总工程建设中的全部实际费用，编制竣工结算与决算，如实体现建设项目的工程造价，并总结经验，积累技术经济数据和资料，不断提高工程造价管理水平。

2.2 设备及工具、器具购置费的构成和计算

设备及工具、器具购置费是由设备购置费和工具、器具及生产家具购置费组成的，它是固定资产投资中的积极部分。在生产性建设项目中，设备及工具、器具购置费占工程造价比重的增大，意味着生产技术和资本有机构成的提高。

设备购置费是指购置或自制达到固定资产标准的各种国产或进口设备，工具、器具及生产家具等所需的费用，如图 2-5 所示。设备购置费包括设备原价和设备运杂费，计算公式为

$$设备购置费=设备原价+设备运杂费 \tag{2-1}$$

设备原价指国内采购设备的出厂(场)价格，或国外采购设备的抵岸价格，设备原价通常包含备品备件费；设备运杂费指除设备原价之外的设备采购、运输、途中包装及仓库保管等方面支出费用的总和。

图 2-5　设备购置费

2.2.1 国产设备原价的构成及计算

国产设备原价一般指的是设备制造厂的交货价或订货合同价，即出厂(场)价格。国产设备原价分为国产标准设备原价和国产非标准设备原价。

1)国产标准设备原价

国产标准设备是指按照主管部门颁布的标准图纸和技术要求，由国内设备生产厂批量生产的，符合国家质量检测标准的设备。国产标准设备一般有完善的设备交易市场，因此，可通过查询相关交易市场价格或向设备生产厂家询价得到国产标准设备原价。

2)国产非标准设备原价

国产非标准设备是指国家尚无定型标准，各设备生产厂不可能在工艺过程中采用批量生产，只能按订货要求并根据具体的设计图纸制造的设备。国产非标准设备原价有多种不同的计算方法，如成本计算估价法、系列设备插入估价法、分部组合估价法，定额估价法等。

成本计算估价法是一种比较常用的估算国产非标准设备原价的方法。按成本计算估价法，国产非标准设备原价的构成及计算方法如表 2-1 所示。

表 2-1　国产非标准设备原价的构成及计算方法

序号	项目	计算公式
1	材料费	材料净重×(1+加工损耗系数)×每吨材料综合价
2	加工费	设备总重量(吨)×设备每吨加工费
3	辅助材料费	设备总重量×辅助材料费指标
4	专用工具费	(1)～(3)项之和乘以一定百分比
5	废品损失费	(1)～(4)项之和乘以一定百分比
6	外购配套件费	按设备设计图纸所列的外购配套件的名称、型号、规格、数量、重量，根据相应的价格加运杂费计算
7	包装费	(1)～(6)项之和乘以一定的百分比
8	利润	(1)～(5)项加(7)之和乘以一定的利润率
9	税金	当期销项税额=销售额×适用增值税税率 销售额为(1)～(8)项之和
10	非标准设备设计费	按国家规定的设计费收费标准计算

国产非标准设备原价也可以用下面的公式表达。

国产非标准设备原价={[(材料费+加工费+辅助材料费)×(1+专用工具费率)×(1+废品损失费率)+外购配套件费]×(1+包装费率)-外购配套件费}×(1+利润率)+外购配套件费+税金+非标准设备设计费　(2-2)

【例 2-2】

一台国产非标准设备，材料费为 20 万元，加工费为 2 万元，辅助材料费为 4000 元。专用工具费率为 1.5%，废品损失费率为 10%，外购配套件费为 5 万元，包装费率为 1%，利润率为 7%，增值税率为 17%，非标准设备设计费为 2 万元，求该国产非标准设备的原价。

【解】

专用工具费=(20+2+0.4)×1.5%万元=0.336 万元。

废品损失费=(20+2+0.4+0.336)×10%万元=2.274 万元。

包装费=(22.4+0.336+2.274+5)×1%万元=0.300 万元。

利润=(22.4+0.336+2.274+0.3)×7%万元=1.772 万元。

税金=(22.4+0.336+2.274+5+0.3+1.772)×17%万元=5.454 万元。

该国产非标准设备的原价=(22.4+0.336+2.274+0.3+1.772+5.454+2+5)万元=39.536 万元。

2.2.2　进口设备原价的构成及计算

进口设备原价是指进口设备的抵岸价，即设备抵达买方边境、港口或车站，交纳完各种手续费、税费后形成的价格。

$$进口设备原价(抵岸价)=进口设备到岸价(CIF)+进口从属费 \quad (2-3)$$

1)进口设备的交易价格

在国际贸易中,较为广泛使用的交易价格术语有 FOB、CFR 和 CIF。

(1)FOB(free on board)意为装运港船上交货价,亦称为离岸价。FOB 是指当货物在指定的装运港被装上指定船,卖方即完成交货义务,风险转移以在指定的装运港货物被装上指定船时为分界点,费用划分与风险转移的分界点相一致。

(2)CFR(cost and freight)意为成本加运费,或称之为运费在内价。CFR 是指货物在装运港被装上指定船时卖方即完成交货,卖方必须支付将货物运至指定的目的港所需的运费和费用,但交货后货物灭失或损坏的风险,以及由于各种事件造成的任何额外费用,由卖方转移到买方。与 FOB 相比,CFR 的费用划分与风险转移的分界点是不一致的。

(3)CIF (cost insurance and freight)意为成本加保险费、运费,习惯称为到岸价格。在 CIF 中,卖方除负有与 CFR 相同的义务外,还应办理货物在运输途中最低险别的海运保险,并应支付保险费,如买方需要更高的保险险别,则需要与卖方明确地达成协议,或者自行做出额外的保险安排。除保险这项义务之外,CIF 中,买方的义务与 CFR 相同。

图 2-6 FOB、CFR 和 CIF 交易价格的特征比较

FOB、CFR 和 CIF 交易价格的特征比较如图 2-6 所示。

2)进口设备到岸价的构成及计算

进口设备到岸价是设备抵达买方边境港口或边境车站所形成的价格,计算公式为

$$\begin{aligned}进口设备到岸价(CIF) &= 离岸价(FOB)+国际运费+运输保险费 \\ &= 运费在内价(CFR)+运输保险费\end{aligned} \quad (2-4)$$

进口设备到岸价(CIF)的构成及计算如表 2-2 所示。

表 2-2 进口设备到岸价(CIF)的构成及计算

费用	内容	计算公式
离岸价	指装运港船上交货价(FOB)	离岸价(FOB)×人民币外汇汇率
国际运费	即从装运港(站)到达我国目的港(站)的运费	离岸价(FOB)×运费率 (或单位运价×运量)
运输保险费	保险人根据保险契约的规定对货物在运输过程中发生的承保责任范围内的损失给予经济上的补偿	[离岸价(FOB)+国际运费]×保险费率/(1-保险费率)

3)进口从属费的构成及计算

$$进口从属费=银行财务费+外贸手续费+关税+消费税+进口环节增值税+车辆购置税 \quad (2-5)$$

进口从属费的构成及计算如表 2-3 所示。

表 2-3 进口从属费的构成及计算

费用	内容	计算公式
银行财务费	中国银行为进出口商提供金融结算服务所收取的费用	离岸价(FOB)×人民币外汇汇率×银行财务费率
外贸手续费	按规定的外贸手续费率计取	到岸价(CIF)×人民币外汇汇率×外贸手续费率
关税	由海关对进出国境或关境的货物和物品征收的一种税	到岸价(CIF)×人民币外汇汇率×进口关税税率
消费税	对部分产品(如汽车等)征收	(到岸价×人民币外汇汇率+关税)/(1-消费税税率)×消费税税率

续表

费用	内容	计算公式
进口环节增值税	对从事进口贸易的单位和个人,在进口商品报关进口后征收的税种	(关税完税价格+关税+消费税)×增值税税率
车辆购置税	进口车辆须缴纳进口车辆购置税	(关税完税价格+关税+消费税)×车辆购置税率

进口设备的交货方式示意图如图 2-7 所示。

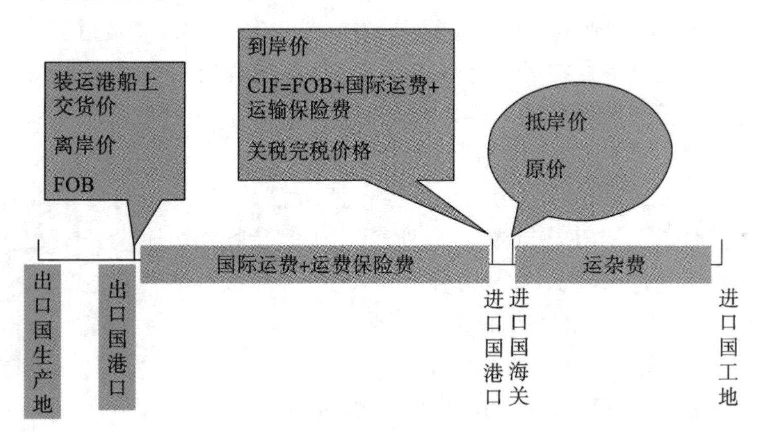

图 2-7　进口设备的交货方式示意图

【例 2-3】

项目所需设备为进口设备,经询价,设备的货价(离岸价)为 1500 万美元,国际海洋运输公司的现行海运费率为 5%,国际海运保险费为 3‰,银行财务费率、外贸手续费率、进口关税税率和增值税税率分别按 5‰、1.5%、17%、25%计取。国内供销手续费率为 0.4%,运输、装卸和包装费率为 0.1%,采购保管费率为 1%。美元兑换人民币的汇率均按 1 美元=6.2 元人民币计算,试计算该项目进口设备购置费(以万元为单位)(计算过程及计算结果保留小数点后两位)。

【解】

货价(FOB)=1500 万美元。

海运费=1500×5%万美元=75 万美元。

海运保险费=(1500+75)×3‰/(1-3‰)万美元≈4.74 万美元。

到岸价(CIF)=(1500+75+4.74)万美元=1579.74 万美元。

银行财务费=1500×5‰万美元=7.5 万美元。

外贸手续费=1579.74×1.5%万美元≈23.7 万美元。

关税=1579.74×17%万美元≈268.56 万美元。

增值税=(1579.74+268.56)×25%=462.08 万美元。

抵岸价(原价)=(1500+75+4.74+7.5+23.7+268.56+462.08)万美元=2341.58 万美元=2341.58×6.2 万元≈14 517.80 万元。

进口设备购置费=14 517.8×(1+0.4%+0.1%)(1+1%)万元≈14 736.29 万元。

4)设备运杂费的构成与计算

(1)设备运杂费的构成。

设备运杂费是指国内采购设备从来源地、国外采购设备从到岸港运至工地仓库或指定堆放地点发生的采购、运输、运输保险、保管、装卸等费用,如图 2-8 所示。

图 2-8　设备运杂费的构成

(2)设备运杂费的计算。

设备运杂费按设备原价乘以设备运杂费率计算,其公式为

$$设备运杂费=设备原价×设备运杂费率 \quad (2-6)$$

其中，设备运杂费率按各部门及省、市有关规定计取。

2.2.3 工具、器具及生产家具购置费的构成和计算

工具、器具及生产家具购置费，是指新建或扩建项目初步设计规定的，保证初期正常生产必须购置的没有达到固定资产标准的设备、仪器、工卡模具、器具、生产家具和备品备件等的购置费用。一般以设备购置费为计算基数，按照部门或行业规定的工具、器具及生产家具费率计算。计算公式为

工具、器具及生产家具购置费＝设备购置费×定额费率 (2-7)

2.3 建筑安装工程费的构成

2.3.1 建筑安装工程费的内容

1. 建筑安装工程费介绍

建筑安装工程费是指为完成工程项目建造、生产性设备及配套工程安装所需的费用。

(1)各类房屋建筑工程和列入房屋建筑工程预算的供水、供暖、卫生、通风、煤气等设备费用及其装设、油饰工程的费用，列入建筑工程预算的各种管道、电力、电信和电缆导线敷设工程的费用。

(2)设备基础、支柱、工作台、烟囱、水塔、水池等建筑工程以及各种炉窑的砌筑工程和金属结构工程的费用。

(3)为施工而进行的场地平整，工程和水文地质勘察，原有建筑物和障碍物的拆除以及施工临时用水、电、暖、气、路、通信和完工后的场地清理，环境绿化、美化等工作的费用。

(4)矿井开凿、井巷延伸、露天矿剥离，石油、天然气钻井，修建铁路、公路、桥梁、水库、堤坝、灌渠及防洪等工程的费用。

2. 安装工程费用的内容

(1)生产、动力、起重、运输、传动和医疗、实验等各种需要安装的机械设备的装配费用，与设备相连的工作台、梯子、栏杆等设施的工程费用，附属于被安装设备的管线敷设工程费用，以及被安装设备的绝缘、防腐、保温、油漆等工作的材料费和安装费。

(2)为测定安装工程质量，对单台设备进行单机试运转、对系统设备进行系统联动无负荷试运转工作的调试费。

2.3.2 建筑安装工程费的项目组成(按费用构成要素划分)

按照费用构成要素划分，建筑安装工程费包括人工费、材料费、施工机具使用费，企业管理费、利润、规费和增值税。

1. 人工费

建筑安装工程费中的人工费是指支付给直接从事建筑安装工程施工作业的生产工人的各项费用，如图2-9所示。计算人工费的基本要素有两个，即人工工日消耗量和人工日工资单价。

(1)人工工日消耗量。人工工日消耗量是指在正常施工生产条件下，完成规定计量单位的建筑安装产品所消耗的生产工人的工日数量。它由分项工程所综合的各个工序劳动定额包括的基本用工、其他用工两部分组成。

(2)人工日工资单价。人工日工资单价是指直接从事建筑安装工程施工的生产工人在每个法定工作日的工资、津贴及奖金等。

人工费的基本计算公式为

$$人工费=\sum(人工工日消耗量\times人工日工资单价) \quad (2\text{-}8)$$

图2-9 人工费的构成

2. 材料费

建筑安装工程费中的材料费，是指工程施工过程中耗费的各种原材料、半成品、构配件、工程设备等的费用，以及周转材料等的摊销、租赁费用，如图 2-10 所示。计算材料费的基本要素是材料消耗量和材料单价。

图 2-10　材料费的构成

（1）材料消耗量。材料消耗量是指在正常施工生产条件下，完成规定计量单位的建筑安装产品所消耗的各类材料的净用量和不可避免的损耗量。

（2）材料单价。材料单价是指建筑材料从其来源地运到施工工地仓库直至出库形成的综合平均单价，由材料原价、运杂费、运输损耗费、采购及保管费组成。当一般纳税人采用一般计税方法时，材料单价中的材料原价、运杂费等均应扣除增值税进项税额。

材料费的基本计算公式为

$$材料费=\sum(材料消耗量\times材料单价) \tag{2-9}$$

（3）工程设备的费用。工程设备是指构成或计划构成永久工程一部分的机电设备、金属结构设备、仪器装置及其他类似的设备和装置的费用。

3. 施工机具使用费

施工机具使用费是指施工作业产生的施工机械、仪器仪表使用费或其租赁费，如图 2-11 所示。

图 2-11　施工机具使用费的构成

（1）施工机械使用费。施工机械使用费是指施工机械作业产生的使用费或租赁费。构成施工机械使用费的基本要素是施工机械台班消耗量和施工机械台班单价。施工机械台班消耗量是指在正常施工生产条件下，完成规定计量单位的建筑安装产品所消耗的施工机械台班的数量。施工机械台班单价是指折合到每台班的施工机械使用费。施工机械使用费的基本计算公式为

$$施工机械使用费=\sum(施工机械台班消耗量\times施工机械台班单价) \tag{2-10}$$

施工机械台班单价通常由折旧费、大修理费、经常修理费、安拆费及场外运费、人工费、燃料动力费和税费组成。

（2）仪器仪表使用费。仪器仪表使用费是指工程施工所需使用的仪器仪表的摊销及维修费用。与施工机械使用费类似，仪器仪表使用费的基本计算公式为

$$仪器仪表使用费=\sum(仪器仪表台班消耗量\times仪器仪表台班单价) \tag{2-11}$$

仪器仪表台班单价通常由折旧费、维护费、校验费和动力费组成。

当一般纳税人采用一般计税方法时，施工机械台班单价和仪器仪表台班单价中的相关子项均需扣除增值税进项税额。

4. 企业管理费

企业管理费是指施工单位组织施工生产和经营管理所发生的费用。

（1）管理人员工资是指按规定支付给管理人员的计时工资、奖金，津贴补贴、加班加点工资及特殊情况下支付的工资等。

（2）办公费是指企业管理办公用的文具、纸张、账簿、印刷、邮电、书报、办公软件、现场监控、会议、水电、烧水和集体取暖降温等的费用。办公费中增值税进项税额的抵扣原则如图 2-12 所示。

图 2-12　办公费中增值税进项税额的抵扣原则

（3）差旅交通费是指职工因公出差、调动工作的差旅费、住勤补助费、市内交通费、误餐补助费，职工探亲路费，劳动力招募费，职工退休、退职一次性路费，工伤人员就医路费，工地转移费以及管理部门使用的交通工具的油料、燃料等费用。

（4）固定资产使用费是指管理和试验部门及附属生产单位使用的属于固定资产的房屋、设备、仪器等的折

旧、大修、维修和租赁费。固定资产使用费中增值税进项税额的抵扣原则如图 2-13 所示。

(5)工具用具使用费是指企业施工生产和管理使用的不同于固定资产的工具、器具、家具、交通工具和检验、试验、测绘、消防用具等的购置、维修和摊销费。工具用具使用费中增值税进项税额的抵扣原则如图 2-14 所示。

图 2-13 固定资产使用费中增值税进项税额的抵扣原则

图 2-14 工具用具使用费中增值税进项税额的抵扣原则

(6)劳动保险和职工福利费是指由企业支付的职工退职金、按规定支付给离休干部的经费、集体福利费、夏季防暑降温补贴、冬季取暖补贴、上下班交通补贴等。

(7)劳动保护费是指企业按规定发放的劳动保护用品的支出,如工作服、手套、防暑降温饮料的费用以及在有碍身体健康的环境中施工的保健费用等。

(8)检验试验费是指施工企业按照有关标准规定,对建筑、材料、构件和建筑安装物进行一般鉴定、检查所发生的费用,包括自设试验室进行试验所耗用的材料等费用,不包括新结构、新材料的试验费,对构件做破坏性试验及其他特殊要求检验试验的费用和建设单位委托检测机构进行检测的费用,此类检测发生的费用,由建设单位在工程建设其他费用中列支。施工企业提供的具有合格证明的材料进行检测不合格的,该检测费用由施工企业支付。试验检验费中增值税进项税额的抵扣原则如图 2-15 所示。

图 2-15 试验检验费中增值税进项税额的抵扣原则

(9)工会经费是指企业按《工会法》规定的全部职工工资总额比例计提的工会经费。

(10)职工教育经费是指按职工工资总额的规定比例计提,企业为职工进行专业技术和职业技能培训、专业技术人员继续教育、职工职业技能鉴定、职业资格认定以及根据需要对职工进行各类文化教育所产生的费用。

(11)财产保险费是指施工管理用财产、车辆等的保险费用。

(12)财务费是指企业为施工生产筹集资金或提供预付款担保、履约担保、职工工资支付担保等所产生的各种费用。

(13)税金是指企业按规定缴纳的房产税、非生产性车船使用税、土地使用税、印花税、城市维护建设税、教育费附加、地方教育附加等各项税费。

(14)其他费用包括技术转让费、技术开发费、投标费、业务招待费、绿化费、广告费、公证费、法律顾问费、审计费、咨询费、保险费等。

企业管理费一般采用取费基数乘以费率的方法计算,不同计算基数所对应的企业管理费费率计算方法如下:

①以人、材、机为计算基础,企业管理费率的计算公式为

$$\text{管理费费率}(\%)=\frac{\text{生产工人年平均管理费}}{\text{年有效施工天数}\times\text{人工单价}}\times\text{人工费占直接费的比例}(\%) \tag{2-12}$$

②以人工费和机械费为计算基础,企业管理费率的计算公式为

$$\text{管理费费率}(\%)=\frac{\text{生产工人年平均管理费}}{\text{年有效施工天数}\times(\text{人工单价}+\text{每一日机械使用费})}\times 100 \tag{2-13}$$

③以人工费为计算基础,企业管理费率的计算公式为

$$\text{企业管理费费率}(\%)=\frac{\text{生产工人年平均管理费}}{\text{年有效施工天数}\times\text{人工单价}}\times 100 \tag{2-14}$$

5. 利润

利润是指施工单位从事建筑安装工程施工所获得的盈利。

6. 规费

规费是指按国家法律、法规规定，由省级政府和省级有关权力部门规定施工单位必须缴纳或计取的费用，主要包括社会保险费(养老保险费、失业保险费、医疗保险费、工伤保险费、生育保险费)、住房公积金以及工程排污费。

(1)社会保险费和住房公积金。社会保险费和住房公积金合并计算，以定额人工费为计算基础，根据工程所在地省、自治区、直辖市或行业建设主管部门规定费率计算。

$$社会保险费和住房公积金=\Sigma(工程定额人工费\times社会保险费和住房公积金费率) \tag{2-15}$$

(2)工程排污费指按规定缴纳的施工现场工程排污费，工程排污费等其他应列而未列入的规费应按工程所在地环境保护等部门规定的标准缴纳，按实计取列入。

7. 增值税

增值税的计算依据和方法如图2-16所示。

图2-16　增值税的计算依据和方法

(1)当采用一般计税方法时，增值税税率为10%，增值税的计算公式为

$$增值税=税前造价\times增值税税率 \tag{2-16}$$

税前造价为人工费、材料费，施工机具使用费，企业管理费，利润和规费之和，各费用项目均以不包含增值税可抵扣进项税额的价格计算。

(2)当采用简易计税方法时，增值税税率为3%，增值税的计算公式为

$$增值税=税前造价\times增值税税率 \tag{2-17}$$

税前造价为人工费、材料费、施工机具使用费、企业管理费、利润和规费之和，各费用项目均以包含增值税进项税额的含税价格计算。

2.3.3　建筑安装工程费的项目组成(按造价形成划分)

建筑安装工程费按照造价形成由分部分项工程费、措施项目费、其他项目费、规费和税金组成。

1. 分部分项工程费

分部分项工程费是指各专业工程(见图2-17)的分部分项工程应予列支的各项费用。各专业工程的分部分项工程划分遵循国家或行业工程量计算规范的规定。分部分项工程费通常用分部分项工程量乘以综合单价进行计算。

$$分部分项工程费=\sum(分部分项工程量\times综合单价) \tag{2-18}$$

式中：综合单价包括人工费、材料费、施工机具使用费、企业管理费和利润，以及一定范围的风险费用。

图2-17　专业工程

2. 措施项目费

措施项目费是指为完成建设工程施工，发生于该工程施工准备和施工过程中的技术、生活、安全、环境保护等方面的费用。措施项目费包括以下几项。

1)安全文明施工费

安全文明施工费的内容如图2-18所示。

(1)环境保护费是指施工现场为达到环保部门要求所需要的各项费用。

(2)文明施工费是指施工现场文明施工所需要的各项费用。

(3)安全施工费是指施工现场安全施工所需要的各项费用。

(4)临时设施费是指施工企业为进行建设工程施工所必须搭设的生活和生产用的临时建筑物、构筑物和其他临时设施费用，包括临时设施的搭设、维修、拆除、清理的费用或摊销费等。

图2-18　安全文明施工费的内容

2)夜间施工增加费

夜间施工增加费是指因夜间施工所发生的夜班补助费、夜间施工降效、夜间施工照明设备摊销及照明用电等措施费用,包括以下内容。

(1)夜间固定照明灯具和临时可移动照明灯具的设置、拆除费用。

(2)夜间施工时,施工现场的交通标志、安全标牌、警示灯的设置、移动、拆除费用。

(3)夜间照明设备摊销及照明用电、施工人员夜班补助、夜间施工劳动效率降低等费用。

3)非夜间施工照明费

非夜间施工照明费是指为保证工程施工正常进行,在地下室等特殊施工部位施工时所采用的照明设备的安拆、维护及照明用电等费用。

4)二次搬运费

二次搬运费是指因施工管理需要或因场地狭小等原因,导致建筑材料、设备等不能一次搬运到位,必须发生的二次或多次搬运所需的费用。

5)冬雨季施工增加费

冬雨季施工增加费是指因冬雨季天气原因导致施工效率降低加大投入而增加的费用,以及为确保冬雨季施工质量和安全采取的保温、防雨等措施所需的费用。

6)地上、地下设施和建筑物的临时保护设施费

地上、地下设施和建筑物的临时保护设施费是指在工程施工过程中,对已建成的地上、地下设施和建筑物进行的遮盖、封闭、隔离等必要保护措施的费用。

7)已完工程及设备保护费

已完工程及设备保护费是指竣工验收前,对已完工程及设备采取的覆盖、包裹、封闭、隔离等必要保护措施的费用。

8)脚手架费

脚手架费是指施工需要的各种脚手架搭、拆除、运输费用以及脚手架购置费的摊销(或租赁)费用,包括以下内容。

(1)施工时可能发生的场内、场外材料搬运费用。

(2)搭、拆脚手架、斜道、上料平台的费用。

(3)安全网的铺设费用。

(4)拆除脚手架后材料的堆放费用。

9)混凝土模板及支架(撑)费

混凝土模板及支架(撑)费是指混凝土施工过程中需要的各种钢模板、木模板、支架等的支拆、运输费用及模板、支架的摊销(或租赁)费用,包括以下内容。

(1)混凝土施工过程中需要的各种模板的制作费用。

(2)模板安装、拆除、整理堆放及场内外运输费用。

(3)清理模板黏结物及模内杂物、刷隔离剂等费用。

10)垂直运输费

垂直运输费是指现场所用材料、机具从地面运至相应高度以及工作人员上下工作面等产生的运输费用,包括以下内容。

(1)垂直运输机械的固定装置、基础制作、安装费。

(2)行走式垂直运输机械轨道的铺设、拆除、摊销费。

11)超高施工增加费

当单层建筑物檐口高度超过 20 m、多层建筑物超过 6 层时,可计算超高施工增加费,包括以下内容。

(1)建筑物超高引起的人工功效降低以及由于人工工效降低引起的机械降效费。

(2)高层施工用水加压水泵的安装、拆除及工作台班费。

(3)通信联络设备的使用及摊销费。

12)大型机械设备进出场及安拆费

大型机械设备进出场及安拆费是指机械整体或分体自停放场地运至施工现场或由一个施工地点运至另一个施工地点所产生的机械进出场运输和转移费用及机械在施工现场进行安装、拆卸所需的人工费、材料费、机具费、试运转费和安装所需的辅助设施的费用,包括以下内容。

(1)安拆费包括施工机械、设备在现场进行安装、拆卸所需人工、材料、机具和试运转费用以及机械辅助设施的折旧、搭设、拆除等费用。

(2)进出场费包括施工机械、设备整体或分体自停放地点运至施工现场或由一施工地点运至另一施工地点所产生的运输、装卸、辅助材料等费用。

13)施工排水、降水费

施工排水、降水费是指将施工期间有碍施工作业和影响工程质量的水排到施工场地以外,以及防止在地下水位较高的地区开挖深基坑出现基坑浸水,地基承载力下降,在动水压力作用下引起流土、管涌和边坡失稳等现象而必须采取的有效的降水和排水措施费用。该项费用由成井和排水、降水两个独立的费用项目组成。

(1)成井。成井的费用:①准备钻孔机械、埋设护筒、钻机就位,泥浆制作、固壁,成孔、出渣、清孔等费用;②对接上、下井管(滤管),焊接,安防,下滤料,洗井,连接试抽等费用。

(2)排水、降水。排水、降水的费用:①管道安装、拆除,场内搬运等费用;②抽水、值班、降水设备维修等费用。

14)其他

根据项目的专业特点或所在地区不同,可能会出现其他的措施项目,产生其他项目,如工程定位复测费和特殊地区施工增加费等。

有关专业工程量计算规范规定,措施项目费分为应予计量的措施项目费和不宜计量的措施项目费两类。

(1)应予计量的措施项目费,也称单价措施,基本与分部分项工程费的计算方法相同,计算公式为

$$\text{应予计量的措施项目费}=\sum(\text{措施项目工程量}\times\text{综合单价}) \tag{2-19}$$

不同的措施项目其工程量的计算单位是不同的。

①脚手架费通常按建筑面积或垂直投影面积以“m^2”为单位计算。

②混凝土模板及支架(撑)费通常按照模板与现浇混凝土构件的接触面积以“m^2”为单位计算。

③垂直运输费可根据不同情况用两种方法进行计算:按照建筑面积以“m^2”为单位计算;按照施工工期日历天数以“天”为单位计算。

④超高施工增加费通常按照建筑物超高部分的建筑面积以“m^2”为单位计算。

⑤大型机械设备进出场及安拆费通常按照机械设备的使用数量以“台次”为单位计算。

⑥施工排水、降水费分两个不同的独立部分计算:成井费用通常按照设计图示的钻孔深度以“m”为单位计算;排水水、降水费用通常按照排、降水日历天数以“昼夜”为单位计算。

(2)不宜计量的措施项目费,也称总价措施。对于不宜计量的措施项目费,通常用计算基数乘以费率的方法予以计算。

①安全文明施工费的计算公式为

$$\text{安全文明施工费}=\text{计算基数}\times\text{安全文明施工费费率} \tag{2-20}$$

计算基数应为定额基价(定额分部分项工程费+定额中可以计量的措施项目费)、定额人工费或定额人工费与施工机具使用费之和,其费率由工程造价管理机构根据各专业工程的特点综合确定。

②不宜计量的措施项目费还包括夜间施工增加费,二次搬运费,冬雨季施工增加费,地上、地下设施和建筑物的临时保护设施费,已完工程及设备保护费等,计算公式为

$$\text{不宜计量的措施项目费}=\text{计算基数}\times\text{措施项目费费率} \tag{2-21}$$

式中的计算基数应为定额人工费或定额人工费与定额施工机具使用费之和,其费率由工程造价管理机构根据各专业工程特点和调查资料综合分析后确定。

3. 其他项目费

1)暂列金额

暂列金额是指建设单位在工程量清单中暂定并包括在工程合同价款中的一笔款项,用于施工合同签订时尚未确定或者不可预见的所需材料、工程设备、服务的采购,施工中可能发生的工程变更、合同约定调整因素出现时的工程价款调整以及发生的索赔、现场签证确认等的费用。

暂列金额可根据工程的复杂程度、设计深度、工程环境条件(包括地质、水文、气候条件等)进行估算,一般可按分部分项工程费的10%~15%计算。

2)暂估价

暂估价指发包人在工程量清单或预算书中提供的用于支付必然发生但暂时不能确定价格的材料、工程设备的单价,专业工程以及服务工作的金额。暂估价包括材料暂估价、工程设备暂估价和专业工程暂估价。

暂估价中的材料单价应按照工程造价管理机构发布的工程造价信息中的材料单价计算。工程造价信息未发布的材料单价,其单价参考市场价格估算。暂估价中的专业工程暂估价应分不同专业,按有关计价规定估算。

3)计日工

计日工是指在施工过程中,施工单位完成建设单位提出的工程合同范围以外的零星项目或工作,按照合同中约定的单价计价形成的费用。

计日工由建设单位和施工单位按施工过程中形成的有效签证来计价。

4)总承包服务费

总承包服务费是指总承包人配合、协调建设单位进行的专业工程发包,对建设单位自行采购的材料、工程设备等进行保管以及施工现场管理,竣工资料汇总整理等服务所需的费用。

总承包服务费由建设单位在招标控制价中根据总包范围和有关计价规定编制,施工单位投标时自主报价,施工过程中按签约合同价执行。

4. 规费和税金

规费和税金的构成和计算与按费用构成要素划分建筑安装工程费的项目组成部分是相同的。

2.4 工程建设其他费用

工程建设其他费用是指在建设期产生的与土地使用权取得、整个工程项目建设以及未来生产经营有关的构成建设投资但不包括在工程费用中的费用。

2.4.1 建设用地费

任何一个建设项目都固定于一定地点与地面相连接,必须占用一定量的土地,也就必然要产生为获得建设用地而支付的费用,这就是建设用地费。它是指为获得工程项目建设土地的使用权而在建设期内产生的各项费用,包括通过划拨方式取得土地使用权而支付的土地征用及迁移补偿费,或者通过土地使用权出让方式取得土地使用权而支付的土地使用权出让金。

1. 建设用地取得的基本方式

建设用地的取得,实质是依法获取国有土地的使用权。《中华人民共和国土地管理法》《中华人民共和国土地管理法实施条例》《中华人民共和国城市房地产管理法》规定,获取国有土地使用权的基本方式有两种:一是出让方式,二是划拨方式。建设用地取得的基本方式还包括租赁和转让方式。

1)通过出让方式获取国有土地使用权

国有土地使用权出让是指国家将国有土地使用权在一定年限内出让给土地使用者,由土地使用者向国家支付土地使用权出让金的行为。土地使用权出让最高年限按下列用途确定:

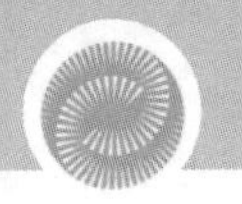

①居住用地 70 年；

②工业用地 50 年；

③教育、科技、文化、卫生、体育用地 50 年；

④商业、旅游、娱乐用地 40 年；

⑤综合或者其他用地 50 年。

通过出让方式获取国有土地使用权又可以分成两种具体方式：一是通过招标、拍卖、挂牌等竞争出让方式获取国有土地使用权，二是通过协议出让方式获取国有土地使用权。

(1)通过竞争出让方式获取国有土地使用权。按照国家相关规定，工业(包括仓储用地，但不包括采矿用地)、商业、旅游、娱乐和商品住宅等各类经营性用地，必须以招标、拍卖或者挂牌方式出让；上述规定以外用途的土地的供地计划公布后，同一土地有两个以上意向用地者的，也应当采用招标、拍卖或者挂牌方式出让。

(2)通过协议出让方式获取国有土地使用权。按照国家相关规定，出让国有土地使用权，除依照法律、法规和规章的规定应当采用招标、拍卖或者挂牌方式外，可采取协议方式。以协议方式出让国有土地使用权的出让金不得低于按国家规定确定的最低价。协议出让底价不得低于拟出让地块所在区域的协议出让最低价。

2)通过划拨方式获取国有土地使用权

国有土地使用权划拨是指县级以上人民政府依法批准，在土地使用者缴纳补偿、安置等费用后将该土地交付其使用，或者将土地使用权无偿交付给土地使用者使用的行为。

国家对划拨用地有着严格的规定，下列建设用地，经县级以上人民政府依法批准，可以通过划拨方式取得：

①国家机关用地和军事用地；

②城市基础设施用地和公益事业用地；

③国家重点扶持的能源、交通、水利等基础设施用地；

④法律、行政法规规定的其他用地。

依法以划拨方式取得国有土地使用权的，除法律、行政法规另有规定外，没有使用期限的限制。因企业改制、土地使用权转让或者改变土地用途等不再符合目录要求的，应当实行有偿使用。

2. 建设用地取得的费用

建设用地如通过划拨方式取得，则须承担征地补偿费用或对原用地单位、个人的拆迁补偿费用，若通过市场机制取得，则不但须承担以上费用，还须向土地所有者支付有偿使用费，及土地出让金。

1)征地补偿费

征地补偿费的内容如图 2-19 所示。

(1)土地补偿费是指对农村集体经济组织因土地被征用而造成的经济损失的一种补偿。

(2)青苗补偿费和地上附着物补偿费。青苗补偿费是指征地时对正在生长的农作物的损害而做出的一种赔偿，如图 2-20 所示。地上附着物是指房屋、水井、树木、涵洞、桥梁、公路、水利设施、树木等地面建筑物、构筑物、附着物等。

图 2-19　征地补偿费的内容

图 2-20　育苗补偿费和地上附着物补偿费的内容

(3)安置补助费。安置补助费应支付给被征地单位和安置劳动力的单位，作为劳动力安置与培训的支出，以及不能就业人员的生活补助。征收耕地的安置补助费，按照需要安置的农业人口数计算。需要安置的农业人口数，按照被征收的耕地数量除以征地前被征收单位平均每人占有耕地的数量计算。每一个需要安置的农业人口的安置补助费标准，为该耕地被征收前三年平均年产值的4～6倍，但是，每公顷被征收耕地的安置补助费，最高不得超过被征收前三年平均年产值的15倍。土地补偿费和安置补助费，尚不能使需要安置的农民保持原有生活水平的，经省、自治区、直辖市人民政府批准，可以增加安置补助费，但是，土地补偿费和安置补助费的总和不得超过土地被征收前三年平均年产值的30倍。

(4)新菜地开发建设基金。新菜地开发建设基金指征用城市郊区商品菜地时支付的费用。这项费用交给地方财政，作为开发建设新菜地的投资。菜地是指城市郊区为供应城市居民蔬菜，连续3年以上常年种菜或者养殖鱼、虾等的商品菜地和精养鱼塘。一年只种一茬或因调整茬口安排种植蔬菜的，均不作为需要收取开发基金的菜地。征用尚未开发的规划菜地，不缴纳新菜地开发建设基金。在蔬菜产销放开后，能够满足供应，不再需要开发新菜地的城市，不收取新菜地开发建设基金。

(5)耕地占用税。耕地占用税是对占用耕地建房或者从事其他非农业建设的单位和个人征收的一种税收，目的是合理利用土地资源、节约用地，保护农用耕地。耕地占用税的征收范围，不仅包括占用耕地，还包括占用鱼塘、园地、菜地及农业用地建房或者从事其他非农业建设，均按实际占用的面积和规定的税额一次性征收。其中，耕地是指用于种植农作物的土地。占用前三年曾用于种植农作物的土地也视为占用耕地。

(6)土地管理费。土地管理费主要作为征地工作中的办公、会议、培训、宣传、差旅、借用人员工资等必要的费用。土地管理费的收取标准，一般是土地补偿费、青苗补偿费、地上附着物补偿费、安置补助费四项费用之和的2%～4%。如果是征地包干，还应在四项费用相加后再加上粮食价差、副食补贴、不可预见费等费用，在此基础上乘以2%～4%作为土地管理费。

2)拆迁补偿费用

在城市规划区内国有土地上实施房屋拆迁，拆迁人应当对被拆迁人给予补偿、安置。

(1)拆迁补偿金。拆迁补偿金的方式可以实行货币补偿，也可以实行原产权调换。

货币补偿的金额，根据被拆迁房屋的区位、用途、建筑面积等因素，以房地产市场评估价格确定。具体办法由省、自治区、直辖市人民政府制定。

实行原产权调换的，拆迁人与被拆迁人按照计算得到的被拆迁房屋的补偿金额和所调换房屋的价格，结清产权调换的差价。

(2)搬迁、临时安置补助费。拆迁人应当对被拆迁人或者房屋承租人支付搬迁补助费，对于在规定的搬迁期限届满前搬迁的，拆迁人可以付提前搬家奖励费；在过渡期限内，被拆迁人或者房屋承租人自行安排住处的，拆迁人应当支付临时安置补助费；被拆迁人或者房屋承租人使用拆迁人提供的周转房的，拆迁人不支付临时安置补助费。

搬迁补助费和临时安置补助费的标准，由省、自治区、直辖市人民政府规定。有些地区规定，拆除非住宅房屋，造成停产、停业引起经济损失的，拆迁人可以根据被拆除房屋的区位和使用性质，按照一定标准给予一次性停产停业综合补助费。

3)出让金、土地转让金

土地使用权出让金为用地单位向国家支付的土地所有权收益，出让金标准一般参考城市基准地价并结合其他因素制定。基准地价由市土地管理局会同市物价局、市国有资产管理局、市房地产管理局等部门综合评估后报市级人民政府审定通过，它以城市土地综合定级为基础，用某一地价或地价幅度表示某一类别用地在某一土地级别范围的地价，以此作为土地使用权出让价格的基础。

在有偿出让和转让土地时，政府对地价不做统一规定，但应坚持以下原则：地价对目前的投资环境不产生大的影响；地价与当地的社会经济承受能力相适应；地价要考虑已投入的土地开发费用、土地市场供求关系、土地用途、所在区类、容积率和使用年限等。有偿出让和转让使用权，要向土地受让者征收契税；转让土地如有增值，要向转让者征收土地增值税；土地使用者每年应按规定的标准缴纳土地使用费。土地使用权出让或转让，应先由地价评估机构进行价格评估后，再签订土地使用权出让和转让合同。

土地使用权出让合同约定的使用年限届满，土地使用者需要继续使用土地的，应当早于届满前一年申请续期，除根据社会公共利益需要收回该幅土地的，应当予以批准。经批准准予续期的，应当重新签订土地使用权出让合同，依照规定支付土地使用权出让金。

2.4.2 与项目建设有关的其他费用

1. 建设管理费

建设管理费是指建设单位为组织完成工程项目建设，在建设期内产生的各类管理性费用。

1)建设管理费的内容

(1)建设单位管理费是指建设单位从项目筹建到项目竣工的管理性质的支出，包括工作人员薪酬及相关费用、办公费、办公场地租用费、差旅交通费、劳动保护费、工具用具使用费、固定资产使用费、招募生产工人费、技术图书资料费(含软件)、业务招待费、竣工验收费和其他管理性质开支。实行代建制管理的项目，代建管理费等同建筑单位管理费，不得同时计列建设单位管理费。

(2)工程监理费是指建设单位委托工程监理单位实施工程监理的费用。按照国家发展改革委关于《进一步放开建设项目专业服务价格的通知》(发改价格〔2015〕299 号)的规定，此项费用实行市场调节价。

2)建设管理费的计算

建设单位管理费按照工程费用(包括建筑安装工程费用和设备及工具、器具购置费)乘以建设单位管理费费率计算。

$$\text{建设单位管理费}=\text{工程费用}\times\text{建设单位管理费费率} \tag{2-22}$$

建设单位管理费费率按照建设项目的性质、规模确定。有的建设项目按照建设工期和规定的金额计算建设单位管理费。如采用监理，建设单位部分管理工作量转移至监理单位，监理费应根据委托的监理工作范围和监理深度在监理合同中明确。

2. 可行性研究费

可行性研究费是指在工程项目投资决策阶段，依据调研报告对有关建设方案、技术方案或生产经营方案进行的技术经济论证，以及编制、评审可行性研究报告所需的费用。此项费用应依据前期研究委托合同计列，按照国家发展改革委关于《进一步放开建设项目专业服务价格的通知》(发改价格〔2015〕299 号)的规定，此项费用实行市场调节价。

3. 研究试验费

研究试验费是指为建设项目提供或验证设计数据、资料等进行的必要的研究试验及按照相关规定在建设过程中必须进行的试验、验证所需的费用，包括自行或委托其他部门研究实验所需的人工费、材料费、试验设备及仪器使用费等。这项费用按照设计单位根据本工程项目的需要提出的研究试验内容和要求计算，在计算时要注意不应包括以下项目：

①应由科技三项费用(即新产品试制费、中间试验费和重要科学研究补助费)开支的项目；

②应在建筑安装工程费中列支的施工企业对建筑材料、构件和建筑物进行一般鉴定检查所产生的费用及技术革新的研究试验费；

③应由勘察设计费或工程费用中开支的项目。

4. 勘察设计费

勘察设计费是指对工程项目进行工程水文地质勘察、工程设计所产生的费用，包括工程勘察费、初步设计费(基础设计费)、施工图设计费(详细设计费)、设计模型制作费。按照国家发展改革委关于《进一步放开建设项目专业服务价格的通知》(发改价格〔2015〕299 号)的规定，此项费用实行市场调节价。

5. 专项评价费

专项评价费包括环境影响评价费、安全预评价费、职业病危害预评价费、地震安全性评价费、地质灾害危险性评价费、水土保持评价费、压覆矿产资源评价费、节能评估费、危险与可操作性分析及安全完整性评价费，以及其他专项评价费。按照国家发展改革委关于《进一步放开建设项目专业服务价格的通知》(发改价格〔2015〕299 号)的规定，这些专项评价费均实行市场调节价。

1)环境影响评价费

环境影响评价费是指在工程项目投资决策过程中，对其进行环境污染或影响评价所需的费用，包括编制环境影响报告书(含大纲)、环境影响报告表和评估等所需的费用,以及建设项目竣工验收阶段环境保护验收调查和环境监测、编制环境保护验收报告的费用。

2)安全预评价费

安全预评价费指为预测和分析建设项目存在的危害因素种类和危险危害程度,提出先进、科学、合理可行的安全技术和管理对策,而编制评价大纲、编写安全评价报告书和评估等所需的费用,以及在竣工验收阶段产生的费用。

3)职业病危害预评价费

职业病危害预评价费指建设项目因可能产生职业病危害而编制职业病危害预评价书、职业病危害控制效果评价书和评估所需的费用。

4)地震安全性评价费

地震安全性评价费是指通过对建设场地和场地周围的地震活动与地震、地质环境的分析,进行的地震活动环境评价、地震地质构造评价、地震地质灾害评价,编制地震安全评价报告书和评估所需的费用。

5)地质灾害危险性评价费

地质灾害危险性评价费是指在灾害易发区对建设项目可能诱发的地质灾害和建设项目本身可能遭受的地质灾害危险程度的预测评价,编制评价报告书和评估所需的费用。

6)水土保持评价费

水土保持评价费是指对建设项目在生产建设过程中可能造成的水土流失进行预测,编制水土保持方案和评估所需的费用,以及在施工期间的监测、竣工验收阶段产生的费用。

7)压覆矿产资源评价费

压覆矿产资源评价费是指对需要压覆重要矿产资源的建设项目,编制压覆重要矿床评价和评估所需的费用。

8)节能评估费

节能评估费是指对建设项目的能源利用是否科学合理进行分析评估,并编制节能评估报告以及评估所发生的费用

9)危险与可操作性分析及安全完整性评价费

危险与可操作性分析及安全完整性评价费是指对应用于生产具有流程性工艺特征产品的新建、改建、扩建项目进行工艺危害分析和对安全仪表系统的设置水平及可靠性进行定量评估所产生的费用。

10)其他专项评价费

其他专项评价费是指根据国家法律、法规,建设项目所在省、自治区、直辖市人民政府的有关规定,以及行业规定需进行的其他专项评价、评估、咨询和验收所需的费用,如重大投资项目社会稳定风险评估、防洪评价等。

6.场地准备及临时设施费

1)场地准备及临时设施费的内容

(1)场地准备费是指为使建设项目的建设场地达到开工条件,由建设单位组织进行的场地平整等准备工作产生的费用,是建设项目为达到工程开工条件所产生的、未列入工程费用的场地平整以及对建设场地余留的有碍于施工建设的设施进行拆除清理所产生的费用。改扩建项目一般只计拆除清理费。

(2)临时设施费是指建设单位为满足施工建设需要而提供的未列入工程费用的临时水、电、路、信、气、热等工程和临时仓库等建(构)筑物的建设、维修、拆除、摊销费用或租赁费用,以及货场、码头租赁等费用。

2)场地准备及临时设施费的计算

(1)场地准备及临时设施应尽量与永久性工程统一考虑。建设场地的大型土石方工程应列入工程费用中的总图运输费用中。

(2)新建项目的场地准备及临时设施费应根据实际工程量估算,或按工程费用的比例计算。改扩建项目一般只计拆除清理费。

$$场地准备及临时设施费=工程费用\times费率+拆除清理费 \tag{2-23}$$

(3)拆除清理费可按新建同类工程造价或主材费、设备费的比例计算。可回收材料的拆除工程采用以料抵工方式冲抵拆除清理费。

(4)此项费用不包括已列入建筑安装工程费中的施工单位临时设施费用。

7. 工程保险费

工程保险费是指在建设期内对建筑工程、安装工程、设备等进行投保产发生的费用,包括建筑安装工程一切险、工程质量保险、进口设备财产保险和人身意外伤害险等。

8. 特殊设备安全监督检验费

特殊设备安全监督检验费是指对施工现场安装的列入国家特种设备范围内的设备(设施)进行检验检测和监督检查所产生的应列入项目开支的费用。

特殊设备包括锅炉及压力容器、压力管道、消防设备、燃气设备、起重设备、电梯、安全阀等特殊设备和设施。

此项费用按照建设项目所在省、自治区、直辖市安全监察部门的规定标准计算。无具体规定的,在编制投资估算和概算时可按受检设备现场安装费的比例估算。

9. 市政公用设施费

市政公用设施费是指使用市政公用设施的工程项目,按照项目所在地政府有关规定缴纳的市政公用设施建设配套费用。

市政公用设施可以是界区外配套的水、电、路、信,以及绿化、人防等。

此项费用按工程所在地人民政府规定计列。

2.4.3 与未来生产经营有关的其他费用

1. 联合试运转费

联合试运转费是指新建或新增生产能力的工程项目,在交付生产前按照设计文件规定的工程质量标准和技术要求,对整个生产线或装置进行负荷联合试运转所产生的费用净支出(试运转支出大于收入的差额部分费用)。试运转支出包括试运转所需原材料、燃料及动力消耗、低值易耗品、其他物料消耗、工具用具使用费、机械使用费、保险金、施工单位参加试运转人员工资,以及专家指导费等;试运转收入包括试运转期间的产品销售收入和其他收入。联合试运转费不包括应由设备安装工程费用开支的调试及试车费用,以及在试运转中暴露出来的因施工原因或设备缺陷等产生的处理费用

2. 专利及专有技术使用费

1)专利及专有技术使用费的主要内容

(1)国外设计及技术资料费,引进有效专利、专有技术使用费和技术保密费。

(2)国内有效专利、专有技术使用费用。

(3)商标权、商誉和特许经营权费等。

2)专利及专有技术使用费的计算

(1)按专利使用许可协议和专有技术使用合同的规定计列。

(2)专有技术的界定应以省、部级鉴定批准为依据。

(3)项目投资中只计算需在建设期支付的专利及专有技术使用费。协议或合同规定在生产期支付的使用费应在生产成本中核算。

(4)一次性支付的商标权、商誉及特许经营权费按协议或合同规定计列。协议或合同规定在生产期支付的商标权或特许经营权费应在生产成本中核算。

(5)项目配套的专用设施投资,包括专用铁路线、专用公路、专用通信设施、送电站、地下管道、专用码头等,如由项目建设单位负责投资但产权不归属本单位的,应按无形资产处理。

3. 生产准备费

1)生产准备费的内容

生产准备费指在建设期内,建设单位为保证项目正常生产而产生的人员培训费、提前进厂费以及投产使用必备的办公、生活家具用具及工具、器具等的购置费用。

(1)人员培训费及提前进厂费包括自行组织培训或委托其他单位培训的人员工资性补贴、职工福利费、差旅交通费、劳动保护费、学习资料费等。

(2)为保证初期正常生产(或营业、使用)所必需的生产办公、生活家具用具购置费。

2)生产准备费的计算

(1)新建项目以设计定员为基数计算,改扩建项目以新增设计定员为基数计算。

$$生产准备费=设计定员\times生产准备费指标 \tag{2-24}$$

(2)可采用综合的生产准备费指标进行计算,也可以按费用内容的分类指标计算。

2.5 预备费和建设期利息

2.5.1 预备费

预备费是指在建设期内因各种不可预见因素的变化而预留的可能增加的费用,包括基本预备费和价差预备费。

1)基本预备费

基本预备费是指投资估算或工程概算阶段预留的,由于工程实施中不可预见的工程变更及洽商、一般自然灾害处理、地下障碍物处理、超规超限设备运输等可能增加的费用,亦可称为工程建设不可预见费。基本预备费一般由以下四部分构成。

①工程变更及洽商增加的费用包括在批准的初步设计范围内,技术设计、施工图设计及施工过程中所增加的工程费用;设计变更、工程变更、材料代用、局部地基处理等增加的费用。

②一般自然灾害处理增加的费用包括一般自然灾害造成的损失和预防自然灾害所采取的措施费。实行工程保险的工程项目该费用应适当降低。

③地下障碍物处理增加的费用。

④超规超限设备运输增加的费用。

基本预备费以工程费用和工程建设其他费用二者之和为计取基础,乘以基本预备费费率进行计算。

$$基本预备费=(工程费用+工程建设其他费用)\times基本预备费费率 \tag{2-25}$$

基本预备费费率的取值应执行国家及部门的有关规定。

【例 2-4】

某建设项目建筑安装工程费为6000万元,设备购置费为1000万元,工程建设其他费用为2000万元,建设期利息为500万元。若基本预备费费率为5%,则该建设项目的基本预备费为多少万元?

【解】

基本预备费=(工程费用+工程建设其他费用)×基本预备费率=(6000+1000+2000)×5%万元=450万元

2)价差预备费

价差预备费是指为建设期内利率、汇率或价格等因素的变化而预留的可能增加的费用,亦称为涨价预备费。价差预备费的内容包括人工、设备、材料、施工机具的价差费,建筑安装工程费及工程建设其他费用调整,利率、汇率调整等增加的费用。

价差预备费一般根据国家规定的投资综合价格指数,以估算年份价格水平的投资额为基数,采用复利方法计算,计算公式为

$$PF=\sum_{t=1}^{n}I_t\left[(1+f)^m(1+f)^{0.5}(1+f)^{t-1}-1\right] \tag{2-26}$$

式中：PF——价差预备费；

n——建设期年份数；

I_t——建设期中第 t 年的静态投资计划额，包括工程费用、工程建设其他费用及基本预备费；

f——年涨价率；

m——建设前期年限，从编制估算到开工建设，年。

【例 2-5】

某建设项目的静态投资为 20 000 万元，建设前期年限为 1 年，建设期为 2 年，计划每年完成投资的 50%，年涨价率为 5%，该项目建设期价差预备费为多少万元？

【解】

第一年的价差预备费＝10 000×$[(1+5\%)^{1+1-0.5}-1]$＝759.30 万元。

第二年的价差预备费＝10 000×$[(1+5\%)^{1+2-0.5}-1]$＝1297.26 万元。

价差预备费合计＝759.30＋1297.26＝2056.56 万元。

2.5.2 建设期利息

建设期利息主要是指在建设期内产生的为工程项目筹措资金的融资费用及债务资金利息。

建设期利息的计算，根据建设期资金用款计划，在总贷款分年均衡发放前提下，可按当年借款在年中支用考虑，即当年借款按半年计息，上年借款按全年计息，计算公式为

$$q_j=\left(P_{j-1}+\frac{1}{2}A_j\right)\cdot i \tag{2-27}$$

式中：q_j——建设期第 j 年应计利息；

P_{j-1}——建设期$(j-1)$年末累计贷款本金与利息之和；

A_j——建设期第 j 年贷款金额；

i——年利率。

【例 2-6】

某项目建设期为 2 年，第一年贷款 4000 万元，第二年贷款 2000 万元，贷款年利率为 10%，贷款在年内均衡发放，建设期内只计息不付息。该项目第二年的建设期利息为多少万元？

【解】

第一年的建设期利息＝4000/2×10%＝200 万元。

第二年的建设期利息＝(4000＋200＋2000/2)×10%＝520 万元。

案例分析

案例 1：进口设备购置费的计算

【案例背景】

某地区 2020 年初拟建一工业项目，有关资料如下：

(1)经估算国产设备购置费为 2000 万元(人民币)。进口设备离岸价为 2500 万元(人民币)，到岸价(货价、海运费、运输保险费)为 3020 万元(人民币)，进口设备国内运杂费为 100 万元。

(2)进口设备购置费用计算表如表 2-4 所示。

表 2-4 进口设备购置费用的计算表

序号	价格	费率	计算式	金额/万元
(1)	到岸价			3020.00
(2)	银行财务费	0.5%		

续表

序号	价格	费率	计算式	金额/万元
(3)	外贸手续费	1.5%		
(4)	关税	10%		
(5)	进口环节增值税	17%		
(6)	设备国内运杂费			
进口设备购置费			(1)+(2)+(3)+(4)+(5)+(6)	

问题：

按照上表的数据和要求，计算进口设备购置费。

案例2：建设项目工程造价构成

【案例背景】

某火力发电厂计划建设一个装机容量为30万千瓦的项目，业主与施工单位签订了施工合同。在工程实施过程中，施工单位向业主代表提出下列费用应由建设单位支付。

(1)职工教育经费：因该工程项目的电机等采用国外进口的设备，在安装前，需要对安装操作的人员进行培训，培训经费为2万元。

(2)研究试验费：该工程项目要对铁路专用线的一座跨公路预应力拱桥的模型进行破坏性试验，需费用9万元，改进混凝土泵送工艺试验费3万元，合计12万元。

(3)临时设施费：为该工程项目的施工搭建的民工临时用房15间，为业主搭建的临时办公用房4间，分别为3万元和1万元，合计4万元。

(4)根据施工组织设计，部分项目安排在雨季施工，由于采取防雨措施，费用增加2万元。

问题：

假如你是业主方的造价工程师，你认为以上各项费用中哪些不应由业主支付？为什么？哪些应支付，支付多少？

单元总结

本单元主要介绍了我国现行建设项目总投资构成，主要包括建筑安装工程费，设备及工具、器具购置费，工程建设其他费用，预备费和建设期利息。

建筑安装工程费包括建筑工程费和安装工程费。建筑工程费是指各类房屋建筑，一般包括建筑安装工程、室内外装饰装修、各类设备基础、室外构筑物、道路、绿化、铁路专用线、码头、围护等工程费。安装工程费包括专业设备安装工程费和管线安装工程费。建筑安装工程费按费用构成要素划分为人工费、材料费、施工机具使用费、企业管理费、利润、规费和税金；按工程造价形成顺序划分为分部分项工程费、措施项目费、其他项目费、规费和增值税。

设备购置费是指为工程建设项目购置或自制达到固定资产标准的设备，工具、器具及生产家具的费用。设备购置费由设备原价和设备运杂费组成。设备原价分为国产标准设备原价、国产非标准原价以及进口设备原价。

工程建设其他费用是指从工程筹建起到工程竣工验收交付使用止的整个建设期间，除建筑安装工程费和设备及工具、器具购置费以外的，为保证工程建设顺利完成和交付使用后能够正常发挥效用而产生的各项费用。工程建设其他费用由建设用地费、与项目建设有关的其他费用、与未来生产经营有关的其他费用三部分构成。

预备费是在建设期内因各种不可预见因素的变化而预留的可能增加的费用，包括基本预备费和价差预备费。

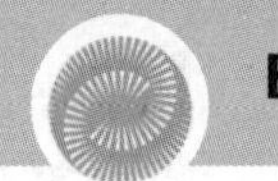

复习思考题与习题

一、单项选择题

1.根据现行建设项目工程造价构成的相关规定,工程造价是指(　　)。
A.为完成工程项目建造,生产性设备及配合工程安装设备的费用
B.建设期内直接用于工程建造、设备购置及其安装的建设投资
C.为完成工程项目建设,在建设期内投入且形成现金流出的全部费用
D.在建设期内预计或实际支出的建设费用

2.关于我国建设项目总投资,下列说法中正确的是(　　)。
A.非生产性建设项目总投资由固定资产投资和流动资金组成
B.生产性建设项目总投资由工程费用、工程建设其他费用和预备费三部分组成
C.建设投资是为了完成工程项目建设,在建设期内投入且形成现金流出的全部费用
D.建设投资由固定资产投资和建设期利息组成

3.关于设备及工具、器具购置费,下列说法中正确的是(　　)。
A.它是由设备购置费和工具、器具及生活家具购置费组成的
B.它是固定资产投资中的消极部分
C.在工业建筑中,它占工程造价比重的增大意味着生产技术的进步
D.在民用建筑中,它占工程造价比重的增大意味着资本有机构成的提高

4.进口设备原价是指进口设备的(　　)。
A.到岸价　　B.抵岸价　　C.离岸价　　D.运费在内价

5.下列费用项目中,属于工具、器具及生产家具购置费计算内容的是(　　)。
A.未达到固定资产标准的设备购置费　　B.达到固定资产标准的设备购置费
C.引进设备时备品备件的测绘费　　D.引进设备的专利使用费

6.根据我国现行建筑安装工程费构成的相关规定,下列费用中,属于安装工程费用的是(　　)。
A.设备基础、工作台的砌筑工程费或金属结构工程费用
B.房屋建筑工程供水、供暖等设备费用
C.对系统设备进行系统联动无负荷运转工作的调试费
D.对整个生产线负荷联合试运转所产生的费用

7.根据现行建筑安装工程费的项目组成的规定,下列费用项目中,属于施工机具使用费的是(　)。
A.仪器仪表使用费　　B.施工机械财产保险费
C.大型机械进出场费　　D.大型机械安拆费

8.根据我国现行建筑安装工程费的项目组成的规定,下列费用中属于安全文明施工费的是(　　)。
A.夜间施工时,临时可移动照明灯具的设置、拆除费用
B.工人的安全防护用品的购置费用
C.地下室施工时所采用的照明设施拆除费
D.建筑物的临时保护设施费

9.已知某政府办公楼项目,税前造价为2000万元,其中包含增值税可抵扣进项税额150万元,若采用一般计税方法,则该项目应缴纳的增值税为(　　)万元。
A.220.0　　B.203.5　　C.60.0　　D.314.5

10.下列建筑服务中,不可以选择按照简易办法计税的是(　　)。
A.一般纳税人以清包工方式提供的建筑服务
B.一般纳税人为甲供工程提供的建筑服务

C. 一般纳税人为建筑工程老项目提供的建筑服务
D. 一般纳税人为建筑工程新项目提供的建筑服务

二、多项选择题

1. 计算设备进口环节增值税时，作为计算基数的计税价格包括(　　)。
A. 外贸手续费　　B. 到岸价　　C. 设备运杂费
D. 关税　　E. 消费税

2. 下列费用项目中，以"到岸价＋关税＋消费税"为基数，乘以各自给定费(税)率进行计算的有(　　)。
A. 外贸手续费　　B. 关税　　C. 消费税
D. 进口环节增值税　　E. 车辆购置税

3. 下列费用中应计入设备运杂费的有(　　)。
A. 设备保管人员的工资
B. 设备采购人员的工资
C. 设备自生产厂家运至工地仓库的运费、装卸费
D. 运输中的设备包装支出
E. 设备仓库所占用的固定资产使用费

4. 关于设备购置费的构成和计算，下列说法中正确的有(　　)。
A. 国产标准设备的原价中，一般不包含备件的价格
B. 成本计算估价法适用于国产非标准设备原价的计算
C. 进口设备原价是指进口设备的到岸价
D. 国产非标准设备原价中包含非标准设备设计费
E. 达到固定资产标准的工具、器具，其购置费用应计入设备购置费

5. 下列费用项目中，属于安装工程费用的有(　　)。
A. 被安装设备的防腐、保温等工作的材料费
B. 设备基础的工程费用
C. 对单台设备进行单机试运转的调试费
D. 被安装设备的防腐、保温等工作的安装费
E. 与设备相连的工作台、梯子、栏杆的工程费用

6. 根据现行建筑安装工程费的项目组成的规定，下列费用项目中，属于建筑安装工程企业管理费的有(　　)。
A. 仪器仪表使用费　　B. 工具用具使用费　　C. 建筑安装工程一切险
D. 地方教育附加费　　E. 劳动保险费

7. 根据我国现行建筑安装工程费的项目组成的规定，下列施工企业产生的费用中，应计入企业管理费的是(　　)。
A. 建筑材料、构件一般性鉴定检查费
B. 支付给企业离休干部的经费
C. 施工现场工程排污费
D. 履约担保所产生的费用
E. 施工生产用仪器仪表使用费

8. 按我国现行建筑安装工程费的项目组成的规定，下列属于企业管理费的有(　　)。
A. 企业管理人员办公用的文具、纸张等费用
B. 企业施工生产和管理使用的属于固定资产的交通工具的购置、维修费

C. 对建筑以及材料、构件和建筑安装进行特殊鉴定检查所产生的检验试验费

D. 按全部职工工资总额比例计提的工会经费

E. 为施工生产筹集资金、履约担保所产生的财务费用

9. 根据我国现行建筑安装工程费的项目组成的规定，下列费用中属于安全文明施工中临时设施费的有（　　）。

A. 现场采用砖砌围挡的安砌费用

B. 现场围挡的墙面美化费用

C. 施工现场的操作场地的硬化费用

D. 施工现场规定范围内临时简易道路的铺设费用

E. 地下室施工时所采用的照明设备的安拆费用

10. 应予计量的措施项目费包括（　　）。

A. 垂直运输费　　B. 排水、降水费　　C. 冬雨季施工增加费

D. 临时设施费　　E. 超高施工增加费

11. 下列建设用地取得的费用中，属于征地补偿费的有（　　）。

A. 土地补偿费　　B. 安置补助费　　C. 搬迁补助费

D. 土地管理费　　E. 土地转让金

三、简答题

1. 简述建设项目总投资与工程造价构成的区别。

2. 建筑安装工程费按费用构成要素和造价形成各包括哪些？

3. 与项目建设有关的其他费用包括哪些内容？

四、计算题

1. 某工厂采购一台国产非标准设备，制造厂生产该台设备所用的材料费为 20 万元，加工费为 2 万元，辅助材料费为 4000 元。专用工具费率为 1.5%，废品损失费率为 10%，外购配套件费为 5 万元，包装费率为 1%，利润率为 7%，增值税率为 17%，非标准设备设计费为 2 万元，计算该国产非标准设备的原价。

2. 某建设项目建筑安装工程费为 5000 万元，设备购置费为 3000 万元，工程建设其他费用为 2000 万元，已知基本预备费率 5%，项目建设前期年限为 1 年，建设期为 3 年，各年投资计划额为第一年完成投资的 20%，第二年完成 60%，第三年完成 20%。年均投资价格上涨率为 6%，求建设项目建设期间的价差预备费。

3. 某新建项目，建设期为 3 年，分年均衡进行贷款，第一年贷款 300 万元，第二年贷款 600 万元，第三年贷款 400 万元，年利率为 12%，建设期内利息只计息不支付，计算建设期利息。

Chapter 3

单元 3　工程造价计价依据

案例导入

某市准备兴建一条快速路，其概算已经主管部门批准，征地工作基本完成，施工图及有关技术资料齐全，现决定对该项目进行施工招标，招标之前，业主将工程量清单提供给了各投标单位，并且委托咨询机构进行施工图预算，编制了招标控制价，准备对参加投标的施工企业进行投标价的评定，择"优"选择合适的施工单位，并且签署工程合同。

在招投标的过程中，从项目投资决策到确定施工单位开始施工，不同阶段要进行多次计价，如投资估算、设计概算、施工图预算、招标控制价、投标报价、合同价，那么确定工程造价的依据是什么呢？

单元目标

知识目标

1. 掌握工程计价的基本原理；
2. 了解我国现行工程计价的依据；
3. 掌握定额计价模式及工程量清单计价模式的基本原理和编写程序；
4. 了解营改增的相关知识。

能力目标

能够用计价依据编制建设项目的工程量清单。

知识脉络

单元 3 的知识脉络图如图 3-1 所示。

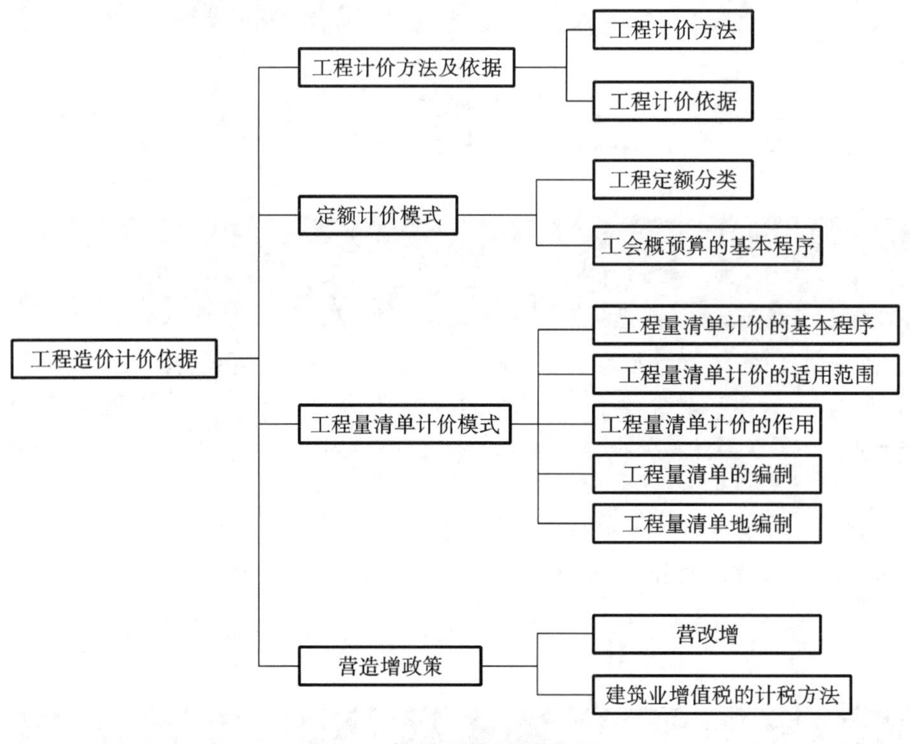

图 3-1 单元 3 的知识脉络图

3.1 工程计价方法及依据

3.1.1 工程计价方法

1. 工程计价的含义

工程计价是指按照法律、法规和标准规定的程序、方法和依据，对工程项目建设的各个阶段的工程造价及其构成内容进行预测和确定的行为。工程计价依据是指在工程计价活动中，所要依据的与计价内容、计价方法和价格标准相关的工程计量计价标准、工程计价定额及工程造价信息等。

2. 工程计价的基本原理

1)利用函数关系对拟建项目的造价进行类比匡算

当一个建设项目还没有具体的图样和工程量清单时，需要利用产出函数对建设项目投资进行匡算。微观经济学把过程的产出和资源的消耗这两者之间的关系称为产出函数。在建筑工程中，产出函数建立了产出的总量或规模与各种投入(比如人力、材料、机械等)之间的关系。因此，对某一特定的产出，可以通过对各投入参数赋予不同的值，从而找到一个最低的生产成本。房屋建筑面积的大小和消耗的人工之间的关系就是产出函数的一个例子。

投资的匡算常常基于某个表明设计能力或者形体尺寸的变量，比如建筑面积、高速公路的长度、工厂的生产能力等。在这种类比估算方法下尤其要注意规模对造价的影响，项目的造价并不总是和规模大小呈线性关系的，典型的规模经济或规模不经济都会出现。因此要慎重选择合适的产出函数，寻找规模和经济有关的经验数据，例如生产能力指数法与单位生产能力估算法就采用不同的生产函数。

2)分部组合计价原理

如果一个建设项目的设计方案已经确定，常用的是分部组合计价法。任何一个建设项目都可以分解为一个或几个单项工程，任何一个单项工程都是由一个或几个单位工程所组成的。作为单位工程的各类建筑工程和安装工程仍然是一个比较复杂的综合实体，还需要进一步分解。单位工程可以按照结构部位、路段长度、施工特点或施工任务分解为分部工程。分解成分部工程后，从工程计价的角度，还需要把分部工程按照不同的施工方法、材料、工序及路段长度等，加以更为细致的分解，划分为更为简单、细小的部分，即分项工程。按照计价需要，将分项工程进一步分解或适当组合，就可以得到基本构造单元了。

工程计价的主要思路就是将建设项目细分至最基本的构造单元，找到适当的计量单位及当时当地的单价，就可以采取一定的计价方法，进行分部组合汇总，计算出相应工程造价。工程计价的基本原理就在于项目的分解与组合。

工程计价的基本原理可以用公式的形式表达如下：

$$\text{分部分项工程费(或措施项目费)} = \sum[\text{基本构造单元工程量(定额项目或清单项目)} \times \text{相应单价}] \tag{3-1}$$

3. 工程计价的环节

工程计价可分为工程计量和工程计价两个环节。

1)工程计量

工程计量工作包括工程项目的划分和工程量的计算。

(1)单位工程基本构造单元的确定，即划分工程项目，编制工程概预算时，主要是按工程定额进行项目的划分；编制工程量清单时主要是按照清单工程量计算规范规定的清单项目进行划分。

(2)工程量的计算就是按照工程项目的划分和工程量计算规则，就不同的设计文件对工程实物量进行计算。工程实物量是计价的基础，不同的计价依据有不同的计算规则规定。目前，工程量计算规则包括两大类：

①各类工程定额规定的计算规则；

②各专业工程量计算规范附录中规定的计算规则。

2)工程计价

工程计价包括工程单价的确定和工程总价的计算。

(1)工程单价是指完成单位工程基本构造单元的工程量所需要的基本费用，工程单价包括工料单价和综合单价。

①工料单价包括人工、材料、机具使用费，是各种人工消耗量、各种材料消耗量、各类机具台班消耗量与其相应单价的乘积。用下列公式表示：

$$\text{工料单价} = \sum(\text{人、材、机消耗量} \times \text{人、材、机单价}) \tag{3-2}$$

②综合单价除包括人工、材料、机具使用费外，还包括可能分摊在单位工程基本构造单元的费用。根据我国现行有关规定，综合单价又可以分成清单综合单价与全费用综合单价两种。清单综合单价中除包括人工、材料，机具使用费外，还包括企业管理费、利润和风险因素；全费用综合单价中除包括人工、材料、机具使用费外，还包括企业管理费、利润、规费和税金。

综合单价根据国家、地区、行业定额或企业定额消耗量和相应生产要素的市场价格，以及定额或市场的取费费率来确定。

(2)工程总价是指经过规定的程序或办法逐级汇总形成的相应工程造价，根据采用的单价内容和计算程序不同，分为工料单价法和综合单价法。

①工料单价法：首先依据相应计价定额的工程量计算规则计算项目的工程量，然后依据定额的人、材、机消耗量和单价，计算各个项目的直接费，再计算直接费合价，最后按照相应的取费程序计算其他各项费用，汇总后形成相应工程造价。

②综合单价法：若采用全费用综合单价(完全综合单价)，首先依据相应工程量计算规范规定的工程量计算规则计算工程量，并依据相应的计价依据确定综合单价，然后用工程量乘以综合单价，并汇总即可得出分部分

项工程费(以及措施项目费),最后按相应的办法计算其他项目费,汇总后形成相应的工程造价,我国现行的《建设工程工程量清单计价规范》(GB 50500—2013)中规定的清单综合单价属于非完全综合单价,把规费和税金计入非完全综合单价后即形成完全综合单价。

3.1.2 工程计价依据

工程计价依据包括计价活动的相关规章规程、工程量清单计价和工程量计算规范、工程定额和工程造价信息等。

1. 计价活动的相关规章规程

计价活动的相关规章规程主要包括国家标准和中国建设工程造价管理协会标准,如图 3-2 所示。国家标准包括《工程造价术语标准》(GB/T 50875—2013)、《建筑工程建筑面积计算规范》(GB/T 50353—2013)和《建设工程造价咨询规范》(GB/T 51095—2015)。中国建设工程造价管理协会标准包括建设项目投资估算编审规程、建设项目设计概算编审规程、建设项目施工图预算编审规程、建设工程招标控制价编审规程、建设项目工程结算编审规程、建设项目工程竣工决算编制规程、建设项目全过程造价咨询规程、建设工程造价咨询成果文件质量标准、建设工程造价鉴定规程、建设工程造价咨询工期标准(房屋建筑工程)等。

图 3-2 计价活动的主要规章规程

2. 工程量清单计价和工程量计算规范

工程量清单计价和工程量计算规范由《建设工程工程量清单计价规范》(GB 50500—2013)、《房屋建筑与装饰工程工程量计算规范》(GB 50854—2013)、《仿古建筑工程工程量计算规范》(GB 50855—2013)、《通用安装工程工程量计算规范》(GB 50856—2013)、《市政工程工程量计算规范》(GB 50857—2013)、《园林绿化工程工程量计算规范》(GB 50858—2013)、《构筑物工程工程量计算规范》(GB 50860—2013)、《矿山工程工程量计算规范》(GB 50859—2013)、《城市轨道交通工程工程量计算规范》(GB 50861—2013)及《爆破工程工程量计算规范》(GB 50862—2013)等组成,如图 3-3 所示。

图 3-3 工程量清单计价和工程量计算规范

3. 工程定额

工程定额主要指国家、地方或行业主管部门制定的各种定额,包括工程消耗量定额和工程计价定额等。工程消耗量定额主要是指完成规定计量单位的合格建筑安装产品所消耗的人工、材料、施工机具台班的数量标准;工程计价定额是指直接用于工程计价的定额或指标,包括预算定额、概算定额、概算指标和投资估算指标。此外,部分地区和行业造价管理部门还会颁布工期定额,工期定额是在正常的施工技术和组织条件下,完成建设项目和各类工程建设投资费用的计价依据。

4. 工程造价信息

从广义上说,所有对工程造价的计价过程起作用的资料都可以称为工程计价信息,如各种定额资料、标准、规范、政策文件等。但最能体现信息动态性变化特征,并且在工程价格的市场机制中起重要作用的工程计价信息主要包括价格信息、工程造价指标和已完工程信息三类。

1)价格信息

价格信息包括各种建筑材料、装修材料、安装材料、人工工资、施工机具等的最新市场价格。这些信息是比较初级的,一般没有经过系统的加工处理,也可以称其为数据。

(1)人工价格信息。我国自 2007 年起开展建筑工程实物工程量与建筑工种人工成本信息(也即人工价格信息)的测算和发布工作。人工价格信息是引导建筑劳务合同双方合理确定建筑工人工资水平的基础,是建筑业企业合理支付工人劳动报酬和调解、处理建筑工人劳动工资纠纷的依据,也是工程招投标中评定成本的依据。

(2)材料价格信息。在材料价格信息的发布中,应披露材料类别、规格、单价、供货地区、供货单位以及发布日期等信息。

(3)施工机具价格信息。施工机具价格信息又分为设备市场价格信息和设备租赁市场价格信息两部分。相对而言,后者对于工程计价更为重要,发布的施工机具价格信息应包括机械种类、规格型号、供货厂商名称、租赁单价、发布日期等内容。

2)工程造价指标

根据已完或在建工程的各种造价信息,经过统一格式及标准化处理后的造价数值,可用于对已完或者在建工程的造价分析以及作为拟建工程的计价依据。

3)已完工程信息

已完工程或在建工程的各种造价信息,可以为已完工程或在建工程造价提供依据,这种信息也可以称为工程造价资料。

3.2 定额计价模式

公元1103年,北宋政府颁行的《营造法式》,是由国家制定的一部建筑工程定额。《营造法式》的编订,始于王安石执政时期,由将作监李诫于1091年编修成书。但由于缺乏用料制度,此定额难以防止贪污浪费之弊。1097年将作监李诫奉敕重新修订,于1100年成书,1103年刊发。《营造法式》将工料限量与设计、施工、材料结合起来的做法,流传于后,经久可行。清代初期经营建筑的国家机关分设了样房和算房。样房负责图样设计,算房则专门负责施工预算。这样,定额的使用范围扩大,定额的功能有所增加。清工部《工程做法则例》是一部主要的算工算料的书。这都说明,中国古代工程是很重视人工、材料消耗的计算的,并已形成了许多则例。

3.2.1 工程定额分类

工程定额是工程建设中各类定额的总称。按照不同的原则和方法可将工程定额进行分类。

1)按生产要素分类

工程定额按生产要素可分为劳动消耗定额、材料消耗定额和机具消耗定额三种。

(1)劳动消耗定额。劳动消耗定额简称劳动定额(也称人工定额),是在正常的施工技术和组织条件下,完成规定计量单位合格的建筑安装产品所消耗的人工工日的数量标准。劳动消耗定额的主要表现形式是时间定额,但同时也表现为产量定额。时间定额与产量定额互为倒数。

(2)材料消耗定额。材料消耗定额简称材料定额,是指在正常的施工技术和组织条件下,完成规定计量单位合格的建筑安装产品所消耗的原材料、成品、半成品、构配件、燃料,以及水、电等动力资源的数量标准。

(3)机具消耗定额。机具消耗定额由机械消耗定额与仪器仪表消耗定额组成,机械消耗定额以一台机械一个工作班为计量单位,所以又称为机械台班定额。机械消耗定额是指在正常的施工技术和组织条件下,完成规定计量单位合格的建筑安装产品所消耗的施工机械台班的数量标准。机械消耗定额的主要表现形式是机械时间定额,同时也以产量定额表现。仪器仪表消耗定额的表现形式与机械消耗定额类似。

2)按编制程序和用途分类

工程定额按编制程序和用途可分为施工定额、预算定额、概算定额、概算指标、投资估算指标,如图3-4所示。

(1)施工定额。施工定额是完成一定计量单位的某一施工过程或基本工序所需消耗的人工、材料和施工机具台班数量标准。施工定额是施工企业(建筑安装企业)组织生产和加强管理在企业内部使用的一种定额,属于企业定额的性质。施工定额是以某一施工过程或基本工序作为研究对象,表示生产产品数量与生产要素消耗综合关系的定额。为了适应组织生产和管理的需要,施工定额的项目划分很细,是工程定额中分项最细、定额子目最多的一种定额,也是工程定额中的基础性定额。

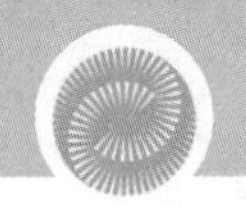

(2)预算定额。预算定额是在正常的施工条件下,完成一定计量单位合格分项工程或结构构件所需消耗的人工、材料、施工机具台班数量及其费用标准。预算定额是一种计价性定额。从编制程序上看,预算定额是以施工定额为基础综合扩大编制的,同时它也是编制概算定额的基础。

(3)概算定额。概算定额是完成单位合格扩大分项工程或扩大结构构件所需消耗的人工、材料和施工机具台班的数量及其费用标准,是一种计价性定额。概算定额是编制扩大初步设计概算、确定建设项目投资额的依据。概算定额的项目划分粗细,与扩大初步设计的深度相适应,一般是在预算定额的基础上综合扩大而成的,每一扩大分项概算定额都包含了数项预算定额。

(4)概算指标。概算指标以单位工程为对象,反映完成一个规定计量单位建筑安装产品的经济指标。概算指标是概算定额的扩大与合并,是以更为扩大的计量单位来编制的。概算指标的内容包括人工、材料、机具台班三个基本部分,同时还列出了分部工程量及单位工程的造价,是一种计价定额。

(5)投资估算指标。投资估算指标是以建设项目、单项工程、单位工程为对象,反映建设总投资及其各项费用构成的经济指标。它是在项目建议书和可行性研究阶段编制投资估算、计算投资需要量时使用的一种定额。它的概略程度与可行性研究阶段相适应。投资估算指标往往根据历史的预、决算资料和价格变动等资料编制,但其编制基础仍然离不开预算定额、概算定额。

图 3-4 各种定额间关系的比较

3)按专业分类

工程建设涉及众多的专业,不同的专业所含的内容也不同,因此就确定人工、材料和机具台班消耗数量标准的工程定额来说,也需按不同的专业分别进行编制和执行。

(1)建筑工程定额按专业分为建筑及装饰工程定额、房屋修缮工程定额、市政工程定额、铁路工程定额、公路工程定额、矿山井巷工程定额等。

(2)安装工程定额按专业对象分为电气设备安装工程定额、机械设备安装工程定额、热力设备安装工程定额、通信设备安装工程定额、化学工业设备安装工程定额、工业管道安装工程定额、工艺金属结构安装工程定额等。

4)按单位和管理权限分类

工程定额按单位和管理权限可分为全国统一定额、行业统一定额、地区统一定额、企业定额、补充定额等。

(1)全国统一定额是由国家建设行政主管部门综合全国工程建设中技术和施工组织管理的情况编制,并在全国范围内执行的定额。

(2)行业统一定额是考虑到各行业专业工程技术特点,以及施工生产和管理水平编制的,一般只在本行业和相同专业性质的范围内使用。

(3)地区统一定额包括省、自治区、直辖市定额。地区统一定额主要是考虑地区性特点和全国统一定额水平做适当调整和补充编制的。

(4)企业定额是施工单位根据本企业的施工技术、机械装备和管理水平编制的人工、材料、机械台班等的消耗标准。企业定额在企业内部使用,是企业综合素质的标志。企业定额水平一般应高于国家现行定额,才能满足生产技术发展、企业管理和市场竞争的需要。在工程量清单计价方法下,企业定额是施工企业进行建设工程投标报价的计价依据。

(5)补充定额是指随着设计、施工技术的发展,现行定额不能满足需要的情况下,为了补充缺陷所编制的定额。补充定额只能在指定的范围内使用,可以作为以后修订定额的基础。

上述各种定额虽然适用于不同的情况,有不同的用途,但是它们是一个互相联系的、有机的整体,在实际工作中配合使用。

3.2.2 工程概预算的基本程序

工程概预算的编制是通过国家、地方或行业主管部门颁布统一的计价定额或指标,对建筑产品价格进行计价的活动。用工料单价法进行概预算编制应按照概算定额和预算定额规定的定额子目,逐项计算工程量,套用概预算定额(或单位估价表)确定直接费,然后按规定的取费标准确定间接费(包括企业管理费、规费),再计算利润和税金,汇总后即为工程概预算。工程概预算编制程序示意图如图 3-5 所示。

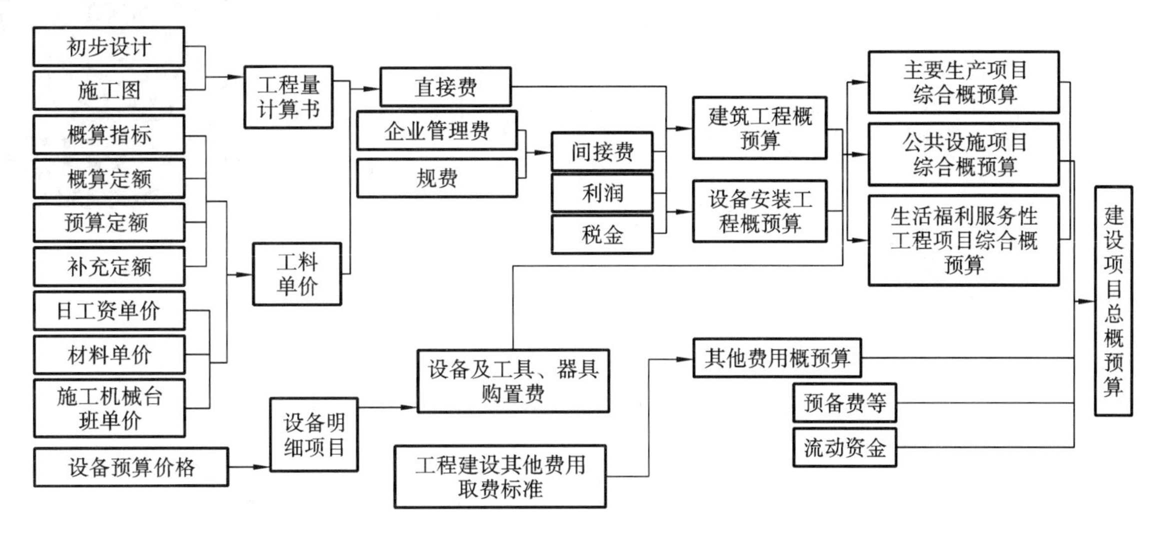

图 3-5 工程概预算编制程序示意图

工程概预算编制就是依据概预算定额所确定的消耗量乘以定额单价或市场价,经过不同层次的计算形成相应造价的过程。

$$\text{每一计量单位建筑产品的基本构造单元(假定建筑安装产品)的工料单价} = \sum(\text{人工工日数量}\times\text{人工单价}) + \sum(\text{材料消耗量}\times\text{材料单价}) + \text{工程设备费} + \sum(\text{施工机械台班消耗量}\times\text{机械台班单价}) + \sum(\text{仪器仪表台班消耗量}\times\text{仪器仪表台班单价}) \quad (3\text{-}3)$$

$$\text{单位工程直接费} = \sum(\text{假定建筑安装产品工程量}\times\text{工料单价}) \quad (3\text{-}4)$$

$$\text{单位工程概预算} = \text{单位工程直接费} + \text{间接费} + \text{利润} + \text{税金} \quad (3\text{-}5)$$

$$\text{单项工程概预算} = \sum \text{单位工程概预算} + \text{设备及工具、器具购置费} \quad (3\text{-}6)$$

$$\text{建设项目全部工程概预算} = \sum \text{单项工程概预算} + \text{预备费} + \text{工程建设其他费用} + \text{建设期利息} + \text{流动资金} \quad (3\text{-}7)$$

若采用全费用综合单价法进行工程概预算编制,单位工程概预算的编制程序将更加简单,只需将概算定额或预算定额规定的定额子目的工程量乘以各子目的全费用综合单价汇总,然后用公式 3-6 和公式 3-7 计算单项工程概预算以及建设项目全部工程概预算。

3.3 工程量清单计价模式

定额计价模式是我国传统的计价模式,在整个计价过程中,计价依据是固定的,法定的定额指令性过强,不利于竞争机制的发挥。工程量清单计价是与国际通行惯例接轨的计价模式。与定额计价模式不同的是该模式主要由市场定价,由建设市场的建设产品买卖双方根据供求状况、信息状况自由竞价,签订工程合同价格。我国现阶段处于定额计价模式向清单计价模式转变的一个过渡时期,两种计价模式并存。

3.3.1 工程量清单计价的基本程序

工程量清单计价的过程可以分为两个阶段,即工程量清单编制和工程量清单应用两个阶段,如图 3-6 所示。

工程量清单计价按照工程量清单计价规范规定，在各相应专业工程工程量计算规范规定的工程量清单项目设置和工程量计算规则的基础上，针对具体工程的施工图纸和施工组织设计计算出各清单项目的工程量，根据规定的方法计算出综合单价，并汇总各清单合价得出工程总价。

图 3-6　工程量清单编制及应用程序

$$分部分项工程费=\sum(分部分项工程量\times分部分项工程综合单价) \tag{3-8}$$

$$措施项目费=\sum各措施项目费 \tag{3-9}$$

$$其他项目费=暂列金额+暂估价+计日工+总承包服务费 \tag{3-10}$$

$$单位工程造价=分部分项工程费+措施项目费+其他项目费+规费+税金 \tag{3-11}$$

$$单项工程造价=\sum单位工程造价 \tag{3-12}$$

$$建设项目总造价=\sum单项工程造价 \tag{3-13}$$

其中，综合单价是指完成一个规定清单项目所需的人工费、材料和工程设备费、施工机具使用费、企业管理费、利润，以及一定范围内的风险费用。风险费用是隐含于已标价工程量清单综合单价中，用于化解发承包双方在工程合同中约定的风险内容和范围的费用。

工程量清单计价活动涵盖施工招标、合同管理，以及竣工交付全过程，主要包括编制招标工程量清单、招标控制价、投标报价，确定合同价，进行工程计量与价款支付、合同价款的调整、工程结算和工程计价纠纷处理等活动。

3.3.2　工程量清单计价的适用范围

工程量清单计价规范适用于建设工程发承包及其实施阶段的计价活动。使用国有资金投资的建设工程，必须采用工程量清单计价；非国有资金投资的建设工程，宜采用工程量清单计价；不采用工程量清单计价的建设工程，应执行计价规范中除工程量清单等专门性规定外的其他规定。

国有资金投资的项目包括全部使用国有资金（含国家融资资金）投资或国有资金（含国家融资资金）投资为主的工程建设项目。

（1）国有资金投资的工程建设项目有以下几种：

①使用各级财政预算资金的项目；

②使用纳入财政管理的各种政府性专项建设资金的项目；

③使用国有企、事业单位自有资金，并且国有资产投资者实际拥有控制权的项目。

（2）国家融资资金投资的工程建设项目有以下几种：

①使用国家发行债券所筹资金的项目；

②使用国家对外借款或者担保所筹资金的项目；

③使用国家政策性贷款的项目；

④国家授权投资主体融资的项目；

⑤国家特许的融资项目。

（3）国有资金（含国家融资资金）投资为主的工程建设项目是指国有资金占投资总额50%以上，或虽不足50%但国有投资者实质上拥有控股权的工程建设项目。

3.3.3　工程量清单计价的作用

1. 提供一个平等的竞争条件

采用施工图预算来投标报价时，由于设计图纸的缺陷，不同施工企业的人员理解不一样，计算出的工程量也不同，报价就相去甚远，也容易产生纠纷。工程量清单报价为投标者提供了一个平等竞争的条件，相同的工程量，由企业根据自身的实力来填报不同的单价。投标人的这种自主报价，使企业的优势体现到投标报价中，可在一定程度上规范建筑市场秩序，确保工程质量。

2. 满足市场经济条件下竞争的需要

招投标过程就是竞争的过程，招标人提供工程量清单，投标人根据自身情况确定综合单价，利用单价与工程量逐项计算每个项目的合价，再分别填入工程量清单表，计算出投标总价。单价成了决定性的因素，定高了不能中标，定低了又要承担过大的风险。单价的高低直接取决于企业管理水平和技术水平的高低，这种局面促成了企业整体实力的提升，有利于我国建设市场的快速发展。

3. 有利于提高工程计价效率，能真正实现快速报价

采用工程量清单计价方式，避免了传统计价方式下招标人与投标人之间在工程量计算上的重复工作，各投标人以招标人提供的工程量清单为统一平台，结合自身的管理水平和施工方案进行报价，促进了各投标人企业定额的完善和工程造价信息的积累和整理，体现了现代工程建设中快速报价的要求。

4. 有利于工程款的拨付和工程造价的最终结算

中标后，业主要与中标单位签订施工合同，中标价就是确定合同价的基础，投标清单上的单价就成了拨付工程款的依据。业主根据施工企业完成的工程量，可以很容易地确定进度款的拨付额。工程竣工后，根据设计变更、工程量增减等，业主也很容易确定工程的最终差价，可在某种程度上减少业主与施工单位之间的纠纷。

5. 有利于业主对投资的控制

采用现在的施工图预算形式，业主对因设计变更、工程量增减所引起的工程造价变化不敏感，往往等到竣工结算时才知道这些变化对项目投资的影响有多大。而采用工程量清单报价的方式，业主可对投资变化一目了然，要进行设计变更时，能及时掌握其对工程造价的影响，以便业主决定最恰当的处理方法。

3.3.4 工程量清单编制

工程量清单是载明建设工程分部分项工程项目、措施项目和其他项目的名称和相应数量以及规费和税金项目等内容的明细清单，其中由招标人根据国家标准、招标文件、设计文件以及施工现场实际情况编制的称为招标工程量清单，而作为投标文件组成部分的已标明价格并经承包人确认的称为已标价工程量清单。招标工程量清单应由具有编制能力的招标人或受其委托的工程造价咨询人、招标代理人编制，采用工程量清单方式招标，招标工程量清单必须作为招标文件的组成部分，其准确性和完整性由招标人负责。招标工程量清单应以单位（项）工程为单位编制，由分部分项工程项目清单、措施项目清单、其他项目清单、规费项目清单和税金项目清单组成。

1. 分部分项工程项目清单

分部分项工程项目清单必须载明项目编码、项目名称、项目特征、计量单位和工程量五个要件。分部分项工程项目清单为闭口清单，投标人对招标文件提供的分部分项工程项目清单不可随便更改。在分部分项工程项目清单的编制过程中，由招标人负责填列前六项内容，金额部分在编制招标控制价或投标报价时填列，如表3-1所示。

表3-1 分部分项工程和单价措施项目清单与计价表

工程名称： 标段： 第 页 共 页

序号	项目编码	项目名称	项目特征	计量单位	工程量	金额/元		
						综合单价	合价	其中：暂估价

注：为计取规费等，可在表中增设“其中：定额人工费”。

1）项目编码

项目编码以五级编码设置，用十二位阿拉伯数字表示。一、二、三、四级编码为全国统一编码，即一至九位应按工程量计算规范附录的规定设置；第五级即十至十二位为清单项目编码，应根据拟建工程的工程量清单项目名称设置，不得有重号，这三位清单项目编码由招标人针对招标工程项目具体编制，并应自001起顺序编制。

五级编码代表的含义如下：

①第一级表示专业工程代码(分二位)；

②第二级表示附录分类顺序码(分二位)：

③第三级表示分部工程顺序码(分二位)：

④第四级表示分项工程项目名称顺序码(分三位)；

⑤第五级表示清单项目名称顺序码(分三位)。

2)项目名称

分部分项工程项目清单的项目名称应按各专业工程量计算规范附录的项目名称结合拟建工程的实际确定。附录表中的项目名称为分项工程项目名称，是形成分部分项工程项目清单项目名称的基础。在编制分部分项工程项目清单时，以附录中的分项工程项目名称为基础，考虑该项目的规格、型号、材质等特征要求，结合拟建工程的实际情况，使其工程量清单项目名称具体化、细化，以反映影响工程造价的主要因素。例如"门窗工程"中"特门"应区分"冷藏门""冷冻闸门""保温门""变电室门""隔音门""防射线门""人防门""金库门"等。项目名称应表达详细、准确，各专业工程量计算规范中的分项工程项目名称如有缺陷，招标人可作补充，并报当地工程造价管理机构(省级)备案。

3)项目特征

项目特征是构成分部分项工程项目、措施项目自身价值的本质特征。项目特征是对项目的准确描述，是确定一个清单项目综合单价不可缺少的重要依据，是区分清单项目的依据，是履行合同义务的基础。分部分项工程项目清单的项目特征应根据各专业工程工程量计算规范附录中规定的项目特征，结合技术规范、标准图集、施工图纸，按照工程结构、使用材质、规格或安装位置等，予以详细而准确的表述和说明。项目特征中未描述到的其他独有特征，由清单编制人视项目具体情况确定，以准确描述清单项目为准。

在各专业工程工程量计算规范附录中还有关于各清单项目"工程内容"的描述。工程内容是指完成清单项目可能发生的具体工作和操作程序，但应注意的是，在编制分部分项工程项目清单时，工程内容通常无须描述，因为在工程量计算规范中，工程量清单项目与工程量计算规则、工程内容有一一对应关系，当采用工程量计算规范这一标准时，工程内容均有规定。

4)计量单位

计量单位应采用基本单位，除各专业另有特殊规定外均按以下单位计量：

①以重量计算的项目——吨或千克(t或kg)；

②以体积计算的项目——立方米(m^3)；

③以面积计算的项目——平方米(m^2)；

④以长度计算的项目——米(m)；

⑤以自然计量单位计算的项目——个、套、块、组、台……

⑥没有具体数量的项目——宗、项……

各专业有特殊计量单位的，再另外加以说明，当计量单位有两个或两个以上时，应根据所编工程量清单项目的特征要求，选择最适合表现该项目特征并方便计量的单位。

计量单位的有效位数应遵守下列规定：

①以"t"为单位，应保留三位小数，第四位小数四舍五入。

②以"m""m^2""m^3""kg"为单位，应保留两位小数，第三位小数四舍五入。

③以"个""项"等为单位，应取整数。

5)工程量

工程量主要通过工程量计算规则计算得到。工程量计算规则是对清单项目工程量计算的规定。除另有说明外，所有清单项目的工程量应以实体工程量为准，并以完成后的净值计算；投标人投标报价时，应在单价中考虑施工中的各种损耗和需要增加的工程量。

随着工程建设中新材料、新技术、新工艺等的不断涌现，工程量计算规范附录所列的工程量清单项目不可能包含所有项目。在编制工程量清单时，当出现工程量计算规范附录中未包括的清单项目时，编制人应补充。在编制补充项目时应注意以下三个方面。

①补充项目的项目编码应按工程量计算规范的规定确定。具体做法如下：补充项目的项目编码由工程量计算规范的代码与“B”和三位阿拉伯数字组成，并应从 001 起顺序编制，例如房屋建筑与装饰工程如需补充项目，则其编码应从 01B001 开始顺序编制，同一招标工程的项目不得重码。

②在工程量清单中应附补充项目的项目名称、项目特征、计量单位、工程量计算规则和工作内容。

③将编制的补充项目报省级或行业工程造价管理机构备案。

2. 措施项目清单

措施项目是指为完成工程项目施工，发生于该工程施工准备和施工过程中的技术、生活、安全、环境保护等方面的项目。

措施项目清单应根据相关工程现行国家计算规范的规定编制，并根据拟建工程的实际情况列项，如《房屋建筑与装饰工程工程量计算规范》(GB 50854—2013)中规定的措施项目包括脚手架工程，混凝土模板及支架(撑)，超高施工增加，垂直运输，大型机械设备进出场及安拆，施工排水、施工降水，安全文明施工及其他措施项目。

措施项目费的发生与使用时间、施工方法或者两个以上的工序相关。有些措施项目是可以计算工程量的项目，如脚手架工程，混凝土模板及支架(撑)，垂直运输，超高施工增加，大型机械设备进出场及安拆，施工排水、降水等，这类措施项目按照分部分项工程项目清单的方式采用综合单价计价，更有利于措施项目费的确定和调整。措施项目中可以计算工程量的项目(即单价措施项目)宜采用分部分项工程项目清单的方式编制，列出项目编码、项目名称、项目特征、计量单位和工程量，如表 3-1 所示。不能计算工程量的项目(即总价措施项目)，以“项”为计量单位进行编制，如表 3-2 所示。

表 3-2　总价措施项目清单与计价表

工程名称：　　　　　　　　　　　　　标段：　　　　　　　　　　　　　第　页　共　页

序号	项目编码	项目名称	计算基础	费率/(%)	金额/元	调整费率/(%)	调整后金额/元	备注
		安全文明施工费						
		夜间施工增加费						
		……	……					
合计								

编制人(造价人员)：　　　　　　　　　　　　　　　　复核人(造价工程师)：

注：1.“计算基础”中安全文明施工费可为“定额基价”“定额人工费”或“定额人工费＋定额机械费”，其他项目可为“定额人工费”或“定额人工费＋定额机械费”。

2. 按施工方案计算的措施项目费，若无“计算基础”和“费率”的数值，也可只填“金额”的数值，但应在备注栏说明施工方案的出处或计算方法。

3. 其他项目清单

其他项目清单是指分部分项工程项目清单、措施项目清单所包含的内容以外，因招标人的特殊要求而发生的与拟建工程有关的其他费用项目和相应数量的清单。工程建设标准的高低、工程的复杂程度、工程的工期长短、工程的组成内容、发包人对工程管理的要求等都直接影响其他项目清单的具体内容。其他项目清单包括暂列金额、暂估价(包括材料暂估价、工程设备暂估价、专业工程暂估价)、计日工、总承包服务费。其他项目清单可按照表 3-3 的格式编制，未包含在表格中的项目，可根据工程实际情况补充。

表 3-3　其他项目清单与计价汇总表

工程名称：　　　　　　　　　　　标段：　　　　　　　　　　　　　第　页　共　页

序号	项目名称	金额/元	结算金额/元	备注
1	暂列金额			明细详见表

续表

序号	项目名称	金额/元	结算金额/元	备注
2	暂估价			
2.1	材料(工程设备)暂估价/结算价			明细详见表
2.2	专业工程暂估价/结算价			明细详见表
3	计日工			明细详见表
4	总承包服务费			明细详见表
5	索赔与现场签证			
合计				—

注:材料(工程设备)暂估价进入清单单项目综合单价,此处不汇总。

1)暂列金额

暂列金额是招标人在工程量清单中暂定并包括在合同价款中的一笔款项,是用于工程合同签订时尚未确定或者不可预见的所需材料、工程设备、服务的采购,施工中可能发生的工程变更、合同约定调整因素出现时的合同价款调整,以及发生的索赔、现场签证确认等的费用。暂列金额应根据工程特点,按有关计价规定估算。暂列金额可按照表 3-4 的格式列示。

表 3-4 暂列金额明细表

工程名称: 标段: 第 页 共 页

序号	项目名称	计量单位	暂定金额/元	备注
1				
2				
合计				—

注:此表由招标人填写,如不能详列,也可只列暂定金额总额,投标人应将上述暂列金额计入投标总价。

2)暂估价

暂估价是指招标人在工程量清单中提供的用于支付必然发生但暂时不能确定价格的材料、工程设备的单价以及专业工程的金额,包括材料暂估价、工程设备暂估价和专业工程暂估价。暂估价中的材料、工程设备暂估价应根据工程造价信息或参照市场价格估算,列出明细表;暂估价中的专业工程暂估价应分不同专业,按有关计价规定估算,列出明细表。暂估价可按表 3-5 和表 3-6 的格式列示。

表 3-5 材料(工程设备)暂估价及调整表

工程名称: 标段: 第 页 共 页

序号	材料(工程设备)名称、规格、型号	计量单位	数量		暂估/元		确认/元		差额±/元		备注
			暂估	确认	单价	合价	单价	合价	单价	合价	
合计											

注:此表由招标人填写暂估单价,并在备注栏说明暂估价的材料、工程设备拟用在哪些清单项目上,投标人应将上述材料、工程设备暂估价计入工程量清单综合单价报价。

表 3-6 专业工程暂估价及结算价表

工程名称: 标段: 第 页 共 页

序号	工程名称	工程内容	暂估金额/元	结算金额/元	差额±/元	备注

续表

序号	工程名称	工程内容	暂估金额/元	结算金额/元	差额±/元	备注
合计						

注：此表的“暂估金额”由招标人填写，投标人应将“暂估金额”计入投标总价。结算时按合同约定结算金额填写。

3)计日工

计日工是在施工过程中，承包人完成发包人提出的工程合同范围以外的零星项目或工作，按合同中约定的单价计价的一种方式。计日工是为了解决现场发生的零星工作的计价而设立的。国际上常见的标准合同条款中，大多数都设立了计日工计价机制。计日工对完成零星工作所消耗的人工工日、材料数量、施工机具台班进行计量，并按照计日工表中填报的适用项目的单价进行计价支付。计日工适用的零星项目或工作一般是指合同约定之外的或者因变化而产生的、工程量清单中没有相应项目的额外工作，尤其是那些难以事先商定价格的额外工作。计日工应列出项目名称、计量单位和暂估数量，计日工可按照表3-7的格式列示。

表3-7　计日工表

工程名称：　　　　　　　　标段：　　　　　　　　第　页　共　页

编号	项目名称	计量单位	暂估数量	实际数量	综合单价/元	合价/元	
						暂估	实际
一	人工						
1							
2							
…							
人工小计							
二	材料						
1							
2							
…							
材料小计							
三	施工机械						
1							
2							
…							
施工机械小计							
四、企业管理费和利润							
总计							

注：此表的项目名称、暂估数量由招标人填写，编制招标控制价时，单价由招标人按有关计价规定确定；投标时，单价由投标人自主报价，按暂估数量计算合价计入投标总价。结算时，按发承包双方确认的实际数量计算合价。

4)总承包服务费

总承包服务费是指总承包人配合、协调发包人进行的专业工程发包，对发包人自行采购的材料、工程设备等进行保管以及施工现场管理、竣工资料汇总整理等服务所需的费用。招标人应预计该项费用并按投标人的投标报价向投标人支付该项费用。总承包服务费应列出项目名称及服务内容等。总承包服务费按照表3-8的格式列示。

表 3-8　总承包服务费计价表

工程名称：　　　　　　　　　　　　　　　　　标段：　　　　　　　　　　　　　　　　第　页　共　页

序号	项目名称	项目价值/元	服务内容	计算基础	费率/(%)	金额/元
1	发包人发包专业工程					
2	发包人提供材料					
…						
	合计					

注：此表的项目名称、服务内容由招标人填写，编制招标控制价时，费率及金额由招标人按有关计价规定确定；投标时，费率及金额由投标人自主报价，计入投标总价。

4. 规费项目清单

规费项目清单应按照下列内容列项：社会保险费，包括养老保险费、失业保险费、医疗保险费、工伤保险费、生育保险费；住房公积金；工程排污费。计价规范中未列的项目，应根据省级政府或省级有关权力部门的规定列项。

5. 税金项目清单

税金项目清单应包括增值税。计价规范中未列的项目，应根据税务部门的规定列项。

规费、税金项目计价表如表 3-9 所示。

表 3-9　规费、税金项目计价表

工程名称：　　　　　　　　　　　　　　　　　标段：　　　　　　　　　　　　　　　　第　页　共　页

序号	项目名称	计量基础	计算基数	计算费率/(%)	金额/元
1	规费	定额人工费			
1.1	社会保险费	定额人工费			
(1)	养老保险费	定额人工费			
(2)	失业保险费	定额人工费			
(3)	医疗保险费	定额人工费			
(4)	工伤保险费	定额人工费			
(5)	生育保险费	定额人工费			
1.2	住房公积金	定额人工费			
1.3	工程排污费	按工程所在地环境保护部门收取标准，按实计入			
…					
2	税金	分部分项工程费＋措施项目费＋其他项目费＋规费＋按规定不计税的工程设备金额			

编制人(造价人员)：　　　　　　　　　　　　　　　　复核人(造价工程师)：

 3.4 营改增政策

营业税和增值税，是我国两大主体税种。营改增在全国的推广，大致经历了以下三个阶段。2011 年，经国务院批准，财政部、国家税务总局联合下发营业税改增值税试点方案。2012 年 1 月 1 日起，上海交通运输业和部分现代服务业开展营业税改增值税试点。2012 年 8 月 1 日起至年底，国务院扩大营改增试点至 10 个省市；

2013 年 8 月 1 日，营改增范围已推广到全国，将广播影视服务业纳入试点范围。2014 年 1 月 1 日起，将铁路运输和邮政服务业纳入营业税改征增值税试点，至此交通运输业已全部纳入营改增范围；2016 年 3 月 18 日召开的国务院常务会议决定，2016 年 5 月 1 日起，中国将全面推广营改增试点，将建筑业、房地产业、金融业、生活服务业全部纳入营改增试点，至此，营业税退出历史舞台，增值税制度更加规范。这是 1994 年分税制改革以来，财税体制的又一次深刻变革。

3.4.1 营改增

营业税改增值税，简称营改增，是指以前缴纳营业税的应税项目改成缴纳增值税。营改增的最大特点是减少重复征税，可以促使社会形成良性循环，有利于企业降低税负。

新增四大行业营改增的实施情况如下。

(1)建筑业：一般纳税人征收 9%的增值税；小规模纳税人可选择简易计税方法，征收 3%的增值税。

(2)房地产业：房地产开发企业征收 9%的增值税；个人将购买不足 2 年的住房对外销售的，按照 5%的征收率全额缴纳增值税；个人将购买 2 年以上(含 2 年)的住房对外销售的，免征增值税。

(3)生活服务业：6%。免税项目：托儿所、幼儿园提供的保育和教育服务，养老机构提供的养老服务等。

(4)金融业：6%。免税项目：金融机构农户小额贷款、国家助学贷款、国债、地方政府债、人民银行对金融机构的贷款等的利息收入等。

3.4.2 建筑业增值税的计税方法

1. 采用一般计税方法时增值税的计算

当采用一般计税方法时，建筑业增值税税率为 9%，增值税的计算公式为

增值税＝税前造价×建筑业增值税税率

税前造价为人工费、材料费、施工机具使用费、企业管理费、利润和规费之和，各费用项目均以不包含增值税可抵扣进项税额的价格计算。

2. 采用简易计税方法时增值税的计算

1)简易计税的适用范围

根据《营业税改征增值税试点实施办法》《营业税改征增值税试点有关事项的规定》以及《关于建筑服务等营改增试点政策的通知》的规定，简易计税方法主要适用于以下几种情况。

(1)小规模纳税人发生应税行为适用简易计税方法计税。小规模纳税人通常是指纳税人提供建筑服务的年应征增值税销售额未超过 500 万元，并且会计核算不健全，不能按规定报送有关税务资料的增值税纳税人。年应征增值税销售额超过 500 万元但不经常发生应税行为的单位也可选择按照小规模纳税人计税。

(2)一般纳税人以清包工方式提供建筑服务，可以选择简易计税方法计税。以清包工方式提供建筑服务，是指施工方不采购建筑工程所需的材料或只采购辅助材料，并收取人工费、管理费或者其他费用的建筑服务。

(3)一般纳税人为甲供工程提供建筑服务，可以选择简易计税方法计税。甲供工程是指全部或部分设备、材料、动力由工程发包方自行采购的建筑工程。其中建筑工程总承包单位为房屋建筑的地基与基础、主体结构提供工程服务，建设单位自行采购全部或部分钢材、混凝土、砌体材料、预制构件的，适用简易计税方法计税。

(4)一般纳税人为建筑工程老项目提供建筑服务，可以选择简易计税方法计税。建筑工程老项目包括建筑工程施工许可证注明的合同开工日期在 2016 年 4 月 30 日前的建筑工程项目；未取得建筑工程施工许可证的，建筑工程承包合同注明的开工日期在 2016 年 4 月 30 日前的建筑工程项目。

2)简易计税的计算方法

当采用简易计税方法时，建筑业增值税税率为 3%。

案例分析

【案例背景】

某六层砖混住宅基础土方工程，土壤类别为三类土，基础为砖大放脚带形基础，垫层宽度为 0.96 m，挖土深度为 1.8 m，弃土运距为 5 km，根据施工图计算出基础总长度为 160.8 m，试编制挖基础土方的工程量清单。

【解】

(1)根据《房屋建筑与装饰工程工程量计算规范》(GB 50854—2013)(见表 3-10)，挖基础土方(挖沟槽土方)的工程量计算规则：房屋建筑按设计图示尺寸以基础垫层底面积乘以挖土深度计算。

表 3-10　土方工程(编号:010101)

项目编码	项目名称	项目特征	计量单位	工程量	工程内容
010101003	挖沟槽土方	1.土壤类别 2.挖土深度	m^3	房屋建筑按设计图示尺寸以基础垫层底面积乘以挖土深度计算	1.排地表水 2.土方开挖 3.围护(挡土板) 4.基底钎探 5.运输

(2)计算挖基础土方工程量。

基础垫层底面积：$0.96\times160.8\ m^2=154.368\ m^2$。

挖基础土方工程量：$154.368\times1.8\ m^3\approx277.86\ m^3$。

砖混住宅挖基础土方的工程量清单如表 3-11 所示。

表 3-11　砖混住宅挖基础土方的工程量清单

序号	项目编码	项目名称	项目特征	计量单位	工程量	金额/元		
						综合单价	合价	其中:暂估价
1	010101003001	挖沟槽土方	土壤类别:三类土 挖土深度:1.8m 弃土运距:5km	m^3	277.86			

单元总结

工程造价计价依据的含义有广义与狭义之分。广义的工程造价计价依据是指从事建设工程造价管理所需各类基础资料；狭义的工程造价计价依据是指用于计算和确定工程造价的各类基础资料。由于影响工程造价的因素很多，每一项工程的造价都要根据工程的用途、类别、规模尺寸、结构特征、建设标准、所在地区、建设地点、市场造价信息以及政府的有关政策具体计算，因此需要确定与上述各项因素有关的各种量化的基本资料作为计算和确定工程造价的计价基础。

本单元介绍了我国现行工程计价方法、基本原理和计价依据；重点讲解了定额计价模式和工程量清单计价模式的基本程序以及编制内容。

复习思考题与习题

一、单项选择题

1. 根据我国建设市场发展现状,工程量清单计价和计量规范主要适用于(　　)。

A. 项目建设前期各阶段工程造价的估计　　B. 项目初步设计阶段概算的预测

C. 项目施工图设计阶段预算的预测　　D. 项目合同价格的形成和后续合同价格的管理

2. 下列工程计价的标准和依据中,适用于项目建设前期各阶段对建设投资进行预测和估计的是(　　)。

A. 工程量清单计价规范　　B. 工程定额

C. 工程量清单计量规范　　D. 工程承包合同文件

3. 根据《建设工程工程量清单计价规范》(GB 50500—2013),下列费用项目中需纳入分部分项工程项目综合单价的是(　　)。

A. 工程设备估价　　B. 专业工程暂估价

C. 暂列金额　　D. 计日工费

4. 下列定额中,项目划分最细的计价定额是(　　)。

A. 材料消耗定额　　B. 劳动定额

C. 预算定额　　D. 概算定额

5. 根据《建设工程工程量清单计价规范》(GB 50500—2013),下列关于工程量清单项目编码的说法,正确的是(　　)。

A. 第三级编码为分部工程顺序码,由三位数字表示

B. 第五级编码应根据拟建工程的工程量清单项目名称设置,不得重码

C. 同一标段含有多个单位工程,不同单位工程中项目特征相同的工程应采用相同编码

D. 补充项目编码以"B"加上计算规范代码后跟三位数字表示,并应从 001 起顺序编制

6.《建设工程工程量清单计价规范》(GB 50500—2013)规定,分部分项工程项目清单的项目编码的第三级为表示(　　)的顺序码。

A. 分项工程　　B. 扩大分项工程

C. 分部工程　　D. 专业工程

7. 在工程量清单中,最能体现分部分项工程项目自身价值的本质的是(　　)。

A. 项目特征　　B. 项目编码

C. 项目名称　　D. 计量单位

8. 关于工程量清单编制中的项目特征,下列说法中正确的是(　　)。

A. 措施项目无须描述项目特征

B. 应按计算规范附录中规定的项目特征,结合技术规范、标准图集加以描述

C. 对完成清单项目可能发生的具体工作和操作程序仍需加以描述

D. 图纸中已有的工程规格、型号、材质等可不描述

9. 招标人在工程量清单中提供的用于支付必然发生但暂不能确定价格的材料、工程设备的单价及专业工程的金额是(　　)。

A. 暂列金额　　B. 暂估价

C. 总承包服务费　　D. 价差预备费

10. 采用工程量清单计价的总承包服务费计价表中,应由投标人填写的内容是(　　)。

A. 项目价值　　B. 服务内容

C. 计算基础　　D. 费率和金额

二、多项选择题

1. 编制工程量清单时，可以依据施工组织设计、施工规范、验收规范确定的要素有(　　)。

A. 项目名称　　B. 项目编码　　C. 项目特征

D. 计量单位　　E. 工程量

2. 工程量清单计价中，在编制投标报价和招标控制价时共同依据的资料有(　　)。

A. 企业定额

B. 国家、地区或行业定额

C. 工程造价的各种信息资料和指数

D. 投标人拟定的施工组织设计方案

E. 建设项目特点

3. 关于工程量清单计价和定额计价，下列计价公式中正确的有(　　)。

A. 单位工程直接费＝$\sum$(假定建筑安装产品工程量×工料单价)＋措施费

B. 单位工程概预算＝单位工程直接费＋企业管理费＋利润＋税金

C. 分部分项工程费＝$\sum$(分部分项工程量×分部分项工程综合单价)

D. 措施项目费＝$\sum$按"项"计算的措施项目费＋$\sum$(措施项目工程量×措施项目综合单价)

E. 单位工程造价＝分部分项工程费＋措施项目费＋其他项目费＋规费＋税金

4. 按编制程序和用途，工程定额可划分为(　　)。

A. 施工定额　　B. 企业定额　　C. 预算定额

D. 补充定额　　E. 投资估算指标

5. 根据《建设工程工程量清单计价规范》(GB 50500—2013)关于工程量清单计价的有关要求，下列说法中正确的有(　　)。

A. 事业单位自有资金投资的建设工程发承包，可以不采用工程量清单计价

B. 使用国有资金投资的建设工程发承包，必须采用工程量清单计价

C. 招标工程量清单应以单位工程为单位编制

D. 工程量清单计价方式下，必须采用单价合同

E. 招标工程量清单的准确性和完整性由清单编制人负责

6. 下列工程项目中，必须采用工程量清单计价的有(　　)。

A. 使用各级财政预算资金的项目

B. 使用国家发行债券所筹资金的项目

C. 国有资金占投资总额50%以上的项目

D. 使用国家政策性贷款的项目

E. 使用国际金融机构贷款的项目

7. 根据《建设工程工程量清单计价规范》(GB 50500—2013)关于分部分项工程项目清单的编制，下列说法正确的有(　　)。

A. 以重量计算的项目，其计算单位应为吨或千克

B. 以吨为计量单位时，其计算结果应保留三位小数

C. 以立方米为计量单位时，其计算结果应保留三位小数

D. 以千克为计量单位时，其计算结果应保留一位小数

E. 以"个""项"为单位的，应取整数

8. 关于分部分项工程项目清单的编制，下列说法中正确的有(　　)。

A. 以清单计算规范附录中的名称为基础，结合具体工作内容补充细化项目名称

B. 清单项目的工作内容在招标工程量清单的项目特征中加以描述

C. 有两个或以上计量单位时，选择最适合表现项目特征并方便计量的单位

D. 除另有说明外，清单项目的工程量应以实体工程量为准，各种施工中的损耗和需要增加的工程量应在单价中考虑

E. 在工程量清单中应附补充项目的项目名称、项目特征、计量单位和工程量

9. 关于暂估价的计算和填写，下列说法中正确的有(　　)。

A. 暂估价数量和拟用项目应结合工程量清单中的暂估价表予以补充说明

B. 材料暂估价应由招标人填写暂估单价，无须指出拟用于哪些清单项目

C. 工程设备暂估价不应纳入分部分项工程综合单价

D. 专业工程暂估价应分不同专业，列出明细表

E. 专业工程暂估价由招标人填写，并计入投标总价

10. 根据《建设工程工程量清单计价规范》(GB 50500—2013)，在其他项目清单中，应由投标人自主确定价格的有(　　)。

A. 暂列金额　　B. 专业工程暂估价　　C. 材料暂估价

D. 计日工　　E. 总承包服务费

三、简答题

1. 工程计价依据有哪些?

2. 工程定额按编制程序和用途分类有哪些?

3. 工程量清单应该包括哪些基本内容?

Chapter 4

单元 4 建设项目投资决策阶段的工程造价管理

案例导人

某建设项目的宏观目标是推动我国建筑产业国际化，促进建筑信息产业发展，采用新材料、新能源、新设计，减少国家外汇支出。其具体目标：效益目标是项目投资所得税后财务内部收益率达到15%，6年回收全部投资；功能目标是降低生产成本，提高企业的财务效益，减少企业的经营风险；市场目标是优质、高效，使用国产设备、材料、能源，减少原材料进口。

建设项目正式施工建设之前必须进行决策，决策是人们为了实现特定的目标，在掌握大量有关信息的基础上，运用科学的理论和方法，系统地分析主客观条件，进行最终选择的过程。建设项目投资决策阶段的工程造价管理，是工程造价全过程管理的第一个环节，也是首要环节。

思考：建设项目投资决策阶段的工程造价管理需进行哪些具体的工作？

单元目标

知识目标

1. 了解建设项目投资决策与工程造价的关系；
2. 了解建设项目投资决策阶段影响项目工程造价的主要因素；
3. 了解可行性研究的含义、作用、程序及内容；
4. 掌握建设项目投资估算的方法；
5. 熟悉建设项目财务评价指标和评价方法。

能力目标

通过本章的学习，学生应能够简单的编制固定资产投资估算表并进行财务评价。

建设项目投资决策阶段是建设项目建设程序中的第一个阶段，也是对工程造价至关重要的阶段，在投资决策阶段做出的关于建设规模、建设标准的决策将直接影响建设项目的工程造价。本单元介绍了建设项目投资决策与工程造价的关系以及建设项目投资决策各阶段影响工程造价的主要因素。同时，本单元对于建设项目决策阶段的重要阶段——可行性研究的概念、作用、程序及内容，投资估算的编制依据、编制程序、编制内容进行了介绍；重点讲解投资估算的各种编制方法和适用范围。本单元也介绍了建设项目可行性研究和建设项目财务评价等科学决策方法，为投资决策阶段的工程造价管理和控制提供依据。

知识脉络

单元 4 的知识脉络图如图 4-1 所示。

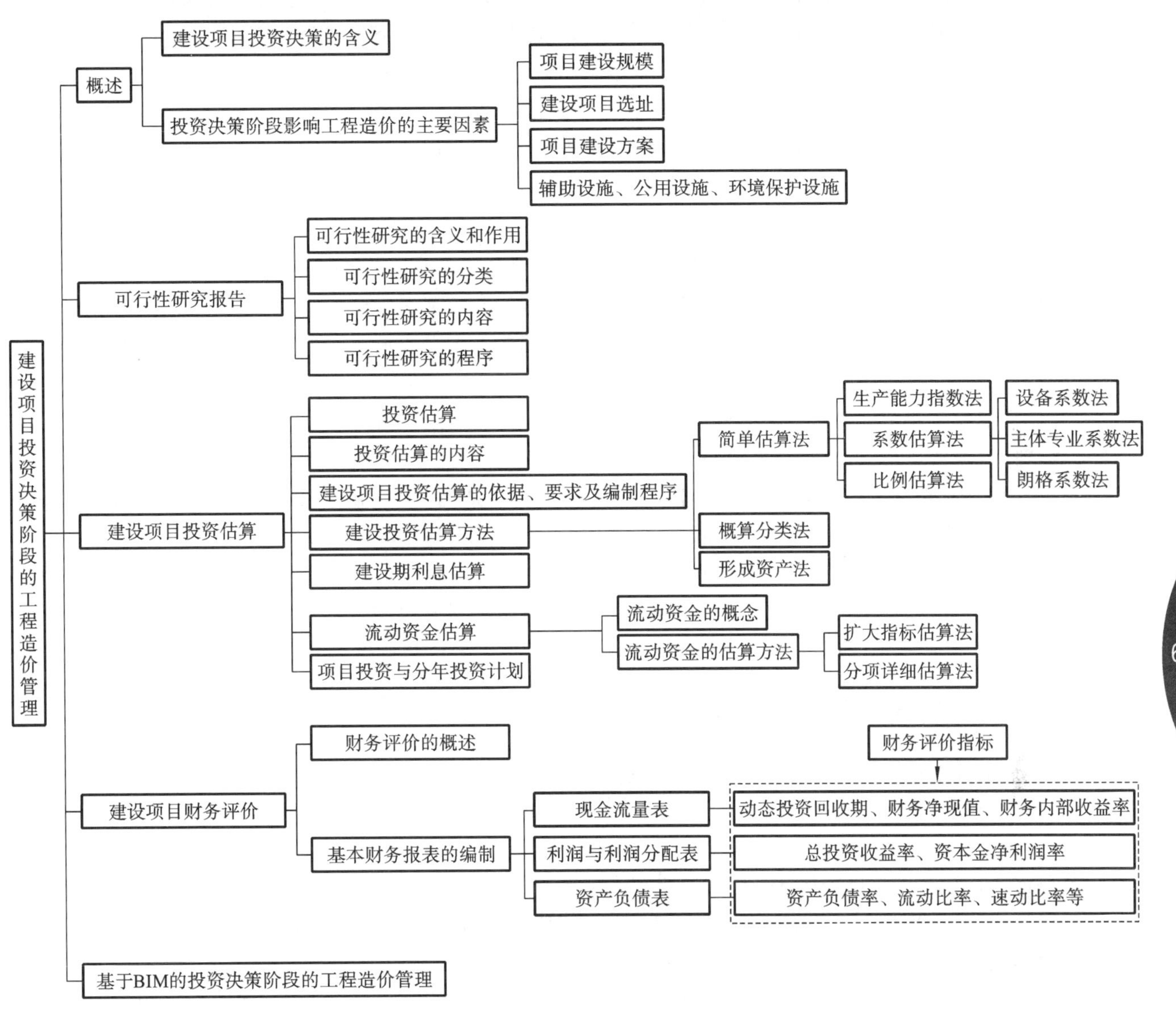

图 4-1　单元 4 的知识脉络图

4.1 概述

4.1.1　建设项目投资决策的含义

建设项目投资决策是选择和决定工程项目投资行动方案的过程，是对拟建项目的必要性和可行性进行技术经济论证，对不同建设方案进行技术经济比较选择及做出判断和决定的过程。投资决策是否正确，直接决定项目投资的经济效益，关系到工程造价的高低。正确决策是合理确定与控制工程造价的前提。

建设项目投资决策与工程造价的关系体现在以下几个方面。

1. 建设项目决策的正确性是工程造价合理性的前提

建设项目决策的正确与否，直接关系到项目建设的成败，关系到建设成本的高低及投资效果的好坏。建设项目决策正确，意味着对项目建设做出科学的决断，优选出最佳投资行动方案，达到资源的合理配置，这样才能合理地估计和计算工程造价，并且在实施最优投资方案的过程中，有效地进行工程造价管理。建设项目决策失误，主要体现在对不该建设的项目进行投资建设、项目建设地点的选择失误，或者投资方案的确定不合理等。决策失误会带来不必要的资金投入和人力、物力及资金的浪费，甚至造成不可弥补的损失。

2. 建设项目投资决策阶段是决定工程造价的关键阶段

工程造价管理贯穿于项目建设全过程，但在建设项目的投资决策阶段，项目建设标准、建设地址、生产工艺、设备设施等各项技术经济决策，对建设项目的工程造价以及项目建成后的经济效益，有着决定性的影响。据有关资料统计，在项目建设各阶段中，投资决策阶段影响工程造价的程度最高，达到70%～90%，而在建设项目的投资决策阶段，所需投入的费用只占项目总投资很小的比例。因此，投资决策阶段是决定工程造价的关键阶段，直接影响决策阶段之后的各个建设阶段工程造价的计价与管理的科学性。

3. 建设项目投资决策阶段的工程造价是投资者进行决策的主要依据

建设项目投资决策阶段的投资估算是进行投资方案选择的重要依据之一，同时也是决定项目是否可行以及主管部门进行项目审批的参考依据。

4. 建设项目投资决策的深度影响投资估算的精确度，也影响工程造价管理的效果

在建设项目各阶段中，即决策阶段、初步设计阶段、技术设计阶段、施工图设计阶段、发承包阶段、施工阶段以及竣工验收阶段，通过工程造价的确定与控制，相应形成投资估算、工程概算、修正概算、施工图预算、合同价、竣工结算与决算。这些造价形式之间存在着前者控制后者，后者补充前者的相互作用关系。投资决策阶段确定的工程造价即投资估算，对后面的各种形式的造价起着制约作用，确定了工程项目的限额目标。此外投资决策过程也是一个由浅入深、不断深化的过程，依次分为投资机会研究及项目建议书阶段、初步可行性研究阶段、详细可行性研究阶段。不同阶段投资决策的深度不同，投资估算的精确度也有所不同。

4.1.2 投资决策阶段影响工程造价的主要因素

建设项目工程造价的多少主要取决于项目的建设标准。建设标准是工程项目前期工作中，对项目投资决策中有关建设的原则、等级、规模、建筑面积、工艺设备配置、建筑用地和主要技术经济指标等方面的规定。工业项目的建设标准一般包括建设条件、建设规模、项目构成、工艺与装备、配套工程、建筑标准、建设用地、环境保护、劳动定员、建设工期、投资估算指标和主要技术经济指标等；民用项目的建设标准一般包括建设规模、建设等级、建筑标准、建筑设备、建设用地、建设工期、投资估算指标和主要技术经济指标等。

1. 项目建设规模

对生产性项目而言，项目建设规模也称项目生产规模，是指项目设定的正常运营年份可能达到的生产能力或者使用效益。建设规模的确定，就是要合理选择拟建项目的生产规模，解决“生产多少”的问题。每一个建设项目都存在着一个合理经济规模的选择问题。生产规模过小，资源得不到有效配置，单位产品成本较高，经济效益低下，产品竞争力差，市场占有率低；生产规模过大，超过了项目产品市场的需求量，则会导致开工不足、设备闲置，或者产品积压和降价销售，致使建设项目经济效益低下。

因此，项目建设规模直接决定投资水平，决定着工程造价合理与否，所以说，项目建设规模是投资决策阶段影响工程造价的最主要因素。

2. 建设项目选址

建设项目选址一般需要经过建设地区选择和建设地点（厂址）选择两个工作阶段，建设地区选择是指在几个不同地区之间对拟建项目配置适宜区域的选择；建设地点选择是指对项目具体坐落位置的选择。

建设项目选址与项目投资者的投资战略密切相关，在很大程度上影响工程造价的高低，影响项目的建设成本、建成后的经营成本及建成后的营销推广，也影响项目的建设工期和建设质量。

建设项目选址是一项技术经济综合性很强的系统工程，建设地区的选择要遵循靠近原料、燃料提供地和产品消费地的原则以及工业项目适当聚集的原则。建设地点(厂址)选择，除了综合考虑社会、环境、地质、资源、文化等各种因素的制约，还需要分析厂址选择时的费用，总体来说，包括以下两个方面。

1)项目投资费用

项目投资费用包括土地征购费、拆迁补偿费、土石方工程费、运输设施费、排水及污水处理设施费、动力设施费、生活设施费、临时设施费和建材运输费等。

2)项目投产后生产经营费用比较

项目投产后生产经营费用包括原材料、燃料运入及产品运出费用，给水、排水、污水处理费用，动力供应费用等。

3. 项目建设方案

项目建设方案包括生产技术方案、设备方案、工程方案。

1)生产技术方案

生产技术方案指产品生产所采用的工艺流程和生产方法。生产技术方案不仅影响项目的建设成本，也影响项目建成后的运营成本。因此，生产技术方案的选择直接影响项目的工程造价，必须认真选择和确定。生产技术方案的选择要坚持先进性、适用性、安全可靠性和经济合理性的原则。

2)设备方案

生产工艺流程和生产技术方案确定后，就要根据生产规模和工艺流程的要求，选择设备的种类、型号和数量；要结合项目的设备选型及其对项目建设方案选择的影响，选择最经济的设备方案。设备方案的选择要均衡地考虑项目设备的性能与经济性。既不能盲目追求设备购置费率的最低化，也不能盲目追求设备性能的先进性。在满足项目使用功能要求的前提下，分析设备的全生命周期成本，选择项目全生命周期成本最小的设备。主要设备的选择要考虑设备的技术标准、运杂费、交货期限、付款条件、零配件和售后服务等影响设备选择的因素，还要注意进口设备之间和国内外设备之间的衔接配套关系，注意进口设备与原材料、备品备件以及维修能力之间的配套关系，要尽量选择国产设备。

3)工程方案

工程方案构成建设项目的实体。工程方案是在已选定项目建设规模、技术方案和设备方案的基础上，研究论证主要建筑物、构筑物的建造方案，包括对于建筑标准的确定。工程方案选择应满足的基本要求包括满足生产使用功能的要求、适应已选定的场址、符合工程标准规范的要求、经济合理。

4. 辅助设施、公用设施、环境保护设施

在建设项目的投资决策阶段，配套的辅助设施、公用设施虽然不是影响工程造价的主要因素，但是随着国家和地方政府对环保、安全、职业卫生的要求逐步提高，辅助设施和公用设施在建设项目中的投资比例也逐步增高。此外，建设项目一般会引起项目所在地的自然环境、社会环境和生态环境的变化，对环境状况、环境质量产生不同程度的影响，所以需要对建设项目环境保护设施方案的技术水平、治理效果、环境效益进行综合评价。所以，在建设项目的投资决策阶段，要处理好辅助设施、公用设施以及环境保护设施的配套问题。辅助设施、公用设施和环境保护设施选择过小满足不了生产要求；选择过大会造成投资增加和设施闲置，影响建设项目的经济效益，甚至使项目亏损。

4.2 可行性研究报告

可行性研究是 20 世纪 30 年代随着社会生产技术和经济管理科学的发展而产生的。第二次世界大战后，在科学技术飞速发展、经济活动日益复杂、竞争日益激烈的背景下，西方发达国家纷纷采用了可行性研究这一方法，将其不断充实和完善，逐步形成了一整套比较系统的科学研究方法。作为一门科学，可行性研究是跨技术科学、经济科学和自然科学的新兴综合体，其研究对象是项目投资决策中的技术经济问题；研究目的是揭示客观规律，通过科学方法，减少决策失误风险，以便能有效地利用资源，获取尽可能高的投资效益。

早在 20 世纪 30 年代，美国开发田纳西流域时，就开始将此方法作为流域开发规划的重要阶段纳入开发程序，使工程得以顺利进行，取得了很好的经济效益。在第二次世界大战后，20世纪50年代以来，由于世界科学技术和经济管理科学的迅猛发展，可行性研究理论不断得到充实、完善和发展，逐步形成一整套科学研究方法，它综合运用了多种现代科学技术成果，是保证工程获得最佳经济效益和社会效益的一门综合性应用科学。可行性研究工作随着社会生产力的发展和科学技术的进步，应用范围逐渐扩大到各个领域。世界各国进行可行性研究的方法虽然不尽相同，但作为一门学科，可行性研究已经被发达国家和很多发展中国家作为工程项目投资决策的重要手段而被广泛应用。如日本称可行性研究为“投资前研究”；苏联称可行性研究为“技术经济论证”；英美国家称可行性研究为“可行性研究”；印度称可行性研究为“投资研究或费用分析”。

可行性研究是在投资决策前，对拟建项目进行全面技术经济分析论证并试图对其做出可行与否论断的一种科学方法。

对项目进行可行性研究，无论采用什么手段和方法，最终都要回答以下三个问题。

(1)为什么要建设这个项目？其本质是回答项目建设的必要性问题。

(2)怎样建设这个项目？其本质是回答项目建设的可行性问题。

(3)建设这个项目的结果如何？其本质是回答项目建设的合理性问题。

可行性研究以经济理论与方法为依据，采取了一套行之有效的科学分析论证方法，对项目建设的一些主要问题，如市场需求，资源条件、原材料、燃料、动力的供应情况、交通运输、厂址选择、建厂规模、工艺技术方案的确定、设备选型等重大问题，从技术和经济两方面进行全面、系统的调查研究，然后进行分析计算和方案的比较选择，并对投资后的效果进行预测。

4.2.1 可行性研究的含义和作用

1. 含义

可行性研究是计算、分析评价各种项目的技术方案和经济效果的科学方法，是技术经济分析论证的一种主要手段。这种方法是在运用多种学科成果的基础上形成的，通过对技术方案进行研究分析，从而预测方案或项目所能获取的经济效果。对建设项目进行可行性研究，就是对固定资产投资的各种形式以及对设备更新的一些主要问题，主要从技术和经济两方面进行调查研究、分析论证，进行方案比较。可行性研究可以预测项目建成后可能取得的技术经济效果，并最终提出对该建设项目是否值得投资的意见，为投资决策者提供科学的依据。

可行性研究包括三个方面的研究内容，即工艺技术方面的研究、市场需求和资源条件的研究、经济财务状况的分析研究。这三个研究方面的内容之间，有着密切的联系。其中，市场需求和资源条件是前提，工艺技术是手段，而获得好的财务和经济效果，则是整个活动的中心和目的，可行性研究就是围绕这个中心进行的。

可行性研究一般是针对一个特定的建设项目或一项特定的技术进行的，最广泛的用途是对建设项目进行技术经济论证。建设项目，一般是指技术上、经济上相对独立的生产经营企业、交通运输与建筑工程以及其他服务性企业的生产用固定资产的新建、扩建、改建和修复工程。

2. 作用

投资前期是决定工程项目经济效果的关键时期，是研究和控制的重点。如果在项目实施中才发现工程费用过高，投资不足，或原材料不能保证等问题，将会给投资者造成巨大的损失。因此，无论是发达国家还是发展中国家，都把可行性研究视为工程建设的首要环节。投资者为了排除盲目性，减少风险，在竞争中取得最大利润，宁愿在投资前花费一定的代价，也要进行投资项目的可行性研究，以提高投资获利的可靠程度。

总体来说，可行性研究的作用归纳起来有以下几点。

(1)可行性研究是建设项目投资决策的依据。主管部门审查建设项目，很大程度上取决于可行性研究报告的论证依据和论证结果。因此，可行性研究是投资者对项目进行决策的重要依据。

(2)可行性研究是筹集建设项目建设资金的依据。银行要对建设项目贷款，首先要严格评估项目的可行性研究报告，在对建设项目的经济效益、盈利状况及偿债能力等进行全面、细致分析评估的基础上，才能做出是否贷款的决策。

(3)可行性研究是有关部门或单位之间签订各种合同的依据。根据可行性研究报告内容的要求,有关部门或单位签订未完成项目建设所需要的各种原材料、燃料、水电、运输以及其他各方面的合同,以保证项目的顺利进行。

(4)可行性研究是政府、规划部门及环保部门审批项目的依据。建设项目开工前,需地方政府批拨土地,规划部门审查项目建设是否符合城市规划,环保部门审查项目对环境的影响。这些审查都以可行性研究报告中总图布置、环境及生态保护方案方面的论证为依据。因此,可行性研究为建设项目申请建设执照提供了依据。

(5)可行性研究是项目建设基础资料的依据。可行性研究报告对工厂厂址、工艺技术方案、生产规模、交通运输、设备选型等方面的问题都进行了方案比较,并经反复分析论证,寻找出最佳的解决办法,提出了推荐方案。所以,可行性研究报告中的内容、数据可以作为项目基础资料的依据,并据此进行工程项目设计、设备加工订货以及建设前期的其他各项准备工作。

(6)可行性研究是科研实验,项目拟采用的新技术、新工艺、新设备的依据。

(7)可行性研究是企业机构设置、招收人员、职工培训等工作的依据。

(8)可行性研究是组织施工、安排项目建设进度以及对工程质量进行检验的重要依据。

(9)可行性研究是建设项目后评价的依据。建设项目后评价是在项目建成运营一段时间后,评价项目实际运营效果是否达到预期目标。建设项目的预期目标是在可行性研究中确定的,因此,建设项目后评价应以可行性研究为依据,评价项目目标的实现程度。

4.2.2 可行性研究的分类

我国一般将可行性研究分为机会研究(项目规划和项目建议书)、初步可行性研究和详细可行性研究三个阶段。

1. 机会研究

机会研究又分为项目规划方案和项目建议书,是由项目筹建单位或项目法人根据国民经济的发展、国家和地方中长期规划、产业政策、生产力布局、国内外市场、所在地的内外部条件,就某一具体新建、扩建项目提出的项目的建议文件,是对拟建项目提出的框架性的总体设想,是鉴别投资方向、寻求投资机会、提出投资建议的阶段。在项目早期,项目条件还不够成熟,仅有规划方案,项目的具体建设方案还不明晰,市政、环保、交通等专业咨询意见尚未办理。项目建议书主要论证项目建设的必要性,建设方案和投资估算比较粗,投资误差为±30%左右。

项目建议书的研究内容包括进行市场调研,对项目建设的必要性和可行性进行研究,对项目产品的市场、项目建设内容、生产技术和设备及重要技术经济指标进行分析,并对主要原材料的需求量、投资估算、投资方式、资金来源、经济效益等进行初步估算。

2. 初步可行性研究

初步可行性研究也称预可行性研究,是在机会研究的基础上,对项目方案进行初步的技术、经济、环境和社会影响评价,对项目是否可行做出初步判断。研究的主要目的是判断项目是否有生命力,是否值得投入更多的人力和资金进行可行性研究,并据此做出是否进行投资的初步决定。初步可行性研究得到的财务数据的精确度,可控制在项目决算数据的±20%以内。初步可行性研究是机会研究和详细可行性研究之间的中间阶段。这三个研究阶段的内容和研究范围大体上是一致的,它们的主要区别在于数据的细节方面。三个研究阶段的过程,是基础数据从粗略逐渐过渡到精细,评价指标从概略到精确的过程。

3. 详细可行性研究

详细可行性研究也称为最终可行性研究,它是在投资决策之前,对拟建项目进行全面技术经济分析的科学论证。在投资管理中,详细可行性研究是指对拟建项目有关的自然、社会、经济、技术等进行调研、分析比较以及预测建成后的社会经济效益,在此基础上,综合论证项目建设的必要性、财务的盈利性、经济上的合理性、技术上的先进性和适应性以及建设条件的可能性和可行性,从而为投资决策提供科学依据。

项目通过项目建议书和初步可行性研究并有足够根据可获得成功时,才能转入项目的详细可行性研究阶段，以便在项目建议书的基础上，进一步开展工作。详细可行性研究是一个关键步骤，在这一研究阶段，相关人员要对工程项目进行深入的技术论证。论证项目包括生产规划、建设地区、厂址选择、原材料及燃料动力、生产工艺、设备、厂房、土建工程、总图工程、投资、建设时间等，进行多方案的比较，以使生产组织合理，投资费用和生产成本降到最低。如果取得的最终数据表明项目不可行，则应考虑调整生产规划和生产工艺，修改参数，重新考虑原材料等投入物，力求提出安排合理和可行的项目，并将改进过程在可行性研究中加以描述。总之，详细可行性研究是个互相关联、互为因果、反复研究的过程。

4.2.3 可行性研究的内容

可行性研究的内容可以概括为三个部分。第一是市场研究，包括产品的市场调查和预测研究，这是项目可行性研究的前提和基础，其主要任务是解决项目的“必要性”问题；第二是技术研究，即技术方案和建设条件研究，这是项目可行性研究的技术基础，它要解决项目在技术上的“可行性”问题；第三是效益研究，即经济效益、社会效益、生态效益的分析和评价，这是项目可行性研究的核心部分，主要解决项目在经济上、社会上、生态上的“合理性”问题。市场研究、技术研究和效益研究共同构成项目可行性研究。

可行性研究在对建设项目进行深入、细致的技术经济论证的基础上，做出多方案的比较和优选，提出结论性意见和重大措施建议，为决策部门的最终决策提供科学依据。因此，它的内容应能满足作为项目投资决策依据的要求。可行性研究的基本内容和研究深度应符合国家规定。可行性研究的内容，因项目的具体条件不同而有差别，但主要内容应包括以下几个方面。

1. 总论

总论包括项目背景、项目概况和问题与建议三个部分。

(1)项目背景包括项目名称、承办单位情况、可行性研究报告编制依据、项目提出的理由与过程等。

(2)项目概况包括项目拟建地点、拟建规模与目标、主要建设条件、项目投入总资金及效益情况和主要技术经济指标等。

(3)问题与建议主要指存在的可能对拟建项目造成影响的问题及相关解决建议。

2. 市场预测

市场预测是对项目的产出品和所需的主要投入品的市场容量、价格、竞争力和市场风险进行分析预测，为确定项目建设规模与产品方案提供依据，包括产品市场供应预测、产品市场需求预测、产品目标市场分析、价格现状与预测、市场竞争力分析、市场风险。

市场预测通过研究国内外市场供需情况，应用市场预测的各种数据(包括销售量、销售收入、价格、生产成本与利润等)，确定拟建项目的生产规模和产品方案，并分析产品未来的市场竞争力和市场占有率，以及打入国际市场的可能性和前景。

3. 资源条件评价

资源条件评价指对项目资源情况进行分析，主要研究各种资源的需要量和供给量。这里的“资源”包括矿产资源、农业资源、各种原材料和燃料，以及水、电、气等。对于矿产资源和农业资源，资源条件评价要着重分析项目建设和生产经营所需资源的种类、特性和数量，可供资源的数量、质量和供应年限，以及开采条件及供应方式。对于稀有资源和有限资源，资源条件评价应分析可替代资源的开发前景。

原材料(包括辅助材料)是项目建设和生产正常进行的物质基础。资源条件评价应分析原材料供应品种、数量能否满足项目生产能力的需要，原材料供应的质量能否满足生产工艺、产品功能和质量要求以及运输距离、合理仓储量及仓储条件的要求等。

燃料主要包括煤、石油和天然气等；动力主要包括电、水、蒸汽、压缩空气等。燃料供应条件分析，要着重研究合理选择燃料供应来源和供应品种、数量、质量及运输、仓储条件等；动力供应条件分析要着重研究供应方式、生产方法或协作配合要求等。

原材料、燃料直接影响项目的运营成本，为确保项目建成后正常运营，需对原材料、辅助材料和燃料的品种、规格、成分、数量、价格、来源及供应方式进行研究论证。

4. 建设规模与产品方案

在市场预测和资源条件评价的基础上，论证拟建项目的建设规模和产品方案可以为项目技术方案、设备方案、工程方案、原材料燃料供应方案及投资估算提供依据。

（1）建设规模包括建设规模方案比选及其结果（推荐方案及理由）。

（2）产品方案包括产品方案构成、产品方案比选及其结果（推荐方案及理由）。

5. 厂址选择

建厂条件是指建设项目所在的地区和厂址的经济环境和自然环境，它是保证项目获得成功的重要条件。

建厂地区的选择要求是接近原料产地或销售市场，有数量足够、价格合理的燃料及动力，有超便利的交通运输条件和较好的基础设施条件等。

厂址的选择要求是具有良好的经济和自然条件，能满足企业建设、生产活动和职工生活的合理需要，并留有发展余地，符合工厂远景规划和城市建设规划的要求。对不同条件的厂址方案，应进行综合分析比较，以选择最优厂址。

可行性研究阶段的厂址选择是在项目建议书的基础上，进行具体坐落位置的选择，包括厂址所在位置现状、厂址建设条件及厂址条件比选三个方面的内容。

（1）厂址所在位置现状包括地点与地理位置、厂址土地权权属及占地面积、土地利用现状。技术改造项目的厂址所在位置现状还包括现有场地利用情况。

（2）厂址建设条件包括地形、地貌、地震情况，工程地质与水文地质、气候条件，城镇规划及社会环境条件，交通运输条件，公用设施社会依托条件，防洪、防潮、排涝设施条件，环境保护条件，法律支持条件，征地、拆迁、移民安置条件，施工条件。

（3）厂址条件比选主要包括建设条件比选、建设投资比选、运营费用比选，推荐厂址方案，给出厂址地理位置图。

6. 技术方案、设备方案和工程方案

正确选择技术方案，对保证项目未来生产的产品数量、质量和经济效益是至关重要的。技术方案、设备方案和工程方案构成项目的主体，体现了项目的技术和工艺水平，是项目经济合理性的重要基础。

（1）技术方案包括生产方法、工艺流程、工艺技术来源及推荐方案的主要工艺。

（2）设备方案包括主要设备选型、来源和推荐的设备清单。

（3）工程方案主要包括建筑物、构筑物的建筑特征、结构及面积方案，特殊基础工程方案，公用设施方案的选择、建筑物与构筑物布置方案的选择等。

7. 总图布置、场内外运输与公用辅助工程

总图布置、场内外运输与公用辅助工程是指在选定的厂址范围内，生产系统、公用工程、辅助工程及运输设施的平面和竖向布置以及工程方案。

（1）总图布置包括平面布置、竖向布置、总平面布置及指标表。技术改造项目的总图布置还应包含原有建筑物、构筑物的利用情况。

（2）场内外运输包括场内外运输量和运输方式，场内外运输设备及设施。

（3）公用辅助工程包括给排水、供电、通信、供热、通风、维修、仓储等工程设施。

8. 环境影响评价

环境影响评价是指预计项目“三废”（废气、废水、废渣）的种类、成分、数量及对环境影响的范围和程度，治理方案的选择和回收利用情况，项目对环境的要求及对环境影响的评价。

建设项目一般会对所在地的自然环境、社会环境和生态环境产生不同程度的影响，因此，在确定厂址和技术方案时，须进行环境影响评价，研究环境条件，识别和分析拟建项目影响环境的因素，提出治理和保护环境的措施，比选和优化环境保护方案。环境影响评价主要包括厂址环境条件、项目建设和生产对环境的影响，环境保护措施方案及投资环境影响评价。

9. 劳动安全卫生与消防研究

在技术方案和工程方案确定的基础上，分析论证在建设和生产过程中存在的对劳动者和财产可能产生的不安全因素，并提出相应的防范措施，就是劳动安全卫生与消防研究。

10. 节能评估

节能评估是指根据节能法规、标准，对建设项目的能源利用是否科学合理进行分析评估，包括评估依据、能源供应情况、项目能源消耗和能效水平评估、节能措施评估等。

11. 组织机构与人力资源配置

企业机构的设置情况，是编制人员配备表和计算各种管理费用的依据；劳动定员工价的编制数是计算产品成本和制定人员培训计划的依据。企业管理机构应根据项目的大小、性质和业务范围等影响因素设置，遵循统一领导、分级管理、分工协作、职责明确等原则，按不同企业特点采用适合的组织形式。

（1）组织机构主要包括项目法人组建方案、管理机构组织方案和体系图及机构适应性分析。

（2）人力资源配置包括生产作业班次、劳动定员数量及技能素质要求、职工工资福利、劳动生产力水平分析，员工来源及招聘计划，员工培训计划等。

12. 项目实施进度

项目工程建设方案确定后，需确定项目实施进度，包括建设工期、项目实施进度计划（横线图的进度表），科学组织施工和安排资金计划，以保证项目按期完工。

13. 项目经济评价

项目经济评价指对项目进行财务评价和国民经济评价，主要内容包括列出项目建设所需资金及其筹措情况，估算总成本费用、销售收入和税金；从企业角度，用现行价格计算分析拟建项目投产后各年盈利能力和贷款偿还能力，论证项目是否值得建设；从国民经济角度，通过计算项目投入物和产出物的影子价格，将项目的效益费用进行比较，判断项目是否值得建设。

1）投资估算

投资估算是在项目建设规模、技术方案、设备方案、工程方案及项目进度计划基本确定的基础上，估算项目投入的总资金，包括投资估算依据、建设投资估算（建筑工程费，设备及工具、器具购置费，安装工程费，工程建设其他费用，基本预备费，价差预备费，建设期利息）、流动资金估算和投资估算表等方面的内容。

2）融资方案

融资方案是在投资估算的基础上，研究拟建项目的资金渠道、融资形式、融资机构、融资成本和融资风险，包括资本金（新设项目法人资本金和既有项目法人资本金）筹措、债务筹措和融资方案分析等方面的内容。

3）项目的经济评价

项目的经济评价包括财务评价、国民经济评价，以及通过有关指标的计算，进行项目盈利能力和偿还能力等分析，得出经济评价结论。

4）不确定性和风险分析

不确定性和风险分析是指通过盈亏平衡分析、敏感性分析和概率分析，研究分析影响项目经济效益的主要因素变化对所选投资方案的影响程度。

14. 社会评价

社会评价是分析拟建项目对当地社会的影响和当地社会条件对项目的适应性和可接受程度，评价项目的社会可行性。评价的内容包括项目的社会影响分析，项目与所在地区的互适性分析和社会风险分析，得出评价结论。

15. 风险分析

风险分析贯穿于项目建设和生产运营的全过程。风险分析步骤：首先，识别风险，揭示风险来源，识别拟建项目在建设和运营中的主要风险因素（比如市场风险、资源风险、技术风险、工程风险、政策风险、社会风险等）；其次，进行风险评价，判别风险程度；最后，提出规避风险的对策，降低风险损失。

16. 结论与建议

结论与建议是指运用各种数据，从市场、技术、经济等方面论述拟建项目的可行性，指明该项目方案存在的必要性。

4.2.4 可行性研究的程序

可行性研究是一项系统工程，其内容涉及学科较多，工作任务很重，既涉及工程技术问题，又涉及经济、财务、评价系统分析等各方面的问题。因此，可行性研究要选择技术力量强、经验丰富的咨询公司、设计单位、监理单位承担。参加编制的专业一般有工业经济、市场分析、企业管理、营销、规划、财会、经济、法律、工艺、机械、土建、文秘等，另可根据具体情况请诸如地质勘探、地球物理、实验研究、通信等专业人员协助工作。

项目业主根据工程需要，委托有资格的设计院或咨询公司进行可行性研究，编制可行性研究报告，具体编制程序如下。

1. 委托与签订合同

项目的可行性研究，可以由项目主管部门直接给工程设计单位下达任务进行，也可以由项目业主自行委托有资质的工程设计单位承担。

项目业主和受委托单位签订的合同一般应包括进行该项目可行性研究工作的依据，研究的范围和内容，研究工作的进度和质量，研究费用的支付办法、合同双方的责任、协作和违约处理的方法等主要内容。

2. 组织人员和制订计划

受委托单位接受委托后，应根据工作内容组织项目组，并确定项目负责人和各专业负责人。项目组根据任务要求，研究和制订工作计划和安排实施进度。在安排实施进度时，项目组要充分考虑各专业的工作特点和任务交叉情况，协调技术专业与经济专业的关系，为各专业工作留出充分的时间，根据研究工作进度和内容要求，如果需要向外分包时，应落实外包单位，办理分包手续。

3. 调查研究与收集资料

项目组在了解清楚委托单位项目建设的意图和要求的基础上，查阅项目建设地区的经济、社会和自然环境等情况的资料，拟定调查研究提纲和计划，由项目负责人组织有关专业人员赴现场进行实地调查和专题抽样调查，收集与整理所得的初步基础资料和技术经济资料。调查的内容包括市场和原材料、燃料、厂址和环境、生产技术、财务资料及其他。各专题调查可视项目的特点和要求分别拟定调查细目、对象和计划。

4. 方案设计与优选

接受委托的工程设计单位，应根据建设项目建议书，结合市场和资源环境的调查，在收集整理了一定的设计基础资料和技术经济基本数据的基础上，提出若干种可供选择的建设方案和技术方案，进行比较和评价，从中选择或推荐最佳建设方案。

技术方案一般应包括生产方法、工艺流程、主要设备选型、主要消耗定额和技术经济指标、建设标准、环境保护设施、定员等。

项目的建设方案一般应包括市场分析、产品供销预测、生产规模、产品方案的选择、产品价格预测；核算原材料和燃料的需要量、规格，评述资源供应情况和供应条件，预测原材料、燃料的进厂价格；估算工厂全面总运输量，选择运输方案；确定外协工作和协作单位；厂址选择及论证；项目筹资方案，如有贷款，应说明贷款来源、利息、偿还条件；项目的建设工期安排等。

5. 经济分析和评价

经济分析和评价是指按照建设项目经济评价方法的要求，对推荐的建设方案进行详细的财务分析和国民经济分析，计算相应的评价指标，评价项目的财务的生存能力和从国家角度看的经济合理性。

经济分析和评价需对各种不确定因素进行敏感性分析和风险分析，并提出风险转移、规避等防范措施。当项目的经济评价结构不能达到有关要求时，可对建设方案进行调整或重新设计，或对几个可行性建设方案同时进行经济分析，选出技术、经济综合考虑较优者。

6. 编制可行性研究报告

对建设方案和技术方案进行技术经济论证和评价后，项目负责人组织可行性研究项目组成员，分别编写详尽的可行性研究报告，在报告中可推荐一个或几个项目建设方案，也可提出项目不可行的结论意见和项目改进的建议。

根据国家有关部门发布的文件、条例，可行性研究的程序如图 4-2 所示。

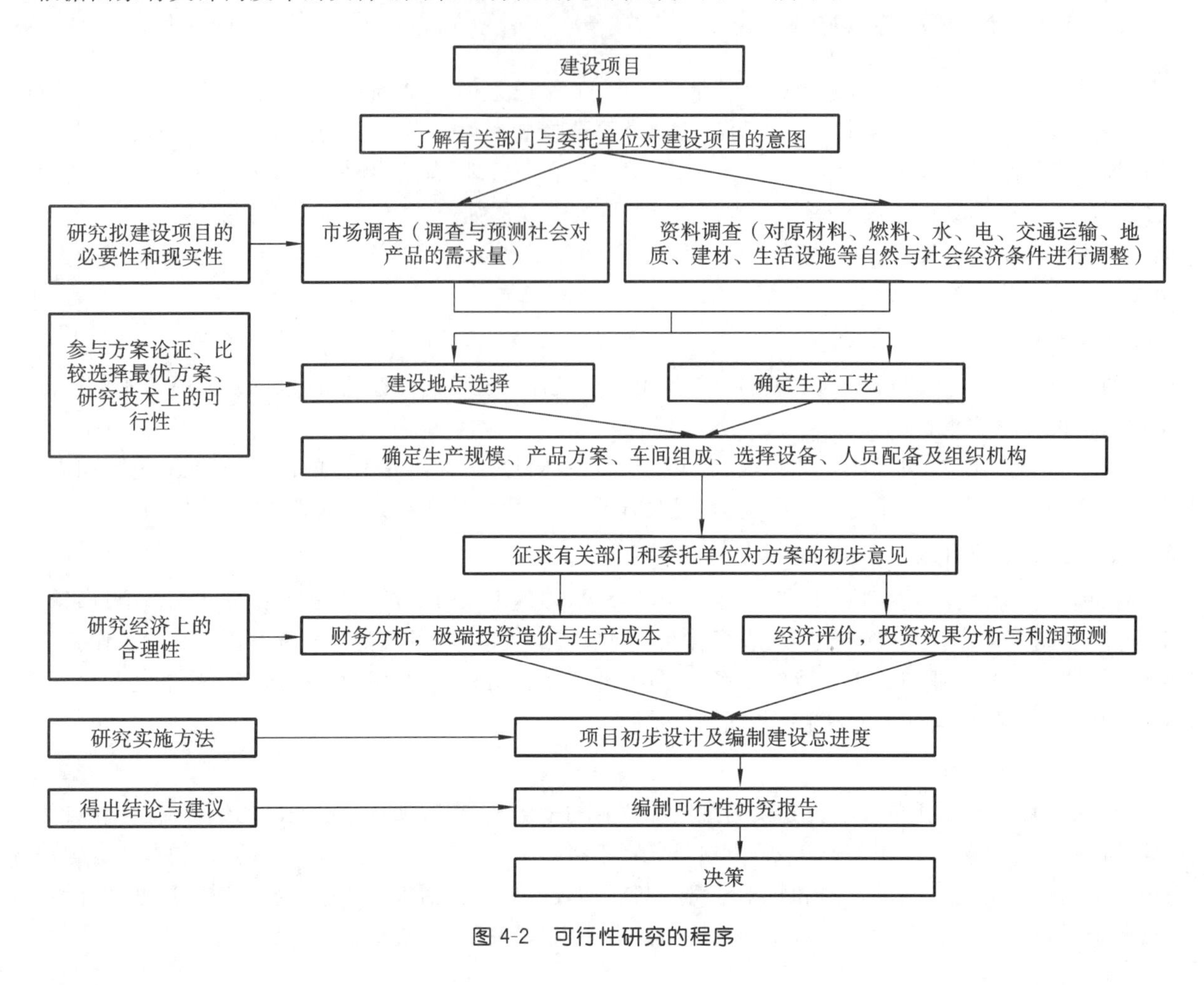

图 4-2　可行性研究的程序

4.3 建设项目投资估算

【导入案例】 某建设项目投资构成中，设备购置费为 1500 万元，工具、器具及生产家具购置费为 200 万元，建筑工程费为 800 万元，安装工程费为 500 万元，工程建设其他费用为 400 万元，基本预备费为 150 万元，价差预备费为 350 万元，建设期贷款为 2000 万元，应计利息为 120 万元，流动资金为 400 万元，则该建设项目的总投资是多少万元？

4.3.1 投资估算介绍

1. 投资估算的含义

投资估算是在对项目的建设规模、产品方案、工艺技术及设备方案、工程方案及项目实施进度等进行研究并基本确定的基础上，估算项目所需资金总额(包括建设投资和流动资金)并测算建设期分年资金使用计划。投资估算是拟建项目编制项目建议书、可行性研究报告的重要组成部分，是项目决策的重要依据之一。

2. 投资估算的构成

投资估算的内容，从费用构成来讲应包括该项目筹建、设计、施工和竣工投产所需的全部费用，分为建设投资和流动资金两部分。

建设投资按照费用的性质划分，包括建筑安装工程费，设备及工具、器具购置费，工程建设其他费用，预备费用，建设期利息等。

流动资金是指生产经营性项目投产后，购买原材料、燃料、支付工资及其他经营费用等所需的周转资金。流动资金是伴随着建设投资而发生的长期占用的流动资产投资，即财务中的营运资金。

3. 建设项目投资估算的阶段划分与精度要求

在我国，建设项目投资估算分为四个阶段，如图 4-3 所示。

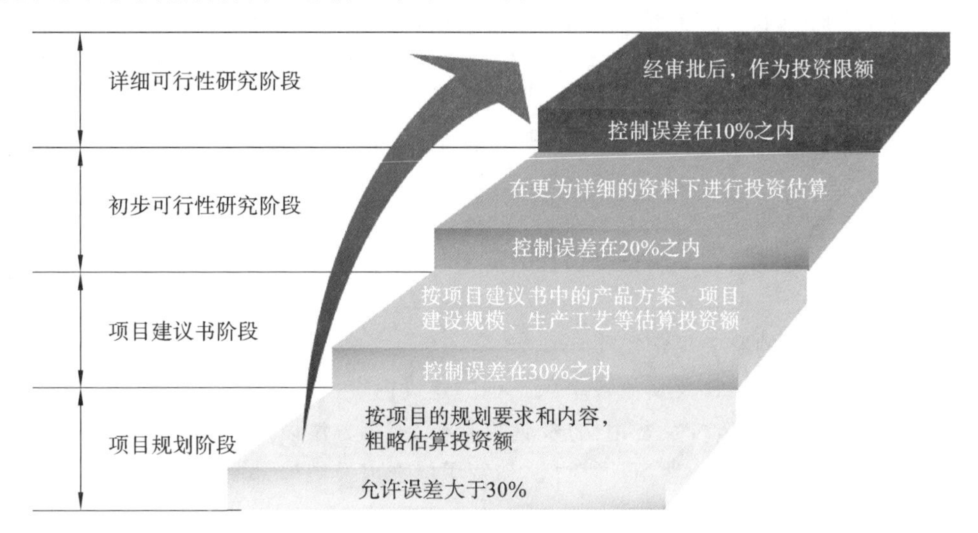

图 4-3　投资估算的阶段划分与精度要求图

1）项目规划阶段的投资估算

项目规划阶段是指有关部门根据国民经济发展规划、地区发展规划和行业发展规划的要求，编制一个建设项目的建设规划。此阶段按项目规划的要求和内容，粗略地估算建设项目所需要的投资额，其对投资估算精度的要求为允许误差大于±30%。

2）项目建议书阶段的投资估算

在项目建议书（也称机会研究）阶段，投资估算是按项目建议书中的产品方案、项目建设规模、生产工艺、企业车间组成、初选厂址等，估算建设项目所需要的投资额，其对投资估算精度的要求为误差控制在±30%以内。此阶段项目投资估算的意义是可据此判断一个项目是否需要进行下一阶段的工作。

3）初步可行性研究阶段的投资估算

在初步可行性研究阶段，投资估算是在掌握了更详细、更深入资料的前提下，估算建设项目所需要的投资额，其对投资估算精度的要求为误差控制在±20%以内。此阶段投资估算的意义是据此确定是否进行详细可行性研究。

4）详细可行性研究阶段的投资估算

详细可行性研究阶段的投资估算至关重要，是因为这个阶段的投资估算经审查批准后，便是工程设计任务书中规定项目的投资限额，并可据此列入项目年度基本建设计划，其对投资估算精度的要求为误差控制在±10%以内。

影响投资估算准确程度的因素包括项目本身的复杂程度及其认知的程度，项目构思和描述的详细程度，工程计价的技术经济指标的完整程度和可靠程度，项目所在地的自然环境描述的翔实性，有关建筑材料、设备的价格信息和预测数据的可信度，项目投资估算人员的知识结构、经验和水平以及投资估算所采用的方法。

4.3.2　投资估算的内容

根据国家规定，建设项目投资包括项目筹建、设计、施工、竣工投产所需的全部费用，应包括建设投资估算、建设期利息估算和流动资金估算。

建设投资估算的内容按照费用的性质划分，包括建筑安装工程费，设备及工具、器具购置费，工程建设其他费用，基本预备费和价差预备费。其中，建筑工程费，安装工程费，设备及工具、器具购置费直接形成实体固定资产，被称为工程费用；工程建设其他费用可分别形成固定资产、无形资产和其他资产。基本预备费、价差预备费在可行性研究阶段为简化计算，一并计入固定资产。

建设期利息是债务资金在建设期内产生并应计入固定资产原值的利息，包括借款（或债券）利息及手续费、承诺费、管理费等。建设期利息单独估算，以方便对建设项目进行融资前和融资后的财务分析。

流动资金是指生产经营性项目投产后，用于购买原材料、燃料、支付工资及其他经营费用等所需的周转资金。它是伴随着建设投资而产生的长期占用的流动资产投资，流动资金＝流动资产－流动负债。其中，流动资产主要考虑现金、应收账款、预付账款和存货，流动负债主要考虑应付账款和预收账款。

4.3.3 建设项目投资估算的依据、要求及编制程序

1. 建设项目投资估算的依据

建设项目投资估算的依据是指在编制投资估算时需要计量、价格确定、与工程计价有关、费率值确定的基础资料，主要有以下几个方面。

（1）国家、行业和地方政府的有关规定。

（2）主要工程项目、辅助工程项目及其他各单项工程的建设内容及工程量。

（3）专门机构发布的建设工程造价及费用构成、估算指标、计算方法以及其他有关估算工程造价的文件。

（4）专门机构发布的建设工程其他费用计算办法和费用标准以及政府部门发布的物价指数。

（5）已建同类建设工程的投资档案资料。

（6）影响建设工程投资的动态因素，如利率、汇率、税率等。

2. 建设项目投资估算的要求

（1）工程内容和费用构成齐全，计算合理，不重复计算，不提高或者降低估算标准，不漏项，不少算。

（2）选用指标与具体工程之间存在标准或者条件差异时，应进行必要的换算或者调整。

（3）投资估算精度应能满足控制初步设计概算的要求。

3. 建设项目投资估算的编制程序

（1）分别估算各单项工程所需的建筑工程费用，估算设备及工具、器具购置费和需安装设备的安装费用。

（2）在汇总各单项工程费用的基础上估算工程建设其他费用和基本预备费。

（3）估算价差预备费用。

（4）估算建设期利息。

（5）估算流动资金。

（6）汇总出建设项目总投资估算。

投资估算编制工作原理如图 4-4 所示。

4.3.4 建设投资估算方法

建设投资估算方法包括简单估算法、概算分类法、形成资产法等几种主要方法。

1. 简单估算法

建设项目建设投资估算方法可以采用简单估算法，主要包括生产能力指数法、系数估算法和比例估算法等。这三种估算方法估算精度相对不高，主要适用于投资机会研究阶段。在项目可行性研究阶段，建设投资估算方法应采用概算分类法。

1）生产能力指数法

生产能力指数法又称指数估算法，是根据已建成的类似项目的生产能力和投资额来粗略估算拟建项目投资额的方法，是对单位生产能力估算法的改进，其计算公式为

$$C_A = C_B\left(\frac{Q_A}{Q_B}\right)^x \times f \tag{4-1}$$

式中：x——生产能力系数；

C_A——拟建项目的投资额；

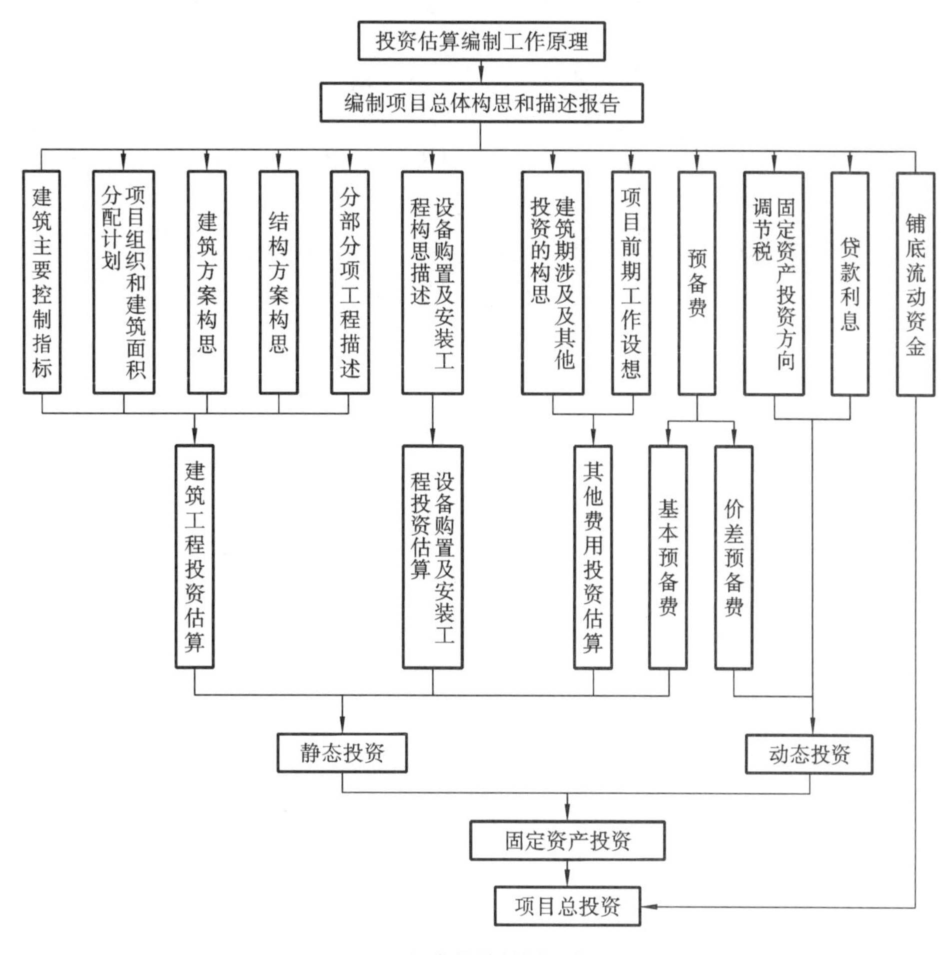

图 4-4 投资估算编制工作原理

C_B——已建成的类似项目的投资额；

Q_A——拟建项目的生产能力；

Q_B——已建成的类似项目的生产能力；

f——平均工程造价指数。

上式表明造价与规模(或容量)呈非线性关系，且单位造价随工程规模的增大而减小。在正常情况下，$0\leqslant x\leqslant 1$。不同生产率水平的国家和不同性质的项目，x 的取值是不相同的，比如化工项目，美国取 $x=0.6$，英国取 $x=0.66$，日本取 $x=0.7$。

若已建成的类似项目的生产规模与拟建项目的生产规模相差不大，Q_A 与 Q_B 的比值为 0.5～2，则指数 x 的取值近似为 1。

若已建成的类似项目的生产规模与拟建项目的生产规模相差不大于 50 倍，且拟建项目的生产规模的扩大仅靠增大设备规模来达到时，x 的取值为 0.6～0.7；若是靠增加相同规格设备的数量达到时，x 的取值为0.8～0.9。

生产能力指数法主要应用于拟建装置或项目与用来参考的已知装置或项目的规模不同的场合。

【例 4-1】

已知建设年产 30 万吨的乙烯装置的投资额为 6000 万元，现有一台年产 70 万吨的乙烯装置，工作条件与拟建装置配套，试估算拟建装置的投资额为多少万元？($x=0.6$，$f=1.2$)

【解】

$C_A=C_B\left(\frac{Q_A}{Q_B}\right)^x\times f=6000\times(70/30)^{0.6}\times 1.2$ 万元≈11 971 万元。

生产能力指数法的误差可控制在±20%以内，尽管估价误差仍较大，但有它独特的好处，即这种估价方法不需要详细的工程设计资料，只知道工艺流程及规模就可以，在总承包工程报价时，承包商大多采用这种方法估价。

2）系数估算法

系数估算法也称因子估算法，它是以拟建项目的主体工程费或主要设备费为基数，以其他工程费用的百分比为系数估算项目总投资的方法。这种方法简单易行，但是精度较低，一般用于项目建议书阶段。系数估算法的种类很多，在我国国内常用的方法有设备系数法和主体专业系数法，朗格系数法是国外项目投资估算常用的方法。

（1）设备系数法。设备系数法以拟建项目的设备费为基数，根据已建成的同类项目的建筑安装费和其他工程费用等与设备费的百分比，求出拟建项目的建筑安装工程费和其他工程费，进而求出建设项目的投资额，其计算公式为

$$C=E(1+f_1P_1+f_2P_2+f_3P_3+\cdots)+I \tag{4-2}$$

式中：C——拟建项目的投资额；

E——拟建项目的设备额；

$P_1,P_2,P_3\cdots$——已建项目中建筑安装工程费及其他工程费用等与设备费的比例；

$f_1,f_2,f_3\cdots$——由于时间因素引起的定额、价格、费用标准等变化的综合调整系数；

I——拟建项目的其他费用。

（2）主体专业系数法。主体专业系数法以拟建项目中投资比重较大，并与生产能力直接相关的工艺设备投资为基数，根据已建成的同类项目的有关统计资料，计算出拟建项目各专业工程（总图、土建、采暖、给排水、管道、电气、自控等）与工艺设备投资的百分比，据此求出拟建项目各专业投资，然后求和即为项目的投资额，其计算公式为

$$C=E(1+f_1P'_1+f_2P'_2+f_3P'_3+\cdots)+I \tag{4-3}$$

式中：P'_1，P'_2，P'_3——各专业工程费用与设备投资的比重。

【例4-2】

某新建项目设备投资为10 000万元，根据已建成的同类项目的统计数据情况，一般建筑工程费占设备投资的28.5%，安装工程费占设备投资的9.5%，其他工程费用占设备投资的7.8%。该项目其他费用估计为800万元，试估算该项目的投资额为多少万元？（调整系数 $f=1$）

【解】

$C=E(1+f_1P'_1+f_2P'_2+f_3P'_3)+I$

$=10\,000(1+28.5\%+9.5\%+7.8\%)+800=15\,380$ 万元。

（3）朗格系数法。这种方法以设备费为基数，乘以适当系数来推算项目的建设费用。这种方法在国内不常见，是国外项目投资估算常采用的方法。该方法的基本原理是将总成本费用中的直接成本和间接成本分别计算，再合为项目建设的总建设费用，其计算公式为

$$C=E(1+\Sigma K_i)K_c \tag{4-4}$$

式中：C——总建设费用；

E——主要设备费；

K_i——管线、仪表、建筑物等费用的估算系数；

K_c——管理费、合同费、应急费等费用的估算系数。

总建设费用与设备费用之比为朗格系数 K_L，其公式为

$$K_L=(1+\Sigma K_i)K_c \tag{4-5}$$

【例4-3】

在北非某地建设一座年产30万套汽车轮胎的工厂，已知该工厂的设备到达工地的费用为2204万美元。试估算该工厂的投资额。

【解】

轮胎工厂的生产流程基本上属于固体流程，因此在采用朗格系数法时，全部数据应采用固体流程的数据，如表4-1所示。现计算如下：

①设备到达工地的费用为2204万美元。

②根据表 4-1 计算费用(a)。

$$(a)=E\times1.43=2204\times1.43\text{ 万美元}=3151.72\text{ 万美元}$$

则设备基础、绝热、刷油及安装费用为(3151.72－2204)万美元＝947.72 万美元。

③计算费用(b)。

$$(b)=E\times1.43\times1.1=2204\times1.43\times1.1\text{ 万美元}\approx3466.89\text{ 万美元}$$

则配管(管道工程)费为 3466.89 万美元－3151.72 万美元＝315.17 万美元。

④计算费用(c),即装置直接费。

$$(c)=E\times1.43\times1.1\times1.5\text{ 万美元}\approx5200.34\text{ 万美元}$$

则电气、仪表、建筑等工程费用为 5200.34 万美元－3466.89 万美元＝1733.45 万美元。

⑤计算投资 C。

$$C=E\times1.43\times1.1\times1.5\times1.31\text{ 万美元}\approx6812.45\text{ 万美元}$$

表 4-1　朗格系数包含的内容

项目		固体流程	固体流程	流体流程
朗格系数 L		3.1	3.63	4.74
内容	(a)包括基础、设备、绝热、油漆及设备安装费	$E\times1.43$		
	(b)包括上述在内和配管工程费	(a)×1.1	(a)×1.25	(a)×1.6
	(c)装置直接费	(b)×1.5		
	(d)包括上述在内和间接费,总费用	(c)×1.31	(c)×1.6	(c)×1.38

间接费为 6812.45 万美元－5200.34 万美元＝1612.11 万美元。

由此估算出该工厂的总投资为 6812.45 万美元,其中间接费为 1612.11 万美元。

设备费用在一项工程中所占的比重对于石油、石化、化工工程而言占 45%～55%,占一半左右,同时一项工程中每台设备所含的管道、电气、自控仪表、绝热、油漆、建筑等,都有一定的规律,所以,只要对各种不同类型工程的朗格系数掌握准确,估算精度仍可较高。朗格系数法估算误差为 10%～15%。

3)比例估算法

比例估算法根据统计资料,先求出已有同类企业主要设备投资占全厂建设投资的比例,然后估算出拟建项目的主要设备投资,即可按比例求出拟建项目的建设投资,其表达式为

$$I=\frac{1}{K}\sum_{i=1}^{n}Q_iP_i \tag{4-6}$$

式中:I——拟建项目的建设投资;

K——已建项目主要设备投资占拟建项目投资的比例;

n——设备种类数;

Q_i——第 i 种设备的数量;

P_i——第 i 种设备的单价(到厂价格)。

2. 概算分类法

概算分类法是计算建设投资时常用的方法之一,这种方法是把建设项目划分为建筑工程费,设备及工具、器具购置费,设备安装工程费及其他基本建设费等费用项目或单位工程,再根据各种具体的投资估算指标,进行各项费用项目或单位工程投资的估算,在此基础上,可汇总成每一单项工程的投资,然后估算工程建设其他费用及预备费,即可求得建设项目总投资。

按照概算法估算建设投资,应主要考虑以下几类构成要素。

1)工程费用

工程费用是指直接构成固定资产实体的各种费用,包括建筑工程费,设备及工具、器具购置费和安装工程费等。

(1)建筑工程费的估算。

建筑工程费是指建造永久性建筑物和构筑物所需要的费用,一般采用单位建筑工程投资估算法、单位实物

工程量投资估算法、概算指标投资估算法等方法进行估算。

①单位建筑工程投资估算法，以单位建筑工程量投资乘以建筑工程总量计算。一般工业与民用建筑以单位建筑面积(m^2)的投资、工业窑炉砌筑以单位容积(m^3)的投资、水库以水坝单位长度(m)的投资、铁路路基以单位长度(km)的投资、矿井掘进以单位长度(m)的投资，乘以相应的建筑工程总量计算建筑工程费。

②单位实物工程量投资估算法，以单位实物工程量投资乘以实物工程总量计算。土石方工程按每立方米投资周转、矿井巷道衬砌工程按每延长米投资、路面铺设工程按每平方米投资，乘以相应的实物工程总量计算建筑工程费。

③概算指标投资估算法。没有上述估算指标且建筑工程费占总投资比例较大的项目，可采用概算指标投资估算法。采用此种方法，应占有较为详细的工程资料、建筑材料价格和工程费用指标，投入的时间和工作量大。

(2)安装工程费的估算。

安装工程费通常按行业或专门机构发布的安装工程定额、取费标准和指标估算投资，具体可按安装费率、每吨设备安装费或单位安装实物工程量的费用估算，其公式如下。

安装工程费＝设备原价×安装费率

安装工程费＝设备吨位×每顿设备安装费

安装工程费＝安装工程实物量×单位安装实物工程量

使用指标估算法，应注意以下事项。

①指标估算法应根据不同地区、年代进行调整。因为地区、年代不同，设备与材料的价格均有差异，调整方法可以按主要材料消耗量或工程量为计算依据；也可以按不同工程项目的“万元工料消耗定额”而定不同的系数，在有关部门颁布有定额或材料价差系数(物价指数)时，可依据其调整。

②使用指标估算法进行投资估算决不能生搬硬套，必须对工艺流程、定额、价格及费用标准进行分析，经过实事求是地调整与换算后，才能提高其精确度。

(3)设备购置费的估算。

设备购置费根据项目主要设备表及价格、费用资料编制，工具、器具购置费按设备费的一定比例计取。价值高的设备应按单台(套)估算购置费，价值较小的设备可按类估算，国内设备和进口设备应分别估算(具体计算方法和内容详见单元2)。设备购置费是指为建设项目购置或自制的达到固定资产标准的各种国产或进口设备、工具、器具的购置费用。它由设备原价和设备运杂费构成，其计算公式为

设备购置费＝设备原价＋设备运杂费

式中：设备原价——国产设备或进口设备的原价；

设备运杂费——除设备原价之外的设备采购、运输、途中包装及仓库保管等方面支出费用的总和。

2)工程建设其他费用

工程建设其他费用是指从工程筹建起到工程竣工验收交付使用止的整个建设期间，除建筑安装工程费和设备及工具、器具购置费以外的，为保证工程建设顺利完成和交付使用后能够正常发挥效用而产生的各项费用。

工程建设其他费用估算一般较为常用的是利用工程建设其他费用中各项费用科目的费率或者取费标准估算。工程建设其他费用按内容大体可分为三类：第一类指建设用地费；第二类指与项目建设有关的其他费用；第三类指与未来生产经营有关的其他费用。

(1)建设用地费。

建设用地费包括土地征用及迁移补偿费、土地使用权出让金。

(2)与项目建设有关的其他费用。

与项目建设有关的其他费用包括建设单位管理费、勘察设计费、研究试验费、场地准备及临时设施费、工程监理费、工程保险费、引进技术和进口设备费、工程承包费等。

(3)与未来生产经营有关的其他费用。

与未来生产经营有关的其他费用包括联合试运转费、生产准备费、专利及专有技术使用费。

工程建设其他费用的构成如图 4-5 所示。

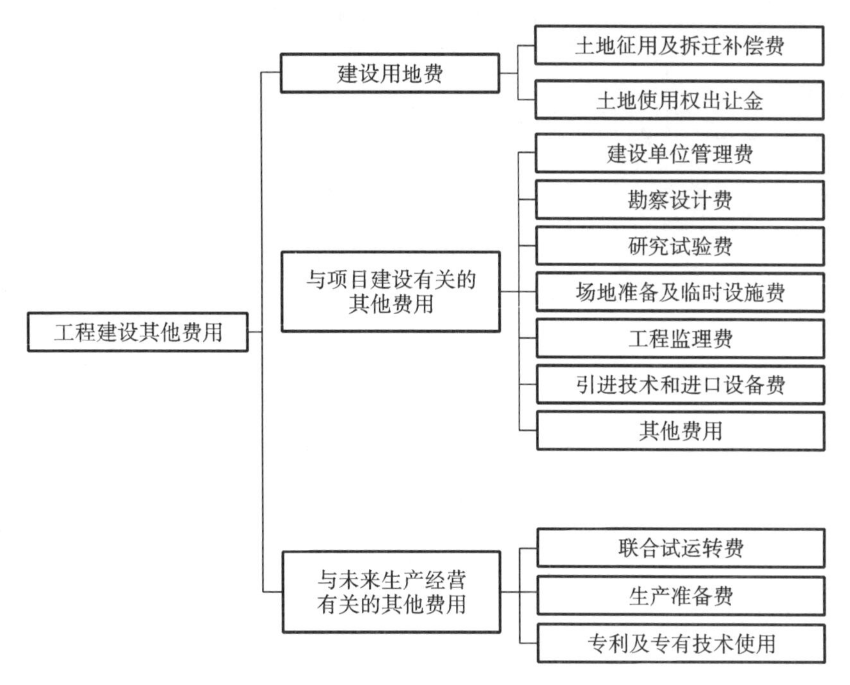

图 4-5　工程建设其他费用的构成

按各项费用科目的费率或者取费标准估算详见单元 2。

3)预备费

预备费是在投资估算时,用以处理实际与计划不相符而追加的费用,包括基本预备费(由于自然灾害造成的损失和设计、施工阶段必须增加的工程的费用)和价差预备费两部分。

(1)基本预备费的估算。

基本预备费是指在初步设计及概算时难以预料的工程费用,费用内容包括以下几个方面。

①在批准的初步设计范围内,技术设计、施工图设计及施工过程中所增加的工程费用;设计变更、局部地基处理等增加的费用。

②一般自然灾害造成的损失和预防自然灾害所采取的措施费。实行工程保险的工程项目,该费用适当降低。

③竣工验收时为鉴定工程质量对隐蔽工程进行必要挖掘和修复的费用。

基本预备费以设备及工具、器具购置费,建筑安装工程费和工程建设其他费用三者之和为计费基础,乘以基本预备费费率进行计算。

基本预备费=(设备及工具、器具购置费+建筑安装工程费+工程建设其他费用)×基本预备费费率

(2)价差预备费。

价差预备费包括人工、设备、材料、施工机具的价差费,建筑安装工程费及工程建设其他费用调整,利率、汇率调整等增加的费用。

通常,价差预备费以建筑工程费、设备工器具购置费、安装工程费、工程建设其他费用、基本预备费之和为计算基数。价差预备费的计算公式为

$$PF = \sum^{n} I_t [(1+f)^m (1+f)^{0.5} (1+f)^{t-1} - 1] \tag{4-7}$$

式中:PF——价差预备费;

n——建设期年份数;

I_t——建设期中第 t 年的静态投资计划额,包括工程费用、工程建设其他费用及基本预备费;

f——年涨价率;

m——建设前期年限,从编制估算到开工建设,年。

表 4-2 所示为以概算分类法的建设投资估算表。

表 4-2　概算分类法的建设投资估算表

单位:万元

	项目	估算价值					比例/(%)
		建筑工程费	设备购置费	安装工程费	其他费用	合计	
1	工程费用						
1.1	主体工程						
1.1.1							
	……						
1.2	辅助工程						
1.2.1							
	……						
1.3	其他工程						
1.3.1							
	……						
2	工程建设其他费用						
2.1	前期工作费						
2.2							
	……						
3	预备费						
3.1	基本预备费						
3.2	价差预备费						
4	建设投资合计						
	比例/(%)						

3. 形成资产法

根据国家规定,从形成资产法的角度,建设投资估算包括固定资产费用、无形资产费用、其他资产费用和预备费四个组成部分。表 4-3 所示为形成资产法的建设投资估算表。

表 4-3　形成资产法的建设投资估算表

单位:万元

序号	建筑工程费	设备购置费	安装工程费	其他费用	合计	其中:外币	比例/(%)
1	固定资产费用						
1.1	工程费用						
1.1.1	……						
1.1.2	……						
1.1.3	……						
	……						
1.2	固定资产其他费用						
	……						
	……						
2	无形资产费用						
	……						
	……						

续表

序号	建筑工程费	设备购置费	安装工程费	其他费用	合计	其中:外币	比例/(%)
3	其他资产费用						
	……						
	……						
4	预备费						
4.1	基本预备费						
4.2	价差预备费						
5	建设投资合计						
比例/(%)							100%

注:"比例"指各主要科目的费用(包括横向和纵向)占建设投资的比例。

按形成资产法分类,建设投资由形成固定资产的费用、形成无形资产的费用、形成其他资产的费用和预备费4部分组成。固定资产费用指项目投产时将直接形成固定资产的建设投资,包括工程费用和工程建设其他费用中按规定将形成固定资产的费用,后者被称为固定资产其他费用,主要包括建设单位管理费、可行性研究费、研究试验费、勘察设计费、环境影响评价费、场地准备及临时设施费、引进技术和引进设备其他费、工程保险费、联合试运转费等。无形资产费用指将直接形成无形资产的建设投资,主要是专利权、非专利技术、商标权、土地使用权和商誉等。其他资产费用指建设投资中除形成固定资产和无形资产以外的部分,如生产准备费及开办费等。

按照现行财务会计制度的规定,固定资产是指同时具有下列特征的有形资产。

①为生产商品、提供劳务、出租或经营管理而持有的。

②使用寿命超过一个会计年度。

无形资产是指企业拥有或者控制的没有实物形态的可辨认非货币性资产。其他资产,原称递延资产,是指除流动资产、长期投资、固定资产、无形资产以外的其他资产,如长期待摊费用。按照有关规定,除购置和建造固定资产以外,所有筹建期间发生的费用,先在长期待摊费用中归集,企业开始生产经营后计入当期的损益。

项目评价中总投资形成的资产可做如下划分。

(1)形成固定资产。构成固定资产原值的费用包括以下几部分。

①工程费用,即建筑工程费、设备购置费和安装工程费。

②工程建设其他费用。

(2)形成无形资产。构成无形资产原值的费用主要包括技术转让费或技术使用费(含专利权和非专利技术)、商标权和商誉等。

(3)形成其他资产。构成其他资产原值的费用主要包括生产准备费、开办费、出国人员费、来华人员费、图纸资料翻译复制费、样品样机购置费和农业开荒费等。

(4)预备费含基本预备费和价差预备费。

4.3.5 建设期利息估算

在建设投资分年计划的基础上可设定初步融资方案,采用债务融资的项目应估算建设期利息。建设期利息指筹措债务资金时在建设期内产生并按规定允许在投资后计入固定资产原值的利息,即资本化利息。

建设期利息包括银行借款和其他债务资金的利息以及其他融资费用。其他融资费用是指某些债务融资中产生的手续费、承诺费、管理费、信贷保险费等融资费用,一般情况下应将其单独计算并计入建设期利息。在项目前期研究的初级阶段,建设期利息也可做粗略估算并计入建设投资。对于不涉及国外贷款的项目,在可行性研究阶段,建设期利息也可做粗略估算并计入建设投资。

估算建设期利息,需要根据项目进度计划,提出建设投资分年计划,列出各年的投资额,并明确其中的外汇和人民币,应注意名义年利率和有效年利率的换算。将名义年利率换算为有效年利率的计算公式为

$$有效年利率=(1+r/m)^m-1 \quad (4\text{-}8)$$

式中：r——名义年利率；

m——每年计息次数。

在建设期用自有资金按期支付利息时，可不必进行换算，直接采用名义利率计算建设期利息。计算建设期利息时，为了简化计算，通常假定借款均在每年的年中使用，借款当年按半年计息，其余各年份按全年计息。

采用复利方式计息时，各年应计利息的计算公式为

$$各年应计利息=(年初借款本息累计+本年借款额/2)\times 有效年利率 \quad (4\text{-}9)$$

有多种借款资金来源，每笔借款的年利率各不相同的项目，可分别计算每笔借款的利息，也可先计算出各笔借款加权平均的年利率，再以加权平均的年利率计算全部借款的利息。

【例 4-4】

某新建项目，建设期为 4 年，分年均衡进行贷款，第一年贷款 1000 万元，以后各年贷款均为 500 万元，年贷款利率为 6%，建设期内利息只计息不支付，该项目建设期贷款利息为多少万元？

【解】

建设期利息的计算可按当年借款在年中支用考虑，即单年贷款按半年计息。

第一年贷款利息：1000×6%×1/2 万元=30.00 万元。

第二年贷款利息：(1000+30)×6%万元+500×6%×1/2 万元=76.80 万元。

第三年贷款利息：(1030+500+76.8)×6%万元+500×6%×1/2 万元≈111.41 万元。

第四年贷款利息：(1030+1000+76.8+111.408)×6%+500×6%×1/2 万元≈148.09 万元。

项目建设期贷款利息：30.00 万元+76.80 万元+111.41 万元+148.09 万元=366.30 万元。

建设期利息估算表如表 4-4 所示。

表 4-4　建设期利息估算表　　单位：万元

序号	项目	合计	建设期					
1	借款		1	2	3	4	…	n
1.1	建设期利息							
1.1.1	期初借款余额							
1.1.2	当期借款							
1.1.3	当期应计利息							
1.1.4	期末借款余额							
1.2	其他融资费用							
1.3	小计(1.1+1.2)							
2	债券							
2.1	建设期利息							
2.1.1	期初债务余额							
2.1.2	当期债务余额							
2.1.3	当期应计利息							
2.1.4	期末债务余额							
2.2	其他融资费用							
2.3	小计(2.1+2.2)							
3	合计(1.3+2.3)							
3.1	建设期利息合计(1.1+2.1)							
3.2	其他融资费用合计(1.2+2.2)							

注：本表适用于新设法人项目与既有法人项目的新增建设期利息的估算。原则上应分别估算外汇和人民币债务。如有多种借款或债券，必要时应分别列出。

4.3.6 流动资金估算

1. 流动资金的概念

流动资金是指项目建成后企业在生产过程中处于生产和流通领域、供周转使用的资金。流动资产的构成要素一般包括存货、现金、应收账款和预付账款。流动负债的构成要素一般只考虑应付账款和预收账款。流动资金等于流动资产与流动负债的差额。

投产第一年所需的流动资金应在项目投产前安排。为了简化计算，项目评价中流动资金可从投产第一年开始安排。

2. 流动资金的估算方法

按行业或前期研究阶段的不同，流动资金估算可选用扩大指标估算法或分项详细估算法。

1)扩大指标估算法

扩大指标估算法参照同类企业流动资金占营业收入或经营成本的比例或者单位产量占用营运资金的数额估算流动资金。在项目建议书阶段，流动资金的估算一般可采用扩大指标估算法，某些行业在可行性研究阶段也可采用此方法。

(1)销售收入资金率法的计算公式为

流动资金需要量=项目年销售收入×销售收入资金率

一般加工工业项目多采用该法进行流动资金估算。

(2)总成本(或经营成本)资金率法的计算公式为

流动资金需要量=项目年总成本(或经营成本)×总成本(或经营成本)资金率

一般项目多采用该法进行流动资金的估算。

(3)固定资产价值资金率法的计算公式为

流动资金需要量=固定资产价值×固定资产价值资金率

某些特定的项目(如火力发电厂、港口项目等)可采用该法进行流动资金估算。

(4)单位产量资金率法的计算公式为

流动资金需要量=达产期年产量×单位产量资金率

某些特定的项目(如煤矿项目)可采用该法进行流动资金估算。

2)分项详细估算法

分项详细估算法是利用流动资产与流动负债估算项目占用的流动资金，一般先对流动资产和流动负债主要构成要素进行分项估算，进而估算流动资金。一般项目的流动资金的估算宜采用分项详细估算法。

分项详细估算法对流动资产和流动负债主要构成要素，即存货、现金、应收账款、预付账款以及应付账款和预收账款等几项内容分期进行计算，计算公式如下：

流动资金=流动资产-流动负债

流动资产=应收账款+预付账款+存货+现金

流动负债=应付账款+预收账款

流动资本当期增加额=本年流动资金-上年流动资金

(1)流动资产估算的具体步骤是首先确定各分项最低周转天数，计算出周转次数，然后进行分项估算。

周转次数的计算公式为

周转次数=360天/最低周转天数

各类流动资产和流动负债的最低周转天数参照同类企业的平均周转天数并结合项目特点确定，或按部门(行业)规定确定。在确定最低周转天数时应考虑储存天数、在途天数，并考虑适当的保险系数。

存货的估算公式如下：

存货=外购原材料、燃料+其他材料+在产品+产成品

外购原材料、燃料=年外购原材料、燃料费用/分项周转次数

其他材料=年其他材料/其他材料周转次数

在产品=(年外购原材料、燃料费用+年工资及福利费+年修理费+年其他制造费用)/在产品周转次数

产成品=(年经营成本-年营业费用)/产成品周转次数

应收账款是指企业对外销售商品、提供劳务尚未收回的资金,其计算公式为

应收账款=年(应收)经营成本(销售收入)/应收账款周转次数

预付账款是企业为购买各种材料、半成品或服务所预先支付的款项,计算公式为

预付账款=外购商品或服务年费用金额/预付账款周转次数

现金是指为维持正常生产经营必须预留的货币资金,其计算公式如下:

现金=(年工资及福利费+年其他费用)/现金周转次数

年其他费用=制造费用+管理费用+营业费用-(以上三项费用中所含的工资及福利费、折旧费、推销费、修理费)

(2)流动负债估算。流动负债是指将在一年或者超过一年的营业周期内偿还的债务,包括短期借款、应付票据、应收账款、预收账款、应付工资、应付福利费、应付股利、应交税金、其他暂收应付款项、预提费用和一年内到期的长期借款等。

在项目评价中,流动负债的估算可以只考虑应付账款和预收账款两项。

应付账款=外购原材料、燃料及其他材料年费用/应付账款周转次数

预收账款=预售的营业收入年金额/预收账款周转次数

流动资金估算表如表4-5。

表4-5 流动资金估算表

单位:万元

序号	项目	最低周转天数	计算期					
			1	2	3	4	…	n
1	流动资产							
1.1	应收账款							
1.2	存货							
1.2.1	原材料							
1.2.2	……							
1.2.3	燃料							
	……							
1.2.4	在产品							
1.2.5	产成品							
1.3	现金							
1.4	预付账款							
2	流动负债							
2.1	应付账款							
2.2	预收账款							
3	流动资金(1-2)							
4	流动资金当期增加额							

注:1.表中项目可视行业变动。

2.如有外币流动资金,应另行估算后予以说明,其数额应包含在本表数额内。

3.不产生预付账款和预收账款的项目可不列此两项。

3)估算流动资金应注意的问题

估算流动资金应注意的问题如下。

(1)在采用分项详细估算法时,应根据项目实际情况分别确定现金、应收账款、存货和应付账款的最低周转天数,并考虑一定的保险系数。最低周转天数减少,将增加周转次数,从而减少流动资金需用量,因此,必须切合实际地选用最低周转天数。存货中的外购原材料和燃料,要分品种和来源,根据运输方式和运输距离,以及占用流动资金的比重大小等因素确定。

(2)在不同生产负荷下的流动资金,应按不同生产负荷所需的各项费用金额,分别按照上述的计算公式进行估算,而不能直接按照100%的生产负荷下的流动资金乘以生产负荷百分比求得。

(3)流动资金属于长期性(永久性)流动资产,流动资金的筹措可通过长期负债和资本金(一般要求占30%)的方式解决。流动资金一般要求在投产前一年开始筹措,为简化计算,可规定在投产的第一年开始按生产负荷安排流动资金需用量。其借款部分按全年计算利息,流动资金利息应计入生产期间财务费用,项目计算期末收回全部流动资金(不含利息)。

4.3.7 项目总投资与分年投资计划

根据前面介绍的投资估算内容和估算方法估算建设投资、建设期利息和流动资金并进行汇总,编制项目投资使用计划。编制内容包括。

(1)估算出项目建设投资后,根据项目计划进度的安排,估算分年建设投资,以此作为安排融资计划、估算建设期利息的基础。

(2)流动资金本来就是分年估算的,可由流动资金估算表转入。

(3)估算出项目建设投资、建设期利息和流动资金后,根据项目计划进度的安排,编制分年投资计划表。

项目总投资使用计划与资金筹措表如表4-6所示。

表4-6 项目总投资使用计划与资金筹措表

单位:万元

序号	项目	合计			1			…		
		人民币	外币	小计	人民币	外币	小计	人民币	外币	小计
1	总投资									
1.1	建设投资									
1.2	建设期利息									
1.3	流动资金									
2	资金筹措									
2.1	项目资本金									
2.1.1	用于建设投资									
	××方									
2.1.2	用于流动资金									
	××方									
2.1.3	用于建设期利息									
	××方									
2.2	债务资金									
2.2.1	用于建设投资									

续表

序号	项目	合计			1			…		
		人民币	外币	小计	人民币	外币	小计	人民币	外币	小计
	××借款									
	××债券									
2.2.2	用于建设期利息									
	××借款									
2.2.3	用于流动资金									
	××借款									
	××债券									
2.3	其他资金									
	×××									
	……									

注:1.本表按新增投资范畴编制。

2.本表建设期利息一般可包括其他融资费用。

3.对既有法人项目,项目资本金中可包括新增资金、既有法人货币资金与资产变现或资产经营权变现的资金,可分别列出或加以文字。

4.4 建设项目财务评价

4.4.1 财务评价的概述

1.财务评价的概念及基本内容

建设项目经济评价包括财务评价和国民经济评价。财务评价(financial evaluation)又称企业经济评价,是建设项目经济评价的重要组成部分,是项目决策的重要依据。国民经济评价(national economic evaluation)是从宏观、全社会的角度评价建设项目对国民经济的贡献,从国家整体角度考查建设项目的费用与效益,考查投资行为的经济合理性和宏观可行性。

财务评价是从企业或项目的角度出发,根据国家现行财税制度和现行价格,分别计算项目直接产生的财务效益和费用,考查项目的盈利能力、偿债能力以及外汇平衡能力等财务状况,据此判断项目的财务可行性。它从微观角度对建设项目的可行性和经济合理性进行分析论证,最大限度地提高投资效益,为项目的科学决策提供可靠依据。财务评价是项目可行性研究的核心内容,其评价结论是决定项目取舍的重要依据。

财务评价包括融资前分析和融资后分析,融资前分析属于项目决策中的投资决策,是不考虑债务融资条件的财务分析,重在考查项目净现金流量的价值是否大于其投资成本,融资前分析只进行盈利能力分析。融资后分析属项目决策中的融资决策,是以设定的融资方案为基础进行的财务分析,重在考查项目资金筹措方案能否满足要求。融资后分析包括盈利能力分析、偿债能力分析和财务生存能力分析。

2.财务评价的作用

1)财务评价是建设项目重要的决策依据

在经营性项目的决策过程中,财务评价结论是重要的决策依据。建设项目立项、筹资、建设、投产,需要承担风险,因此对项目进行财务评价,可以衡量经营性项目的盈利能力和偿债能力,评估建设项目是否能达到行业的基准收益率水平。建设项目的预期收益率或偿债能力的大小，也是国家和地方政府决策是否核准项目的重要依据。

2)财务评价是制订建设项目资金规划的重要依据

建设项目的投资规模、筹资方式、资金的可能来源和用款计划都是财务评价要解决的问题。为了保证项目所需资金的按时供应，投资者、项目经营者和贷款部门也都要知道拟建项目的投资金额，并据此安排资金计划和国家预算。

3)财务评价考察项目的财务盈利能力

项目的财务盈利能力如何，能否达到国家规定的基准收益率，项目投资的主体能否取得预期收益，项目的偿债能力如何，是否低于国家规定的投资回收期，项目债权人权益是否有保障等，是项目投资主体、国家、地方各级决策部门共同关心的问题。

3. 财务评价的内容及步骤

判断一个项目财务上可行的主要标准是项目盈利能力、偿债能力、外汇平衡能力及承受风险的能力。因此，为判别项目的财务可行性所进行的财务效益分析应该包括以下步骤。

1)熟悉拟建项目的基本情况，收集整理有关基础数据资料

在进行财务评价前，要进行实地调研，熟悉拟建项目的基本情况，收集整理有关的信息。通过市场调查，对项目进行预测分析和投资方案分析，获得项目投资、生产成本、销售收入和利润等一系列财务基础数据。

2)编制财务分析辅助报表

对获取和预测的财务基础数据，进行分析、审查、鉴定和评估，编制以下财务分析辅助报表：建设投资估算表、建设期利息估算表、流动资金估算表、项目总投资使用计划与资金筹措表、营业收入、营业税金及附加和增值税估算表、总成本费用估算表、外购原材料费估算表、外购燃料和动力费估算表、固定资产折旧费估算表、无形资产和其他资产摊销估算表、工资及福利费估算表等。

3)编制财务评价的基本报表

在建设项目财务费用和效益识别及辅助报表的基础上，编制项目的财务分析报表，主要报表有项目投资现金流量表，项目资本金现金流量表、投资各方现金流量表、利润与利润分配表、财务计划现金流量表、资产负债表、借款还本付息计划表等。

4)选取财务评价指标与评价参数，进行财务评价。

财务分析报表与财务评价指标的关系如表 4-7 所示。

表 4-7　财务分析报表与财务评价指标的关系

评价内容	基本报表	静态指标	动态指标
盈利能力分析	项目投资现金流量表	项目静态投资回收期 P_t	项目投资财务内部收益率 FIRR
			项目投资财务净现值 FNPV
			项目动态投资回收期 P_t'
	项目资本金现金流量表		项目资本金财务内部收益率 FIRR
	投资各方现金流量表		投资各方财务内部收益率 FIRR
	利润与利润分配表	总投资收益率 ROI	
		项目资本金净利润率 ROE	
偿债能力分析	资产负债表 借款还本付息计划表	资产负债率	
		偿债备付率 ICR	
		利息备付率 DSCR	
		流动比率、速动比率	
财务生存能力分析	财务计划现金流量表	累计盈余资金	
外汇平衡分析	财务外汇平衡表		

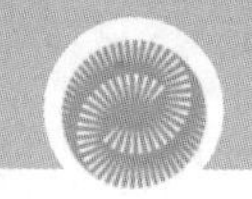

续表

评价内容	基本报表	静态指标	动态指标
不确定性分析	盈亏平衡分析	盈亏平衡产量	
		盈亏平衡生产能力利用率	
	敏感性分析		灵敏度
			不确定因素的临界值
风险分析	概率分析	定性分析	NPV≥0 的累计概率

4. 财务评价的指标体系

1)反映项目盈利能力的指标与评价方法

(1)静态评价指标包括总投资收益率、资本金净利润率、静态投资回收期。

①总投资收益率是指项目达到设计生产能力后的一个正常生产年份的年息税前利润与项目总投资的比率。生产期内各年的利润总额较大的项目,应计算运营期年平均息税前利润与项目总投资的比率。总投资收益率的计算公式为

$$\text{总投资收益率}=\frac{\text{正常生产年份的年息税前利润或运营期年平均息税前利润}}{\text{项目总投资}}\times 100\% \tag{4-10}$$

总投资收益率可根据利润与利润分配表中的有关数据计算求得。项目总投资为固定资产投资、建设期利息、流动资金之和。计算出的总投资收益率要与规定的行业标准收益率或行业的平均投资收益率进行比较,若大于或等于标准收益率或行业平均投资收益率,则认为项目在财务上可以被接受。

②资本金净利润率是指项目达到设计生产能力后的一个正常生产年份的年净利润或项目运营期的年平均利润与资本金的比率其计算公式为

$$\text{资本金净利润率}=\frac{\text{正常生产年份的年净利润或运营期年平均净利润}}{\text{资本金}}\times 100\% \tag{4-11}$$

式中的资本金是指项目的全部注册资本金。计算出的资本金净利润率要与行业的平均资本金净利润率或投资者的目标资本金净利润率进行比较,若前者大于或等于后者,则认为项目是可以考虑的。

静态投资回收期是指在不考虑资金时间价值因素条件下,用生产经营期回收投资的资金来抵偿全部初始投资所需要的时间,即用项目净现金流量抵偿全部初始投资所需的时间,一般用年来表示,其符号为 P_t。

在计算全部投资回收期时,假定了全部资金都为自有资金,而且投资回收期一般从建设期开始算,也可以从投产期开始算,使用这个指标时一定要注明起算时间。静态投资回收期的计算公式为

$$\text{静态投资回收期}(P_t)=\text{累计净现金流量开始出现正值的年份}-1+\frac{\text{上年累计净现金流量的绝对值}}{\text{当年的净现金流量}} \tag{4-12}$$

计算出的静态投资回收期要与行业规定的标准投资回收期或行业平均投资回收期进行比较,如果小于或等于标准投资回收期或行业平均投资回收期,则认为项目是可以考虑接受的。

【例 4-5】

某建设项目建设期为 2 年,第一年的年初投资为 100 万元,第二年的年初投资为 150 万元。第三年开始投产,生产负荷为 90%,第四年开始达到设计生产能力。正常年份每年的销售收入为 200 万元,经营成本为 120 万元,销售税金等支出为销售收入的 10%,求静态投资回收期。

【解】

$$\begin{aligned}\text{正常年份每年的现金流入}&=\text{销售收入}-\text{经营成本}-\text{销售税金}\\&=(200-120-200\times 10\%)\text{万元}\\&=60\text{ 万元。}\end{aligned}$$

静态投资回收期计算表如表 4-8 所示。

$$\begin{aligned}\text{静态投资回收期}(P_t)&=\text{累计净现金流量开始出现正值的年份}-1+\frac{\text{上年累计净现金流量的绝对值}}{\text{当年的净现金流量}}\\&=(7-1+16/60)\text{年}\\&\approx 6.26\text{ 年。}\end{aligned}$$

表 4-8　静态投资回收期计算表　　单位：万元

项目	年份						
	1	2	3	4	5	6	7
现金流入	0	0	54	60	60	60	60
现金流出	100	150	0	0	0	0	0
净现金流量	−100	−150	54	60	60	60	60
累计净现金流量	−100	−250	−196	−136	−76	−16	44

(2)动态评价指标包括财务净现值、财务内部收益率、动态投资回收期。

①财务净现值是指在项目计算期内，按照行业的基准收益率或设定的折现率计算的各年净现金流量现值的代数和，简称净现值，记作 FNPV，其表达式为

$$FNPV = \sum_{t=i}^{n}(CI-CO)_t(1+i_c)^{-t} \tag{4-13}$$

式中，CI——现金流入量；

CO——现金流出量；

$(CI-CO)_t$——第 t 年的净现金流量；

n——计算期；

i_c——基准收益率或设定的折现率；

$(1+i_c)^{-t}$——第 t 年的折现系数。

财务净现值的计算结果可能有三种情况，即 FNPV＞0、FNPV＜0 或 FNPV＝0。

当 FNPV＞0 时，项目净效益大于用基准收益率计算的平均收益额，从财务角度考虑，项目是可以被接受的。

当 FNPV＝0 时，拟建项目的净效益正好等于用基准收益率计算的平均收益额，这时判断项目是否可行，要看分析所选用的折现率。在财务评价中，若选用的折现率大于银行长期贷款利率，项目是可以被接受的；若选用的折现率等于或小于银行长期贷款利率，一般可判断项目不可行。

当 FNPV＜0 时，拟建项目的净效益小于用基准收益率计算的平均收益额，一般认为项目不可行。

基准收益率也称基准折现率，是企业或行业投资者以动态的观点确定的、可接受的投资方案最低标准的收益水平，其在本质上体现了投资决策者对项目资金时间价值的判断和对项目风险程度的估计，是投资资金应当获得的最低盈利率水平。基准收益率的测定需要遵循以下规定。

a. 在政府投资项目以及按政府要求进行财务评价的建设项目中采用的基准收益率，应根据政府的政策导向进行确定。

b. 在企业投资等其他各类建设项目的财务评价中参考选用的基准收益率，应在分析一定时期内国家和行业发展战略、发展规划、产业政策、资源供给、市场需求、资金时间价值、项目目标等情况的基础上，结合行业特点、行业资本构成情况等因素综合测定。

c. 在中国境外投资的建设项目基准收益率的测定，应首先考虑国家等风险因素。

d. 投资者自行测定项目的最低可接受财务收益率，除了应考虑上述第 2 条规定涉及的因素外，还应根据自身的发展战略和经营策略、具体项目特点与风险、资金成本、机会成本等因素综合测定。

【例 4-6】

某建设项目建设期为 2 年，第一年投资 140 万元，第二年投资 210 万元，且投资均在年初支付。项目第三年达到设计生产能力的 90%，第四年达到 100%。正常年份年销售收入为 300 万元，销售税金为销售收入的 12%，年经营成本为 80 万元。项目经营期为 6 年，项目基准收益率为 12%。试计算财务净现值。

【解】

正常年份现金流入量＝销售收入－销售税金－经营成本

＝(300－300×12%－80)万元＝184 万元。

根据已知条件编制财务净现值计算表，如表 4-9 所示。

表 4-9　财务净现值计算表　　单位:万元

项目	年份							
	1	2	3	4	5	6	7	8
现金流入	0	0	166	184	184	184	184	184
现金流出	140	210	0	0	0	0	0	0
净现金流量	−140	−210	166	184	184	184	184	184
折现系数	1	0.8929	0.7972	0.7118	0.6355	0.5674	0.5066	0.4523
净现值	−140	−187.509	132.335	130.971	116.932	104.402	93.214	83.223
累计现值	−140	−327.509	−195.174	−64.203	52.729	157.131	250.345	333.568

$FNPV = \sum_{t=i}^{n}(CI-CO)_t(1+i_c)^{-t}$

$=[(-140)+(-187.509)+132.335+130.971+116.932+104.402+93.214+83.223]$万元

$=333.568$ 万元。

②财务内部收益率是项目整个计算期内各年净现金流量现值累计等于零时的折现率,简称内部收益率,记作 FIRR,其表达式为

$$\sum_{t=1}^{n}(CI-CO)_t(1+FIRR)^{-t}=0 \tag{4-14}$$

财务内部收益率的计算是求解高次方程,为简化计算,在具体计算时可根据现金流量表中净现金流量用试差法进行,基本步骤如下。

a. 用估计的某一折现率对拟建项目整个计算期内各年财务净现金流量进行折现,并求出净现值。如果得到的财务净现值等于零,则选定的折现率即为财务内部收益率;如果得到的净现值为一正数,则选一个更高的折现率再次试算,直至正数财务净现值接近零。

b. 在第一步的基础上,再继续提高折现率,直至计算出接近零的负数财务净现值。

c. 根据上两步计算所得的正、负数财务净现值及其对应的折现率,运用试差法的公式计算财务内部收益率,计算公式为

$$FIRR=i_1+(i_2-i_1)\cdot\frac{FNPV_1}{FNPV_1-FNPV_2} \tag{4-15}$$

由此计算出的财务内部收益率通常为一近似值。为控制误差,一般要求$(i_2-i_1)\leqslant 5\%$。

计算出的财务内部收益率要与行业的基准收益率或投资者的目标收益率进行比较,如果前者大于或等于后者,则说明项目的盈利能力超过行业平均水平或投资者的目标,因而是可以被接受的。

【例 4-7】

已知某建设项目已开始运营。如果现在运营期是已知的并且不会发生变化,那么采用不同的折现率就会影响项目所获得的净现值。我们可以利用不同的净现值来估算项目的财务内部收益率。根据定义,项目的财务内部收益率是项目净现值等于零时的收益率,采用试差法的条件是当折现率为 16%时,某项目的净现值是 338 元;当折现率为 18%时,净现值是−22 元,则其财务内部收益率是多少?

【解】

$FIRR=i_1+(i_2-i_1)\cdot\frac{FNPV_1}{FNPV_1-FNPV_2}$

$=16\%+(18\%-16\%)\times 338/(338+22)$

$\approx 17.88\%$。

③动态投资回收期是指在考虑资金时间价值的条件下,以项目净现金流量的现值抵偿原始投资现值所需要的全部时间,记作 P_t'。动态投资回收期也从建设期开始计算,以年为单位,其计算公式为

$$动态投资回收期(P'_t)=累计净现值开始出现正值的年份-1+\frac{上年累计净现值的绝对值}{当年的净现值} \tag{4-16}$$

计算出的动态投资回收期也要与行业标准动态投资回收期或行业平均动态投资回收期进行比较,如果小

于或等于标准动态投资回收期或行业平均动态投资回收期，项目是可以被接受的。

在例4-5中，我们没有考虑资金时间价值对投资回收期的影响，因此计算出的投资回收期是静态投资回收期。如果我们考虑资金时间价值，在基准收益率为8%的情况下，求出的投资回收期就是动态投资回收期。

正常年份每年的现金流入＝销售收入－经营成本－销售税金

＝(200－120－200×10%)万元

＝60万元

动态投资回收期计算表如表4-10所示。

$$投资回收期(P'_t)=累计净现值开始出现正值的年份-1+\frac{上年累计净现值的绝对值}{当年的净现值}$$

$$=(8-1+22.215/35.01)年$$

$$\approx 7.63年$$

表4-10　动态投资回收期计算表　　单位：万元

项目	年份							
	1	2	3	4	5	6	7	8
现金流入	0	0	54	60	60	60	60	60
现金流出	100	150	0	0	0	0	0	0
净现金流量	－100	－150	54	60	60	60	60	60
折现系数	1	0.9259	0.8573	0.7938	0.7350	0.6806	0.6302	0.5835
净现金流量	－100	－138.885	46.294	47.628	44.1	40.836	37.812	35.01
累计现值	－100	－238.885	－192.591	－144.963	－100.863	－60.027	－22.215	12.795

2)反映项目偿债能力的指标与评价

(1)借款偿还期是指项目投产后可用于偿还借款的资金还清固定资产投资国内借款本金和建设期利息(不包括已用自有资金支付的建设期利息)所需要的时间。

特别提示：偿还借款的资金包括折旧、摊销费、未分配利润和其他收入等。

借款偿还期可根据借款还本付息计划表和资金来源与运用表的有关数据计算，以年为单位，记为P_d，其计算公式

$$借款偿还期(P_d)=借款偿清的年份数-1+\frac{偿清当年应付的本息数}{当年用于偿清的资金总额} \quad (4-17)$$

计算出的借款偿还期，要与贷款机构的要求期限进行对比，等于或小于贷款机构提出的要求期限，即认为项目是有偿债能力的。否则，从偿债能力角度考虑，项目没有偿债能力。

(2)财务比率包括资产负债率、流动比率、速动比率。

①资产负债率是反映项目各年所面临的财务风险程度及偿债能力的指标：

$$资产负债率=\frac{负债总额}{资产总额}\times 100\% \quad (4-18)$$

提供贷款的机构，可以接受100%以下(包括100%)的资产负债率。资产负债率大于100%，表明企业已资不抵债，已达到破产底线。

②流动比率是反映项目各年偿付流动负债能力的指标。

$$流动比率=\frac{流动资产总额}{流动负债总额}\times 100\% \quad (4-19)$$

计算出的流动比率越高，单位流动负债将有更多的流动资产作保障，短期偿债能力就越强。但是在不导致流动资产利用效率低下的情况下，流动比率为200%较好。

③速动比率是反映项目快速偿付流动负债能力的指标。

$$速动比率=\frac{流动资产总额-存货}{流动负债总额}\times 100\% \quad (4-20)$$

速动比率越高，短期偿债能力越强。同样，速动比率过高也会影响资产利用效率，进而影响企业经济效益。

因此，速动比率接近100%较好。

【例4-8】

某建设项目开始运营后，在某一生产年份的资产总额为5000万元，短期借款为450万元，长期借款为2000万元。应收账款120万元，存货为500万元，现金为1000万元，应付账款为150万元。项目单位产品可变成本为50万元，达产期的产量为20吨，年总固定成本为800万元，销售收入为2500万元，销售税金税率为6%。求该项目的财务比率指标。

【解】

$$资产负债率=\frac{负债总额}{资产总额}\times 100\%=\frac{2000+450+150}{5000}\times 100\%=52\%。$$

$$流动比率=\frac{流动资产总额}{流动负债总额}\times 100\%=\frac{120+500+1000}{450+150}\times 100\%=270\%。$$

$$速动比率=\frac{流动资产总额-存货}{流动负债总额}\times 100\%=\frac{1620-500}{600}\times 100\%\approx 187\%。$$

4.4.2 基本财务报表的编制

1. 资产负债表

资产负债表是综合反映项目计算期各年年末资产、负债和所有者权益的增减变化及对应关系的一种报表，通过计算资产负债率、流动比率、速动比率等指标，分析项目的偿债能力，如表4-11所示。

表4-11 资产负债表

单位：万元

序号	项目	计算期					
		1	2	3	4	……	*n*
1	资产						
1.1	流动资产总额						
1.1.1	货币资金						
1.1.2	应收账款						
1.1.3	预付账款						
1.1.4	存货						
1.1.5	其他						
1.2	在建工程						
1.3	固定资产净值						
1.4	无形及其他资产净值						
2	负债及所有者权益						
2.1	流动负债总额						
2.1.1	短期借款						
2.1.2	应付账款						
2.1.3	预收账款						
2.1.4	其他						
2.2	建设投资借款						
2.3	流动资金借款						
2.4	负债小计(2.1+2.2+2.3)						
2.5	所有者权益						
2.5.1	资本金						

续表

序号	项目	计算期					
		1	2	3	4	……	n
2.5.2	资本公积						
2.5.3	累积盈余公积						
2.5.4	累积未分配利润						
计算指标： 资产负债率/(%)							

2. 利润与利润分配表

利润表反映项目计算期各年的利润总额、所得税及净利润的分配情况，用以计算投资利润率、投资利税率、资本金利润率等指标的一种报表，如表 4-12 所示。

表 4-12 利润与利润分配表

单位：万元

序号	项目	合计	计算期					
			1	2	3	4	……	n
1	营业收入							
2	营业税金及附加							
3	总成本费用							
4	补贴收入							
5	利润总额(1－2－3＋4)							
6	弥补以前年度亏损							
7	应纳税所得额(5－6)							
8	所得税							
9	净利润(5－8)							
10	期初未分配利润							
11	可供分配利润(9＋10)							
12	提取法定盈余公积金							
13	可供投资者分配利润(11－12)							
14	应付优先股股利							
15	提取任意盈余公积金							
16	应付普通股股利(13－14－15)							
17	各投资方利润分配							
	其中：××方							
	××方							
18	未分配利润(13－14－15－17)							
19	息税前利润(利润总额＋利息支出)							
20	息税折旧摊销前利润(息税前利润＋折旧＋摊销)							

3. 现金流量表

1）现金流量

现金流量是现金流入量与现金流出量的统称，又叫现金流动。它将一个项目作为一个独立系统，反映项目

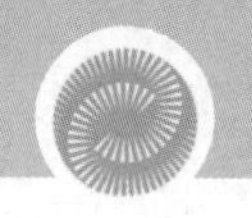

在计算期实际发生的现金流入和现金流出活动情况及其流动数量。

2）现金流量表

(1)项目投资现金流量表。

项目投资现金流量表用于计算项目投资内部收益率及净现值等财务分析指标。其中，调整所得税为以息税前利润为基数计算的所得税，区别于利润与利润分配表、项目资本金现金流量表和财务计划现金流量表中的所得税，如表 4-13 所示。

表 4-13　项目投资现金流量表　　单位：万元

序号	项目	合计	计算期					
			1	2	3	4	……	n
1	现金流入							
1.1	营业收入							
1.2	补贴收入							
1.3	回收固定资产余值							
1.4	回收流动资金							
2	现金流出							
2.1	建设投资							
2.2	流动资金							
2.3	经营成本							
2.4	营业税金及附加							
2.5	维持运营投资							
3	所得税前净现金流量(1－2)							
4	累积所得税前净现金流量							
5	调整所得税							
6	所得税后净现金流量(3－5)							
7	累积所得税后净现金流量							

计算指标：

项目投资财务内部收益率(%)(所得税前)

项目投资财务内部收益率(%)(所得税后)

项目投资财务净现值(所得税前)(i_c＝%)

项目投资财务净现值(所得税后)(i_c＝%)

项目投资回收期(年)(所得税前)

项目投资回收期(年)(所得税后)

(2)项目资本金现金流量表。

项目资本金现金流量表是指以投资者的出资额作为计算基础，从项目资本金的投资者角度出发，把借款本金偿还和利息支付作为现金流出，用以计算项目资本金的财务内部收益率、财务净现值等技术经济指标的一种现金流量表。项目资本金包括用于建设投资、建设期利息和流动资金的资金，如表 4-14 所示。

表 4-14　项目资本金现金流量表　　单位：万元

序号	项目	合计	计算期					
			1	2	3	4	……	n
1	现金流入							
1.1	营业收入							
1.2	补贴收入							

续表

序号	项目	合计	计算期					
			1	2	3	4	……	n
1.3	回收固定资产余值							
1.4	回收流动资金							
2	现金流出							
2.1	项目资本金							
2.2	借款本金偿还							
2.3	借款利息支付							
2.4	经营成本							
2.5	营业税金及附加							
2.6	所得税							
2.7	维持运营投资							
3	净现金流量(1－2)							

计算指标：
资本金财务内部收益率(%)

(3)投资各方现金流量表。

投资各方现金流量表反映项目投资各方现金流入、流出情况，用于计算投资各方财务内部收益率。实分利润是指投资者由项目获取的利润；资产处置收益分配是指对有明确合资期限或合营期限的项目，在期满时对资产余值按股比或约定比例的分配；租赁费收入是指出资方将自己的资产租赁给项目使用所获得的收入。投资各方现金流量表如表4-15所示。

表4-15 投资各方现金流量表 单位：万元

序号	项目	合计	计算期					
			1	2	3	4	……	n
1	现金流入							
1.1	实分利润							
1.2	资产处置收益分配							
1.3	租赁费收入							
1.4	技术转让或使用收入							
1.5	其他现金流入							
2	现金流出							
2.1	实缴资本							
2.2	租赁资产支出							
2.3	其他现金流出							
3	净现金流量(1－2)							

计算指标：
投资各方财务内部收益率(%)

(4)财务计划现金流量表。

财务计划现金流量表反映项目计算期各年的投资、融资及经营活动的现金流入和流出，用于计算累积盈余资金，分析项目的财务生存能力，如表4-16所示。

表 4-16　财务计划现金流量表

单位:万元

序号	项目	合计	计算期					
			1	2	3	4	……	n
1	经营活动净现金流量							
1.1	现金流入							
1.1.1	营业收入							
1.1.2	增值税销项税额							
1.1.3	补贴收入							
1.1.4	其他流入							
1.2	现金流出							
1.2.1	经营成本							
1.2.2	增值税进项税额							
1.2.3	营业税金及附加							
1.2.4	增值税							
1.2.5	所得税							
1.2.6	其他流出							
2	投资活动净现金流量							
2.1	现金流入							
2.2	现金流出							
2.2.1	建设投资							
2.2.2	维持运营投资							
2.2.3	流动资金							
2.2.4	其他流出							
3	筹资活动净现金流量							
3.1	现金流入							
3.1.1	项目资本金投入							
3.1.2	建设投资借款							
3.1.3	流动资金借款							
3.1.4	债券							
3.1.5	短期借款							
3.1.6	其他流入							
3.2	现金流出							
3.2.1	各种利息支出							
3.2.2	偿还债务本金							
3.2.3	应付利润(股利分配)							
3.2.4	其他流出							
4	净现金流量(1+2+3)							
5	累积盈余资金							

4.5 基于 BIM 的投资决策阶段的工程造价管理

投资决策阶段是项目建设全过程各阶段中最为关键的一个阶段，对不同的投资方案进行经济、技术论证，比较后选择出最佳方案。根据相关资料的统计，投资决策阶段对工程造价的影响程度高达 80%～90%，决策的失误往往会给企业带来无法挽回的损失，甚至使企业陷入经济危机，所以项目投资决策阶段需要引起高度重视。投资决策阶段的内容是决定工程造价的基础，正确的投资决策需要对各个方案的成本有准确的把握，因此，在技术可行的前提下，对各个方案进行投资估算是十分必要的过程。

4.5.1 项目投资决策阶段的 BIM 应用

项目投资决策指通过选择合适的投资方案，实现对拟建投资项目各个方面的评估。评估过程主要是论证项目的可行性和必要性，可以通过对项目有关的工程、技术、经济等各方面条件和情况进行调查、分析、研究，对各种可能的建设技术方案进行比较论证和对项目建成后的经济效益进行预测和评价，来考察项目技术上的先进性和适用性、经济上的营利性和合理性、建设的可能性和可行性。项目投资决策是项目行动的主要依据，只有选择了正确的决策方案，项目行动才会走向成功。

在项目生命周期的初始阶段，即投资决策阶段，引入 BIM 技术和理念，可以把项目信息从一开始就整合在同一平台的信息系统中，设计方、施工方等随后均可使用该数据，并可随时修改更新，并能够进行其他建筑性能分析。随后建立模型，把信息按照不同人的需要转换成容易理解的信息（如图像、图形、施工仿真、表格）并实时传送，让决策者可以用科学化手段和全面的数据支持来解决问题；有助于决策者提升对整个项目的掌控能力和科学管理水平，提高效率，降低投资风险。

BIM 能够从多个方面帮助业主在项目投资决策阶段做出市场收益最大化的工作，例如及时了解项目的朝向、景观、面积等敏感因素。同时，其还能协助业主直观地了解建筑的造型以及真实环境下的视线可见性等关键信息。使用 BIM 对项目不同的设计方案进行绿色分析，可以在保证建筑物功能和性能的同时，协助业主从建筑物的全生命周期来考虑其建造和能耗成本。投资决策阶段各项活动的 BIM 应用如表 4-17 所示。

表 4-17 投资决策阶段各项活动的 BIM 应用

投资决策阶段项目活动	BIM 应用
可行性研究	更精确的商业收益分析，投资管控
建筑性能分析	参数化模拟，完善创意
构件协同平台	方便项目参与者交流、沟通、协调，专业协同
项目管理	节省成本，加快进度，提高质量

4.5.2 主要作用

1. 提供互动环境，整合信息平台

现阶段项目设计与项目财务数据是各自独立的，因此图纸和财务数据之间没有内在关联，设计方案缺少科学数据和合理工具，无法使投资收益最大化。

BIM 工具可以为项目策划者提供一个互动环境，为规划参与各方提供沟通与协作的平台。在项目立项规划前期，BIM 能够帮助企业建立一整套项目管理的信息平台，BIM 平台可以整合全面的科学化信息，各方可充分探讨、展示和认知项目的实际需求，如咨询方可尽快掌握业主的需求，而业主则可检视规划方案是否满足其需求，进而提高规划阶段的决策效率，并实现集成管理和全生命周期管理。

2. BIM 提供模拟场景，协调规划设计

BIM 通过互动模拟，提供设计变化与投资收益分析实时集成。通过模拟场景，BIM 能够协助设计者及决策者审视项目规划及实时检查，进行景观模拟，整合布局、朝向、成本数据等，并把正确的信息交给设计者及决策者，使一切协调有序，这有利于企业控制整个工程项目的进度、成本、风险、质量等。

BIM 还能帮助业主了解建筑的造型以及真实环境下的可见性等关键信息，并且利用 BIM 进行整个建筑物的能耗仿真模拟，在保证建筑物功能和性能的同时，帮助业主从建筑物的全生命周期来考虑建造成本和能耗成本。

3. 通过 BIM 技术进行山地等复杂场地分析

随着城市建设用地的日益紧张，城市周边山体用地将日益成为今后建设项目、旅游项目等开发的主要资源，而山体地形的复杂性，又会给开发商们带来选址难、规划难、设计难、施工难等问题。但如能通过 BIM 技术，直观地再现及分析地形的三维数据，则将节省大量时间和费用。

借助 BIM 技术，通过原始地形等高线数据，建立三维地形模型，并加以高程分析、坡度分析、放坡填挖方处理，可为后续规划设计工作奠定基础。比如，通过软件分析得到地形的坡度数据，以不同跨度分析地形每一处的坡度，并以不同颜色区分，则可直观地看出哪些地方比较平坦、哪些地方陡峭，进而为开发选址提供有力依据，并可避免过度填挖土方，造成无端浪费。

4. 利用 BIM 技术进行可视化节能分析

随着自然资源的日益减少以及人类对于自身行为的深刻反思，绿色建筑正逐步成为现代工程项目的一个关键选项。BIM 在建筑节能分析中可发挥越来越多的重要作用，同时绿色建筑的大量需求，也反过来促进着 BIM 软件的广泛应用。目前，全球接近 50%的绿色建筑从业人员，已在 50%以上的项目中使用 BIM 技术。

从 BIM 技术层面而言，BIM 可进行日照模拟、二氧化碳排放计算、自然通风和混合系统情境仿真、环境流体力学情景模拟等多项测试比对，也可将规划建设的建筑物置于现有建筑环境当中，进行分析论证，讨论在新建筑增加情况下各项环境指标的变化，使建筑设计方案的能耗符合标准，从而帮助决策者更加准确地来评估方案对环境的影响程度，优化设计方案，将建筑物对环境的影响降到最低。

另外，BIM 的可视化特点，可有力展示各规划方案的设想，并对规划方案进行相关功能测试，进而为规划方案的比较与选择提供支持。这就避免了传统上因为采用二维图纸描述规划方案带来的信息表达不完全的问题，同时有助于减少后期由前期规划引起的设计与施工问题，有助于节能。

5. 加快进度，节省费用

在前期策划中，BIM 技术能够加快决策进度，提高决策质量，很大程度上减少建设工程中的变更，也使前期投资估算更加精确，同时还可惠及建筑物的运营、维护和设施管理，进而可持续地节省费用。

6. 利用 BIM 技术进行前期规划方案比选、优化

BIM 三维可视化分析，可对运营、交通、消防等其他各方面的规划方案，进行比选、论证，从中选择最佳结果。利用直观的 BIM 三维参数模型，为业主方提供项目整体的设计理念，让业主、设计方（甚至施工方）尽早地参与项目讨论与决策，将大大提高沟通效率，减少不同人因对图纸理解不同而造成的信息损失及沟通成本。另外，业主方可以通过建立 BIM 5D（成本）模型，对项目各个阶段的专业性及需求点进行全面了解，还可以通过成本模型的建立，对项目各阶段所需的投资提前进行预算。

案例分析

【案例背景】

拟建某工业项目，建设期为 2 年，生产期为 10 年，基础数据如下：

①第一年、第二年固定资产投资分别为 2100 万元、1200 万元；

②第三年、第四年流动资金注入分别为 550 万元、350 万元；

③预计正常生产年份的年销售收入为 3500 万元，经营成本为 1800 万元，税金及附加为 260 万元，所得税为 310 万元；

④预计投产的当年达产率为 70%，投产后的第二年开始达产率为 100%，投产当年的销售收入、经营成本、税金及附加、所得税均按正常生产年份的 70%计；

⑤固定资产余值回收为 600 万元，流动资金全部回收；

⑥上述数据均假设发生在期末；

⑦基准收益率(折现系数)为 8%。

问题：

(1)请在表 4-18 所示的现金流量表中填入项目名称和基础数据，并进行计算。

表 4-18　现金流量表(全部投资)　　单位：万元

序号	项目	合计	建设期		计算期		
			1	2	3	…	12
1	现金流入						
1.1	营业收入						
1.2	回收固定资产余值						
1.3	回收流动资金						
2	现金流出						
2.1	建设投资						
2.2	流动资金						
2.3	经营成本						
2.4	税金及附加						
2.5	所得税						
3	所得税后净现金流量(1－2)						
4	折现系数						
5	所得税后净现金流量折现值						
6	累计所得税后净现金流量折现值						

(2)计算动态投资回收期。(折现系数取小数点后 3 位，其余取小数点后两位)

【分析】

本案例考察运用财务指标对建设项目投资阶段进行财务效果分析，考察现金流量表的编制，以及财务指标的应用。

(1)填报数据，如表 4-19 所示。

(2)根据现金流量表中的数据计算得动态投资回收期：

$$P't=\left(8-1+\frac{|-67.00|}{610.20}\right)\text{年}=7.11\text{ 年。}$$

表 4-19　填入数据后的现金流量表(全部投资)

单位:万元

序号	项目	合计	建设期		计算期									
			1	2	3	4	5	6	7	8	9	10	11	12
1	现金流入	35450.00			2450.00	3500.00	3500.00	3500.00	3500.00	3500.00	3500.00	3500.00	3500.00	5000.00
1.1	营业收入	33950.00			2450.00	3500.00	3500.00	3500.00	3500.00	3500.00	3500.00	3500.00	3500.00	3500.00
1.2	回收固定资产余值													600.00
1.3	回收流动资金	600.00												900.00
2	现金流出	900.00	2100.00	1200.00	2209.00	2720.00	2370.00	2370.00	2370.00	2370.00	2370.00	2370.00	2370.00	2370.00
2.1	建设投资	27189.00	2100.00	1200.00										
2.2	流动资金				550.00	350.00								
2.3	经营成本	900.00			1260.00	1 800.00	1 800.00	1800.00	1800.00	1800.00	1800.00	1800.00	1800.00	1800.00
2.4	税金及附加	17460.00			182.00	260.00	260.00	260.00	260.00	260.00	260.00	260.00	260.00	260.00
2.5	所得税	2522.00			217.00	310.00	310.00	310.00	310.00	310.00	310.00	310.00	310.00	310.00
3	所得税后净现金流量(1-2)	3007.00	−2100.00	−1200.00	241.00	1130.00	1130.00	1130.00	1130.00	1130.00	1130.00	1130.00	1130.00	2630.00
4	折现系数		0.926	0.857	0.794	0.735	0.681	0.630	0.584	0.540	0.500	0.463	0.429	0.397
5	所得税后净现金流量折现值	3160.27	−1944.60	−1028.40	191.35	573.30	769.53	711.90	659.92	610.20	565.00	523.19	484.77	1044.11
6	累计所得税后净现金流量折现值		−1944.60	−2973.00	−2781.65	−2208.35	−1438.82	−726.92	−67.00	543.20	1108.20	1631.39	2116.16	3160.27

单元总结

本单元介绍了建设项目投资决策阶段工程造价管理的主要内容。投资决策阶段是项目建设过程造价管理的第一个阶段。为了使决策更加科学，必须进行项目可行性研究，它包括机会研究、初步可行性研究、详细可行性研究及评价和决策四个阶段。可行性研究报告介绍产品的市场需求预测和建设规模，资源、原材料、燃料及公用设施情况，建厂条件和厂址选择，项目设计方案，环境保护与建设过程安全生产，企业组织、劳动定员和人员培训，项目施工计划和进度要求，投资估算和资金筹措等内容。建设项目投资包括建设投资和流动资金两部分，其中建设投资又包括建筑安装工程费，设备及工具、器具购置费，工程建设其他费用，预备费，建设期利息和固定资产投资方向调节税；投资估算主要进行固定资产投资估算和流动资金投资估算。建设工程财务评价是可行性研究报告的重要组成部分，主要进行盈利能力分析、偿债能力分析、财务生存能力分析和不确定性分析，在分析过程中要依据基本财务报表（资产负债表、利润与利润分配表、现金流量表）计算出财务内部收益率、财务净现值、投资回收期、投资收益率等指标，以判断项目在财务上是否可行，同时还要通过盈亏平衡分析、敏感性分析和概率分析了解项目存在的风险。

复习思考题与习题

一、单项选择题

1. 按照概算分类法计算，项目总投资中不属于建设投资的是（　　）。

A. 工程费用　　B. 预备费　　C. 工程建设其他费用　　D. 流动资金

2. 在建设项目的可行性研究阶段，投资估算应采取的方法是（　　）。

A. 系数估算法　　B. 指标估算法　　C. 生产能力指数法　　D. 比例估算法

3. 投资估算是在投资决策阶段，以（　　）为依据，按照规定的程序、方法对拟建项目所需总投资及其构成进行的预测和估计。

A. 项目建议书　　B. 建设工程规模　　C. 可行性研究文件　　D. 施工工艺

4. 2018 年已建成的年产 10 万吨的某钢厂，其投资额为 4000 万元，2020 年拟建年产 50 万吨的钢厂项目，建设期为 2 年。2018 年至 2020 年每年平均造价指数递增 4%，预计建设期 2 年平均造价指数递减 5%，估算拟建钢厂的静态投资额为（　　）万元。（生产能力指数取 0.8）

A. 16 958　　B. 16 815　　C. 14 496　　D. 15 304

5. 下列进行流动资金估算时计算错误的是（　　）。

A. 流动资金＝ 流动资产－流动负债

B. 流动负债＝应付账款＋预收账款

C. 流动资产 ＝ 应收账款＋预付账款＋存货

D. 存货 ＝ 外购原材料、燃料＋其他材料＋半成品＋产成品

6. 某建设项目达到设计生产能力后，全厂定员 1000 人，工资和福利费按照每人每年 20 000 元估算。每年的其他费用为 1000 万元，其中其他制造费 600 万元，现金的周转次数为每年 10 次。流动资金估算中应收账款估算额为 2000 万元，应付账款估算额为 1500 万元，存货估算额为 6000 万元，则该项目流动资金估算额为（　　）万元。

A. 6800　　B. 6760　　C. 9800　　D. 9760

7. 适度的（　　）既能表明企业投资人、债权人的风险较小，又能表明企业经营安全、稳健、有效，具有较强的融资能力。

A. 资产负债率　　B. 流动比率　　C. 速动比率　　D. 利息备付率

二、多项选择题

1. 下列属于投资估算编制的依据的是(　　)

A. 地方政府规定　　B. 招标文件　　C. 施工方案

D. 勘察设计文件　　E. 类似工程技术经济指标

2. 用比例估算法进行投资估算,其计算基数有(　　)。

A. 拟建项目或装置的设备安装费

B. 拟建项目或装置的设备费

C. 拟建项目中最主要、投资比重比较大并与生产能力直接相关的工艺设备的投资,包括设备运杂费及安装费

D. 拟建项目中最主要、投资比重较大的建筑安装工程费

E. 已建类似项目的设备费

3. 下列属于项目投资现金流量表中现金流出范围的有(　　)

A. 固定资产投资　　B. 流动资金　　C. 固定资产折旧费

D. 经营成本　　E. 利息支出

4. 进行项目财务评价,保证项目可行的条件有(　　)。

A. FNPV$\geqslant$0　　B. FNPV$\leqslant$0　　C. FNPV$\geqslant i_c$　　D. FNPV$\leqslant i_c$　　E. $P_t < P_c$

三、简答题

1. 建设项目投资决策与工程造价的关系是什么?

2. 简述投资估算的概念及内容。

3. 列举固定资产静态投资估算的方法以及各种方法的适用范围和特点。

4. 可行性研究包括哪些内容?

5. 简述财务评价的指标体系。

6. 什么是项目的可行性研究? 可行性研究有哪几个阶段?

四、计算题

1. 某企业拟投资建设一个生产市场急需产品的工业项目。该项目建设期为1年,运营期为6年。项目投产第一年可获得当地政府扶持该产品生产的补贴收入为100万元。建设项目的其他基本数据如下。

(1)建设项目的投资估算为1000万元,预计全部形成固定资产(包含可抵扣固定资产进项税额80万),固定资产使用年限为10年,按直线法折旧,期末净残值率为4%,固定资产余值在项目运营期末收回。投产当年需要投入运营期流动资金200万元。

(2)正常年份年营业收入为678万元(其中销项税额为78万元),经营成本为350万元(其中进项税额为25万元);税金附加按应纳增值税的9%计算,所得税税率为25%;行业所得税后基准收益率为10%,基准投资回收期为6年,企业投资者可接受的最低所得税后收益率为15%。

(3)投产第一年仅达到设计生产能力的80%,预计这一年的营业收入及其所含销项税额、经营成本及其所含进项税额均为正常年份的80%;以后各年均达到设计生产能力。

(4)运营第4年,需要花费50万元(无可抵扣进项税额)更新新型自动控制设备配件,维持以后的正常运营,该维持运营投资按当期费用计入年度总成本。

问题:

(1)编制拟建项目投资现金流量表;

(2)计算项目的静态投资回收期、财务净现值和财务内部收益率;

(3)评价项目的财务可行性。

Chapter 5

单元 5 建设项目设计阶段的工程造价管理

案例导入

某地拟建一工程，与其类似的已完工程单方工程造价为 4500 元/㎡，其中，人工、材料、施工机具使用费分别占工程造价的 15%、55%和 10%，拟建工程地区与类似工程地区人工、材料、施工机具使用费的差异系数分别为 1.05、1.03 和 0.98。假定以人、材、机费用之和为基数取费，综合费率为 25%。计算拟建工程适用的综合单价。

单元目标

知识目标

1. 了解设计阶段影响工程造价的主要因素；
2. 熟悉设计方案评价；
3. 掌握设计概算的编制和审查；
4. 掌握施工图预算的编制和审查。

知识点目标

1. 熟悉设计阶段影响工业项目造价的主要因素。
2. 熟悉设计阶段影响民用项目造价的主要因素。
3. 熟悉设计阶段影响工程造价的其他因素。
4. 了解设计方案评价的基本程序及评价指标体系；掌握设计方案评价的常用方法。
5. 了解限额设计的作用；掌握限额设计的工作内容及实施程序。
6. 熟悉设计概算的概念及作用。

能力目标

通过本章学习，学生应掌握工程施工图预算及设计概算的编制方法；熟悉预算定额及概算定额的主要内容及使用方法；了解设计阶段的工程造价管理的主要内容、限额设计及设计方案的优选方法。

知识点目标

1. 能确定总平面设计、工艺设计、建筑设计、材料选用及设备选用影响造价的因素。
2. 能区分住宅小区建设规划和住宅建筑设计中影响造价的因素。
3. 能区分影响工业项目造价、民用项目造价及其他影响造价的因素。
4. 能进行设计方案评价与优化。
5. 知道如何进行限额设计。
6. 知道设计概算的作用。

7. 掌握设计概算的编制内容；掌握设计概算的费用构成及编制方法；熟悉三级概算的相互关系。

8. 掌握设计概算的编制方法；熟悉设计概算编制方法的适应条件。

9. 熟悉设计概算审查的内容和方法；掌握不同设计概算审查方法的特点。

10. 掌握施工图预算的编制程序及方法。

11. 了解施工图预算审查的内容；掌握不同施工图预算审查方法的特点。

12. 了解 BIM 技术在工程设计阶段的作用和基本使用方法。

7. 知道设计概算的编制内容。

8. 会编制设计概算。

9. 会审查设计概算。

10. 会编制施工图预算。

11. 会审查施工图预算。

12. 了解 GCCP 6.0、斑马梦龙、BIM 5D 在造价中的应用和基本使用方法。

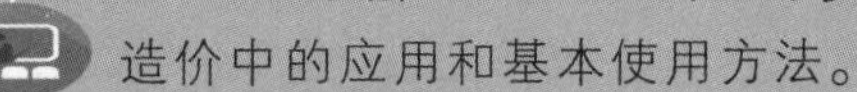

知识脉络

单元 5 的知识脉络图如图 5-1 所示。

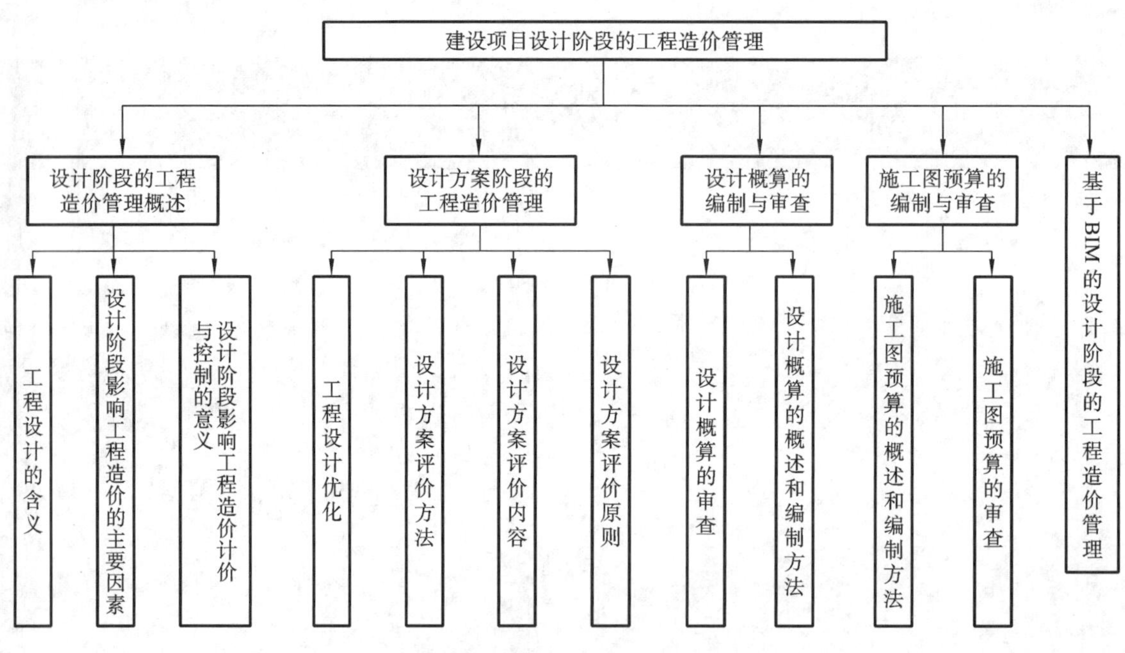

图 5-1 单元 5 的知识脉络图

5.1 设计阶段的工程造价管理概述

5.1.1 工程设计的含义

工程设计是建设项目进行全面规划和具体描述实施意图的过程，是工程建设的灵魂，是科学技术转化为生产力的纽带，是处理技术与经济关系的关键性环节，是确定与控制工程造价的重点阶段。建设项目的设计是否经济合理，对控制工程造价具有十分重要的意义。

5.1.1.1 设计阶段工程造价控制程序

为保证工程建设和设计工作有机配合和衔接，工程设计被划分为几个阶段，包括准备工作、编制各阶段的设计文件、配合施工和施工验收、进行工程设计总结等全过程。设计全过程与造价的关系如图 5-2 所示。

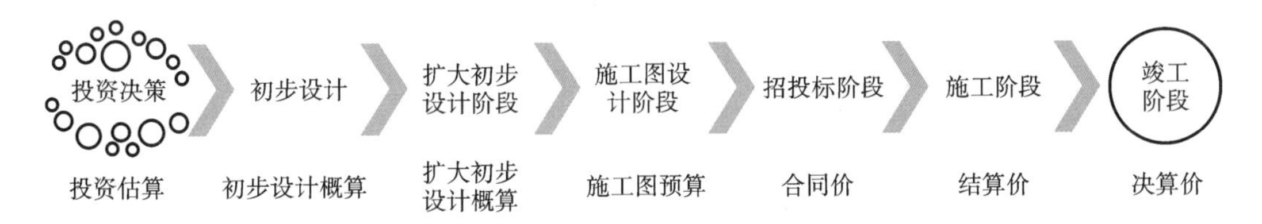

图 5-2 设计全过程与造价的关系

在各个设计阶段，都需要编制相应的工程计价文件，即设计概算、修正概算、施工图预算等，逐步由粗到细确定工程造价控制目标计划值，并经过分段审批，切块分解，层层控制工程造价，如图 5-3 所示。

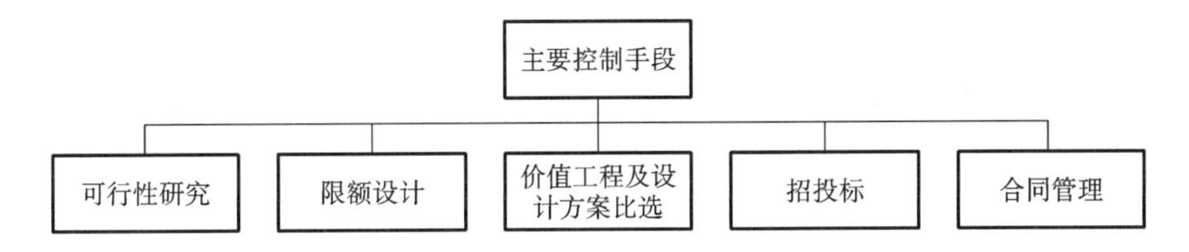

图 5-3 主要造价控制手段

(1)设计前的准备工作。设计单位根据主管部门或业主的委托书进行可行性研究，参加厂址选择和调查研究设计所需的基础资料(包括勘察资料，环境及水文地质资料，科学试验资料，水、电及原材料供应资料，用地情况及指标，外部运输及协作条件等资料)，开展工程设计所需的科学试验。在此基础上进行方案设计。

(2)初步设计。设计单位根据批准的可行性研究报告或设计承包合同和基础资料进行初步设计和编制初步设计文件(含设计概算)。

(3)技术设计。对技术复杂而又无设计经验或特殊的建设工程，设计单位应根据批准的初步设计文件进行技术设计和编制技术设计文件(含修正总概算)。

(4)施工图设计。设计单位根据批准的初步设计文件(或技术设计文件)和主要设备订货情况进行施工图设计，并编制施工图设计文件(含施工图预算)。

(5)设计交底和配合施工。设计单位应负责交代设计意图，进行技术交底，解释设计文件，及时解决施工中设计文件出现的问题，参加试运转和竣工验收、投产及进行全面的工程设计总结。对于大、中型工业项目和大型复杂的民用项目，应派现场设计代表积极配合现场施工并参加隐蔽工程验收。

基本操作流程如图 5-4 所示。

5.1.1.2 设计阶段的划分

根据国家有关文件的规定，不同项目的设计阶段可有不同的划分方法。

(1)建设项目的设计阶段一般按初步设计、施工图设计两个阶段进行划分。

(2)技术复杂的建设项目，根据主管部门的要求，设计阶段可按初步设计、技术设计和施工图设计三个阶段进行划分。

(3)小型建设项目中技术简单的，经主管部门同意，在简化的初步设计确定后，就可做施工图设计。另外，设计必须有概算，凡是没有批准初步设计和总概算的建设项目，不能列入年度基本建设计划。

(4)对有些牵涉面广的大型矿区、油田、林区、垦区和联合企业等建设项目，应做总体设计。

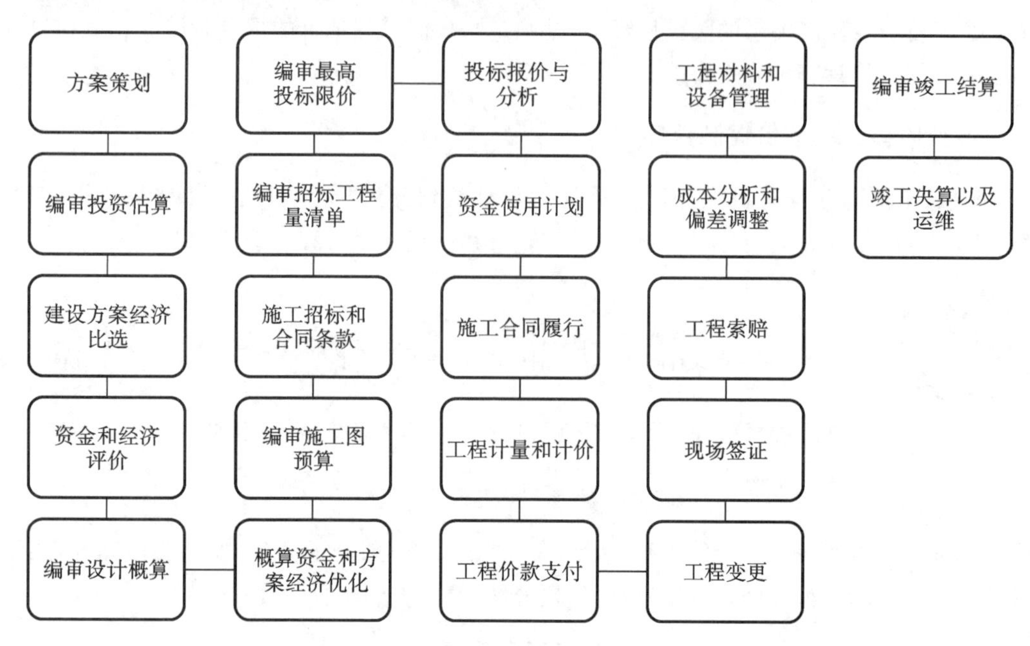

图 5-4　基本操作流程

设计程序与深度要求如表 5-1 所示。

表 5-1　设计程序与深度要求

设计类别	设计程序	主要工作内容和深度要求
工业项目	设计准备	了解并掌握各种有关的外部条件和客观情况
	总体设计	设计者对工程主要内容(包括功能与形式)的安排有个大概的布局设想,然后要考虑工程与周围环境之间的关系,对于不太复杂的工程,这一阶段可以省略
	初步设计	是设计过程中的一个关键性阶段,也是整个设计构思基本形成的阶段,包括总平面设计、工艺设计和建筑设计三部分,应编制设计总概算
	技术设计	各种技术问题的定案阶段,满足确定设计方案中重大技术问题和有关实验、设备选制等方面的要求。编制修正概算书,有时可省略
	施工图设计	施工制作的依据。满足设备和材料的选择与确定、非标准设备的设计与加工制作、施工图预算的编制、建筑工程施工和安装的要求
	施工交底和配合施工	设计单位应派人与建设、施工或其他有关单位共同会审施工图,进行技术交底
民用项目	方案设计	应包括设计说明书,包括各专业设计说明以及投资估算等内容;总平面图以及建筑设计图纸;设计委托或设计合同中规定的透视图、鸟瞰图、模型等。应满足编制初步设计文件的需要
	初步设计	与工业项目设计大致相同
	施工图设计	应形成所有专业的设计图纸(含图纸目录、说明和必要的设备、材料表),并按照要求编制工程预算书,应满足设备材料采购、非标准设备制作和施工的需要

5.1.2 设计阶段影响工程造价的主要因素

国内外相关资料研究表明，设计阶段的费用占工程全部费用不到1%，但在项目决策正确的前提下，它对工程造价的影响程度为75%以上。根据工程项目类别的不同，在设计阶段需要考虑的影响工程造价的因素也有所不同，以下就工业建设项目和民用建设项目分别介绍影响工程造价的因素。

知识拓展：根据国家有关文件的规定，一般工业项目设计可按初步设计和施工图设计两个阶段进行，称为“两阶段设计”；对于技术复杂、在设计时有一定难度的工程，根据项目相关管理部门的意见和要求，设计可以按初步设计、技术设计和施工图设计三个阶段进行，称为“三阶段设计”。小型工程建设项目，技术上较简单的，设计经项目相关管理部门同意可以简化为施工图设计一阶段进行。

5.1.2.1 影响工业项目工程造价的主要因素

工业项目设计造价的影响因素和设计要求的二维码如图5-5所示。工业项目设计评价指标和方法的二维码如图5-6所示。

图5-5 工业项目设计造价的影响因素和设计要求的二维码

图5-6 工业项目设计评价指标和方法的二维码

1. 总平面设计

总平面设计主要是指总图运输设计和总平面配置，其主要内容包括厂址方案、占地面积、土地利用情况；总图运输、主要建筑物和构筑物及公用设施的配置；外部运输、水、电、气及其他外部协作条件等。

总平面设计是否合理对于整个设计方案的经济合理性有重大影响。正确、合理的总平面设计可大大减少建筑工程量，节约建设用地，节省建设投资，加快建设进度，降低工程造价和项目运行后的使用成本，并为企业创造良好的生产组织、经营条件和生产环境，还可以为城市建设或工业区创造完美的建筑艺术整体。总平面设计中影响工程造价的主要因素包括以下几项。

1)现场条件

现场条件是制约设计方案的重要因素之一，对工程造价的影响主要体现在地质、水文、气象条件等影响基础形式的选择、基础的埋深(持力层、冻土线)；地形地貌影响平面及室外标高的确定；场地大小、邻近建筑物地上附着物等影响平面布置、建筑层数、基础形式及埋深。

2)占地面积

占地面积的大小，一方面影响征地费用的高低；另一方面影响管线布置成本和项目建成运营的运输成本。因此，在满足建设项目基本使用功能的基础上，应尽可能节约用地。

3)功能分区

无论是工业建筑还是民用建筑都有许多功能，这些功能相互联系、相互制约。合理的功能分区既可以使建筑物的各项功能充分发挥，又可以使总平面布置紧凑、安全。例如，在建筑施工阶段避免大挖大填，可以减少土石方量和节约用地，降低工程造价。对于工业建筑，合理的功能分区还可以使生产工艺流程顺畅，从全生命周期造价管理考虑还可以使运输简便，降低项目建成后的运营成本。

4)运输方式

运输方式决定运输效率及成本，不同运输方式的运输效率和成本不同。例如，有轨运输的运量大，运输安全，但是需要一次性投入大量资金；无轨运输无须一次性投入大规模资金，但运量小、安全性较差。因此，要综合考虑建设项目生产工艺流程和功能区的要求以及建设场地等具体情况，选择经济合理的运输方式。

总平面设计对造价的影响因素如表 5-2 所示。

表 5-2　总平面设计对造价的影响因素

序号	影响因素	具体内容
1	现场条件	水文、地质、地形地貌、邻近建筑物的影响
2	占地面积	征地费用、管线布置和建成运营的运输成本原则，尽可能节约用地
3	功能分区	合理的功能分区既可以降低工程造价，还可以降低项目建成后的运营成本
4	运输方式	综合考虑项目生产工艺流程和功能区的要求以及建设场地等情况，选择经济合理的运输方式

2. 工艺设计

工艺设计阶段影响工程造价的主要因素包括建设规模、标准和产品方案；工艺流程和主要设备的选型；主要原材料、燃料供应情况；生产组织及生产过程中的劳动定员情况；“三废”治理及环保措施等。

按照建设程序，建设项目的工艺流程在可行性研究阶段已经确定。设计阶段的任务就是严格按照批准的可行性研究报告的内容进行工艺技术方案的设计，确定具体的工艺流程和生产技术。在具体项目工艺设计方案的选择时，应以提高投资的经济效益为前提，深入分析、比较，综合考虑各方面的因素。

【例 5-1】

1. 在工业项目总平面设计中，影响工程造价的主要因素包括(　　)。

A. 现场条件、占地面积、功能分区、运输方式

B. 现场条件、产品方案、运输方式、柱网布置

C. 占地面积、功能分区、空间组合、建筑材料

D. 功能分区、空间组合、设备选型、厂址方案

2. 在工业项目的工艺设计过程中，影响工程造价的主要因素包括(　　)。

A. 生产方法、工艺流程、功能

B. 产品方案、工艺流程、设备选型

C. 工艺流程、功能分区、运输方式

D. 工艺流程、原材料供应、运输方式

【解】

第 1 题的答案为 A。

总平面设计是否合理对于整个设计方案的经济合理性有重大影响。总平面设计中影响工程造价的主要因素包括现场条件、占地面积、功能分区、运输方式等几部分。

第 2 题的答案为 B。

工艺设计阶段影响造价的主要因素包括建设规模、标准和产品方案；工艺流程和主要设备的选型；主要原材料、燃料供应情况；生产组织及生产过程中的劳动定员情况；“三废”治理及环保措施等。

3. 建筑设计

在进行建筑设计时，设计单位及设计人员应首先考虑业主所要求的建筑标准，根据建筑物、构筑物的使用性质、功能及业主的经济实力等因素进行设计；其次应在考虑施工条件和施工过程的合理组织的基础上，决定工程的立体平面设计和结构方案的工艺要求。建筑设计阶段影响工程造价的主要因素包括以下几项。

1）平面形状

一般来说，建筑物的平面形状越简单，单位面积造价就越低。一座建筑物的形状不规则，将导致室外工程、排水工程、砌砖工程及屋面工程等复杂化，增加工程费用。即使在同样的建筑面积下，建筑平面形状不同，建筑周长系数(建筑物周长与建筑面积的比，即单位建筑面积所占外墙长度)也不同。通常情况下，建筑周长系数越低，设计越经济。

圆形、正方形、矩形、T 形、L 形建筑的建筑周长系数依次增大。但是圆形建筑施工复杂，施工费用一般比

矩形建筑增加20%～30%，所以，其墙体工程量所节约的费用并不能使建筑工程造价降低。正方形建筑既有利于施工，又能降低工程造价，但是若不能满足建筑物美观和使用要求，则毫无意义。因此，建筑物平面形状的设计应在满足建筑物使用功能的前提下，降低建筑的建筑周长系数，充分注意建筑平面形状的简洁、布局的合理，从而降低工程造价。

2)流通空间

在满足建筑物使用要求的前提下，应将流通空间减少到最小，这是建筑物经济平面布置的主要目标之一。因为门厅、走廊、过道、楼梯以及电梯井的流通空间并非为了获利目的设置，但采光、采暖、装饰、清扫等方面的费用却很高。

3)空间组合

空间组合包括建筑物的层高、层数、室内外高差等因素。

(1)层高：在建筑面积不变的情况下，层高的增加会引起各项费用的增加，例如墙与隔墙及其有关粉刷、装饰费用的提高；楼梯造价和电梯设备费用的增加；供暖空间体积的增加；卫生设备、上下水管道长度的增加等。另外，施工垂直运输量增加，可能增加屋面造价；层高增加导致建筑物总高度增加很多时，还可能增加基础造价。

(2)层数：层数对造价的影响，因建筑类型、结构和形式的不同而不同。层数不同，则荷载不同，对基础的要求也不同。同时，层数也影响占地面积和单位面积造价。如果增加一个楼层不影响建筑物的结构形式，单位建筑面积的造价可能会降低。但是当建筑物超过一定层数时，结构形式就要改变，单位造价通常会增加。建筑物越高，电梯及楼梯的造价将有提高的趋势，建筑物的维修费用也将增加，但是采暖费用有可能下降。

(3)室内外高差：室内外高差过大，则建筑物的工程造价提高；高差过小又影响使用及卫生要求等。

4)建筑物的体积与面积

建筑物尺寸的增加，一般会引起单位面积造价的降低。对于同一项目，固定费用不一定会随着建筑物的体积和面积的扩大而有明显的变化，一般情况下，单位面积固定费用会相应减少。对于民用建筑，结构面积系数(住宅结构面积与建筑面积之比)越小，有效面积越大，设计越经济。对于工业建筑，厂房、设备布置紧凑合理，可提高生产能力，采用大跨度、大柱距的平面设计形式，可提高平面利用系数，从而降低工程造价。

5)建筑结构

建筑结构是指建筑工程中由基础、梁、板、柱、墙、屋架等构件组成的、起骨架作用的、能承受直接和间接荷载的空间受力体系。建筑结构因所用的建筑材料不同，可分为砌体结构、钢筋混凝土结构、钢结构、轻型钢结构、木结构和组合结构等。

建筑结构的选择既要满足力学要求，又要考虑其经济性。五层以下的建筑物一般选用砌体结构；大、中型工业厂房一般选用钢筋混凝土结构；多层房屋或大跨度结构选用钢结构明显优于钢筋混凝土结构；对于高层或者超高层结构，框架结构和剪力墙结构比较经济。由于各种建筑体系的结构各有利弊，在选用结构类型时应结合实际、因地制宜、就地取材，采用经济合理的结构形式。

6)柱网布置

对于工业建筑，柱网布置对结构的梁板配筋及基础的大小会产生较大的影响，从而对工程造价和厂房面积的利用效率产生较大的影响。柱网布置是确定柱子的跨度和间距的依据。柱网的选择与厂房中有无吊车、吊车的类型及吨位、屋顶的承重结构以及厂房的高度等因素有关。对于单跨厂房，当柱间距不变时，跨度越大单位面积造价越低，因为除屋架外，其他结构架分摊在单位面积上的平均造价随跨度的增大而减小。对于多跨厂房，当跨度不变时，中跨数目越多越经济，这是因为柱子和基础分摊在单位面积上的造价减少。

【例 5-2】

1. 在建筑设计评价中，下列不同平面形状的建筑物，其建筑物周长与建筑面积的比按从小到大顺序排列正确的是(　　)。

A. 正方形→矩形→T 形→L 形　　B. 矩形→正方形→T 形→L 形

C. T 形→L 形→正方形→矩形　　D. L 形→T 形→矩形→正方形

2. 柱网布置是否合理，对工程造价和面积的利用效率都有较大影响。建筑设计中柱网布置应注意(　　)。

A. 适当扩大柱距和跨度能使厂房有更大的灵活性

B. 单跨厂房跨度不变时，层数越多越经济

C. 多跨厂房柱间距不变时，跨度越大造价越低

D. 柱网布置与厂房的高度无关

3. 关于工程设计对造价的影响的说法中，下列正确的有(　　)。

A. 周长与建筑面积的比越大，单位造价越高

B. 流通空间的减少，可相应降低造价

C. 层数越多，单位造价越低

D. 房屋长度越大，单位造价越低

E. 结构面积系数越小，设计方案越经济

【解】

第1题的答案为A。

圆形、正方形、矩形、T形、L形建筑的建筑周长系数依次增大。

第2题的答案为C。

对于单跨厂房，当柱间距不变时，跨度越大单位面积造价越低，因为除屋架外，其他结构架分摊在单位面积上的平均造价随跨度的增大而减小。对于多跨厂房，当跨度不变时，中跨数目越多越经济，这是因为柱子和基础分摊在单位面积上的造价减少。

第3题的答案为ABE。

C选项分析：层数对造价的影响，因建筑类型、结构和形式的不同而不同。如果增加一个楼层不影响建筑物的结构形式，单位建筑面积的造价可能会降低。但当建筑物超过一定层数时，结构形式就要改变，单位造价通常就会增加。D选项分析：不能仅通过长度判断单位造价。

4. 材料选用

建筑材料的选择是否合理，不仅直接影响工程质量、使用寿命、耐火及抗震性能，而且对施工费用、工程造价有很大的影响。建筑材料一般占直接费的70%，降低材料费用，不仅可以降低直接费，而且可以降低间接费。因此，设计阶段合理选择建筑材料，控制材料单价或工程量，是控制工程造价的有效途径。

5. 设备选用

现代建筑越来越依赖于设备。对于住宅来说，楼层越多设备系统越庞大，如高层建筑物内部空间的交通工具电梯，室内环境的调节设备，即空调、通风、采暖等，各个系统的分布、占用空间都在考虑之列，既有面积、高度的限制，又有位置的优选和规范的要求。因此，工作设备配置是否得当，直接影响建筑产品整个生命周期的成本。

设备选用的重点因设计形式的不同而不同，应选择能满足生产工艺和生产能力要求的最适用的设备和机械。另外，根据工程造价资料的分析，设备安装工程造价占工程总投资的20%～50%，由此可见设备方案设计对工程造价的影响。设备的选用应充分考虑自然环境对能源节约的有利影响，如果从建筑产品的整个生命周期分析，能源节约是一笔不可忽略的费用。

5.1.2.2　影响民用项目工程造价的主要因素

民用项目设计是根据建筑物的使用功能要求，确定建筑标准、结构形式、建筑物空间与平面布置以及建筑群体的配置等。民用建筑设计包括住宅设计、公共建筑设计及住宅小区设计。住宅建筑是民用建筑中最大量、最主要的建筑形式。民用建筑设计评价的二维码如图5-7所示。

1. 住宅小区建设规划中影响工程造价的主要因素

在进行住宅小区建设规划时，要根据小区的基本功能和要求，确定各构成部分的合理层次与关系，据此安排住宅建筑、公共建筑、管网、道路及绿地的布局，确定合理人口与建筑密度、房屋间距和建筑层数，布置公共设施项目、规模及服务半径，以及水、电、热、煤气的供应等，并划分包括土地开发在内的上述各部分的投资比例。住宅小区建设规划设计的核心问题是提高土地利用率。

1)占地面积

居住小区的占地面积不仅直接决定着土地费的高低,而且影响着小区内道路、工程管线长度和公共设备的多少,而这些费用对小区建设投资的影响通常很大。因此,占地面积指标在很大程度上影响小区建设的总造价。

2)建筑群体的布置形式

建筑群体的布置形式对用地的影响不容忽视,可通过采取高低搭配、点条结合、前后错列以及局部东西向布置、斜向布置或拐角单元等手法节省用地。在保证住宅小区居住功能的前提下,适当集中公共设施,提高公共建筑的层数,合理布置道路,充分利用小区内的边角用地,有利于提高建筑密度,降低小区的总造价,也可以通过合理压缩建筑的间距、适当提高住宅层数或高低层搭配,以及适当增加房屋长度等方式节约用地。

图 5-7 民用建筑设计评价的二维码

2. 民用住宅建筑设计中影响工程造价的主要因素

1)建筑物的平面形状和建筑周长系数

与工业项目建筑设计类似,如按使用指标,虽然圆形建筑的建筑周长系数最小,但由于施工复杂,施工费用较矩形建筑增加 20%~30%,故其墙体工程量的减少不能使建筑工程造价降低,而且使用面积有效利用率不高,用户使用不便。因此,民用住宅一般都为矩形和正方形住宅,既有利于施工,又能降低造价,使用方便。在矩形住宅建筑中,又以长:宽=2:1为佳。一般住宅单元有 3~4 个住宅单元、房屋长度 60~80 m 时较为经济。在满足住宅功能和质量的前提下,适当加大住宅宽度,墙体面积系数相应减少,有利于降低造价。

2)住宅的层高和净高

住宅的层高和净高,直接影响工程造价。根据不同性质的工程综合测算,住宅的层高每降低 10 cm,造价可降低 1.2%~1.5%。层高降低还可提高住宅区的建筑密度,节约土地成本及市政设施费。但是,层高设计中还需考虑采光与通风问题,层高过低不利于采光及通风,因此,民用住宅的层高一般不宜超过2.8 m。

3)住宅的层数

民用建筑中,在一定幅度内,住宅的层数的增加具有降低造价和使用费用以及节约用地的优点。表 5-3 所示为砖混结构的多层住宅层数与单方造价的关系。

表 5-3 砖混结构的多层住宅层数与单方造价的关系

住宅层数	1	2	3	4	5	6
单方造价系数/(%)	138.05	116.95	108.38	103.51	101.68	100
边际造价系数/(%)		−21.1	−8.57	−4.87	−1.83	−1.68

由表 5-3 可知,随着住宅层数的增加,单方造价系数逐渐降低,即层数越多越经济。但是边际造价系数也在逐渐减小,说明随着层数的增加,单方造价系数下降幅度减缓。根据《住宅设计规范》(GB 50096—2011)的规定,7 层及 7 层以上住宅或住户入口层楼面距室外设计地面的高度超过 16 m 时必须设置电梯,需要较多的交通面积(过道、走廊要加宽)和补充设备(供水设备和供电设备等)。当住宅的层数超过一定限度时,住宅要经受较强的风力荷载,需要提高结构强度,改变结构形式,工程造价将大幅度上升。

4)住宅单元组成、户型和住户面积

据统计,三居室住宅的设计比两居室的设计的工程造价降低 1.5%左右,四居室的设计又比三居室的设计的工程造价降低 3.5%。衡量单元组成、户型设计的指标是结构面积系数(住宅结构面积与建筑面积之比),系数越小设计方案越经济,因为结构面积小,有效面积就大。结构面积系数除与房屋结构有关外,还与房屋外形及其长度和宽度有关,同时,也与房间平均面积大小和户型组成有关。房屋平均面积越大,内墙、隔墙在建筑中所占比重就越小。

5)住宅建筑结构的选择

随着我国工业化水平的提高,住宅工业化建筑体系的结构形式多种多样,考虑工程造价时应根据实际情况,因地制宜、就地取材,采用适合本地区的经济合理的结构形式。

5.1.2.3 影响工程造价的其他因素

1. 设计单位和设计人员的知识水平

设计单位和设计人员的知识水平对工程造价的影响是客观存在的。为了有效地降低工程造价，设计单位和设计人员首先要能够充分利用现代设计理念，运用科学的设计方法优化设计成果；其次要善于将技术与经济相结合，运用价值工程理论优化设计方案；最后设计单位和设计人员应及时与造价咨询单位进行沟通，使造价咨询人员能够在前期设计阶段就参与项目，达到技术与经济的完美结合。

2. 项目利益相关者

设计单位和设计人员在设计过程中要综合考虑业主、承包商、建设单位、施工单位、监管机构、咨询单位、运营单位等利益相关者的要求和利益，并通过利益诉求的均衡达到和谐的目的，避免后期出现频繁的设计变更而导致工程造价的增加。

3. 风险因素

设计阶段承担着重大的风险，它对后面的工程招标和施工有着重要的影响。该阶段是确定建设工程总造价的一个重要阶段，决定着项目的总体造价水平。

【例 5-3】

1. 关于民用住宅建筑设计中的结构面积系数的说法中，下列正确的是(　　)。

A. 结构面积系数越大，设计方案越经济

B. 房间平均面积越大，结构面积系数越小

C. 结构面积系数与房间户型组成有关，与房屋长度、宽度无关

D. 结构面积系数与房屋结构有关，与房屋外形无关

2. 关于建筑设计对民用住宅项目工程造价的影响的说法中，下列正确的是(　　)。

A. 加大住宅的宽度，不利于降低单方造价　　B. 降低住宅的层高，有利于降低单方造价

C. 结构面积系数越大，越有利于降低单方造价　　D. 住宅的层数越多，越有利于降低单方造价

3. 关于工程设计对造价的影响的说法中，下列正确的有(　　)。

A. 建筑物周长与建筑面积的比越大，单位造价越高　　B. 流通空间的减少，可相应地降低造价

C. 层数越多，则单位造价越低　　D. 房屋长度越大，则单位造价越低

E. 结构面积系数越小，设计方案越经济

4. 下列建筑设计影响工程造价的选项中，属于影响工业建筑但一般不影响民用建筑的因素是(　　)。

A. 建筑物平面形状　　B. 项目利益相关者

C. 柱网布置　　D. 风险因素

【解】

第 1 题的答案为 B。

对于民用建筑，结构面积系数(住宅结构面积与建筑面积之比)越小，有效面积越大，设计越经济。结构面积系数除与房屋结构有关外，还与房屋外形及其长度和宽度有关，同时也与房间平均面积大小和户型组成有关。房屋平均面积越大，内墙、隔墙在建筑中所占比重就越小。

第 2 题的答案为 B。

选项 A 中，宽度加大，墙体面积系数相应减少，有利于降低造价。选项 C 中，结构面积系数小，设计方案越经济。选项 D 中，当住宅的层数超过一定限度时，住宅要经受较强的风力荷载，需要提高结构强度，改变结构形式，工程造价将大幅度上升，因此住宅的层数越多，不是越有利于降低单方造价。

第 3 题的答案为 ABE。

建筑物周长与建筑面积的比为建筑周长系数，通常情况下建筑周长系数越低，设计越经济，即建筑物周长与建筑面积的比越大，单位造价越高；在满足建筑物使用要求的前提下，应将流通空间减少到最小，这是建筑物经济平面布置的主要目标之一；增加一个楼层不影响建筑物的结构形式时，单位建筑面积的造价可能会降低，但当建筑物超过一定层数时，结构形式会改变，单位造价通常会增加；在房屋宽度不变的条件下，房屋长度越

大，其建筑周长系数越高，单位造价越高；结构面积系数为住宅结构面积与建筑面积之比，其系数越小，有效面积越大，设计越经济。

第 4 题的答案为 C。

在工业项目的建筑设计中，影响造价的主要因素有：平面形状、流通空间、空间组合、建筑物的体积与面积、建筑结构、柱网布置。在民用项目的建筑设计中，影响工程造价的主要因素有：建筑物的平面形状和建筑周长系数，住宅的层高和净高，住宅的层数，住宅单元组成、户型和住户面积，住宅建筑结构的选择。

5.1.3 设计阶段影响工程造价计价与控制的意义

1. 设计阶段影响工程造价控制的意义

(1)提高资金利用效率。

(2)提高投资控制效率。

(3)使控制工作更主动。

(4)便于技术与经济相结合。

(5)在设计阶段控制工程造价效果最显著。

工程造价控制贯穿于项目建设全过程。而设计阶段的工程造价控制是整个工程造价控制的龙头。图 5-8 所示为建设过程各阶段对投资的影响程度分析图。图 5-9 所示为各阶段的投资误差控制。

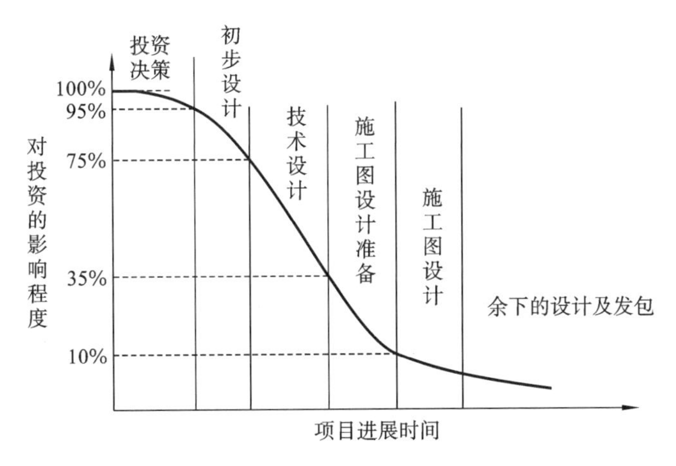

图 5-8　建设过程各阶段对投资的影响程度分析图

项目规划阶段	建议书阶段	初步可行性研究阶段	详细可行性研究阶段
按项目的规划的要求和内容，粗略估计投资额	按项目建议书中的产品方案、建设规模、生产工艺等估算投资额	在更为详细的资料下进行投资估算	经审批后，作为投资限额
允许误差大于30%	控制误差在30%之内	控制误差在20%之内	控制误差在10%之内

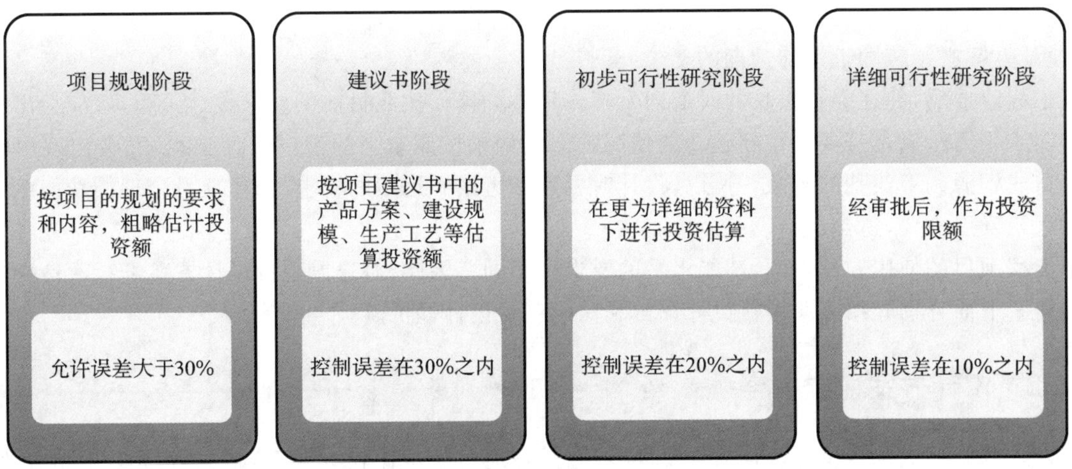

图 5-9　各阶段的投资误差控制

从图5-8可以看出，初步设计阶段对投资的影响程度约为20%，技术设计阶段对投资的影响程度约为40%，施工图设计准备阶段对投资的影响程度约为25%。很显然，控制工程造价的关键是设计阶段。在设计一开始就将控制投资的目标贯穿于设计工作中，可保证选择恰当的设计标准和合理的功能水平。

2. 设计阶段工程造价管理的主要工作内容

设计阶段工程造价管理的主要工作内容根据委托合同约定可选择设计概算、施工图预算或进行概(预)算审查，工作目标是保证概(预)算编制依据的合法性、时效性、适用性和概(预)算报告的完整性、准确性、全面性。概(预)算可对设计方案做出客观经济评价，同时还可根据委托人的要求和约定对设计提出可行的造价管理方法及优化建议。

3. 设计阶段工程造价管理的阶段性工作成果文件

设计阶段工程造价管理的阶段性工作成果文件是指设计概算造价报告、施工图预算造价报告或其审查意见等。

5.2 设计方案阶段的工程造价管理

5.2.1 设计方案评价原则

为了提高工程建设投资效果，从选择建设场地和工程总平面布置开始，直至建筑节点的设计，都应进行多方案比选，从中选取技术先进、经济合理的最佳设计方案。设计方案优选应遵循以下原则。

(1)设计方案必须处理好技术先进性与经济合理性的关系，如图5-10所示。

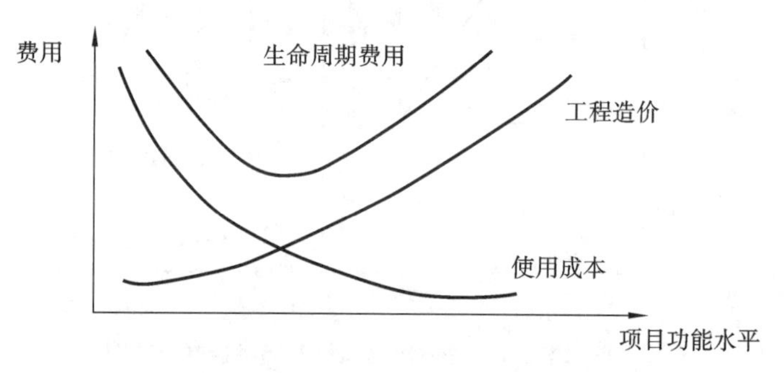

图5-10 工程造价、使用成本与项目功能水平的关系

(2)设计方案必须兼顾建设与使用，考虑项目全生命费用项目功能水平。

(3)设计方案必须兼顾近期与远期的要求。

一项工程建成后，往往会在很长的时期内发挥作用。如果仅按照目前的要求设计工程，可能会出现以后由于项目功能水平无法满足需要而重新建造的情况。但是如果按照未来的需要设计工程，又会出现由于功能水平过高而造成资源闲置浪费的现象。所以，设计时要兼顾近期和远期的要求，选择项目合理的功能水平。同时也要根据远景发展需要，适当留出发展余地。

由于工程项目的使用领域不同，功能水平的要求也不同。因此，对建设项目设计方案进行评价所考虑的因素也不一样。下面分别介绍工业项目设计评价和民用项目设计评价。

5.2.2 设计方案评价内容

设计方案评价与优化是设计过程的重要环节，它是指通过技术比较、经济分析和效益评价，正确处理技术先进与经济合理的关系，力求达到技术先进与经济合理的和谐统一。

设计方案评价与优化通常采用技术经济分析法，即将技术与经济相结合，按照建设工程经济效果，针对不同的设计方案，分析其技术经济指标，从中选出经济效果最优的方案。设计方案不同，其功能、造价、工期和设备、材料、人工消耗等标准均存在差异，因此，技术经济分析法不仅要考察工程技术方案，更要关注工程费用。

5.2.3 设计方案评价方法

1. 基本程序

设计方案评价与优化的基本程序如下：

(1)按照使用功能、技术标准、投资限额的要求，结合工程所在地的实际情况，探讨和建立可能的设计方案。

(2)从所有可能的设计方案中初步筛选出各方面都较为满意的方案作为比选方案。

(3)根据设计方案的评价目的，明确评价的任务和范围。

(4)确定能反映方案特征并能满足评价目的的指标体系。

(5)根据设计方案计算各项指标及对比参数。

(6)根据方案评价的目的，将方案的分析评价指标分为基本指标和主要指标，通过评价指标的分析计算，排出方案的优劣次序，并提出推荐方案。

(7)综合分析，进行方案选择或提出技术优化建议。

(8)对技术优化建议进行组合搭配，确定优化方案。

(9)实施优化方案并总结备案。

设计方案评价与优化的基本程序如图 5-11 所示。

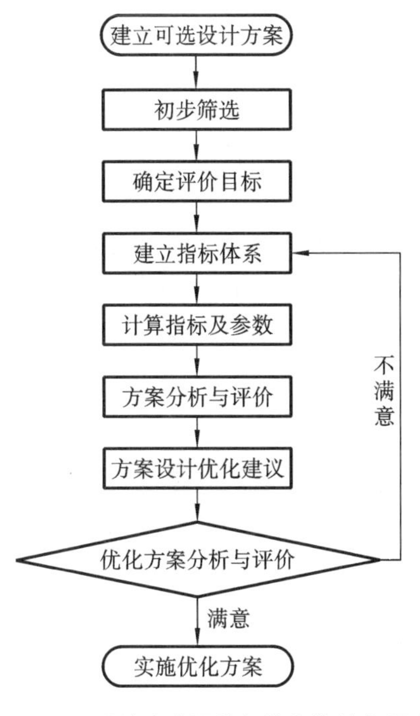

图 5-11 设计方案评价与优化的基本程序

在设计方案评价与优化过程中，建立合理的指标体系并采取有效的评价方法进行方案优化是最基本和最重要的工作内容。

2. 评价指标体系

设计方案的评价指标是方案评价与优化的衡量标准，对于技术经济分析的准确性和科学性具有重要的作用。内容严谨、标准明确的评价指标体系，是对设计方案进行评价与优化的基础。评价指标应能充分反映工程项目满足社会需求的程度，以及为取得使用价值所需投入的社会必要劳动和社会必要消耗量。因此，评价指标体系应包括以下内容：

(1)使用价值指标，即工程项目满足需要程度(功能)的指标。

(2)反映创造使用价值所消耗的社会劳动消耗量的指标。

(3)其他指标。

建立的评价指标体系，可按指标的重要程度设置主要指标和辅助指标，并选择主要指标进行分析比较。

3. 评价方法

设计方案的评价方法主要有多指标法、单指标法以及多因素评分法。

1)多指标法

多指标法就是采用多个指标，将各个对比方案的相应指标值逐一进行分析比较，按照各种指标数值的高低对其做出评价，其评价指标包括以下几项。

(1)工程造价指标。工程造价指标是指反映建设工程一次性投资的综合货币指标，根据分析和评价工程项目所处的时间段，可依据设计概(预)算予以确定，如每平方米建筑造价、给水排水工程造价、采暖工程造价、通风工程造价、设备安装工程造价等。

(2)主要材料消耗指标。该指标从实物形态的角度反映主要材料的消耗数量，如钢材消耗量指标、水泥消耗量指标、木材消耗量指标等。

(3)劳动消耗指标。该指标反映的劳动消耗量包括现场施工和预制加工厂的劳动消耗。

(4)工期指标。工期指标是指建设工程从开工到竣工所耗费的时间，可用来评价不同方案对工期的影响。

以上四类指标，可以根据工程的具体特点来选择。从建设工程全面造价管理的角度考虑，仅利用这四类指标还不能完全满足设计方案的评价，还需要考虑建设工程全生命期成本，并考虑工期成本、质量成本、安全成本及环保成本等诸多因素。

在采用多指标法对不同设计方案进行分析和评价时，如果某一方案的所有指标都优于其他方案，则为最佳方案；如果各个方案的其他指标都相同，只有一个指标有差异，则该指标最优的方案就是最佳方案。这两种情况对于优选决策来说都比较简单，但实际中很少有这两种情况。在大多数情况下，不同方案之间各有所长，有些指标较优，有些指标较差，而且各种指标对方案经济效果的影响也不相同。这时，若采用加权求和的方法，各指标的权重又很难确定，因此需要采用其他分析评价方法，如单指标法。

2)单指标法

单指标法是以单一指标为基础对建设工程设计方案进行综合分析与评价的方法。单指标法有很多种类，各种方法的使用条件也不尽相同，较常用的有以下几种。

(1)综合费用法。这里的费用包括方案投产后的年度使用费、方案的建设投资以及由于工期提前或延误而产生的收益或亏损等。该方法的基本出发点在于将建设投资和使用费结合起来考虑，同时，考虑建设周期对投资效益的影响，以综合费用最小为最佳方案。综合费用法是一种静态价值指标评价方法，没有考虑资金的时间价值，只适用于建设周期较短的工程。

此外，综合费用法只考虑费用，未能反映功能、质量、安全、环保等方面的差异，因此只有在方案的功能、建设标准等条件相同或基本相同时才能采用。

(2)全寿命期费用法。建设工程全寿命期费用除包括筹建、征地拆迁、咨询、勘察、设计、施工、设备购置，以及贷款支付利息等与工程建设有关的一次性投资费用外，还包括工程完成后交付使用期内经常发生的费用支出，如维修费、设施更新费、采暖费、电梯费、空调费、保险费等。这些费用统称为使用费，按年计算时称为年度使用费。全寿命期费用法考虑了资金的时间价值，是一种动态的价值指标评价方法。由于不同技术方案的寿命期不同，因此，应用全寿命期费用法计算费用时，不用净现值法，而用年度等值法，以年度费用最小者为最优方案。

【例 5-4】

某咨询公司受业主委托，对某设计院提出的屋面工程的三个设计方案进行评价。方案一，硬泡聚氨酯防水保温材料(防水保温二合一)；方案二，三元乙丙橡胶卷材加陶粒混凝土；方案三，SBS 改性沥青卷材加陶粒混凝土。三种方案的综合单价、使用寿命、拆除费用等相关信息已知，如表 5-4 所示。

表 5-4　三种方案的相关信息

序号	项目	方案一	方案二	方案三
1	防水层综合单价/(元・m^{-2})	260	90	80
2	保温层综合单价/(元・m^{-2})		35	35
3	防水层寿命/年	30	15	10
4	保温层寿命/年		50	50
5	拆除费用/(元・m^{-2})	按防水层、保温层费用的10%计	按防水层费用的 20%计	按防水层费用的 20%计

拟建工业厂房的使用寿命为 50 年，不考虑 50 年后其拆除费用及残值，不考虑物价变动因素。基准折现率为 8%。

问题：分别列式计算拟建工业厂房寿命期内屋面防水保温工程各方案的综合单价现值。用现值比较法确定屋面防水保温工程经济最优方案。(计算结果保留 2 位小数)

【分析】

方案一的现金流量图如图 5-12 所示。

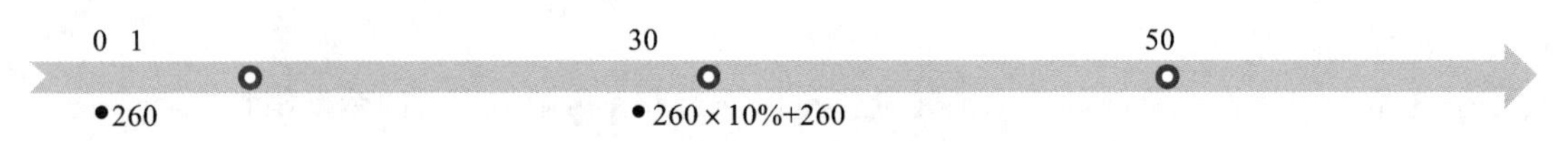

图 5-12　方案一的现金流量图

方案二的现金流量图如图 5-13 所示。

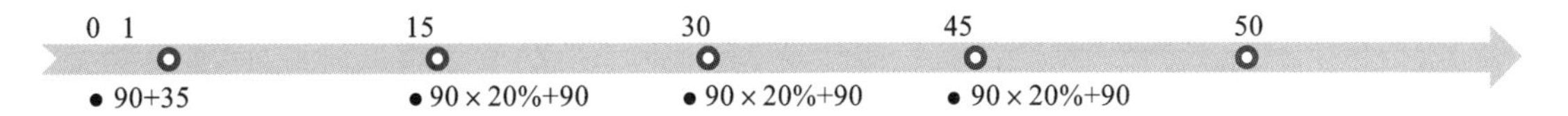

图 5-13　方案二的现金流量图

方案三的现金流量图如图 5-14 所示。

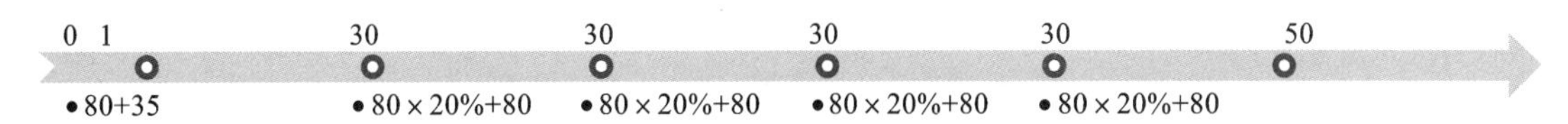

图 5-14　方案三的现金流量图

方案一：[260＋(260×10%＋260)×(P/F,8%,30)]元/m^2＝288.42 元/m^2。

方案二：90 元/m^2＋35 元/m^2＋(90×20%＋90)×[(P/F,8%,15)＋(P/F,8%,30)＋(P/F,8%,45)]元/m^2＝173.16 元/m^2。

方案三：80 元/m^2＋35 元/m^2＋(80×20%＋80)×[(P/F,8%,10)＋(P/F,8%,20)＋(P/F,8%,30)＋(P/F,8%,40)]元/m^2＝194.03 元/m^2。

因方案二的综合单价现值最低，所以方案二为最优方案。

(3)价值工程法。价值工程法主要是对产品进行功能分析，研究如何以最低的全寿命期成本实现产品的必要功能，从而提高产品价值。在建设工程施工阶段应用该方法来提高建设工程价值的作用是有限的。要使建设工程的价值能够大幅提高，获得较高的经济效益，必须首先在设计阶段应用价值工程法，使建设工程的功能与成本合理匹配。也就是说，价值工程法在设计中应用价值工程的原理和方法，在保证建设工程功能不变或功能改善的情况下，力求节约成本，以设计出更加符合用户要求的产品。

价值工程法在工程设计中的运用过程实际上是发现矛盾、分析矛盾和解决矛盾的过程，具体来说，就是分析功能与成本的关系，以提高建设工程的价值系数。工程设计人员要以提高价值为目标，以功能分析为核心，以经济效益为出发点，从而真正实现对设计方案的优化。

在工程设计阶段，应用价值工程法对设计方案进行评价的步骤如下。

①功能分析。分析工程项目满足社会和生产需要的各主要功能。

②功能评价。比较各项功能的重要程度，确定各项功能的重要性系数。目前，功能的重要性系数一般通过打分法来确定。

③计算功能评价系数(F)。功能评价系数的计算公式为

$$\text{功能评价系数}=\frac{\text{某方案功能满足程度总分}}{\text{所有参加评选的方案功能程度总分之和}}$$

④计算成本系数(C)。成本系数的计算公式为

$$\text{成本系数}=\frac{\text{某方案每平方米造价}}{\text{所有评选方案每平方米造价之和}}$$

⑤求出价值系数(V)，并对方案进行评价。按 V＝F/C 分别求出各方案的价值系数，价值系数最大的方案为最优方案。

3)多因素评分法

多因素评分法是多指标法与单指标法相结合的一种方法，对需要进行分析评价的设计方案设定若干个评价指标，按其重要程度分配权重，然后按照评价标准给各指标打分，将各项指标所得分数与其权重采用综合方法整合，得出各设计方案的评价总分，以获总分最高者为最佳方案。多因素评分法综合了定量分析评价与定性分析评价的优点，可靠性高，应用较广泛。

【例 5-5】

某智能大楼的一套设备系统有 A、B、C 三种采购方案，如表 5-5 所示。

表 5-5　设备系统各采购方案数据

项目	A	B	C
购置安装费/万元	520	600	700
年度使用费/(万元·年$^{-1}$)	65	60	55
使用年限/年	16	18	20
大修/年	8	10	10
大修费/(万元·次$^{-1}$)	100	100	110
残值/万元	70	75	80

问题:拟采用加权评分法选择采购方案,对购置费和安装费、年度使用费、使用年限三个指标进行打分评价。打分规则:购置费和安装费最低的方案得 10 分,每增加 10 万元扣 0.1 分;年度使用费最低的方案得 10 分,每增加 1 万元扣 0.1 分;使用年限最长的方案得 10 分,每减少 1 年扣 0.5 分;以上三指标的权重依次为 0.5、0.4 和 0.1。应选择哪种采购方案较合理?

【分析】

根据表 5-5 中的数据,计算 A、B、C 三种采购方案的综合得分,如表 5-6 所示。

表 5-6　计算表

评价指标	权重	A	B	C
购置费和安装费	0.5	10	10－(600－520)/10×0.1＝9.2	10－(700－520)/10×0.1＝8.2
年度使用费	0.4	10－(65－55)×0.1＝9	10－(60－55)×0.1＝9.5	10
使用年限	0.1	10－(20－16)×0.5＝8	10－(20－18)×0.5＝9	10
综合得分		10×0.5＋9×0.4＋8×0.1＝9.4	9.2×0.5＋9.5×0.4＋9×0.1＝9.3	8.2×0.5＋10×0.4＋10×0.1＝9.1

根据表中的计算结果可知,方案 A 的综合得分最高,故应选择方案 A。

4. 方案优化

方案优化是使设计质量不断提高的有效途径,在设计招标以及设计方案竞赛过程中可以将各方案的可取之处重新组合,吸收众多设计方案的优点,使设计更加完美。具体方案应综合考虑工程质量、造价、工期、安全和环保五大目标,基于全要素造价管理进行优化。

工程项目五大目标之间的整体相关性,决定了设计方案的优化必须考虑工程质量、造价、工期、安全和环保五大目标之间的最佳匹配,力求达到整体目标最优,而不能孤立、片面地考虑某一目标或强调某一目标而忽略其他目标,在保证工程质量和安全、保护环境的基础上,追求全寿命期成本最低的设计方案。

【例 5-6】

1. 工程项目设计方案评价方法单指标法中,比较常用的有(　　)。

A. 综合费用法　　B. 净现值分析法　　C. 全寿命期费用法

D. 价值工程法　　E. 多因素评分法

2. 在工程项目设计方案评价与优化过程中,最基本和最重要的工作内容是(　　)。

A. 针对不同设计方案,分析其技术经济指标

B. 筛选出各方面都比较满意的比选方案

C. 建立合理的指标体系,采取有效的评价方法进行方案优化

D. 进行方案选择或提出技术优化建议

【解】

第 1 题的答案为 ACD。

设计方案的评价方法主要有多指标法、单指标法以及多因素评分法。单指标法中,较为常用的有综合费用法、全寿命期费用法、价值工程法等。

第 2 题的答案为 C。

5.2.4 工程设计优化

设计阶段是分析处理工程技术和经济的关键环节，也是有效控制工程造价的重要阶段。在设计阶段，工程造价管理人员需要密切配合设计人员，协助其处理好工程技术先进性与经济合理性之间的关系；在初步设计阶段，设计人员要按照可行性研究报告及投资估算进行多方案的技术经济比较，确定初步设计方案；在施工图设计阶段，设计人员要按照审批的初步设计内容、范围和概算造价进行技术经济评价与分析，确定施工图设计方案。

设计阶段工程造价管理的主要方法是通过多方案技术经济分析，优化设计方案；通过推行限额设计和标准化设计，有效控制工程造价。

5.2.4.1 限额设计

限额设计，就是按照批准的设计任务书及投资估算控制初步设计，按照批准的初步设计总概算控制施工图设计，同时各专业在保证达到使用功能的前提下，按分配的投资限额控制设计，严格控制技术设计和施工图设计的不合理变更，保证总投资限额不被突破。限额设计的控制对象是影响工程设计静态投资（或基础价）的项目。

1. 推行限额设计的意义

投资分解和工程量控制是实行限额设计的有效途径和主要方法。限额设计是将上阶段设计审定的投资额和工程量先行分解到各专业，然后再分解到各单位工程和分部工程。限额设计的目标体现了设计标准、规模、原则的合理确定及有关概预算基础资料的合理取定，通过层层分解，实现了对投资限额的控制与管理，也就同时实现了对设计规模、设计标准、工程数量与概预算指标等方面的控制。

推行限额设计的意义如下：

（1）限额设计是控制工程造价的重要手段。限额设计按上一阶段批准的投资（或造价）控制下一阶段的设计，而且在设计中以控制工程量为主要内容，抓住了控制工程造价的核心，从而克服了“三超”。

（2）限额设计有利于处理好技术与经济的对立统一关系，提高设计质量。限额设计并不是一味考虑节约投资，也绝不是简单地将投资砍一刀，而是包含了尊重科学、尊重实际、实事求是、精心设计和保证科学性的实际内容。限额设计可促使设计单位加强技术与经济的对立统一，克服长期以来重技术、轻经济的思想，树立设计人员的责任感。

（3）限额设计有利于强化设计人员的工程造价意识，增强设计单位实事求是地编好概预算的自觉性。

（4）限额设计能扭转设计概预算本身的失控现象。限额设计可促使设计单位内部使设计与概预算形成有机的整体，克服相互脱节现象。设计人员应自觉地增强经济观念，在整个设计过程中，各自检查本专业的工程费用，切实做好造价控制工作。限额设计改变了设计过程不算账、设计完了见分晓的现象，由“画了算”变为“算着画”，能真正实现时刻想着“笔下一条线，投资万万千”。

2. 限额设计目标的设置

1）限额设计目标的确定

限额设计目标（指标）是在初步设计开始前，根据批准的可行性研究报告及其投资估算（原值）确定的。限额设计指标，经造价工程师提出，经项目经理或总设计师审批下达，其总额度一般只为人、材、机费的 90%，以便项目经理或总设计师和室主任有一定的调节指标，用完后，必须经批准才能调整。专业之间或专业内部节约下来的单项费用，未经批准，不能互相平衡、自动调用，除人、材、机费外，均由造价工程师协助项目经理或总设计师控制掌握。

2）采用优化设计

优化设计（最优化设计），是以系统工程理论为基础，应用现代数学成就（最优化技术）和计算机技术，对工程设计方案、设备选型、参数匹配、效益分析、项目可行性等方面进行最优化设计的设计方法。它是保证投资限额的重要措施和行之有效的重要方法。

优化设计通常是通过数学模型进行的。一般工作步骤:分析设计对象综合数据建立目标、构筑模型;选择合适的最优化方法;用计算机对问题求解;对计算结果进行分析和比较,并侧重分析实现的可行性。以上四步反复进行,直至结果满意为止。

优化设计不仅可选择最佳方案,获得满意的设计产品,提高设计质量,而且能有效实现对投资限额的控制。

3. 限额设计的纵向控制

1)初步设计阶段的限额设计

初步设计阶段应按照批准的可行性研究阶段的投资估算进行限额设计,控制概算不超过投资估算,主要是对工程量和设备、材质的控制。为此,初步设计阶段的限额设计工程量应以可行性研究阶段审定的设计工程量和设备、材质标准为依据,对可行性研究阶段不易确定的某些工程量,可参照参考设计和通用设计或类似已建工程的实物工程量确定。工程量控制的主要内容包括建筑工程的结构形式、设计标准、体积、面积、长度(高度)和三材总量等,设备的型号、规格、数量,安装工程的各类管道重量(含管件、阀门、支吊架)、炉墙砌筑、保温和油漆数量、各类电缆长度、桥架重量、封闭母线长度和重量、金属结构件材质及重量等。

2)施工图设计阶段的限额设计

施工图设计是设计单位的最终产品,是指导工程建设的重要文件,是施工企业实施施工的依据。设计单位发出的施工图及其预算造价要严格控制在批准的概算内,并有所节约。

(1)施工图设计必须严格按照批准的初步设计所确定的原则、范围、内容、项目和投资额进行。施工图设计阶段限额设计的重点应放在工程量控制上,控制的工程量是经审定的初步设计工程量,并作为施工图设计工程量的最高限额,不得突破。

(2)施工图设计阶段的限额设计应在专业设计、总图设计阶段下达任务书,并附上审定的概算书、工程量和设备单价表等,供设计人员在限额设计中参考使用。

(3)施工图设计阶段的投资分解和工程量控制的项目划分应在与概算书相一致的前提下,由设计和造价工程师协商并经审定。条件具备时,主要项目也可按施工图分册进行投资分解与工程量控制。为便于设计人员掌握投资情况并及时实施控制,单位工程投资分解只分解到人、材、机费。企业管理费、利润、规费和税金等由造价工程师扣减,不纳入限额设计任务书;施工图设计与初步设计的年份价差影响,在投资分解时也不考虑,均以初步设计时的价格水平为准。

(4)限额设计应贯穿于设计工作全过程。在施工阶段,造价工程师应参加项目实施的全过程,并做到严格把关。

(5)当建设规模、产品方案、工艺流程或设计方案发生重大变更时,必须重新编制或修改初步设计及其概算,并报原主管部门审批。其限额设计的投资控制额也以新批准的修改或新编的初步设计的概算造价为准。

3)加强设计变更管理

设计变更应尽量提前,如图5-15所示,变更发生得越早,损失越小,反之就越大。如在设计阶段变更,则只需修改图纸,其他费用尚未产生,损失有限;如果在采购阶段变更,不仅需要修改图纸,而且设备、材料还须重新采购;若在施工阶段变更,除上述费用外,已施工的工程还须拆除,势必造成重大变更损失。因此,必须加强设计变更管理,尽可能把设计变更控制在设计阶段初期,尤其是影响工程造价的重大设计变更,更要用先算账后变更的办法解决,使工程造价得到有效控制。

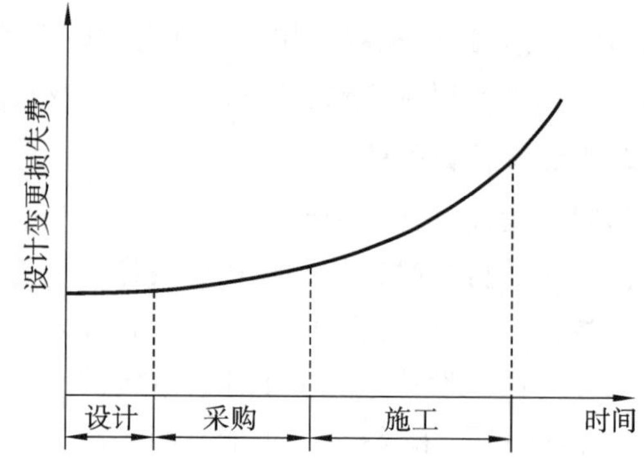

图5-15 设计变更损失随时间变化图

4. 限额设计的横向控制

限额设计的横向控制的主要工作就是健全和加强设计单位对建设单位以及设计单位内部的经济责任制，而经济责任制的核心则是正确处理责、权、利三者的有机关系。在三者的关系中，责任是核心，必须明确设计单位以及设计单位内部各有关人员、各专业科室对限额设计所负的责任，因此，要建立设计部门内各专业投资分配考核制。设计开始前，按照设计过程的估算、概算、预算不同阶段，将工程投资按专业进行分配，并分段考核。下段指标不得突破上段指标。突破控制造价指标时，应首先分析突破原因，用修改设计的方法解决。问题发生在哪一阶段，就消灭在哪一阶段。责任的落实越接近个人，效果越明显。责任者应具有的相应权利是履行责任的前提，应赋予设计单位以及设计单位内部各科室、设计人员对所承担设计相应的决定权，所赋予的权力要与责任者履行的责任相一致。责任者的利益是促使其认真履行其责任的动力，因此要建立起限额设计的奖惩机制。

在限额设计中，工程使用功能不能减少，技术标准不能降低，工程规模也不能削减，因此，限额设计需要在投资额度不变的情况下，实现使用功能和建设规模的最大化。限额设计是工程造价控制系统的一个重要环节，是设计阶段进行技术经济分析、实施工程造价控制的一项重要措施。

5. 限额设计的工作内容

限额设计的工作内容如表 5-7 所示。

表 5-7　限额设计的工作内容

投资决策阶段	投资决策阶段是限额设计的关键，应在多方案技术经济分析和评价后确定方案，提高投资估算准确度，合理确定设计限额目标
初步设计阶段	初步设计阶段需要依据最终确定的可行性研究方案和投资估算，将概算控制在批准的投资估算内
施工图设计阶段	施工图设计阶段是设计单位提供最终成果文件的阶段，应按照批准的初步设计方案进行限额设计，施工图预算需控制在批准的设计概算范围内

6. 限额设计的实施程序

限额设计强调技术与经济的统一，需要工程设计人员和工程造价管理专业人员密切合作。工程设计人员进行设计时，应基于建设工程全寿命期，充分考虑工程造价的影响因素，对方案进行比较，优化设计；工程造价管理专业人员要及时进行投资估算，在设计过程中协助工程设计人员进行技术经济分析和论证，从而达到有效控制工程造价的目的。

限额设计和实施程序如图 5-16 所示。

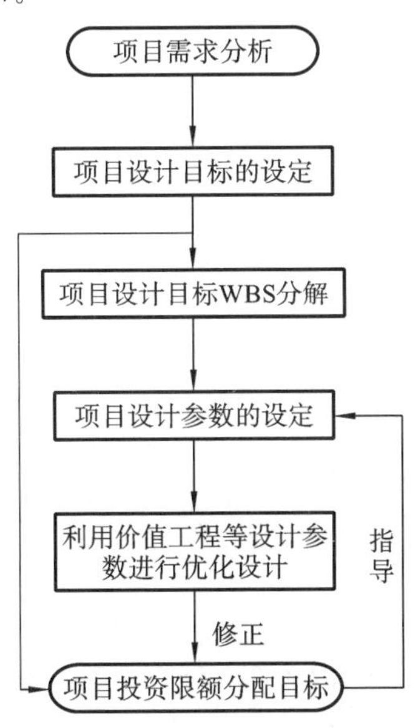

图 5-16　限额设计的实施程序

限额设计的实施是建设工程造价目标的动态反馈和管理过程，可分为目标制订、目标分解、目标推进和成果评价四个阶段。限额设计的实施程序及内容如表 5-8 所示。

表 5-8　限额设计的实施程序及内容

序号	实施程序	内容
1	目标制订	限额设计的目标包括造价目标、质量目标、进度目标、安全目标及环境目标
2	目标分解	层层目标分解和限额设计，实现对投资限额的有效控制
3	目标推进	通常包括限额初步设计和限额施工图设计两个阶段
4	成果评价	成果评价是目标管理的总结阶段

值得指出的是，当考虑建设工程全寿命期成本时，按照限额要求设计出的方案不一定具有最佳的经济性，此时也可考虑突破原有限额，重新选择设计方案。

【例 5-7】

1. 某工程项目设计过程中所做的下列工作中，不属于限额设计的工作内容的是(　　)。

A. 编制项目投资可行性研究报告　　B. 设计人员编制初步设计方案

C. 设计单位绘制施工图　　D. 编制项目施工组织方案

2. 工程项目限额设计的实施程序包括(　　)。

A. 目标实现　　B. 目标制订　　C. 目标分解　　D. 目标推进　　E. 成果评价

3. 在工程项目限额设计的实施程序中，目标推进通常包括(　　)两个阶段。

A. 制订限额设计的质量目标　　B. 限额初步设计

C. 制订限额设计的造价目标　　D. 限额施工图设计

E. 制订限额设计的进度目标

【解】

第 1 题的答案为 D。

限额设计是指按照批准的可行性研究报告中的投资限额进行初步设计、按照批准的初步设计概算进行施工图设计、按照施工图预算造价编制施工图设计中各个专业设计文件的过程。

第 2 题的答案为 BCDE。

限额设计的实施是建设工程造价目标的动态反馈和管理过程，可分为目标制订、目标分解、目标推进和成果评价四个阶段。

第 3 题的答案为 BD。

目标推进通常包括限额初步设计和限额施工图设计两个阶段。

5.2.4.2　价值工程的应用

1. 价值工程的基本原理

1)价值工程的概念

价值工程是通过各相关领域的协作，对所研究对象的功能与费用进行系统分析，不断创新，旨在提高研究对象价值的思想方法和管理技术。价值工程活动的目的是以研究对象的最低寿命周期成本可靠地实现使用者的所需功能，以获取最佳综合效益。

价值工程中价值的大小取决于功能和费用，即

$$价值=\frac{功能}{费用}$$

2)价值工程的基本内容

价值工程可以分为 4 个阶段：准备阶段、分析阶段、创新阶段、实施阶段。价值工程大致可以分为 8 项内容：价值工程对象选择、收集资料、功能分析、功能评价、提出改进方案、方案的评价与选择、试验证明、决定实施方案。

3)价值工程的工作程序

价值工程的一般工作程序如表 5-9 所示。

表 5-9　价值工程的一般工作程序

阶段	步骤	说明
准备阶段	1. 对象选择	应明确目标、限制条件和分析范围
	2. 组成价值工程领导小组	一般由项目负责人、专业技术人员、熟悉价值工程的人员组成
	3. 制订工作计划	包括具体执行人、执行日期、工作目标等
分析阶段	4. 收集整理信息资料	此项工作应贯穿于价值工程的全过程
	5. 功能系统分析	确定功能特性要求，并绘制功能系统图
	6. 功能评价	确定功能目标成本，确定功能改进区域
创新阶段	7. 方案创新	提出不同的实现功能的方案
	8. 方案评价	从技术、经济、社会等方面综合评价各种方案达到预定目标的可行性
	9. 提案编写	将选出的方案及有关资料编写成册
实施阶段	10. 审批	由主管部门组织进行
	11. 实施与检查	确定实施计划，组织实施并跟踪检查
	12. 成果鉴定	对实施后取得的技术经济效果进行成果鉴定

4)提高产品价值的途径

从价值与功能、费用的关系式可以看出有 5 条基本途径可以提高产品的价值。

(1)提高产品功能的同时，降低产品成本。这可使价值大幅度提高，是最理想的提高价值的途径。

(2)提高功能，同时保持成本不变。

(3)在功能不变的情况下，降低成本。

(4)成本稍有增加，同时功能大幅度提高。

(5)功能稍有下降，同时成本大幅度降低。

需要指出的是，尽管在产品形成的各个阶段都可以应用价值工程提高产品的价值，但在不同的阶段进行价值工程活动，其经济效果的提高幅度却是大不相同的。对于大型复杂的产品，应用价值工程的重点是在产品的研究设计阶段，一旦图纸已经设计完成并投产，产品的价值就基本决定了，这时价值工程分析就变得更加复杂，不仅原来的许多工作成果要付之东流，而且改变生产工艺、设备工具等可能会造成很大的浪费，使价值工程活动的技术经济效果大大下降。因此，必须在产品的设计和研制阶段就开始价值工程活动，以取得最佳的综合效果。

2. 价值工程在工程设计中的应用

在工程设计中应用价值工程，在保证建筑产品功能不变或提高的情况下，可设计出更加符合用户要求的产品。在设计阶段，运用价值工程可降低成本 25%～40%。

1)设计阶段运用价值工程控制目标成本

工程设计决定建筑产品的目标成本，目标成本是否合理，直接影响产品的经济效益。在施工图确定前，确定目标成本可以指导施工控制，降低建筑工程的实际成本，提高经济效益。

目标成本的确定主要取决于有关信息情报的完整程度。通过价值工程，在设计阶段收集和掌握先进技术和大量信息，追求更高的价值目标，设计出优秀的产品。

应用价值工程，确定建筑产品的目标成本，按比例分配目标成本。这样，就可以科学合理地控制目标成本，尽可能避免浪费，达到节约和降低成本的目的，优化设计。

2)运用价值工程提高投资效益

建筑工程的成本 70%～90%取决于设计阶段。设计方案确定或设计图纸完成后，结构、施工方案、材料等也就限制在一定条件内了。设计水平的高低，直接影响投资效益。根据设计阶段的工作对筑工程的质量和成本影响较大的特点，在设计中应用价值工程，就可以充分发挥投资效益。

同时，工程设计本身就是一种创造性的活动，而价值工程作为有组织的创新活动，强调创新，鼓励创造出更多更好的设计方案。应用价值工程，在工程设计阶段就可以发挥设计人员的创新精神，设计出物美价廉的建筑产品，提高投资效益。

【例 5-8】

何为限额设计？如何进行限额设计？

简述价值工程的原理。如何运用价值工程的原理进行工程造价控制？

【解】

限额设计，就是按照批准的设计任务书及投资估算控制初步设计，按照批准的初步设计总概算控制施工图设计，同时各专业在保证达到使用功能的前提下，按分配的投资限额控制设计，严格控制技术设计和施工图设计的不合理变更，保证总投资限额不被突破。

限额设计的实施是建设工程造价目标的动态反馈和管理过程，可分为目标制订、目标分解、目标推进和成果评价四个阶段。

价值工程是通过各相关领域的协作，对所研究对象的功能与费用进行系统分析，不断创新，旨在提高研究对象价值的思想方法和管理技术。价值工程活动的目的是以研究对象的最低寿命周期成本可靠地实现使用者的所需功能，以获取最佳综合效益。

5.3 设计概算的编制与审查

设计概算文件是确定建设工程造价的文件，是工程建设全过程造价控制、考核工程项目经济合理性的重要依据，因此，对概算文件的审查在工程造价管理中具有非常重要的作用和现实意义。

投资概算的三级概算关系如图 5-17 所示。设计概算的审查内容和审查方法如图 5-18 所示。

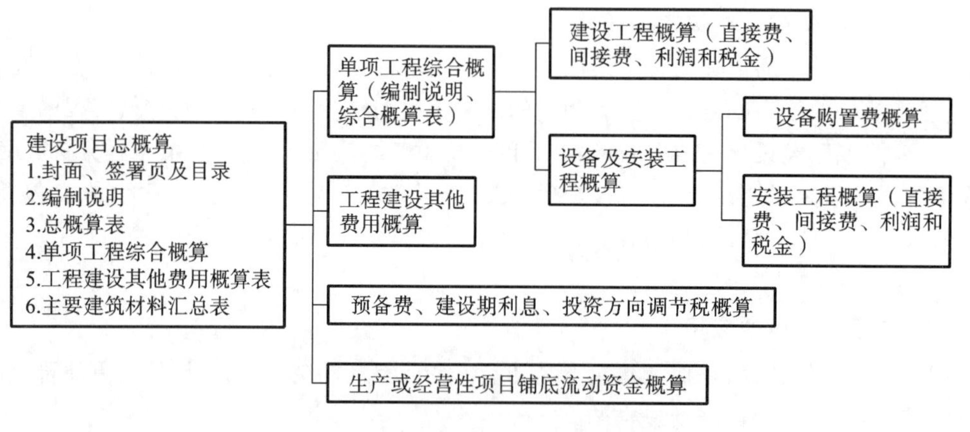

图 5-17　投资概算的三级概算关系图

5.3.1　设计概算的概述和编制方法

5.3.1.1　设计概算的概述

1. 设计概算的概念

设计概算是以初步设计文件为依据，按照规定的程序、方法和依据，对建设项目总投资及其构成进行的概略计算。具体而言，设计概算是在投资估算的控制下由设计单位根据初步设计或扩大初步设计的图纸及说明，利用国家或地区颁发的概算指标，概算定额，综合指标预算定额，各项费用定额或取费标准(指标)，建设地区自

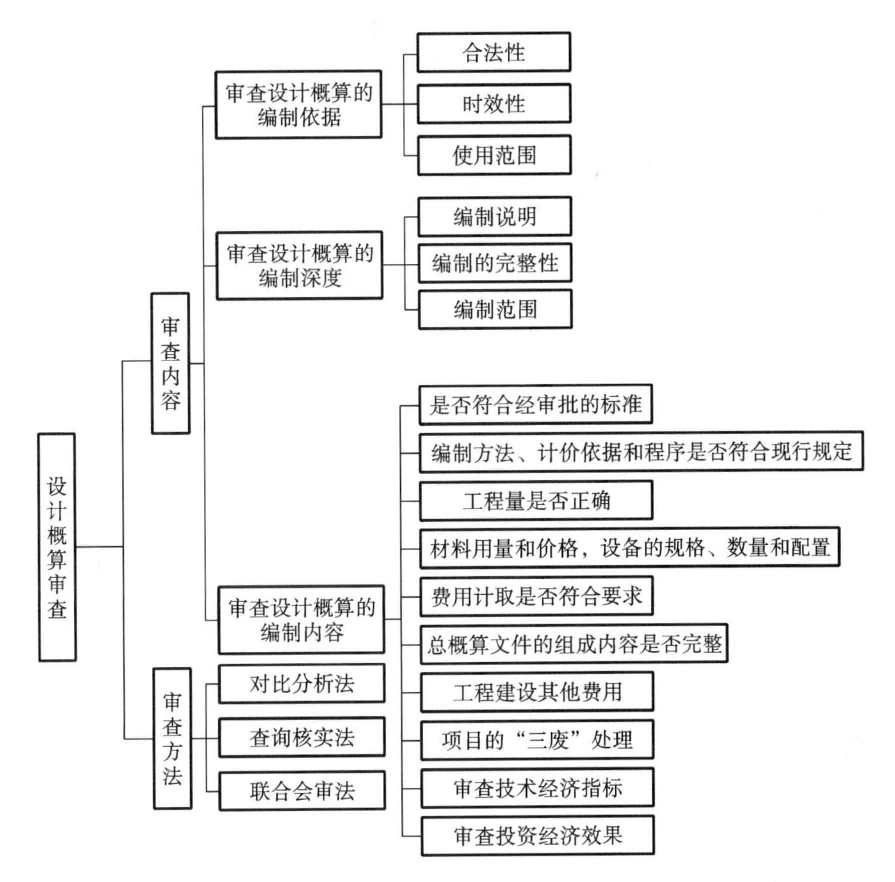

图 5-18　设计概算的审查内容和审查方法

然、技术经济条件和设备、材料预算价格等资料，按照设计要求，对建设项目从筹建至竣工交付使用所需全部费用进行的预计。

设计概算的成果文件称作设计概算书，也简称设计概算。设计概算书是初步设计文件的重要组成部分，其特点是编制工作相对简略，无须达到施工图预算的准确程度。采用两阶段设计的建设项目，初步设计阶段必须编制设计概算；采用三阶段设计的建设项目，扩大初步设计阶段必须编制修正概算。

设计概算的编制内容包括静态投资和动态投资两个层次。静态投资作为考核工程设计和施工图预算的依据，动态投资作为项目筹措、供应和控制资金使用的限额。

知识拓展：设计概算经批准后，一般不得调整。如果由于下列原因需要调整概算时，应由建设单位调查分析变更原因，报主管部门审批同意后，由原设计单位核实编制调整概算，并按有关审批程序报批。当影响工程概算的主要因素查明且工程量完成了一定量后，方可对其进行调整。一个工程只允许调整一次概算。允许调整概算的原因包括超出原设计范围的重大变更、超出基本预备费规定范围的不可抗拒的重大自然灾害引起的工程变动和费用增加、超出工程造价价差预备费的国家重大政策性的调整。

2. 设计概算的作用

设计概算是工程造价在设计阶段的表现形式，但其并不具备价格属性。因为设计概算不是在市场竞争中形成的，而是设计单位根据有关依据计算出来的工程建设的预期费用，用于衡量建设投资是否超过估算并控制下一阶段费用支出。设计概算的主要作用是控制以后各阶段的投资，具体表现如下：

(1)设计概算是编制固定资产投资计划、确定和控制建设项目投资的依据。

(2)设计概算是控制施工图设计和施工图预算的依据。

(3)设计概算是衡量设计方案技术经济合理性和选择最佳设计方案的依据。

(4)设计概算是编制招标控制价(招标标底)和投标报价的依据。

(5)设计概算是签订建设工程合同和贷款合同的依据。

(6)设计概算是考核建设项目投资效果的依据。

知识拓展:经批准的设计概算是建设项目投资的最高限额。在工程建设过程中,年度固定资产投资计划、银行拨款或贷款、施工图设计及其预算、竣工决算等,未经规定程序批准,都不能突破这一限额,确保对国家固定资产投资计划的严格执行和有效控制。

【例 5-9】

1. 下列原因中,不能作为调整设计概算的依据的是(　　)。

A. 超出原设计范围的重大变更

B. 超出承包人预期的货币贬值和汇率变化

C. 超出基本预备费规定范围的不可抗拒的重大自然灾害引起的工程变动和费用增加

D. 超出工程造价价差预备费的国家重大政策性调整

2. 在建设项目各阶段的工程造价中,一经批准将作为控制建设项目投资最高限额的是(　　)。

A. 投资估算　　B. 设计概算　　C. 施工图预算　　D. 竣工结算

3. 按照国家有关规定,作为年度固定资产投资计划、计划投资总额及构成数额的编制和确定依据的是(　　)。

A. 经批准的投资估算　　B. 经批准的设计概算

C. 经批准的施工图预算　　D. 经批准的工程决算

【解】

第 1 题的答案为 B。

允许调整概算的原因包括以下几点:①超出原设计范围的重大变更;②超出基本预备费规定范围的不可抗拒的重大自然灾害引起的工程变动和费用增加;③超出工程造价价差预备费的国家重大政策性的调整。

第 2 题的答案为 B。

设计概算是编制固定资产投资计划、确定和控制建设项目投资的依据。设计概算一经批准,将作为控制建设项目投资的最高限额。

第 3 题的答案为 B。

设计概算是编制固定资产投资计划、确定和控制建设项目投资的依据。

5.3.1.2　设计概算的编制内容

设计概算的编制应采用单位工程概算、单项工程综合概算、建设项目总概算三级概算编制形式。当建设项目为一个单项工程时,可采用单位工程概算、建设项目总概算两级概算编制形式。三级概算的相互关系、费用构成及编制方法如图 5-19 所示。

1. 单位工程概算

单位工程是指具有独立的设计文件,能够独立组织施工,但不能独立发挥生产能力或使用功能的工程项目,是单项工程的组成部分。单位工程概算是以初步设计文件为依据,按照规定的程序、方法和依据,计算单位工程费用的成果文件,是编制单项工程综合概算(或项目总概算)的依据,是单项工程综合概算的组成部分。单位工程概算按其工程性质分为建筑工程概算和设备及安装工程概算两类。

建筑工程概算包括土建工程概算,给水排水、采暖工程概算,通风、空调工程概算,电气、照明工程概算,弱电工程概算,特殊构筑物工程概算等;设备及安装工程概算包括机械设备及安装工程概算,电气设备及安装工程概算,热力设备及安装工程概算,工具、器具及生产家具购置费概算等。

2. 单项工程综合概算

单项工程是指在一个建设项目中,具有独立的设计文件,建成后能够独立发挥生产能力或使用功能的工程项目。它是建设项目的组成部分,如生产车间、办公楼、食堂、图书馆、学生宿舍、住宅楼、一个配水厂等。单项工程综合是一个复杂的综合体,是一个具有独立存在意义的完整工程,如输水工程、净水厂工程、配水工程等。单项工程综合概算是以初步设计文件为依据,在单位工程概算的基础上汇总单项工程的工程费用的成果文件,由单项工程中的各单位工程概算汇总编制而成,是建设项目总概算的组成部分。单项工程综合概算的组成内容如图 5-20 所示。

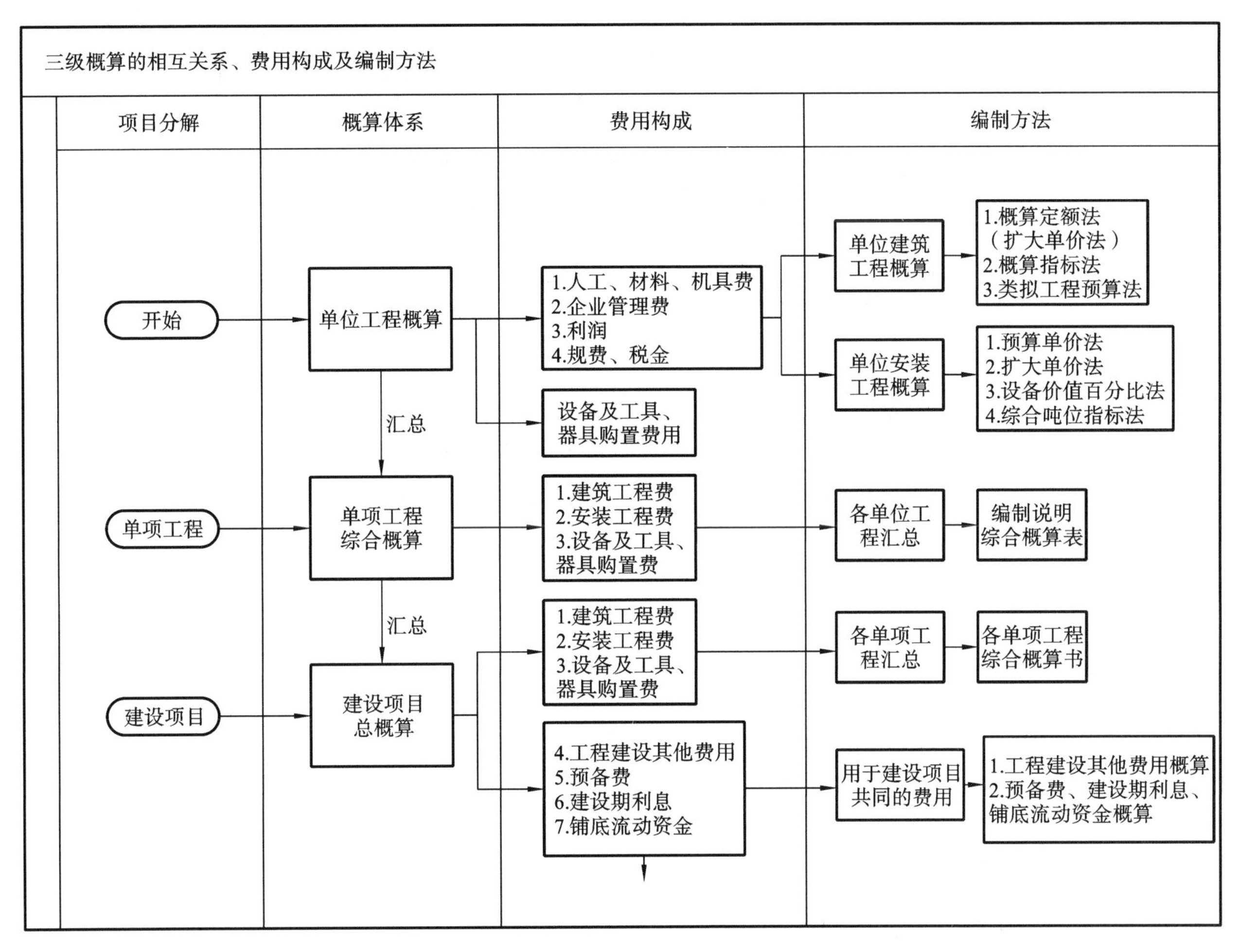

图 5-19　三级概算的相互关系、费用构成及编制方法

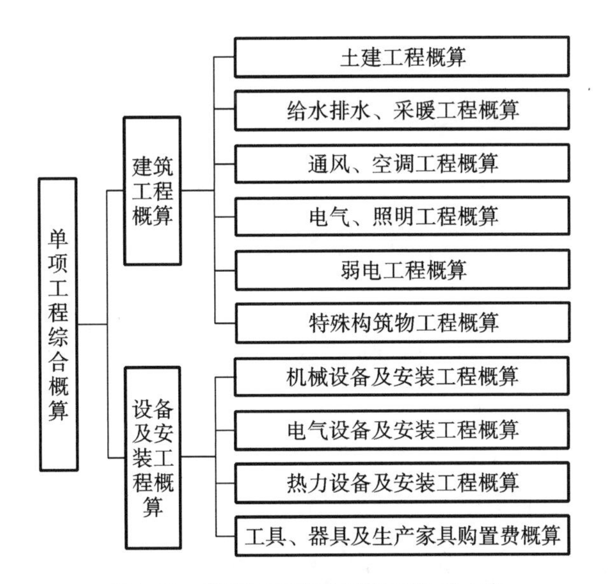

图 5-20　单项工程综合概算的组成内容

3. 建设项目总概算

建设项目总概算是以初步设计文件为依据，在单项工程综合概算的基础上计算建设项目概算总投资的成果文件。它是由各单项工程综合概算，工程建设其他费用概算，预备费、建设期利息和铺底流动资金概算汇总编制而成的。建设项目总概算的组成内容如图 5-21 所示。

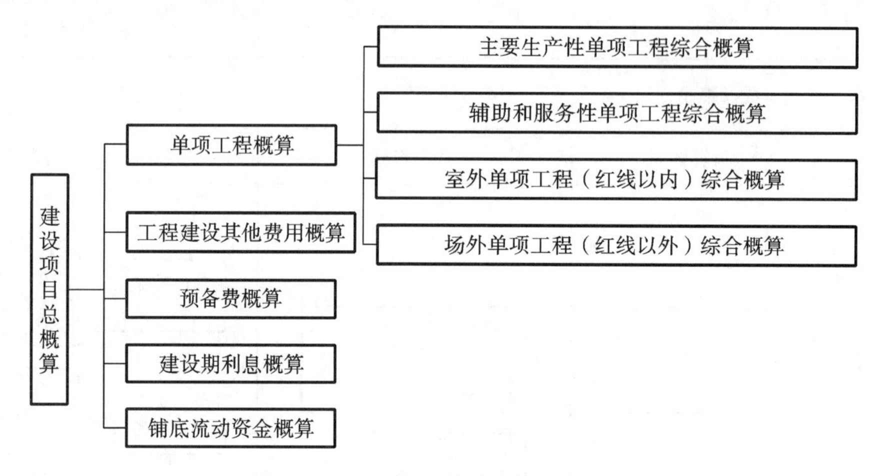

图 5-21　建设项目总概算的组成内容

若干个单位工程概算汇总后成为单项工程综合概算，若干个单项工程综合概算和工程建设其他费用、预备费、建设期利息、铺底流动资金等概算文件汇总后成为建设项目总概算。单项工程综合概算和建设项目总概算仅是一种归纳、汇总性文件，因此，最基本的计算文件是单位工程概算书。若建设项目为一个独立单项工程，则建设项目总概算书与单项工程综合概算书可合并编制。

【例 5-10】

1. 当建设项目为一个单项工程时，其设计概算应采用的编制形式是(　　)。

A. 单位工程概算、单项工程综合概算和建设项目总概算三级

B. 单位工程概算和单项工程综合概算二级

C. 单项工程综合概算和建设项目总概算二级

D. 单位工程概算和建设项目总概算二级

2. 下列属于建筑工程概算内容的有(　　)。

A. 土建工程概算　B. 给水排水、采暖工程概算　C. 通风、空调工程概算

D. 弱电工程概算　E. 电气设备及安装工程概算

3. 某建设项目由若干单项工程构成，应包含在其中某单项工程综合概算中的费用项目是(　　)。

A. 工具、器具及生产家具购置费　B. 办公和生活用品购置费

C. 研究试验费　D. 基本预备费

【解】

第 1 题的答案为 D。

设计概算的编制应采用单位工程概算、单项工程综合概算、建设项目总概算三级概算编制形式。当建设项目为一个单项工程时，可采用单位工程概算、建设项目总概算两级概算编制形式。

第 2 题的答案为 ABCD。

电气设备及安装工程概算属于设备及安装工程概算。

第 3 题的答案为 A。

工具、器具及生产家具购置费是单项工程综合概算的组成内容。

5.3.1.3　设计概算的编制方法

知识目标：掌握设计概算的编制方法；熟悉设计概算的编制方法的适用条件。

能力目标：会编制设计概算。

设计概算是从最基本的单位工程概算编制开始逐级汇总而成的。

1. 设计概算的编制依据和编制原则

1)设计概算的编制依据

(1)国家、行业和地方有关规定。

(2)相应工程造价管理机构发布的概算定额(或指标)。

(3)工程勘察与设计文件。

(4)拟定或常规的施工组织设计和施工方案。

(5)建设项目资金筹措方案。

(6)工程所在地编制同期的人工、材料、机具台班市场价格,以及设备供应方式与供应价格。

(7)建设项目的技术复杂程度,新技术、新材料、新工艺以及专利使用情况等。

(8)建设项目批准的相关文件、合同、协议等。

(9)政府有关部门、金融机构等发布的价格指数、利率、汇率、税率以及工程建设其他费用等。

(10)委托单位提供的其他技术经济资料。

2)设计概算的编制原则

(1)设计概算应按编制时项目所在地的价格水平编制,总投资应完整地反映编制时的建设项目实际投资。

(2)设计概算应考虑建设项目施工条件等因素对投资的影响。

(3)设计概算应按项目合理建设期限预测建设期价格水平,以及资产租赁和贷款的时间价值等动态因素对投资的影响。

2. 单位工程概算的主要编制方法

单位工程概算应根据单项工程中所属的每个单体按专业分别编制,一般分土建、装饰、采暖通风、给水排水、照明、工艺安装、自控仪表、通信、道路、总图竖向等专业或工程分别编制。总体而言,单位工程概算包括建筑工程概算和设备及安装工程概算两类。其中,建筑工程概算的编制方法有概算定额法、概算指标法、类似工程预算法等;设备及安装工程概算的编制方法有预算单价法、扩大单价法、设备价值百分比法和综合吨位指标法等。单位工程概算编制方法的比较的二维码如图 5-22 所示。单位工程概算的编制方法汇总如图 5-23 所示。

图 5-22　单位工程概算编制方法的比较的二维码

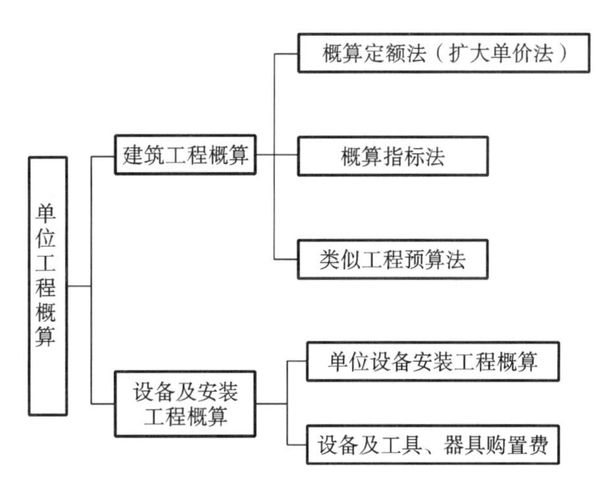

图 5-23　单位工程概算的编制方法汇总

1)概算定额法

概算定额法又称扩大单价法或扩大结构定额法,是套用概算定额编制建筑工程概算的方法。

运用概算定额法时,初步设计必须达到一定深度,建筑结构尺寸必须明确。能按照初步设计的平面图、立面图、剖面图纸计算出楼地面、墙身、门窗和屋面等扩大分项工程(或扩大结构构件)项目的工程量时,方可采用概算定额法。

建筑工程概算表,按构成单位工程的主要分部分项工程编制,根据初步设计工程量按工程所在省、自治区直辖市颁发的概算定额(指标)或行业概算定额(指标),以及工程费用定额计算。概算定额法编制设计概算的步骤如下。

(1)收集基础资料、熟悉设计图纸和了解有关施工条件与施工方法。

(2)按照概算定额子目,列出单位工程中分部分项工程项目名称并计算工程量。工程量计算应按概算定额中规定的工程量计算规则进行，计算时采用的原始数据必须以初步设计图纸所标识的尺寸或初步设计图纸能读出的尺寸为准，并将计算所得各分部分项工程量按概算定额编号顺序，填入建筑工程概算表。

(3)确定各分部分项工程费。工程量计算完毕后，逐项套用各子目的综合单价，各子目的综合单价应包括人工费、材料费、施工机具使用费、管理费、利润、规费和税金，然后，分别将其填入单位工程概算表和综合单价表。如果设计图中的分项工程项目名称、内容与采用的概算定额手册中相应的项目有某些不相符时，则按规定对定额进行换算后再套用。

(4)计算措施项目费。措施项目费的计算分以下两部分进行：

①可以计量的措施项目费与分部分项工程费的计算方法相同，其费用按照第(3)步的规定计算；

②综合计取的措施项目费应以该单位工程的分部分项工程费和可以计量的措施项目费之和为基数乘以相应费率计算。

(5)计算汇总单位工程概算。

单位工程概算＝分部分项工程费＋措施项目费

(6)编写概算编制说明。单位工程概算按照规定的表格形式进行编制，如表5-10所示，所使用的综合单价应编制综合单价分析表。

表5-10 建筑工程概算表

单位工程概算编号：　　　　单项工程名称(单位工程)：　　　　共　页　第　页

序号	项目编码	工程项目或费用名称	项目特征	单位	数量	综合单价/元	合价/元
一		分部分项工程					
(一)		土石方工程					
1							
2							
(二)		砌筑工程					
1							
(三)		楼地面工程					
1							
		分部分项工程费小计					
二		可计量措施项目					
(一)		×××工程					
1							
2							
(二)		×××工程					
		可计量措施项目费小计					
三		综合取定的项目措施费					
1		安全文明施工费					
2		夜间施工增加费					
3		二次搬运费					
4		冬、雨季施工增加费					
		综合取定的项目措施费小计					
		合计					

编制人：　　　　审核人：　　　　审定人：

2)概算指标法

概算指标法是用拟建的厂房、住宅的建筑面积(或体积)乘以技术条件相同或基本相同的概算指标得出人、材、机费,然后按规定计算出企业管理费、利润、规费和税金等,得出单位工程概算的方法。

概算指标法的适用条件如下:

(1)在方案设计中,设计无详图而只有概念性设计时,或初步设计深度不够,不能准确地计算出工程量,但工程设计采用的技术比较成熟时可以选定与该工程类型相似的概算指标编制概算。

(2)设计方案急需造价概算且又有类似工程概算指标可以利用的情况。

(3)图样设计间隔很久后再来实施,概算不适用于当前情况而又急需确定造价的情形下,可按当前概算指标来修正原有概算。

(4)通用设计图设计可通过组织编制通用设计图概算指标来确定造价。

概算指标法的计算分为以下两种情况。

(1)拟建工程结构特征与概算指标相同时的计算。在使用概算指标法时,如果拟建工程在建设地点、结构特征、地质及自然条件、建筑面积等方面与概算指标相同或相近,就可直接套用概算指标编制概算。在直接套用概算指标时,拟建工程应符合以下条件:

①拟建工程的建设地点与概算指标中的建设地点相同;

②拟建工程的工程特征和结构特征与概算指标中的工程特征、结构特征基本相同;

③拟建工程的建筑面积与概算指标中工程的建筑面积相差不大。

根据选用的概算指标内容,以指标中规定的工程每平方米、立方米的工料单价,根据企业管理费、利润、规费、税金的费(税)率确定该子目的综合单价,乘以拟建单位工程的建筑面积或体积,即可求出单位工程概算,其计算公式为

单位工程概算=概算指标每平方米、立方米综合单价×拟建工程建筑面积(体积)

(2)拟建工程的结构特征与概算指标有局部差异时的调整。在实际工作中,经常会遇到拟建工程的结构特征与概算指标中规定的结构特征不同的情况,因此,必须对概算指标进行调整后方可套用。

①调整概算指标中的每平方米、立方米造价。这种方法是将原概算指标中的综合单价进行调整,扣除每平方米、立方米原概算指标中与拟建工程结构不同部分的造价,增加每平方米、立方米拟建工程与概算指标结构不同部分的造价,使其成为与拟建工程结构相同的综合单价。其计算公式为

$$结构变化修正概算指标(元/m^2)=J+Q_1P_1-Q_2P_2$$

式中:J——原概算指标;

Q_1——概算指标中换入结构的工程量;

Q_2——概算指标中换出结构的工程量;

P_1——换入结构的综合单价;

P_2——换出结构的综合单价。

单位工程概算造价=修正后的概算指标综合单价×拟建工程建筑面积(体积)

知识拓展:若概算指标中的单价为只包括人、材、机的工料单价,则应根据企业管理费、利润、规费、税金的费(税)率确定该子目的综合单价,再计算拟建工程造价。

②调整概算指标中的工、料、机数量。这种方法是将原概算指标中每 100 m²(或 1000 m²)建筑面积(体积)中的工、料、机数量进行调整,扣除原概算指标中与拟建工程结构不同部分的工、料、机消耗量,增加拟建工程与概算指标结构不同部分的工、料、机消耗量,使其成为与拟建工程结构相同的每 100 m²(或 1000 m²)建筑面积(体积)工、料、机数量。其计算公式为

结构变化修正概算指标的工、料、机数量=原概算指标的工、料、机数量+换入结构件工程量×相应定额工、料、机消耗量-换出结构件工程量×相应定额工、料、机消耗量

以上两种方法,前者是直接修正概算指标单价,后者是修正概算指标工、料、机数量,两者的计算原理相同。

【例 5-11】

假设新建单身宿舍一座,其建筑面积为 3500 m²,按概算指标和地区材料预算价格等算出综合单价为 738

元/m^2，其中，土建工程为640元/m^2，采暖工程为32元/m^2，给水排水工程为36元/m^2，照明工程为30元/m^2。

新建单身宿舍的设计资料与概算指标相比较，其结构构件有部分变更。设计资料表明，外墙为1.5砖外墙，而概算指标中外墙为1砖外墙。根据当地土建工程预算定额计算，外墙带形毛石基础的综合单价为147.87元/m^3，1砖外墙的综合单价为177.10元/m^3，1.5砖外墙的综合单价为178.08元/m^3；概算指标中每100 m^2外墙含外墙带形毛石基础18 m^3，1砖外墙为46.5 m^3。新建工程设计资料表明，每100 m^2外墙含外墙带形毛石基础19.6 m^3，1.5砖外墙为61.2 m^3。请计算调整后的概算综合单价和新建宿舍的概算造价。

【分析】

对土建工程中结构构件进行变更和单价调整，如表5-11所示。

表5-11 结构变化引起的单价调整

序号	结构名称	单位	数量(每100 m^2含量)	单价/元	合价/元
	土建工程人、材、机费				640
	换出部分				
1	外墙带形毛石基础	m^3	18	147.87	2661.66
2	1砖外墙	m^3	46.5	177.10	8235.15
	合计	元			10896.81
	换入部分				
3	外墙带形毛石基础	m^3	19.6	147.87	2898.25
4	1.5砖外墙	m^3	61.2	178.08	10898.50
	换入合计	元			13796.75
单位造价修正系数：640－10896.81/100＋13796.75/100≈669(元)					

其余的单价指标都不变，因此调整后的概算综合单价为(669＋32＋36＋30)元/m^2＝767元/m^2，新建宿舍的概算造价为767×3500元＝2 684 500元。

3)类似工程预算法

类似工程预算法是利用技术条件与设计对象相类似的已完工程或在建工程的工程造价资料来编制拟建工程设计概算的方法，其适用于拟建工程初步设计与已完工程或在建工程的设计相类似而又没有可用的概算指标的情况。

类似工程预算法的编制步骤如下。

(1)根据设计对象的各种特征参数，选择合适的类似工程预算。

(2)根据本地区现行的各种价格和费用标准计算类似工程预算的人工费、材料费、施工机具使用费、企业管理费修正系数。

(3)根据类似工程预算修正系数和以上四项费用占预算成本的比重，计算预算成本总修正系数，并计算出修正后的类似工程平方米预算成本。

(4)根据类似工程修正后的平方米预算成本和编制概算地区的利税率计算修正后的类似工程平方米造价。

(5)根据拟建工程的建筑面积和修正后的类似工程平方米造价，计算拟建工程概算造价。

(6)编制概算编写说明。

类似工程预算法对条件有所要求，也就是可比性，即拟建工程的建筑面积、结构构造特征要与已建工程基本一致，如层数相同、面积近似、结构相似、工程地点相似等，采用此方法时必须对建筑结构差异和价差进行调整。

(1)建筑结构差异调整。调整方法与概算指标法的调整相同，即先确定有差别的项目，分别计算每一项目的工程量和单位价格(按拟建工程所在地的价格)，然后以类似工程相同项目的工程量和单价为基础，计算出总价差，将类似工程的直接工程费减去(或加上)这部分差价，就得出结构差异换算后的直接工程费，再计算其他各项费用。

(2)价差的调整。类似工程造价资料中有具体的人工、材料、机械台班的用量时,可按类似工程造价资料中的人工、材料、机械台班数量,乘以拟建工程所在地的人工单价、主要材料预算价格、机械台班预算价格,计算出直接工程费,再乘以当地的综合费率,即可得出拟建工程的造价。类似工程造价资料中只有人工、材料、机械台班费用和其他费用时,可按下式进行调整:

$$D=A\times K$$

$$K=a\%K_1+b\%K_2+c\%K_3+d\%K_4$$

式中:D——拟建工程成本单价;

A——类似工程成本单价;

K——成本单价综合调整系数;

$a\%,b\%,c\%,d\%$——类似工程预算的人工费、材料费、施工机具使用费、企业管理费占预算成本的比重,如 $a\%$=类似工程人工费/类似工程预算成本×100%,$b\%$、$c\%$、$d\%$类同;

K_1,K_2,K_3,K_4——拟建工程与类似工程预算造价在人工费、材料费、施工机具使用费、企业管理费方面的差异系数。如 K_1=拟建工程人工费/类似工程人工费,K_2、K_3、K_4 类同。

综合调整系数是以类似工程中各成本构成项目占总成本的百分比为权重,按照加权的方式计算的成本单价的调价系数。根据类似工程预算提供的资料,也可按照同样的计算思路计算出人、材、机费的综合调整系数,通过系数调整类似工程的工料单价,再按照相应取费基数和费率计算间接费、利润和税金,也可得出所需的综合单价。总之,以上方法可灵活应用。

【例 5-12】

某地拟建一工程,与其类似的已完工程单方工程造价为 4500 元/m²,其中,人工、材料、施工机具使用费分别占工程造价的 15%、55%和 10%,拟建工程地区与类似工程地区人工、材料、施工机具使用费的差异系数分别为 1.05、1.03 和 0.98。假定以人、材、机费用之和为基数取费,综合费率为 25%。用类似工程预算法计算拟建工程适用的综合单价。

【分析】

先使用调差系数计算出拟建工程的工料单价。

类似工程的工料单价=4500×80%元/m²=3600 元/m²,在类似工程的工料单价中,人工、材料、施工机具使用费的比重分别为 18.75%、68.75%和 12.5%。

拟建工程的工料单价=3600×(18.75%×1.05+68.75%×1.03+12.5%×0.98)元/m²=3699 元/m²,则拟建工程适用的综合单价=3699×(1+25%)元/m²=4623.75 元/m²。

4)设备及安装工程概算的编制方法

设备及安装工程概算包括设备及工具、器具购置费和单位设备安装工程费两大部分。

(1)设备及工具、器具购置费的编制方法。设备及工、器具购置费的组成见本书单元 1 中有关设备及工具、器具购置费的构成和计算的内容。

(2)设备及安装工程概算的编制方法有四种。

①预算单价法。当初步设计有详细设备清单时,可直接按预算单位(预算定额单价)编制设备及安装工程概算,根据计算的设备安装工程量,乘以安装工程预算单价,经汇总求得。用预算单价法编制概算,计算比较具体,精确性较高。

②扩大单价法。当初步设计的设备清单不完备或仅有成套设备的质量时,可采用主设备、成套设备或工艺线的综合扩大安装单价编制概算。

③设备价值百分比法,又称安装设备百分比法。当初步设计深度不够,只有设备出厂价而无详细规格、质量时,安装费可按占设备费的百分比计算。其百分比值(即安装费费率)由相关管理部门制定或由设计单位根据已完类似工程确定。该法常用于价格波动不大的定型产品和通用设备产品,其计算公式为

设备安装费=设备原价×安装费费率

④综合吨位指标法。当初步设计提供的设备清单有规格和设备质量时,可采用综合吨位指标编制概算,综合吨位指标由相关主管部门或设计单位根据已完类似工程的资料确定。该法常用于设备价格波动较大的非标

准设备和引进设备的设备及安装工程概算，其计算公式为

设备安装费＝设备吨重×每吨设备安装费指标

设备及安装工程概算要按照规定的表格格式进行编制，如表5-12所示。

表5-12　设备及安装工程概算表

单位工程概算编号：　　　　单项工程名称(单位工程)：　　　　共　页　第　页

序号	项目编码	工程项目或费用名称	项目特征	单位	数量	综合单价/元		合价/元	
						设备购置费	安装工程费	设备购置费	安装工程费
一		分部分项工程							
(一)		土石方工程							
1									
2									
(二)		砌筑工程							
1									
(三)		楼地面工程							
1									
		分部分项工程费小计							
二		可计量措施项目							
(一)		×××工程							
1									
2									
(二)		×××工程							
		可计量措施项目费小计							
三		综合取定的项目措施费							
1		安全文明施工费							
2		夜间施工增加费							
3		二次搬运费							
4		冬、雨季施工增加费							
		综合取定的项目措施费小计							
		合计							

编制人：　　　　审核人：　　　　审定人：

【例5-13】

1. 采用概算指标法编制建筑工程概算，直接套用概算指标时，拟建工程符合的条件是(　　)。

A. 拟建工程和概算指标中工程建设辖区相同

B. 拟建工程和概算指标中工程建设地点相同

C. 拟建工程和概算指标中工程的工程特征、结构特征基本相同

D. 拟建工程和概算指标中工程的建造工艺相差不大

E. 拟建工程和概算指标中工程的建筑面积相差不大

2. 某拟建工程初步设计已达到必要的深度，能够计算出扩大分项工程的工程量，则能较为准确地编制拟建工程概算的方法是(　　)。

A. 概算指标法　　B. 类似工程预算法　　C. 概算定额法　　D. 综合吨位指标法

3. 在建筑工程初步设计文件深度不够、不能准确计算出工程量的情况下，可采用的设计概算编制方法是(　　)。

A. 概算定额法　　B. 概算指标法　　C. 预算单价法　　D. 综合吨位指标法

4. 某地拟建一幢建筑面积为 2500 m^2 的办公楼。已知建筑面积 2700 m^2 的类似工程预算成本为 216 万元，其人工费、材料费、施工机具使用费、企业管理费占预算成本的比重分别为 20%、50%、10%、15%。拟建工程和类似工程的人工费、材料费、施工机具使用费、企业管理费的差异系数分别是 1.1、1.2、1.3、1.15，综合费率为 4%，则利用类似工程预算法编制该拟建工程概算造价为(　　)万元。

A. 233.48　　B. 252.2　　C. 287.4　　D. 302.8

5. 设计概算编制方法中，电气设备及安装工程概算的编制方法包括(　　)。

A. 预算单价法　　B. 设备价值百分比法　　C. 概算指标法

D. 综合吨位指标法　　E. 类似工程预算法

【解】

第 1 题的答案为 BCE。

在直接套用概算指标时，拟建工程应符合以下条件：①拟建工程的建设地点与概算指标中的建设地点相同；②拟建工程的工程特征和结构特征与概算指标中的工程特征、结构特征基本相同；③拟建工程的建筑面积与概算指标中工程的建筑面积相差不大。

第 2 题的答案为 C。

概算定额法适用于设计达到一定深度，建筑结构尺寸比较明确，能按照初步设计的平面、立面、剖面图纸计算出楼地面、墙身、门窗和屋面等分项工程(扩大分项工程或扩大结构构件)工程量的项目。这种方法编制出的概算精度较高，但是编制工作量大，需要大量的人力和物力。

第 3 题的答案为 B。

概算指标法的适用范围是设计深度不够，不能准确地计算出工程量，但工程设计技术比较成熟而又有类似工程概算指标可以利用的项目。概算指标法主要适用于初步设计概算编制阶段的建筑物工程土建、给水排水、暖通、照明等，以及较为简单或单一的构筑工程这类单位工程，计算出的费用精确度不高，往往只起控制性作用。

第 4 题的答案为 B。

类似工程预算法是利用技术条件与设计对象相类似的已完工程或在建工程的工程造价资料来编制拟建工程设计概算的方法。类似工程造价资料只有人工、材料、机械台班费用和措施费、间接费等费用或费率时，可按下面公式调整：$D=A\cdot K$；$K=a\%K_1+b\%K_2+c\%K_3+d\%K_4+e\%K_5$。

式中，D 表示拟建工程成本单价；A 表示类似工程成本单价；K 表示成本单价综合调整系数；$a\%$、$b\%$、$c\%$、$d\%$、$e\%$表示类似工程预算的人工费、材料费、机械台班费、措施费、间接费占预算造价的比重；K_1、K_2、K_3、K_4、K_5 表示拟建工程与类似工程预算造价在人工费、材料费、机械台班费、措施费和间接费方面的差异系数。在本题中，用类似工程预算法编制该拟建工程概算造价如下：

综合调整系数＝80%×1.2＋20%× 1.1＝1.18；

类似工程预算单位成本＝216/2700 万元/m^2＝0.08 万元/m^2；

拟建工程概算造价＝0.08 ×1.18 ×(1＋10%)×2500 万元＝259.6 万元。

第 5 题的答案为 ABD。

设计概算的编制方法中，电气设备及安装工程概算属于设备及安装工程概算，设备及安装工程概算的编制方法包括预算单价法、扩大单价法、设备价值百分比法和综合吨位指标法等。

3. 单项工程综合概算的编制

综合概算是以单项工程为编制对象，确定建成后可独立发挥作用的建筑物所需的全部建设费用的文件，由该单项工程的各单位工程概算汇总而成。综合概算书是工程项目总概算书的组成部分，是编制总概算书的基础文件，一般由编制说明和综合概算表两个部分组成。

当建设项目只有一个单项工程时，综合概算文件（实为总概算）除包括上述两大部分外，还应包括工程建设其他费用、建设期利息、预备费的概算。

1）编制说明

编制说明应列在综合概算表的前面，其内容包括工程概况、编制依据、编制方法、主要材料和设备数量、其他有关问题。

2）综合概算表

综合概算表是根据单项工程所辖范围内的各单位工程概算等基础资料，按照国家或部委所规定的统一表格进行编制。对于工业建筑而言，其概算包括建筑工程和设备及安装工程；对于民用建筑而言，其概算包括土建工程、给水排水工程、采暖工程、通风及电气照明工程等。

综合概算一般应包括建筑工程费，安装工程费，设备及工具、器具购置费。当不编制总概算时，综合概算还应包括工程建设其他费用、建设期利息、预备费等费用项目。单项工程综合概算表如表5-13所示。

表5-13　单项工程综合概算表

建设项目名称：　　单项工程名称：　　单位：万元　　共　页　第　页

序号	概算编号	工程项目或费用名称	设计规模和主要工程量	建筑工程费	安装工程费	设备购置费	合计	其中：引进部分		主要技术经济指标		
								美元	折合人民币	单位	数量	单位价值
一		主要工程										
1												
2												
3												
二		辅助工程										
1												
2												
三		配套工程										
1												
2												
单项工程概算合计												

编制人：　　审核人：　　审定人：

4. 建设项目总概算的编制

建设项目总概算是设计文件的重要组成部分，是预计整个建设项目从筹建到竣工交付使用所花费的全部费用的文件。它是由各单项工程综合概算、工程建设其他费用、预备费、建设期利息和铺底流动资金概算所组成，按照主管部门规定的统一表格编制而成的。

建设项目总概算文件应包括编制说明、总概算表、单项工程综合概算表、工程建设其他费用概算表和主要建筑安装材料汇总表。总概算表如表5-14所示。

表5-14　总概算表

总概算编号：　　工程名称：　　单位：万元　　共　页　第　页

序号	概算编号	工程项目或费用名称	建筑工程费	安装工程费	设备购置费	其他费用	合计	其中：引进部分		占总投资比例/（%）
								美元	折合人民币	
一		工程费用								
1		主要工程								
2		辅助工程								

续表

序号	概算编号	工程项目或费用名称	建筑工程费	安装工程费	设备购置费	其他费用	合计	其中:引进部分		占总投资比例/(%)
								美元	折合人民币	
3		配套工程								
二		工程建设其他费用								
1										
2										
三		预备费								
四		建设期利息								
五		铺底流动资金								
建设项目总概算投资										

编制人:　　　　　　　　　　审核人:　　　　　　　　　　审定人:

【例 5-14】

1. 某建设项目由若干单项工程构成,应包含在某单项工程综合概算文件中的项目是(　　)。

A. 综合概算表　　　　B. 工程建设其他费用

C. 建设期利息　　　　D. 预备费

2. 关于建设项目总概算的编制的说法中,正确的是(　　)。

A. 建设项目总概算应按照建设单位规定的统一表格进行编制

B. 工程建设其他费用的各组成项目应分别列项计算

C. 主要建筑安装材料汇总表只需列出建设项目的钢筋、水泥等主要材料的总消耗量

D. 总概算编制说明应装订于总概算文件最后

3. 下列文件中,包括在建设项目总概算文件中的有(　　)。

A. 总概算表　　　　B. 单项工程综合概算表

C. 工程建设其他费用概算表　　　　D. 主要建筑安装材料汇总表

E. 分年投资计划表

【解】

第 1 题的答案为 A。

单项工程综合概算文件一般包括编制说明、综合概算表两大部分。当建设项目只有一个单项工程时,综合概算文件(实为总概算)除包括上述两大部分外,还应包括工程建设其他费用、建设期利息、预备费的概算。

第 2 题的答案为 B。

建设项目总概算应按照主管部门规定的统一表格进行编制。工程建设其他费用概算按国家、地区或部委所规定的项目和标准确定,并按统一格式编制。应按具体发生的工程建设其他费用项目填写工程建设其他费用概算表,需要说明和具体计算的费用项目在说明及计算式栏内填写或计算。

第 3 题的答案为 ABCD。

建设项目总概算文件应包括编制说明、总概算表、单项工程综合概算表、工程建设其他费用概算表、主要建筑安装材料汇总表。

5.3.2 设计概算的审查

设计概算的审查是确定建设工程造价的一个重要环节。审查能使概算更加完整、准确,促进工程设计的技术先进性和经济合理性。

1. 审查内容

设计概算的审查内容包括设计概算编制依据、设计概算编制深度及设计概算主要内容三个方面。

1)对设计概算编制依据的审查

(1)审查编制依据的合法性。设计概算采用的编制依据必须经过国家和授权机关的批准,符合概算编制的有关规定。同时,设计概算不得擅自提高概算定额、指标或费用标准。

(2)审查编制依据的时效性。设计概算文件所使用的各类依据,如定额、指标、价格、取费标准等,都应根据国家有关部门的规定进行更新。

(3)审查编制依据的适用范围。各主管部门规定的各类专业定额及其取费标准,仅适用于该部门的专业工程;各地区规定的各种专业定额及其取费标准,只适用于该地区范围内的专业过程,特别是地区的材料预算价格应按工程所在地区的具体规定执行。

2)对设计概算编制深度的审查

(1)审查编制说明。审查编制说明包括审查设计概算的编制方法、深度和编制依据等重大原则性问题。

(2)审查设计概算编制的完整性。一般大、中型项目的设计概算应审查是否具有完整的编制说明和三级设计概算文件(建设项目总概算、单项工程综合概算、单位工程概算),是否达到规定的深度。

(3)审查设计概算的编制范围,包括设计概算的编制范围和内容是否与批准的工程项目范围一致;各项费用应列的项目是否符合法律、法规及工程建设标准;是否存在多列或遗漏的取费项目等。

3)对设计概算主要内容的审查

(1)概算编制是否符合法律、法规及相关规定。

(2)概算所编制工程项目的建设规模和建设标准、配套工程等是否符合批准的可行性研究报告或立项批文。对总概算投资超过批准投资估算10%以上的,应进行技术经济论证,需重新上报进行审批。

(3)概算所采用的编制方法、计价依据和程序是否符合相关规定。

(4)概算工程量是否准确。应将工程量较大、造价较高、对整体造价影响较大的项目作为审查重点。

(5)概算中主要材料用量的正确性和材料价格是否符合工程所在地的价格水平,材料价差调整是否符合相关规定等。

(6)概算中设备规格、数量、配置是否符合设计要求,设备原价和运杂费是否正确;非标准设备原价的计价方法是否符合规定;进口设备的各项费用的组成及其计算程序、方法是否符合规定。

(7)概算中各项费用的计取程序和取费标准是否符合国家或地方有关部门的规定。

(8)总概算文件的组成内容是否完整地包括了工程项目从筹建至竣工投产的全部费用组成。

(9)综合概算、总概算的编制内容、方法是否符合国家相关规定和设计文件的要求。

(10)概算中工程建设其他费用的费率和计取标准是否符合国家、行业有关规定。

(11)概算项目是否符合国家对于环境治理的要求和相关规定。

(12)概算中技术经济指标的计算方法和程序是否正确。

2. 审查方法

采用适当方法对设计概算进行审查,是确保审查质量、提高审查效率的关键。设计概算的常用审查方法如表5-15所示。

表5-15 设计概算的常用审查方法

序号	审查方法	介绍
1	对比分析法	对比分析建设规模,建设标准,概算编制内容和编制方法,人、材、机单价等,发现设计概算存在的主要问题和偏差
2	主要问题复核法	对审查中发现的主要问题、有较大偏差的设计复核,对重要、关键设备和生产装置或投资较大的项目进行复查
3	查询核实法	对一些关键设备和设施、重要装置以及图纸不全、难以核算的较大投资进行多方查询核对,逐项落实

续表

序号	审查方法	介绍
4	分类整理法	对审查中发现的问题和偏差，对照单项工程、单位工程的顺序目录分类整理，汇总核增或核减的项目及金额，最后汇总审核后的总投资及增减投资额
5	联合会审法	在设计单位自审、承包单位初审、咨询单位评审、邀请专家预审、审批部门复审等层层把关后，由有关单位和专家共同审核

总之，设计概算的审查作为设计阶段造价管理的重要组成部分，需要有关各方积极配合，强化管理，从而实现基于建设工程全寿命期的全要素集成管理。

【例 5-15】

1. 审查工程设计概算时，总概算投资超过批准投资估算（　　）以上的，需重新上报审批。

A. 5%　　B. 8%　　C. 10%　　D. 15%

2. 下列方法中，不属于设计概算审查方法的是（　　）。

A. 分类整理法　　B. 对比分析法　　C. 联合会审法　　D. 利用手册审查法

【解】

第 1 题的答案为 C。

总概算投资超过批准投资估算 10%以上的，应进行技术经济论证，需重新上报进行审批。

第 2 题的答案为 D。

设计概算审查方法有对比分析法、查询核实法、联合会审法等。

5.4 施工图预算的编制与审查

施工图预算的编制模式如表 5-16 所示。工料单价法施工图预算编制程度示意图如图 5-24 所示。

表 5-16　施工图预算的编制模式

比较要点	定额计价模式	工程量清单计价模式
计价依据	国家、部门或地区统一规定的预算定额、单位估价表、取费标准	国家统一的工程量清单计价规范
计价过程	建设单位与施工单位均先根据预算定额中规定的工程量计算规则、定额单价计算直接工程费，再按照规定的费率和取费程序计取间接费、利润和税金，汇总得到工程造价	投标人依据企业自身的条件和市场价格对工程量清单自主报价
计价方法	工料单价法	综合单价法

5.4.1 施工图预算的概述和编制方法

1. 编制内容

施工图预算由建设项目总预算、单项工程综合预算和单位工程预算组成。建设项目总预算由单项工程综合预算的汇总而成，单项工程综合预算由组成本单项工程的各单位工程预算汇总而成，单位工程预算包括建筑工程预算和设备及安装工程预算。

知识拓展：施工图预算根据建设项目实际情况，可采用三级预算编制或二级预算编制形式。当建设项目有多个单项工程时，应采用三级预算编制形式，三级预算编制形式由建设项目总预算、单项工程综合预算、单位工程预算组成。当建设项目只有一个单项工程时，应采用二级预算编制形式，二级预算编制形式由建设项目总预算和单位工程预算组成。

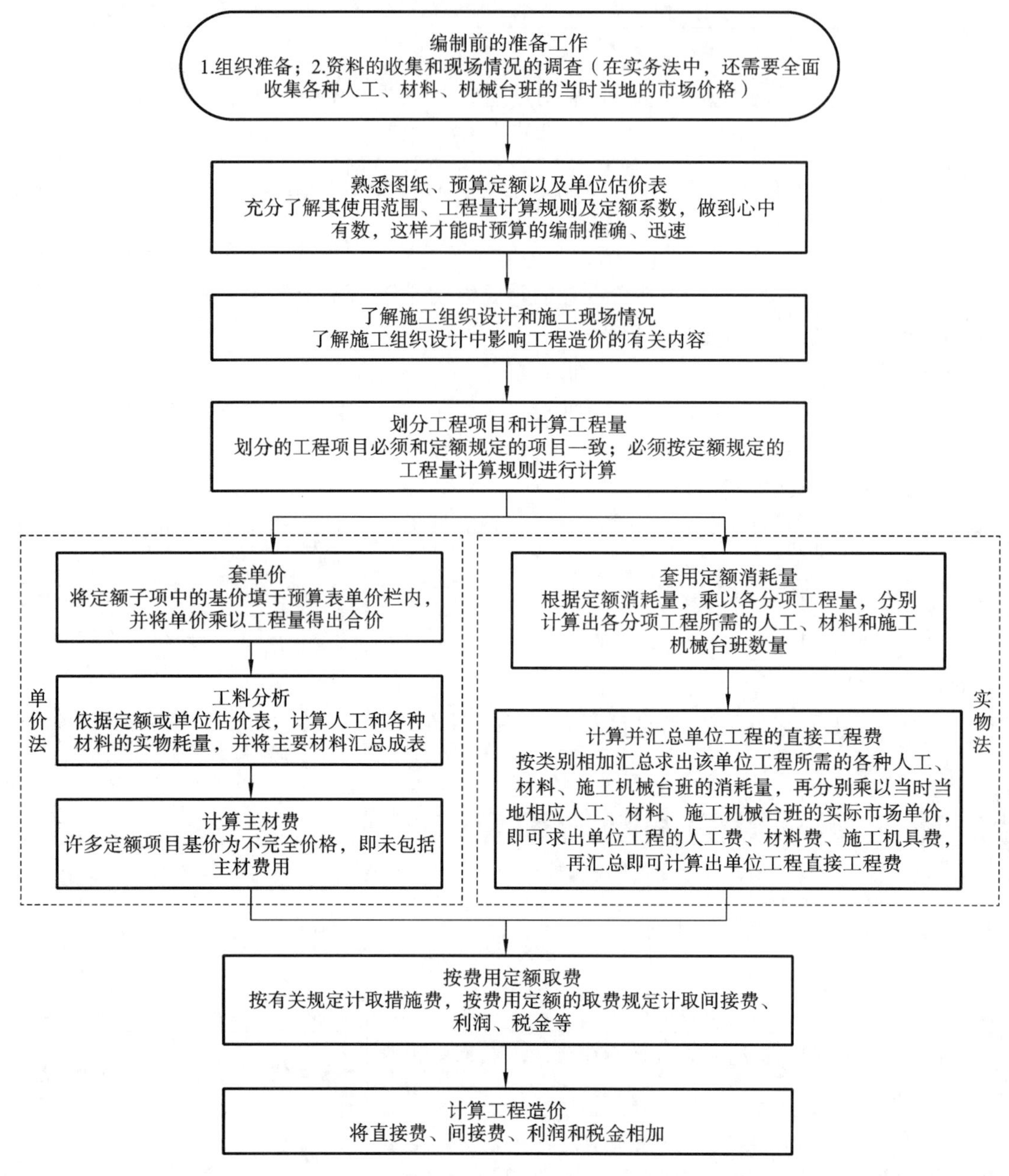

图 5-24　工料单价法施工图预算编制程序示意图

2. 各级预算文件的编制

各级预算文件的编制如表 5-17 所示。

表 5-17　各级预算文件的编制

<table>
<tr><th>预算书名称</th><th colspan="3">编制公式</th></tr>
<tr><td rowspan="6">单位工程施工图预算</td><td colspan="3">单位工程施工图预算＝建筑安装工程预算＋设备及工具、器具购置费</td></tr>
<tr><td rowspan="3">建筑安装工程预算</td><td>方法 1:工料单价法</td><td>Σ(子目工程量×子目工料单价)＋企业管理费＋利润＋规费＋税金</td></tr>
<tr><td>方法 2:综合单价法</td><td>分部分项工程费＋措施项目费</td></tr>
<tr><td colspan="2">注:综合单价＝人＋材＋机＋管＋利＋规＋税</td></tr>
<tr><td rowspan="2">设备及工具、器具购置费</td><td colspan="2">设备购置费＝设备原价＋设备运杂费</td></tr>
<tr><td colspan="2">工具、器具购置费(未达到固定资产标准)＝设备购置费×定额费费率</td></tr>
</table>

续表

<table>
<tr><td>预算书名称</td><td colspan="2">编制公式</td></tr>
<tr><td>单项工程综合预算</td><td colspan="2">单项工程综合预算＝$\sum$建筑工程预算＋$\sum$设备及安装工程预算</td></tr>
<tr><td rowspan="2">建设项目总预算</td><td>三级预算编制形式</td><td>建设项目总预算＝$\sum$单项工程综合预算＋工程建设其他费用＋预备费＋建设期利息＋铺底流动资金</td></tr>
<tr><td>二级预算编制形式</td><td>建设项目总预算＝$\sum$建筑工程预算＋$\sum$设备及安装工程预算＋工程建设其他费用＋预备费＋建设期利息＋铺底流动资金</td></tr>
</table>

【例 5-16】

1. 某单项工程的建筑工程预算为 1000 万元，安装工程预算为 500 万元，设备购置费为 600 万元，未达到固定资产标准的工具、器具购置费为 60 万元，若预备费费率为 5%，则该单项工程的施工图预算为(　　)万元。

A. 1500　　B. 2100　　C. 2160　　D. 2268

2. 关于各级施工图预算的构成内容的说法中，正确的是(　　)。

A. 建设项目总预算反映施工图设计阶段建设项目的预算总投资

B. 建设项目总预算由组成该项目的各个单项工程综合预算费用相加而成

C. 单项工程综合预算由单项工程的建筑安装工程费和设备及工具、器具购置费组成

D. 单位工程预算由建筑工程预算和安装工程预算组成

3. 未达到固定资产标准的工具、器具购置费的计算基数一般为(　　)。

A. 工程建设其他费用　　B. 建设安装工程费

C. 设备购置费　　D. 设备及安装工程费

【解】

第 1 题的答案为 C。

单项工程综合预算包括建筑工程预算，安装工程预算，设备购置费和未达到固定资产标准的工具、器具购置费。

第 2 题的答案为 A。

选项 B 错误，建设项目总预算由该建设项目的各个单项工程综合预算和相关费用组成；选项 C 错误，编制的费用项目是各单项工程的建筑安装工程费、设备及工具、器具购置费和工程建设其他费用。选项 D 错误，单位工程预算包括建筑工程预算和设备及安装工程预算。

第 3 题的答案为 C。

工具、器具及生产家具购置费是指新建项目或扩建项目初步设计规定所必须购置的未达到固定资产标准的设备、仪器、工卡模具、器具、生产家具和备品备件的费用。其计算公式一般为工具、器具及生产家具购置费＝设备购置费×定额费率。

5.4.2 施工图预算的审查

1. 审查内容

对施工图预算进行审查，有利于核实工程实际成本，更有针对性地控制工程造价。施工图预算应重点审查工程量的计算；定额的使用；设备材料及人工、机械价格的确定；相关费用的选取和确定。

(1)工程量的计算。工程量的计算是编制施工图预算的基础性工作之一，施工图预算的审查，应从审查工程量开始。

(2)定额的使用。定额的使用应重点审查定额子目的套用是否正确。同时，对于补充的定额子目，要对其各项指标消耗量的合理性进行审查并按程序报批，及时补充至定额当中。

(3)设备材料及人工、机械价格的确定。设备材料及人工、机械价格受时间、资金和市场行情等因素的影响

较大，而且在工程总造价中所占比例较高，因此，应作为施工图预算的审查重点。

(4)相关费用的选取和确定包括审查各项费用的选取是否符合国家和地方有关规定，审查费用的计算和计取基数是否正确、合理。

2. 审查方法

施工图预算的常用审查方法如表5-18所示。

表5-18　施工图预算的常用审查方法

序号	审查方法	介绍	优点	缺点
1	全面审核法	又称逐项审核法，是指按预算定额顺序或施工的先后顺序，逐一进行审核	全面、细致、审查的质量高	工作量大、审核时间较长
2	标准预算审查法	是指对于利用标准图纸或通用图纸施工的工程，先集中力量编制标准预算，然后以此为标准对施工图预算进行审查	审查时间较短、审查效果好	应用范围较小
3	分组计算审查法	是指将相邻且有一定内在联系的项目编为一组，审查某个分量，并利用不同量的相互关系判断其他几个分项工程量的准确性	可加快工程量审查的速度	审查的精度较差
4	对比审查法	是指用已完工程的预结算或虽未建成但已审查修正的工程预结算对比审查拟建类似工程的施工图预算	审查速度快	需要具有较为丰富的相关工程数据库作为开展工作的基础
5	筛选审查法	属于一种对比方法，即对数据加以汇集、优选、归纳，建立基本值，并以基本值为准进行筛选，对于未被筛除的，即不在基本值范围内的数据进行较为详尽的审查	便于掌握、审查速度较快	有局限性，较适用于住宅工程或不具备全面审查条件的工程项目
6	重点抽查法	是指抓住工程预算中的重点环节和部分进行审查	重点突出、审查时间较短、审查效果较好	对审查人员的专业素质要求较高，在审查人员经验不足或了解情况不够的情况下，极易造成判断失误，严重影响审查结论的准确性
7	利用手册审查法	是指将工程常用的构配件事先整理成预算手册，按手册对照审查		
8	分解对比审查法	是将一个单位工程按直接费和间接费进行分解，然后再将直接费按工种和分部工程进行分解，分别与审定的标准预结算进行对比分析		

【例5-17】

1. 审查施工图预算应从审查(　　)开始。

A. 定额使用　　B. 工程量　　C. 设备材料价格　　D. 人工、机械使用价格

2. 下列方法中，属于施工图预算的常用审查方法的有(　　)。

A. 筛选审查法　　B. 对比审查法　　C. 重点抽查法　　D. 利用手册审查法

3. 分组计算审查法审查施工图预算的特点是(　　)。

A. 可加快工程量审查的进度，但审查精度较差　　B. 审查质量高，但审查时间较长

C. 应用范围广，但审查工作量大　　D. 审查效果好，但应用范围有局限性

【解】

第1题的答案为B。

施工图预算应重点审查工程量的计算；定额的使用；设备材料及人工、机械价格的确定；相关费用的选取和

确定。施工图预算的审查，应从审查工程量开始。

第 2 题的答案为 ABCD。

参考表 5-18。

第 3 题的答案为 A。

分组计算审查法是指将相邻且有一定内在联系的项目编为一组，审查某个分量，并利用不同量的相互关系判断其他几个分项工程量的准确性。其优点是可加快工程量审查的速度；缺点是审查的精度较差。

5.5 基于 BIM 的设计阶段的工程造价管理

1. BIM 技术应用对设计单位的价值

在建筑全生命周期中，设计阶段是一个至关重要的阶段。设计方案的优劣，决定了建筑全生命周期后续阶段的成败，例如，设计方案的瑕疵，有可能增加施工阶段的技术难度并导致成本较高，同时有可能造成运营维护阶段的成本较高。因此，建设单位对施工阶段的关注度一般都很高。设计单位应用相关的信息技术，可以提高设计效率和质量，降低设计成本，提高设计水平。

20 世纪 80 年代以来，计算机辅助设计（CAD）技术已经逐步被我国设计单位所接受，至 2000 年，绝大部分设计单位已经实现了“甩掉图板”。BIM 技术的采用，将进一步提高设计单位的设计水平。BIM 技术给设计单位带来的应用价值，主要有以下几个方面。

1）有效支持方案设计和初步分析

在建筑全生命周期中，最重要的阶段是设计阶段，而在设计阶段中，最重要的环节是方案设计和初步分析。因为，方案设计的质量直接影响最终设计的质量。在大型建筑工程的设计过程中，往往需要形成多个设计方案，并进行初步分析，在此基础上进行外观、功能、性能等多方面的比较，从中确定最优方案作为最终设计方案，或在最优方案的基础上进一步调整形成最终设计方案。

BIM 技术对方案设计和初步分析的支持主要体现在两方面。一方面，利用基于 BIM 技术的方案设计软件，在设计的同时建立基于三维几何模型的方案模型，可以使设计方案在软件中立即以三维模型的形式直观地展示出来。设计者可以将模型展示给设计委托单位的代表进行设计方案的讨论，如果后者提出调整意见，设计者当场就可以进行修改，并进行直观的展示，从而可以加快设计方案的确定。另一方面，BIM 技术支持设计者快速进行各种分析，得到所需的设计指标，例如能耗、交通状况、全生命周期成本等。如果没有 BIM 技术，这一工作往往需要设计人员在不同的计算机软件中分别建立不同的模型，然后进行分析。BIM 技术的使用，使在计算机软件中建立模型这一极其烦琐的工作不再必要，只要直接利用方案设计过程中建立的模型就可以了。

2）有效支持详细设计及其分析和模拟

详细设计是对方案设计的深入，通过它形成最终设计结果。与方案设计环节类似，详细设计通过使用基于 BIM 技术的详细设计软件，可以高效地形成设计结果；使用基于 BIM 技术的分析和模拟软件，可以高效地进行各种建筑功能和性能的分析及模拟，包括日照分析、能耗分析、室内外风环境分析、环境光污染分析、环境噪声分析、环境温度分析、碰撞分析、成本预算、垂直交通模拟、应急模拟等。通过多方面的定量分析和模拟，设计者可以更好地把握设计结果，并可以对设计结果进行调整，从而得到优化后的设计结果。而所有这些分析和模拟工作，由于采用 BIM 技术以及基于 BIM 技术的应用软件，相对于传统的设计方法，即使设计工期很紧，也可以从容地完成，对设计质量的提高起到十分重要的推动作用。

3）有效支持施工图绘制

从理论上讲，一旦获得了建筑工程基于三维几何模型的 BIM 数据，就可以通过基于 BIM 技术的 BIM 工具软件，自动生成二维设计图，实际上，BIM 工具软件也已经实现了这一点。多年来，绘制施工图是设计人员设计工作中最为繁重的工作，现在，使用基于 BIM 技术的设计软件，可以在这方面大大地解放他们，从而使得他们更好地将精力集中在设计本身上。

值得一提的是，在传统的设计中，如果发生了设计变更，设计软件需要找出设计图中所有涉及的部分，并逐个进行修改。如果利用基于 BIM 技术的设计软件，只需对设计模型进行修改，相关的修改都可以自动地进行，这就避免了修改的疏漏，从而可以提高设计质量。

4)有效支持设计评审

在设计单位进行的设计评审主要包括设计校核、设计审核、设计成果会签等环节。传统的设计评审是使用二维设计图完成的。如果利用 BIM 技术进行设计，设计评审都可以在三维模型的基础上进行，评审者一边直观地观察设计结果，一边进行评审。特别是设计成果会签前，可以利用基于 BIM 技术的碰撞检查软件，自动进行不同专业设计结果的冲突检查，相对于传统的对照不同专业的二维设计图人工审核是否有冲突之处，不仅工作效率可以得到成倍提高，而且可以大幅度提高工作质量。

2. 基于 BIM 技术的成本控制工作流程

(1)基于 BIM 技术的工程预算。基于 BIM 技术的工程预算是成本控制的基础工作，为事前成本计划提供数据依据，主要包括基于 BIM 技术的工程算量和工程计价两部分内容。

(2)建立基于 BIM 技术的 5D 模型。主要工作是在三维几何模型的基础上，将进度信息和工程预算信息与模型关联，形成基于 BIM 技术的 5D 模型，为施工过程中的动态成本控制提供统一的数据模型。

(3)成本过程控制。成本过程控制指在施工过程中，根据 5D 模型进行材料、计量、变更等过程控制。

(4)动态成本分析。动态成本分析指在施工过程中，及时将分包结算、材料消耗、机械结算等实际成本信息关联到 5D 模型，实现多维度、细粒度的动态成本三算对比(合同收入、预算成本和实际成本对比)分析，从而及时发现成本偏差问题，并制订改正措施。

基于 BIM 技术的工程预算软件，目前主要有广联达公司的 GCCP(GCL 和 GBQ)、鲁班的 LubanAR、斯维尔 THS－3DA、神机妙算等软件，本书主要以广联达公司的 GCCP 软件进行应用展示。设计及施工过程中的成本控制，主要使用的是基于 BIM 技术的 5D 管理软件，目前主流的基于 BIM 技术的 5D 管理软件有德国 RIB 公司的 iTWO 软件、美国 VicoSoftware 公司的 Vico 软件、英国的 Sychro 软件等，本书主要以广联达公司的斑马软件结合 BIM 5D 软件进行应用展示。

3. 基于 BIM 技术的成本控制的特点

基于 BIM 技术的 5D 模型为施工成本控制提供了一个统一的信息集成模型，该模型能够实现全过程、全方位的精细化动态成本管理和控制，满足施工过程成本控制的最优化。基于 BIM 技术的成本控制的特点有四个方面。

1)信息集成

5D 模型集成成本及相关业务的各种信息，通过 5D 管理软件进行施工成本管理和控制，通过三维的模型构件形象地管理项目资源，准确快速地提取工程量和价格信息，辅助实现施工成本动态管理。但是，5D 模型的信息集成工作不是一步完成的，需要在管理过程中根据工程进展情况进行集成。这是因为，5D 管理软件偏重于管理，很难在 5D 管理软件中完成单项专业化工作，单项专业化工作仍然需要使用专业 BIM 软件完成，然后将附带专业信息的模型导入 5D 管理软件。例如，当发生变更时，基于 BIM 技术的算量软件计算变更工程量，然后将带有变更信息的模型重新集成到 5D 模型。

2)基于 5D 模型的精细化成本控制

传统成本管理软件中，成本业务数据分散在各个业务部门，通过人工收集后进行拆分、统计和分析。信息化手段主要通过手工填报表单配合工作流进行成本控制。这些方式工作量大，数据实效性不强，统计分析粒度粗，而且不直观。5D 模型关联了进度和清单信息，在施工过程中，根据进度和实际成本运行情况，及时更新 5D 模型，基于模型快速准确地实现成本的动态汇总、统计、分析，从时间、部位、分包方等多维度，精细化实现三算对比分析，满足成本精细化控制需求。

3)基于 5D 模型的全过程成本控制

5D 模型提供了一个真实、准确的可视化工程信息集成模型，在施工过程中以统一的口径管理不同业务数据，并能够在正确的时间为不同业务管理者提供及时、准确的成本信息，5D 模型的应用贯穿于整个施工成本控制过程。如图 5-9 所示，在施工项目准备阶段，工程预算信息就集成在 5D 模型中，通过关联进度计划，进行资源模拟，优化资源配置，辅助编制成本计划。在施工过程中，5D 模型可以准确及时申报需求计划，并指导材料采购；提高计量工作的效率，加强变更的管理；及时分析实际成本，实现成本动态统计分析。在竣工结算阶段，基于统一的5D模型进行结算。5D模型可以改变以往成本信息零碎、分散的局面，解决工程算不清，讲不清，成本资料信息查找、追溯困难等问题，实现全过程的成本控制。

4)基于5D模型的协同共享

设计概算控制内容及控制工具如表5-19所示。

表5-19　设计概算控制内容及控制工具

关键控制点	核心内容	控制工具	控制依据
投资限额的分配	1.项目利益相关者的诉求分析 2.各个设计专业投资限额的分配	1.利益相关者分析 2.限额设计 3.价值工程	1.国家相关法律、法规 2.类似工程技术经济指标
设计方案的优选和优化	1.基于价值管理的设计方案优选和优化 2.基于项目可施工性和可建筑性的设计方案优选和优化	1.价值工程(VE) 2.可建筑性、可施工性	1.国家相关法律、法规 2.各个设计专业的设计规范、标准和规程 3.批准的项目建议书和可行性研究报告 4.设计阶段的设计规划方案
设计概算和施工图预算的编制和审查	1.合理确定项目的工程量 2.合理利用概算定额、预算定额等计价依据 3.合理确定工料价格 4.检验各个设计专业投资限额的执行情况	1.概算定额法、概算指标法、类似工程预算法、预算单价法、扩大单价法 2.综合单价法、工料单价法 3.对比分析法、查询核实法、联合会审法 4.全面审查法、标准预算审查法、对比审查法等	1.国家相关法律、法规以及概算定额，相关的取费标准以及地区的材料价格等 2.可行性研究文件、初步设计任务书、初步设计说明书和初步设计图纸等文件 3.详细的地质勘察资料 4.现行的有关设备原价及运杂费率 5.初步设计审查意见 6.类似工程技术经济指标等

工程的特点是标准化程度低，过程影响因素多，项目参与方众多等，工程施工过程中很多与成本相关的业务信息需要及时交流和共享。5D管理软件建立以5D模型为核心的交流和协作方式，为项目管理人员提供了一个成本数据协同共享的平台。项目管理者在统一的5D模型上进行业务数据处理、交换，信息交流变得通畅、及时、准确，不受时间、地点的限制；每一次信息的变更、提供和交流都有据可查，提高了参与各方获得信息的效率，降低了获得信息的成本，最大限度地降低信息的延误、错误造成的浪费、损失及返工；随时了解、监督工程的进度，适时支付分包进度款，及时发现问题，控制整个工程的质量，控制成本。成本信息在施工过程中快速准确地流动起来，工作效率大大提高。成本控制从传统的杂乱无章的信息共享方式，变成井然有序的信息协同共享方式。需求分析的基本过程如图5-25所示。

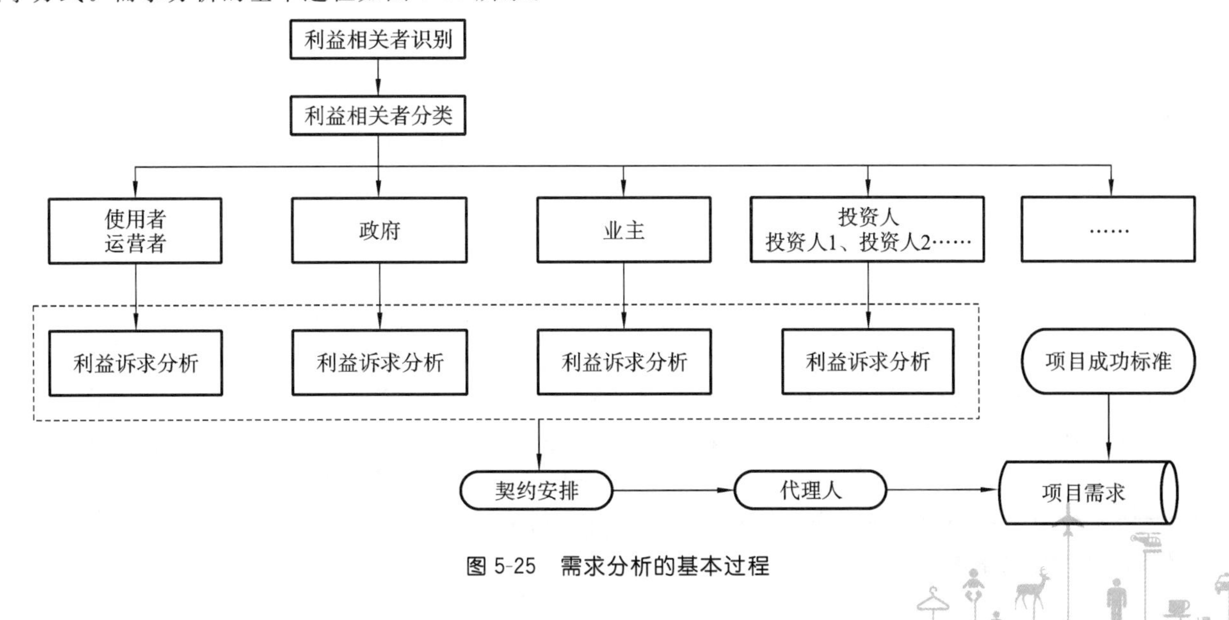

图5-25　需求分析的基本过程

4.基于BIM技术的成本过程控制

1)成本计划的介绍

成本计划需要根据工程预算和施工方案等确定人员、材料、机械、分包等成本控制目标和计划,并依据进度计划确定人员和资源的需求数量、进场时间等,最后编制合理的资金计划,对资金的供应进行合理安排。

基于BIM技术编制成本计划提高了编制的效率和计划的合理性。在效率方面,5D模型中,每个构件都关联了时间和预算信息,包括构件工程量和资源消耗量,因此,可以根据施工进度模拟,自动统计出相应时间点消耗的人、材、机数量和资金需求,从而快速确定合理的成本内控目标。在计划的合理性方面,5D模型支持资源方案的模拟和优化,通过模拟不同施工方案不合理的地方,从而通过调整进度、工序和施工流水等模拟,使不同施工周期的人、材、机需求量达到均衡,据此确定各个业务活动的成本费用支出目标,编制合理可行的成本计划。

以广联达公司的BIM 5D软件为例,通过进度模拟功能,软件动态地输出资源需求数据,显示混凝土和钢筋的用量曲线。同时自动生成资金需求曲线,辅助制订合理的方案。

BIM 5D系统是基于BIM模型的集成应用平台,通过三维模型数据接口集成土建、钢构、机电、幕墙等多个专业模型,并以BIM集成模型为载体,将施工过程中的进度、合同、成本、工艺、质量、安全、图纸、材料、劳动力等信息集成到同一平台,利用BIM模型的形象直观、可计算分析的特性,为施工过程中的进度管理、现场协调、合同成本管理、材料管理等关键过程及时提供准确的构件几何位置、工程量、资源量、计划时间等,帮助管理人员进行有效决策和精细管理,减少施工变更,缩短项目工期、控制项目成本、提升质量。

软件还能模拟各期施工任务计划,输出各期动态资源、资金柱状图,通过柱状图对比发现成本过高或过低的地方,然后检查对应的成本计划,发现成本计划不合理的地方,进行优化,直至合理。

2)编制成本计划

成本控制中最重要的是对占项目成本60%~70%的材料进行控制。传统的材料需求计划编制时,需要各参与方协同工作,施工人员准确掌握进度情况,预算人员反复熟悉和分析图纸,材料人员盘点库存,各方数据汇总分析后,编制准确、合理的材料需求计划,指导采购,并在现场指导限额领料。由于图纸理解不清,进度计划经常进行调整,容易造成材料需求计划不准确、采购浪费、限额领料缺乏控制依据等问题。因此,材料需求计划的准确性、及时性对于实现精细化材料成本管理和控制至关重要。

5D管理软件基于进度计划,得到计划完成的模型部位,并自动统计计划完成工程量和材料需用量,并且精确提供每个施工任务、每个部位所需材料量,指导限额领料。

(1)材料需求计划的编制。

基于BIM技术的5D管理软件可以快速、准确地编制材料需求计划。5D模型具有工程量和资源消耗量信息,计划人员选择模型部位,软件可以统计出相应模型相关的资源消耗量,并按照楼层、时间段进行统计,形成材料需求计划,为日提量计划、月备料计划、总控物资计划提供依据。同时,材料需求计划数据能够导出为Excel,材料采购人员在此基础上编制材料采购计划。此外,物资需求计划还可以与材料管理系统集成,在材料管理系统中合并多项目材料需求计划,指导公司编制材料采购计划,发起采购流程。材料采购过程能方便地追溯材料需求计划,并定位到具体的材料需求部位,从而根据施工进度任务安排合理安排材料进场。

(2)限额领料。

限额领料是以施工班组为对象,根据施工任务单中各项材料需用量签发限额领料单,材料管理人员根据领料单发料。但是,实际工作中限额领料会遇到很多困难,主要原因是施工过程中图纸有变化、进度调整、材料管理人员的计划数据没有及时更新,或是根本没有编制材料需求计划,也没有方便快捷获得材料需求计划数据的方法。

基于BIM技术的5D管理软件集成了各种材料信息,为限额领料提供了统一的材料实时查询平台,并且能按照楼层、部位、工序、分包等查询材料需求量。特别是5D模型集成钢筋翻样模型后,还能够对钢筋用量进行准确控制。当施工班组进行领料时,材料管理人员通过5D模型查看领料部位的材料需求量从而控制领料,并将实际的领料数据存储在5D模型上。5D管理软件还可以通过将材料计划用量和累计领料数据对比,进行材料的超预算部位的预警提示。以广联达公司的BIM 5D软件为例,物资查询能根据选择的部位、时间段、分包合同等计算物资量,并导出为Excel,进而进行物资采购计划的编制。该软件可以根据专业分包流水段提取材料量,帮助分包工作范围的限额领料。

5. 施工阶段造价管理工作流程

1)用斑马软件进行进度计划的优化

单位工程进度计划是项目完成时间的计划，包括控制性计划和指导性计划，形式有图表(水平、垂直)型及网络图型，是施工组织设计的核心内容。其内容应包括确定主要分部分项工程名称及施工顺序，确定各施工过程的延续时间，明确各施工过程的衔接、穿插、平行、搭接等协作配合关系等。合理安排施工计划，组织有节奏、均衡、连续的施工是指导现场施工的方法，可以确保施工进度和工期；也是编制后续资源计划、施工场地布置设计的依据。用斑马软件进行进度计划的优化如图 5-26 所示。

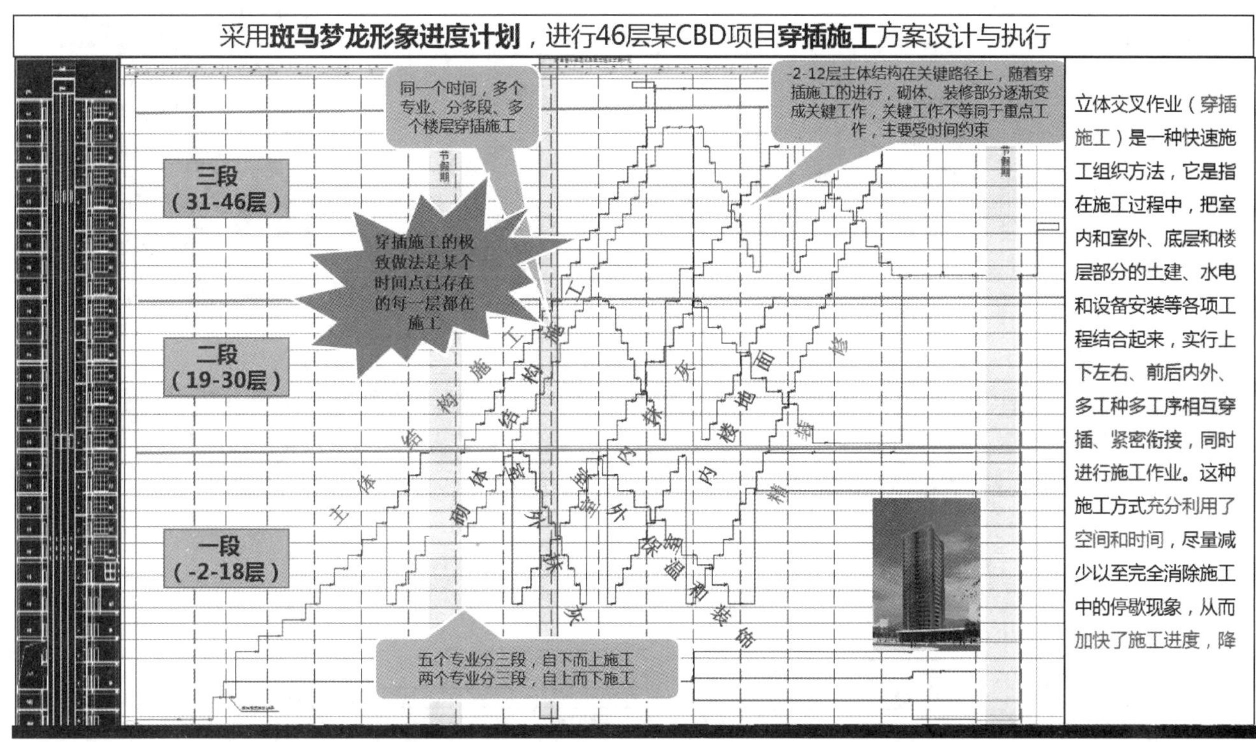

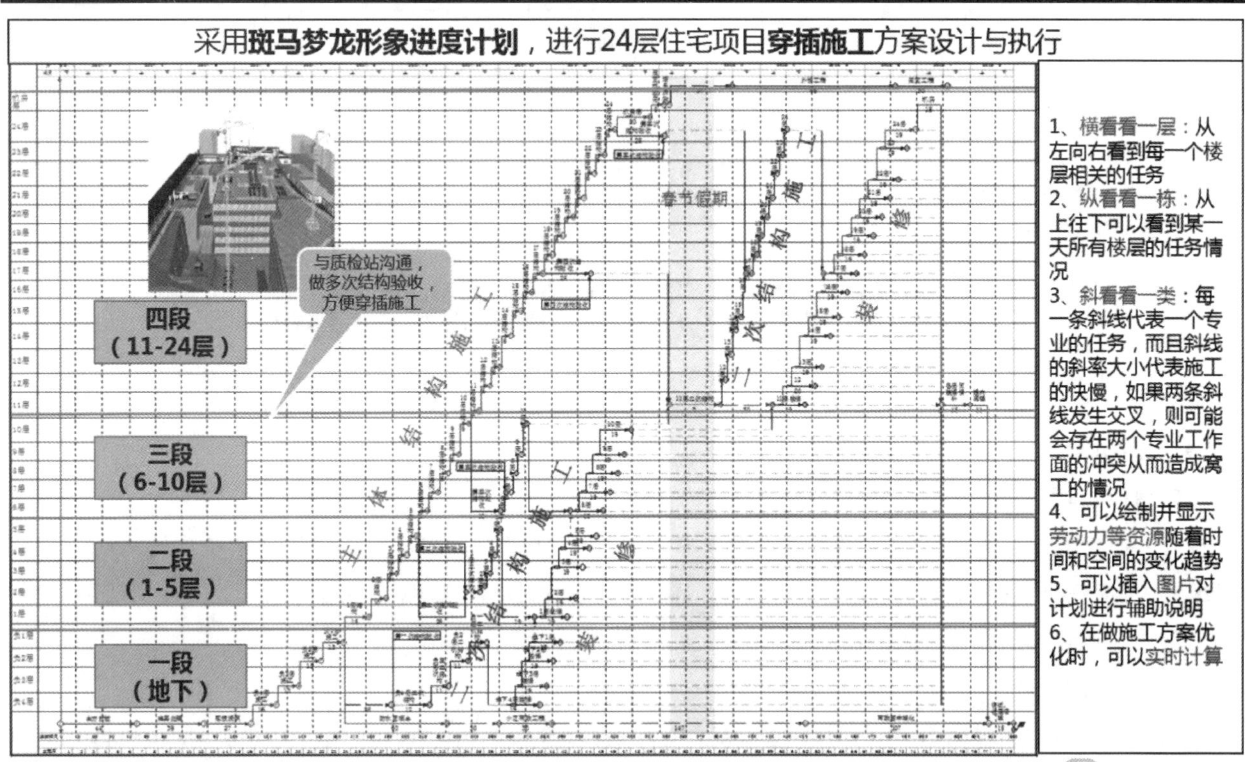

图 5-26　用斑马软件进行进度计划的优化

2)用 GCCP 进行设计概算

用 GCCP 进行设计概算见案例分析。

案例分析

【专业宿舍楼概算案例】

案例相关 PPT 及项目资料的二维码如图 5-27 所示。

图 5-27　案例相关 PPT 及项目资料的二维码

案例背景:本工程在投资估算的控制下由设计单位根据初步设计的图纸和说明进行设计,请根据图纸完成概算工程量的计算,根据概算定额以及相关资料完成工程项目的单项工程概算。

项目概况:本次招标为广联达专用宿舍楼工程施工。

建设地点:北京市海淀区广联达办公大厦北侧。

建设规模:总建筑面积为 1732.48 平方米,基底面积为 836.24 平方米。建设项目包括土方工程(含红线内现场原有建筑渣土清理外运)、基坑支护工程(包括地下主体结构施工完成后必要的支护构件拆除)、降水工程、地基与基础工程、结构工程、二次结构工程、初装修工程、屋面工程、防腐保温工程、机电工程预留预埋。

工程投资分析:本工程概算由建筑工程费、安装工程费、设备购置费及其他费用组成,总投资为 530 万元,其中工程费用为 420 万元,工程建设其他费用为 80 万元,预备费为 30 万元。

【解析思路】

概算组成如图 5-28 所示。

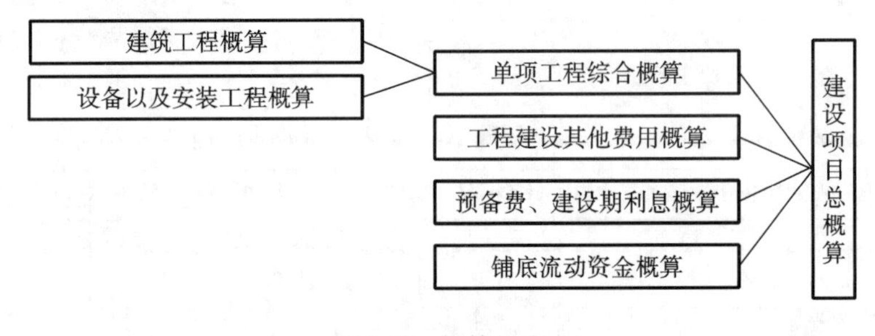

图 5-28　概算组成

处理流程如图 5-29 所示。

图 5-29　处理流程

【案例解析】

1. 新建概算项目

打开 GCCP 6.0,在广联达云计价平台界面左侧点击“新建概算”。在定额项目界面中依次输入项目名称、项目编码,定额标准、安全文明,由于该项目位于北京,因此选择适合北京地区的定额,点击“立即新建”,完成概算项目的新建操作,如图 5-30 所示。

2. 新建单位工程

进入概算项目编制界面后,左侧导航栏形成了建设项目、单项工程和单位工程三级预算,双击可修改名称。鼠标右键单击单位工程可新建、删除、重命名单位工程。本项目新建了建筑装饰工程,如图 5-31 所示。

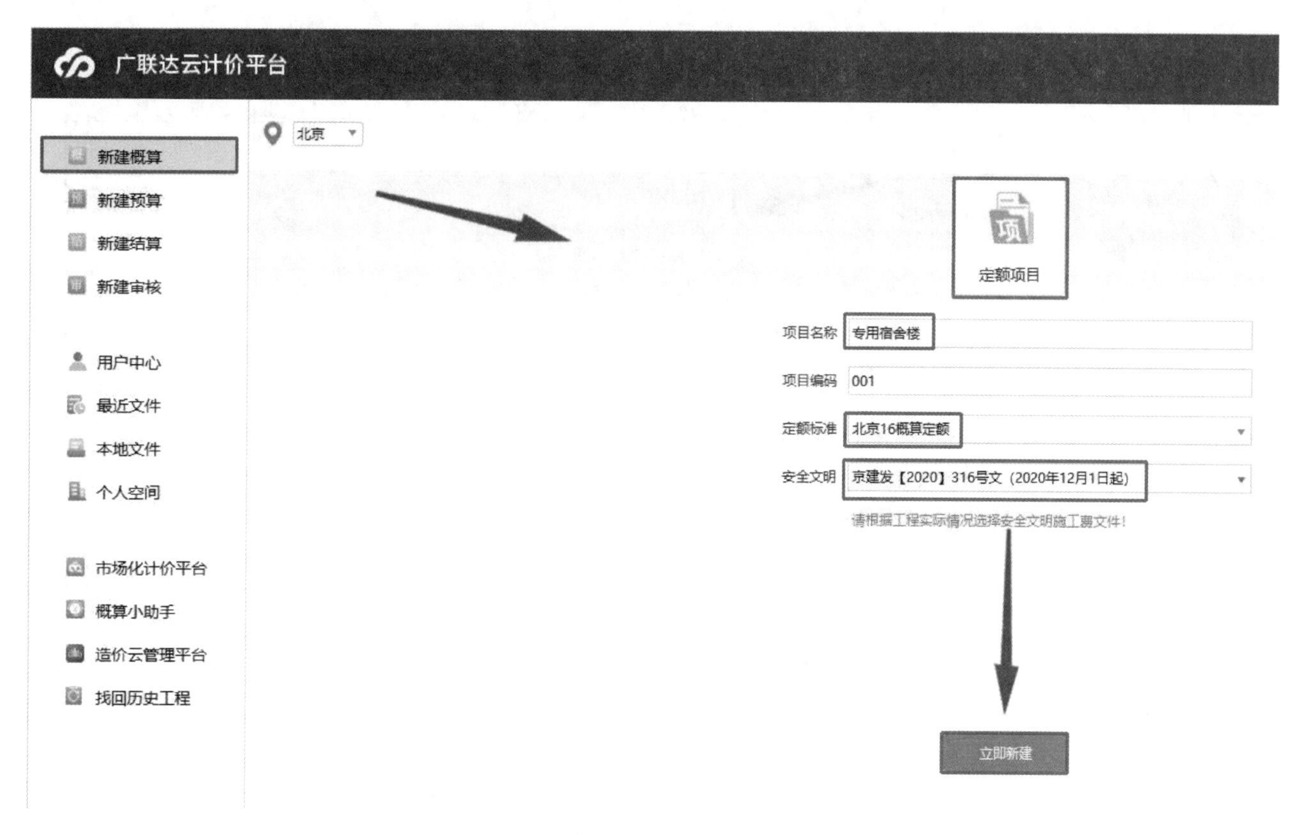

图 5-30　新建概算项目

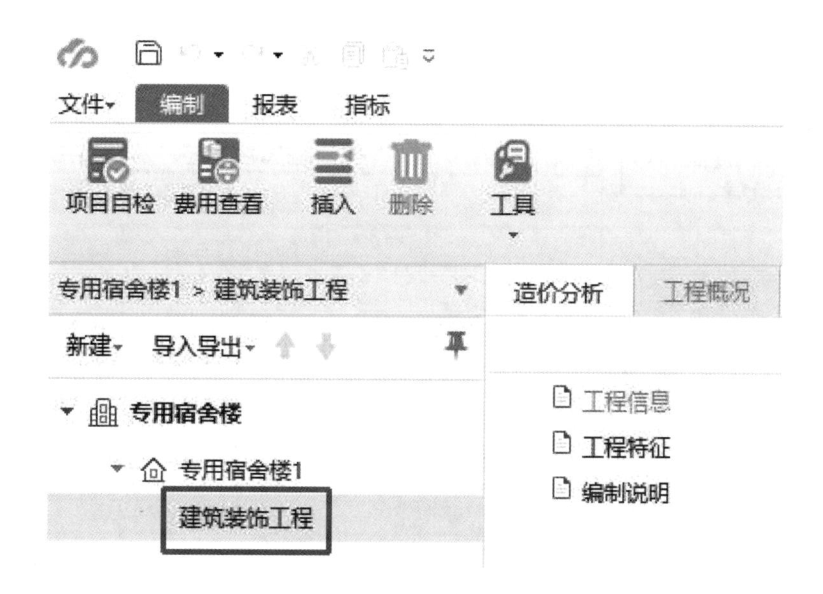

图 5-31　新建单位工程

3. 编制工程概况

编制工程概况根据初步设计图纸和相关信息编制工程信息、工程特征和编制说明等，如图 5-32 所示。

4. 进行取费设置

在 GCCP 6.0 软件中进行取费设置，可以在导航栏将工作界面切换到建设项目界面，在该界面单击“取费设置”按钮，然后在工作区根据工程项目的实际情况对建筑工程和安装工程的“取费条件”进行选择，软件会依据相应地区对企业管理费、利润、安全文明施工费、规费和税金的取费规定，结合用户选择的取费条件，自动确定相关费用的费率，如图 5-33 所示。

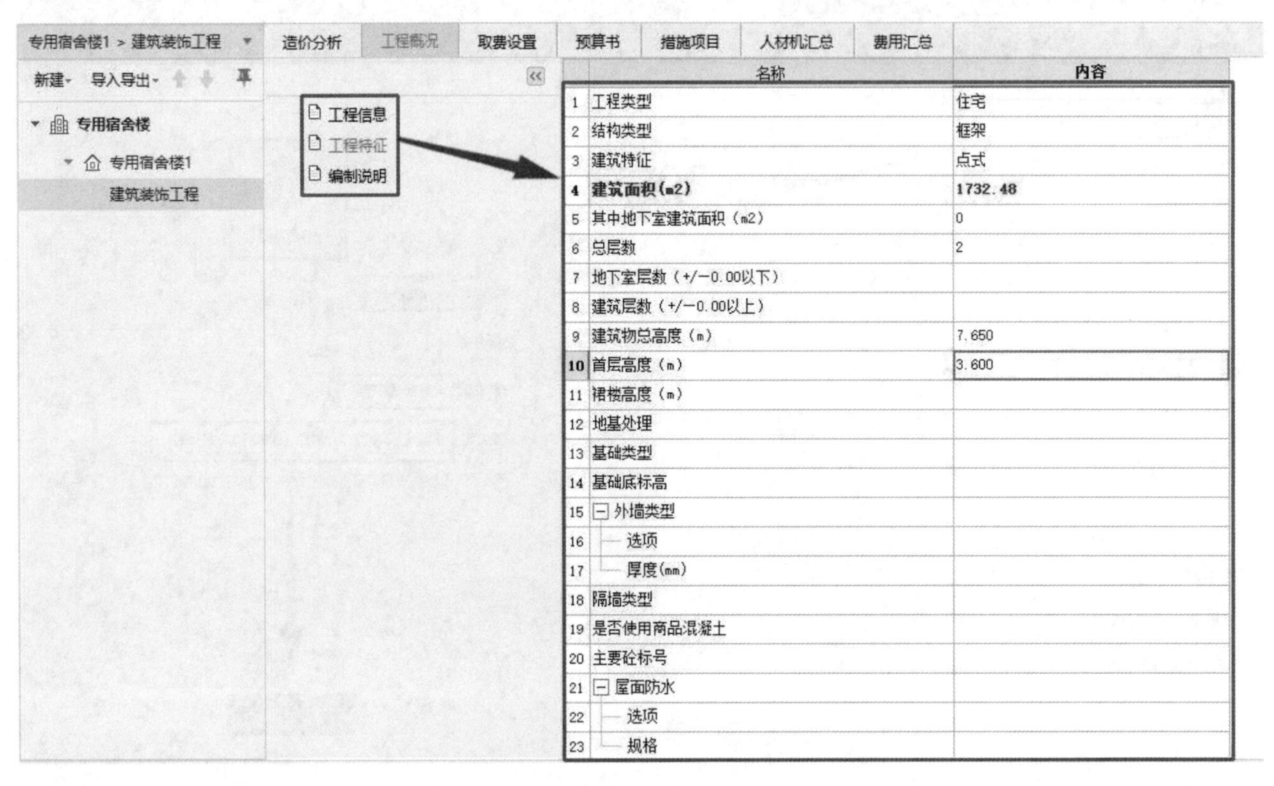

图 5-32　工程概况编制

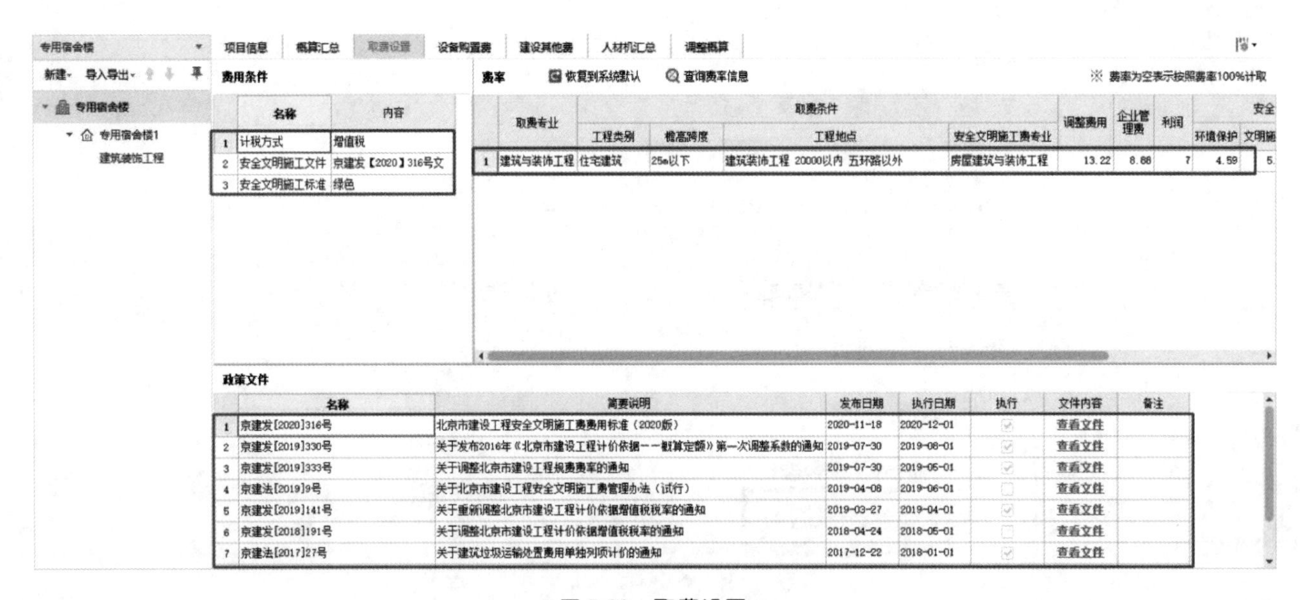

图 5-33　取费设置

5. 导入算量文件

根据初步设计图纸(已经达到一定深度),通过算量软件完成工程量的计算,并在算量软件中完成概算定额的套用,将算量文件导入概算工程,完成实体部分,如图 5-34 和图 5-35 所示。

6. 编制措施项目

总价措施:依据项目实际情况及北京市 16 预算定额的相关规定,需调整措施费费率。单价措施:根据项目实际情况及工程图纸,将模板、脚手架、垂直运输等计入措施项目,以工程量计价。编制措施项目如图 5-36 所示。

图 5-34　项目导入 Excel 文件、外部工程或算量文件

图 5-35　导入算量文件界面

7. 人、材、机汇总及价差调整

编制工程概算套取定额的过程中采用的是 16 概算定额的价格，与实际相差较大，须按照当时北京市相应期的信息价进行价格的调整。进入“人材机汇总”→载价→导入价格信息，如图 5-37 所示。载价详见单元 6 中的招标控制价编制。

8. 编制规费、税金并进行费用汇总

单位工程费用汇总主要是设置规费和税金的费率，最后汇总形成该单位工程的建筑安装工程费，如图 5-38 所示。

造价分析 | 工程概况 | 取费设置 | 预算书 | 措施项目 | 人材机汇总 | 费用汇总

	序号	类别	名称	单位	计算基数	费率(%)	工程量	单价	合价	取费专业	汇总类别	措施类别	备注
	⊟		措施项目										
	⊟一		措施费1						82253.92				
1	⊟1		安全文明施工费	项			1	203638.47	203638.47			安全文明施工费	
2	1.1		环境保护	项	ZJF+ZCF+SBF+JSCS_ZJF+JSCS_ZCF+JSCS_SBF	1.23	1	45212.15	45212.15			环境保护	
3	1.2		文明施工	项	ZJF+ZCF+SBF+JSCS_ZJF+JSCS_ZCF+JSCS_SBF	0.69	1	25362.91	25362.91			文明施工	
4	1.3		安全施工	项	ZJF+ZCF+SBF+JSCS_ZJF+JSCS_ZCF+JSCS_SBF	1.33	1	48887.94	48887.94			安全施工	
5	1.4		临时设施	m2	ZJF+ZCF+SBF+JSCS_ZJF+JSCS_ZCF+JSCS_SBF	2.29	1	84175.47	84175.47			临时设施	
6	2		夜间施工增加费	项	RGF+JXF	3	1	42587.07	42587.07			夜间施工费	
7	3		非夜间施工照明	项			1	0	0				
8	4		二次搬运费	项			1	0	0			二次搬运费	
9	5		冬雨季施工增加费	项			1	0	0			冬雨季施工费	
10	6		地上、地下设施、建筑物的临时保护设施	项	RGF	3	1	39666.85	39666.85				
11	7		已完工程及设备保护费	项			1	0	0			已完工保护费	
	⊟二		措施费2						18250				
12	⊟1		脚手架工程	项			1	18250	18250				
	17-1	定	脚手架工程 ±0.000以下工程有地下室层数 1层 建筑面积1000m2以内	m2			1000	18.25	18250	建筑与装饰工程			
		定					0	0	0	建筑与装饰…			
13	⊟2		混凝土模板及支架（撑）工程	项			1	0	0				
		定					0	0	0	建筑与装饰…			

图 5-36　编制措施项目

造价分析 | 工程概况 | 取费设置 | 预算书 | 措施项目 | 人材机汇总 | 费用汇总　　市场价合计:3675609.02　价差合计:297596.51

所有人材机：人工表、材料表、机械表、设备表、主材表

	编码	类别	名称	规格型号	单位	数量	预算价	市场价	市场价合计	价差	价差合计
1	870001	人	综合工日		工日	924.5736	96	115	106325.96	19	175
2	870002	人	综合工日		工日	5669.8932	96	131	742756.01	35	19844
3	870003	人	综合工日		工日	2890.7115	98	115	332431.82	17	491
4	870004	人	综合工日		工日	926.8928	126	161	149229.74	35	3244
5	RGFTZ	人	人工费调整		元	-105.8169	1	1	-105.82	0	
6	010001	材	钢筋	ф10以内	kg	30697.5471	2.62	2.62	80427.57	0	
7	010002	材	钢筋	ф10以外	kg	108423.4062	2.48	2.48	268890.05	0	
8	010138	材	垫铁		kg	30.753	3.98	3.98	122.4	0	
9	010390	材	直螺纹套筒	ф25以内	个	8145.6491	3.73	3.73	30383.27	0	
10	010409	材	直螺纹套筒	ф25以外	个	4688.5356	7.44	7.44	34882.7	0	
11	010480	材	钢筋	(综合)	kg	747.3798	2.54	2.54	1898.34	0	
12	020097	材	轻集料空心异形砌块		m3	10.8375	205.13	205.13	2223.1	0	

图 5-37　人、材、机汇总及价差调整

造价分析 | 工程概况 | 取费设置 | 预算书 | 措施项目 | 人材机汇总 | 费用汇总

	序号	费用代号	名称	计算基数	基数说明	费率(%)	金额	费用类别	备注	输出
1	1	A	人工费+材料费+施工机具使用费	ZJF+ZCF+SBF+CSXMHJ+JSCS_ZCF+JSCS_SBF	直接费+主材费+设备费+措施项目合计+技术措施项目主材费+技术措施项目设备费		3,961,677.00	直接费		☑
2	1.1	A1	其中：人工费	RGF+JSCS_RGF+ZZCS_RGF	人工费+技术措施项目人工费+组织措施人工费		1,330,748.31			☑
3	1.2	A2	摊销材料费+租赁材料费+其他材料费+机械费+其他机具费	TXCLF+ZLCLF+QTCLF+JXF_Y+QTJJF	摊销材料费+租赁材料费+其他材料费+机械费(元)+其他机具费		154,836.26			☑
4	1.3	A3	设备费	SBF+JSCS_SBF	设备费+技术措施项目设备费		0.00	设备费		☑
5	2	B	调整费用	A2	摊销材料费+租赁材料费+其他材料费+机械费+其他机具费	13.22	20,469.35	调整费用		☑
6	3	C	零星工程费	A+B	人工费+材料费+施工机具使用费+调整费用	0	0.00	零星工程费		☑
7	4	D	企业管理费	A + B + C	人工费+材料费+施工机具使用费+调整费用+零星工程费	8.88	353,614.60	企业管理费	按不同工程类别、不同檐高取不同的费率	☑
8	5	E	利润	A + B + C + D	人工费+材料费+施工机具使用费+调整费用+零星工程费+企业管理费	7	303,503.27	利润		☑
9	6	F	规费	F1 + F2	社会保险费+住房公积金费		262,955.86	规费		☑
10	6.1	F1	社会保险费	A1	其中：人工费	13.79	183,510.19	社会保险费	社会保险费包括：基本医疗保险基金、基本养老保险费、失业保险基金、工伤保险基金、残疾人就业保障金、生育保险。	☑
11	6.2	F2	住房公积金费	A1	其中：人工费	5.97	79,445.67	住房公积金费		☑
12	7	G	税金	A + B + C + D + E + F	人工费+材料费+施工机具使用费+调整费用+零星工程费+企业管理费+利润+规费	9	441,199.81	税金		☑
13	8		工程造价	A + B + C + D + E + F + G	人工费+材料费+施工机具使用费+调整费用+零星工程费+企业管理费+利润+规费+税金		5,343,419.89	工程造价		☑

图 5-38　规费、税金

9. 设备购置费计算

1)国内采购设备

国内采购设备是指项目所有人在设备采购过程中,向国内供应商采购的国产设备。国内采购设备的设备购置费主要由设备原价(出厂价、供应价、交货价等)和设备运杂费构成。用户在计取国内采购设备的设备购置费时,在“专用宿舍楼”界面下,单击“设备购置费”中的“国内采购设备”,在工作区填写采购设备的相关信息,软件即可根据用户输入的相关设备信息计算国内采购设备的采购价格。

国内采购设备案例:专用宿舍楼项目需要向国内 A 厂家采购空调 20 台,型号为 KT,产品出厂价为 5000 元/台,厂家负责安装,国内运杂费率为 5%;向国内 B 厂家采购全自动洗碗机一台,型号为 QZD-1,产品售价为 30 000 元/台,厂家负责安装,国内运杂费率为 5%,如图 5-39 所示。

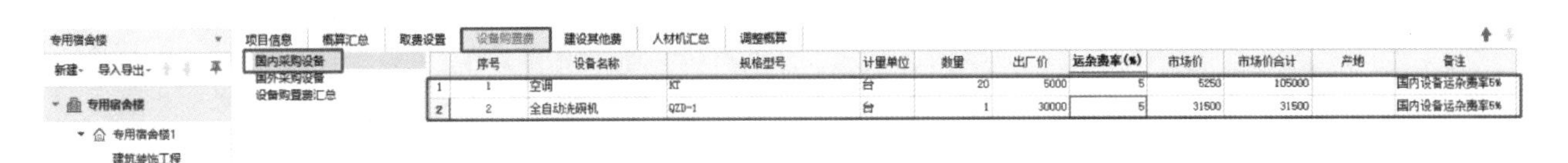

图 5-39　国内采购设备的设备购置费计算

2)国外采购设备

国外采购设备是指项目所有人在设备采购过程中,向国外供应商采购的进口设备。我国目前大多采用 FOB 交易价格采购国外设备,因此国外采购设备的设备购置费主要包括进口设备的到岸价(包括离岸价、国际运费、运输保险费)、进口从属费(包括银行财务费、外贸手续费、关税和增值税等)以及国内运杂费。其中,进口设备的到岸价与进口从属费构成了设备的抵岸价,也就是进口设备的原价。

由于国外采购设备的设备购置费的计算内容较多,需要分别计算上述各项费用,所以 GCCP 6.0 提供了“进口设备单价计算器”,以方便用户快速完成国外采购设备的设备购置费的计算。

国外采购设备案例工程中,专用宿舍楼项目需要从某国进口一套进口温湿节能控制系统,型号为 GTCS170,离岸价(FOB)为 50 000 美元,假设国际运费费率为 10%、运输保险费率为 0.3%、银行财务费率为 0.5%、外贸手续费率为 1.5%、关税税率为 22%、增值税税率为 17%、银行外汇牌价为 1 美元=6.454 5 元人民币、国内设备运杂费费率为 3%,则利用 GCCP 6.0 软件进行国外采购设备的设备购置费计算的操作流程为单击“设备购置费”中的“国外采购设备”,在工作区填写采购设备的相关信息(序号、编码、名称、规格型号、单位、数量和离岸价),单击工具栏中的“进口设备单价计算器”,如图 5-40 和图 5-41 所示。

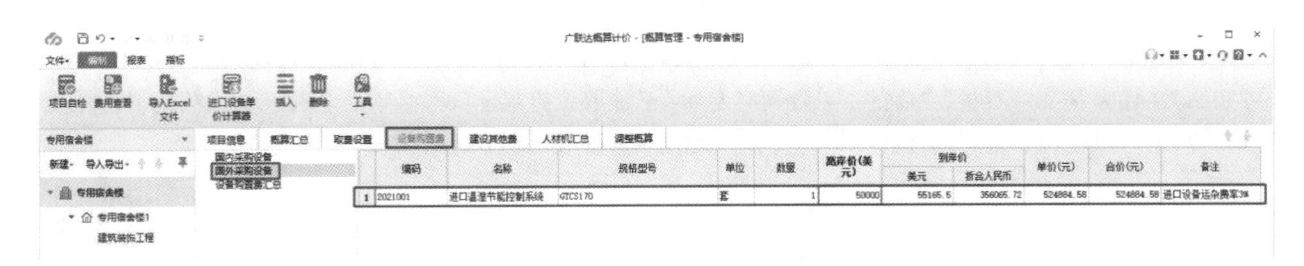

图 5-40　国外采购设备的设备购置费计算

3)设备购置费汇总

设备购置费汇总如图 5-42 所示。

10. 工程建设其他费用计算

工程建设其他费用是根据有关规定应在基本建设投资中支付的,并列入建设项目总概预算或单项工程综合概预算的,除建筑安装工程费和设备及工具、器具购置费以外的费用。

工程建设其他费用包括土地补偿费、青苗补偿费、安置补助费、建设单位管理费、研究试验费、生产职工培训费、办公和生活家具购置费、联合试运转费、勘察设计费、供电贴费、施工机构迁移费、矿山巷道维修费、引进技术和进口设备项目的其他费用等。

进口设备单价计算器

序号	费用代号	费用名称	取费基数	费率(%)	金额(元)	费用类别
1	FOB	离岸价(美元)	50000	100	50000	离岸价
	FOB1	离岸价(人民币)	FOB	100	322725	人民币
2	GJYF	运输费(美元)	FOB	10	5000	其他
3	BXF	保险费(美元)	FOB + GJYF	0.3	165.5	价内费
4	QTF1	其他费用(美元)	FOB + GJYF + BXF	0	0	其他
5	CIF	外币金额(美元)	FOB + GJYF + BXF + QTF1	100	55165.5	美元
6	CNY	折合人民币	CIF	100	356065.72	人民币
7	GS	关税	CNY	22	78334.46	其他
8	ZZS	增值税	CNY+GS	17	73848.03	其他
9	YHCWF	银行财务费	FOB1	0.5	1613.63	其他
10	WMSXF	外贸手续费	CNY	1.5	5340.99	其他
11	LP	抵岸价	CNY + GS + ZZS + YHCWF…	100	515202.83	其他
12	GNYF	国内运杂费	FOB1	3	9681.75	其他
13		设备单价	LP + GNYF	100	524884.58	设备单价

(美元 ⇌ 人民币)汇率: 6.4545　　计算　取消

图 5-41　进口设备单价计算器

序号		费用名称	计算基数	费率(%)	金额	备注
1	⊟	设备及工器具购置费用			661384.58	
2	1	生产性设备购置费	SBF	100	661384.58	
3	2	工器具购置费	SBF	0	0	
4	3	交通运输设备购置费	SBF	0	0	
5	4	生产家具购置费	SBF	0	0	

图 5-42　设备购置费汇总

一般情况下，按相关行业主管部门规定计算的其他费用，多用“计算基数×费率”和“数量×单价”进行取费；按市场价格计算的其他费用，多用“数量×单价”或者“总价”进行取费。因此，工程建设其他费用的计算方法可归结为“计算基数×费率”“数量×单价”和“总价”三种取费方式。GCCP 6.0 中融入了相关的取费依据，可以参考，也可以使用其他费用计算器进行计算，如图 5-43 和图 5-44 所示。

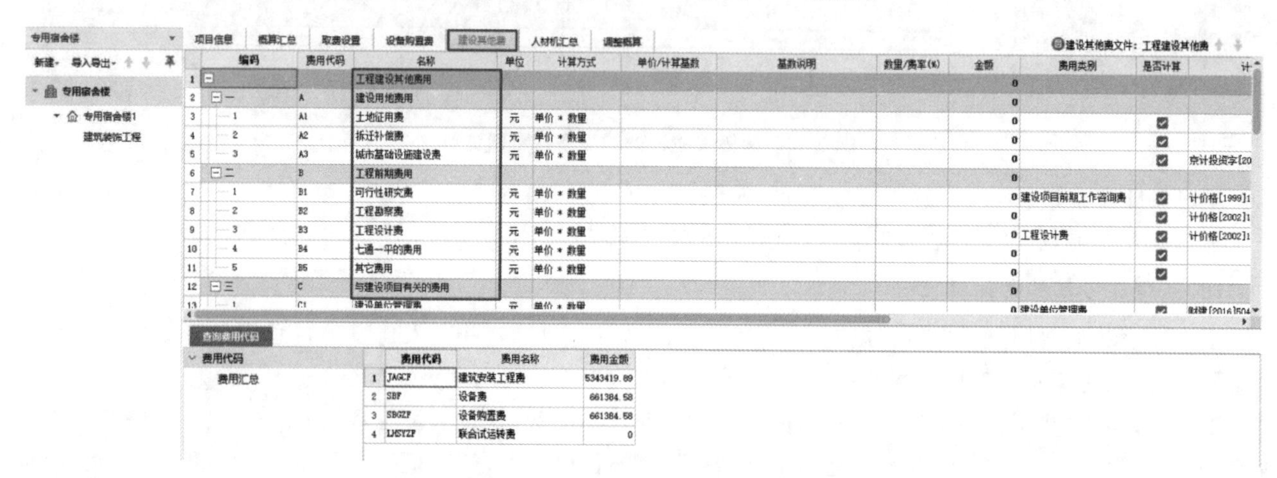

	费用代码	费用名称	费用金额
1	JAGCF	建筑安装工程费	5343419.89
2	SBF	设备费	661384.58
3	SBGZF	设备购置费	661384.58
4	LHSYZF	联合试运转费	0

图 5-43　工程建设其他费用计算

其他费用计算器

工程设计费
建设单位管理费
工程招标费
环境影响评价费
建设项目前期工作咨询费
工程监理费
工程造价咨询费

工程设计收费标准一览表	
计费额（万元）	收费基价（万元）
200	9
500	20.9
1000	38.8
3000	103.8
5000	163.9
8000	249.6
10000	304.8
20000	566.8

注：计费额>2,000,000万元的，以计费额乘以1.6%的收费率计算收费基价。

费用计算

计费额：600.480447 万元　专业调整系数：1

工程复杂程度调整系数：1　附加调整系数：1

其他设计收费：0 万元　浮动幅度值：0

工程设计费：24.4972 万元

计算过程：(24.4972000026*1*1*1+0)* (1+ 0) = 24.4972

查看　应用

图 5-44　其他费用计算器

11. 概算汇总

建设项目总概算除了各单项工程中的建筑安装工程费，设备及工具、器具购置费用以及工程建设其他费用外，还包括预备费（基本预备费和价差预备费）和建设期利息。如果是生产经营性项目，还需要计算铺底流动资金。

GCCP 6.0 软件内置了国内不同地区建设主管部门的计价规定。用户在新建工程的过程中，软件会根据工程所在地区及用户选择的专业，自动默认基本预备费的取费基数及费率，即基本预备费由软件自动计算，用户只需复核该项费用的取费基数和费率的准确性；而对于价差预备费、建设期利息和铺底流动资金，建设主管部门对这些费用的计算规定相对复杂，需要用户另行计算后，将所需概算金额输入"取费基数"中，并在相应费用的"费率（%）"栏输入费率"100"，软件自动将该项费用汇总至"金额"中；对于固定资产投资方向调节税，目前政府暂停征收，不再计取相关费用。

概算汇总界面如图 5-45 所示。

	序号	概算编码	费用代号	名称	取费基数	取费基数说明	费率(%)	建筑工程费	安装工程费	设备购置费	其他费用	金额	占总投资比例(%)	费用类别	备注
1	1		A	工程费用				5343419.89	0	661384.58	0	6004804.47	96.08	工程费用	
2	1.1			专用宿舍楼1				5343419.89	0		0	5343419.89	85.5	建安工程费	
3	1.1.1			建筑装饰工程				5343419.89			0	5343419.89	85.5	建安工程费	
4	1.2		A2	设备购置费	SBGZF	设备购置费				661384.58	0	661384.58	10.58	设备购置费	
5	2		B	工程建设其他费用	GCJSQTF	工程建设其他费用					244972	244972	3.92	其他费用行	
6	3		C	三类费用	C1 + C2 + C3 + C4	预备费+固定资产投资方向调节税+建设期贷款利息+铺底流动资金					0	0	0	三类费用	
7	3.1		C1	预备费	C1_1 + C1_2	基本预备费+价差预备费					0	0	0	普通费用行	
8	3.1.1		C1_1	基本预备费	A + B	工程费用+工程建设其他费用	0				0	0	0	普通费用行	
9	3.1.2		C1_2	价差预备费			0				0	0	0	普通费用行	
10	3.2		C2	固定资产投资方向调节税							0	0	0	普通费用行	
11	3.3		C3	建设期贷款利息			0				0	0	0	普通费用行	
12	3.4		C4	铺底流动资金			0				0	0	0	普通费用行	
13	4		D	静态总投资	A+B+C1_1	工程费用+工程建设其他费用+基本预备费					0	6249776.47	100	普通费用行	
14	5		E	动态总投资	D+C1_2+C3	静态总投资+价差预备费+建设期贷款利息					0	6249776.47	100	普通费用行	
15	6			建设项目概算总投资	A + B + C	工程费用+工程建设其他费用+三类费用					0	6249776.47	100	总金额	

图 5-45　概算汇总界面

12. 报表输出

报表预览的操作流程：将工作界面切换至“报表”→选择需要预览的相应工程级别的概算文件→选择该级别概算需要预览的报表，如图 5-46 所示。

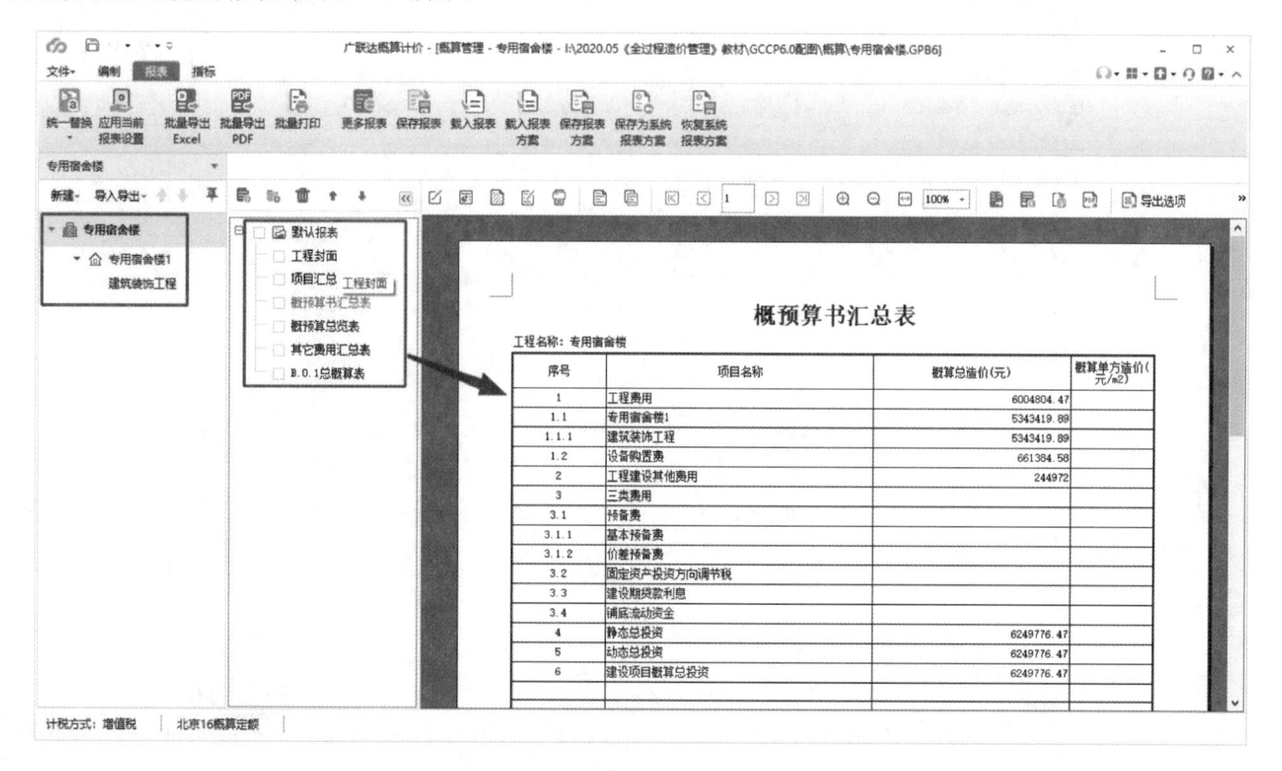

序号	项目名称	概算总造价(元)	概算单方造价(元/m2)
1	工程费用	6004804.47	
1.1	专用宿舍楼1	5343419.89	
1.1.1	建筑装饰工程	5343419.89	
1.2	设备购置费	661384.58	
2	工程建设其他费用	244972	
3	三类费用		
3.1	预备费		
3.1.1	基本预备费		
3.1.2	价差预备费		
3.2	固定资产投资方向调节税		
3.3	建设期贷款利息		
3.4	铺底流动资金		
4	静态总投资	6249776.47	
5	动态总投资	6249776.47	
6	建设项目概算总投资	6249776.47	

图 5-46　报表预览

报表输出（导出、打印）的操作流程：将工作界面切换至“报表”→按需要单击工具栏中的“批量导出 Excel”“批量导出 PDF”或者“批量打印”→在弹出的对话框中选择需要导出或者打印的报表→单击“导出选中报表”或“打印”，如图 5-47 所示。

图 5-47　批量导出 PDF

单元总结

工程设计是建设项目进行全面规划和具体描述实施意图的过程，是有效控制工程造价的重要阶段。学习了本单元，读者应掌握限额设计与程序设计、设计方案的优化与评价和概预算文件的审查等方面的相关内容。读者应能通过多方案技术经济分析，优化设计方案；能通过限额设计和标准化设计，有效控制工程造价。设计阶段造价管理知识点集成的二维码如图5-48所示。

图5-48　设计阶段造价管理知识点集成的二维码

复习思考题与习题

一、单项选择题

1. 下列关于限额设计的说法正确的是(　　)。

A. 限额设计是通过减少使用功能，使工程造价大幅度降低

B. 限额设计可以降低技术标准，使工程造价大幅度降低

C. 限额设计是通过增加投资额，提升使用功能

D. 限额设计需要在投资额度不变的情况下，实现使用功能和建设规模的最大化

2. 限额设计的实施是建设工程造价目标的动态反馈和管理过程，其实施程序是(　　)。

A. 目标制订、目标分解、目标推进和成果评价　　B. 目标制订、成果评价、目标分解和目标推进

C. 目标制订、目标推进、目标分解和成果评价　　D. 目标制订、目标分解、成果评价和目标推进

3. 设计方案评价与优化过程在完成按照使用功能、技术标准、投资限额的要求，结合工程所在地的实际情况，探讨和建立可能的设计方案后紧跟着的工作是(　　)。

A. 从所有可能的设计方案中初步筛选出各方面都较为满意的方案作为比选方案

B. 根据设计方案的评价目的，明确评价的任务和范围

C. 确定能反映方案特征并能满足评价目的的指标体系

D. 根据设计方案计算各项指标及对比参数

4. 设计方案评价的综合费用法的特点是(　　)。

A. 没有考虑资金的时间价值　　B. 是一种动态价值指标评价方法

C. 全面反映功能、质量、安全、环保等方面的差异　　D. 适用于建设周期较长的工程

5. 方案优化，应综合考虑工程质量、造价、工期、安全和环保五大目标，基于(　　)进行优化。

A. 全要素造价管理　　B. 全方位造价管理

C. 全过程造价管理　　D. 全生命周期造价管理

6. 对工程量大、结构复杂的工程进行施工图预算，审查时间短、效果好的审查方法是(　　)。

A. 重点抽查法　　B. 分组计算审查法

C. 对比审查法　　D. 分解对比审查法

7. 设计成果能满足设备材料的选择与确定、非标准设备的设计与加工制作要求的设计是(　　)。

A. 方案设计　　B. 初步设计　　C. 技术设计　　D. 施工图设计

8. 按照建设部现行《建筑工程设计文件编制深度规定（2016版）》的规定，民用项目方案设计的内容是（　　）。

A. 各专业设计说明书、投资估算书、建筑设计图纸

B. 建筑设计说明书、工程概算书、建筑设计图纸

C. 设计说明书、总平面图、建筑设计图、鸟瞰图

D. 投资估算书、总平面图、透视图

9. 对于一些牵涉面较广的大型工业项目，设计者根据收集的设计资料，对工程主要内容（包括功能和形式）有一个大概的布局设想，然后考虑工程与周围环境之间的关系。这一阶段的工作属于（　　）。

A. 方案设计　　B. 总体设计　　C. 初步设计　　D. 技术设计

10. 柱网布置是否合理，对工程造价和面积的利用效率都有较大的影响。建筑设计中柱网布置应注意（　　）。

A. 适当扩大柱距和跨度能使厂房有更大的灵活性

B. 单跨厂房跨度不变时，层数越多越经济

C. 多跨厂房柱间距不变时，跨度越大造价越低

D. 柱网布置与厂房的高度无关

11. 对于多层厂房，在其结构形式一定的条件下，若厂房宽度和长度越大，则经济层数和单方造价的关系是（　　）。

A. 经济层数降低，单方造价增高　　B. 经济层数增高，单方造价降低

C. 经济层数降低，单方造价降低　　D. 经济层数增高，单方造价增高

12. 居住小区的居住建筑净密度可表示为（　　）。

A 居住和公共建筑基底面积/居住小区总占地面积×100%

B. 居住建筑基底面积/居住建筑占地面积×100%

C 居住建筑面积/居住建筑占地面积×100%

D. 居住建筑面积/居住小区总占地面积×100%

13. 在一个建设项目中，通过单项工程综合概算计算得出的是该单项工程的（　　）。

A. 建筑安装工程费　　B. 工程费用　　C. 工程造价　　D. 总投资

14. 设计概算的三级概算是指（　　）。

A. 建筑工程概算，安装工程概算，设备及工具、器具购置费概算

B. 建设投资概算、建设期利息概算、铺底流动资金概算

C. 主要工程项目概算、辅助和服务性工程项目概算、室内外工程项目概算

D. 单位工程概算、单项工程综合概算、建设项目总概算

15. 当初步设计达到一定深度，建筑结构比较明确、能结合图纸计算工程量时，编制单位工程概算宜采用（　　）。

A. 扩大单价法　　B. 概算指标法　　C. 类似工程预算法　　D. 综合单价法

16. 某拟建教学楼，与概算指标略有不同。概算指标拟定工程外墙面贴瓷砖，教学楼外墙面干挂花岗石。该地区外墙面贴瓷砖的预算单价为80元/m^2，干挂花岗石的预算造价为280元/m^2。教学楼工程和概算指标拟定每100 m^2 建筑面积中外墙面工程量均为80 m^2。概算指标中土建工程直接工程费单价为2000元/m^2，措施费为170元/m^2。则拟建教学楼土建工程直接工程费单价为（　　）元/m^2。

A. 1760　　B. 2160　　C. 2200　　D. 2330

17. 某新建住宅的土建单位工程概算的直接工程费为800万元，措施费按直接工程费的8%计算，间接费费率为15%，利润率为7%，税率为3.4%，则该住宅的土建单位工程概算造价为（　　）万元。

A. 1067.2　　B. 1075.4　　C. 1089.9　　D. 1099.3

18. 某政府投资项目已批准的投资估算为 8000 万元，总概算投资为 9000 万元，则概算审查处理办法应是(　　)。

A. 查明原因，调减至 8000 万元以内　　B. 对超投资估算部分，重新上报审批

C. 查明原因，重新上报审批　　D. 如确实需要，即可直接作为预算控制依据

19. 设计概算审查的常用方法不包括(　　)。

A. 联合会审法　　B. 概算指标法　　C. 查询核实法　　D. 对比分析法

20. 某土建分项工程的工程量为 10 m^2，预算定额人工、材料、机械台班单位用量分别为 2 工日、3 m^2 和 0.6台班，其他材料费为 5 元。当时当地人工、材料、机械台班单价分别为 40 元/工日、50 元/m^2 和 100 元/台班。用实物法编制的该分项工程的直接工程费为(　　)元。

A. 290　　B. 295　　C. 2905　　D. 2950

二、多项选择题

1. 多指标法就是采用多个指标，将各个对比方案的相应指标值逐一进行分析比较，按照各种指标数值的高低对其做出评价，其评价指标包括(　　)。

A. 工程造价指标　　B. 主要材料消耗指标　　C. 劳动消耗指标

D. 利润指标　　E. 工期指标

2. 设计概算的审查内容包括(　　)。

A. 设计概算编制依据　　B. 设计概算编制深度　　C. 设计概算技术先进性

D. 设计概算经济合理性　　E. 设计概算主要内容

3. 关于施工图预算的审查方法，下列说法正确的有(　　)。

A. 标准预算审查法适用于利用通用图纸施工的工程

B. 筛选审查法不适用于住宅工程

C. 分组计算审查法能够加快审查工程量审查的速度

D. 逐项审查法的优点是全面、细致、审查的质量高

E. 利用手册审查法是按手册对照审查

4. 在建筑设计评价中，确定多层厂房经济层数的主要因素包括(　　)。

A. 厂房的层高和净高　　B. 厂房的宽度和长度　　C. 厂房展开面积的大小

D. 厂房柱网布置的合理性　　E. 厂房结构选择的合理性

5. 下列内容中，属于建筑安装工程施工图预算编制依据的是(　　)。

A 工程地质勘察资料　　B. 有关费用规定文件　　C. 设备原价及运杂费率

D. 工程建设其他费用定额　　E. 工料分析表

6. 审查施工图预算的重点是(　　)。

A. 预算的编制深度是否适当　　B. 预算单价套用是否正确

C. 设备材料预算价格取定是否合理　　D. 费用标准是否符合现行规定

E. 技术经济指标是否合理

7. 下列有关工业项目总平面设计的评价指标，说法正确的包括(　　)。

A. 建筑系数又称为建筑密度，建筑系数大，工程造价低

B. 土地利用系数和建筑系数概念不同，但所计算的结果相同

C. 土地利用系数反映总平面布置的经济合理性和土地利用效率

D. 绿化面积应该属于工程量指标的范畴

E. 经济指标是指工业项目的总运输费用、经营费用等

8. 设计概算的编制方法中，照明工程概算的编制方法包括(　　)。

A. 概算定额法　　B. 设备价值百分比法　　C. 概算指标法

D. 综合吨位指标法　　E. 类似工程预算法

Chapter 6

单元 6 建设项目招投标阶段的工程造价管理

案例导入

2020 年 8 月某市准备对跨江大桥进行工程招标，该工程完全由政府投资，为该市建设规划的重要项目之一，且已列入地方年度固定资产投资计划，概算已经主管部门批准，征地工作尚未全部完成，施工图及有关技术资料齐全。现在业主决定对该项目进行施工招标。因估计除本市施工企业参加投标外，还可能有外省、市施工企业参加投标，故业主委托咨询单位编制了两个招标控制价，准备分别用于对本市和外省、市施工企业投标价的评定。业主对投标单位就招标文件所提出的所有问题统一做了书面答复，并以备忘录的形式分发给各投标单位，在书面答复投标单位的提问后，业主组织各投标单位进行了施工现场踏勘。在投标截止日期前 10 天，业主书面通知各投标单位，由于某种原因，决定将收费站工程从原招标范围内删除。

问题：

(1)该项目施工招标存在哪些不当之处？请逐一说明。

(2)业主对投标单位进行资格预审应包括哪些内容？

(3)该项目应该采用什么计价方式？招标控制价应采用什么编制方法？简述其理由。

单元目标

知识目标

1. 了解招标的分类及内容；
2. 熟悉施工招标的程序和招标文件的构成；
3. 掌握工程量清单的编制及其投标报价；
4. 熟悉施工投标程序，熟悉投标策略；
5. 熟悉施工评标、定标；
6. 掌握施工合同的主要条款及合同价款的确定。

能力目标

1. 工程量清单的编制及其投标报价；
2. 施工合同的主要条款及合同价款的确定。

知识脉络

本单元结合我国建设项目招投标和合同管理的最新动态，系统阐述了建设项目招投标阶段的工程造价管理的主要内容，内容涵盖工程招标投标的概念，建设项目施工招标的程序和招标文件的构成，招标控制价的概念及内容，工程量清单的编制及其投标报价，建设项目投标的程序和投标策略，建设项目施工评标、定标，建设工程施工合同的主要条款及合同价款的确定等。

通过学习本单元，学生应重点掌握工程招标控制价和投标报价的编制方法、建设工程施工合同的主要条款及合同价款的确定。

单元 6 的知识脉络图如图 6-1 所示。

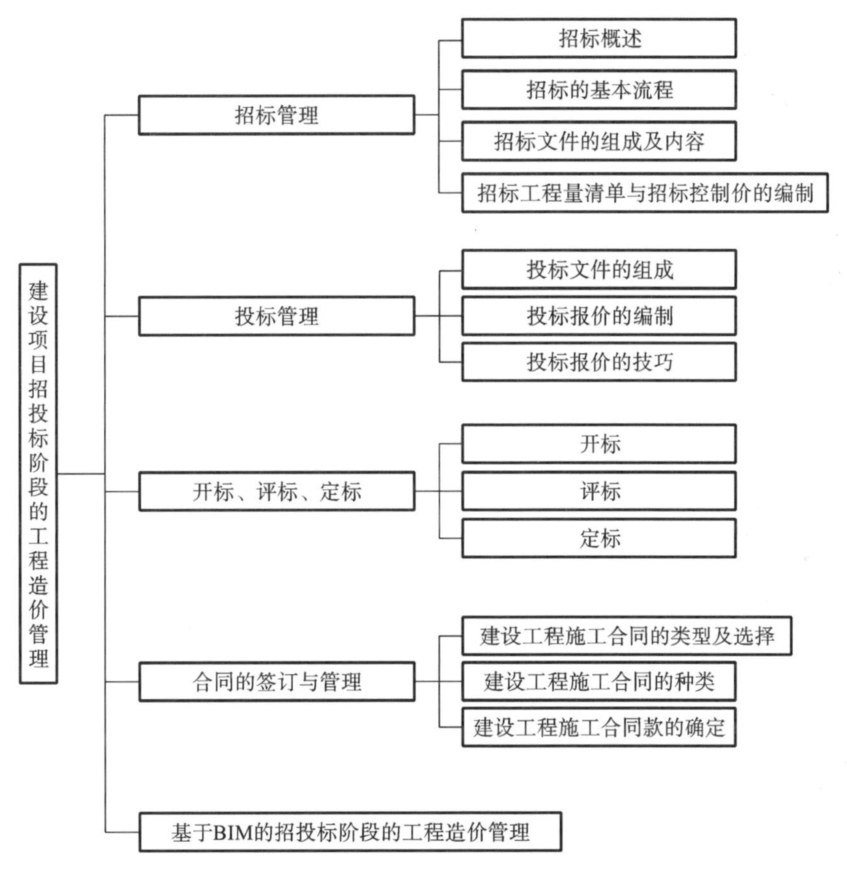

图 6-1　单元 6 的知识脉络图

6.1 招标管理

6.1.1 招标概述

1. 招标投标的概念

建设项目招标是指招标人在发包建设项目之前，公开招标或邀请投标人，根据招标人的意图和要求提出报价，择日当场开标，以便从中择优选定中标人的一种经济活动。

建设项目投标是工程招标的对称概念，指具有合法资格和能力的投标人根据招标条件，经过初步研究和估算，在指定期限内编制标书，根据实际情况提出自己的报价，通过竞争企图为招标人选中，并等待开标后决定能否中标的一种交易方式。

从法律意义上讲，建设项目招标一般是建设单位（或业主）就拟建的工程发布通告，用法定方式吸引建设项目的承包单位参加竞争，进而通过法定程序从中选择条件优越者来完成工程建设任务的法律行为。建设项目投标一般是经过特定审查而获得投标资格的建设项目的承包单位，按照招标文件的要求，在规定的时间内向招标单位填报投标书，并争取中标的法律行为。

2. 招标投标的意义

（1）实行建设项目的招标投标基本形成了由市场定价的价格机制，使工程价格更加趋于合理。

（2）实行建设项目的招标投标能够不断降低社会平均劳动消耗水平，使工程价格受到有效控制。

（3）实行建设项目的招标投标便于供求双方更好地相互选择，使工程价格更加符合价值基础，进而更好地控制工程造价。

（4）实行建设项目的招标投标有利于规范价格行为，使公开、公平、公正的原则得以贯彻。

（5）实行建设项目的招标投标能够减少交易费用，节省人力、物力、财力，进而使工程造价有所降低。

3. 建设项目招标的适用范围

1）建设项目招标的范围

《中华人民共和国招标投标法》（以下简称《招标投标法》）第3条规定，在中华人民共和国境内进行下列工程建设项目包括项目的勘察、设计、施工、监理以及与工程建设有关的重要设备、材料等的采购，必须进行招标：

①大型基础设施、公用事业等关系社会公共利益、公共安全的项目；

②全部或者部分使用国有资金投资或国家融资的项目；

③使用国际组织或者外国政府贷款、援助资金的项目。

建设项目招标的范围如表6-1所示。

表6-1 建设项目招标的范围

序号	项目类别	具体范围	依据
1	关系社会公共利益、公众安全的基础设施项目	①煤炭、石油、天然气、电力、新能源等能源基础设施项目； ②铁路、公路、管道、水运，以及公共航空和A1级通用机场等交通运输基础设施项目； ③电信枢纽、通信信息网络等通信基础设施项目； ④防洪、灌溉、排涝、引（供）水等水利基础设施项目； ⑤城市轨道交通等城建项目	《必须招标的基础设施和公用事业项目范围规定》（发改法规〔2018〕843号，2018年6月6日）
2	全部或者部分使用国有资金投资或者国家融资的项目	①使用预算资金200万元人民币以上，并且该资金占投资额10%以上的项目； ②使用国有企业事业单位资金，并且该资金占控股或者主导地位的项目	《必须招标的工程项目规定》（中华人民共和国国家发展和改革委员会第16号令，2018年3月27日）
3	使用国际组织或者外国政府贷款、援助资金的项目	①使用世界银行、亚洲开发银行等国际组织贷款、援助资金的项目； ②使用外国政府及其机构贷款、援助资金的项目	《必须招标的工程项目规定》（中华人民共和国国家发展和改革委员会第16号令，2018年3月27日）

2）建设项目招标的规模标准

《必须招标的工程项目规定》中规定的上述各类建设项目的勘察、设计、施工、监理以及与工程建设有关的重要设备、材料等的采购，达到下列标准之一的，必须进行招标：

①施工单项合同估算价在400万元人民币以上；

②重要设备、材料等货物的采购，单项合同估算价在200万元人民币以上；

③勘察、设计、监理等服务的采购，单项合同估算价在100万元人民币以上；

同一项目中可以合并进行的勘察、设计、施工、监理以及与工程建设有关的重要设备、材料等的采购，合同估算价合计达到以上规定标准的，必须招标。

3)可以不进行招标的项目

依据《中华人民共和国招标投标法实施条例》(2019年修订版)，属于下列情形之一的，经项目主管部门批准，可以不进行招标，采用直接委托的方式发包建设任务。

①需要采用不可替代的专利或者专有技术；

②采购人依法能够自行建设、生产或者提供；

③已通过招标方式选定的特许经营项目投资人依法能够自行建设、生产或者提供；

④需要向原中标人采购工程、货物或者服务，否则将影响施工或者功能配套要求；

⑤国家规定的其他特殊情形。

4. 建设项目招标的种类

1)按照工程建设程序分类

按照工程建设程序，建设项目招标可以分为建设项目前期咨询招标、工程勘察设计招标、材料设备采购招标、施工招标。

2)按工程项目承包的范围分类

按工程项目承包的范围，建设项目招标可划分为项目总承包招标、项目阶段性招标、设计施工招标、工程分承包招标及专项工程承包招标。

3)按行业或专业类别分类

按行业或专业类别分类，建设项目招标可分为土木工程招标、勘察设计招标、材料设备采购招标、安装工程招标、建筑装饰装修招标、生产工艺技术转让招标、咨询服务(工程咨询)及建设监理招标等。

4)按工程承发包模式分类

按工程承发包模式分类，建设项目招标可划分为工程咨询招标、交钥匙工程招标、工程设计施工招标、工程设计管理招标、BOT工程招标。

(1)工程咨询招标。

工程咨询招标是指以工程咨询服务为对象的招标行为。

(2)交钥匙工程招标。

交钥匙模式即承包商向业主提供包括融资、设计、施工、设备采购、安装和调试直至竣工移交的全套服务。交钥匙工程招标是指发包商将上述全部工作作为一个标的招标，承包商通常将部分阶段的工程分包，即全过程招标。

(3)工程设计施工招标。

工程设计施工招标是指将设计及施工作为一个整体标的以招标的方式进行发包，投标人必须为同时具有设计能力和施工能力的承包商。

(4)工程设计管理招标。

设计-管理模式是指由同一实体向业主提供设计和施工管理服务的工程管理模式。

(5)BOT工程招标。

BOT(build operate transfer)即建造-运营-移交模式，是指东道国政府开放本国基础设施建设和运营市场，吸收国外资金，授给项目公司特许权，由该公司负责融资和组织建设，建成后负责运营及偿还贷款，在特许期满时将工程移交给东道国政府的模式。BOT工程招标即是对这些工程环节的招标。

5)按照工程是否具有涉外因素分类

按照工程是否具有涉外因素，建设项目招标可分为国内工程招标和国际工程招标。

5. 招标方式

招标方式分为公开招标和邀请招标。

1)公开招标

公开招标又称为无限竞争招标，是由招标单位通过报刊、信息网络或其他媒介发布招标公告，有投标意向

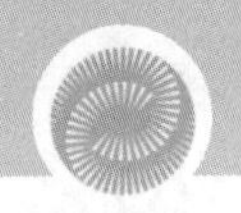

的潜在投标人均可参加投标资格审查，审查合格的承包商可购买或领取招标文件，参加投标的招标方式。

公开招标方式的优点是投标的承包商多、竞争范围大，业主有较大的选择余地，有利于降低工程造价，提高工程质量和缩短工期。其缺点是由于投标的承包商多，招标工作量大，组织工作复杂，需投入较多的人力、物力、财力，招标过程所需时间较长。因此，这种招标方式主要适用于投资额度大，工艺、结构复杂的较大型工程建设项目。

公开招标的特点一般表现为以下几个方面。

(1)公开招标是最具竞争性的招标方式。公开招标参与竞争的投标人数量最多，且只要符合相应的资质条件便不受限制，只要承包商愿意便可参加投标，在实际生活中，少则十几家，多则几十家，甚至上百家，竞争程度最激烈。它可以最大限度地为一切有实力的承包商提供一个平等竞争的机会，招标人也有最大的选择范围，可在为数众多的投标人之中择优选择一个报价合理、工期较短、信誉良好的承包商。

(2)公开招标是程序最完整、最规范、最典型的招标方式。它形式严密，步骤完整，运作环节环环相扣。公开招标是适用范围最广、最有发展前景的招标方式。在国际上，招标通常都是指公开招标。在某种程度上，公开招标已成为招标的代名词，因为公开招标是工程招标通常使用的方式。

(3)公开招标也是所需费用最高、花费时间最长的招标方式。由于竞争激烈，程序复杂，组织招标和参加投标需要做的准备工作和需要处理的实际事务比较多，特别是编制、审查有关招标投标文件的工作量十分浩繁。

2)邀请招标

邀请招标又称为有限竞争性招标。招标人以投标邀请书的方式邀请特定的法人或者其他组织投标。这种方式不发布广告，业主根据自己的经验和所掌握的各种信息资料，向三个以上具备承担招标项目的能力、资信良好的特定的法人或者其他组织发出投标邀请书，收到邀请书的单位有权利选择是否参加投标。邀请招标与公开招标一样都必须按规定的招标程序进行，要制订统一的招标文件，投标人都必须按招标文件的规定进行投标。

国有资金控股或者主导的依法必须进行招标的项目，应当公开招标；但有下列情形之一的，可以邀请招标：

①技术复杂、有特殊要求或者受自然环境限制，只有少量潜在投标人可供选择；

②采用公开招标方式的费用占项目合同金额的比例过大。

邀请招标方式的优点是参加竞争的投标商数目可由招标单位控制，目标集中，招标的组织工作较容易，工作量比较小。其缺点是由于参加投标的单位相对较少，竞争范围较小，招标单位对投标单位的选择余地较少，如果招标单位在选择被邀请的承包商前所掌握信息资料不足，则会失去发现最适合承担该项目的承包商的机会。

3)公开招标和邀请招标的区别

(1)发布信息的方式不同。公开招标发布信息的方式是招标公告，而邀请招标发布信息的方式是投标邀请书。

(2)选择承包人的范围不同。公开招标面向全社会，一切潜在的对招标项目感兴趣的法人和其他经济组织都可以参加投标竞争。邀请招标所针对的对象是事先已了解的法人和其他经济组织，投标人数量有限。

(3)公开程度不同。公开招标中所有的活动都必须严格按照预先程序及标准公开进行，而邀请招标的公开程度要相对小一些。

(4)时间和费用不同。公开招标程序复杂，所花费的时间和费用相对较多。

6. 招标组织方式

招标人具有编制招标文件和组织评标能力的，可以自行办理招标事宜。任何单位和个人不得强制其委托招标代理机构办理招标事宜。依法必须进行招标的项目，招标人自行办理招标事宜的，应当向有关行政监督部门备案。如果招标人不具备自行招标的条件，则招标人有权自行选择招标代理机构，委托其办理招标事宜。招标组织方式主要包括自行招标和委托招标两类。

1)自行招标

为了保证招标行为的规范化，达到招标投标方式选择最合适承包人的预期目的，招标人自行招标应满足以下条件：

①具有项目法人资格或者法人资格；

②具有与招标项目规模和复杂程度相适应的工程技术、经济、财务和工程管理等方面的专业技术力量；

③有从事同类工程建设项目招标的经验；

④设有专门的招标机构或者拥有3名以上专职招标业务人员；

⑤有组织编制招标文件、开标、评标、定标的能力；

⑥熟悉和掌握招标投标法及有关法规规章。

同时，《中华人民共和国招标投标法》还规定，依法必须进行招标的项目，招标人自行办理招标事宜的，应当向有关行政监督部门备案。

2)委托招标

委托招标是指工程招标代理机构接受招标人的委托，从事工程的咨询、勘察、设计、施工、监理以及与工程建设有关的重要设备(进口机电设备除外)、材料采购招标的代理业务的行为。委托招标能够帮助不具有编制招标文件和组织评标能力的招标人选择能力强和资信好的投标人，以保证工程项目的顺利实施和建设目标的实现。

招标代理机构应当具备下列条件：

①有从事招标代理业务的营业场所和相应资金；

②有能够编制招标文件和组织评标的相应专业力量；

③具有可以作为评标委员会成员人选的技术、经济等方面的专家库。

6.1.2 招标的基本流程

建设工程招标投标程序是指建设工程活动按照一定的时间、空间顺序运作的顺序、步骤和方式，始于相关招标准备工作，终于发出中标通知书并签订合同。招标工作包括招标、投标、开标、评标、定标几个主要阶段。建设项目招标是由一系列前后衔接、层次明确的工作步骤构成的。工程招标程序如图6-2所示。

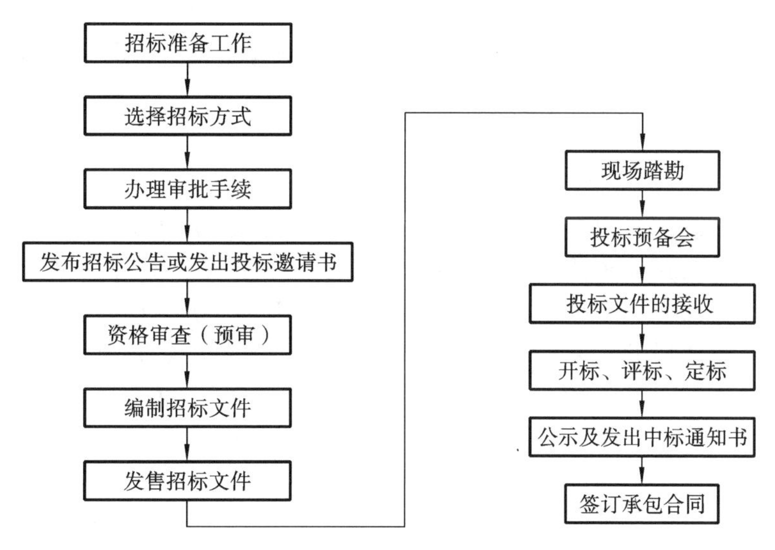

图6-2 工程招标程序

1. 招标准备工作

工程建设招标活动必须有一个专门组织机构，即招标委员会或招标小组，具备编制招标文件和组织评标的能力，则可以自行组织招标；如果不具备法定条件，则应委托招标代理机构组织招标。

2. 选择招标方式

招标人采用公开招标方式的，应当发布招标公告。依法必须进行招标的项目的招标公告，应当通过国家指定的报刊、信息网络或者其他媒介发布。招标人采用邀请招标方式的，应当向3个以上具备承担招标项目的能力、资信良好的特定的法人或者其他组织发出投标邀请书。招标公告应当载明招标人的名称和地址，招标项目的性质、数量、实施地点和时间以及获取招标文件的办法等事项。对于公开招标和邀请招标两种方式，在一般情况下应当采用公开招标，邀请招标只有在招标项目符合一定的条件时才可以采用。

3. 办理审批手续

依法必须进行招标的工程建设项目，按工程建设项目审批管理规定，凡应报送项目审批部门审批的，招标人必须将招标范围、招标方式、招标组织形式等有关招标内容上报项目审批部门核准。采用邀请招标的项目，一般要经过相关行政主管机关批准。

招标申请书是招标人向政府主管机构提交的要求开始组织招标、办理招标事宜的一种文书，其主要内容包括招标工程具备的条件、招标的工程内容和范围、拟采用的招标方式和对投标人的要求、招标人或者招标代理人的资质等。

4. 发布招标公告或发出投标邀请书

1)招标公告与投标邀请书的内容

招标公告是指采用公开招标方式的招标人(或招标代理机构)向所有潜在的投标人发出的一种广泛的通告。投标邀请书是指采用邀请招标方式的招标人，向3个以上具备承担招标项目能力、资信良好的特定法人或者其他组织发出的参加投标的邀请。

招标公告或者投标邀请书应当至少载明下列内容：①招标人的名称和地址；②招标项目的内容、规模、资金来源；③招标项目的实施地点和工期；④获取招标文件或者资格预审文件的地点和时间；⑤对招标文件或者资格预审文件收取的费用；⑥对招标人的资质等级的要求。

2)招标公告的发布

为了规范招标公告发布行为，保证潜在投标人平等、便捷、准确地获取招标信息，根据《招标投标法》，国家发展和改革委于2018年1月1日颁布了《招标公告和公示信息发布管理办法》。该办法对依法必须招标项目的招标公告发布活动做了以下主要规定。

(1)发布的媒介。依法必须招标项目的招标公告和公示信息应当在“中国招标投标公共服务平台”或者项目所在地省级电子招标投标公共服务平台发布。省级电子招标投标公共服务平台应当与“中国招标投标公共服务平台”对接，按规定同步交互招标公告和公示信息。对依法必须招标项目的招标公告和公示信息，发布媒介应当与相应的公共资源交易平台实现信息共享。

发布媒介应当免费提供依法必须招标项目的招标公告和公示信息发布服务，并允许社会公众和市场主体免费、及时查阅招标公告和公示的完整信息。

(2)招标公告发布的相关规定。拟发布的招标公告和公示信息文本应当由招标人或其招标代理机构盖章，并由主要负责人或其授权的项目负责人签名。采用数据电文形式的，应当按规定进行电子签名。招标人或其招标代理机构发布招标公告和公示信息，应当遵守招标投标法律法规关于时限的规定。

按照电子招标投标有关数据规范要求交互招标公告和公示信息文本的，发布媒介应当自收到起12小时内发布。采用电子邮件、电子介质、传真、纸质文本等其他形式提交或者直接录入招标公告和公示信息文本的，发布媒介应当自核验确认起1个工作日内发布。核验确认的时间最长不得超过3个工作日。

5. 资格审查

招标人可以根据招标项目本身的要求，在招标公告或者投标邀请书中，要求潜在投标人提供有关资质证明文件和业绩情况，并对潜在投标人进行资格审查；国家对投标人的资格条件有规定的，依照其规定。招标人不得以不合理的条件限制或者排斥潜在投标人，不得歧视潜在投标人。

1)资格审查的类型

资格审查分为资格预审和资格后审。资格预审，是指在投标前对潜在投标人进行的资格审查。资格后审，是指在开标后对投标人进行的资格审查。进行资格预审的项目，一般不再进行资格后审，但招标文件另有规定的除外。

采取资格预审的项目，招标人可以发布资格预审公告。招标人应当在资格预审文件中载明资格预审的条件、标准和方法，包括资格预审申请书格式、申请人须知以及需要投标申请人提供的企业资质、业绩、技术装备、财务状况和拟选派的项目经理与主要技术人员的简历、业绩等证明材料。采取资格后审的项目，招标人应当在招标文件中载明对投标人资格要求的条件、标准和方法。

经资格预审后，招标人应当向资格预审合格的潜在投标人发出资格预审合格通知书，告知获取招标文件的时间、地点和方法，并同时向资格预审不合格的潜在投标人告知资格预审结果。在资格预审合格的投标申请人过多时，可以由招标人从中选择不少于7家资格预审合格的投标人。资格预审不合格的潜在投标人不得参加投标。

2)资格审查的内容

资格审查应主要审查潜在投标人或者投标人是否符合下列条件：①具有独立订立合同的权利；②具有履行合同的能力，包括专业、技术资格和能力，资金、设备和其他物质设施状况，管理能力，经验、信誉和相应的从业人员；③没有处于被责令停业，投标资格被取消，财产被接管、冻结，破产状态；④在最近3年内没有骗取中标和严重违约及重大工程质量问题；⑤法律、行政法规规定的其他资格条件。

资格审查时，招标人不得以不合理的条件限制、排斥潜在投标人或者投标人，不得歧视潜在投标人或者投标人。任何单位和个人不得以行政手段或者其他不合理方式限制投标人的数量。

6. 编制招标文件

招标文件是确定招标投标基本步骤与内容的基本文件，是整个招标中最重要的一环，它关系到招标的成败。招标人应当根据招标项目的特点和需要编制招标文件。招标文件应当包括招标项目的技术要求、对投标人资格审查的标准、投标报价要求和评标标准等所有实质性要求和条件及拟签合同的主要条款。

招标文件一般包括下列内容：①投标邀请书；②投标人须知；③合同主要条款；④投标文件格式；⑤采用工程量清单招标的，应当提供工程量清单；⑥技术条款；⑦设计图纸；⑧评标标准和方法；⑨投标辅助材料。

7. 发售招标文件

招标文件一船按照套数发售。向投标人供应招标文件套数多少可以根据招标项目的复杂程度等来确定，一般是一个投标人一套。投标人应当负担自己投标的所有费用，购买招标文件及其他有关文件的费用不论中标与否都不予退还。

8. 组织现场踏勘和标前会议

招标人可以根据招标项目的具体情况，组织潜在投标人现场踏勘，向其介绍工程场地和周围环境的有关情况。现场踏勘后，招标人应组织标前会议，标前会议也称投标预备会，是招标人按投标须知在规定的时间和地点召开的会议。对于潜在投标人针对招标文件和现场踏勘提出的问题，招标人应以书面形式做出解答。该解答的内容为招标文件的组成部分。

采用网上报名的建设项目施工招投标一般要求投标单位自行组织现场踏勘，投标预备会可以不开，可以在网上答疑。

【例6-1】

某建筑工程的招标文件中标明，距离施工现场1 km处存在一个天然沙场，该砂场的砂子可以免费取用。现场实地考察后承包商没有提出疑问，承包商在投标报价中没有考虑工程买砂的费用，只计算了取砂和运输费用。由于承包商没有仔细了解该天然沙场中天然沙的具体情况，中标后，在工程施工准备使用该砂子时，工程师认为该砂子级配不符合工程施工要求，而不允许在施工中使用，于是承包商只得自己另行购买符合要求的砂子，承包商以招标文件件中标明现场有砂子而投标报价中没有考虑为理由，要求业主补偿现在必须购买砂子的差价，工程师不同意承包商的补偿要求。

请思考工程师不同意承包商的补偿要求是否合法。

【分析】

本案例中投标人在现场踏勘环节有明显的失误。招标程序有现场踏勘和答疑环节，有经验的承包商在现场踏勘中应当对招标文件的内容进行核实，所有进入施工现场的原材料必须复检合格后，方可用于施工，显然承包商没有对该砂子进行检验，亦未提出疑义，就想当然地接受了该砂子能够用于工程这个说法。

9. 建设项目投标

投标人应当按照招标文件的要求编制投标文件，对招标文件提出的实质性要求和条件做出响应。招标文件允许投标人提供备选标的，投标人可以按照招标文件的要求提交替代方案，并做出相应报价作为备选标。

投标文件应当包括以下内容：

①投标函；

②施工组织设计或者施工方案；

③投标报价；

④招标文件要求提供的其他资料。

投标单位按招标文件提供的表格格式，编制一份投标文件"正本"和"前附表"所述份数的"副本"，并由投标单位法定代表人亲自签署并加盖法人单位公章和法定代表人印鉴。投标单位应提供不少于"前附表"规定数额的投标保证金，此投标保证金是投标文件的一个组成部分。

【例 6-2】

案例描述详见本单元的"案例导入"。

问题：(1)该项目施工招标在哪些方面存在问题或不当之处？请逐一说明。

(2)业主对投标单位进行资格预审应包括哪些内容？

(3)该项目应该采用什么方式计价？招标控制价应采用什么方法编制？简述其理由。

【分析】

问题(1)：该项目施工招标存在五个问题(或不当之处)。

①本项目征地工作尚未全部完成，尚不具备施工招标的必要条件，因此不能进行施工招标。

②不应编制两个招标控制价，根据规定，一个工程只能编制一个招标控制价，不能对不同的投标单位采用不同的招标控制价进行评标。

③业主对投标单位的提问只能针对具体的问题做出明确答复，不应提及具体的提问单位(投标单位)，也不必提及提问的时间。

④根据《招标投标法》的规定，若招标人需改变招标范围或变更招标文件，应在投标截止日期至少 15 天(而不是 10 天)前以书面形式通知所有招标文件收受人。若迟于这一时限发出变更招标文件的通知，则应将原定的投标截止日期适当延长，以便投标单位有足够的时间充分考虑这种变更对报价的影响，并将其在投标文件中反映出来。本案例背景资料未说明投标截止日期已相应延长。

⑤现场踏勘应安排在书面答复投标单位提问之前，因为投标单位对施工现场条件也可能提出问题。

问题(2)：业主对投标单位进行资格预审应包括投标单位、组织、机构和企业概况；近三年完成工程的情况；目前正在履行的合同情况；资源方面，如财务、管理、技术、劳力、设备等方面的情况；其他资料：如各种奖励或处罚等。

问题(3)：本项目由政府投资，应该采用工程量清单计价。国有资金投资的工程建设项目应实行工程量清单招标，招标人应编制招标控制价。按照《建设工程工程量清单计价规范》(GB 50500—2013)的规定，全部使用国有资金投资或国有资金投资为主的建设工程施工发承包，必须采用工程量清单计价。该项目的施工图及有关技术资料齐全，因此其招标控制价可采用工程量清单综合单价法进行编制。

6.1.3 招标文件的组成及内容

建设项目施工招标文件是建设项目施工招投标活动中最重要的法律文件，是评标委员会对投标文件评审的依据，也是业主与中标人签订合同的基础，同时也是投标人编制投标文件的重要依据。

1. 招标文件的组成

建设项目施工招标文件由招标文件正式文本、对正式文本的解释和对正式文本的修改三部分组成。

1)招标文件正式文本

招标文件正式文本由投标邀请书、投标须知、评标办法、合同主要条款、投标文件格式、工程量清单、图纸、技术标准和要求等组成。

2)对正式文本的解释

投标人拿到招标文件正式文本之后，如果认为招标文件需要解释问题，应在招标文件规定时间内以书面的形式向招标人提出，招标人以书面的形式向所有投标人做出答复，答复的内容为招标文件的组成部分。

3)对正式文本的修改

在投标截止前，招标人可以对已发出的招标文件进行修改、补充，这些修改、补充的内容为招标文件的组成部分。

2. 招标文件的内容

1)投标须知

投标须知是招标文件的重要组成部分，投标者在投标时必须仔细阅读和理解投标须知，按照投标须知的要求进行投标。一般在投标须知前有一张投标须知前附表，如表 6-2 所示。

(1)总则。

①工程说明。工程说明主要说明工程的名称、位置、承包方式、建设规模等情况。

②资金来源。资金来源应填入投标须知前附表。

③招标范围、计划工期和质量要求。招标范围、计划工期和质量要求应填入投标须知前附表。

④投标人资格的要求。投标人应具备承担工程项目施工的资质条件、能力和信誉。如果组成联合体投标，联合体各方应按招标文件提供的格式签订联合体协议书，明确联合体牵头人和各方的权利、义务；由同一专业的单位组成的联合体，按照资质等级较低的单位确定资质等级；联合体各方不得再以自己的名义单独或参加其他联合体在同一标段中的投标。

⑤投标费用。投标人准备和参加投标活动产生的费用自理。

⑥现场踏勘。投标须知前附表规定组织现场踏勘的，招标人按投标须知前附表规定的时间、地点组织投标人踏勘项目现场。

表 6-2 投标须知前附表

条款号	条款名称		说明与要求
1.1.1	项目概况		
1.1.2	招标人		
1.1.3	招标代理机构		
1.1.4	项目名称		
1.1.5	建设地点		
1.1.6	报价方式		
1.1.7	招标方式		
1.1.8	招标编号		
1.1.9	承包方式		
1.2.1	资金来源		
1.2.2	招标范围		
1.2.3	计划工期		
1.2.4	质量要求		
1.2.5	投标人的资质条件、能力和信誉	资质条件	
		财务要求	
		业绩要求	
1.2.6	是否接受联合体投标		□不接受 □接受
1.2.7	现场踏勘		□不组织 □组织
1.3.1	投标预备会		□不召开 □召开，召开时间： 召开地点：
1.3.2	分包		□不允许 □允许

续表

条款号	条款名称	说明与要求
1.3.3	偏离	□不允许　　□允许
1.3.4	构成招标文件的其他材料	
1.3.5	投标截止时间	____年____月____日____时____分
1.4.1	构成投标文件的其他材料	
1.4.2	投标有效期	
1.4.3	资格审查方式	
1.4.4	近年财务状况的年份要求	
1.4.5	近年完成的同类项目的年份要求	
1.4.6	近年发生的诉讼及仲裁情况的年份要求	
1.5.1	是否允许递交备选投标方案	□不允许　　□允许
1.5.2	签字、盖章要求	
1.5.3	投标文件份数	
1.5.4	装订要求	
1.5.5	封套上写明	外封套均注明： 投标人名称： 工程名称：__________（项目名称） 投标文件在____年____月____日____时____分（投标人按开标时间自行填写）前不得开启
1.5.6	递交投标文件地点	
1.5.7	是否退还投标文件	□是　　□否
1.5.8	开标时间和地点	开标时间：同投标截止时间 开标地点：同递交投标文件地点
1.5.9	开标程序	密封情况检查：由各投标单位上台确认标书密封情况
1.6.1	评标委员会的组建	评标委员会构成：5人； 评标专家确定方式：专家库随机抽取。
1.6.2	是否授权评标委员会确定中标人	□是 □否，推荐的中标候选人数：前两名
1.6.3	行贿犯罪记录查询	
1.7.1	投标人提出问题的截止时间	
1.7.2	招标人书面澄清的时间	
1.7.3	投标人要求澄清招标文件的截止时间	
1.7.4	投标人确认收到招标文件澄清的时间	
1.7.5	收到相应澄清文件的时间	
需要补充的其他内容：		

(2)招标文件。

招标文件除了在投标须知中写明的招标文件的内容外，对招标文件的澄清、修改和补充的内容也是招标文件的组成部分。投标人应仔细阅读和检查招标文件的全部内容，如发现缺页或附件不全，应及时向招标人提出，以便补齐。如有疑问，投标人应以书面形式(包括信函、电报传真等可以有形地表现所载内容的形式)，要求招标人对招标文件予以澄清。招标文件的澄清在投标截止时间15天前以书面形式发给所有购买招标文件的投标人，但不指明澄清问题的来源。如果澄清发出的时间距投标截止时间不足15天，投标截止时间相应延长。

(3)投标文件的编制。

投标文件的编制主要说明投标文件的组成、投标文件的格式、投标报价、投标货币、投标有效期等内容。

①投标文件的组成。投标文件一般包括投标函部分、商务标部分、技术标部分,采用资格后审的还应包括资格审查文件。投标文件具体指投标函及投标函附录、法定代表人身份证明或附有法定代表人身份证明的授权委托书、联合体协议书、投标保证金、已标价工程量清单、施工组织设计、项目管理机构、拟分包项目情况表、资格审查资料、其他材料。

②投标报价说明。投标报价说明是对投标报价的构成、采用的方式和投标货币等问题的说明。除非合同中另有规定,投标人在报价中所报的单价和合价,以及报价汇总表中的价格,应包括完成该工程项目的成本、利润、税金等各项费用。投标人应按照招标人提供的工程量清单中的工程项目和工程量填报单价和合价,工程量清单中每一项均须填写单价和合价,并只允许有一个报价。投标人没有填写单价和合价的,视为此项费用包括在其他工程量清单项目费用中。采用工料单价法报价的,应按招标文件的要求,依据相应的工程量计算规则和预算定额计量报价。

③投标有效期。投标有效期指从投标截止之日开始至中标结果公布的一段时间,一般在投标须知前附表中规定投标有效期。在投标须知前附表规定的投标有效期内,投标人不得要求撤销或修改其投标文件。出现特殊情况需要延长投标有效期的,招标人以书面形式通知所有投标人延长投标有效期。投标人同意延长的,应相应延长其投标保证金的有效期,但不得要求或被允许修改或撤销其投标文件;投标人拒绝延长的,其投标失效,但投标人有权收回其投标保证金。

④投标保证金。投标人在递交投标文件的同时,应按投标须知前附表规定的金额、担保形式递交投标保证金,投标保证金可以是银行汇票、支票、现金,并作为其投标文件的组成部分。联合体投标的,其投标保证金由牵头人递交,并应符合投标须知前附表的规定。

投标人没有提交投标保证金,其投标文件作为废标处理。招标人与中标人签订合同后5个工作日内,向未中标的投标人和中标人退还投标保证金。有下列情形之一的,投标保证金将不予退还:投标人在规定的投标有效期内撤销或修改其投标文件,中标人在收到中标通知书后,无正当理由拒签合同协议书或未按招标文件规定提交履约担保。

⑤投标文件的份数和签署。投标文件正本一份,副本份数见投标须知前附表。正本和副本的封面上应清楚地标记“正本”或“副本”的字样。当副本和正本不一致时,以正本为准。投标文件应用不褪色的材料书写或打印,并由投标人的法定代表人或其委托代理人签字或盖单位章。委托代理人签字的投标文件应附法定代表人签署的授权委托书。

(4)投标文件的提交。

①投标文件的密封和标记。投标文件的正本与副本应分开包装,分别密封在内层包封内,再密封在一个外层包封内,并在包封上注明“投标文件正本”或“投标文件副本”。外层和内层包封上都应写明招标人的名称和地址、招标工程项目编号、工程名称,并注明开标时间以前不得拆封。内层包封上面应写明投标人的名称和地址、邮政编码,以便投标时出现逾期送达时能原封退回。

②投标文件的提交与投标截止时间。投标截止时间是指在招标文件中规定的最晚提交投标文件的时间。投标人应在规定的日期之前提交投标文件。招标人在投标截止日期之后收到的投标文件,将原封退回给投标人。如果在投标截止时间时,招标人收到的投标文件少于3个,招标人应依法重新招标。

③投标文件的修改与撤回。投标截止时间前,投标人可以修改或撤回已递交的投标文件,但应以书面形式通知招标人。投标人修改或撤回已递交投标文件的书面通知应按照规定要求签字或盖章。招标人收到书面通知后,向投标人出具签收凭证。投标人对投标文件修改的内容为投标文件的组成部分。修改的投标文件应按照规定进行编制、密封、标记和递交,并标明“修改”字样。

(5)开标与评标。

招标人在投标须知前附表中规定的投标截止时间(开标时间)和投标须知前附表规定的地点公开开标,并邀请所有投标人的法定代表人或其委托代理人准时参加。

评标由招标人依法组建的评标委员会负责。评标委员会由招标人或其委托的招标代理机构熟悉相关业务的代表，以及有关技术、经济等方面的专家组成。评标委员会成员有下列情形之一的应当回避。

①招标人或投标人的主要负责人的近亲属。

②项目主管部门或者行政监督部门的人员。

③与投标人有经济利益关系，可能影响对投标公正评审的。

④曾因在招标、评标以及其他与招标投标有关活动中从事违法行为而受过行政处罚或刑事处罚的。

评标活动遵循公平、公正、科学和择优的原则。评标委员会按照招标文件中规定的评标方法、评审因素、标准和程序对投标文件进行评审。

(6)合同授予和签订。

①合同授予。招标人将合同授予其投标文件在实质上响应招标文件要求和按招标文件规定的评标方法评选出的投标人，确定为中标人的投标人必须具有实施合同的能力和资源。

②中标通知书。确定中标人后，招标人以书面的形式通知中标的投标人，同时将中标结果通知未中标的投标人。

③履约担保。在签订合同前，中标人应按投标须知前附表规定的金额、担保形式和招标文件"合同条款及格式"规定的履约担保格式向招标人提交履约担保。联合体中标的，其履约担保由牵头人递交，并应按投标须知前附表规定的金额、担保形式和招标文件"合同条款及格式"规定的履约担保格式要求提交履约担保。

中标人不能提交履约担保时，视为放弃中标，其投标保证金不予退还，给招标人造成的损失超过投标保证金数额时，中标人还应当对超过部分予以赔偿。

④签订合同。招标人和中标人应当自中标通知书发出之日起30天内，根据招标文件和中标人的投标文件订立书面合同。中标人无正当理由拒签合同的，招标人取消其中标资格，其投标保证金不予退还；给招标人造成的损失超过投标保证金数额的，中标人还应当对超过部分予以赔偿。

发出中标通知书后，招标人无正当理由拒签合同的，招标人向中标人退还投标保证金；给中标人造成损失的，还应当赔偿损失。

2)合同条款

合同条款是招标人与投标人签订合同的基础，是对双方权利和义务的约束。我国建设部和国家工商行政管理局联合下发的适合国内工程承发包使用的《建设工程施工合同(示范文本)》(GF—2017-0201)中的合同条款分为三部分：第一部分是协议书；第二部分是通用条款；第三部分是专用条款。

3)合同文件格式

合同文件格式是招标人在招标文件中拟定好的合同文件的具体格式，其内容包括合同协议书、承包人履约保函、承包人履约担保、质量保修书、发包人支付担保银行保函等。

4)评标的标准及方法

在评标办法前附表中对评标的标准做相应的说明，评标委员根据相应的标准进行评审。评标方法有经评审的最低投标价法和综合评估法。

采用经评审的最低投标价法，评标委员会对满足招标文件实质要求的投标文件，根据规定的量化因素及量化标准进行价格折算，按照经评审的投标价由低到高的顺序推荐中标候选人，或根据招标人授权直接确定中标人，但投标报价低于其成本的除外。经评审的投标价相等时，投标报价低的优先；投标报价也相等时，由招标人自行确定。

采用综合评估法，评标委员会对满足招标文件实质性要求的投标文件，按照规定的评分标准进行打分，并按得分由高到低顺序推荐中标候选人，或根据招标人授权直接确定中标人，但投标报价低于其成本的除外。综合评分相等时，投标报价低的优先；投标报价也相等时，由招标人自行确定。

5)图纸

图纸是招标文件的重要组成部分，是指用于招标的工程施工用的全部图纸，是进行施工的依据。图纸是招标人编制工程量清单的依据，也是投标人编制投标报价和施工组织设计的依据。建筑工程施工图纸一般包括图纸目录、设计总说明、建筑施工图、结构施工图、给排水施工图、电气施工图、采暖通风施工图等。

6)工程量清单

工程量清单是建设工程的分部分项工程项目、措施项目、其他项目、规费项目和税金项目的名称和相应数量等的明细清单。工程量清单应由具有编制能力的招标人编制,或受其委托由具有相应资质的工程造价咨询人编制。

(1)工程量清单编制的依据。

①《建设工程工程量清单计价规范》(GB 50500—2013) 以及各专业工程计量规范等。

②国家或省级、行业建设主管部门颁发的计价依据和办法

③建设工程设计文件及相关资料。

④与建设项目有关的标准、规范、技术资料。

⑤招标文件及其补充通知、答疑纪要。

⑥施工现场情况、地勘水文资料、工程特点及常规施工方案。

⑦其他相关资料。

(2)工程量清单编制的原则。

①遵守国家的有关法律法规。

②遵守五个统一的规定。工程量清单应当依据招标文件、施工设计图纸、施工现场条件和国家制定的统一项目编码、项目名称、项目特征、计量单位、工程量计算规则进行编制。

③遵守招标文件的相关要求。

④编制力求准确、合理。

6.1.4 招标工程量清单与招标控制价的编制

1.招标工程量清单的编制

招标工程量清单是招标人依据国家标准、招标文件、设计文件以及施工现场实际情况编制的,随招标文件发布供投标报价的工程量清单,包括对其的说明和表格。编制工程量清单,应充分体现“量价分离”的“风险分担”原则。招标阶段招标工程量清单应由具有编制能力的招标人或受其委托,具有相应资质的工程造价咨询人或招标代理人编制。

招标工程量清单作为招标文件的组成部分,其准确性和完整性由招标人负责。

工程量清单是工程量清单计价的基础,应作为编制招标控制价、投标报价、计算工程量、支付工程款、调整合同价款、办理竣工结算以及工程索赔等的依据之一。

1)编制工程量清单的依据

①《建设工程工程量清单计价规范》(GB 50500—2013)和相关工程的国家计量规范。

②国家或省级、行业建设主管部门颁发的计价依据和办法。

③建设工程设计文件。

④与建设工程有关的标准、规范、技术资料。

⑤拟定的招标文件。

⑥施工现场情况、工程特点及常规施工方案。

⑦其他相关资料。

工程量清单应由具有编制能力的招标人或受其委托具有相应资质的工程造价咨询人或招标代理人编制。

2)分部分项工程量清单的编制

分部分项工程量清单应包括项目编码、项目名称、项目特征、计量单位和工程量。分部分项工程量清单应根据附录规定的项目编码、项目名称、项目特征、计量单位和工程量计算规则进行编制。

分部分项工程量清单的项目编码采用12位阿拉伯数字表示,1～9位应按附录的规定设置,10～12位应根据拟建工程的工程量清单项目名称设置,同一招标工程的项目编码不得有重码。分部分项工程量清单的项目名称应按附录的项目名称结合拟建工程的实际确定。分部分项工程量清单的项目特征应按附录中规定的项目特征,结合拟建工程项目的实际予以描述。分部分项工程量清单中所列工程量应按附录中规定的工程量计算

规则计算。分部分项工程量清单的计量单位应按附录中规定的计量单位确定。

3)措施项目清单的编制

措施项目清单应根据相关工程现行国家计量规范的规定编制。措施项目中列出了项目编码、项目名称、项目特征、计量单位、工程量计算规则的项目,编制工程量清单时,应按照规范的规定执行。

措施项目仅列出项目编码、项目名称、未列出项目特征、计量单位和工程量计算规则的项目,编制工程量清单时,措施项目清单应根据拟建工程的实际情况列项。若出现本规范未列的项目,可根据工程实际情况补充。

4)其他项目清单的编制

其他项目清单应按照下列内容列项。

①暂列金额。

②暂估价:暂估价包括材料暂估价、工程设备暂估价和专业工程暂估价。

③计日工:计日工包括计日工人工、材料和施工机具。

④总承包服务费。

5)规费项目清单的编制

规费项目清单应按照下列内容列项。

①工程排污费。

②社会保障费:包括养老保险费、失业保险费、医疗保险费。

③住房公积金。

④工伤保险。

《建设工程工程量清单计价规范》(GB 50500—2013)第4.5.1条未列的项目,应根据省级政府或省级有关权力部门的规定列项。

6)税金项目清单的编制

税金项目清单应包括下列内容。

①营业税。

②城市维护建设税。

③教育费附加。

④地方教育附加。

《建设工程工程量清单计价规范》(GB 50500—2013)4.6.1条未列的项目,应根据税务部门的规定列项。

2. 招标控制价的编制

1)招标控制价的编制依据

招标控制价的编制依据是指在编制招标控制价时需要进行工程量计价、价格确认、工程计价的有关参数、率值的确定等工作时所需要的基础性材料,主要包括以下几个方面。

①现行国家标准《建设工程工程量清单计价规范》(GB 50500—2013)与专业工程计量规范。

②国家或省级、行业建设主管部门颁发的计价定额和计价办法。

③建设工程设计文件及相关资料。

④拟定的招标文件及招标工程量清单。

⑤与建设项目相关的标准、规范、技术资料。

⑥施工现场情况、工程特点及常规施工方案。

⑦工程造价管理机构发布的工程造价信息;工程造价信息没有发布的,参照市场价。

招标控制价的作用决定了招标控制价不同于标底,无须保密。为体现招标的公平、公正,防止招标人有意抬高或压低工程造价,招标人应在招标文件中如实公布招标控制价,不得对所编制的招标控制价进行上浮或下调。招标人在招标文件中公布招标控制价时,应同时公布招标控制价的各组成部分的详细内容,不得只公布招标控制价总价。同时,招标人应将招标控制价的总价和各组成部分的详细内容报到工程所在地的工程造价管理机构备查。

投标人经复核认为招标人公布的招标控制价的内容未按照《建设工程工程量清单计价规范》(GB 50500—

2013)的规定进行编制，应在建设项目开标前 5 天，向招标投标监督机构或(和)工程造价管理机构投诉。

招标投标监督机构应会同工程造价管理机构对投诉进行处理，当招标控制价误差>±3%时应责成招标人修改。

招标人根据招标控制价复查结论，需要修改公布的招标控制价的，且最终招标控制价的发布时间至投标截止时间不足 15 天的，应当延长投标文件的截止时间。

2)招标控制价的作用

(1)我国对国有资金投资项目实行的是投资概算审批制度，国有资金投资的工程原则上不能超过批准的投资概算。因此，在工程招标发包时，当编制的招标控制价超过批准的概算，招标人应当将其报原概算审批部门重新审核。

(2)国有资金投资的工程进行招标，根据《中华人民共和国招标投标法》的规定，招标人可以设标底。当招标人不设标底时，为有利于客观、合理地评审投标报价和避免哄抬标价，造成国有资产流失，根据 GB 50500—2013 的规定，国有资金投资的建设工程招标，招标人必须编制招标控制价。

(3)国有资金投资的工程，招标人编制并公布的招标控制价相当于招标人的采购预算，其不能超过批准的概算，因此，招标控制价是招标人在工程招标时能接受投标人报价的最高限价。单位工程招标控制价/投标报价汇总表如表 6-3 所示。

表 6-3 单位工程招标控制价/投标报价汇总表

序号	汇总内容	金额/万元	其他		
			暂估价/万元	安全文明施工费/万元	规费/万元
1	分部分项工程费				
1.1					
1.2					
2	措施项目费				
2.1	安全文明施工费等				
2.2	模板工程、脚手架工程等				
3	其他项目费				
3.1	暂列金额				
3.2	专业工程暂估价				
3.3	计日工				
3.4	总承包服务费				
4	规费				
5	税金				
招标控制价/投标报价合计=(1)+(2)+(3)+(4)+(5)					

注：①本表适用于单位工程招标控制价或投标报价的汇总，如无单位工程的划分，单项工程也使用本表汇总。②安全文明施工费按省级的行业建设主管部门的规定计取外，其他措施项目均可根据投标施工组织设计自主报价。③材料暂估价，在分部分项清单综合单价中计入，其他项目清单中不再汇总。

3)招标控制价的编制方式

工程施工中主要以工程量清单计价法编制招标控制价。

采用工程量清单计价时，招标控制价的编制内容包括分部分项工程费、措施项目费、其他项目费、规费和税金。

(1)分部分项工程费应根据招标文件中的分部分项工程量清单项目的特征描述及有关要求，按《建设工程工程量清单计价规范》(GB 50500—2013)的有关规定确定综合单价进行计算。工程量的确定依据招标文件中提供的分部分项工程量清单。

$$分部分项工程费=\sum 分部分项工程量\times 分部分项工程综合单价$$

其中，分部分项工程综合单价由人工费、材料费、施工机具使用费、企业管理费、利润等组成，并考虑风险费用。

(2)措施项目费中的安全文明施工费应当按照国家或省级、行业建设主管部门的规定标准计价，该部分不得作为竞争性费用。措施项目费应按招标文件中提供的措施项目清单确定，措施项目分以“量”和以“项”计算两种。对于可精确计量的措施项目，以“量”计算即按其工程量用与分部分项工程工程量清单单价相同的方式确定综合单价；不可精确计量的措施项目，则以“项”为单位计算，采用费率法时需确定某项费用的计费基数及其费率，结果应包括除规费、税金以外的全部费用，计算公式为

$$以“项”计算的措施项目费=措施项目计费基数\times 费率$$

(3)其他项目费应按下列规定计价。

①暂列金额。暂列金额可根据工程的复杂程度、设计深度、工程环境条件(包括地质、水文、气候条件等)进行估算，一般可按分部分项工程费的10%～15%计算。

②暂估价。暂估价包括材料暂估价和专业工程暂估价。暂估价中的材料单价应按照工程造价管理机构发布的工程造价信息中的材料单价计算。工程造价信息未发布材料单价的材料，其单价参考市场价格估算；暂估价中的专业工程暂估价应分不同专业，按有关计价规定估算。

③计日工。计日工包括计日工人工、材料和施工机具。在编制招标控制价时，计日工中的人工单价和施工机械台班单价应按省级的行业建设主管部门或其授权的工程造价管理机构公布的单价计算；材料应按工程造价管理机构发布的工程造价信息中的材料单价计算，工程造价信息未发布材料单价的材料，其价格应按市场调查确定的单价计算。

④总承包服务费。招标人应根据招标文件中列出的内容和向总承包人提出的要求，参照下列标准计算总承包服务费。

招标人要求对分包的专业工程进行总承包管理和协调时，总承包服务费按分包的专业工程估算造价的1.5%计算。

招标人要求对分包的专业工程进行总承包管理和协调，并同时要求提供配合服务时，总承包服务费根据招标文件中列出的配合服务内容和提出的要求，按分包的专业工程估算造价的3%～5%计算。

招标人自行供应材料的，总承包服务费按招标人供应材料价值的1%计算。

(4)招标控制价的规费和税金必须按国家或省级的行业建设主管部门的规定计算。税金的计算公式为

$$税金=(分部分项工程费+措施项目费+其他项目费)\times 综合费率$$

单位工程招标控制价/投标报价汇总表如表6-3所示，招标控制价应在招标文件中注明，不应上调或下浮，招标人应将招标控制价及有关资料报送工程所在地工程造价管理机构备查。招标控制价超过批准的概算时，招标人应将其报原概算审批部门审核。投标人的投标报价高于招标控制价时，其投标应予拒绝。

【例6-3】

某总承包施工企业根据某安装工程的招标文件和施工方案决定按以下数据及要求进行投标报价：该安装工程按设计文件计算出各分部分项工程费用合计为6000万元，其中人工费占10%；安装工程脚手架搭拆的费用，按各分部分项工程人工费合计的8%计取，其中人工费占25%；安全防护、文明施工措施费用，按当地工程造价管理机构发布的规定计100万元，根据建设部建办〔2005〕89号《建筑工程安全防护、文明施工措施费用及使用管理规定》中“投标方安全防护、文明施工措施的报价，不得低于依据工程所在地工程造价管理机构测定费率计算所需费用总额的90%”的规定，业主要求按90%计；其他措施项目清单费用按150万元计。

企业管理费、利润分别按人工费的60%、40%计。

按业主要求，总承包企业将占工程总量20%的部分专业工程发包给某专业承包企业，总承包服务费按分包专业工程各分部分项工程人工费合计的15%计取。

规费按82万元计；税金按综合税率3.41%计。

请计算该工程的招标控制价。

【分析】

本案例要求读者按《建设工程工程量清单计价规范》(GB 50500—2013)的规定，掌握编制安装单位工程的工程量清单及清单计价构成及计算方法，包括编制分部分项工程量清单与计价表时，应能列出安装工程的分项子目(如给排水管道、空调、通风、采暖等)，掌握工程量计算方法；掌握编制安装工程的工程量清单与计价的基本原理；安装工程的措施项目清单与计价表中，脚手架工程及其他费的计算方法；编制措施项目清单与计价表和单位工程招标控制价/投标报价汇总表的基本方法。

计算各项费用。

(1)分部分项工程费=[6000+6000×10%×(40%+60%)]万元=6600 万元。

(2)措施项目费。

①脚手架搭拆费=[6000×10%×8%+6000×10%×8%×25%×(40%+60%)]万元=(48+12)万元=60 万元。

②安全防护、文明施工措施费=100×90%万元=90 万元。

③其他措施项目费=150 万元。

措施项目费=(60+90+150)万元=300 万元。

(3)其他项目费=总承包服务费=6000×20%×10%×15%万元=18 万元。

(4)规费=82 万元。

(5)税金=(6600+300+18+82)×3.41%万元=7000×3.41%万元=238.7 万元。

将各项费用的计算结果，填入单位工程招标控制价/投标报价汇总表，如表 6-4 所示。

表 6-4　例 6-3 的单位工程招标控制价/投标报价汇总表

序号	汇总内容	金额/万元	其他		
			暂估价/万元	安全文明施工费/万元	规费/万元
1	分部分项工程费	6600.00			
1.1	略				
1.2	略				
1.3	略				
…	略				
2	措施项目费	300.00			
2.1	安全文明施工费等	90.00		90.00	
2.2	模板工程、脚手架工程等	210.00			
3	其他项目费	18.00			
3.1	暂列金额				
3.2	专业工程暂估价				
3.3	计日工				
3.4	总承包服务费	18.00			
4	规费	82.00			82.00
5	税金=[(1)+(2)+(3)+(4)]×3. 41%	238.70			
招标控制价/投标报价合计=(1)+ (2)+ (3) + (4) + (5)		7238.70			

6.2 投标管理

6.2.1 投标文件的组成

投标文件，是建设工程投标单位单方面阐述自己响应招标文件要求，旨在向招标单位提出愿意订立合同的意思表示，是投标单位确定、修改和解释有关投标事项的各种书面表达形式的统称。从合同订立过程来分析，投标文件在性质上属于一种要约，其目的在于向招标单位提出订立合同的意愿。投标文件作为一种要约，必须符合一定的条件才能发生约束力。这些条件主要是以下几项。

①必须明确向招标单位表示愿以招标文件的内容订立合同的意思。

②必须对招标文件提出的实质性要求和条件做出响应，不得以低于成本的报价竞标。

③必须由有资格的投标单位编制。

④必须按照规定的时间、地点递交给招标单位。

凡不符合上述条件的投标文件，将被招标单位拒绝。

投标文件是由一系列有关投标方面的书面资料组成的。一般来说，投标文件由以下几个部分组成。

1. 投标函部分

投标函部分主要是对招标文件中的重要条款做出响应，包括法定代表人身份证明书、投标文件签署授权委托书、投标函、投标函附录、投标担保等文件。

(1)法定代表人身份证明书、投标文件签署授权委托书是证明投标人的合法性及商业资信的文件，按实填写。如果法定代表人亲自参加投标活动，则不需要授权委托书。但一般情况下法定代表人都不亲自参加，因此用授权委托书来证明参与投标活动的代表进行各项投标活动的合法性。

(2)投标函是承包商向发包方发出的要约，表明投标人完全愿意按照招标文件的规定完成任务。投标函应写明自己的标价、完成的工期、质量承诺，并对履约担保、投标担保等做出具体明确的意思表示，加盖投标人单位公章，并由其法定代表人签字和盖章。

(3)投标函附录是明示投标文件中的重要内容和投标人的承诺的要点。

(4)投标担保是用来确保合格者投标及中标者签约和提供发包人所要求的履约担保和预付款担保，可以采用现金、现金支票、保兑支票、银行汇票和在中国注册的银行出具的银行保函，保险公司或担保公司出具的投标保证书等多种形式，金额一般不超过投标价的2%，最高不得超过80万元。投标人按招标文件的规定提交投标担保，投标担保属于投标文件的一部分，未提交视为未实质上响应招标文件，导致废标。

①招标文件规定投标担保采用银行保函方式时，投标人提交由担保银行按招标文件提供的格式文本签发的银行保函，保函的有效期应当超出投标有效期30天。

②招标文件规定投标担保采用支票或现金方式时，投标人可不提交投标担保书，在投标担保书格式文本上注明已提交的投标保证的支票或现金的金额。

2. 商务标部分(投标报价部分)

商务标部分因报价方式的不同而有不同文本，按照《建设工程工程量清单计价规范》的要求，商务标的内容应包括投标总价及工程项目总价表、单项工程费汇总表、单位工程费汇总表、分部分项工程量清单计价表、措施项目清单计价表、其他项目清单计价表、零星工作项目计价表、分部分项工程量清单综合单价分析表、措施费项目分析表和主要材料价格表。

3. 技术标部分

对于大、中型工程和结构复杂、技术要求高的工程来说，技术标是能否中标的决定性因素。技术标通常由施工组织设计、项目管理班子配备情况、项目拟分包情况、企业信誉及实力四部分组成。

1)施工组织设计

标前施工组织设计可以比中标后编制的施工组织设计简略，一般包括工程概况及施工部署、分部分项工程主要施工方法、工程投入的主要施工机械设备情况、劳动力安排计划、确保工程质量的技术组织措施、确保安全生产及文明施工的技术组织措施、确保工期的技术组织措施等。施工组织设计应包括以下附表。

①拟投入工程的主要施工机械设备表。

②主要工程材料用量及进场计划表。

③劳动力计划表。

④施工总平面布置图及临时用地表。

2)项目管理班子配备情况

项目管理班子配备情况主要包括负责项目管理班子配备情况表、项目经理简历表、项目技术负责人简历表和项目管理班子配备情况辅助说明资料等。

3)项目拟分包情况

如果投标决策中标后拟将部分工程分包出去，应按规定格式如实填表。如果没有工程分包出去，则在规定表格中填“无”。

4)企业信誉及实力

企业信誉及实力包括企业概况、已建和在建工程、获奖情况以及相应的证明资料。

6.2.2 投标报价的编制

投标报价的编制主要是投标单位对承建招标工程所要产生的各种费用的计算。我国建设项目施工工程投标报价的编制方法主要有两种：按工程预算方法和工程量清单计价方式编制。目前大多数项目采用工程量清单招投标，因此，投标报价的编制以工程量清单计价方式为主。从计价方法上讲，工程量清单计价方式下投标报价的编制方法与以工程量清单计价法编制招标控制价的方法相似，都是采用综合单价计价的方法。

1)按工程预算方法编制

按工程预算方法编制投标报价，是国内招标工程投标比较流行的做法。采用这种方法编制的投标报价，费用组成与工程预算文件中的费用构成基本一致。但严格来讲，投标报价和工程预算并不是一回事。一是工程预算的内容比较规范，其中各种费用都要按规定的费率和定额进行计算，不能随意变更，而投标报价则可根据承包商的实际情况进行计算，可以考虑承包中的风险，在工程预算基础上浮动，此时的定额是参考要素之一；二是工程预算文件编制完成后，主要用于对投资的控制，而投标报价只用于投标，二者的性质和用途完全不同。

依据住房城乡建设部、财政部关于印发《建筑安装工程费用项目组成》的通知(建标〔2013〕44 号)，建筑安装工程费用按照构成要素划分：由人工费、材料(包含工程设备，下同)费、施工机具使用费、企业管理费、利润、规费和税金组成。

(1)人工费：按工资总额构成规定，支付给从事建筑安装工程施工的生产工人和附属生产单位工人的各项费用。人工费包括计时工资或计件工资、奖金、津贴补贴、加班加点工资和特殊情况下支付的工资。

(2)材料费：在施工过程中耗费的原材料、辅助材料、构配件、零件、半成品或成品、工程设备的费用。材料费包括材料原价、运杂费、运输损耗费和采购及保管费。

(3)施工机具使用费：施工作业产生的施工机械、仪器仪表使用费或其租赁费。施工机具使用费包括施工机械使用费和仪器仪表使用费。

(4)企业管理费：建筑安装企业组织施工生产和经营管理所需的费用。企业管理费包括管理人员工资、办公费、差旅交通费、工具用具使用费、劳动保险和职工福利费、劳动保护费、检验试验费、财产保险费等。

(5)利润：建筑施工企业在完成所承包的工程后获得的盈利。

(6)规费：按国家法律、法规规定，由省级政府和省级有关权力部门规定必须缴纳或计取的费用。规费包括社会保险费、住房公积金和工程排污费。

(7)税金：国家税法规定的应该计入建筑安装工程造价内的增值税、城市维护建设税、教育费附加以及地方教育附加。

2)工程量清单计价方式编制

在工程量清单计价方式编制的投标报价中，除了《建设工程工程量清单计价规范》(GB 50500—2013)的强制性规定外，投标价由投标人自主确定，但不得低于成本价。

投标人应按招标人提供的工程量清单填报价格。填写的项目编码、项目名称、项目特征、计量单位、工程量必须与招标人提供的一致。

采用工程量清单计价，工程总价由分部分项工程费、措施项目费、其他项目费、规费和税金组成。

【例 6-4】

某工程纵横外墙基均采用同一断面的带形基础，无内墙，基础总长度为 160 m，基础上部为 370 实心砖墙。混凝土现场制作，强度等级：基础垫层为 C10，带形基础及其他构件均为 C20。项目编码及挖基础土方、有梁板及直形楼梯等分项工程的工程量或费用已给出，见分部分项工程量计算表，如表 6-5 所示。(依据《全国统一建筑工程基础定额》的规定，工作面每边 300 mm；自垫层上表面开始放坡，坡度系数为 0.33；多余的土要全部外运，按照该规定计算基础的人工挖基础土方工程量为 1510.40 m^3，基础回填土方工程量为 1106.24 m^3，余土运输工程量为 404.16 m^3)

招标文件的要求如下。

(1)弃土采用翻斗车运输，运距为 200 m，基坑夯实回填，挖、填土方均按天然密实土计算。

(2)土建单位工程投标总报价根据清单计价金额确定。

某承包商拟投标此项工程，并根据本企业的管理水平确定企业管理费率为 12%，利润率和风险系数为 4.5%(以工、料、机和企业管理费为基数计算)。

问题：

(1)根据企业定额消费量表(节选)(见表 6-6)、市场资源价格表(见表 6-7)、《全国统一建筑基础定额》、混凝土配合比表(见表 6-8)等内容编制该工程分部工程量清单综合单价表和分部分项工程量清单与计价表。

(2)按照招标人的措施项目清单与计价表，投标人根据施工方案要求，预计可能发生以下费用。

①现浇混凝土模板工程量约 700 m^3，预计人、材、机费用分别为 5100 元、19 800 元、3400 元。

②租赁钢管脚手架所需费用 20 000 元，脚手架搭、拆的人工费约为 12 000 元。

③租赁垂直运输机所需费用 30 000 元，操作机械的人工费约为 6000 元，动力燃料费为 4000 元。

④措施费中环境保护、文明施工、安全生产、二次搬运、冬雨季施工、夜间施工等可能产生的措施费用总额，按分部分项工程量清单合计价的 5%计取；临时设施工程费按 3%计取。

表 6-5 分部分项工程量计算表

序号	项目编码	项目名称	项目特征	计量单位	工程量	计算过程
1	010101002001	人工挖基础土方	三类土，挖土深度 4 m 以内，运距 200 m	m^3	956.80	
2	010103001001	基础回填土方	夯、填	m^3	552.64	
3	010501001001	混凝土带形基础垫层	C10，厚 200 mm	m^3	73.60	
4	010501002001	混凝土带形基础		m^3	307.20	
5	010505001001	有梁板	C20，厚 100 mm，底标高 3.6 m、7.1 m、10.4 m	m^3	1890.00	
6	010506001001	直形楼梯	C20	m^3	316.00	
7		其他分项工程	略	无	500 000	

表 6-6 企业定额消耗量(节选)

企业定额编号			8-16	5-394	5-417	5-421	1-9	1-46	1-54
项目		单位	混凝土带形基础垫层	混凝土带形基础	混凝土有梁板	混凝土楼梯	人工挖三类土	回填夯实土	翻斗车运土
人工	综合工日	工日	1.225	0.956	1.307	0.575	0.661	0.294	0.100

续表

项目		单位	混凝土带形基础垫层	混凝土带形基础	混凝土有梁板	混凝土楼梯	人工挖三类土	回填夯实土	翻斗车运土
材料	现浇混凝土	m^3	1.010	1.015	1.015	0.260			
	草袋	m^2	0.000	0.252	1.099	0.218			
	水	m^3	0.500	0.919	1.204	0.290			
机械	混凝土搅拌机 400L	台班	0.101	0.039	0.063	0.026			
	插入式振捣器		0.000	0.077	0.063	0.052			
	平板式振捣器		0.079	0.000	0.063	0.000			
	机动翻斗车		0.000	0.078	0.000	0.000			0.069
	电动打夯机		0.000	0.000	0.000	0.000		0.008	

表 6-7　市场资源价格表

序号	资源名称	单位	价格/元	序号	资源名称	单位	价格/元
1	综合工日	工日	35.00	7	草袋	m^2	2.20
2	325 水泥	t	320.00	8	混凝土搅拌机 400L	台班	96.85
3	粗砂	m^3	90.00	9	插入式振捣器	台班	10.74
4	砾石 40	m^3	52.00	10	平板式振捣器	台班	12.89
5	砾石 20	m^3	52.00	11	机动翻斗车	台班	83.31
6	水	m^3	3.90	12	电动打夯机	台班	25.61

表 6-8　混凝土配合比表

单位：m^3

项目		单位	C10	C20 带形基础	C20 有梁板及楼梯
材料	325 水泥	kg	249.00	312.00	359.00
	粗砂	m^3	0.510	0.430	0.460
	砾石 40	m^3	0.850	0.890	0.000
	砾石 20	m^3	0.000	0.000	0.830
	水	m^3	0.170	0.170	0.190

依据上述条件和《建设工程工程量清单计价规范》(GB 50500—2013)的规定，计算并编制该工程的措施项目清单计价表。

(3)其他项目清单与计价汇总表中明确：暂列金额为 300 000 元，业主采购钢材暂估价为 300 000 元(总包服务费按 1%计取)。专业工程暂估价为 500 000 元(总包服务费按 4%计取)，计日工为 60 工日。编制其他项目清单与计价汇总表。若现行规费与税金分别按 5%、3.41%计取，编制单位工程投标报价汇总表。确定该土建单位工程的投标报价。

【分析】

本例题的训练目的是工程量清单报价的编制。

本例题要求按《建设工程工程量清单计价规范》(GB 50500—2013)规定，掌握编制单位工程工程量清单与计价汇总表的基本方法；掌握编制工程量清单综合单价分析表、分部分项工程量清单与计价表、措施项目清单与计价表、其他项目清单与计价汇总表以及单位工程控制价/投标报价汇总表的操作实务。

问题(1)：编制《分部分项工程量清单与计价表》时，应注意计量规则中，各类钢筋混凝土基础工程都综合了垫层的内容，注意如何计算基础的综合单价。

挖基础土方工程综合了土方运输。GB 50500—2013 的工程量计算规则规定：挖基础土方工程量是按基础垫层面积乘以挖土深度计算的，不考虑工作面挖方和放坡挖方。这与现实差距很大，这种差距将随着挖土深度加大迅速增大。挖方的差距也会导致基础回填土工程量误差，所以，应注意如何将这部分挖、运、填的土方费用

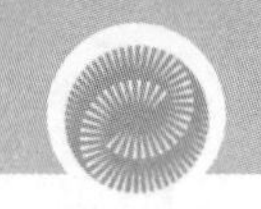

考虑到基础土方的综合单价中。

首先，编制人工挖基础土方、基础回填土方、混凝土带形基础、混凝土带形基础垫层等分部分项工程的综合单价分析表，如表6-9至表6-12所示。

其次，编制分部分项工程综合单价表，如表6-13所示。

再次，编制分部分项工程量清单与计价表，如表6-14所示。

1)编制该工程的部分工程量清单综合单价分析表

(1)编制人工挖基础土方综合单价分析表，如表6-9所示。

每立方米清单人工挖基础土方所含施工工程量为

$$人工挖基础土方量=1510.40/956.80\ m^3=1.579\ m^3$$

$$机械土方运输量=404.16/956.80\ m^3=0.422\ m^3$$

$$综合单价=工料机费\times(1+管理费率)(1+利润率)$$

$$管理费和利润=综合单价-工料机费$$

(2)编制基础回填土方综合单价分析表，如表6-10所示。

每立方米清单基础回填土方所含施工回填土方量为 $1106.24/552.64=2.002\ m^3$

(3)编制混凝土带形基础综合单价分析表，如表6-11所示。

(4)编制混凝土带形基础垫层综合单价分析表，如表6-12所示。

表6-9　人工挖基础土方综合单价分析表

项目编码	010101002001		项目名称	人工挖基础土方			计量单位	m^3	工程量	
清单综合单价组成明细										
定额编号	定额名称	定额单位	数量	单价/元				合价/元		
				人工费	材料费	机械费	管理费和利润	人工费	材料费	机械费	管理费和利润
1-9	基础挖土	m^3	1.579	23.14			3.94	36.54	0	0	6.22
1-54	土方运输	m^3	0.422	3.50		5.75	1.58	1.48	0	2.43	0.67
人工单价		小计						38.02	0	2.43	6.89
35元/工日		未计价材料费/元									
清单项目综合单价								47.34			
材料费明细	主要材料名称、规格、型号			单位		数量		单价/元	合价/元	暂估单价/元	暂估合价/元
	其他材料费/元							—		—	
	材料费小计/元							—		—	

表6-10　基础回填土方综合单价分析表

项目编码	010103001001		项目名称	基础回填土方			计量单位	m^3	工程量		
清单综合单价组成明细											
定额编号	定额名称	定额单位	数量	单价/元				合价/元			
				人工费	材料费	机械费	管理费和利润	人工费	材料费	机械费	管理费和利润
1-46	回填基础土	m^3	2.001	10.29		0.205	1.79	20.59	0	0.41	3.58
人工单价		小计						20.59	0	0.41	3.58
35元/工日		未计价材料费/元									
清单项目综合单价								24.58			

续表

<table>
<tr><td>项目编码</td><td>010103001001</td><td>项目名称</td><td colspan="2">基础回填土方</td><td>计量单位</td><td>m³</td><td>工程量</td><td></td></tr>
<tr><td rowspan="4">材料费明细</td><td colspan="2">主要材料名称、规格、型号</td><td>单位</td><td>数量</td><td>单价/元</td><td>合价/元</td><td>暂估单价/元</td><td>暂估合价/元</td></tr>
<tr><td colspan="2"></td><td></td><td></td><td></td><td></td><td></td><td></td></tr>
<tr><td colspan="4">其他材料费/元</td><td>—</td><td></td><td>—</td><td></td></tr>
<tr><td colspan="4">材料费小计/元</td><td>—</td><td></td><td>—</td><td></td></tr>
</table>

表 6-11　混凝土带形基础综合单价分析表

<table>
<tr><td>项目编码</td><td colspan="2">010501002001</td><td>项目名称</td><td colspan="3">混凝土带形基础</td><td>计量单位</td><td>m³</td><td>工程量</td><td colspan="2"></td></tr>
<tr><td colspan="12">清单综合单价组成明细</td></tr>
<tr><td rowspan="2">定额编号</td><td rowspan="2">定额名称</td><td rowspan="2">定额单位</td><td rowspan="2">数量</td><td colspan="4">单价/元</td><td colspan="4">合价/元</td></tr>
<tr><td>人工费</td><td>材料费</td><td>机械费</td><td>管理费和利润</td><td>人工费</td><td>材料费</td><td>机械费</td><td>管理费和利润</td></tr>
<tr><td>5-394</td><td>带形的基础</td><td>m³</td><td>1.000</td><td>33.46</td><td>192.41</td><td>11.10</td><td>40.38</td><td>33.46</td><td>192.41</td><td>11.10</td><td>40.38</td></tr>
<tr><td></td><td></td><td></td><td></td><td></td><td></td><td></td><td></td><td></td><td></td><td></td><td></td></tr>
<tr><td colspan="2">人工单价</td><td colspan="6">小计</td><td>33.46</td><td>192.41</td><td>11.10</td><td>40.38</td></tr>
<tr><td colspan="2">35 元/工日</td><td colspan="6">未计价材料费/元</td><td colspan="4"></td></tr>
<tr><td colspan="8">清单项目综合单价</td><td colspan="4">277.35</td></tr>
<tr><td rowspan="6">材料费明细</td><td colspan="4">主要材料名称、规格、型号</td><td>单位</td><td>数量</td><td>单价/元</td><td>合价/元</td><td>暂估单价/元</td><td colspan="2">暂估合价/元</td></tr>
<tr><td colspan="4">325 水泥</td><td>kg</td><td>316.68</td><td>0.32</td><td>101.34</td><td></td><td colspan="2"></td></tr>
<tr><td colspan="4">砂</td><td>m³</td><td>0.44</td><td>90.00</td><td>39.60</td><td></td><td colspan="2"></td></tr>
<tr><td colspan="4">石子</td><td>m³</td><td>0.90</td><td>52.00</td><td>46.80</td><td></td><td colspan="2"></td></tr>
<tr><td colspan="6">其他材料费/元</td><td>—</td><td>4.67</td><td>—</td><td colspan="2"></td></tr>
<tr><td colspan="6">材料费小计/元</td><td>—</td><td>192.41</td><td>—</td><td colspan="2"></td></tr>
</table>

表 6-12　混凝土带形基础垫层综合单价分析表

<table>
<tr><td>项目编码</td><td colspan="2">010501001001</td><td>项目名称</td><td colspan="3">混凝土带形基础垫层</td><td>计量单位</td><td>m³</td><td>工程量</td><td colspan="2"></td></tr>
<tr><td colspan="12">清单综合单价组成明细</td></tr>
<tr><td rowspan="2">定额编号</td><td rowspan="2">定额名称</td><td rowspan="2">定额单位</td><td rowspan="2">数量</td><td colspan="4">单价/元</td><td colspan="4">合价/元</td></tr>
<tr><td>人工费</td><td>材料费</td><td>机械费</td><td>管理费和利润</td><td>人工费</td><td>材料费</td><td>机械费</td><td>管理费和利润</td></tr>
<tr><td>8-16</td><td>混凝土带形基础垫层</td><td>m³</td><td>1.000</td><td>42.88</td><td>174.13</td><td>10.80</td><td>38.81</td><td>42.88</td><td>174.13</td><td>10.80</td><td>38.81</td></tr>
<tr><td></td><td></td><td></td><td></td><td></td><td></td><td></td><td></td><td></td><td></td><td></td><td></td></tr>
<tr><td colspan="2">人工单价</td><td colspan="6">小计</td><td>42.88</td><td>174.13</td><td>10.80</td><td>38.81</td></tr>
<tr><td colspan="2">35 元/工日</td><td colspan="6">未计价材料费/元</td><td colspan="4"></td></tr>
<tr><td colspan="8">清单项目综合单价</td><td colspan="4">266.59</td></tr>
</table>

续表

项目编码	010501001001	项目名称	混凝土带形基础垫层	计量单位	m^3	工程量	
材料费明细	主要材料名称、规格、型号	单位	数量	单价/元	合价/元	暂估单价/元	暂估合价/元
	325 水泥	kg	251.49	0.32	80.48		
	砂	m^3	0.515	90.00	46.35		
	石子	m^3	0.859	52.00	44.67		
	其他材料费/元			—	2.63	—	
	材料费小计/元			—	174.13	—	

(5)有梁板和直形楼梯的综合单价，采用与带形基础和带形基础垫层相同的计算方法。(计算过程略，数值见表 6-13)。

2)编制分部分项工程综合单价表

分部分项工程综合单价表如表 6-13 所示。

3)编制分部分项工程量清单与计价表

分部分项工程量清单与计价表如表 6-14 所示。

问题(2)：编制该工程措施项目清单计价表。

措施项目中的通用项目参照《清单计价规范》选择列项，还可以根据工程实际情况补充，措施项目清单计价表(一)如表 6-15 所示。

措施项目中可以计算工程量的项目，宜采用分部分项工程量清单与计价表的方式编制，措施项目清单计价表(二)如表 6-16 所示。

问题(3)：

①编制该工程其他项目清单与计价汇总表，如表 6-17 所示。

②编制单位工程招标控制价/投标报价汇总表，如表 6-18 所示。

③确定该土建单位工程总报价，土建单位工程总投标价为 2 518 925.31 元。

表 6-13　分部分项工程综合单价表

单位：元/m^3

序号	项目编码	项目名称	工作内容	综合单价组成				综合单价
				人工费	材料费	机械费	管理费和利润	
1	010101002001	人工挖基础土方	4 米以内三类土，包含运输	38.02		2.43	6.89	47.34
2	010103001001	基础回填土方	夯实回填	20.59		0.41	3.58	24.58
3	010501002001	混凝土带形基础垫层	C10 混凝土厚 20 cm	42.88	174.13	10.8	38.81	266.62
4	010501002001	混凝土带形基础	C20 混凝土	33.46	192.41	11.1	40.38	277.35
5	010505001001	有梁板	C20 混凝土厚 100 mm	45.75	210.29	7.59	44.93	308.56
6	010506001001	直形楼梯	C20 混凝土	20.13	53.66	3.08	12.09	88.96
7	其他分项工程(略)							

表 6-14　分部分项工程量清单与计价表

序号	项目编码	项目名称	工作内容	计量单位	工程数量	金额/元	
						综合单价	合价
1	010101002001	人工挖基础土方	4 米以内三类土，包含运输	m^3	956.80	47.34	45 294.91
2	010103001001	基础回填土方	夯实回填	m^3	552.64	24.58	13 583.89
3	010501002001	混凝土带形基础垫层	C10 混凝土厚 20 cm	m^3	73.60	266.62	19 623.23

续表

序号	项目编码	项目名称	工作内容	计量单位	工程数量	金额/元	
						综合单价	合价
4	010501002001	混凝土带形基础	C20 混凝土	m^3	307.20	277.35	85 201.92
5	010505001001	有梁板	C20 混凝土厚 100 mm	m^3	1890.00	308.56	583 178.40
6	010506001001	直形楼梯	C20 混凝土	m^2	316.00	88.96	28 111.36
7	……	其他分项工程	含钢筋工程(略)				500 000.00
合计							1 274 993.71

表 6-15　措施项目清单计价表(一)

序号	项目名称	计算基础	费率/(%)	
1	安全文明施工费	分部分项工程和计价	5%	1 274 993.71×5%=63 749.69
2	夜间施工增加费	分部分项工程和计价		
3	冬雨季施工费	分部分项工程和计价		
4	二次搬运费	分部分项工程和计价		
5	工人自备工具用具使用费	分部分项工程和计价		
6	工程点交费	分部分项工程和计价		
7	场内清理费	分部分项工程和计价		
8	已完工程和设备保护设施费	分部分项工程和计价		
9	大型机械进出场费	分部分项工程和计价		
10	施工排水、降水费	分部分项工程和计价		
11	临时设施费	分部分项工程和计价	3%	1 274 993.71×3%=38 249.81
合计				101 999.50

表 6-16　措施项目清单计价表(二)

序号	项目编码	项目名称	项目特征	计量单位	工程量	金额/元	
						综合单价	合计
1	011703	现浇混凝土模板	人、材、机费用为 28 300 元，管理费率为 12%，利润及风险为 4.5%	m^2	700	47.32	33 124.00
2	011702	脚手架	租赁费为 20 000 元，人工费为 12 000 元，管理费率为 12%，利润率为 4.25%	套	1	37 452.8	37 452.80
3	011704	垂直运输机械	租赁费为 30 000 元，人工费为 6000 元，燃料动力费为 4000 元，管理费率为 12%，利润率为 4.5%	台	1	46 816.00	46 816.00
合计							117 392.80

表 6-17 其他项目清单与计价汇总表

序号	项目名称	计量单位	金额/元	备注
1	暂列金额	元	300 000.00	
2	业主采购钢材暂估价	元	300 000.00	不计入总价
3	专业工程暂估价	元	500 000.00	
4	计日工 60×35×(1+12%)(1+4.5%)=2457.84	元	2457.84	
5	总包服务费 500 000×4%=20 000 300 000×1%=3000	元	23 000.00	
合计			825 457.84	

注:业主采购钢材暂估价计入相应清单项目综合单价,此处不汇总。

表 6-18 单位工程招标控制价/投标报价汇总表

序号	项目名称	金额/元
1	分部分项工程量清单合计	1 274 993.71
1.1	略	
⋮		
2	措施项目清单合计	219 417.41
2.1	措施项目(一)	101 999.50
2.2	措施项目(二)	117 392.80
3	其他项目清单合计	825 457.84
3.1	暂列金额	300 000.00
3.2	业主采购钢材	—
3.3	专业工程暂估价	500 000.00
3.4	计日工	2457.84
3.5	总包服务费	23 000.00
4	规费[(1)+(2)+(3)]×5%=2 319 868.96×5%=115 993.45	115 993.45
5	税金[(1)+(2)+(3)+(4)]×3.41%=2 435 862.41×3.41%=83 062.90	83 062.90
合计		2 518 925.31

6.2.3 投标报价技巧

建设项目投标报价技巧是指工程承包商在投标报价过程中运用的操作技能和诀窍,保证投标人在满足招标文件中各项要求的条件下,获得预期效益的关键。

1)根据自身优势、劣势和项目特点考虑报价策略

(1)一般来说,下列情况报价可高一些:施工条件差(如场地狭窄、地处闹市)的工程;专业要求高的技术密集型工程,而本公司这方面有专长,声望也高时;总价低的小工程以及自己不愿做而被邀请投标时,不便于投标的工程;特殊的工程,如港口码头工程、地下开挖工程等;业主对工期要求急的工程;投标对手少的工程;支付条件不理想的工程。

(2)下列情况报价应低一些:施工条件好的工程,工作简单、工程量大且一般公司都可以做的工程,如大量的土方工程,一般房建工程等;本公司目前急于打入某一市场、某一地区以及虽已在某地区经营多年,但即将面临没有工程的情况,机械设备等无工地转移时;附近有工程而本项目可以利用该项工程的设备、劳务或有条件短期内突击完成时;投标对手多,竞争激烈时;工程支付条件好,如现汇支付。

2)不平衡报价法

不平衡报价法又称前重后轻法，是清单投标中投标人的一种常用的投标报价技巧，是指一个工程项目的投标报价，在总价基本确定以后，进行内部各个项目报价的调整，达到既不提高总价，不影响中标，又能在结算时得到更理想的经济效益。总体来讲，不平衡报价法以“早收钱”和“多收钱”为指导原则。通常采用的不平衡报价有下列几种情况。

(1)早收钱。能早期结账收回工程款的项目(如临时设施费、基础工程、土方开挖、桩基等)的单价可报较高价，以利于资金周转；后期项目(如装饰、电气设备安装等)的单价可适当降低。由于工程款项的结算一般都是按照工程施工的进度进行的，投标人在投标报价时就可以把工程量清单里先完成的工作内容的单价调高，后完成的工作内容的单价调低。尽管后完成的工程可能会赔钱，但由于在履行合同的前期已收回了成本，减少了内部管理的资金占用，有利于施工流动资金的周转，财务应变能力也得到提高，因此，投标人只要保证整个项目最终能够盈利就可以了。采用这样的报价办法不仅能平衡和舒缓承包商资金压力的问题，还能使承包商在工程发生争议时处于有利地位，有索赔和防范风险的意义。

(2)多收钱。今后工程量可能增加的项目，单价可适当定得高一些，这样在最终结算时可多盈利；将工程量可能减少的项目单价降低，工程结算时损失不大。无论工程量清单有误或漏项，还是设计变更引起新的工程量清单项目或清单项目工程数量的增减，均应按照实际调整。因此，如果承包人在报价过程中判断出标书工程数量明显不合理，就可以获得多收钱的机会。

上述两种情况要统筹考虑，对于工程量有误的早期工程，如果实际工程量可能小于工程量清单表中的数量，投标人就不能盲目抬高价格，要进行具体分析后确定。

(3)图纸内容不明确或有错误，估计修改后工程量要增加时，单价可提高；工程内容不明确时，单价可降低。

(4)对于工程量不明的项目，如果没有工程量，只填单价时，单价宜高，以便在以后结算时多盈利，又不影响报价；如果工程量有暂定值，需具体分析，再决定报价，方法同清单工程量不准确的情况。

(5)有时在其他项目费中会有暂定工程，这些工程还不能确定是否施工，也有可能分包给其他施工企业。在招标工程中的部分专业工程，业主也有可能分包，如钢结构工程、装饰工程、玻璃幕墙工程。在这种情况下，投标人要具体分析，如果能确定自己承包，价格可以高些；如果自己承包的可能性小，价格应低些，这样可以拉低总价，自己施工的部分就可以报高些，将来结算时，自己不仅不会损失，反而能够获利。

不平衡报价法在工程项目中运用得比较普遍，是一种投标策略。对于不同的工程项目，投标人应根据工程项目的不同特点以及施工条件等来考虑是否采用不平衡报价法。不平衡报价法采用的前提是工程量清单报价，它在国际工程承包市场，已运用了多年，现在已经正式在全国范围推广。它强调的是“量价分离”，即工程量和单价分开，投标时承包商报的是单价而不是总价，总价等于单价乘以招标文件中的工程量，最终结算时以实际发生量为准。这个总价是理念上的总价，或者说只是评标委员会在比较各家报价的高低时的参考值，实际上承包商拿到的总收入等于在履约过程中通过验收的工程量与相应单价的乘积。

值得注意的是，在使用不平衡报价法时，调整的项目单价不能畸高畸低，容易引起评标委员会的注意，导致废标。调整的项目单价一般幅度为15%～30%，报价高低相互抵消，不影响总价。

3)多方案报价

多方案报价法是利用工程说明书或合同条款不够明确之处，以修改工程说明书和合同为目的的一种报价方法。当工程说明书或合同条款有一些不够明确之处时，投标人往往承担较大风险。为了减少风险就必须提高工程单价，增加“不可预见费”，但这样做又会因报价过高而增加被淘汰的可能性。多方案报价法就是为应对这种两难局面而出现的。

其具体做法是在标书上报两个报价：一是按原工程说明书与合同条款报一个价；二是加以注解，“如工程说明书或合同条款可做某些改变时”，则可降低多少的费用，使报价成为最低，以吸引业主修改说明书和合同条款。承包商决定采用多方案报价法，通常有以下两种情况。

(1)投标人如果发现招标文件中的工程范围很不具体、明确，或条款内容很不清楚、很不公正，或对技术规范的要求过于苛刻，可先按招标文件中的要求报一个价，然后再说明假如招标人对合同要求做某些修改，报价可降低多少。

(2)投标人如果发现设计图中存在某些不合理并可以改进的地方或可以利用某项新技术、新工艺、新材料替代的地方,或者发现自己的技术和设备满足不了招标文件中设计图的要求,可以先按设计图的要求报一个价,然后再附一个修改设计的比较方案,或说明在修改设计的情况下,报价可降低多少。这种方法,通常也称作修改设计法。

多方案报价法具有以下特点:

①多方案报价法是投标人的“为用户服务”经营思想的体现;

②多方案报价法要求投标人有足够的商务经验或技术实力;

③招标文件明确表示不接受替代方案时,应放弃采用多方案报价法。

这种方法运用时应注意,当招标文件明确提出可以提交一个(或多个)补充方案时,招标文件可以报多个价;如果明确不允许,绝对不能使用,否则会导致废标。

4)突然降价法

突然降价法是指在投标截止时间内,采取突然降价的手段,确定最终投标报价的一种方法,是一种为迷惑竞争对手而采用的竞争方法。由于投标竞争激烈,投标竞争犹如一场没有硝烟的战争,所谓兵不厌诈,投标人可在整个报价过程中,先有意泄露一些假情报,甚至有意泄露一些虚假情况,如先按一般情况报价或表现出自己对该工程兴趣不大,到投标快要截止时,才突然降价。采用这种方法时,投标人一定要在准备投标报价的过程中考虑好降价的幅度,在临近投标截止日期时,根据信息情况分析判断,再做出最后的决策。采用这种方法时,投标人要注意以下两点:一是在编制初步的投标报价时,对基础数据要进行有效的泄密防范,同时将假消息透漏给通过各种渠道、采用各种手段来刺探的竞争对手;二是在准备投标报价时,预算工程师和决策人要充分分析各细目的单价,考虑好降价的细目,并计算出降价的幅度,到投标快截止时,根据情报与分析判断,做出最后决策。这种方法隐真示假、智胜对手,强调的是时间效应。如鲁布革水电站引水系统工程招标时,日本大成公司知道它的主要竞争对手是前田公司,因此在临近开标时把总报价突然降低 8.04%,取得最低标,为以后中标打下基础。

5)先亏后盈报价法

先亏后盈法,是一种无利润甚至亏损报价法,它可以看作战略上的“钓鱼法”。先亏后盈法一般分为两种情况:一种是承包商为了占领某一市场,或为了在某一地区打开局面,不惜代价只求中标,先亏是为了占领市场,打开局面后,就会带来更多的赢利;另一种是大型分期建设项目的系列招标活动中,承包商先以低价甚至亏本价争取到小项目或先期项目,然后再利用由此形成的经验、临时设施,以及创立的信誉等竞争优势,从大项目或二期项目的中标收入来弥补前面的亏空并赢得利润。如伊拉克的中央银行主楼招标,德国霍夫丝曼公司就以较低标价击败所有对手,在巴格达市中心搞了一个样板工程,成了该公司在伊拉克的橱窗和广告,而整个工程的报价几乎没有盈利。

采取这种手段的投标人必须具有较好的资信条件,提出的施工方案要先进可行,投标书要“全面相应”。与此同时,投标人也要加强对公司优势的宣传力度,让招标人对拟定的施工方案感到满意,让招标人认为投标书中就满足招标文件提出的工期、质量、环保等要求的措施切实可行。否则,即使报价再低,招标人也不一定选用,相反,招标人还会认为标书存在重大缺陷。投标人也应注意分析获得二期项目的可能性,若开发前景不好、后续资金来源不明确、实施二期项目遥遥无期,也不宜采用先亏后盈报价法。

6)扩大标价法

扩大标价法,又称逐步升级法。这种投标报价的方法将投标看成协商的开始,首先对技术规范和图纸说明书进行分析,把工程中的一些难题,如特殊基础等费用最多的部分抛弃(在报价单中加以注明),将标价降至无法与之竞争的数额,利用这种“最低标价”来吸引招标人,从而取得与招标人商谈的机会,再逐步进行费用最多部分的报价。

扩大标价法是投标人针对招标项目中的某些要求不明确、工程量出入较大等有可能承担重大风险的部分提高报价,从而规避意外损失的一种投标技巧。例如,在建设工程施工投标中,校核工程量清单时发现某些分部分项工程的工程量、图纸与工程量清单有较大差异,并且业主不同意调整,而投标人也不愿意让利的情况下,就可对有差异部分采用扩大标价法报价,其余部分仍按原定策略报价。

7)联合体法

联合体法在大型工程投标时比较常用,即两家公司,如果单独投标会出现经验、业绩不足或工作负荷过大的情况而使报价高,失去竞争优势,而如果联合投标,可以做到优势互补、利益共享、风险共担,提高了竞争力和中标概率。

总之,任何技巧和策略在其失败时就是一种风险,如何才能运用恰当,需要在实践中去锻炼。投标人只有不断总结投标报价的经验和教训,才能提高报价水平,提高企业的中标率。

投标报价技巧是投标人在长期的投标实践中,逐步积累的投标竞争取胜的经验。投标报价技巧运用是否得当,不仅影响投标人能否中标,而且影响企业在激烈的市场竞争中能否生存和发展。因此投标人在应用投标报价技巧时,应注意投标报价技巧不是干预标价计算人员的具体计算,而是由决策人员同标价计算人员一起,对各种影响报价的因素进行分析,共同做出果断和正确的决策;应正确分析本公司和竞争对手的情况,并进行实事求是的对比评估;应多做横向比较,如投标人应将自己的预算人工、材料、机具、设备与当地价格进行比较,将报价与工程所在地近年来建成的同类项目的价格进行比较,将本公司与竞争对手进行比较,在比较中掌握最新的信息,调整自己的方案和报价,提高本公司的投标水平。投标报价技巧一定要根据招标项目的特点选用,坚持贯彻诚实信用的原则,否则只能获得短期利益,而且有可能损害自己的声誉。同时,投标人在使用投标报价技巧时也要注意项目所在地的法律法规是否允许。

【例 6-5】

某办公楼施工招标文件的合同条款中规定预付款额为合同价的 30%,开工后三日内支付,主体结构工程完成一半时一次性全额扣回,工程款按季度支付。

某承包商通过资格预审后对该项目进行投标,经造价工程师估算,总价为 9000 万元,总工期为 24 个月:基础工程估价为 1 200 万元,工期为 6 个月;主体结构工程估价为 4 800 万元,工期为 12 个月;装饰和安装工程估价为 3000 万元,工期为 6 个月。该承包商为了既不影响中标,又能在中标后取得较好的收益,决定采用不平衡报价法对造价工程师估算的总价进行适当调整:基础工程估价调整为 1 300 万元,主体结构工程估价调整为 5000 万元,装饰和安装工程估价调整为 2 700 万元。

另外,该承包商还考虑到该工程虽然有预付款,但平时工程款按季度支付不利于资金周转,决定除按上述调整后的数额报价外,还建议业主将支付条件改为预付款为合同价的 25%,工程款按月支付,其余条款不变。该承包商将技术标和商务标进行封装,在封口处加盖本单位公章,法定代表人签字后,在投标截止日期前一天上午将投标文件报送业主。次日下午,在规定的开标时间前 1 小时,该承包商又递交了一份补充材料,声明将原报价降低 4%。但是,招标单位的有关工作人员认为,一个承包商不得递交两份投标文件,因此拒收承包商的补充材料。

开标会由市招标办的工作人员主持,市公证处有关人员到会,各投标单位代表均到场。开标前,市公证处人员对各投标单位的资格进行审查,并对所有投标文件进行审查,确认所有投标文件均有效后,正式开标。主持人宣读投标单位名称、投标价格、投标工期和有关投标文件的重要说明。

问题:

(1)该承包商运用的不平衡报价法是否恰当,为什么?

(2)除了不平衡报价法,该承包商还运用了哪些报价技巧,运用得是否恰当?

(3)从案例的背景资料来看,该项目的招标程序存在哪些问题?请分别做简单说明。

【分析】

(1)恰当。因为该承包商是将属于前期工程的基础工程和主体结构工程的报价调高,而将属于后期的装饰和安装工程的报价调低,可以在施工的早期阶段收到较多的工程款,从而提高承包商所得工程款的现值;调整后工程的总价没有受到影响,而且,这三类工程单价的调整幅度均在±10%以内,属于合理范围。

(2)该承包商运用的投标技巧还有多方案报价法和突然降价法。多方案报价法运用恰当,因为承包商报的价既适用于原付款条件也适用于建议的付款条件。突然降价法也运用恰当,原投标文件的递交时间比规定的投标截止时间仅提前 1 天多,这既是符合常理的,又为竞争对手调整、确定最终报价留有一定时间,起到了迷惑竞争对手的作用。若提前时间太多,会引起竞争对手的怀疑,而在开标前 1 小时突然递交一份文件,这时竞争对手已不可能再调整报价了。

(3)该项目的招标程序存在以下问题。

①招标单位的有关工作人员不应拒收承包商的补充文件，因为承包商在投标截止时间之前递交的任何正式书面文件都是有效文件，都是投标文件的有效组成部分，也就是说，补充文件与原投标文件共同构成一份投标文件，而不是两份相互独立的投标文件。

②根据《中华人民共和国招标投标法》，应由招标人(招标单位)主持开标会，并宣读投标单位名称、投标价格等内容，而不应由招标办的工作人员主持和宣读。

③资格审查应在投标之前进行(背景资料已经说明了承包商通过资格审查)，公证处人员无权对承包商资格进行审查，其到场的作用在于确认开标的公正性和合法性(包括投标文件的合法性)。

6.3 开标、评标、定标

6.3.1 开标

招标投标活动经过招标阶段和投标阶段之后，便进入了开标阶段。开标，是指在投标人提交投标文件的截止日期后，招标人依据招标文件规定的时间、地点，在有投标人出席的情况下，当众开启投标人提交的投标文件，并公开宣布投标人的名称、投标价格以及投标文件中的其他主要内容的活动。

1)开标的时间和地点

《中华人民共和国招标投标法》第三十四条规定“开标应当在招标文件确定的提交投标文件截止时间的同一时间公开进行；开标地点应当为招标文件中预先确定的地点”。开标应当按招标文件规定的时间、地点和程序，以公开方式进行。

2)出席开标会议的规定

开标的主持人可以是招标人，也可以是招标人委托的招标代理机构的人员。开标时，为了保证开标的公开性，除必须邀请所有投标人参加外，也可以邀请招标监督部门、监察部门的有关人员参加，还可以委托公证部门参加。投标单位法定代表人或授权代表未参加开标会议的视为自动弃权。

3)开标程序和唱标的内容

(1)投标人出席开标会的代表签到。

(2)开标会议主持人宣布开标会程序、开标会纪律和当场废标的情形；逾期送达的、未送达指定地点的和未按招标文件要求密封的投标文件不予启封。

(3)公布在投标截止时间前递交投标文件的投标人名称，并点名再次确认投标人是否派人到场。

(4)主持人介绍主要与会人员。

(5)按照投标人须知前附表的规定检查所有投标文件的密封情况。

(6)按照投标人须知前附表的规定确定并宣布投标文件的开标顺序；一般按照各投标单位报送投标文件时间先后的顺序进行。

(7)设有标底的，公布标底。

(8)唱标人依开标顺序依次开标并唱标。指定的开标人(招标人或招标代理机构的工作人员)在监督人员及与会代表的监督下当众拆封所有投标文件，拆封后应当检查投标文件组成情况并记入开标会记录，开标人应将投标书、投标书附件以及招标文件中可能规定需要唱标的其他文件全部交到唱标人处，由唱标人进行唱标。唱标的主要内容一般包括投标报价、工期和质量标准、投标保证金等，在递交投标文件截止时间前收到的投标人对投标文件的补充、修改同时宣布，在递交投标文件截止时间前收到投标人撤回其投标的书面通知的投标文件不再唱标，但须在开标会上说明。

(9)开标会记录签字确认。

(10)主持人宣布开标会结束，投标文件、开标会记录等送封闭评标区封存。

4)有关无效投标文件的规定

在开标时,投标文件出现下列情形之一的,应当作为无效投标文件,不得进入评标。

(1)投标文件未按照招标文件的要求予以密封的。

(2)投标文件中的投标函未加盖投标人的企业及企业法定代表人印章的,或者企业法定代表人委托代理人没有合法、有效的委托书(原件)及委托代理人印章的。

(3)投标文件的关键内容字迹模糊、无法辨认的。

(4)投标人未按照招标文件的要求提供投标保函或者投标保证金的。

(5)组成联合体投标,投标文件未附联合体各方共同投标协议的。

6.3.2 评标

1. 评标的原则以及保密性和独立性

评标是招标投标过程的核心环节。评标活动应遵循公平、公正、科学、择优的原则,保证评标在严格保密的情况下进行,并确保评标委员会在评标过程中的独立性。

2. 评标委员会的组建

评标委员会由招标人或其委托的招标代理机构熟悉相关业务的代表以及有关技术、经济等方面的专家组成,成员人数为5人以上的单数,其中,技术、经济等方面的专家不得少于成员总数的三分之二。评标委员会的专家应当从省级以上人民政府有关部门提供的专家名册或者招标代理机构专家库内的相关专家名单中确定。评标委员会成员名单一般应于开标前确定,而且该名单在中标结果确定前应当保密,任何单位和个人都不得非法干预、影响评标过程和结果。评标委员会由招标人负责组建,负责评标活动,向招标人推荐中标候选人或者根据招标人的授权直接确定中标人。

3. 评标的程序

评标可以按“两段、三审”进行,“两段”指初审和详细评审,“三审”指符合性评审、技术性评审和商务性评审。

1)投标文件的符合性评审

投标文件的符合性评审包括商务符合性和技术符合性鉴定。投标文件应实质上响应招标文件的所有条款、条件,无显著的差异或保留。

2)投标文件的技术性评审

投标文件的技术性评审包括方案可行性评估和关键工序评估,劳务、材料、机械设备、质量控制措施评估以及对施工现场周围环境污染的保护措施评估。

3)投标文件的商务性评审

投标文件的商务性评审包括投标报价校检审查的全部报价数据计算的正确性,分析报价构成的合理性,并与标底价格进行对比分析。

4. 评标的方法

1)经评审的最低投标价法

(1)经评审的最低投标价法的含义。根据经评审的最低投标价法,能够满足招标文件的实质性要求,并且经评审的最低投标价的投标,应当被推荐为中标候选。这种评标方法按照评审程序,经初审后,以合理低标价作为中标的主要条件。

(2)最低投标价法的适用范围。最低投标价法一般适用于具有通用技术、性能标准或者招标人对技术、性能没有特殊要求的招标项目。

(3)最低投标价法的评标要求。采用经评审的最低投标价法时,评标委员会应当根据招标文件中规定的评标价格调整方法,对所有投标人的投标报价以及投标文件的商务部分做必要的价格调整。

【例6-6】

某国外援资金建设项目施工招标,该项目是职工住宅楼和普通办公大楼建设,划分为甲、乙两标段。招标文件规定：国内投标人有7.5%的优惠；同时投两个标段的投标人也给予如下优惠——若甲标段中标，乙标段扣减4%作为评标价优惠；合理工期为24～30个月内，评标基准工期为2个月，每增加1个月，评标价加十万元。经资格预审，A、B、C、D、E五家承包商获得投标资格，其中A、B两投标人同时对甲、乙两个标段进行投标，B、D、E为国内承包商。承包商的投标情况如表6-19所示。

【分析】

(1)甲标段评标。甲标段评标及结果如表6-20所示。根据经评审的最低投标价的定标原则，评标价最低的投标人中标，则甲标段的中标人应为B。

(2)乙标段评标。乙标段评标及结果如表6-21所示。根据经评审的最低投标价的定标原则，评标价最低的投标人中标，则乙标段的中标人应为E。

表6-19　承包商的投标情况

投标人	报价/百万元		投标工期/月	
	甲标段	乙标段	甲标段	乙标段
A	10	10	24	24
B	9.7	10.3	26	28
C		9.8		24
D	9.9		25	
E		9.5		30

表6-20　甲标段评标及结果

投标人	报价/百万元	修正因素		评标价/百万元
		工期/百万元	本国优惠/百万元	
A	10	24－24＝0	＋(10×7.5%)＝＋0.75 (A为国外承包商)	10.75
B	9.7	(26－24)×0.1＝＋0.2		9.9
D	9.9	(25－24)×0.1＝＋0.1		10

表6-21　乙标段评标及结果

投标人	报价/百万元	修正因素			评标价/百万元
		工期/百万元	两个标段优惠/百万元	本国优惠 /百万元	
A	10	24－24＝0		＋(10×7.5%)＝＋0.75	10.75
B	10.3	(28－24) ×0.1＝＋0.4	－(10.3×4%)＝－0.412		10.288
C	9.8	24－24＝0		＋(9.8×7.5%)＝＋0.735	10.535
E	9.5	(30－24) ×0.1＝＋0.6			10.1

2)综合评估法

不宜采用经评审的最低投标价法的招标投标项目，一般采取综合评估法进行评审。

根据综合评估法，最大限度地满足招标文件中规定的各项综合评价标准的投标，应当被推荐为中标候选。衡量投标文件是否最大限度地满足招标文件中规定的各项评价标准，可以采取折算为货币的方法、打分的方法或者其他方法。需量化的因素及其权重应当在招标文件中明确规定。

在综合评估法中，最常用的方法是百分法。

综合评估法的评标要求：评标委员会对各个评审因素进行量化时，应当将量化指标建立在相同评价基础或者同一标准上，使各投标文件具有可比性。

对技术部分和商务部分进行量化后，评标委员会应当对这两部分的量化结果进行加权，计算出每个投标的综合评估价或者综合评估分。

3)其他评估法

在法律、行政法规允许的范围内，招标人也可以采用其他评标方法，如评议法。评议法是一种比较特殊的评标方法，只在特殊情况下采用。

【例 6-7】

某工程采用公开招标方式进行招标，有 A、B、C、D、E、F 六家承包商参加投标，经资格预审，六家承包商均满足业主要求，该工程采用两阶段评标法评标，评标委员会由 7 名委员组成，评标的具体规定如下。

(1)第一阶段：技术标评价。

技术标共计 40 分，其中施工方案 15 分，总工期 8 分，工程质量 6 分，项目班子 6 分，企业信誉 5 分。技术标的各项内容的得分为各评委评分去除一个最高分和一个最低分后的算术平均数。技术标合计得分不满 28 分者，不再评其商务标。

表 6-22 所示为施工方案评分汇总表。

表 6-23 所示为总工期、工程质量、项目班子、企业信誉得分汇总表。

(2)第二阶段：商务标评价。

商务标共计 60 分。以标底的 50%与承包商报价算术平均数的 50%之和为基准价，但最高(或最低)报价高于(或低于)次高(或次低)报价的 15%者，在计算承包商报价算术平均数时不予考虑，且商务标得分为 15 分。

以基准价为满分(60 分)，报价比基准价每下降 1%，扣一分，最多扣 10 分；报价比基准价每增加 1%，扣 2 分，扣分不保底。

表 6-24 所示为标底和各承包商的报价汇总表。计算结果保留两位小数。

问题：

(1)请按综合得分最高者中标的原则确定中标单位。

(2)若该工程未编制标底，以各承包商报价的算术平均数作为基准价，其余评标规定不变，试按原定标原则确定中标单位。

【分析】

问题(1)：

①计算各投标单位施工方案的得分，如表 6-25 所示。

②计算各投标单位技术标的得分，如表 6-26 所示。

表 6-22 施工方案评分汇总表

	一	二	三	四	五	六	七
A	13.0	11.5	12.0	11.0	11.0	12.5	12.5
B	14.5	13.5	14.5	13.0	13.5	14.5	14.5
C	12.0	10.0	11.5	11.0	10.5	11.5	11.5
D	14.0	13.5	13.5	13.0	13.5	14.0	14.5
E	12.5	11.5	12.0	11.0	11.5	12.5	12.5
F	10.5	10.5	10.5	10.5	9.5	11.0	10.5

表 6-23 总工期、工程质量、项目班子、企业信誉得分汇总表

投标单位	总工期	工程质量	项目班子	企业信誉
A	6.5	5.5	4.5	4.5
B	6.0	5.0	5.0	4.5
C	5.0	4.5	3.5	3.0
D	7.0	5.5	5.0	4.5
E	7.5	5.0	4.0	4.0
F	8.0	4.5	4.0	3.5

表 6-24　标底和各承包商的报价汇总表

投标单位	A	B	C	D	E	F	标底
报价	13 656	11 108	14 303	13 098	13 241	14 125	13 790

由于承包商 C 的技术标仅得 27.2 分，小于 28 分的最低分，按规定，不再评其商务标，实际上该投标文件应作废处理。

③计算各承包商的商务标得分，如表 6-27 所示。

(13 098－11 108)/13 098＝15.19%＞15%，(14 125－13 656)/13 656＝3.43%＜15%。

所以承包商 B 的报价(11 108 万元)在计算基准价时不予考虑。

基准价＝13 790×50% 万元＋(13 656＋13 098＋13 241＋14 125)/4×50% 万元＝13 660 万元。

④计算各承包商的综合得分，如表 6-28 所示。

因为承包商 A 的综合得分最高，故应选择其为中标单位。

问题(2)：

①计算各承包商的商务标得分，如表 6-29 所示。

基准价＝(13 656＋13 098＋13 241＋14 125)/4 万元＝13 530 万元。

②计算各承包商的综合得分，如表 6-30 所示。

表 6-25　施工方案得分计算表

	一	二	三	四	五	六	七	平均得分
A	13.0	11.5	12.0	11.0	11.0	12.5	12.5	11.9
B	14.5	13.5	14.5	13.0	13.5	14.5	14.5	14.1
C	12.0	10.0	11.5	11.0	10.5	11.5	11.5	11.2
D	14.0	13.5	13.5	13.0	13.5	14.0	14.5	13.7
E	12.5	11.5	12.0	11.0	11.5	12.5	12.5	12.0
F	10.5	10.5	10.5	10.5	9.5	11.0	10.5	10.5

表 6-26　技术标得分计算表

投标单位	施工方案	总工期	工程质量	项目班子	企业信誉	合计
A	11.9	6.5	5.5	4.5	4.5	32.9
B	14.1	6.0	5.0	5.0	4.5	34.6
C	11.2	5.0	4.5	3.5	3.0	27.2
D	13.7	7.0	5.5	5.0	4.5	35.7
E	12.0	7.5	5.0	4.0	4.0	32.5
F	10.5	8.0	4.5	4.0	3.5	30.4

表 6-27　商务标得分计算表[问题(1)]

投标单位	报价/万元	报价与基准价的比例/(%)	扣分	得分
A	13 656	13 656/13 660×100＝99.97	(100－99.97)×1＝0.03	59.97
B	11 108	—	—	15.00
D	13 098	13 098/13 660×100＝95.89	(100－95.89)×1＝4.11	55.89
E	13 241	13 241/13 660×100＝96.93	(100－96.93)×1＝3.07	56.93
F	14 125	14 125/13 660×100＝103.40	(103.40－100)×2＝6.80	53.20

表 6-28　综合得分计算表[问题(1)]

投标单位	技术标得分	商务标得分	综合得分
A	32.9	59.97	92.87
B	34.6	15.00	49.60
D	35.7	55.89	91.59
E	32.5	56.93	89.43
F	30.4	53.20	83.60

表 6-29　商务标得分计算表[问题(2)]

投标单位	报价/万元	报价与基准价比例/(%)	扣分	得分
A	13 656	13 656/13 530×100 = 100.93	(100.93－100)×2= 1.86	58.14
B	11 108	—	—	15.00
D	13 098	13 098/13 530×100= 96.81	(100－96.81)×1= 3.19	56.81
E	13 241	13 241/13 530×100= 97.86	(100－97.86)×1 =2.14	57.86
F	14 125	14 125/13 530×100 = 104.40	(104.40－100)×2= 8.80	51.20

表 6-30　综合得分计算表[问题(2)]

投标单位	技术标得分	商务标得分	综合得分
A	32.9	58.14	91.04
B	34.6	15.00	49.60
D	35.7	56.81	92.51
E	32.5	57.86	90.36
F	30.4	51.20	81.60

因为承包商 D 的综合得分最高，故应选择其为中标单位。

6.3.3　定标

1)中标候选人的确定

经过评标后，评标委员会就可以确定出中标候选人(或中标单位)。评标委员会推荐的中标候选人应当限定为 1～3 人，并标明排列顺序。招标人可以授权评标委员会直接确定中标人。

招标人应当在投标有效期截止时限 30 日前确定中标人。依法必须进行施工招标的工程，招标人应当自确定中标人之日起 15 日内，向工程所在地的县级以上地方人民政府建设行政主管部门提交施工招标投标情况的书面报告，建设行政主管部门自收到书面报告之日起 5 日内未通知招标人在招标投标活动中有违法行为的，招标人可以向中标人发出中标通知书，并将中标结果通知所有未中标的投标人。

2)评标报告的内容及提交

评标委员会完成评标后，应当向招标人提出书面评标报告，并抄送有关行政监督部门。评标报告应当如实记载以下内容：

①基本情况和数据表；

②评标委员会成员名单；

③开标记录；

④符合要求的投标一览表；

⑤废标的情况说明；

⑥评标标准、评标方法或者评标因素一览表；

⑦经评审的价格或者评分比较一览表；

⑧经评审的投标人排序；

⑨推荐的中标候选人名单与签订合同前要处理的事宜；

⑩澄清、说明、补正事项纪要。

评标报告由评标委员会全体成员签字。对评标结论持有异议的评标委员会成员可以书面方式阐述其不同意见和理由。评标委员会成员拒绝在评标报告上签字且不陈述其不同意见和理由的，视为同意评标结论。评标委员会应当对此做出书面说明并记录在案。

3)公示与中标通知

(1)依法必须进行招标的项目，招标人应当自收到评标报告之日起 3 日内公示中标候选人，公示期不得少于 3 日。投标人或者其他利害关系人对依法必须进行招标的项目的评标结果有异议的，应当在中标候选人公示期间提出。招标人应当自收到异议之日起 3 日内做出答复；做出答复前，应当暂停招标投标活动。

(2)中标人确定后，招标人应当向中标人发出中标通知书，同时将中标结果通知所有未中标的投标人。

(3)招标人和中标人应当自中标通知书发出之日起 30 日内，按照招标文件和中标人的投标文件订立书面合同。订立书面合同后 7 日内，中标人应当将合同送工程所在地县级以上的建设行政主管部门备案。

(4)招标人与中标人签订合同后 5 个工作日内，应当向中标人和未中标的投标人退还投标保证金。

(5)中标人应当按照合同约定履行义务，完成中标项目。

【例 6-8】

某省财政拨款建设的高速公路项目，总投资额为 35 000 万元。建设单位决定对该项目采取公开招标的方式进行招标，并由建设单位自行组织招标。2013 年 7 月中旬，工程建设单位在当地媒体刊登招标公告，招标公告明确了本次招标对象为本省内有相应资质的施工企业。工程建设单位组建的资格评审小组对申请投标的 25 家施工企业进行了资格审查，15 家企业通过了资格审查，获得投标资格。2013 年 8 月 15 日，建设单位向上述 15 家企业发售了招标文件，招标文件确定了各投标单位的投标截止日期是 2013 年 8 月 30 日。建设单位曾于 8 月 28 日向政府有关部门发出参加招标活动的邀请。该项目于 8 月 31 日 10 时公开开标。该次评标委员会是由该建设单位直接确定的，共由 7 人组成，其中招标人代表 4 人，系统随机抽取专家 3 人。评标委员会对 15 家投标企业递交的标书进行了审查，并向建设单位按顺序推荐了中标候选人。该建设单位提出应让名单之外的某部水电某局中标，原因是该局提出的优惠条件较好(实际上是垫资施工)。该项工程招标存在哪些方面的问题？

【分析】

该项目招标存在以下问题。

(1)招标前的有关活动违反程序。根据有关规定，建设单位应在招标前向政府主管部门申报招标方案，由主管部门审核其是否具备编制招标文件的能力和组织招标的能力。招标活动中，建设单位违反了上述两项要求，不但未在招标前向主管部门报送招标方案，而且擅自组织编制招标文件和招标活动。尽管建设单位曾于 8 月 30 日向政府有关部门发出参加招标活动的邀请，有关部门也从工作需要出发派人员参与了监督，但这并不能弥补其违反程序的做法。

(2)该招标工作在招标公告中明确提出本次招标对象为本省内有相应资质的施工企业，违反了《中华人民共和国招标投标法》第十八条的规定，“招标人不得以不合理的条件限制或者排斥潜在投标人”。

(3)提交投标文件的截止时间是 8 月 30 日，开标时间是 8 月 31 日，不是同一时间，违反了《中华人民共和国招标投标法》第三十四条的规定，“开标应当在招标文件确定的提交投标文件截止时间的同一时间公开进行”。

(4)发售招标文件的时间为 8 月 15 日，距离递交投标文件的截止时间只有 15 天，违反了《中华人民共和国招标投标法》第二十四条的规定，“自招标文件开始发出之日起至投标人提交投标文件截止之日止，最短不得少于二十日”。

(5)评标委员会的人员构成违反了《中华人民共和国招标投标法》第三十七条的规定，“技术、经济等方面的专家不得少于成员总数的三分之二”。

(6)违规定标。建设单位不在评标委员会推荐的中标候选人名单中选择承包商，而是让名单之外的某部水电某局中标，原因是该局提出的优惠条件较好(实际上是垫资施工)。但在有关单位的干预和协调下，建设单位最终从评标委员会推荐的中标候选人中选择承包商。

6.4 合同的签订与管理

6.4.1 建设工程施工合同的类型及选择

1. 建设工程施工合同的类型

1)总价合同

总价合同是指合同当事人约定以施工图、已标价工程量清单或预算书及有关条件进行合同价格计算、调整和确认的建设工程施工合同，在约定的范围内合同总价不做调整。合同当事人应在专用合同条款中约定总价包含的风险范围和风险费用的计算方法，并约定风险范围以外的合同价格的调整方法，其中因市场价格波动引起的调整按《建设工程施工合同(示范文本)》(GF-2017-0201) 第 11.1 款(市场价格波动引起的调整)约定执行，因法律变化引起的调整按第 11.2 款(法律变化引起的调整)约定执行。

2)单价合同

单价合同是指合同当事人约定以工程量清单及其综合单价进行合同价格计算、调整和确认的建设工程施工合同，在约定的范围内合同单价不做调整。合同当事人应在专用合同条款中约定综合单价包含的风险范围和风险费用的计算方法，并约定风险范围以外的合同价格的调整方法，其中因市场价格波动引起的调整按 2017 版的合同示范文本第 11.1 款(市场价格波动引起的调整)约定执行。

3)其他价格形式合同

其他价格形式合同包括成本加酬金合同、定额计价合同，以及其他合同类型。其中成本加酬金合同是由发包人支付工程项目的实际成本，并按事先约定的某一种方式支付酬金的合同类型。合同中确定的工程合同价，其工程成本部分按现有计价依据计算，酬金部分则按工程成本乘以通过竞争确定的费率计算，将两者相加，确定出合同价。在这类合同中，发包人需承担项目实际发生的一切费用，因此也就承担了项目的全部风险。承包人由于不承担风险，其报酬往往也低。这类合同的缺点是发包人对工程总造价不易控制，承包人也往往不注意降低成本。

成本加酬金合同有多种形式，但目前流行的主要有以下几种。

(1)成本加固定百分比的酬金确定的合同价。

这种合同价是发包人对承包人支付的人工费、材料和施工机械使用费、措施费、企业管理费等按实际直接成本全部据实补偿，同时按照实际直接成本的固定百分比付给承包人的一笔酬金，作为承包方的利润。

(2)成本加固定金额酬金确定的合同价。

这种合同价与上述成本加固定百分比酬金合同价相似，不同之处仅在于发包人付给承包人的酬金是一笔固定金额的酬金。

(3)成本加奖罚确定的合同价。

这种合同价首先要确定一个目标成本，这个目标成本是根据粗略估算的工程量和单价表编制出来的。在此基础上，这种合同价根据目标成本来确定酬金的数额，可以是百分比的形式，也可以是一笔固定酬金。其次，根据工程实际成本支出情况另外确定一笔奖金，当实际成本低于目标成本时，承包人除从发包人那里获得实际成本、酬金补偿外，还可根据成本降低额得到一笔奖金。当实际成本高于目标成本时，承包人仅能从发包人那里得到成本和酬金补偿。此外，视实际成本高出目标成本的情况，若超过合同价的限额，承包人还要缴一笔罚金。

(4)最高限额成本加最大酬金确定的合同价。

这种合同价要确定最高限额成本、报价成本和最低成本，当实际成本没有超过最低成本时，承包人花费的成本费用及应得酬金等都可得到,还能与发包人分享节约额;如果实际工程成本在最低成本和报价成本之间,承包人只能得到成本和酬金;如果实际工程成本在报价成本与最高限额成本之间,承包人只能得到全部成本;实际工程成本超过最高限额成本时,超过部分发包人不予支付。

2. 建设工程施工合同类型的选择

1)项目规模和工期长短

如果项目的规模较小、工期较短,则合同类型的选择余地较大,总价合同、单价合同及成本加酬金合同都可选择。由于选择总价合同发包人可以不承担风险,发包人比较愿意选用。如果项目规模大、工期长,则项目的风险大,合同履行中的不可预测因素也多,这类项目不宜采用总价合同。

2)项目的竞争情况

如果在某一时期和某一地点,愿意承包某一项目的承包人较多,则发包人拥有较多主动权,可按照总价合同、单价合同、成本加酬金合同的顺序进行选择。如果愿意承包项目的承包人较少,则承包人拥有的主动权较多,可以尽量选择自己愿意采用的合同类型。

3)项目的复杂程度

如果项目的复杂程度较高,则意味着项目对承包人的技术水平要求高,项目的风险较大,承包人对合同类型的选择有较大主动权,总价合同被选用的可能性较小。如果项目的复杂程度低,则发包人对合同类型的选择有较大主动权。

4)项目的单项工程的明确程度

如果单项工程的类别和工程量都已十分明确,则可选用的合同类型较多,总价合同、单价合同、成本加酬金合同都可以选择。如果单项工程的分类已详细而明确,但实际工程量与预计的工程量可能有较大出入时,则应优先选择单价合同,此时单价合同为最合理的合同类型。如果单项工程的分类和工程量都不明确,则无法采用单价合同。

5)项目准备时间的长短

项目的准备包括发包人的准备工作和承包人的准备工作。总价合同需要的准备时间和准备费用最高,成本加酬金合同需要的准备时间和准备费用最低。对于一些非常紧急的项目,如抢险救灾等项目,发包人和承包人的准备时间都非常短,因此,只能采用成本加酬金的合同形式。反之,则可采用单价或总价合同形式。

6)项目的外部环境因素

项目的外部环境因素包括项目所在地区的政治局势、经济局势因素(如通货膨胀、经济发展速度等)、劳动力素质(当地)、交通、生活条件等。如果项目的外部环境恶劣则意味着项目的成本高、风险大、不可预测的因素多,承包人很难接受总价合同,而较适合采用成本加酬金合同。

6.4.2 建设工程施工合同的种类

1.《建设工程施工合同(示范文本)》(GF-2017-0201)(简称《示范文本》)

1)《示范文本》的组成

《示范文本》由合同协议书、通用合同条款和专用合同条款三部分组成。

(1)合同协议书。

《示范文本》的合同协议书共计13条,主要包括工程概况、合同工期、质量标准、签约合同价和合同价格形式、项目经理、合同文件构成、承诺以及合同生效条件等重要内容,集中约定了合同当事人基本的合同权利、义务。

(2)通用合同条款。

通用合同条款是合同当事人根据《中华人民共和国建筑法》《中华人民共和国合同法》等法律法规的规定,就工程建设的实施及相关事项,对合同当事人的权利、义务做出的原则性约定。通用合同条款共计20条,具体条款分别为一般约定、发包人、承包人、监理人、工程质量、安全文明施工与环境保护、工期和进度、材料与设备、试验与检验、变更、价格调整、合同价格、计量与支付、验收和工程试车、竣工结算、缺陷责任与保修、违约、不可抗力、保险、索赔和争议解决。前述条款安排既考虑了现行法律法规对工程建设的有关要求,也考虑了建设工程施工管理的特殊需要。

(3)专用合同条款。

专用合同条款是对通用合同条款原则性约定的细化、完善、补充、修改或另行约定的条款。合同当事人可以根据不同建设工程的特点及具体情况，通过双方的谈判、协商对相应的专用合同条款进行修改、补充。双方在使用专用合同条款时，应注意以下事项。

①专用合同条款的编号应与相应的通用合同条款的编号一致。

②合同当事人可以通过对专用合同条款的修改，满足具体建设工程的特殊要求，避免直接修改通用合同条款。

③在专用合同条款中有横道线的地方，合同当事人可针对相应的通用合同条款进行细化、完善、补充、修改或另行约定；如无细化、完善、补充、修改或另行约定，则填写“无”或划“/”。

2)《示范文本》的性质和适用范围

《示范文本》为非强制性使用文本。《示范文本》适用于房屋建筑工程、土木工程、线路管道和设备安装工程、装修工程等建设工程的施工发承包活动，合同当事人可结合建设工程具体情况，根据《示范文本》订立合同，并按照法律法规规定和合同约定承担相应的法律责任及合同权利、义务。

3)合同文件构成

合同协议书与下列文件一起构成合同文件。

①中标通知书(如果有)。

②投标函及其附录(如果有)。

③专用合同条款及其附件。

④通用合同条款。

⑤技术标准和要求。

⑥图纸。

⑦已标价工程量清单或预算书。

⑧其他合同文件。

在合同订立及履行过程中形成的与合同有关的文件均为合同文件的组成部分。

上述各项合同文件包括合同当事人就该合同文件所做出的补充和修改，属于同一类内容的文件，应以最新签署的为准。专用合同条款及其附件须经合同当事人签字或盖章。

2.《建设工程施工专业分包合同(示范文本)》(GF-2003-0213)

《建设工程施工专业分包合同(示范文本)》(GF-2003-0213)由协议书、通用条款、专用条款三部分组成，是发包人与承包人已经签订施工总承包合同(以下称为“总包合同”)时，承包人和分包人双方就分包工程施工事项经协商达成一致，所订立的分包合同。

分包工程具备竣工验收条件的，分包人应向承包人提供完整的竣工资料及竣工验收报告。双方约定由分包人提供竣工图的，应在专用条款内约定提交日期和份数。

通用条款是根据法律、行政法规规定及建设工程施工的需要订立，通用于分包工程施工的条款。

专业条款是承包人与分包人根据法律、行政法规规定，结合具体工程实际，经协商达成一致意见的条款，是对通用条款的细化、补充或修改。

6.4.3 建设工程施工合同款的确定

1.施工合同价款及调整

施工合同价款，按有关规定和协议条款约定的各种取费标准计算，用来支付承包人按照合同要求完成工程内容的价款总额。这是合同双方关心的核心问题之一，招标投标等工作主要是围绕合同价款展开的。实行招标的工程合同价款应在中标通知书发出之日起30日内，由发、承包双方依据招标文件和中标人的投标文件在书面合同中约定。合同约定不得违背招、投标文件中关于工期、造价、质量等方面的实质性内容。招标文件与中标人投标文件不一致的地方，以投标文件为准。不实行招标的工程合同价款，在发、承包双方认可的工程价款的基础上，由发、承包双方在合同中约定。

实行工程量清单计价的工程，应当采用单价合同。合同工期较短、建设规模较小、技术难度较低，且施工图设计已审查完备的建设工程可以采用总价合同；紧急抢险、救灾以及施工技术特别复杂的建设工程可以采用成本加酬金合同。

1)合同价款的约定内容

发、承包双方应在合同价款中对下列事项进行约定。

①预付工程款的数额、支付时间及抵扣方式。

②安全文明施工实施的支付计划、使用要求等。

③工程计量与支付工程进度款的方式、数额及时间。

④工程价款的调整因素、方法、程序、支付及时间。

⑤施工索赔与现场签证的程序、金额确认与支付时间。

⑥承担计价风险的内容、范围以及超出约定内容、范围的调整办法。

⑦工程竣工价款结算编制与核对、支付及时间。

⑧工程质量保证(保修)金的数额、预扣的方式及时间。

⑨违约责任以及发生工程价款争议的解决方法及时间。

⑩与履行合同、支付价款有关的其他事项等。

2)合同价款的调整

(1)一般规定。

以下事项(但不限于)发生，发、承包双方应当按照合同约定调整合同价款。

①法律法规变化。

②工程变更。

③项目特征描述不符。

④工程量清单缺项。

⑤工程量偏差。

⑥物价变化。

⑦暂估价。

⑧计日工。

⑨现场签证。

⑩不可抗力。

⑪提前竣工(赶工补偿)。

⑫误期赔偿。

⑬施工索赔。

⑭暂列金额。

⑮发、承包双方约定的其他调整事项。

(2)出现合同价款调增事项(不含工程量偏差、计日工、现场签证、施工索赔)后的14天内，承包人应向发包人提交合同价款调增报告并附相关资料，若承包人在14天内未提交合同价款调增报告，视为承包人对该事项不存在调整价款。

(3)出现合同价款调减事项(不含工程量偏差、施工索赔)后的14天内，发包人应向承包人提交合同价款调减报告并附相关资料，若发包人在14天内未提交合同价款调减报告，视为发包人对该事项不存在调整价款。

经发、承包双方确认调整的合同价款，作为追加(减)合同价款，与工程进度款或结算款同期支付。

2. 工程预付款(《示范文本》通用合同条款第12.2款)

1)预付款支付

预付款用于承包人为合同工程施工购置材料、工程设备，购置或租赁施工设备，修建临时设施以及组织施工队伍进场等所需的款项。预付款的支付比例不宜高于合同价款的30%。预付款必须专用于合同工程。大量采用预制构件以及工期在6个月以内的工程，预付款可以适当增加；安装工程的预付款一般不得超过当年安装工程量的10%，安装材料用量较大的工程，预付款可以适当增加。

预付款的支付按照专用合同条款约定执行，但最迟应在开工通知载明的开工日期7天前支付。除专用合同条款另有约定外，预付款在进度付款中同比例扣回。在颁发工程接收证书前，提前解除合同的，尚未扣完的预付款应与合同价款一并结算。

发包人逾期支付预付款超过7天的，承包人有权向发包人发出要求预付的催告通知，发包人收到通知后7天内仍未支付的，承包人有权暂停施工，并按《示范文本》第16.1.1项(发包人违约的情形)执行。

2)预付款担保

发包人要求承包人提供预付款担保的，承包人应在发包人支付预付款7天前提供预付款担保，专用合同条款另有约定除外。预付款担保可采用银行保函、担保公司担保等形式，由合同当事人在专用合同条款中约定。在预付款完全扣回之前，承包人应保证预付款担保持续有效。

发包人在工程款中逐期扣回预付款后，预付款担保额度应相应减少，但剩余的预付款担保金额不得低于未被扣回的预付款金额。

3. 工程进度款支付(《示范文本》通用合同条款第12.4款)

除专用合同条款另有约定外，监理人应在收到承包人进度付款申请单以及相关资料后7天内完成审查并报送发包人，发包人应在收到后7天内完成审批并签发进度款支付证书。发包人逾期未完成审批且未提出异议的，视为已签发进度款支付证书。

发包人和监理人对承包人的进度付款申请单有异议的，有权要求承包人修正和提供补充资料，承包人应提交修正后的进度付款申请单。监理人应在收到承包人修正后的进度付款申请单及相关资料后7天内完成审查并报送发包人，发包人应在收到监理人报送的进度付款申请单及相关资料后7天内，向承包人签发无异议部分的临时进度款支付证书。存在争议的部分，按照第20条(争议解决)的约定处理。

4. 工程进度款支付的程序和责任(《示范文本》通用合同条款12.4款)

除专用合同条款另有约定外，发包人应在进度款支付证书或临时进度款支付证书签发后14天内完成支付，发包人逾期支付进度款的，应按照中国人民银行发布的同期同类贷款基准利率支付违约金。同期的发包人供应材料设备的工程价款，以及按约定时间发包人应按比例扣回的预付款，与工程款(进度款)同期结算。合同价款调整、设计变更调整的合同价款及追加的合同价款，应与工程款(进度款)同期调整支付。

若发包人超过约定的支付时间不支付工程款(进度款)，承包人可向发包人发出要求付款的通知，发包人在收到承包人通知后仍不能按要求支付，可与承包人协商签订延期付款协议，经承包人同意后可以延期支付。协议须明确延期支付时间和从发包人计量签字后第15天起计算应付款的贷款利息。发包人不按合同约定支付工程款(进度款)，双方又未达成延期付款协议，导致施工无法进行时，承包人可停止施工，由发包人承担违约责任。

5. 履约担保

发包人需要承包人提供履约担保的，由合同当事人在专用合同条款中约定履约担保的方式、金额及期限等。履约担保可以采用银行保函或担保公司担保等形式，由合同当事人在专用合同条款中约定。

因承包人原因导致工期延长的，继续提供履约担保所增加的费用由承包人承担；非承包人原因导致工期延长的，继续提供履约担保所增加的费用由发包人承担。

6. 价格调整制度(《示范文本》通用合同条款第11款)

1)市场价格波动引起的调整

除专用合同条款另有约定外，市场价格波动超过合同当事人约定的范围，合同价格应当调整，当事人可以在专用合同条款中约定一种方式对合同价格进行调整。

(1)第1种方式：采用价格指数进行价格调整。

①价格调整公式。

人工、材料和设备等价格波动影响合同价格时. 根据专用合同条款中约定的数据，按以下公式计算差额并调整合同价格：

$$\Delta P=P_0\left[A+\left(B_1\times\frac{F_{t1}}{F_{01}}+B_2\times\frac{F_{t2}}{F_{02}}+B_3\times\frac{F_{t3}}{F_{03}}+\cdots+B_n\times\frac{F_{tn}}{F_{0n}}\right)-1\right]$$

式中：ΔP——需调整的价格差额；

P_0——约定的付款证书中承包人应得到的已完成工程量的金额，此项金额应不包括价格调整，不计质量保证金的扣留和支付、预付款的支付和扣回，约定的变更及其他的金额已按现行价格计价的，也不计在内；

A——定值权重（即不调部分的权重）；

B_1；B_2；B_3……B_n——各可调因子的变值权重（即可调部分的权重），为各可调因子在签约合同价中所占的比例；

F_{t1}；F_{t2}；F_{t3}……F_{tn}——各可调因子的现行价格指数，指约定的付款证书相关周期最后一天的前42天的各可调因子的价格指数；

F_{01}；F_{02}；F_{03}……F_{0n}——各可调因子的基本价格指数，指基准日期的各可调因子的价格指数。

以上价格调整公式中的各可调因子、定值和变值权重，以及基本价格指数及其来源在投标函附录价格指数和权重表中约定，在非招标订立的合同中，由合同当事人在专用合同条款中约定。价格指数应优先采用工程造价管理机构发布的价格指数，无前述价格指数时，可采用工程造价管理机构发布的价格代替。

②暂时确定调整差额。

在计算调整差额时无现行价格指数的，合同当事人应同意暂用前次价格指数计算。实际价格指数有调整的，合同当事人进行相应调整。

③权重的调整。

因变更导致合同约定的权重不合理时，按照第4.4款（商定或确定）执行。

④因承包人原因工期延误后的价格调整。

因承包人原因未按期竣工的，对合同约定的竣工日期后继续施工的工程，在使用价格调整公式时，应采用计划竣工日期与实际竣工日期的两个价格指数中较低的一个作为现行价格指数。

(2)第2种方式：采用造价信息进行价格调整。

合同履行期间，因人工、材料、工程设备和机械台班价格波动影响合同价格时，人工、机械使用费按照国家或省、自治区、直辖市建设行政管理部门、行业建设管理部门或其授权的工程造价管理机构发布的人工、机械使用费系数进行调整；需要进行价格调整的材料，其单价和采购数量应由发包人审批，发包人确认需调整的材料单价及数量，作为调整合同价格的依据。

①人工单价发生变化且符合省级或行业建设主管部门发布的人工费调整规定时，合同当事人应按省级或行业建设主管部门或其授权的工程造价管理机构发布的人工费等文件调整合同价格，但承包人对人工费或人工单价的报价高于发布价格的除外。

②材料、工程设备价格变化的价款调整按照发包人提供的基准价格，按以下风险范围规定执行。

a. 承包人在已标价工程量清单或预算书中载明材料单价低于基准价格的：除专用合同条款另有约定外，合同履行期间材料单价涨幅以基准价格为基础超过5%时，或材料单价跌幅以在已标价工程量清单或预算书中载明材料单价为基础超过5%时，其超过部分据实调整。

b. 承包人在已标价工程量清单或预算书中载明材料单价高于基准价格的：除专用合同条款另有约定外，合同履行期间材料单价跌幅以基准价格为基础超过5%时，材料单价涨幅以在已标价工程量清单或预算书中载明材料单价为基础超过5%时，其超过部分据实调整。

c. 承包人在已标价工程量清单或预算书中载明材料单价等于基准价格的：除专用合同条款另有约定外，合同履行期间材料单价涨幅、跌幅以基准价格为基础超过±5%时，其超过部分据实调整。

d. 承包人应在采购材料前将采购数量和新的材料单价报发包人核对，发包人确认用于工程时，发包人应确认采购材料的数量和单价。发包人在收到承包人报送的确认资料后5天内不予答复的视为认可，作为调整合同价格的依据。未经发包人事先核对，承包人自行采购材料的，发包人有权不调整合同价格。发包人同意的，可以调整合同价格。

前述基准价格是指由发包人在招标文件或专用合同条款中给定的材料、工程设备的价格，该价格原则上应当按照省级或行业建设主管部门或其授权的工程造价管理机构发布的信息价格编制。

③施工机械台班单价或施工机械使用费发生变化超过省级或行业建设主管部门或其授权的工程造价管理机构规定的范围时，按规定调整合同价格。

(3)第 3 种方式：专用合同条款约定的其他方式。

2)法律变化引起的调整

基准日期后，法律变化导致承包人在合同履行过程中所需要的费用发生除第 11.1 款(市场价格波动引起的调整)约定以外的增加时，发包人承担增加的费用；减少时，应从合同价格中扣减。基准日期后，因法律变化造成工期延误时，工期应顺延。

因法律变化引起的合同价格和工期调整，合同当事人无法达成一致的，由总监理工程师按第 4.4 款(商定或确定)的约定处理。

因承包人原因造成工期延误，在工期延误期间出现法律变化的，增加的费用和(或)延误的工期由承包人承担。

7. 竣工结算(《示范文本》通用合同条款第 14 款)

除专用合同条款另有约定外，监理人应在收到竣工结算申请单后 14 天内完成核查并报送发包人。发包人应在收到监理人提交的经审核的竣工结算申请单后 14 天内完成审批，并由监理人向承包人签发经发包人签认的竣工付款证书。监理人或发包人对竣工结算申请单有异议的，有权要求承包人进行修正和提供补充资料，承包人应提交修正后的竣工结算申请单。

发包人在收到承包人提交的竣工结算申请单后 28 天内未完成审批且未提出异议的，视为发包人认可承包人提交的竣工结算申请单，并自发包人收到承包人提交的竣工结算申请单后第 29 天起视为已签发竣工付款证书。

8. 质量保证金(《示范文本》通用合同条款第 15.3 款)

经合同当事人协商一致扣留质量保证金的，应在专用合同条款中予以明确。

1)质量保证金方式

承包人提供质量保证金的方式有以下三种。

①质量保证金保函。

②相应比例的工程款。

③双方约定的其他方式。

除专用合同条款另有约定外，质量保证金原则上采用质量保证金保函的方式。

2)质量保证金的扣留

质量保证金的扣留有以下三种方式。

①支付工程进度款时逐次扣留，在此情形下，质量保证金的计算基数不包括预付款的支付、扣回以及价格调整的金额。

②工程竣工结算时一次性扣留质量保证金。

③双方约定的其他扣留方式。

除专用合同条款另有约定外，质量保证金的扣留原则上采用上述第①种方式。

发包人累计扣留的质量保证金不得超过工程价款结算总额的 3%。如承包人在发包人签发竣工付款证书后 28 天内提交质量保证金保函，发包人应同时退还扣留的作为质量保证金的工程价款；保函金额不得超过工程价款结算总额的 3%。

【例 6-9】

工程招标时，发包人(某招标公司)规定投标人不得对标书(包括图纸、说明)做任何改动、补充或注释。招标图中，沉井结构图标明井壁用 C25 混凝土浇制，无配筋图和施工详图，合同技术规范也无相应说明，工作量表也未提供钢筋参考用量。因此，某建筑公司按 C25 素混凝土报价，未含钢筋用量。该建筑公司与招标公司签订固定总价合同，约定承包人在报价前已充分理解图纸和文件，并对其报价的充分性和完整性负责。施工过程中，招标公司补充提供了施工详图，详图中标明井壁为 C25 钢筋混凝土，并有配筋详图。建筑公司按照施工详图进行了施工。后来，建筑公司要求追加该部分钢筋工程的价款，招标公司不认可，并认为是其报价失误。

双方多次协商未果后，建筑公司提起仲裁。

问题：第一种意见认为，招标图纸虽有遗漏，但有经验的承包人应能合理预见井壁结构需配钢筋，故不应追加价款；第二种意见认为，发包人应承担招标图纸错误及遗漏的主要责任，故应追加价款。请问哪一种意见正确？

【分析】

认同第二种意见，理由：其一，招标公司没有要求建筑公司投标时对图纸进行细化设计并据此报价，建筑公司按招标公司提供的施工图报价没有过错；其二，作为有经验的承包人，发现图纸有错误、遗漏，应在施工中应提醒发包人，以避免出现质量问题，但在投标报价时承包人并无该义务。判例中，仲裁庭也认同该意见，裁决发包人补偿给承包人钢筋价款的70%，剩余30%的损失由承包人自行承担。

本案例启示：对承包人而言，在投标报价时，为了确保低价中标，对于招标图纸的错漏，承包人可以将错就错，以最低报价或不平衡报价中标；在签订合同后，施工过程中，承包人应提前提醒发包人图纸错漏，待发包人补充和修改图纸后，承包人可以要求其追加价款。

发包人应约定承包人对明显的图纸错漏，尽到有经验承包商的注意、提醒义务；应明确出现图纸错漏时，工程款追加的争议解决办法。

【例 6-10】

某工程项目，经有关部门批准采取公开招标的方式确定了中标单位并签订了合同。

(1)该工程合同条款中的部分规定。

①由于设计未完成，承包范围内待实施的工程虽然性质明确，但工程量还难以确定，双方商定拟采用总价合同形式签订施工合同，以减少双方的风险。

②施工单位按建设单位批准的施工组织设计(或施工方案)组织施工，施工单位不承担因此引起的工期延误和费用增加的责任。

③建设单位提供场地的工程地质和地下主要管网线路资料，供施工单位参考。

④建设单位不能将工程转包，但允许分包，也允许分包单位将分包的工程再次分包给其他施工单位。

(2)工期按相关定额计算，该工程工期为573天。但在施工合同中，双方约定开工日期为2015年12月15日，竣工日期为2017年7月25日，日历天数为586天。

(3)工程实际施工过程中，出现了以下情况。

①工程进行到第6个月时，国务院有关部门发出通知，指令压缩国家基建投资，要求某些建设项目暂停施工。该工程项目属于按指令暂停施工项目，因此发包人向承包商提出暂时中止合同实施的通知。承包商按要求暂停施工。

②复工后，在工程后期，工地遭遇百年罕见的台风袭击，工程被迫暂停施工，部分已完工程受损，现场场地遭到破坏，最终使工期延长2个月。

问题：

(1)该工程合同条款中约定的总价合同形式是否恰当？请说明原因。

(2)该工程合同条款中除合同价款形式的约定外，有哪些条款存在不妥之处？请指出并说明理由。

(3)本工程的合同工期应为多少天，为什么？

(4)在工程实施过程中，国务院通知和台风袭击引起的暂停施工问题应如何处理？

【分析】

(1)该工程合同条款中约定的总价合同形式不恰当。

原因：项目工程量难以确定，双方风险较大，故不应采用总价合同。

(2)该合同条款中存在的不妥之处和理由如下。

①不妥之处：建设单位提供场地的工程地质和地下主要管网线路资料供施工单位参考。

理由：建设单位向施工单位提供保证资料真实、准确的工程地质和地下主要管网线路资料，作为施工单位现场施工的依据。

②不妥之处：允许分包单位将分包的工程再次分包给其他施工单位。

理由:《中华人民共和国招标投标法》规定,禁止分包单位将分包的工程再次分包。

(3)本工程的合同工期应为 586 天。

原因:根据施工合同文件的解释顺序,协议条款应先于招标文件来解释施工中的矛盾。

(4)对国务院指令暂时停工的处理:由于国家指令性计划有重大修改或政策上原因强制工程停工,造成合同的执行暂时中止,属于法律上、事实上不能履行合同的除外责任,这不属于建设单位违约和单方面中止合同,故建设单位不承担违约责任和经济损失赔偿责任。

对不可抗力的暂时停工的处理:承包商因遭遇不可抗力被迫停工,根据《中华人民共和国民法典》的规定,承包商可以不向建设单位承担工期拖延的经济责任,工期应顺延。

6.5 基于 BIM 的招标投标阶段的工程造价管理

BIM 的价值主要体现在招标投标过程中。根据设计单位提供的包含丰富数据信息的 BIM 模型,建设单位或者招标代理机构可以在短时间内调出工程量信息,结合项目具体特征编制准确的工程量清单,有效避免漏项和计算错误等情况的发生,为顺利进行招标工作创造有利条件。将工程量清单直接载入 BIM 模型,建设单位在发售招标文件时,就可将含有工程量清单信息的 BIM 模型一起发放给拟投标单位,保证了设计信息的完备性和连续性。由于 BIM 模型中的建筑构件具有关联性,其工程量的信息与构件空间位置是一一对应的,投标单位可以根据招标文件相关条款的规定,按照空间位置快速核准招标文件中的工程量清单,为正确制订投标策略赢得时间。

BIM 技术与互联网技术具有很好的融合性,方便了招标投标管理部门对整个招标投标过程的管控,有利于减少或者杜绝舞弊腐败等现象的发生,对整个建筑行业的规范化、透明化亦有极大的促进作用。

基于 BIM 技术的工程预算软件,目前主要有广联达公司的 GCCP 6.0、GCL、GBQ,鲁班的 LubanAR,斯维尔的 THS-3DA,“神机妙算”等软件,本书主要以广联达公司的 GCCP 6.0 软件进行 BIM 应用展示。

【专业宿舍楼预算案例】

项目概况:本次招标为广联达专用宿舍楼工程施工。

建设地点:北京市海淀区广联达办公大厦北侧;北京市北五环外。

建设规模:总建筑面积为 1732.48 平方米,基底面积为 836.24 平方米。项目包括土方工程(含红线内现场原有建筑渣土清理外运)、基坑支护工程(包括地下主体结构施工完成后必要的支护构件拆除)、降水工程、地基与基础工程、结构、二次结构、初装修、屋面工程、防腐保温工程、机电工程预留预埋。

计划工期:90 日历天。

招标范围:图纸及工程量清单所包含的内容(以工程量清单为准),建筑工程、给排水工程、电气工程的工程量清单已有。

质量要求:合格。

招标方式:公开招标。

通过 GCCP 6.0 编制广联达专用宿舍楼工程施工招标控制价。

【解析思路】

预算组成如图 6-3 所示。处理流程如图 6-4 所示。

【案例解析】

1. 新建招标项目

打开 GCCP 6.0,在广联达的云计价软件平台界面左侧点击“新建预算”,单击“招标项目”,如图 6-5 所示。在招标项目界面中依次输入项目名称、项目编码,选择地区标准、定额标准、单价形式、安全文明,计税方式选择增值税。该项目位于北京,因此选择适用的北京的相关清单、定额等,点击“立即新建”,完成招标项目的新建操作,如图 6-6 所示。

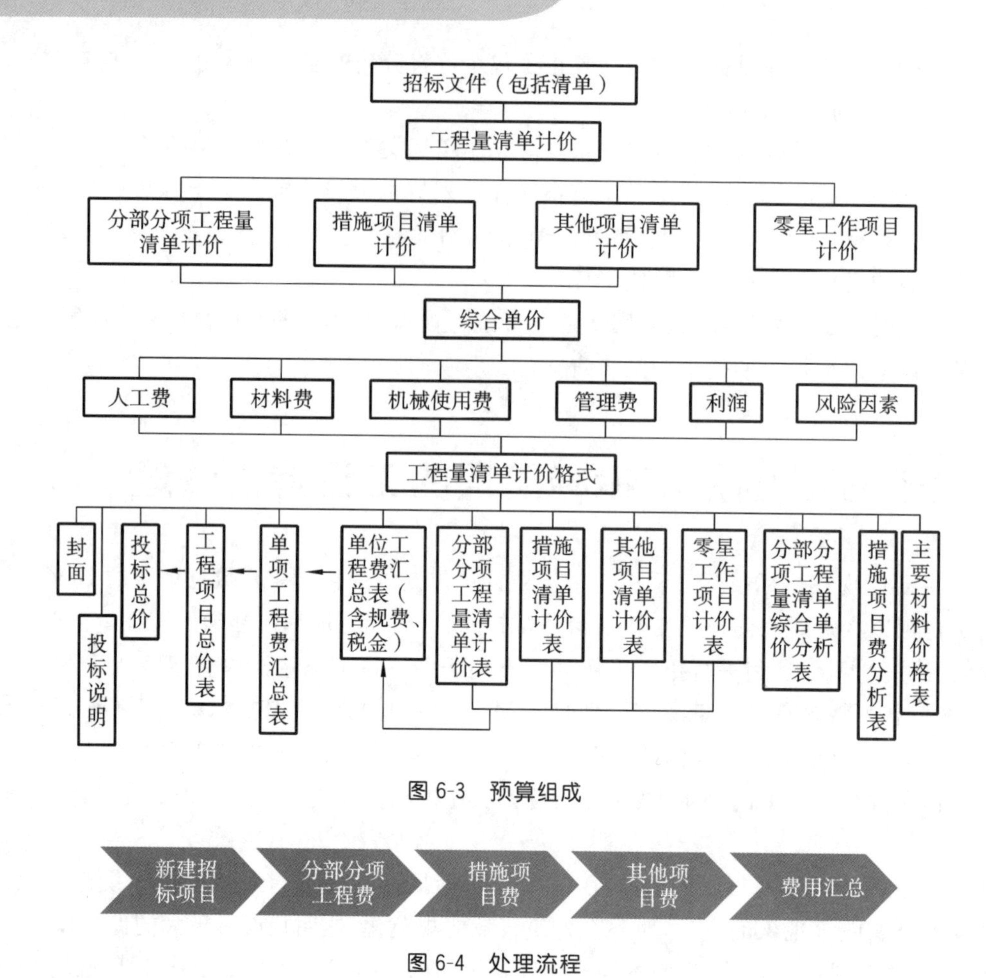

图 6-3 预算组成

图 6-4 处理流程

2. 新建单位工程

进入招标项目编制界面后，左侧导航栏形成了建设项目、单项工程和单位工程三级预算，双击可修改名称。用鼠标右键单击单位工程可新建、删除、重命名单位工程。本项目新建了建筑工程、给排水工程和电气工程三个单位工程，如图 6-7 所示。

3. 工程概况的编制

完成工程概况的编制，包含工程信息、工程特征和编制说明三部分内容，如图 6-8 所示。

4. 取费设置

按照住房城乡建设部、财政部关于印发《建筑安装工程费用项目组成》的通知（建标〔2013〕44 号）的规定，建筑安装工程费按照造价的形成划分，由人工费、材料费、施工机具使用费、企业管理费、利润、规费和税金构成。因此，用户在进行建筑安装工程费计价之前，应首先根据工程的实际情况，对这些费用的取费费率进行设置。在 GCCP 6.0 软件中进行取费设置时，用户可以在导航栏中将工作界面切换到建设项目界面，在该界面下单击“取费设置”按钮，然后在工作区中根据工程项目的实际情况对建筑工程和安装工程的取费条件进行选择，软件会依据相应地区对企业管理费、利润、安全文明施工费、规费和税金的取费规定，结合用户选择的取费条件，自动确定相关费用的费率，如图 6-9 所示。

5. 编制分部分项工程量清单

编制分部分项工程量清单有两种方法。

(1)快速导入表格及工程。点击左上角的“导入”按钮，用户可快捷导入已有的 Excel 表格或工程计量的文件，一键读取识别清单项及子目。编制招标控制价时，用户根据需求选定对应清单项导入即可，如图 6-10 所示。

用户也可以直接导入单位工程文件，GCCP 6.0 软件与广联达计量软件 GCL、GQI 等实现了交互。导入方法与导入 Excel 表格方法类似。

图 6-5　新建招标项目

（2）手动录入分部分项工程量清单。双击“编码”，弹出“查询”对话框，单击“清单指引”，会出现所需编制的清单条目，根据案例工程需要进行选择，亦可加入相应定额子目，完成勾选，然后单击“插入清单”按钮，此时要注意项目特征描述应清晰明了，按照工程图纸进行输入，再输入相应工程量数据，注意单位的统一。至此，分部分项工程量清单编制完成，其余清单类推，如图 6-11 和图 6-12 所示。

6. 定额套取

按照土建、装饰装修与安装的单位工程的计价规则，在清单项目下进行组价。安装工程需要补充大量设备及主材，所以必须有设备、主材价格。

（1）插入子目。单击工具栏中的“插入”按钮，在下拉菜单中选择“插入子目”，在清单条目下增加定额项，如图 6-13 所示。此时有两种方法添加定额：一是单击定额处的“…”，选择匹配定额，此方法方便快捷，比较常用；二是在工具栏中单击“查询”按钮，从定额库中选择合适的定额进行添加。

（2）对每项定额进行复核，补充主材或设备，即补充人、材、机，如图 6-14 所示。根据定额子目要求，选择主材或设备，一般主材和设备可根据图纸上给定的主材和设备名称进行命名。

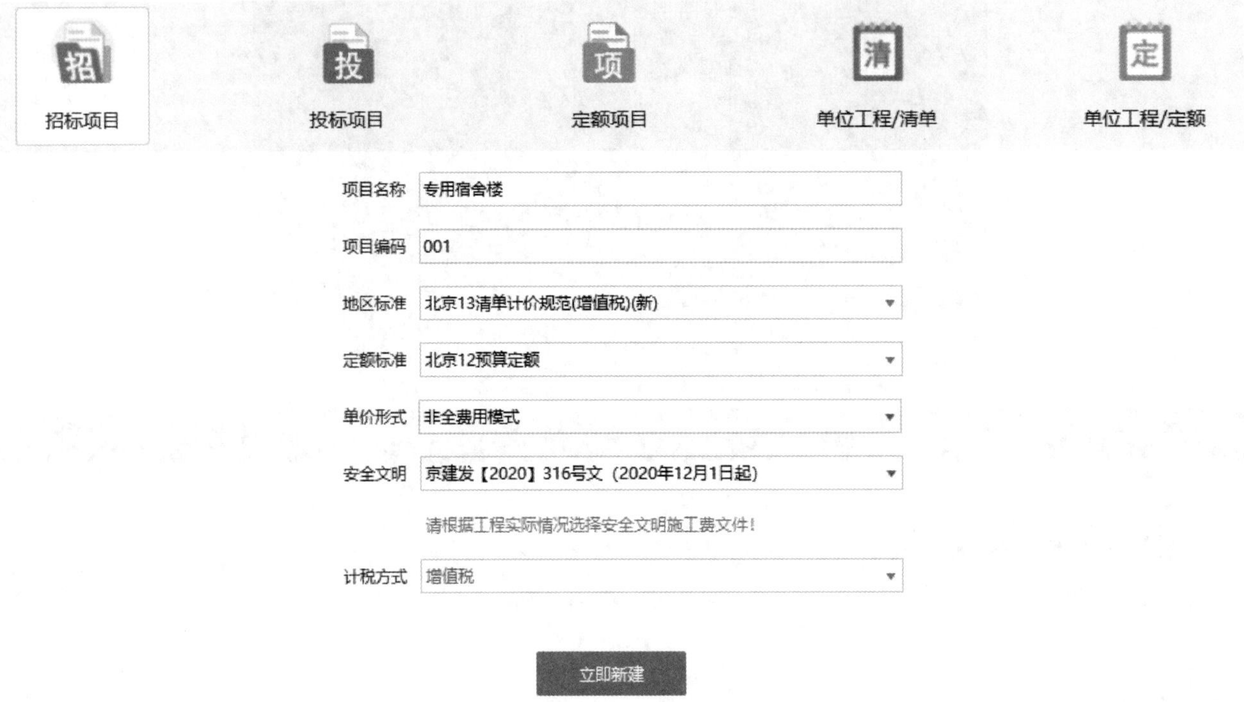

招标项目
投标项目
定额项目
单位工程/清单
单位工程/定额
项目名称 专用宿舍楼
项目编码 001
地区标准 北京13清单计价规范(增值税)(新)
定额标准 北京12预算定额
单价形式 非全费用模式
安全文明 京建发【2020】316号文（2020年12月1日起）
请根据工程实际情况选择安全文明施工费文件!
计税方式 增值税
立即新建

图 6-6　新建招标项目模板

建设项目
单项工程
单位工程
快速新建单位工程
新建单位工程
删除单位工程
批量删除工程
重命名
批量修改名称
复制到
导入单位工程/项目工程
展开到单项
展开到单位
标段结构保护
单位工程独立显示

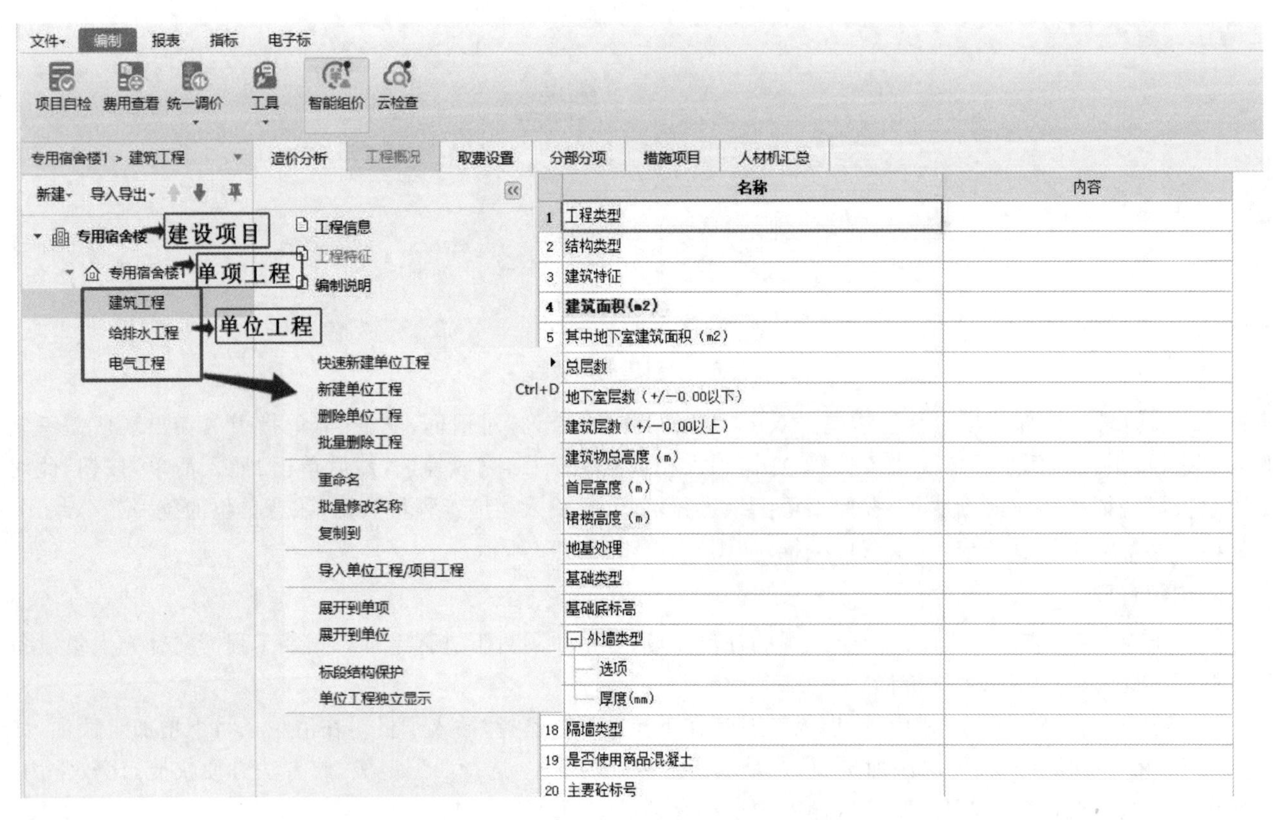

图 6-7　新建单位工程

图 6-8 工程概况编制界面

图 6-9 取费设置

(3)综合单价的计取。所有清单项的定额添加完成之后，我们需要对综合单价进行计取。综合单价包括企业管理费、利润，以及一定范围内的风险费用，因此需要根据案例工程的特点及工程内容，结合项目所在地取费文件，逐项对每条定额的企业管理费、利润及风险费用进行计取，形成适合项目特点及企业需求的合理综合单价。操作方法：单击定额项，页面下会出现该定额的相关内容，单击“单价构成”，分别对企业管理费、利润及风险费用进行取费，招标控制价编制的取费原则一般为根据取费文件计取，如图 6-15 所示。

图 6-10　导入 Excel 文件或者单位工程

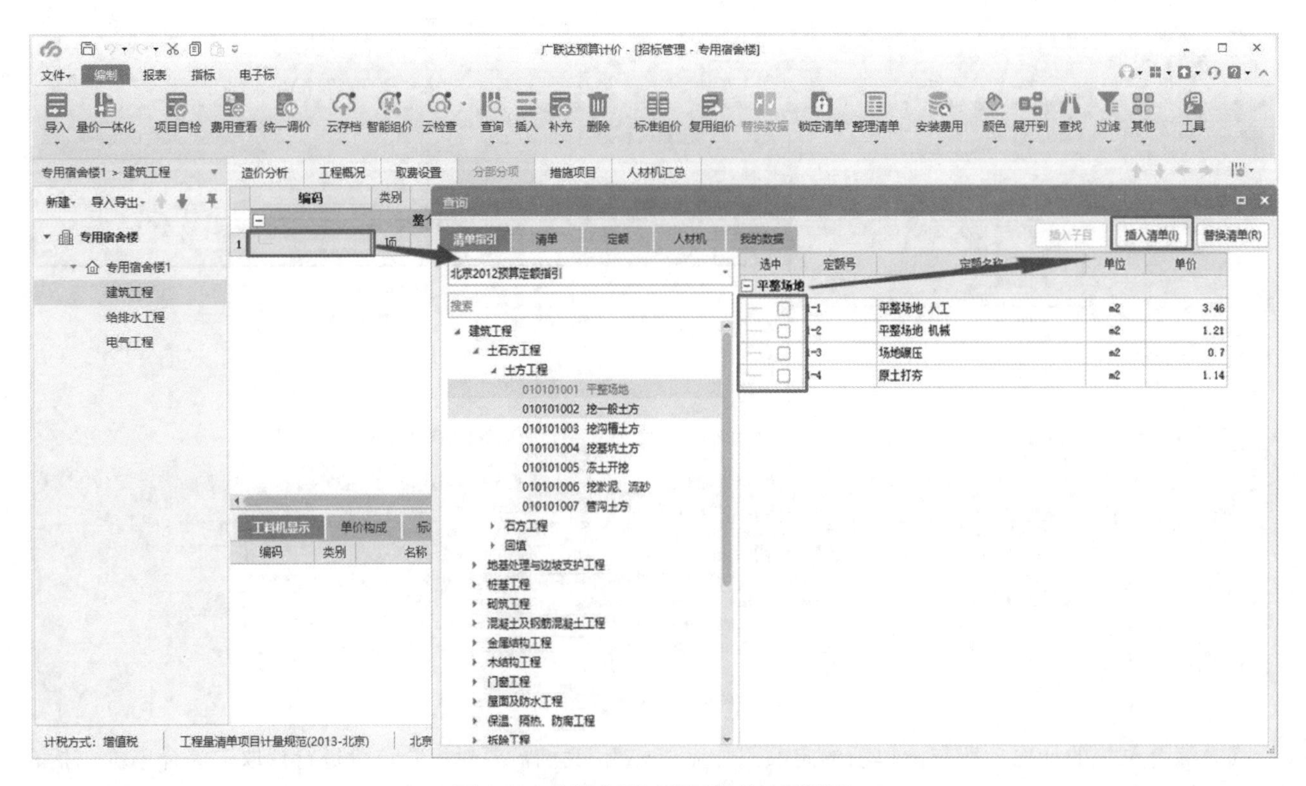

图 6-11　分部分项工程量清单编制界面

7. 编制措施项目清单

将工作界面切换到“措施项目”，措施项目分为总价措施项目和单价措施项目，根据案例工程实际情况分别进行编辑录入，如图 6-16 所示。

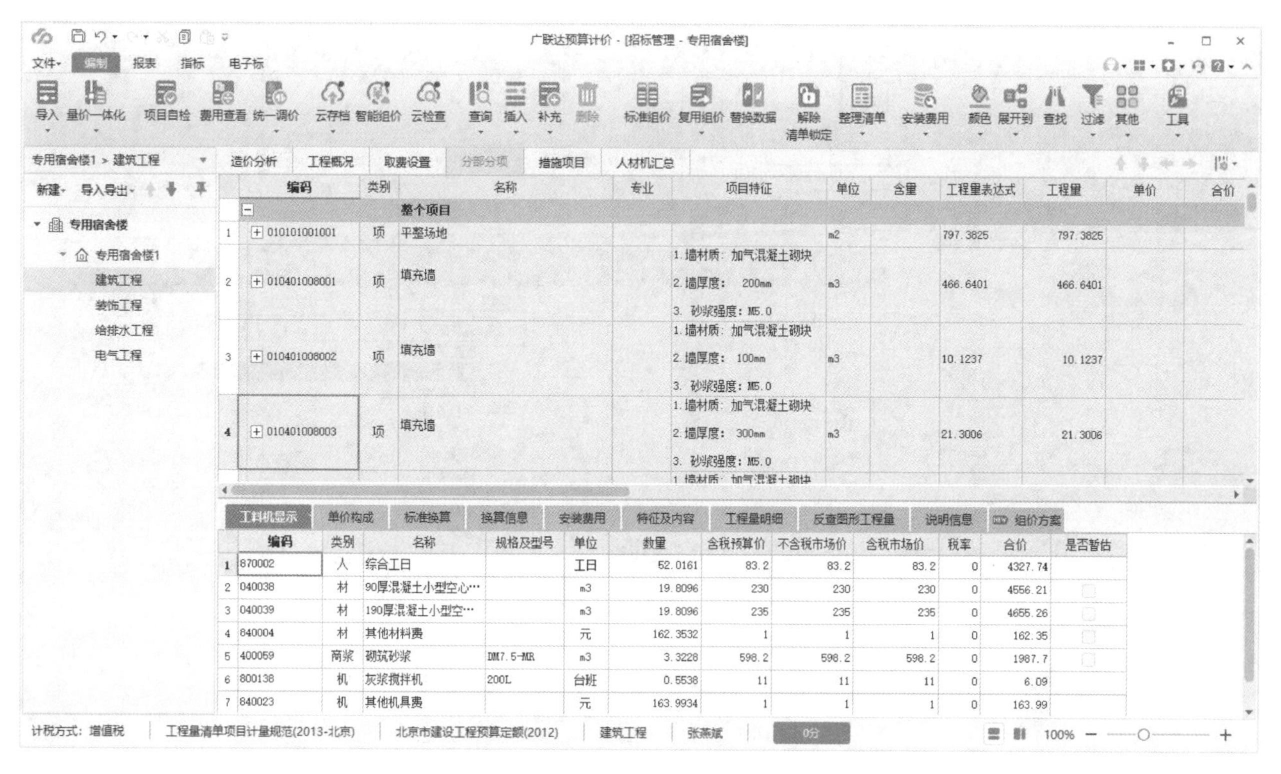

图 6-12　导入并整理后的分部分项工程量清单编制界面

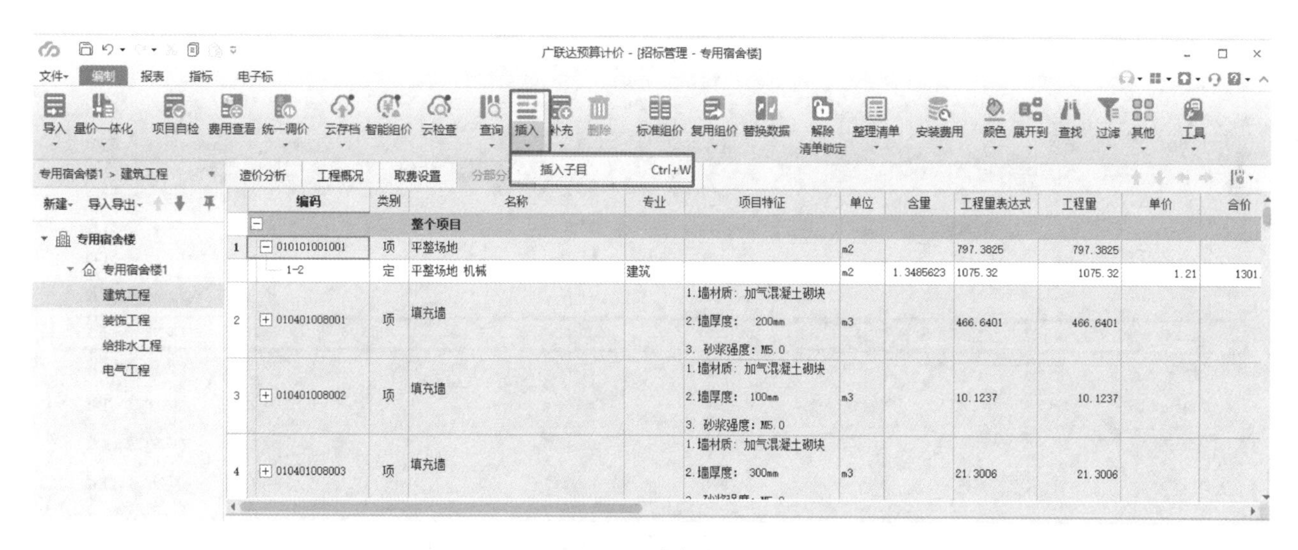

图 6-13　定额套取

需要注意的是，总价措施以“项”为单位，采取“计算基数×费率”的计算方法，总价措施项目中的安全文明施工费是必须计取的项目，其他的总价措施项目，如夜间施工费、二次搬运费等，应根据工程实际情况、工期等相关因素进行计取。单价措施项目录入与分部分项工程量清单编制方法一致，需要进行定额套取。

8. 编制其他项目费清单

其他项目清单包括暂列金额、暂估价、计日工、总承包服务费、签证与索赔计价等项目。项目预算阶段可能会涉及前四种，分别按照实际工程需要，即设置的清单内容来进行编辑。需要注意的是，其他项目清单并非必有内容，根据项目实际情况进行编辑设置，录入相关信息即可。

暂列金额由建设单位根据工程特点，按有关计价规定估算，施工过程中由建设单位掌握使用、扣除合同价款调整后如有余额，归建设单位，如图 6-17 所示。

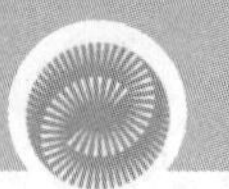

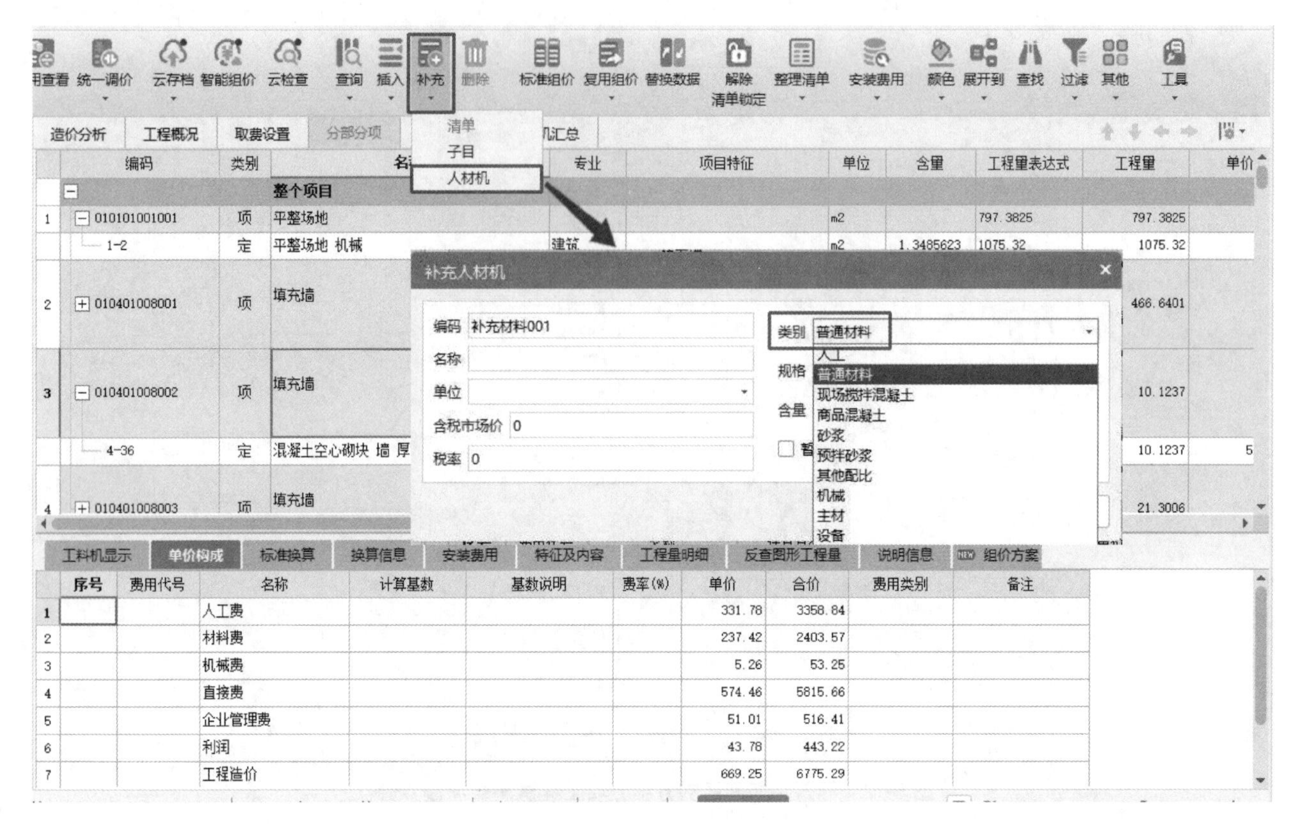

图 6-14　补充主材或设备

图 6-15　综合单价的计取

暂估价包括材料暂估价和专业工程暂估价，均由建设单位按估算金额确定，如图 6-18 所示。

计日工按发包人提出的要求进行列项，承包人按列项的内容自主确定综合单价，如图 6-19 所示。

	序号	类别	名称	单位	项目特征	计算基数	费率(%)	工程量
	一		总价措施					
1	011707001001		安全文明施工(最低限价不计入工程总造价)	项				1
2	1.1		安全施工费	项		RGF+JXF+JSCS_RGF+JSCS_JXF	4.72	1
3	1.2		文明施工费	项		RGF+JXF+JSCS_RGF+JSCS_JXF	4.75	1
4	1.3		环境保护费	项		RGF+JXF+JSCS_RGF+JSCS_JXF	4.25	1
5	1.4		临时设施费	项		RGF+JXF+JSCS_RGF+JSCS_JXF	7.69	1
6	0117B001		施工垃圾场外运输和消纳费	项		ZJF+ZCF+SBF+JSCS_ZJF +JSCS_ZCF+JSCS_SBF	0.58	1
7	011707002001		夜间施工费	项				1
8	011707003001		非夜间施工增加费	项				1
9	011707004001		二次搬运费	项				1
10	011707005001		冬雨季施工费	项				1
11	011707006001		地上、地下设施、建筑物的临时保护设施费	项				1
12	011707007001		已完工程及设备保护费	项				1
13	01B001		赶工增加费	项				1
	二		单价措施					
14				项				1
		定						0
15	011702001001		基础模板 模板类别：复合模板	m2				237.05
	17-47	定	独立基础 复合模板	m2				237.05
16	011702001002		基础模板	m2				41.96

工料机显示 | 单价构成 | 标准换算 | 换算信息 | 特征及内容 | 工程量明细 | 反查图形工程量 | 说明信息 | 组价方案

	编码	类别	名称	规格及型号	单位	数量	含税预算价	不含税市场价	含税市场价	税率	合价	是否暂估
1	870002	人	综合工日		工日	62.3442	83.2	83.2	83.2	0	5187.04	
2	030001	材	板方材		m3	0.7586	1900	1900	1900	0	1441.34	
3	100321	材	柴油		kg	35.8894	8.98	8.98	8.98	0	322.29	
4	830075	材	复合木模板		m2	37.4776	30	30	30	0	1124.33	
5	840004	材	其他材料费		元	59.4996	1	1	1	0	59.5	
6	840027	材	摊销材料费		元	550.4301	1	1	1	0	550.43	
7	840028	材	租赁材料费		元	481.6856	1	1	1	0	481.69	
8	800102	机	汽车起重机	16t	台班	0.1659	915.2	915.2	915.2	0	151.83	
9	800278	机	载重汽车	15t	台班	0.5215	392.9	392.9	392.9	0	204.9	
10	840023	机	其他机具费		元	201.9666	1	1	1	0	201.97	

图 6-16　措施项目清单编制界面

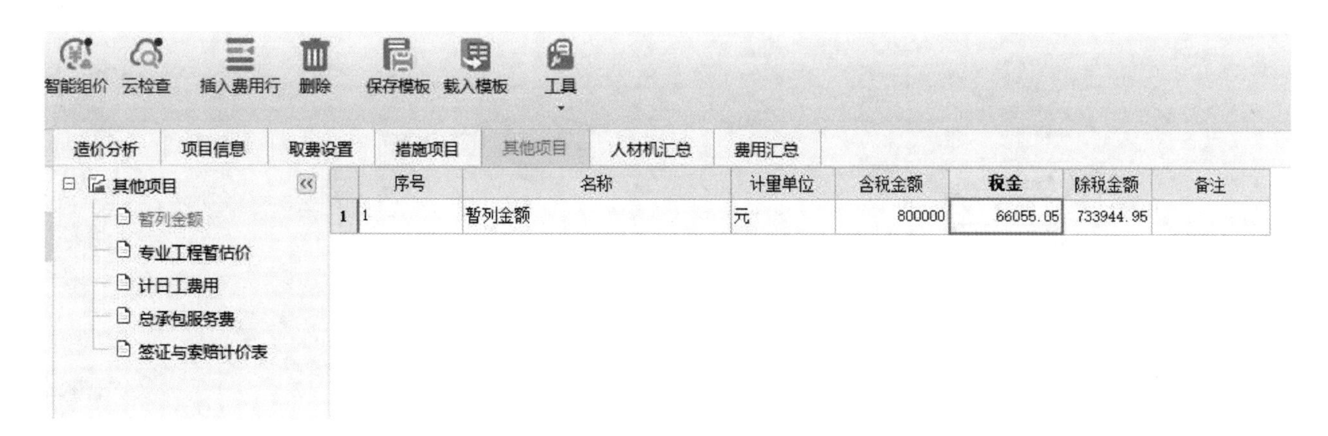

图 6-17　其他项目费暂列金额编制界面

9. 人、材、机汇总

人、材、机汇总编制界面如图 6-20 所示。在完成分部分项工程和措施项目费计取后，按照计价程序，我们要对分部分项工程和措施项目中人、材、机的价差进行调整。GCCP 6.0 软件提供了“人材机汇总”界面，在该工作界面下，软件自动将相应单位工程的分部分项工程和措施项目所消耗的定额人、材、机的相关信息进行分类汇总，方便用户进行人、材、机消耗量信息的查询及价差的调整。

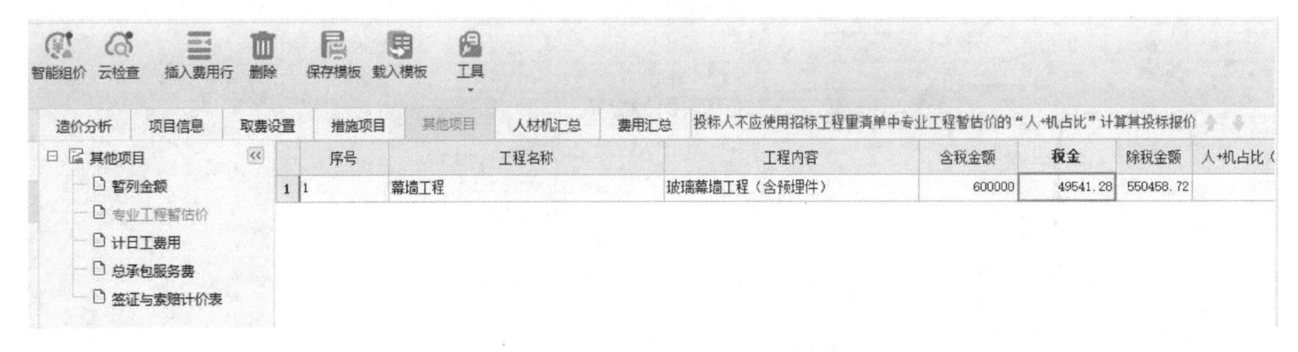

图 6-18　其他项目费专业工程暂估价编制界面

造价分析 | 项目信息 | 取费设置 | 措施项目 | 其他项目 | 人材机汇总 | 费用汇总

其他项目：暂列金额、专业工程暂估价、计日工费用、总承包服务费、签证与索赔计价表

	序号	名称	单位	数量	单价	合价	综合单价	综合合价
1		计日工						4480
2	一	劳务(人工)						4480
3	1	木工	工日	20	128	2560	128	2560
4	2	钢筋工	工日	15	128	1920	128	1920
5	二	材料						0
6	1					0	0	0
7	三	施工机械						0
8	1					0	0	0

图 6-19　其他项目费计日工费用编制界面

图 6-20　人、材、机汇总编制界面

10. 批量载价

载价指将相应的价格文件载入软件，软件依据所载入价格文件中的相应人、材、机的名称、规格等信息，自动与预算工程项目中的人、材、机信息进行匹配，自动载入市场价格，计算价差。

GCCP 6.0 采用“批量载价”功能与“广材助手”云数据进行无缝对接，借助“广材助手”中相应地区的历年历季度的信息价格以及市场材料价格，结合科学测算的专业测定价，覆盖了 99% 的定额材料，可以实现一键载价、比价和组价，完美解决了材料来源少、组价的效率低的问题，大大提高了用户的工作效率。

以材料为例，“广材助手”对材料询价提供了信息价、市场价和专业测定价 3 种价格模式。其中，信息价是指地区造价主管部门定期发布的材料信息指导价格；市场价是指“广材助手”收集的材料供应商发布的相应材料的市场价格；专业测定价是指“广材助手”从多方渠道获取常用建筑材料的价格，通过综合对比、加权平均、专家复核等步骤进行标准化处理后推荐的材料参考价格，这种参考价格不包括材料的采购及保管费。

一般情况下，预算中人、材、机价差调整应采用信息价。具体操作步骤：鼠标左键单击“载价”按钮→选择“批量载价”→在弹出的对话框中勾选“信息价”→选择需要载入信息价的期数→单击“下一步”按钮，如图 6-21 所示。

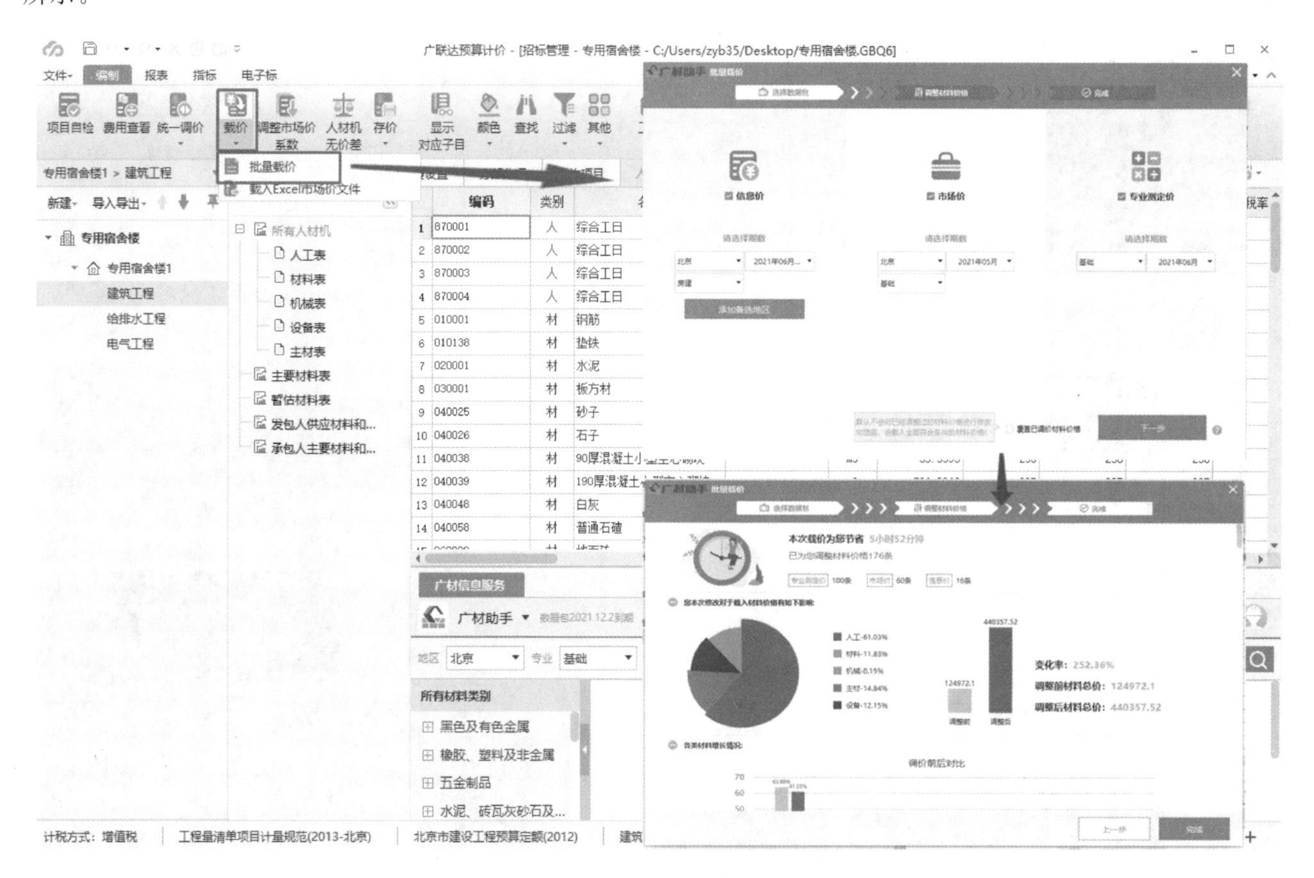

图 6-21　批量载价

11. 项目自检

对整个建设项目进行项目自检，单击工具栏中的“项目自检”，可查询检查结果，对出现的问题进行修改和完善，如图 6-22 所示。

12. 编制规费、税金项目清单并汇总费用

根据案例工程要求，整体上检查并核对费用是否计取完全，是否有漏项、是否正确等。费用汇总主要设置规费和税金的费率，最后汇总形成该工程的建筑安装工程费，如图 6-23 所示。

图 6-22 项目自检

造价分析 | 项目信息 | 取费设置 | 措施项目 | 其他项目 | 人材机汇总 | 费用汇总

	序号	费用代号	名称	计算基数	基数说明	费率(%)	金额	费用类别	备注	输出
10	3.1	C1	其中：暂列金额	暂列金额	暂列金额		733,944.95	暂列金额		☑
11	3.2	C2	其中：专业工程暂估价	专业工程暂估价	专业工程暂估价		550,458.72	专业工程暂估价		☑
12	3.3	C3	其中：计日工	计日工	计日工		4,480.00	计日工		☑
13	3.4	C4	其中：总承包服务费	总承包服务费	总承包服务费		0.00	总承包服务费		☑
14	4	D	规费				403,627.04	规费	根据“京建发（2013）7号”、“京建法【2013】4号”、“京建法（2017）27号”文件要求： 1、4.1计算基数中不含12预算安文费人工费，包含12房修安文费人工费 2、4.2计算基数中包含12预算计日工人工费，不含12房修计日工人工费 3、单位工程计算基数“单位组织措施人工费”中不含安文费人工费，不含12预算施工垃圾场外运输人工费，包含12房修施工垃圾场外运输人工费	☑
15			其中：农民工工伤保险				0.00	农民工工伤保险	根据京人社工发[2016]13号文，农民工工伤保险费用总额=本市上年度职工月平均工资÷月平均工作时间20.83天×60%×保险期（合同工期总天数÷30天）×月平均预计农民工缴费人次×缴费费率1.1%，工伤保险费计算的结果四舍五入保留到“元” 注意：此项费用已包含在规费中，不再累加到规费合计	☑
16	4.1		项目：安全文明施工费规费	AQWMSG_RGF_XM	项目安全文明施工人工费	19.76	0.00	安全文明施工费（规费）		☑
17	4.1.1		项目：社会保险费	AQWMSG_RGF_XM	项目安全文明施工人工费	13.79	0.00	项目社会保险费		☑
18	4.1.2		项目：住房公积金费	AQWMSG_RGF_XM	项目安全文明施工人工费	5.97	0.00	项目住房公积金费		☑
19	4.2		项目：计日工规费	JRGGF_RGF_XM	项目计日工人工费规费		0.00	计日工人工费规费		☑
20	4.3		专用宿舍楼1				403,627.04			☑
21	4.3.1		建筑工程	RGF_DW+JSCS_RGF_DW+ZZCS_RGF_DW	单位分部分项人工费+单位技术措施人工费+单位组织措施人工费	19.76	324,029.99			☑
22	4.3.1.1		社会保险费	RGF_DW+JSCS_RGF_DW+ZZCS_RGF_DW	单位分部分项人工费+单位技术措施人工费+单位组织措施人工费	13.79	226,132.26	社会保险费		☑
23	4.3.1.2		住房公积金费	RGF_DW+JSCS_RGF_DW+ZZCS_RGF_DW	单位分部分项人工费+单位技术措施人工费+单位组织措施人工费	5.97	97,897.72	住房公积金费		☑
24	4.3.2		给排水工程	RGF_DW+JSCS_RGF_DW+ZZCS_RGF_DW	单位分部分项人工费+单位技术措施人工费+单位组织措施人工费	19.04	28,413.32			☑
25	4.3.2.1		社会保险费	RGF_DW+JSCS_RGF_DW+ZZCS_RGF_DW	单位分部分项人工费+单位技术措施人工费+单位组织措施人工费	13.29	19,832.62	社会保险费		☑
26	4.3.2.2		住房公积金费	RGF_DW+JSCS_RGF_DW+ZZCS_RGF_DW	单位分部分项人工费+单位技术措施人工费+单位组织措施人工费	5.75	8,580.70	住房公积金费		☑
27	4.3.3		电气工程	RGF_DW+JSCS_RGF_DW+ZZCS_RGF_DW	单位分部分项人工费+单位技术措施人工费+单位组织措施人工费	19.04	51,183.73			☑
28	4.3.3.1		社会保险费	RGF_DW+JSCS_RGF_DW+ZZCS_RGF_DW	单位分部分项人工费+单位技术措施人工费+单位组织措施人工费	13.29	35,726.46	社会保险费		☑
29	4.3.3.2		住房公积金费	RGF_DW+JSCS_RGF_DW+ZZCS_RGF_DW	单位分部分项人工费+单位技术措施人工费+单位组织措施人工费	5.75	15,457.27	住房公积金费		☑
30	5	E	税金	A + B + C + D	分部分项工程+措施项目+其他项目+规费	9	682,434.89	税金		☑
31	6		工程造价	A + B + C + D + E	分部分项工程+措施项目+其他项目+规费+税金		8,265,044.83	工程造价		☑

图 6-23 规费、税金编制界面

案例分析

【案例背景】

某市政府拟投资建设一大型垃圾焚烧发电站项目。该项目除厂房及有关设施的土建工程外，还有1套进口垃圾焚烧发电设备及垃圾处理专业设备的安装工程。厂房范围内地质勘察资料反映地基复杂，地基处理采用钻孔灌注桩。招标单位委托某咨询公司进行全过程投资管理。该项目厂房土建工程共有A、B、C、D、E五家施工单位参加投标，资格预审结果均合格。招标文件要求投标单位将技术标和商务标分开封装。评标原则及方法如下：

(1)采用综合评估法，按照得分高低排序，推荐三名合格的中标候选人。

(2)技术标部分共40分，其中施工方案10分，工程质量及保证措施15分，工期、业绩信誉、安全文明施工措施分别为5分。

(3)商务标部分共60分。

①若最低报价低于次低报价15%以上(含15%)，最低报价的商务标得分为30分，且不再参加商务标基准价计算；

②若最高报价高于次高报价15%以上(含15%)，最高报价的投标为废标；

③人工、钢材、商品混凝土价格参照当地有关部门发布的工程造价信息，若低于该价格10%以上时，评标委员会应要求该投标单位做必要的澄清；

④以符合要求的商务报价的算术平均数作为基准价(60分)，报价比基准价每下降1%扣1分，最多扣10分，报价比基准价每增加1%扣2分，扣分不保底。

各投标单位的技术标得分和商务标报价如表6-31和表6-32所示。

表6-31　各投标单位的技术标得分汇总表

投标单位	施工方案	工期	工程质量及保证措施	安全文明施工	业绩信誉
A	8.5	4	14.5	4.5	5
B	9.5	4.5	14	4	4
C	9.0	5	14.5	4.5	4
D	8.5	3.5	14	4	3.5
E	9.0	4	13.5	4	3.5

表6-32　各投标单位的商务标报价汇总表

投标单位	A	B	C	D	E
报价/万元	3900	3886	3600	3050	3784

评标过程中，E投标单位不按评标委员会要求进行澄清及说明补正。

问题：

(1)该项目应采取哪种招标方式？如果把该项目划分成若干标段分别进行招标，划分时应当综合考虑的因素是什么？本项目可如何划分？

(2)按照评标办法，计算各投标单位的商务标得分。

(3)按照评标办法，计算各投标单位的综合得分。推荐合格的中标候选人，并排序。

单元总结

招投标阶段的工程造价管理是全过程工程造价管理的重要环节。招标程序包括招标活动的准备工作、招标公告和投标邀请书的编制、资格预审、编制和发售招标文件、现场踏勘、召开投标预备会、开标、评标和定标等。而投标程序包括收集信息资料、做出投标决策、制订施工方案、投标文件和报价的编制、确定投标策略和投标担保等。工程量清单主要包括工程量清单说明和工程量清单表两部分,工程量清单是招标文件的组成部分,主要由分部分项工程量清单、措施项目清单和其他项目清单等组成,是招标控制价和投标报价的依据,是签订工程合同、调整工程量和办理竣工结算的基础。投标报价的策略有不平衡报价法、计日工单价的报价、可供选择的项目报价、暂定工程量的报价、多方案报价、增加建议方案和无利润算标等策略。评标是招投标过程的核心环节。

复习思考题与习题

一、单项选择题

1. 单项工程的分类已详细而明确,但实际工程量与预计的工程量可能有较大出入时,应优先选择(　　)。

A. 总价合同　　B. 单价合同

C. 成本加固定酬金合同　　D. 成本加固定百分比的酬金合同

2. 招标投标实行(　　)计价,是指招标人公开提供工程量清单,投标人自主报价或招标人编制标底,双方签合同,进行工程施工结算等活动。

A. 工程量清单　　B. 定额　　C. 指标　　D. 协商

3. 投标人对已发出的投标文件进行补充、修改或者撤回的文件,应当在(　　)前递交,补充、修改的内容为投标文件的组成部分。

A. 20 天　　B. 投标截止时间　　C. 投标预备会　　D. 7 天

4. 工程量清单是招标单位按国家颁布的统一工程项目划分、统一计量单位和统一工程量计算规则,根据施工图纸计算工程量,提供给投标单位作为投标报价的基础。结算拨付工程款时以(　　)为依据。

A. 工程量清单　　B. 实际工程量　　C. 承包方报送的工程量　　D. 合同中的工程量

5. 评标委员会为(　　)人以上的单数,且评标委员会中技术、经济等方面的专家不得少于成员总数的(　　)。

A. 5,2/3　　B. 7,4/5　　C. 5,1/3　　D. 3,2/3

6. 根据《中华人民共和国招标投标法》,下列关于投标和开标的说法中,正确的是(　　)。

A. 投标人如果准备中标后将部分工程分包,应在中标后通知招标人

B. 联合体投标中标的,应由联合体牵头方代表联合体与招标人签订合同

C. 开标应当在公证机构的主持下,在招标人通知的地点公开进行

D. 开标时,可以由投标人或者其推荐的代表检查投标文件的密封情况

7. 招标人在工程量清单中提供了暂估价的材料和专业工程属于依法必须招标的,由(　　)通过招标确定材料单价与专业工程中标价。

A. 承包人　　B. 发包人　　C. 招标人　　D. 承包人与招标人

8. 下列费用项目中,应由投标人确定额度,并计入其他项目清单与计价汇总表的是(　　)。

A. 暂列金额　　B. 材料暂估价　　C. 专业工程暂估价　　D. 总承包服务费

9. 在建设工程施工招标程序中,可用资格预审公告代替招标公告,资格预审后不再单独发布招标公告,资格预审公告和招标公告的共同内容是(　　)。

A. 申请人的资格要求　　B. 资格预审文件的获取

C. 项目概况与招标范围　　D. 投标文件的递交

10. 根据《建设工程工程量清单计价规范》(GB 50500—2013),建设工程施工合同可以采取的合同类型为(　　)。

A. 只能采用单价合同

B. 只能选择单价合同或总价合同

C. 实行工程量清单计价的工程，必须采用单价合同

D. 根据工程的具体情况，可采取单价合同、总价合同或成本加酬金合同

二、简答题

1. 什么是建设项目施工招标？招标的范围有哪些？

2. 招标控制价的计算方法有哪些？

3. 建设项目招标要经过哪些主要程序？

4. 评标的方法有哪些？

5. 建设项目的合同有哪些类型？

6. 合同价款的确定有哪些方式？

三、计算题

1. 某高速公路项目招标采用经评审的最低投标价法评标，招标文件规定同时投多个标段的评标修正率为4%。现有投标人甲投标1#、2#标段，其报价依次为6 300万元、5 000万元，若甲在1#标段已被确定为中标，则其在2#标段的评标价是多少万元？

2. 某大型工程，技术特别复杂，对施工单位的施工设备及同类工程的施工经验要求较高，经省有关部门批准后决定采取邀请招标方式进行招标。招标人于2019年3月8日向通过资格预审的A、B、C、D、E5家施工承包企业发出了投标邀请书，5家企业接受了邀请并于规定时间购买了招标文件。招标文件规定2019年4月20日下午4时为投标截止时间，2019年5月10日为发出中标通知书日。在2019年4月20日上午，A、B、D、E4家企业提交了投标文件，但C企业的投标文件2019年4月20日下午5时才送达。2019年4月23日，当地招标投标监督办公室主持了公开开标。评标委员会由7人组成，其中当地招标投标监督办公室1人、公证处1人、招标方1人，技术、经济方面的专家4人。评标委员会评标时发现B企业的投标文件有项目经理签字并盖有公章，但无法定代表人签字和授权委托书；D企业的投标报价的大写金额与小写金额不一致；E企业对某分项工程报价有漏项。招标人于2019年5月10日向A企业发出了中标通知书，双方于2019年6月12日签订了书面合同。

问题：

(1)该项目采取的招标方式是否妥当？说明理由。

(2)分别指出对B企业、C企业、D企业和E企业的投标文件应如何处理？说明理由。

(3)指出评标委员会人员组成的不妥之处。

(4)指出招标人与中标企业6月12日签订合同是否妥当，并说明理由。

3. 某工程，在招标与施工阶段发生了以下事件。

事件(1)：招标代理机构提出，评标委员会由7人组成，包括建设单位纪委书记、工会主席，当地招标投标管理办公室主任，以及从评标专家库中随机抽取的4位技术、经济方面的专家。

事件(2)：建设单位要求招标代理机构在招标文件中明确投标人应在购买招标文件时提交投标保证金；中标人的投标保证金不予退还，中标人还需提交履约保函，保证金额为合同总额的20%。

事件(3)：施工因地震暂停1个月；已建工程部分损坏；现场堆放的价值50万元的工程材料(施工单位负责采购)损毁；部分施工机械损坏，修复费用为20万元；现场8人受伤，施工单位承担了全部医疗费用为24万元(其中建设单位受伤人员医疗费为3万元，施工单位受伤人员医疗费为21万元)；施工单位修复损坏工程支出10万元。施工单位按合同约定向项目监理机构提交了费用补偿和工程延期申请。

事件(4)：建设单位采购的大型设备运抵施工现场后，进行了清点移交。施工单位在安装过程中，该设备一个部件损坏，经鉴定，部件损坏是由于本身存在质量缺陷。

问题：

(1)指出事件(1)中评标委员会人员组成的不妥之处，说明理由。

(2)指出事件(2)中建设单位要求的不妥之处，并说明理由。

(3)根据《建设工程施工合同(示范文本)》，分析事件(3)中建设单位和施工单位各自承担哪些经济损失。项目监理机构应批准的费用补偿和工程延期各是多少？(不考虑工程保险)

(4)就施工合同主体关系而言，事件(4)中部件损坏的责任应由谁承担？说明理由。

4.为提高学生实践能力，将施工招标理论知识转化为编写施工招标文件的实际操作技能，学生应以《标准施工招标文件》(2017年版)为范本练习编写施工招标文件。

(1)工程概况：招标文件编号为KKHY07-000，为某住宅小区二期工程施工招标，总建筑面积为80 000 m^2，建筑结构为框架剪力墙结构，工程总投资为15 000万元，资金来源为自筹。第一标段为1号住宅楼(19层)，建筑面积为25 000 m^2；第二标段为2～6号住宅楼(11层)，1号、2号综合楼(1号综合楼11层，2号综合楼8层，建筑面积为55 000 m^2)。每个标段包括设计要求的全部施工内容。工程质量等级要求为合格。工期要求为365个日历天。投标单位资质要求为两个标段都具有独立法人资格并具有建设行政主管部门颁发的房屋建筑施工二级以上资质。其他内容辅导教师可根据情况自行设定。

(2)编写内容：教师根据教学实际需要，指导学生根据范本编写资格预审文件及招标文件的部分章节。

要求：教师可以将本部分实训的教学内容分散安排在各节教学过程中，也可以在本章结束后统一安排。教师要指导学生按照教学内容编写，尽量做到规范化、标准化。

Chapter 7

单元 7

建设项目施工阶段的工程造价管理

案例导入

工程造价管理贯穿于整个建设工程全过程，随着市场经济的不断变化，建设单位对工程项目的控制也是多变的，要求施工单位灵活掌握侧重点，把握项目全局，对整个工程的造价进行管理和控制。目施工阶段的造价管理是整个建设工程全过程管理的重点，因为施工阶段耗时最长，也是容易出现问题的阶段，很难进行管理。问题往往体现在工期延误或超出预算，甚至与设计方案不符等方面，会直接影响整个工程项目的投资、进度和质量。在施工阶段对工程造价进行合理控制并及时处理发现的各种问题可以保证施工单位利益最大化。

某混凝土工程，招标清单工程量为 55 m^3，合同中规定：混凝土的综合单价(全费用)为 680 元/m^3，当实际工程量超过(或低于)清单工程量 15%时，调整单价，调整系数为 0.9 或 1.1。

问题：

(1)如果实际施工时监理签证的混凝土工程量为 70 m^3，则混凝土工程款为多少万元？

(2)如果实际施工时监理签证的混凝土工程量为 45 m^3，则混凝土工程款为多少万元？

(3)如果实际施工时监理签证的混凝土工程量为 50 m^3，则混凝土工程款为多少万元？

单元目标

知识目标

1. 掌握工程变更的概念、变更价款的确定及工程变更的范围；

2. 掌握工程索赔的概念、内容、处理程序及计算和管理的方法；

3. 掌握工程结算概念和结算方式、工程预付款及计算、工程质量保证金及扣款计算、竣工结算的计算；

4. 掌握资金使用计划编制方法、投资偏差和进度偏差的分析；

5. 熟悉 BIM 技术在施工阶段工程造价管理过程中的作用。

能力目标

通过本章的学习，学生应能够准确地掌握工程变更、索赔、结算的概念，并掌握计算施工阶段项目的变更、索赔的费用、工期及结算价的方法，能够将所学知识应用于处理索赔、变更、工程结算实际案例中，并为建设项目在施工阶段工程款结算和竣工结算的正确性与精确性提供良好的前提条件。

知识脉络

单元 7 的知识脉络图如图 7-1 所示。

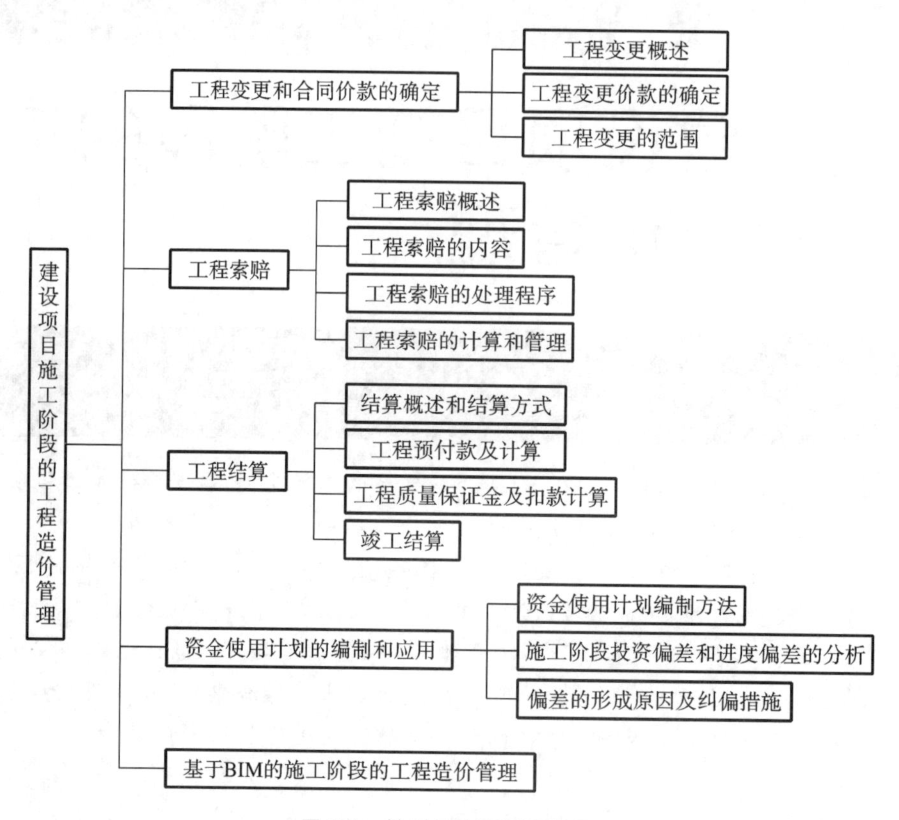

图 7-1　单元 7 的知识脉络图

7.1 工程变更和合同价款的确定

7.1.1　工程变更概述

1. 工程变更的含义与内容

工程变更是指施工图设计完成、施工合同签订后，项目施工阶段产生的与招标文件要求不一致的技术文件，包含设计变更及技术核定单。

设计变更是指设计单位依据建设单位的要求，对原设计内容进行修改、完善、优化。设计变更应以图纸或设计变更通知单的形式发出。

技术核定单是记录施工图设计责任之外，对完成施工承包义务，采取合理的施工措施等技术事宜，提出的具体方案、方法、工艺、措施等，经发包方和有关单位共同核定的凭证之一。

工程变更通常会涉及费用和施工进度的变化，变更工程部分往往要重新确定单价，需要调整合同价款；承包人也经常利用变更的事由向业主方提出索赔。

2. 变更遵循的原则

一般，建设单位有权对设计文件中不涉及结构等质量内容进行变更，且不能违反法律法规，特别是有关强制性条文的要求。设计单位有权在设计权限范围内对图纸进行修改。监理单位有权对施工单位提出的变更进行审查，并提出合理化建议。施工单位提出的变更须满足下列原则。

(1)工程变更必须遵守设计任务书和初步设计审批的原则，符合有关技术标准和设计规范，符合节约能源、节约用地、提高工程质量、方便施工、节约工程投资、加快工程进度的原则。工程项目文件一经批准，不得任意变更，除非确实需要，应根据工程变更规定程序上报批准。

(2)工程变更的变更设计必须在合同条款的约束下进行、任何变更不能使合同失效。

(3)在工程变更过程中，相关方不得相互串通作弊，不得通过行贿、回扣等不正当手段获取工程变更的审批。

(4)提出变更申请时须附完整的工程变更佐证资料：变更申请表、变更理由、原始记录、设计图纸的缺点，变更工程造价计算书等。

(5)对于工程变更，现场工作组人员必须严格把好第一关，依据工程现场实际数据、资料严格审查所提工程变更理由的充分性与变更的必要性，合理、准确地做好工程变更的核实计量工作，切实做到公平、合理并按规定程序正确受理。

(6)为避免工程进度延误，工程变更的审批应规定严格的时间周期，业主方必须在 14 天内批复。

(7)工程变更设计经审查批准后，现场工作组根据批复下达变更通知。施工单位应按变更通知及批准的变更设计文件施工，并按照合同规定调整工程费用。

(8)变更后的单价仍执行合同中已有的单价，如合同中无此单价或因变更带来的影响和变化，应按合同条款进行估价，承包商提出单价数据，监理工程师审批，业主认可后，按认可的单价执行。

(9)若没有总监理工程师或业主方代表签发的设计变更令，承包商不得做出任何工程设计和变更。否则驻地监理工程师可不予计量和支付。

3. 工程变更申报审批程序

1)业主指令的变更

业主指令的变更，由总监理工程师直接下达变更令，交驻地监理工程师监督执行。监理工程师将变更资料交工程师、合同部存档。如涉及设计变更，设计师应绘制变更设计图纸。

2)监理工程师根据有关规定对工程进行的变更

监理工程师根据有关规定对工程进行变更时，向承包人发出意向通知书，内容主要包括变更的工程项目、部位或合同某文件内容；变更的原因、依据及有关的文件、图纸、资料；要求承包人据此安排变更工程的施工或合同文件修订的事宜；要求承包人向监理工程师提交此项变更给其带来影响的估价报告。

3)承包人提出的变更

承包人应按程序提出变更申请，经监理工程师批准后执行。具体的申报审批程序如下。

(1)承包人提出申请及内容报告，包括变更的理由、变更的方案和数量，以及单价和费用，报驻地监理审批。

(2)驻地监理接到承包人的变更申请后及时进行调查、分析、收集相关资料，审核其变更内容、技术方案及变更的工程数量，签批意见后上报监理工程部。

(3)监理工程部接到驻地监理签批的工程变更申请资料后，应认真按图纸、规范等审查承包人提出的工程变更的技术方案是否合理，并组织有关人员复核变更的工程量。工程变更的技术方案的审查是一项十分重要的工作，工程变更的技术方案一定要合理，变更的工程内容才能成立，所以技术方案一定要尽可能提出两种以上，以便进行对比，监理工程部要结合经济技术分析选择最优的方案作为最终的工程变更方案。

变更工程量的核定的一般程序是承包人先提供工程变更数量的计量资料，包括图纸及计算公式，驻地监理对承包人提供的变更数量进行核实签认，监理工程部对工程变更数量进行核实签认后转合同管理部门核定单价和费用。

(4)合同管理部门根据驻地监理和监理工程部的审核意见，对承包人提出的申报单价进行审核，通过单价分析确定建议的单价和费用，签批意见并上报总监理工程师。

(5)总监理工程师审批。总监理工程师审批后，报业主审批。

(6)业主审批，然后下发工程变更批文，包括对工程数量的确认和对工程单价的审批。

(7)在变更资料齐全，变更费用确定之后，征得业主审批同意，监理工程师应根据合同规定，签发工程变更令，然后监督执行。

7.1.2 工程变更价款的确定

1. 工程变更价款的确定步骤

1）明确工程变更的责任

根据工程变更的内容和原因，明确应由谁承担责任。如果施工合同已明确约定，则按合同执行；如果变更合同中未预料到的工程变更，则应查明责任，判明损失承担者。通常由发包人提出的工程变更，损失由发包人承担；由于客观条件的影响（如施工条件、天气、工资和物价变动等）产生的工程变更，在合同规定范围之内的，按合同规定处理，否则应由双方协商解决。在特殊情况下，变更也可能是由于承包人的违约导致的，损失必须由承包人自己承担。

2）估测损失

在明确损失承担者的情况下，根据实际情况、设计变更文件和其他有关资料，按照施工合同的有关条款，对工程变更的费用和工期做出评估，以确定工程变更项目与原工程项目之间的类似程度和难易程度，确定工程变更项目的工程量，确定工程变更的单价和总价。

3）确定变更价款

确定变更价款有三个原则。

（1）合同中已有适用于变更工程的项目时，按合同已有的价格变更合同价款。当变更项目和内容直接适用合同中已有项目时，由于合同中的工程量单价和价格由承包人在投标时提供，用于工程变更，容易被发包人、承包人及工程师接受，从合同意义上讲也是比较公平的。

（2）合同中只有类似于变更工程的项目时，可以参照类似项目的价格变更合同价款。当变更项目和内容类似合同中已有项目时，可以将合同中已有项目的工程量清单的单价和价格进行简单套用，即依据工程量清单，换算后采用；或者是部分套用，即依据工程量清单，取其价格中某一部分使用。

（3）合同中没有适用于或类似于变更的项目时，承包人或发包人提出适当的变更价格，经双方确认后执行，如果双方不能达成一致，可提请工程所在地工程造价管理部门进行咨询或按合同约定的争议解决程序办理。确定价格的过程可能延续较长时间或者双方尚未能达成一致意见时，双方可以先确定暂行价格以便在适当的月份反映在进度款付款证书之中。

当变更工程对其他部分工程产生较大影响时，原单价已不合理或不适用，则应按上述原则协商或确定新的价格。例如变更使基础结构形式发生变化，对挖土及回填施工的工程量和施工方法产生重大影响，挖土及回填施工的有关单价便可能不合理。实际工作中，我们可通过实事求是地编制预算来确定变更价款。预算应根据施工合同已确定的计价原则、实际使用的设备、采用的施工方法等进行编制，施工方案的确定应体现科学、合理、安全、经济和可靠的原则，在确保施工安全及质量的前提下，节省投资。

4）签字存档

经合同双方协商同意的工程变更，应有书面材料，并由双方正式委托的代表签字。设计有变更的，还必须有设计单位的代表签字，这是进行工程价款结算的依据。

2. 工程变更工期、价款的计算

1）工程变更工期的申请

工程变更发生后，承包商应在14天内提出工期及费用的增加申请。工程变更引起的工期增加，如超过了该工作的总时差，超出部分可向业主申请工期的顺延。

2）工程变更价格的处理原则

工程变更发生后，承包商应在14天内提出工期及费用的增加申请。如果施工过程中出现工程变更价款问题时，承包商可以变更价款进行调整。

工程变更引起已标价工程量清单项目或其工程数量发生变化时，价款应按照下列规定调整。

（1）已标价工程量清单中有适用于变更工程项目的，应采用该项目的单价。工程变更导致该清单项目的工程数量发生变化，且工程量偏差超过15%时，价款可进行调整。当工程量增加15%以上时，增加部分的工程量的综合单价应调低；当工程量减少 15%以上时，减少后剩余部分的工程量的综合单价应调高。

（2）已标价工程量清单中没有适用但有类似于变更工程项目的，可在合理范围内参照类似项目的单价。

（3）已标价工程量清单中没有适用也没有类似于变更工程项目的，承包人根据变更工程资料、计量规则和计价办法、工程造价管理机构发布的信息价格和承包人报价浮动率等依据提出变更工程项目的单价，并应报发包人确认后调整。

招标工程承包人报价浮动率 $L=(1-中标价/招标控制价)\times 100\%$。

非招标工程承包人报价浮动率 $L=(1-工程报价/施工图预算)\times 100\%$。

（4）工程变更引起施工方案改变，并且措施项目发生变化时，安全文明施工费可按实际发生变化的费用进行调整；单价措施费应按上述原则进行调整；按总价计算的措施项目费，按照实际发生变化的措施项目调整，但应考虑承包人报价浮动因素，即调整金额按照实际调整金额乘以承包人报价浮动率计算。

（5）如果工程变更项目出现承包人在工程量清单中填报的综合单价与发包人招标控制价或施工图预算相应清单项目的综合单价偏差超过 15%的情况，那么工程变更项目的综合单价可由发包方、承包方按照下列规定调整。

①当 $P_0<P_1\times(1-L)\times(1-15\%)$，项目的综合单价 $=P_1\times(1-L)\times(1-15\%)$。

②当 $P_0>P_1\times(1+15\%)$，项目的综合单价 $=P_1\times(1+15\%)$。

式中，P_0——承包人在工程量清单中填报的综合单价；

P_1——招标控制价或施工预算相应清单项目的综合单价；

L——承包人报价浮动率。

7.1.3 工程变更的范围

1. 我国工程变更的范围

1）按提出工程变更的各方当事人来分类

（1）承包方提出的工程变更。

承包方签于现场情况的变化或出于施工便利，受施工设备限制，遇到不能预见的地质条件或地下障碍，资源市场变化（如材料供应或施工条件不成熟，认为需改用其他材料替代或需要改变工程项目具体设计等引起的），施工中产生错误，工程地质勘察资料不准确而引起的修改，或为了节约工程成本和加快工程施工进度，可以要求变更。

（2）建设方提出变更。

建设方可以根据工程的实际需要提出工程变更，包括修改工艺技术（包括设备的改变）、增减工程内容、改变使用功能、改变使用的材料品种、提高标准。

（3）监理工程师提出变更。

监理工程师可以根据施工现场的地形、地质、水文、材料、运距、施工条件、施工难易程度及临时发生的各种问题、各方面的原因，综合考虑，提出变更。

（4）工程相邻地段的第三方提出变更。

当地政府主管部门和群众可以提出变更，规划、环保及其他政府主管部门也可以提出变更。

（5）设计方提出变更。

设计单位对原设计有新的考虑或为进一步完善设计等可以提出变更。

2）按工程变更的性质来分类

（1）重大变更。

重大变更包括改变技术标准和设计方案的变动，如地基结构形式的变更、建设项目使用功能的变更、重大技术方案及其他特殊设计的变更。

（2）重要变更。

重要变更包括不属于重大变更的较大变更，如标高、位置和尺寸变动；工程性质、质量和类型的变动等。

(3)一般变更。

一般变更包括变更原设计图纸中明显的差、错、碰、漏;不降低原设计标准的构件材料代换和现场必须立即决定的局部修改等。

3)按工程范围划分

按工程范围划分,工程变更可分为工程范围内的变更、工程范围外的变更。

4)按变更紧急度划分

按变更紧急度划分,工程变更可分为紧急变更、非紧急变更。

2. FIDIC合同中规定的变更范围

如果工程师认为有必要,可以对工程或其任何部分的形式、质量或数量做出变更,并有权为此目的或根据他认为适当的任何其他理由指令承包人,承包人应根据工程师的指令进行下述工作:

①增加或减少合同中包括的任何工程的数量;

②取消工程(但被取消的工程是由雇主或其他承包人实施的除外);

③改变工程的性质、质量或种类;

④改变工程任何部分的标高、基线、位置和尺寸;

⑤完成工程所必要的任何种类的附加工作;

⑥改变工程任何部分的规定顺序或时间安排。

上述变更,均不应使合同作废或无效,但是所有这类变更(如果有)的结果应该根据规定进行估价。但是,如果工程的变更是因承包人违约、承包人违反合同或承包人其他责任造成的,则这种违约引起的额外费用应由承包人承担。

3. 变更范围

(1)取消合同中的任何一项工作,但被取消的工作不能转由发包人或其他人实施。

(2)改变合同中的任何一项工作的质量或其他特性。

(3)改变合同工程的基线、标高、位置或尺寸。

(4)改变合同中的任何一项工作的施工时间或改变已批准的施工工艺或顺序。

(5)增加为完成工程需要追加的额外工作。

【例7-1】

2018年10月10日,某地出入境检验检疫局(本案被告,以下简称"被告")以工程量清单计价方式,经过公开招标投标与某一建筑工程公司(本案原告,以下简称"原告")签订了《某商检大厦建设工程施工合同》。合同约定:承包范围为商检大厦及裙房,建筑面积为31 200 m^2,预估工程造价为4818万元,开竣工时间和工时间为2019年1月10日和12月31日。在合同履行过程中,由于被告对建筑工程不很熟悉,前期策划不够充分,因此,在施工过程中,工程变更比较多。同时,由于被告的现场管理人员力量薄弱、管理能力有限等原因,被告对工程变更的通知并非都是以书面形式发出的,对原告提出的变更工程价款的要求,也并非都明确答复了。

2020年1月30日,本工程通过了竣工验收。于是,原告在规定时间内向被告提交了竣工结算报告,原告和被告对原设计图纸部分计价没有很大矛盾,但是对原告提出的高达350万元的工程变更部分的工程价款矛盾很大。被告认为:一部分工程变更没有签证,所以不予确认;一部分工程变更虽有签证,但价格没有确定,应按原告工程量清单中相似的价格确定。原告认为:只要被告要求或同意自己施工的,均应计价;对只确定工程变更而未确认计价标准的工程签证,其计价应按当地定额计价。

由于双方对原告提出的350万元的工程变更部分,能达成一致的只有100万左右,所以,2020年7月20日,原告向有管辖权的人民法院提起诉讼,要求被告支付由于工程变更增加的350万元工程款。

【分析】

本案的争议焦点主要是工程量变更的确认和变更工程价款的计价问题,可分为以下几点。

(1)如果没有签证证明工程发生变更,但有其他证据证明发包人要求承包人施工的,该部分工程变更是否可以确认以及如何确认?

(2)假设第一个问题的答案是可以确认,并可以用其他证据来确定工程量,那么其计价如何确定?

(3)如果工程签证只有工程变更的工程量的确认而没有具体计价的确定，法律如何规定这种情形下的计价原则？

建设工程施工承包合同签订是基于承包范围、设计标准、施工条件等依据进行的，并以此来规定双方的权利和义务。但是建设工程项目具有不确定性等特点，在施工承包合同履行过程中，由于工程变更，这种静态前提往往会被打破。工程变更形式一般包括设计变更、进度计划变更、施工条件变更、增减工程项目的变更。

签订合同时约定的计价标准或者计价方式是对应静态前提条件的，而动态变化引起的工程造价的增减则以追加合同价款调整来体现，二者的关系为

工程竣工结算价款＝工程合同价款±工程追加(或减少)合同价款

虽然有以上等式，但是工程合同价款的计价方式与工程追加合同价款的计价方式并不一定相同。工程追加合同价款的约定往往明确程度不够，所以就会产生本案例的工程造价纠纷。

(1)工程签证对变更的事实和变更的计价标准予以明确约定时，根据《最高人民法院关于审理建设工程施工合同纠纷案件适用法律问题的解释(一)》第十九条的规定，当事人对建设工程的计价标准或者计价方法有约定的，按照约定结算工程价款。

(2)没有工程签证，只有其他证据证明发包人同意施工时，计价原则是按当地的计价规定和标准进行计价。

(3)工程签证仅对变更的事实予以确定，计价原则是按当地的计价规定和标准进行计价。

7.2 工程索赔

7.2.1 工程索赔概述

1. 索赔的含义

索赔通常是指在工程合同履行的过程中，合同当事人一方因对方不履行或未能正确履行合同或者由于其他非自身因素而受到经济损失或权利损害，通过合同规定的程序向对方提出经济或时间补偿要求的行为。

索赔一词来源于英语“claim”，其原意为“有权要求”，法律上叫“权利主张”，并没有赔偿的意思。工程建设索赔通常是指在合同履行过程中，对于并非自己的过错，而是应由对方承担责任的情况造成的实际损失，向对方提出经济补偿和工期顺延的要求。

2. 索赔的特征

从索赔的基本含义来看，索赔具有以下基本特征。

(1)索赔是双向的。不仅承包人可以向发包人索赔，发包人也可以向承包人索赔。实践中发包人向承包人索赔发生的频率相对较低，而且在索赔处理中，发包人始终处于主动和有利地位，对承包人的违约行为可以直接从应付工程款中扣抵、扣留保留金或通过履约保函向银行索赔来实现自己的索赔要求。因此在工程实践中大量发生的、处理比较困难的是承包人向发包人的索赔，是工程师进行合同管理的重点内容之一。承包人的索赔范围非常广泛，一般只要因非承包人自身责任造成工期延长或成本增加，都可以向发包人提出索赔。发包人违反合同，如未及时交付施工图纸、施工现场不合格、决策错误等造成工程修改、停工、返工、窝工，未按合同规定支付工程款等，承包人可向发包人提出赔偿要求；由于发包人应承担风险的原因，如恶劣气候条件影响、国家法规修改等造成承包人损失或损害时，承包人也可以向发包人提出补偿要求。

(2)只有实际发生了经济损失或权利损害，一方才能向对方索赔。经济损失是指因对方的原因造成合同外的支出，如人工费、材料费、机械费、管理费等额外开支；权利损害是指虽然没有经济上的损失，但造成了一方权利上的损害，如恶劣气候条件对工程进度的不利影响，承包人有权要求工期延长等。因此，发生了实际的经济损失或权利损害，应是一方提出索赔的一个基本前提条件。有时上述两者同时存在，如发包人未及时交付合格的施工现场。既造成承包人的经济损失，又侵犯了承包人的工期权利，因此，承包人可同时要求经济赔偿和工期延长；有时两者单独存在，如恶劣气候条件影响、不可抗力事件等，承包人根据合同规定或惯例只能要求工期

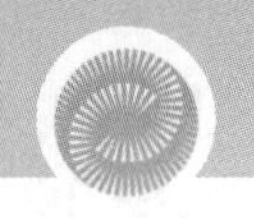

延长，不应要求经济补偿。

(3)索赔是一种未经对方确认的单方行为。它与我们通常所说的工程签证不同。在施工过程中签证是承、发包双方就额外费用补偿或工期延长等达成一致的书面证明材料和补充协议，可以直接作为工程款结算或最终增减工程造价的依据。索赔则是单方面行为，对对方尚未形成约束力，这种索赔要求必须要通过双方确认(如双方协商、谈判、调解或仲裁、诉讼)才能实现。

许多人一听到"索赔"两字，很容易联想到争议的仲裁、诉讼或双方激烈的对抗，因此往往认为应当尽可能避免索赔，担心因索赔影响双方的合作或感情。实质上，索赔是一种正当的权利或要求，是合情、合理、合法的行为，它是在正确履行合同的基础上争取合理的偿付，不是无中生有、无理争利。索赔和守约、合作并不矛盾、对立，索赔本身就是市场经济中合作的一部分，只要是符合有关规定的、合法的或者符合有关惯例的，就应该理直气壮地、主动地向对方索赔。大部分索赔都可以通过协商谈判和调解等方式解决，只有在双方坚持己见而无法达成一致时，才会通过提交仲裁或诉诸法律解决，即使诉诸法律程序，也应当被看成遵法守约的正当行为。

3. 索赔的作用

(1)保证合同的实施。合同一经签订，合同双方即产生权利和义务关系。这种权利受法律保护，这种义务受法律制约。索赔是合同法律效力的具体体现，并且由合同的性质决定。如果没有索赔和关于索赔的法律规定，则合同形同虚设，对双方都难以形成约束，这样合同的实施得不到保证，不会有正常的社会经济秩序。索赔能警示违约者，使其考虑到违约的后果，尽力避免违约事件发生。所以索赔有助于工程双方更紧密地合作，有助于合同目标的实现。

(2)落实和调整合同双方的经济责任关系。合同双方中有一方未履行责任，构成违约行为，造成对方损失，侵害对方权利，则应承担相应的合同处罚，予以赔偿。离开索赔，合同的责任就不能体现，合同双方的责权利关系就不平衡。

(3)维护合同当事人的正当权益。索赔是一种保护自己，维护自己的正当利益，避免损失，增加利润的手段。在现代，承包工程时，如果承包商不能进行有效的索赔，不精通索赔业务，其损失往往得不到合理、及时补偿，承包商不能进行正常的生产经营，甚至倒闭。

(4)促使工程造价更合理。施工索赔的正常开展，把原来计入工程报价的一些不可预见费用，改为按实际发生的损失支付，有助于降低工程报价，使工程造价更合理。

4. 索赔的分类

1)按索赔的合同依据分类

(1)合同中明示的索赔。

合同中明示的索赔是指承包商提出的索赔要求，在该工程项目的合同文件中有文字依据，承包商可以据此提出索赔要求，并取得经济补偿。这些在合同文件中有文字规定的合同条款，称为明示条款。

(2)合同中默示的索赔。

合同中默示的索赔是指承包商的该项索赔要求，虽然在工程项目的合同文件中没有专门的文字叙述，但可以根据该合同文件的某些条款，推论出承包商有索赔权。这种索赔要求，同样有法律效力，有权得到相应的经济补偿。这种有经济补偿含义的条款，在合同管理工作中被称为"默示条款"或"隐含条款"。默示条款是一个广泛的合同概念，它包含合同明示条款中没有写入、但符合双方签订合同时设想的愿望和当时环境条件的一切条款。这些默示条款，或从明示条款所表述的设想的愿望中引申出来，或从合同双方在法律上的合同关系引申出来，经合同双方协商一致，或被法律和法规指明，都成为合同文件的有效条款，要求合同双方遵照执行。

2)按索赔有关当事人分类

(1)承包人和业主之间的索赔。

这是施工中最普遍的索赔形式，最常见的是承包人向业主提出的工期索赔和费用索赔。有时，业主也向承包人提出经济赔偿的要求，即"反索赔"。

(2)总承包人和分包人之间的索赔。

总承包人和分包人，按照他们之间签订的分包合同，都有向对方提出索赔的权利，以维护自己的利益，获得额外开支的经济补偿。分包人向总承包人提出的索赔要求，经过总承包人审核后，凡是属于业主方面责任范围的事项，均由总承包人汇总编制后向业主提出；属于总承包人责任的事项，则由总承包人和分包人协商解决。

(3)承包人和供货人之间的索赔。

承包人在中标以后，根据合同规定的机械设备和工期要求，向机械设备制造厂家或材料供应商询价订货，签订供货合同。供货合同一般规定供货商提供的设备的型号、数量、质量标准和供货时间等具体要求。如果供货人违反供货合同的规定，使承包人受到经济损失，承包人有权向供货人提出索赔，反之亦然。

3)按索赔目的分类

(1)工期索赔。

非承包人责任导致施工进程延误，承包人要求批准延长合同工期的索赔，称为工期索赔。工期索赔形式上是对权利的要求，以避免在原定合同竣工日不能完工时，被业主追究拖期违约责任。工期索赔获得批准后，承包人不仅免除了承担拖期违约赔偿费的严重风险，而且可能提前工期得到奖励，工期索赔最终仍反映在经济收益上。

(2)费用索赔。

费用索赔的目的是要求经济补偿。当施工的客观条件改变导致承包人增加开支，承包人可以要求发包人对超出计划成本的附加开支给予补偿，以挽回不应由自己承担的经济损失。

4)按索赔的处理方式分类

(1)单项索赔。

单项索赔是针对某一干扰事件提出的。单项索赔的处理是在合同实施的过程中，干扰事件发生时，或发生后立即执行，它由合同管理人员处理，并在合同规定的索赔有效期内提交索赔意向书和索赔报告，作为索赔有效性的保证。

单项索赔通常处理及时，实际损失易于计算，例如工程师指令将某分项工程混凝土改为钢筋混凝土时，只需提出与钢筋有关的费用索赔。

单项索赔报告必须在合同规定的索赔有效期内提交给工程师，由工程师审核后提交给业主，由业主做答复。

(2)总索赔。

总索赔又叫“一揽子索赔”或“综合索赔”，一般发生在工程竣工前。承包人将施工过程中未解决的单项索赔集中起来，提出一篇总索赔报告，合同双方在工程交付前后进行最终谈判，以一揽子方案解决索赔问题。

通常，在如下几种情况下合同双方采用一揽子索赔。

①在施工过程中，有些单项索赔原因和影响都很复杂，不能立即解决，或双方对合同的解释有争议，而合同双方都要忙于合同实施，可协商将单项索赔留到工程后期解决。

②业主拖延答复单项索赔，使施工过程中的单项索赔得不到及时解决。在国际工程中，有的业主就以拖延的办法对待索赔，常常使索赔和索赔谈判旷日持久，导致许多索赔要求集中起来。

③在一些复杂的工程中，当干扰事件多，几个干扰事件同时发生，或有一定的连贯性，互相影响大，难以一一分清，则可以综合在一起提出索赔。

总索赔有以下几个特点。

①处理和解决都很复杂，由于施工过程中的许多干扰事件搅在一起，原因、责任和影响分析很艰难。索赔报告的起草、审阅、分析、评价难度大。由于解决费用、时间补偿的拖延，这种索赔的最终解决还会引起利息的支付、违约金的扣留、预期的利润补偿、工程款的最终结算等问题，会加剧索赔解决的困难程度。

②为了索赔的成功，承包人必须保存全部的工程资料和其他作为证据的资料，这使工程项目的文档管理任务极为繁重。

③索赔的集中解决使索赔额集中起来，造成谈判的困难。由于索赔额大，双方都不愿或不敢做出让步，所以争执更加激烈。通常在最终的一揽子方案中，承包商必须做出较大让步，有些重大的一揽子索赔谈判一拖几年，花费大量时间和金钱。

索赔额大的一揽子索赔，必须成立专门的索赔小组负责处理。国际承包工程，通常聘请法律专家、索赔专家，或委托咨询公司、索赔公司进行索赔管理。

④合理的索赔要求得不到解决，会影响承包人的资金周转和施工速度，也影响承包人履行合同的能力和积极性甚至会影响工程的顺利实施和双方的合作。

5. 施工索赔的原因

引起索赔的原因是多种多样的，有以下几个主要原因。

1)业主违约

业主违约常常表现为业主或其委托人未能按合同规定为承包人提供应由其提供的、使承包人得以施工的必要条件，或未能在规定的时间内付款，比如业主未能按规定时间向承包人提供场地使用权，工程师未能在规定时间发出有关图纸、指示、指令或批复，工程师拖延发布各种证书(如进度付款签证、移交证书等)，业主提供材料等的延误或不符合合同标准，工程师的不适当决定和苛刻检查等。

2)合同缺陷

合同缺陷常常表现为合同文件规定不严谨甚至矛盾、合同中有遗漏或错误，这不仅包括商务条款的缺陷，也包括技术规范和图纸的缺陷。在这种情况下，工程师有权做出解释。但如果承包人执行工程师的解释后导致成本增加或工期延长，则承包人可以为此提出索赔，工程师应证明，业主应补偿。一般情况下，业主作为合同起草人，要对合同中的缺陷负责，除非其中有非常明显的含糊或其他缺陷，根据法律可以推定承包商有义务在投标前发现并及时向业主指出。

3)施工条件变化

在建设工程施工中，施工现场条件的变化对工期和造价的影响很大。不利的自然条件及障碍，常常导致设计变更、工期延长或成本大幅度增加。

土建工程对基础地质条件要求很高，而这些土壤地质条件，如地下水、地质断层、溶洞、地下文物遗址等，根据业主在招标文件中所提供的材料，以及承包人在招标前的现场勘察，都不可能准确无误地发现，即使是有经验的承包人也无法事前预料。因此，基础地质方面出现的异常变化必然会引起施工索赔。

4)工程变更

工程施工中，工程量的变化是不可避免的，施工时实际完成的工程量超过或小于工程量表中所列的预计工程量。在施工过程中，工程师发现设计、质量标准和施工顺序等问题时，往往会指令承包商增加新的工作、改换建筑材料、暂停施工或加速施工等。这些变更指令必然引起新的施工费用，或导致工期延长。所有这些情况，都迫使承包商提出索赔要求，以弥补自己所不应承担的经济损失。

5)工期拖延

大型土建工程在施工过程中，由于天气、水文地质等因素的影响，常常出现工期拖延。分析拖期原因、明确拖期责任时，合同双方往往产生分歧，使承包商实际支出的计划之外的施工费用得不到补偿，势必引起索赔。

如果工期拖延的责任在承包商方面，则承包商无权提出索赔，应该采取自费赶工的措施，抢回延误的工期；如果到合同规定的完工日期时，承包商仍然做不到按期建成项目，则应承担延期赔偿费。

6)工程师的指令

工程师的指令通常表现为工程师指令承包商加速施工、进行某项工作、更换某些材料、采取某种措施或停工等。工程师是受业主委托来进行工程建设监理的，其在工程中的作用是监督所有工作，保证按合同规定进行，督促承包商和业主完全合理地履行合同，保证合同顺利实施。为了保证工程达到既定目标，工程师可以发布各种必要的现场指令。相应地，因这种指令(包括指令错误)而造成的成本增加和(或)工期延误，承包商可以索赔。

7)国家政策及法律、法令变更

国家政策及法律、法令变更，通常是指直接影响工程造价的某些政策及法律、法令的变更，比如限制进口、外汇管制、税收及其他收费标准的提高。无疑，工程所在国的政策及法律、法令是承包商投标时编制报价的重要依据之一。就国际工程而言，合同通常规定，从投标截止日期之前的第28天开始，如果工程所在国法律和政策的变更导致承包商施工费用增加，则业主应该向承包商补偿增加值；相反，如果费用减少，业主也应受益。做出这种规定的理由是很明显的，因为承包商根本无法在投标阶段预测这种变更。就国内工程而言，因国务院各有关部门、各级建设行政主管部门或其授权的工程造价管理部门公布的价格调整，比如定额、取费标准、税收、上缴的各种费用等的调整，双方可以调整合同价款。如未予调整，承包商可以要求索赔。

8)其他承包商干扰

其他承包商干扰通常是指其他承包商未能按时、按序进行并完成某项工作，各承包商之间配合协调不好等给本承包商的工作带来的干扰。大中型土木工程，往往会有几个承包商在现场施工。由于各承包商之间没有合同关系，工程师作为业主委托人有责任组织协调好各承包商的工作，否则，将会给整个工程和各承包商的工作带来严重影响，引起承包商索赔。比如，某承包商不能按期完成自己承担的那部分工作，其他承包商的相应工作也会因此延误。在这种情况下，被迫延迟的承包商就有权向业主提出索赔。在其他方面，如场地使用、现场交通等，各承包商之间也都有可能发生相互干扰的问题。

9)其他原因

其他原因通常表现为因与工程有关的第三方的问题而引起的对本工程的不利影响，比如银行付款延误、邮路延误，港口压港等。这种原因引起的索赔往往比较难以处理。例如业主在规定时间内依规定方式向银行寄出了要求向承包商支付款项的付款申请，但由于邮路延误，银行迟迟没有收到该付款申请，造成承包商没有在合同规定的期限内收到工程款。在这种情况下，由于最终表现出来的结果是承包商没有在规定时间内收到款项，承包商往往会向业主索赔。对于第三方原因造成的索赔，业主给予补偿后，业主应该根据其与第三方签订的合同规定或有关法律规定向第三方追偿。

6. 施工索赔的原则

1)公正原则

工程师作为施工合同的中介人，必须公正地行事，以没有偏见的方式解释和履行合同，独立地做出判断，行使自己的权力。由于施工合同双方的利益和立场存在不一致，常常会出现矛盾，甚至冲突，工程师起着缓冲、协调作用。他的立场，或者公正性体现在下几个方面。

(1)工程师必须从工程整体效益、工程总目标的角度出发做出判断或采取行动，使合同风险分配、干扰事件责任分担、索赔的处理和解决不损害工程整体效益和不违背工程总目标。在这个方面，双方的目标常常是一致的，例如使工程顺利进行，尽早使工程竣工、投入生产，保证工程质量，按合同施工等。

(2)工程师必须按照法律规定(合同约定)行事。合同是施工过程中的最高行为准则。工程师应该按合同办事，准确理解、正确执行合同，在索赔的解决和处理过程中贯彻合同契约精神。

(3)工程师必须从事实出发，实事求是，按照合同的实际实施过程、干扰事件的实情、承包商的实际损失和提供的证据做出判断。

2)及时履行职责原则

在工程施工中，工程师必须及时(合同规定具体的时间，或规定“在合理的时间内”)行使权力，做出决定，下达通知、指令，表示认可或满意等。及时履行职责有以下重要作用。

(1)减少承包人的索赔机会。如果工程师不能迅速、及时行事，造成承包人的损失，发包人必须给予工期或费用的补偿。

(2)防止干扰事件的影响扩大。不及时行事会造成承包人停工等待处理指令，或承包人继续施工，造成更大范围的影响和损失。

(3)在收到承包人的索赔意向通知后应迅速做出反应，认真研究、密切注意干扰事件的发展，一方面可以及时采取措施降低损失；另一方面可以掌握干扰事件发生和发展的过程，掌握第一手资料，为分析、评价、反驳承包人的索赔做准备。所以工程师也应鼓励并要求承包人及时向他通报情况，并及时提出索赔要求。

(4)不及时解决索赔问题将会加深双方的不理解、不一致和矛盾。由于不能及时解决索赔问题，承包人会资金周转困难，积极性受到影响，施工进度放慢，对工程师和业主缺乏信任感；业主会抱怨承包人拖延工期，不积极履约。

(5)不及时行事会造成索赔解决的困难。单个索赔集中起来，索赔额积累起来，不仅会给索赔分析评价带来困难，而且会带来新的问题，使问题复杂化。

3)协商一致原则

工程师在处理和解决索赔问题时应及时与业主和承包人沟通，保持经常性的联系。在做出决定，特别是调整价格、决定工期和费用补偿、做调解决定时，工程师应充分与合同双方协商，使双方达成共识。这是避免索赔争执的最有效的办法。工程师应充分认识到，如果他的调解不成功，使索赔争执升级，则对合同双方都是损失，将会严重影响工程项目的整体效益。在工程中，工程师切不可凭借他的地位和权力武断行事，滥用权力，特别是不能对承包人随便以合同处罚相威胁。

4）诚实信用原则

工程师有很大的工程管理权力，对工程的整体效益有关键性作用。业主依赖他，将工程管理的任务交给他；承包人希望他公正行事。但工程师的经济责任较小，业主缺少对他的制约机制。所以工程师的工作在很大程度上依靠自身的工作积极性、责任心，他的诚实和信用，靠他的职业道德来维持。

7.2.2 工程索赔的内容

1. 索赔的内容

根据索赔的目的和要求不同，工程索赔的内容可以分为工期索赔和费用索赔。

（1）工期索赔，一般是指工程合同履行过程中，由于非自身原因造成工期延误，按照合同约定或法律规定，承包人向发包人提出合同工期补偿要求的行为。工期顺延的要求获得批准后，承包人不仅可以免除拖期违约赔偿金的责任，还有可能因工期提前获得赶工补偿（或奖励）。

（2）费用索赔，是指工程合同履行过程中，当事人一方因非己方原因遭受费用损失，按合同约定或法律规定应由对方承担责任，而向对方提出增加费用要求的行为。

2. 索赔事件成立的情况（FIDIC 合同要求）

FIDIC 合同的通用合同条款中，按照引起索赔事件的原因不同，对当事人提出的索赔可能给予合理补偿工期、费用和（或）利润的情况，分别做了相应的规定。引起承包人索赔的事件及可补偿内容如表 7-1 所示。

表 7-1　引起承包人索赔的事件及可补偿内容

序号	条款号	索赔事件	可索赔内容		
			工期	利润	费用
1	1.6.1	延迟提供图纸	√	√	√
2	1.10.1	施工中发现文物、古迹	√	√	
3	2.3	延迟提供施工场地	√	√	√
4	4.11	施工中遇到不利条件	√	√	
5	5.2.4	提前向承包人提供材料、工程设备		√	
6	5.2.6	发包人提供的材料、工程设备不合格，延迟提供或变更交货地点	√	√	√
7	8.3	承包人依据发包人提供的错误资料导致测量放线错误	√	√	√
8	9.2.6	因发包人原因造成承包人人员工伤事故		√	
9	11.3	因发包人原因造成工期延误	√	√	√
10	11.4	异常恶劣的气候条件导致工期延误	√		
11	11.6	承包人提前竣工		√	
12	12.2	发包人暂停施工造成工期延误	√	√	√
13	12.4.2	工程暂停后因发包人原因无法按时复工	√	√	√
14	13.1.3	因发包人原因导致承包人工程返工	√	√	√
15	13.5.3	监理人要求对已经覆盖的隐蔽工程重新检查且检查结果合格	√	√	√
16	13.6.2	因发包人提供的材料、工程设备造成工程不合格	√	√	√
17	14.1.3	承包人因监理人的要求对材料、工程设备和工程重新检验且检验结果合格	√	√	√
18	16.2	基准日后法律的变化		√	

续表

序号	条款号	索赔事件	可索赔内容		
			工期	利润	费用
19	18.4.2	发包人在工程竣工前提前占用工程	√	√	√
20	18.6.2	因发包人的原因导致工程试运行失败		√	√
21	19.2.3	工程移交后因发包人原因出现新的缺陷或损坏的修复		√	√
22	19.4	工程移交后因发包人原因出现的缺陷修复后的试验和试运行		√	
23	21.3.1(4)	因不可抗力停工期间应监理人要求照管、清理、修复工程		√	
24	21.3.1(4)	因不可抗力造成工期延误	√		
25	22.2.2	因发包人违约导致承包人暂停施工	√	√	√

7.2.3 工程索赔的处理程序

1.《建设工程施工合同(示范文本)》规定的工程索赔程序

合同当事人一方,向另一方提出索赔时,要有正当的索赔理由,且有索赔事件发生时的有效证据。发包人未能按合同约定履行自己的各项义务、发生错误以及第三方原因,给承包人造成延期支付合同价款、延误工期或其他经济损失,包括不可抗力延误工期,承包人可按以下程序索赔。

(1)承包人提出索赔申请。索赔事件发生后28天内,承包人可以向工程师发出索赔意向通知。

(2)发出索赔意向通知后28天内,承包人应向工程师提出补偿经济损失和(或)延长工期的索赔报告及有关资料。

(3)工程师审核承包人的索赔申请。工程师在收到承包人送交的索赔报告和有关资料后,应于28天内给予答复,或要求承包人进一步补充索赔理由和证据。工程师在28天内未予答复或未对承包人做进一步要求,视为该项索赔已经被认可。

(4)索赔事件持续进行时,承包人应当阶段性向工程师发出索赔意向,在索赔事件终止后28天内,承包人应向工程师提供索赔的有关资料和最终索赔报告。

(5)工程师与承包人的谈判达不成共识时,工程师有权确定一个自己认为合理的单价或价格作为最终的处理意见报送业主并通知承包人。

(6)发包人审批工程师的索赔处理证明。

2. FIDIC合同条件规定的工程索赔程序

合同实施阶段的每个施工索赔事项,都应按照国际工程施工索赔的惯例和工程项目合同条件的具体规定进行索赔,一般步骤如下:提出索赔要求;报送索赔资料;会议协商解决;邀请中间人调解;提交仲裁或诉讼。

对于每项索赔工作,承包人和业主都应该通过友好协商的方式解决,不要轻易提交仲裁或诉讼。

1)提出索赔要求

按照FIDIC合同条件的规定,承包人应在索赔事项发生后的28天内,从书面形式正式向工程师发出索赔通知书(NOC,notice of claims),并抄送业主。否则,索赔将遭到业主和工程师的拒绝。

2)报送索赔资料

在正式提出索赔要求以后,承包人应抓紧准备索赔资料,计算索赔款额或工期延长天数,编写索赔报告书,并在下一个28天以内正式提出。如果索赔事项的影响还在发展,承包人应每隔两天向工程师报送1次补充资料,说明事态的发展情况。最后,当索赔事项的影响结束后,承包人应在28天内报送此项索赔的最终报告,附上最终账单和全部证据资料,提出具体的索赔款额或工期延长天数,要求工程师和业主审定。

3)会议协商解决

第一次协商一般采取非正式的形式,双方表明立场、观点,争取达成一致见解。如果需要正式会议,双方应提出论据及有关资料,确定可接受的方案,争取通过一次或数次会议,达成解决索赔问题的协议。

4)邀请中间人调解

当合同双方不愿协商、协商不成或者达成和解协议后不履行时,根据FIDIC合同关于建设项目争议调解仲裁的规定,为争取友好解决,合同双方可以就索赔事项请求建设行政主管部门、行业协会或其他的第三方中间人进行调解,调解达成的协议,经双方签字并盖章后作为合同补充文件,双方均应遵照执行。

5) 提交仲裁或诉讼

根据FIDIC合同关于建设项目仲裁或诉讼的规定,合同双方不愿调解、调解不成或者达成调解协议后不履行的,双方可以就索赔事项向劳动争议仲裁委员会申请仲裁;对仲裁结果不服的当事人,除法律另有规定的外,可以向人民法院提起诉讼。

3. 承包人索赔的一般程序

1)索赔意向通知

在索赔事件发生后,承包人应抓住索赔机会,迅速做出反应。承包人应在索赔事件发生后的28天内向工程师递交索赔意向通知,声明将对此事件提出索赔。索赔意向通知是承包人就具体的索赔事件向工程师和业主表示的索赔愿望和要求。如果超过这个期限,工程师和业主有权拒绝承包人的索赔要求。

当索赔事件发生,承包人就应该进行索赔处理工作,直到正式向工程师和业主提交索赔报告。这个阶段包括许多具体、复杂的工作。

(1)事态调查,即寻找索赔机会。承包人通过对合同实施的跟踪、分析、诊断,发现了索赔机会,则应对它进行详细的调查和跟踪,以了解事件经过、前因后果,掌握事件的详细情况。

(2)损害事件原因分析,即分析损害事件是由哪方引起的,它的责任应由谁来承担。一般只有非承包人责任的损害事件才有可能提出索赔。在实际工作中,损害事件的责任常常是多方面的,故必须进行责任分解,划分责任范围,按责任大小承担损失。损害事件原因分析特别容易引起合同双方的争执。

(3)索赔根据,即索赔理由、合同文件。承包人必须按合同判明这些索赔事件是否违反合同,是否在合同规定的赔偿范围之内。只有符合合同规定的索赔要求才有合法性,才能成立。例如,某合同规定,在工程总价15%的范围内的工程变更属于承包人承担的风险。如果业主指令承包商增加的工程量的价款在工程总价15%的范围内,承包人不能提出索赔。

(4)损失调查,即索赔事件的影响分析。损失主要表现为工期的延长和费用的增加。如果索赔事件不造成损失,则无索赔可言。损失调查的重点是收集、分析、对比实际和计划的施工进度、工程成本和费用方面的资料,在此基础上计算索赔值。

(5)搜集证据。索赔事件发生后,承包人应抓紧搜集证据,并在索赔事件持续期间一直保存完整的记录。证据是索赔要求有效的前提条件。如果在索赔报告中提不出证明其索赔理由、索赔事件的影响、索赔数值的计算等方面的详细资料,索赔要求是不能成立的。在实际工程中,许多索赔要求都因没有或缺少书面证据而得不到合理解决。所以承包人必须对这个问题足够重视。通常,承包人应按工程师的要求做好和保存记录,并接受工程师的审查。

(6)起草索赔报告。索赔报告是上述各项工作的结果和总括,包括承包人的索赔要求和支持这个要求的详细依据。它决定了承包人索赔的地位,是索赔要求能否获得有利和合理解决的关键。

2)索赔报告递交

索赔意向通知提交后的28天内,或工程师可能同意的其他合理时间内,承包人应递送正式的索赔报告。索赔报告的内容应包括事件发生的原因、对承包人权益影响的证据资料,索赔的依据、索赔要求补偿的款项和工期索赔天数的详细计算等有关材料。如果索赔事件的影响持续存在,28天内还不能算出索赔额和工期延长天数时,承包人应按工程师合理要求的时间间隔(一般为28天),定期报出每个时间段内的索赔证据资料和索赔要求。在该项索赔事件的影响结束后的28天内,承包人应报出最终的详细报告,提出索赔论证资料和累计索赔额。

承包人发出索赔意向通知后,可以在工程师指示的其他合理时间内再报送正式索赔报告,也就是说工程师在索赔事件发生后有权决定是否马上处理该项索赔。如果事件发生时,现场施工非常紧张,工程师不希望立即处理索赔而分散项目各参与方进行施工管理的精力,可通知承包人将索赔的处理留到施工不太紧张时。但承包人的索赔意向通知必须在事件发生后的 28 天内提出，包括因对变更估价双方不能取得一致意见，而先按工程师单方面决定的单价或价格执行时，承包人提出的保留索赔权利的意向通知。如果承包人未能按时间要求提交索赔意向通知和索赔报告，他就失去了该项事件请求补偿的索赔权利。此时承包人受到损害的补偿，将不超过工程师认为应主动给予的补偿额，或把该事件提交仲裁解决时，仲裁机构依据合同和同期纪录可以证明的损害补偿额，承包人的索赔权利就受到限制。

3）工程师审核索赔报告

（1）工程师审核承包人的索赔申请。接到承包人的索赔意向通知后，工程师应建立自己的索赔档案，密切关注事件的影响，检查承包人的同期纪录，随时就记录内容提出自己的不同意见或应增加的记录项目。

在收到正式索赔报告以后，工程师应认真研究承包商报送的索赔资料。首先，工程师应在不确认责任归属的情况下，客观分析事件发生的原因，复核合同有关条款，研究承包人的索赔证据，并检查同期纪录；其次，通过对事件的分析，工程师依据合同条款划清责任界限，必要时还可以要求承包人进一步提供补充资料，尤其是对承包人、业主或工程师都负有一定责任的事件，工程师应确定各方应该承担合同责任的比例。最后，工程师应审查承包人提出的索赔要求，剔除其中的不合理部分，拟定自己计算的合理索赔款额和工期索赔。

《建设工程施工合同（示范文本）》规定，工程师收到承包人递交的索赔报告和有关资料后，应在 28 天内给予答复，或要求承包人进一步补充索赔理由和证据。如果工程师在 28 天内既未予以答复，也未对承包人做进一步要求，则视为承包人提出的该项索赔要求已经被认可。

（2）工程师判定承包人索赔成立的条件有三个。

①与合同相对照，事件已造成了承包人施工成本的额外支出，或直接工期损失。

②造成费用增加或工期损失的原因，按合同约定不属于承包人的行为责任或风险责任。

③承包人按合同规定的程序提交了索赔意向通知和索赔报告。

上述三个条件没有先后、主次之分，应当同时具备。工程师认定索赔成立后，索赔才能按一定程序处理。

4）工程师与承包人协商补偿

工程师核查后初步确定应予以补偿的额度，往往与承包人的索赔报告中要求的额度不一致，甚至差额较大，主要原因为对事件损失责任的界限划分不一致、索赔证据不充分、对索赔计算的依据和方法分歧较大等，因此双方应就索赔的处理进行协商。通过协商达不成共识的话，承包人仅有权得到所提供的证据满足工程师认为索赔成立那部分的付款和工期延长。不论工程师通过协商与承包人达到一致，还是工程师个人做的处理决定，批准给予补偿的款额和延长工期的天数如果在授权范围之内，工程师可将此结果通知承包人，并抄送业主。补偿款将计入下月支付工程进度款的支付证书。延长的工期加到原合同工期中。如果批准的额度超过工程师权限，工程师应报请业主批准。

对于持续影响时间超过 28 天以上的工期延误事件，当工期索赔条件成立时，工程师每次对承包人每隔 28 天报送的阶段索赔报告进行审查后，均应做出批准临时延长工期的决定，并于事件影响结束后 28 天内承包人提出最终的索赔报告后，批准延长工期。应当注意的是，最终批准的总延长天数，不应少于以前各阶段已同意延长天数的和。规定承包人在事件影响期间必须每隔 28 天提出一次阶段索赔报告，可以使工程师及时根据同期纪录批准该阶段应延长工期的天数，避免事件影响时间太长而不能准确确定索赔值。

5）工程师索赔处理决定

在经过认真分析研究并与承包人、业主广泛讨论后，工程师应该向业主和承包人提交工程师的索赔处理决定。工程师收到承包人送交的索赔报告和有关资料后，应于 28 天内给予答复，或要求承包人进一步补充索赔理由和证据。工程师在 28 天内未予答复或未对承包人做出进一步要求，则视为该项索赔已经被认可。

工程师在索赔处理决定中应该简明地叙述索赔事项、理由和建议给予补偿的金额及（或）延长的工期。索赔评价报告则是作为该决定的附件提供的，它根据工程师所掌握的实际情况详细叙述索赔的事实依据、合同及法律依据，论述承包人索赔的合理方面及不合理方面，详细计算应给予的补偿。索赔评价报告是工程师站在公正的立场上独立编制的。

通常，工程师的处理决定不是终局性的，对业主和承包人都不具有强制性的约束力。在收到工程师的索赔处理决定后，无论业主还是承包人，如果认为该处理决定不公正，都可以在合同规定的时间内提请工程师重新考虑，工程师不得无理拒绝这种要求。一般来说，对工程师的处理决定，业主不满意的情况很少，而承包人不满意的情况较多。承包人如果有异议，应该提供证明材料，向工程师表明为什么其决定是不合理的，有时甚至需要重新提交索赔报告，对原报告做一些修正、补充或做一些让步。如果工程师仍然坚持原来的决定，或承包人对工程师的新决定仍不满，承包人可以按合同中的仲裁条款提交仲裁机构仲裁。

6）业主审查索赔处理

当工程师确定的索赔额超过其权限时，必须报请业主批准。

业主首先根据事件发生的原因、责任范围、合同条款审核承包人的索赔申请和工程师的处理报告，再依据工程建设的目的、投资控制、竣工投产日期要求以及针对承包人在施工中的缺陷或违反合同规定等的有关情况，决定是否批准工程师的处理意见。例如，承包人某项索赔理由成立，工程师根据相应条款规定，既同意给予一定的费用补偿，也批准延长相应的工期。但业主权衡了施工的实际情况和外部条件的要求后，可能不同意延长工期，而宁可给承包人增加费用补偿额，要求承包人采取赶工措施，按期完工或提前完工，这样的决定只能业主来做。索赔报告经业主批准后，工程师即可签发有关证书。

7）承包人接受最终的索赔处理决定

承包人接受最终的索赔处理决定，索赔事件的处理即告结束。如果承包人不同意，就会导致合同争议。双方通过协商达成互谅互让的解决方案，是处理争议的最理想方式。如达不成谅解，承包人有权提交仲裁解决。

4. 发包人的索赔

《建设工程施工合同（示范文本）》规定，承包人未能按合同约定履行自己的各项义务或发生错误而给发包人造成损失时，发包人也应按合同约定的索赔的时限要求，向承包人提出索赔。

7.2.4 工程索赔的计算和管理

1. 工期索赔

工期索赔，一般是指承包人依据合同，对由于非自身原因导致的工期延误向发包人提出的工期顺延要求。

1）工期索赔应当注意的问题

工期索赔应当注意以下问题。

（1）划清施工进度拖延的责任。因承包人的原因造成的施工进度滞后，属于不可原谅的延期；只有承包人不应承担任何责任的延误，才是可原谅的延期。有时，工程延期的原因可能包含双方责任，此时监理人应进行详细分析，分清责任比例，只有可原谅的延期才能批准顺延合同工期。可原谅的延期又可细分为可原谅并给予补偿费用的延期、可原谅但不给予补偿费用的延期。后者是指非承包人责任事件的影响并未导致施工成本的额外支出，大多属于发包人应承担风险责任事件的影响，如异常恶劣的气候条件影响的停工等。

（2）被延误的工作应是处于施工进度计划关键路线上的施工内容。只有位于关键路线上的施工内容的滞后，才会影响竣工日期。但有时也应注意，既要看被延误的工作是否在进度计划的关键路线上，又要详细分析这个延误对后续工作的可能影响。因为若对非关键路线上的工作的影响时间较长，超过了该工作可自由支配的时间，也会导致进度计划非关键路线转化为关键路线，其滞后将影响总工期。此时，发包人应充分考虑该工作的自由时间，给予相应的工期顺延，并要求承包人修改施工进度计划。

2）工期索赔的具体依据

承包人向发包人提出工期索赔的具体依据如下：

①合同约定或双方认可的施工总进度计划；

②合同双方认可的详细进度计划；

③合同双方认可的，对工期的修改文件；

④施工日志、气象资料；

⑤业主或工程师的变更指令；

⑥影响工期的干扰事件；

⑦受干扰后的实际工程进度等。

3)工期索赔的计算方法

(1)直接法。如果某干扰事件直接发生在关键路线上,造成总工期的延误,承包人可以直接将该干扰事件的实际干扰时间(延误时间)作为工期索赔值。

(2)比例计算法。如果某干扰事件仅影响某单项工程、单位工程或分部分项工程的工期,分析其对总工期的影响,可以采用比例计算法。

①受干扰部分工程的延期时间已知时,工期索赔值的计算公式为

$$\text{工期索赔值}=\text{受干扰部分工程的延期时间}\times\frac{\text{受干扰部分工程的合同价格}}{\text{原合同总价}} \tag{7-1}$$

②已知额外增加的工程量的价格时,工期索赔值的计算公式为

$$\text{工期索赔值}=\text{原合同总工期}\times\frac{\text{额外增加的工程量的价格}}{\text{原合同总价}} \tag{7-2}$$

比例计算法虽然简单方便,但有时不符合实际情况,而且比例计算法不适用于变更施工顺序、加速施工、删减工程量等事件的索赔。

(3)网络图分析法。网络图分析法是指利用进度计划网络图,分析其关键路线。如果延误的工作为关键工作,则延误的时间为索赔的工期;如果延误的工作为非关键工作,当该工作由于延误超过时差限制而成为关键工作时,可以索赔延误时间与时差的差值;如果该工作延误后仍为非关键工作,则不存在工期索赔问题。该方法通过分析干扰事件发生前和发生后进度计划的计算工期之差来计算工期索赔值,可以用于各种干扰事件和多种干扰事件共同作用引起的工期索赔。

4)共同延误的处理

在实际施工过程中,工期延期很少是只由一方造成的,往往是两、三种原因同时作用(或相互作用)形成的,故称为“共同延误”。在这种情况下,我们要具体分析哪一种情况延误是有效的,应依据以下原则。

(1)判断造成延期的哪一种原因是最先发生的,即确定“初始延误者”,它应对工程延期负责。在初始延误作用期间,其他并发的延误不承担责任。

(2)如果初始延误是发包人的原因,则在发包人的原因造成的延误期内,承包人既可得到工期补偿,又可得到经济补偿。

(3)如果初始延误是客观原因,则在客观因素产生影响的延误期内,承包人可以得到工期补偿,但很难得到费用补偿。

(4)如果初始延误是承包人的原因,则在承包人的原因造成的延误期内,承包人既不能得到工期补偿,也不能得到费用补偿。

2. 费用的索赔

1)索赔费用的组成

对于不同原因引起的索赔,承包人可索赔的具体费用内容是不完全一样的。但归纳起来,索赔费用的组成与工程造价的构成基本类似,一般包括人工费、材料费、施工机具使用费、现场管理费、总部(企业)管理费、保险费、保函手续费、利息、利润分包费等。

(1)人工费。人工费的索赔包括完成合同之外的额外工作所花费的人工费用、超过法定工作时间加班劳动的人工费、法定人工费增长、非承包人的原因导致工效降低所增加的人工费、非承包人的原因导致工程停工的人员窝工费和工资上涨费等。停工损失的人工费通常采用人工单价乘以折算系数的方法计算。

(2)材料费。材料费的索赔包括由于索赔事件的发生造成材料实际用量超过计划用量而增加的材料费、发包人的原因导致工程延期期间的材料价格上涨和超期储存费用。材料费应包括运输费、仓储费,以及合理的损耗费用。由于承包商管理不善造成材料损坏失效增加的费用,不能列入索赔款项。

(3)施工机具使用费,主要内容为施工机械使用费。施工机械使用费的索赔包括完成合同之外的额外工作所增加的机械使用费;因非承包人的原因导致工效降低所增加的机械使用费、发包人或工程师指令错误或迟延导致机械停工的台班停滞费。台班停滞费不能按机械设备台班费计算,因为机械设备台班费包括设备使用费。如果机械设备是承包人自有设备,台班停滞费一般按台班折旧费、人工费与其他费之和计算;如果是承包人租赁的设备,台班停滞费一般按台班租金加上每台班分摊的施工机械进出场费计算。

(4)现场管理费。现场管理费的索赔包括承包人完成合同之外的额外工作以及发包人的原因导致工期延期期间的现场管理费,包括管理人员工资、办公费、通信费、交通费等。现场管理费索赔金额的计算公式为

$$现场管理费索赔金额=索赔的直接成本费用\times现场管理费率 \tag{7-3}$$

现场管理费率的确定可以选用下面的方法:①合同百分比法,即现场管理费率在合同中规定;②行业平均水平法,即采用公开认可的行业标准费率;③原始估价法,即采用投标报价时确定的费率;④历史数据法,即采用以往相似工程的现场管理费率。

(5)总部(企业)管理费。总部管理费的索赔主要指发包人的原因导致工程延期期间所增加的承包人向公司总部提交的管理费,包括总部职工工资,办公大楼折旧,办公用品、财务管理、通信设施以及总部领导人员赴工地检查、指导工作等的开支。总部管理费索赔金额的计算,目前还没有统一的方法,通常可采用以下几种方法。

①按总部管理费的比率计算。

$$总部管理费索赔金额=(直接费索赔金额+现场管理费索赔金额)\times总部管理费的比率 \tag{7-4}$$

总部管理费的比率可以按照投标书中的总部管理费的比率计算(一般为3%~8%),也可以按照承包人公司总部统一规定的管理费的比率计算。

②按已获补偿的工程延期天数为基础计算,是在承包人已经获得工程延期索赔的批准后,进一步获得总部管理费索赔的计算方法。

a.计算延期工程应当分摊的总部管理费。

$$延期工程应当分摊的总部管理费=\frac{同期公司计划总部管理费\times同期公司所有工程合同总价}{延期工程的合同价格} \tag{7-5}$$

b.计算延期工程的日平均总部管理费。

$$延期工程的日平均总部管理费=\frac{延期工程应分摊的总部管理费}{延期工程计划工期} \tag{7-6}$$

c.计算索赔的总部管理费。

$$索赔的总部管理费=延期工程的日平均总部管理费\times工程延期的天数 \tag{7-7}$$

(6)保险费。发包人的原因导致工程延期时,承包人必须办理工程保险、施工人员意外伤害保险等各项保险的延期手续,对于因此增加的费用,承包人可以提出索赔。

(7)保函手续费。发包人的原因导致工程延期时,承包人必须办理相关履约保函的延期手续,对于因此增加的手续费,承包人可以提出索赔。

(8)利息。利息的索赔包括发包人拖延支付工程款的利息、发包人迟延退还工程质量保证金的利息、承包人垫资施工的垫资利息、发包人错误扣款的利息等。具体的利率标准,双方可以在合同中明确约定,没有约定或约定不明的,可以按照中国人民银行发布的同期同类贷款利率计算。

(9)利润。一般来说,由于工程范围的变更、发包人提供的文件有缺陷或错误、发包人未能提供施工场地以及发包人违约导致的合同终止等事件引起的索赔,承包人都可以列入利润索赔内容。比较特殊的是,根据《标准施工招标文件》(2007年版)通用合同条款第11.3款的规定,因发包人的原因暂停施工导致的工期延误,承包人有权要求发包人支付合理的利润。索赔利润的利润百分率通常与原报价单中的利润百分率保持一致。应当注意的是,工程量清单中的单价是综合单价,已经包含了人工费、材料费、施工机具使用费、企业管理费、利润以及一定范围内的风险费用,在索赔计算中不应重复计算。

同时,一些引起索赔的事件,也可能是合同中约定的合同价款调整因素(如工程变更、法律法规的变化以及物价波动等),因此,对于已经进行了合同价款调整的索赔事件,承包人在费用索赔的计算时,不能重复计算。

(10)分包费。发包人的原因导致分包工程费用增加时,分包人只能向总承包人提出索赔,但分包人的索赔款项应当列入总承包人对发包人的索赔款项。分包费的索赔,指的是分包人的费用索赔,一般也包括与上述费用类似的索赔内容。

2)索赔费用的计算方法

索赔费用的计算应以赔偿实际损失为原则,包括直接损失和间接损失。索赔费用的计算方法通常有三种,即实际费用法、总费用法和修正的总费用法。

(1)实际费用法。实际费用法又称分项法,即根据索赔事件造成的损失或成本增加,按费用项目逐项进行

分析、计算索赔金额的方法。这种方法比较复杂，但能客观地反映施工单位的实际损失，比较合理，容易被当事人接受，在国际工程中被广泛采用。

由于索赔费用组成的多样化，不同原因引起的索赔，承包人可索赔的具体费用有所不同，必须具体问题具体分析。由于实际费用法依据的是实际发生的成本记录或单据，因此，在施工过程中，系统而准确地积累记录资料是非常重要的。

(2)总费用法。总费用法也被称为总成本法，就是当发生多次索赔事件后，重新计算工程的实际总费用，再从该实际总费用中减去投标报价时的估算总费用，得到索赔费用。总费用法计算索赔费用的公式为

$$\text{索赔费用}=\text{实际总费用}-\text{投标报价时的估算总费用} \tag{7-8}$$

但是，总费用法没有考虑实际总费用中可能包括由于承包商的原因(如施工组织不善)而增加的费用，投标报价时的估算总费用也可能由于承包人为中标而过低，因此，总费用法并不十分科学。只有在难以精确地确定某些索赔事件导致的各项费用的增加额时，总费用法才适用。

(3)修正的总费用法。修正的总费用法是对总费用法的改进，即在总费用法的基础上，去掉一些不合理的因素，使其更为合理。修正的内容如下：

①将计算索赔费用的时段局限于受到索赔事件影响的时段，而不是整个施工期；

②只计算索赔事件影响时段内的某项工作所受的损失，而不计算该时段内所有施工工作所受的损失；

③与该项工作无关的费用不列入实际总费用；

④对投标报价费用重新进行核算，即按受影响时段内该项工作的实际单价进行核算，用实际单价乘以实际完成的该项工作的工程量，得出调整后的报价费用。

修正的总费用法计算索赔费用的公式为

$$\text{索赔费用}=\text{某项工作调整后的实际总费用}-\text{该项工作的报价费用} \tag{7-9}$$

修正的总费用法与总费用法相比，有了实质性的改进，它的准确程度已接近于实际费用法。

【例 7-2】

某施工合同约定，施工现场有主导施工机械一台，由施工企业租得，台班单价为 300 元/台班，租赁费为 100 元/台班，人工工资为 40 元/工日，窝工补贴为 10 元/工日，以人工费为基数的综合费率为 35%。在施工过程中，发生了如下事件：①出现异常恶劣天气，导致工程停工 2 天，人员窝工 30 个工日；②恶劣天气导致场外道路中断，抢修道路用工 20 工日；③场外大面积停电，停工 2 天，人员窝工 10 工日。施工企业可向业主索赔的费用为多少元？

【分析】

各事件处理结果如下。

(1)异常恶劣天气导致的停工通常不能进行费用索赔。

(2)抢修道路用工的索赔额＝20×40×(1＋35%)元＝1080 元。

(3)停电导致的索赔额＝(2×100＋10×10)元＝300 元。

总索赔费用＝(1080＋300)元＝1380 元。

【例 7-3】

某建筑公司与某建设单位签订了某基础设施项目，项目的施工进度计划如图 7-2 所示，时间单位为月。

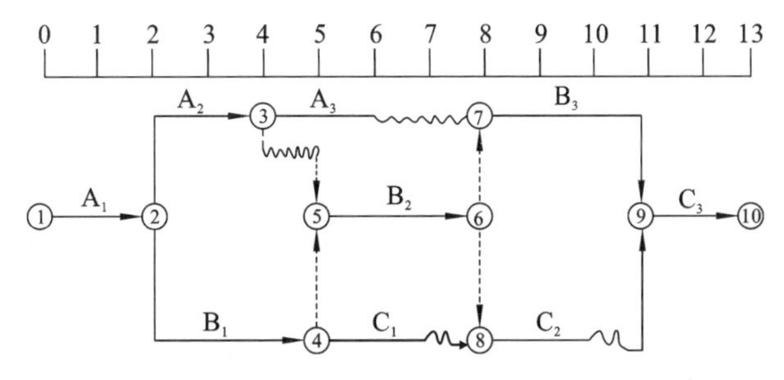

图 7-2　项目的施工进度计划

工程实施到第 5 个月末时，A_2 工作刚好完成，B_1 工作已进行了 1 个月。施工过程中发生了如下事件。

事件 1：A_1 工作施工半个月后，建筑公司发现业主提供的地质资料不准确，经与业主、设计单位协商确认，

将原设计进行变更，设计变更后工程量没有增加，但承包人提出索赔，认为设计变更使 A_1 工作的施工时间增加了 1 个月，要求将原合同工期延长 1 个月。

事件 2：工程施工到第 6 个月，现场遭受飓风袭击，造成了相应的损失，承包人及时向业主提出费用索赔和工期索赔，经工程师审核后的内容如下。

(1)部分已建工程遭受不同程度的破坏，费用损失为 30 万元。

(2)施工现场承包人用于施工的机械损坏，损失为 5 万元；用于工程上的待安装设备(承包人供应)损坏，损失为 1 万元。

(3)现场停工造成的机械台班损失为 3 万元，人工窝工费为 2 万元。

(4)施工现场承包人使用的临时设施损坏，损失为 1.5 万元；业主使用的临时用房破坏，修复费用为 1 万元。

(5)灾害造成施工现场停工 0.5 个月，索赔工期 0.5 个月。

(6)灾后清理施工现场、恢复施工需要 3 万元。

事件 3：A_3 工作施工过程中，由于业主供应的材料没有及时到场，该工作的工作时间延长 1.5 个月，产生人员窝工和机械闲置费用 4 万元(有签证)。

问题：

(1)不考虑施工过程中发生的各事件的影响，在施工进度计划中标出第 5 个月末的实际进度前锋线，并判断如果后续工作按原进度计划执行，工期将是多少个月？

(2)指出事件 1 中承包人的索赔是否成立并说明理由。

(3)指出事件 2 中承包人的索赔是否成立并说明理由。

(4)除事件 1 的企业管理费的索赔费用之外，承包人可得到的索赔费用是多少？合同工期可顺延多长时间？

【分析】

问题(1)：

如果后续工作按原进度计划执行，该工程项目将被推迟两个月完成，工期为 15 个月。

问题(2)：

工期索赔成立，因为地质资料不准确属业主的风险，且 A_1 工作是关键工作。

问题(3)：

①索赔成立。不可抗力造成的部分已建工程的损失，应由业主承担。

②承包人用于施工的机械损坏的索赔不成立，因不可抗力造成的损失由自己承担。用于工程上的待安装设备损坏的索赔成立，虽然用于工程安装的设备是承包人供应的，但将形成业主资产，所以业主应支付相应费用。

③索赔不成立，不可抗力给承包人造成的该类费用损失不予补偿。

④承包人使用的临时设施损坏的索赔不成立，业主使用的临时用房修复的索赔成立。

⑤索赔成立，不可抗力造成工期延误，经业主签证，合同工期可顺延。

⑥索赔成立，清理和修复费用应由业主承担。

问题(4)：

①索赔费用为(30＋1＋1＋3＋4)万元＝39 万元。

②合同工期可顺延 1.5 个月。

7.3 工程结算

7.3.1 结算概述和结算方式

1. 结算概述

承包人按照合同规定的内容完成全部承包的工程，经发包人及相关单位验收合格，并符合合同要求之后，在交付使用前，由承包人根据合同价格和实际发生的费用增减变化（变更、签证、洽商等）情况进行编制，并经监理工程师、发包人审核确认，后由经办银行办理拨付工程价款的过程叫作结算。

2. 结算方式

我国采用的工程结算方式主要有以下几种。

1）按月结算

按月结算指实行旬末或月中预支，月终结算，竣工后清算的方法。跨年度竣工的工程，在年终进行工程盘点，办理年度结算。

2）竣工后一次结算

建设项目或单项工程全部建筑安装工程建设期在12个月以内，或者工程承包价值在100万元以下的，可以实行工程价款每月月中预支，竣工后一次结算。

3）分段结算

分段结算即当年开工，当年不能竣工的单项工程或单位工程按照工程形象进度，划分不同阶段进行结算。

4）目标结算方式

目标结算方式即在工程合同中，将承包工程的内容分解成不同的控制界面，以业主验收控制界面作为支付工程款的前提条件。也就是说，将合同中的工程内容分解成不同的验收单元，施工单位完成单元工程内容并经业主验收后，业主支付构成单元工程内容的工程价款。

在目标结算方式下，施工单位要想获得工程价款，必须按照合同约定的质量标准完成界面内的工程内容；要想尽早获得工程价款，施工单位必须充分发挥自己的组织实施能力，在保证质量的前提下，加快施工进度。

5）结算双方约定的其他结算方式

实行预收备料款的工程项目，双方应在承包合同或协议中明确发包单位（甲方）在开工前拨付给承包单位（乙方）工程备料款的预付数额、预付时间，开工后扣还备料款的起扣点、逐次扣还的比例，以及办理的手续和方法。

按照中国的有关规定，备料款的预付时间应不迟于约定的开工日期前7天。发包方不按约定预付的，承包方可以在约定预付时间7天后向发包方发出要求预付的通知。发包方在收到通知后仍不能按要求预付，承包方可在发出通知后7天停止施工，发包方应从约定应付之日起向承包方支付应付款的贷款利息，并承担违约责任。

7.3.2 工程预付款及计算

1. 工程预付款

1）工程预付款的概念

工程预付款是建设工程施工合同订立后由发包人按照合同约定，在正式开工前预先支付给承包人的工程款项。它是施工准备和所需主要材料、结构件等流动资金的主要来源，国内习惯称预付备料款。工程预付款的支付，表明该工程已经实质性启动。预付款还可以包括开办费，供施工人员组织、完成临时设施工程等准备工作之用。例如，有的地方建设行政主管部门明确规定：临时设施费作为预付款，发包人应在开工前全额支付。预付款相当于发包人给承包人的无息贷款。随着投资体制的改革，很多新的投资模式，如BT、BOT不断出现，不是每个工程都存在预付款。

全国各地区、各部门对于预付款的规定不尽相同。结合不同工程项目的承包方式、工期等实际情况，双方可以在合同中约定不同比例的预付备料款。

2）工程预付款的拨付

施工合同约定由发包人供应材料的，按招标文件提供的“发包人供应材料价格表”所示的暂定价，由发包人将材料转给承包人，相应的材料款在结算工程款时陆续抵扣。这部分材料，承包人不收取备料款。预付备料款的计算公式为

$$预付备料款=施工合同价或年度建筑安装工程费\times 预付备料款的额度 \tag{7-10}$$

预付备料款的额度由合同约定，双方招标时应在合同条件中约定工程预付款的百分比，根据工程类型、合同工期、承包方式和供应方式等条件而定。《建设工程价款结算暂行办法》规定包工包料工程的预付款按合同约定拨付。原则上预付比例不低于合同金额的10%，不高于合同金额的30%，重大工程项目按年度工程计划逐年预付。执行《建设工程工程量清单计价规范》的工程，实体性消耗和非实体性消耗部分应在合同中分别约定预付款比例。

在具备施工条件的前提下，发包人应在双方合同签订后的一个月内或不迟于约定的开工日期前的7天内预付工程款；发包人不按约定预付，承包人应在预付时间到期后10天内向发包人发出要求预付的通知；发包人收到通知后仍不按要求预付，承包人可在发出通知14天后停止施工。发包人应从约定应付之日起向承包人支付应付款的利息(利率按同期银行贷款利率计)，并承担违约责任。

3)工程预付款的扣还

备料款是预付款项，应在工程后期随工程所需材料储备逐步减少而逐步扣还，以抵充工程价款的方式陆续扣还。预付的工程款必须按施工合同中约定的时间、比例进行扣还。

(1)按公式计算预付款的起扣点和抵扣额。

按公式计算起扣点和抵扣额的原则：以未完工程和未施工工程所需材料价值相当于备料款数额时起扣；每次结算工程价款时按主要材料比重抵扣工程价款，竣工时全部扣清。一般情况下，工程进度达到60%左右时，开始抵扣预付备料款。起扣点已完工程价值的计算公式为

$$\text{起扣点已完工程价值}=\text{施工合同总值}-\text{预付备料款}/\text{主要材料比重} \tag{7-11}$$

例如，主要材料比重为56%，预付备料款额度为18%，则预付备料款起扣时的工程进度为1－18%/56%＝67.86%，这是未完工程32.14%所需的主材费，接近18%(即32.14%×56%＝18%)。

结算时应扣还的预付备料款的计算公式为

$$\text{第一次抵扣额}=(\text{累计已完工程价值}-\text{起扣点已完工程价值})\times\text{主要材料比重} \tag{7-12}$$

$$\text{以后每次抵扣额}=\text{每次完成工程价值}\times\text{主要材料比重} \tag{7-13}$$

主要材料比重可以按照工程造价当中的材料费，结合材料供应方式确定。

(2)按照合同约定办法扣还备料款。

在实际工作中，常参照上述公式计算出起扣点。在施工合同中采用约定起扣点和固定比例的办法扣还备料款，双方共同遵守。

例如，约定工程进度款达到60%，开始抵扣备料款，扣回的比例是按每完成10%进度扣预付备料款总额的25%。

(3)工程最后一次抵扣备料款。

工程最后一次抵扣备料款的方法适用于结构简单、造价低、工期短的工程。备料款在施工前一次拨付，施工过程中不抵扣，当备料款加已付工程款达到施工合同总值的95%时(当留5%尾款时)，停付工程款。

【例7-4】

某工程合同价款为800万元。施工合同约定：工程备料款额度为18%，工程进度达到68%时，开始扣还工程备料款。经测算，主要材料比重为56%，在承包人累计完成工程进度64%后的当月完成的工程价款为80万元。

问题：(1)预付备料款总额为多少？

(2)在累计完成工程进度64%后的当月，应收取的工程进度款及应归还的工程备料款为多少？

(3)在此后的施工过程中还将归还多少工程备料款？

【解】

(1)预付备料款总额＝800×18%万元＝144万元。

(2)承包人累计完成工程进度64%后，当月完成的工程进度为80/800×100%＝10%。

承包人当月在未达到起扣工程备料款时，应收工程进度款为800×4%万元＝32万元。

承包人当月在已达到起扣工程备料款时，应收工程进度款为(80－32)×(1－56%)万元＝21.12万元。

承包人当月应收取的工程进度款为(32＋21.12)万元＝53.12万元。

也就是说，承包人当月扣还的工程备料款为(80－53.12)万元＝26.88 万元或(48－21.12)万元＝26.88 万元。

(3)此后的施工过程中还有(144－26.88)万元＝117.12 万元应归还的备料款。此时，尚有工程价款为 800×(100％－64％－10％)万元＝208 万元。

如按材料比重抵扣工程价款可归还的工程备料款为 208×56％万元＝116.48 万元。

2. 工程进度款

工程进度款结算，也称为中间结算，指承包人在施工过程中，根据实际完成的分部分项工程数量计算各项费用，向发包人办理工程结算。工程进度款结算，是履行施工合同过程中的经常性工作，具体的支付时间、方式和数额等都应在施工合同中约定。图 7-3 所示为工程进度款支付步骤。

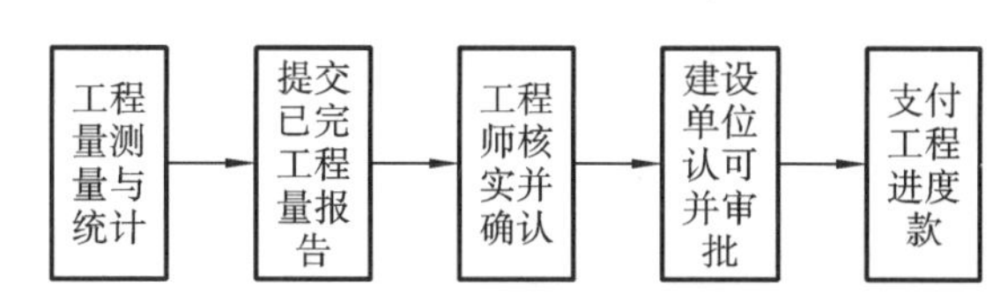

图 7-3　工程进度款支付步骤

众所周知，工程施工过程必然会产生一些设计变更或施工条件变化，从而使合同价款发生变化。对此，发包人和承包人均应加强施工现场的造价控制，及时对施工合同外的事项进行如实记录并履行书面手续，按照合同约定的合同价款调整内容以及索赔事项，对合同价款进行调整，进行工程进度款结算。

1)工程计量及其程序

计量支付，指在施工过程中间结算时，工程师按照合同约定，对核实的工程量填制中间计量表，作为承包人取得发包人付款的凭证；承包人根据施工合同约定的时间、方式和工程师所做的中间计量表，按照构成合同价款相应项目的单价和取费标准提出付款申请；工程师审核签字后，发包人进行支付。

《建设工程价款结算暂行办法》对工程计量有以下规定。

(1)承包人应当按照合同约定的方法和时间，向发包人提供已完工程量的报告。发包人接到报告后 14 天内核实已完工程量，并在核实完前 1 天通知承包人，承包人应提供条件并参加核实，若承包人收到通知后不参加核实，以发包人核实的工程量作为工程价款支付的依据。发包人不按约定时间通知承包人，致使承包人未能参加核实，核实结果无效。

(2)发包人收到承包人报告后 14 天内未核实已完工程量，从第 15 天起，承包人报告的工程量视为被确认，作为工程价款支付的依据，双方合同另有约定的，按合同执行。

(3)对承包人超出设计图纸(包括设计变更)范围和因承包人原因造成返工的工程量，发包人不予计量。

工程计量应当注意严格确定计量内容，严格计量的方法，并且加强隐蔽工程的计量。为了切实做好工程计量与复核工作，工程师应对隐蔽工程做预先测量。测量结果必须经各方认可，并以签字为凭。

通过工程计量支付来控制合同价款，工程师掌握工程支付签认权，约束承包人的行为，在施工的各个环节上发挥监督和管理作用。把工程财务支付的签认权和否决权交给工程师，对控制造价十分有利。在施工过程的各个工序上，设置由工程师签认的质量检验程序，同时设置中期支付报表的一系列签认程序。没有工程师签字的工序或分项工程检验报告，该工序或该分项工程不得进入支付报表，且未经工程师签认的支付报表无效。这样做，能有效控制工程造价，并提高承包人的内部管理水平。

2)工程价款的计算

按照施工合同约定的时间、方式和工程师确认的工程量，承包人按构成合同价款相应项目的单价和取费标准计算，要求发包人支付工程进度款。

工程进度款的计算主要涉及两个方面：一是工程量的计算；二是单价的计算方法。施工合同选用工料单价还是综合单价，工程进度款的计算方法不同。

在工程量清单计价方式下，能够获得支付的项目必须是工程量清单中的项目，综合单价必须按已标价的工程量清单确定。采用固定综合单价法计价，工程进度款的计算公式为

$$\text{工程进度款} = \sum(\text{计量工程量} \times \text{综合单价}) \times (1 + \text{规费费率}) \times (1 + \text{税金率}) \tag{7-14}$$

工程进度款结算的性质是按进度临时付款，这是因为在有工程变更但又未对变更价款达成协议时，工程师可以提出一个暂定的价格，作为临时支付工程进度款的依据，有些合同还可能为控制工程进度提出一个每月最

低支付款，不足最低付款额的已完工程价款会延至下个月支付；另外，在按月支付时可能还存在计算上的疏漏，工程竣工结算将调整这些结果差异。

3）工程支付的有关规定

承包人提出的付款申请除了对所完成的工程量要求付款以外，还包括变更工程款、索赔款、价格调整等。按照《建设工程价款结算暂行办法》及其他有关规定，发包方和承包方应该按照以下要求办理工程支付。

（1）根据确定的工程计算结果，承包人向发包人提出支付工程进度款申请后的14天内，发包人应按数额不低于工程价款的60%，不高于工程价款的90%向承包人支付工程进度款。

（2）发包人向承包人支付工程进度款的同时，应按约定扣回的预付款、供应的材料款、调价合同价款、变更合同价款及其他约定的追加合同价款，与工程进度款同期结算。需要说明的是，发包人应扣回的供应的材料款，按照施工合同规定留下承包人的材料保管费，并在合同价款总额计算之后扣除，即税后扣除。

（3）发包人超过支付的约定时间不支付工程进度款，承包人应及时向发包人发出要求付款的通知，发包人收到承包人通知后仍不按要求付款，可与承包人协商签订延期付款协议，经承包人同意后可延期支付，协议应明确延期支付的时间和从工程计量结果确认后第15天起计算应付款的利息（利率按同期银行贷款利率计）。

（4）发包人不按合同约定支付工程进度款，双方又未达成延期付款协议，导致施工无法进行，承包人可停止施工，由发包人承担违约责任。

【例7-5】

某工程开、竣工时间分别为当年4月1日、9月30日。发包人根据该工程的特点及项目构成情况，将工程分为三个标段。其中，第四标段的造价为4150万元，第四标段的预制构件由发包人提供（直接委托构件厂生产）。第四标段的承包人为C公司。发包人与C公司在施工合同中做了以下约定。

①开工前发包人应向C公司支付合同价25%的预付款，预付款从第三个月开始等额扣还，4个月扣完。

②发包人根据C公司完成的工程量（经工程师签认后）按月支付工程款，质量保证金总额为合同价的5%，质量保证金按每月工程价款的10%扣除，扣完为止。

③工程师签发的月付款凭证最低金额为300万元。各月完成工程价款如表7-2所示，试计算支付给C公司的工程预付款是多少。工程师在4月至8月底，每月给C公司实际签发的付款凭证金额是多少？

表7-2　各月完成工程价款　　单位：万元

月份	4	5	6	7	8	9
C公司	480	685	560	430	620	580
构件厂			275	340	180	

【解】

（1）计算工程预付款。

C公司的合同价款为

$$[4150-(275+340+180)]\text{万元}=3355.00\text{万元}$$

C公司应得到的工程预付款为

$$3355.00\times 25\%\text{万元}=838.75\text{万元}$$

质量保证金为

$$3355.00\times 5\%\text{万元}=167.75\text{万元}$$

（2）计算实际签发的付款凭证金额。

①4月底实际签发的付款凭证金额为

$$(480.00-480.00\times 10\%)\text{万元}=432.00\text{万元}$$

②5月底实际签发的付款凭证金额为

$$(685.00-685.00\times 10\%)\text{万元}=616.50\text{万元}$$

③6月底应扣的工程保证金为

$$(167.75-48.00-68.50)\text{万元}=51.25\text{万元}$$

应签发的付款凭证金额为

$$(560-51.25-838.75/4)\text{万元}=299.06\text{ 万元}$$

由于应签发的付款凭证金额低于合同规定的最低支付限额,故不予支付。

④7 月底实际签发的付款凭证金额为

$$(430-838.75/4)\text{万元}=220.31\text{ 万元}$$

$$(299.06+220.31)\text{万元}=519.37\text{ 万元}$$

8 月底实际签发的付款凭证金额为

$$(620-838.75/4)\text{万元}=410.31\text{ 万元}$$

4)固定单价合同的单价调整

对于固定单价合同,工程量的大小对造价控制有十分重要的影响。在正常履行施工合同期间,如果工程量的变化以及价格上涨水平没有超出规定的变化范围,则执行同一综合单价,按实际完成的且经过工程师核实确认的工程量进行计算,量变价不变。

《建设工程工程量清单计价规范》规定:不论是由于工程量清单有误,还是由于设计变更引起的工程量增减,均按实际调整合同价款。合同中综合单价因工程量变更需调整时,除合同另有约定外,应按照下列办法确定:由于工程量清单的工程量有误或设计变更引起的工程量增减,是合同约定幅度以外的工程量,其增加部分的工程量或减少后剩余部分的工程量的综合单价由承包人提出,经发包人确认后,作为结算的依据。《建设工程工程量清单计价规范》还规定:由于工程量的变更,且实际发生了除前述规定以外的费用损失,承包人可提出索赔请求,与发包人协商确认后,获得补偿。固定单价合同的单价调整如图 7-4 所示。

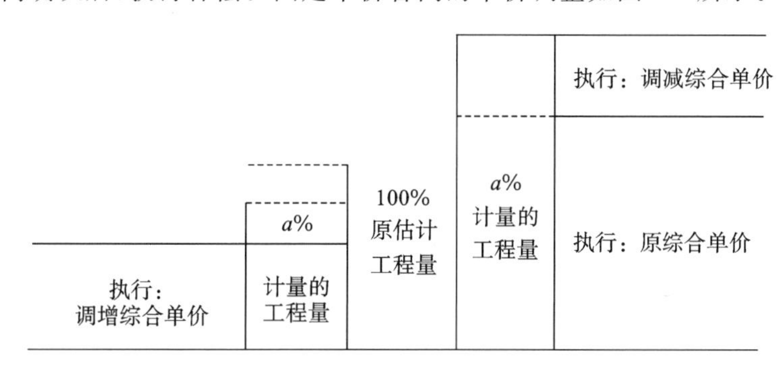

图 7-4 固定单价合同的单价调整

固定单价合同单价调整的原因是,在单价合同条件下,招标采用的工程量清单中的工程量是估计的,承包人按此工程量分摊完成整个工程所需要的管理费和利润总额,即在投标单价中包含一个固定费率的管理费和利润。当工程量“自动变更”时,承包人实际通过结算获得的管理费和利润也随之变化。当这种变化超过一定的幅度,应对综合单价进行调整,这样既保护承包人不因工程量大幅度减少而减少管理费和利润,又保护发包人不因工程量大幅度增加而增加支出。从某种意义上说,这也是对承包人“不平衡报价”的一个制约。

综合单价的调整主要调整分摊在单价中的管理费和利润。合同应当明确约定具体的调整方法,同时,在合同签订时还应当约定,承包人应配合工程师确认合同价款中的管理费率和利润率。

【例 7-6】

某工程施工合同中含两个分项工程,估计甲项工程的工程量为 2300 m^3,乙项工程的工程量为 3200 m^3,甲项工程的合同单价为 180 元/m^3,乙项工程的合同单价为 160 元/m^3。施工合同有以下约定。

(1)开工前发包人应向承包人支付合同价 20%的预付款。

(2)发包人自第 1 个月起,从承包人的工程款中,按 5%的比例扣留质量保证金。

(3)当分项工程实际工程量超过估计工程量 10%时,可进行调价,调整系数为 0.9。

(4)根据市场情况,价格调整系数平均按 1.2 计算。

(5)工程师签发月度付款最低金额为 25 万元。

(6)预付款在最后两个月扣除,每月扣 50%。

承包人每月实际完成并经工程师签证确认的工程量如表 7-3 所示。

表 7-3　承包人每月实际完成并经工程师签证确认的工程量

月份	1	2	3	4	合计
甲项	500	800	800	600	2700
乙项	700	900	800	600	3000

试求按月结算情况下的每月付款签证金额。

【解】

本合同的预付金额为

$$(2300\times180+3200\times160)\times20\%\div10000\text{ 万元}=18.52\text{ 万元}$$

(1)第 1 个月的工程量价款为

$$(500\times180+700\times160)\div10000\text{ 万元}=20.2\text{ 万元}$$

应签证的工程款为

$$20.2\times1.2\times(1-5\%)\text{万元}=23.028\text{ 万元}$$

月度付款最低金额为 25 万元,故本月不签发付款凭证。

(2)第 2 个月的工程量价款为

$$(800\times180+900\times160)\div10000\text{ 万元}=28.8\text{ 万元}$$

应签证的工程款为

$$28.8\times1.2\times0.95\text{ 万元}=32.832\text{ 万元}$$

本月实际签发的付款凭证金额为

$$(23.028+32.832)\text{万元}=55.86\text{ 万元}$$

(3)第 3 个月的工程量价款为

$$(800\times180+800\times160)\div10000\text{ 万元}=27.2\text{ 万元}$$

应签证的工程款为

$$27.2\times1.2\times0.95\text{ 万元}=31.008\text{ 万元}$$

应扣预付款为

$$18.52\times50\%\text{万元}=9.26\text{ 万元}$$

应付款为

$$(31.008-9.26)\text{万元}=21.748\text{ 万元}$$

月度付款最低金额为 25 万元,故本月不签发付款凭证。

(4)第 4 个月,甲项工程累计完成工程量为 2700 m^3,比原估算工程量 2300 m^3 多 400 m^3,已超过估算工程量的 10%,超出部分的单价应进行调整。

超过估算工程量 10%的工程量为

$$[2700-2300\times(1+10\%)]m^3=170\ m^3$$

这部分工程量单价应调整为

$$180\times0.9\text{ 元}/m^3=162\text{ 元}/m^3$$

甲项工程量价款为

$$[(600-170)\times180+170\times162]\div10000\text{ 万元}=10.494\text{ 万元}$$

乙项工程累计完成工程量为 3000 m^3,比原估算工程量 3200 m^3 减少 200 m^3,不超过估算工程量的 10%,其单价不进行调整。

乙项工程量价款为

$$600\times160\div10000\text{ 万元}=9.6\text{ 万元}$$

本月完成甲、乙两项工程价款合计为

$$(10.494+9.6)=20.094\text{ 万元}$$

应签证的工程款为

$$20.094\times1.2\times0.95\text{ 万元}=22.907\text{ 万元}$$

本月实际签发的付款凭证金额为

$$(21.748+22.907-18.52\times50\%)\text{万元}=35.395\text{ 万元}$$

5)合同以外零星施工项目的工程价款结算

发包人要求承包人完成合同以外的零星工作项目，承包人应在接受发包人要求的 7 天内就用工数量和单价、机械台班数量和单价、使用材料和金额等向发包人提出施工签证，发包人签证后施工。如发包人未签证，承包人施工后发生争议的，责任由承包人自负。

【例 7-7】

某工程项目发包人和承包人签订了建设工程施工合同，工期为 5 个月。

(1)工程价款方面的资料如下。

①分项工程项目费用合计 84 000 元，包括分项工程 A、B、C 三项，清单工程量分别为 800 m^3、1000 m^3、1100 m^2，综合单价分别为 280 元/m^3、380 元/m^3、200 元/m^2，当分项工程项目工程量增加(或减少)幅度超过 15%时，综合单价调整系数为 0.9(或 1.1)。

②单价措施项目费用合计 90 000 元，其中，与分项工程 B 配套的单价措施项目费用为 36 000 元，该费用根据分项工程 B 的工程量变化同比例变化，并在第 5 个月统一调整支付，其他单价措施项目费用不予调整。

③总价措施项目费用合计 130 000 元，其中，安全文明施工费按分项工程和单价措施项目费用之和的 59%计取，该费用根据计取基数变化在第 5 个月统一调整支付，其余总价措施项目费用不予调整。

④其他项目费用合计 206 000 元，包括暂列金额 8000 元和需分包的专业工程暂估价 10 000 元(另计总承包服务费 5%)。

⑤上述工程费用均不包含增值税可抵扣进项税额。

⑥管理费和利润按人、材、机费用之和的 20%计取，规费按人、材、机费用，管理费，利润之和的 6%计取，增值税税率为 9%。

(2)工程款支付方面的资料如下。

①开工前，发包人按签约合同价(扣除暂列金额和安全文明施工费)的 20%支付给承包人作为预付款(在施工期间的第 2～4 个月的工程款中平均扣回)，同时将安全文明施工费按工程款支付方式提前支付给承包人。

②分项工程项目工程款逐月结算。

③除安全文明施工费之外的措施项目工程款在施工的第 1～4 个月平均支付。

④其他项目工程款在发生当月结算。

⑤发包人按每次承包人应得工程款的 90%支付。

⑥发包人在承包人提交竣工结算报告后的 30 天内完成审查工作，承包人向发包人提供所在开户银行出具的工程质量保函(保函额为竣工结算价的 3%)，并完成结清支付。

问题：(1)施工的第 3 个月，由发包方和承包方共同确认的分包专业工程费用为 105 000 元(不含可抵扣进项税)，专业分包人获得的增值税可抵扣进项税额合计为 7600 元。

该工程签约合同价为多少元？安全文明施工费为多少元？开工前发包人应支付给承包人的预付款和安全文明施工费分别为多少元？

(2)施工至第 2 个月末，承包人累计完成的分项工程合同价款为多少元？发包人累计应支付给承包人的工程款不包括开工前支付的工程款为多少元？分项工程 A 的进度偏差为多少元？

(3)该工程的分项工程项目、措施项目、分包专业工程项目合同额(包括总承包服务费)分别增减了多少元？

施工期间各月的分项工程计划和实际完成工程量如表 7-4 所示。

表 7-4 施工期间各月的分项工程计划和实际完成工程量

分项工程		施工周期/月					合计
		1	2	3	4	5	
A	计划工程量/m^3	400	400				800
	实际工程量/m^3	300	300	200			800

续表

分项工程		施工周期/月					合计
		1	2	3	4	5	
B	计划工程量/m^3	300	400	300			1000
	实际工程量/m^3		400	400	400		1200
C	计划工程量/m^3			300	400	400	1100
	实际工程量/m^3			300	450	350	1100

(4)该工程的竣工结算价为多少元？如果在开工前和施工期间，发包人均已按合同约定支付了承包人预付款和各项工程款，则竣工结算时发包人完成结清支付时应支付给承包人的结算款为多少元？（注：计算结果四舍五入取整数）

【解】

(1)签约合同价为

[(824 000+90 000+130 000+206 000)×(1+6%)×(1+9%)]元=1 444 250 元

安全文明施工费为

(824 000+90 000)×5%×(1+6%)×(1+9%)元=45 700×(1+6%)×(1+9%)元
=52 801.78 元=52 802 元

预付款为

[1 444 250−(45 700+80 000)×(1+6%)×(1+9%)]×20%元=259 803.244 元=259 803 元

应支付的安全文明施工费为

45 700×(1+6%)×(1+9%)×90%元=475 21.602 元=47 522 元

(2)2 月末累计完成分项工程合同价款为

(600×280+400×380)×(1+6%)×(1+9%)元=369 728 元

2 月末发包人累计应支付的工程款为

[369 728×90%+(90 000+130 000−45 700) × (1+6%) × (1+9%)÷4×2×90%−259 803÷3]元
=(332 755.2+45 311.90×2−86 601)元=336 778 元

A 工作的进度偏差=(600−800)×280×(1+6%)×(1+9%)元=−64 702.4 元=−64 702 元

进度拖后 64 702 元。

(3)分项工程增加合同额为

(50×380×0.9+150×380)×(1+6%)×(1+9%)元=74 100×(1+6%)×(1+9%)元=85 615 元

增加单价措施项目费为

36 000÷1000×200 元=7200 元

措施项目增加合同额为

7200+(74 100+7200)×5%×(1+6%)×(1+9%)元=11 265×(1+6%)×(1+9%)元
=13 015.581 元=13 015 元

分包专业工程项目增加合同额(包括总承包服务费)为

(105 000−120 000)×(1+5%)×(1+6%)×(1+9%)元=−18 197.55 元=−18 198 元

(4)竣工结算价为

[1 444 250+85 615+13 015−18 198−80 000×(1+6%)×(1+9%)]元=1 432 250 元

结算款为

1 432 250×(1−90%)元=143 225 元

3. 中间结算的预测工作

发包人在中间结算时，应根据施工实际完成工程量按月结算，做到拨款有度、心中有数，同时要随时检查投资运用情况，预估竣工前必不可少的各项支出并落实后备资金。

(1)检查施工图设计中的活口及甩项等情况，例如材料、设备的不定因素，预留孔洞等的遗漏或没有包括的内容等。

(2)检查施工合同中的活口及甩项等情况,例如材料、设备的暂估价、按实际调整结算的内容,以及其他甩项或未包括的费用等。

(3)预估竣工时政策性调价的增加系数及按实际调整材料的差价等。

(4)预估发包人订货的材料、设备的差价。

(5)预估不可避免的施工中的零星变更。

(6)预估其他可能增加的费用,例如各项地方性规费及由于专业施工所发生的差价等。

上述各项内容必须预先估足,并与实际投资余额进行核对,看看是否足够,如有缺口应及时采取节约措施,落实后备资金。

7.3.3 工程质量保证金及扣款计算

1. 质量保证金的含义

质量保证金(以下简称保证金)是指发包人与承包人在建设工程承包合同中约定,从应付的工程款中预留,用来保证承包人在缺陷责任期(即质量保修期)内对建设工程出现的缺陷进行维修的资金。缺陷是指建设工程质量不符合工程建设强制标准、设计文件,以及承包合同的约定。

2. 质量保证金预留及管理

(1)质量保证金的预留。发包人应按照合同约定的质量保证金比例从结算款中扣留质量保证金。全部或者部分使用政府投资的建设项目,按工程价款结算总额5%左右的比例预留保证金,社会投资项目采用预留保证金方式的,预留保证金的比例可以参照执行。发包人与承包人应该在合同中约定保证金的预留方式及预留比例,建设工程竣工结算后,发包人应按照合同约定及时向承包人支付工程结算价款并预留保证金。

(2)质量保证金的管理。缺陷责任期内,实行国库集中支付的政府投资项目,保证金的管理应按国库集中支付的有关规定执行。其他政府投资项目,保证金可以预留在财政部门或发包方。缺陷责任期内,如发包方被撤销,保证金随交付使用资产一并移交使用单位,由使用单位代行发包人职责。

社会投资项目采用预留保证金方式的,发包人和承包人可以约定将保证金交由金融机构托管;采用工程质量保证担保,工程质量保险等其他方式的,发包人不得再预留保证金,并按照有关规定执行。

(3)质量保证金的使用。承包人未按照合同约定履行属于自身责任的工程缺陷修复义务的,发包人有权从质量保证金中扣留用于缺陷修复的各项支出。若经查验,工程缺陷属于发包人原因的,发包人应承担查验和缺陷修复的费用。

3. 质量保证金的返还

在合同约定的缺陷责任期终止后的14天内,发包人应将剩余的质量保证金返还承包人。剩余的质量保证金的返还,并不能免除承包人按照合同约定应承担的质量保修责任和应履行的质量保修义务。

4. 质量保证金的扣款计算

依据《建设工程质量保证金管理办法》对工程质量保证金的定义可知,工程质量保证金的缴纳,主要由建设单位从应付的工程款中预留,具体而言,参考《建设工程施工合同(示范文本)》进行分类。

(1)在支付进度款时逐次扣留,在此情形下,质量保证金的计算基数,不包括预付款的支付、扣回金额。

(2)在工程结算时一次性扣留质量保证金。

两种缴纳方式各有不同,实务中,在合同没有另行约定的情况下,原则上采用第一种方式,即在支付进度款时逐次扣留,这也是实践中建设单位常用的一种扣留方式。但需要注意的是,“在支付进度款时逐次扣留”的方式,在施工方缴纳了履约保证金的情况下,会与相应管理规定发生冲突。

7.3.4 竣工结算

1. 竣工结算的含义和方式

1)竣工结算的含义

竣工结算施工企业按照合同规定的内容全部完成所承包的工程,经验收质量合格,并符合合同要求之后,向发包单位进行最终的工程价款结算。工程竣工结算一般由施工单位编制，建设单位审核同意后，按照合同规定签章认可，通过银行办理工程价款的结算。

2）工程竣工结算方式

工程竣工结算分为单位工程竣工结算、单项工程竣工结算和建设项目竣工总结算。

2. 竣工结算的编审依据、人员及审查时限

1）竣工结算的编审依据

（1）工程竣工报告及工程竣工验收单是编制工程竣工结算书的首要条件。未竣工的工程，或虽竣工但没有进行验收的工程，不能进行竣工结算。

（2）工程承包合同或施工协议书。

（3）经建设单位及有关部门审核批准的原工程概预算及增减概预算。

（4）施工图、设计变更图、技术洽商现场施工记录。

（5）国家和当地现行的概预算定额，材料预算价格、费用定额及有关文件规定，解释说明等。

（6）其他有关资料。

2）工程竣工结算编审人员

（1）单位工程竣工结算由承包人编制，发包人审查；实行总承包的工程，由具体承包人编制，在总包人审查的基础上，发包人审查。

（2）单项工程竣工结算或建设项目竣工总结算由总（承）包人编制，发包人可以直接进行审查，也可以委托具有相应资质的工程造价咨询机构进行审查。政府投资项目，竣工结算由同级财政部门审查。单项工程竣工结算或建设项目竣工总结算经发、承包人签字盖章后有效。

（3）承包人应在合同约定期限内完成项目竣工结算编制工作，未在规定期限内完成的并且提不出正当理由延期的，责任自负。

3）竣工结算的审查时限

单项工程竣工后，承包人应在提交竣工验收报告的同时，向发包人递交竣工结算报告和完整的竣工结算资料，发包人应按表7-5所示的规定进行核对（审查）并提出审查意见。

表7-5　工程竣工结算审查期限表

工程竣工结算报告金额	审查时间
500万元以下	从接到竣工结算报告和完整的竣工结算资料之日起20天
500万元～2000万元	从接到竣工结算报告和完整的竣工结算资料之日起30天
2000万元～5000万元	从接到竣工结算报告和完整的竣工结算资料之日起45天
5000万元以上	从接到竣工结算报告和完整的竣工结算资料之日起60天

建设项目竣工总结算在最后一个单项工程竣工结算审查确认后15天内汇总，送发包人后30天内完成审查。

3. 竣工结算的有关规定

（1）发包人收到承包人递交的竣工结算报告和完整的竣工结算资料后，应根据《建设工程价款结算暂行办法》规定的期限（合同约定有期限的，从其约定）进行核实，给予确认或者提出修改意见。发包人根据确认的竣工结算报告向承包人支付工程竣工结算价款，保留5%左右的质量保证（保修）金，待工程交付使用1年质保期到期后清算（合同另有约定的，从其约定），质保期内如有返修，发生费用应在质量保证（保修）金内扣除。

（2）发包人收到竣工结算报告和完整的竣工结算资料后，在规定或合同约定期限内，没有对结算报告及资料提出意见，则视同认可。

（3）承包人未在规定时间内提供完整的竣工结算资料，经发包人催促后14天内仍未提供或没有明确答复，发包人有权根据已有资料进行审查，责任由承包人自负。

（4）根据确认的结算报告，承包人向发包人申请支付工程竣工结算款。发包人应在收到申请后15天内支付结算款，到期没有支付的应承担违约责任。承包人可以催促发包人支付结算价款，如果达成延期支付协议，发包人应按同期银行贷款利率支付拖欠工程价款的利息。如未达成延期支付协议,承包人可以与发包人协商将该工程折价,或申请人民法院将该工程依法拍卖,承包人就该工程折价或者拍卖的价款优先受偿。

(5)发包人和承包人要加强施工现场的造价控制,及时对工程合同外的事项如实记录并履行书面手续。凡由发、承包双方授权的现场代表签字的现场签证以及发、承包双方协商确定的索赔等费用,应在工程竣工结算中如实办理,不得因发、承包双方现场代表的中途变更改变其有效性。

(6)合同以外零星施工项目的工程价款结算。发包人要求承包人完成合同以外零星项目,承包人应在接受发包人要求的 7 天内就用工数量和单价、机械台班数量和单价、使用材料和金额等向发包人提出施工签证,发包人签证后施工,如发包人未签证,承包人施工后发生争议的,责任由承包人自负。

(7)索赔价款结算。发、承包人未能按合同约定履行自己的各项义务或发生错误,给另一方造成经济损失的,由受损方按合同约定提出索赔,索赔金额按合同约定支付。

4. 竣工结算工程价款

在竣工结算时,若因某些条件变化,合同价款发生变化,则需按规定对合同价款进行调整。

在实际工作中,当年开工、当年竣工的工程,只需办理一次性结算。跨年度工程,在年终办理一次年终结算,将未完工程转结到下一年度。此时,竣工结算等于各年结算的总和。竣工结算工程价款的计算公式为

竣工结算工程价款=预算(概算)或合同价款+施工过程中预算(概算)或合同价款调整数额
－预付及已结算工程价款－保修金 (7-15)

5. 工程竣工结算的审查

工程竣工结算的审查是竣工结算阶段的一项重要工作。经审查核定的工程竣工结算是核定建设工程造价的依据,也是建设项目验收后编制竣工决算和核定新增固定资产价值的依据。因此,建设单位、监理公司以及审计部门等,都十分关注竣工结算的审查。工程竣工结算的审查一般从以下几方面着手。

1)核对合同条款

首先,应核实竣工工程内容是否符合合同条件要求,工程是否竣工验收合格,只有按合同要求完成全部工程并验收合格,工程才能列入竣工结算。其次,应按合同约定的结算方法、计价定额、取费标准、主材价格和优惠条款等,对工程竣工结算进行审核,若发现合同开口或有漏洞,应请建设单位与施工单位认真研究,明确结算要求。

2)检查隐蔽验收记录

所有隐蔽工程均需进行验收,两人以上签证:实行工程监理的项目应经监理工程师签证确认。审核竣工结算时应该对隐蔽工程施工记录和验收签证,手续完整,工程量与竣工图一致的隐蔽工程方可列入结算。

3)审核设计变更签证

设计修改变更应由原设计单位出具设计变更通知单和修改图纸,设计、校审人员签字并加盖公章,经建设单位和工程师审查同意、签证:重大设计变更应经原审批部门审批,否则不应列入结算。

4)审查工程量

竣工结算的工程量应依据竣工图、设计变更单和现场签证等进行核算,并按国家统一规定的计算规则计算。审查分项工程工程量是审查工程结算的重点,工作量很大,因此,在审查工作中,对一些造价大和容易出错的分项工程,要特别仔细地审核。在审查工程量时,应着重审查项目是否齐全,有无遗漏或重复:工程量计算是否符合规定的计算规则,尤其是计算规则容易混淆的部位。

5)审查单价

结算单价应按合同约定或招投标规定的计价定额或按《建设工程工程量清单计价规范》(GB 50500—2013)的综合单价执行。

6)审查各项费用计取

对于定额计价,建筑安装工程的取费标准应按合同要求或项目建设期间与计价定额配套使用的建筑安装工程费用定额及有关规定执行,先审核各项费率、价格指数或换算系数是否正确,价差调整计算是否符合要求,再核实特殊费用和计算程序。对于按《建设工程工程量清单计价规范》(GB 50500—2013)的计价,应注意单位工程费汇总表的内容。两者均要注意各项费用的计取基数。

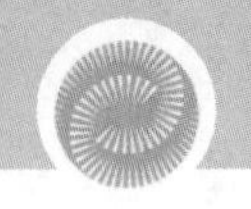

6. 工程竣工结算的要求

(1)工程竣工验收报告经甲方认可后28天内,乙方向甲方递交竣工结算报告和完整的竣工结算资料,甲乙双方按照协议书约定的合同价款及专用条款约定的合同价款调整内容,进行工程竣工结算。

(2)甲方收到乙方递交的竣工结算报告及结算资料后28天内进行核实,给予确认或者提出修改意见。

(3)甲方收到竣工结算报告及结算资料后28天内无正当理由不支付工程竣工结算价款,从第29天起按乙方同期向银行贷款利率支付拖欠工程价款的利息,并承担违约责任。

(4)甲方收到竣工结算报告及结算资料后28天内不支付工程竣工结算价款,乙方可催促甲方支付结算价款。

(5)工程竣工验收报告经甲方认可后28天内,乙方未能向甲方递交竣工结算报告和完整的竣工结算资料,造成工程竣工结算不能正常进行或工程竣工结算价款不能及时支付,甲方要求交付工程的,乙方应当交付;甲方不要求交付工程的,乙方承担保管责任。

(6)甲乙双方对工程竣工结算价款发生争议时,参照解决争议的约定处理。

案例分析

【案例背景】

某工程项目的业主通过招标确定某施工单位为中标人,并与其签订了施工承包合同,工期为6个月。已知该施工单位的投标报价构成如下:分部分项工程费为16 100.00万元,措施项目费为1800.00万元,安全文明施工费为322.00万元,其他项目费为1200.00万元,暂列金额为1000.00万元,管理费费率为10%,利润率为5%,规费费率为6%,税金税率为11%。合同还做了以下约定。

(1)材料预付款为合同价(扣除暂列金额)的20%,在开工前7天拨付,在最后两个月均匀扣回。

(2)措施项目费在开工前和开工后第2个月末分两次平均支付。

(3)业主按每次承包商应得工程款的90%支付工程款,剩余部分在竣工结算扣除质量保证金后再支付。

问题:

(1)该工程的合同价为多少?预付款是多少?

(2)首次支付的措施项目费用是多少?

(3)假定合同条款中的预付款只含材料预付款,不含措施费提前支付条款,则业主按现行有关规定预支付的安全文明施工费最低是多少万元?说明理由。安全文明施工费包括哪些费用?

【解】

问题(1):

合同价=(16 100.00万元+1800.00万元+1200.00万元)×(1+6%)×(1+11%)=22 473.06万元

预付款=(16 100+1800+1200−1000)×(1+6%)×(1+11%)×20%万元=4259.29万元

或

预付款=[22 473.06−1000×(1+6%)×(1+11%)]×20%万元=4259.29万元

问题(2):

首次支付的措施项目费=1800/2×(1+6%)×(1+11%)×90%万元=953.05万元

问题(3):

《建设工程工程量清单计价规范》(GB 50500—2013)第10.2.2条规定,发包人应在工程开工后的28天内预付不低于当年施工进度计划的安全文明施工费总额的60%,其余部分应按照提前安排的原则进行分解,并应与进度款同期支付。

根据《建设工程施工合同(示范文本)》(GF-2013-0201)通用合同条款的规定,除专用条款另有约定外,发包人应在工程开工后的28天内预付安全文明施工费总额的50%,其余部分与进度款同期支付。

业主按现行有关规定预支付的安全文明施工费最低为

$$322\times(1+6\%)\times(1+11\%)\times50\%\times90\%\text{万元}=170.49\text{ 万元}$$

安全文明施工费包括环境保护费、文明施工费、安全施工费、临时设施费。

7.4 资金使用计划的编制和应用

7.4.1 资金使用计划编制方法

1. 施工阶段资金使用计划的作用

施工阶段资金使用计划的编制与控制在整个工程造价管理中处于重要而独特的地位，它对工程造价的重要影响表现在以下几个方面。

(1)编制资金使用计划，可以合理确定工程造价施工阶段目标值，使工程造价的控制有所依据，并为资金的筹集与协调打下基础。

(2)资金使用计划的科学编制，可以对未来工程项目的资金使用和进度控制进行预测，消除不必要的资金浪费和进度失控，也能够避免在今后的工程项目中由于缺乏依据而进行轻率判断所造成的损失，减少盲目性，增加自觉性，使现有资金充分地发挥作用。

(3)资金使用计划的严格执行，可以有效地控制工程造价上升，最大限度地节约投资，提高投资效益。

对脱离实际的工程造价目标值和资金使用计划，应在科学评估的前提下，允许修订和修改，使工程造价更加趋于合理水平，从而保障建设单位和承包人各自的合法利益。

2. 施工阶段资金使用计划的编制方法

1)按不同子项目编制资金使用计划

一个建设项目往往由多个单项工程组成，每个单项工程还可能由多个单位工程组成，而单位工程一般由若干个分部分项工程组成。按不同子项目编制资金使用计划，可以做到合理分配，首先必须对工程项目进行合理划分，划分的粗细程度根据实际需要而定，如图 7-5 所示。

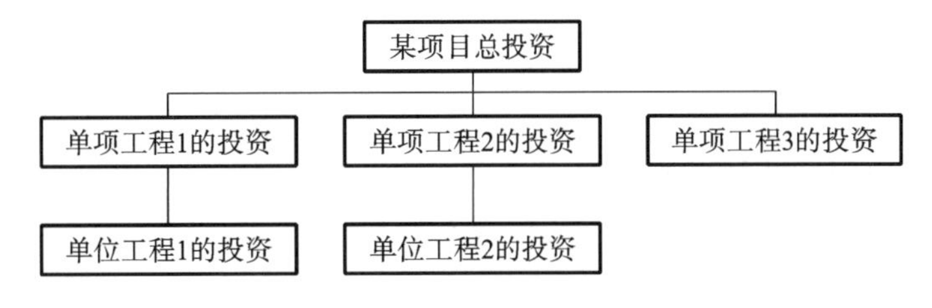

图 7-5　按子项目分解投资目标

2)按投资构成编制的资金使用计划

工程项目的投资主要分为建筑安装工程投资，设备及工具、器具购置投资以及工程建设其他投资，各个部分可以根据实际投资控制要求进一步分解，如图 7-6 所示。

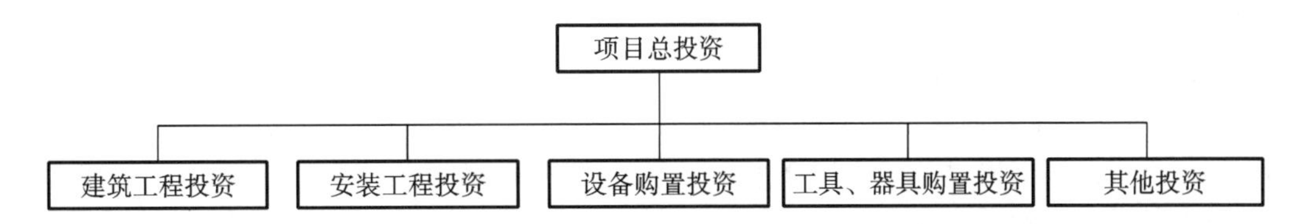

图 7-6　按投资构成分解投资目标

当然，实际工程在实施过程中，可能仅按其中一部分或几部分进行投资构成分解，主要依据工程具体情况以及发包人委托合同的要求而定。

3)按时间进度编制的资金使用计划

按时间进度编制的资金使用计划通常采用横道图法、时标网络图法、S形曲线法、香蕉图法等形式。

(1)横道图法指用不同的横道图标识已完工程计划投资,实际投资及计划完成投资,横道图的长度与其数据成正比。横道图的优点是形象直观,但信息量少,一般用于管理的较高层次。

(2)时标网络图法是在确定施工计划网络图的基础上,将施工进度与工期相结合形成网络图的方法。

(3)S形曲线法即时间-投资累计曲线。S形曲线绘制步骤包括以下几步。

①确定工程进度,编制进度计划的横道图,如表7-6所示。

表7-6 某工程进度计划横道图

分项工程	进度计划/周											
	1	2	3	4	5	6	7	8	9	10	11	12
A	100	100	100	100	100	100	100					
B		100	100	100	100	100	100	100				
C			100	100	100	100	100	100	100	100		
D				200	200	200	200	200	200			
E					100	100	100	100	100	100	100	
F						200	200	200	200	200	200	200

②根据每单位时间内完成的实物工程量或投入的人力、物力和财力,计算单位时间的投资,如表7-7所示。

表7-7 单位时间投资

时间/月	1	2	3	4	5	6	7	8	9	10	11	12
投资/万元	100	200	300	500	600	800	800	700	600	400	300	200

③计算规定时间t内计划累计完成的投资,其计算方法为单位时间投资累加,计算公式为

$$Q_t = \sum_{n=1}^{t} q_n$$

式中,Q_t——计划累计投资;

q_n——单位时间投资;

t——规定的计划时间。

单位时间投资累计可以得到计划累计投资,如表7-8所示。

表7-8 单位时间投资

时间/月	1	2	3	4	5	6	7	8	9	10	11	12
投资/万元	100	200	300	500	600	800	800	700	600	400	300	200
计划累计投资/万元	100	300	600	1100	1700	2500	3300	4000	4600	5000	5300	5500

④绘制S形曲线。每条S形曲线都是对应某一特定的工程进度计划。进度计划的非关键路线中存在许多有时差的工序或工作,因此,S形曲线(投资计划值曲线)必然包括在由全部活动都按最早开工时间开始和全部活动都按最迟开工时间开始的曲线所组成的香蕉图内,如图7-7所示。建设单位可根据编制的投资支出预算来合理安排资金,也可以根据筹措的建设资金来调整S形曲线,即通过调整非关键路线上的工序项目的开工时间,将实际的投资支出控制在预算的范围内。

4)香蕉图方法

和S形曲线相比,香蕉图需要分别按照最早开工时间和最迟开工时间绘制曲线,两条曲线形成类似于香蕉的曲线图,如图7-8所示。

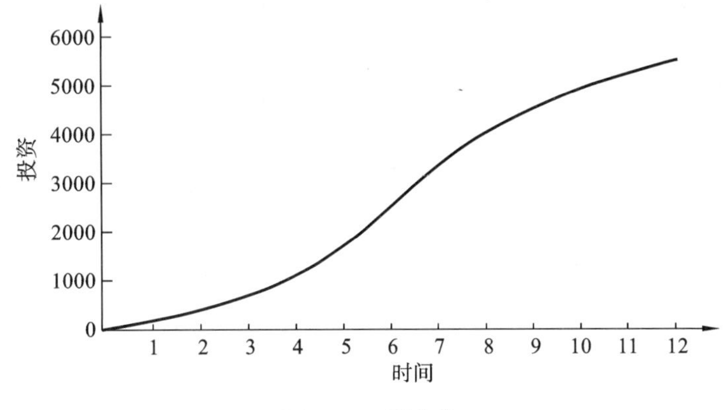

图 7-7　S 形曲线

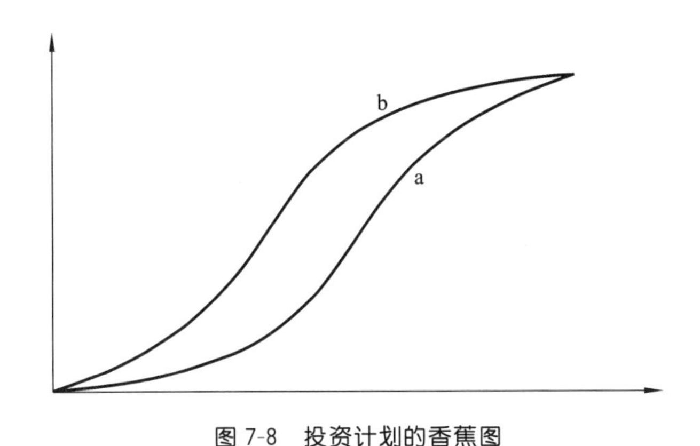

图 7-8　投资计划的香蕉图

a—所有活动按最迟开始时间开始时的曲线；
b—所有活动按最早开始时间开始的曲线

7.4.2　施工阶段投资偏差与进度偏差分析

1. 投资偏差和进度偏差

施工阶段投资偏差的形成，是由于施工过程随机因素与风险因素的影响形成了实际投资与计划投资、实际工程进度与计划工程进度的差异，这些差异称为投资偏差与进度偏差，这些偏差是施工阶段工程造价计算与控制的对象。

1）投资偏差

投资偏差指投资计划值与实际值之间存在的差异，通常用已完工程实际投资（ACWP，actual-cost-work-performed）与已完工程计划投资（BCWP，budgeted-cost-work-performed）之差来表示。

投资偏差＝已完工程实际投资－已完工程计划投资　　（7-16）

已完工程实际投资＝实际工程量×实际单价　　（7-17）

已完工程计划投资＝实际工程量×计划单价　　（7-18）

投资偏差为正表示投资增加，为负表示投资减少。

2）进度偏差

与投资偏差密切相关的是进度偏差，不考虑进度偏差就不能正确反映投资偏差的实际情况，所以有必要引入进度偏差。为了与投资偏差联系起来，进度偏差通常用时间差异来表示，也可利用资金差值来表示。进度偏差通常是指计划完成工程量的计划投资（BCWS，budgeted-cost-work-scheduled）与已完工程计划投资（BCWP）之差。

进度偏差＝计划完成工程量的计划投资－已完工程计划投资　　（7-19）

计划完成工程量的计划投资＝计划完成工程量×计划单价　　（7-20）

已完工程计划投资＝实际工程量×计划单价　　（7-21）

进度偏差为正值时，表示工期拖延；为负值时，表示工期提前。

3）有关投资偏差的其他概念

投资偏差具体又分为以下几种。

（1）局部偏差和累计偏差。

局部偏差有两层含义：一是相对于总项目的投资而言，指各单项工程、单位工程和分部分项工程的偏差；二是相对于项目实施的时间而言，指每一控制周期的投资偏差。累计偏差，是在项目已经实施的时间内累计发生的偏差。累计偏差的工程内容及其原因一般都比较明确，分析结果比较多、范围较大，并且原因也较复杂，因此，累计偏差分析必须以局部偏差分析的结果进行综合分析，其结果更能显示规律性，对投资工作在较大范围内具有指导作用。

（2）绝对偏差和相对偏差。

绝对偏差是指投资计划值与实际值的差额。相对偏差是指投资偏差的相对数或比例数，通常用绝对偏差与投资计划值的比值来表示，即

相对偏差＝绝对偏差÷投资计划值＝（投资实际值—投资计划值）÷投资计划值　　（7-22）

绝对偏差和相对偏差的数值均可正可负，且两者符号相同，正值表示投资增加，负值表示投资减少。在进行投资偏差分析时，绝对偏差和相对偏差都要进行计算。绝对偏差的结果比较直观，其作用主要是了解项目投资偏差的绝对数额，指导调整资金支出计划和资金筹措计划。由于项目规模、性质、内容不同，其投资总额会有很大差异，因此，绝对偏差就有一定的局限性。相对偏差能较客观地反映投资偏差的严重程度或合理程度，从对投资控制工作的要求来看，相对偏差比绝对偏差更有意义，应当给予更高的重视。

2. 常用的偏差分析方法

常用的偏差分析方法有横道图法、时标网络图法、表格法和曲线法。

1）横道图法

用横道图进行投资偏差分析，是用不同的横道标识已完工程计划投资和实际投资以及计划完成工程量的计划投资，横道的长度与其数额成正比，如图7-9所示。

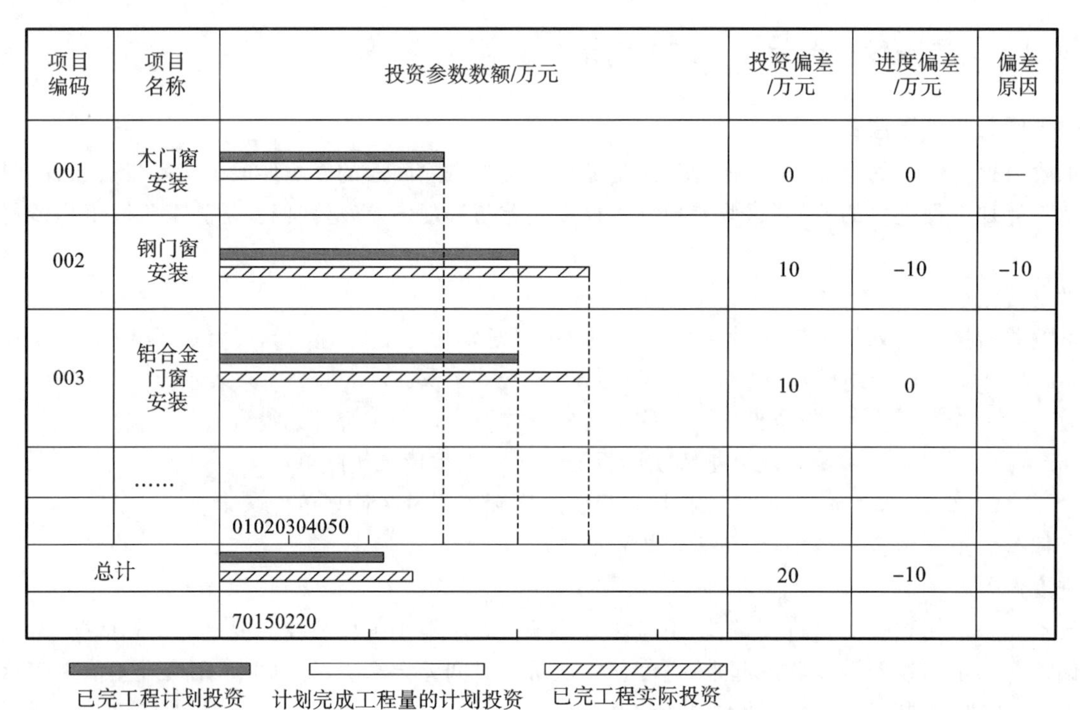

图7-9　横道图法进行投资偏差分析

2）时标网络图法

时标网络图是在确定施工计划网络图的基础上，将施工的实施进度与日历工期相结合形成的网络图。根

据时标网络图可以得到每一时间段的计划完成工程量的计划投资，已完工程实际投资可以根据实际工作完成情况测得，在时标网络图上考虑实际进度前锋线可以得到每一时间段的已完工程计划投资。实际进度前锋线表示整个项目目前实际完成的工作的情况，将某一确定时点下时标网络图中各个工序的实际进度点相连就可以得到实际进度前锋线。

【例 7-8】

某工程施工总承包合同工期为 20 个月。在工程开工之前，总承包单位向总监理工程师提交了施工总进度计划，各工作均匀进行(见图 7-10)。该计划得到总监理工程师的批准。当工程进行到第 7 个月末，进度检查绘出实际进度前锋线，如图 7-10 所示。

E 工作和 F 工作于第 10 个月末完成以后，业主决定对 K 工作进行设计变更，变更设计图纸于第 13 个月末完成。工程进行到第 12 个月末，进度检查时发现如下问题：

①H 工作刚刚开始；

②I 工作仅完成了 1 个月的工作量；

③J 工作和 G 工作刚刚完成。

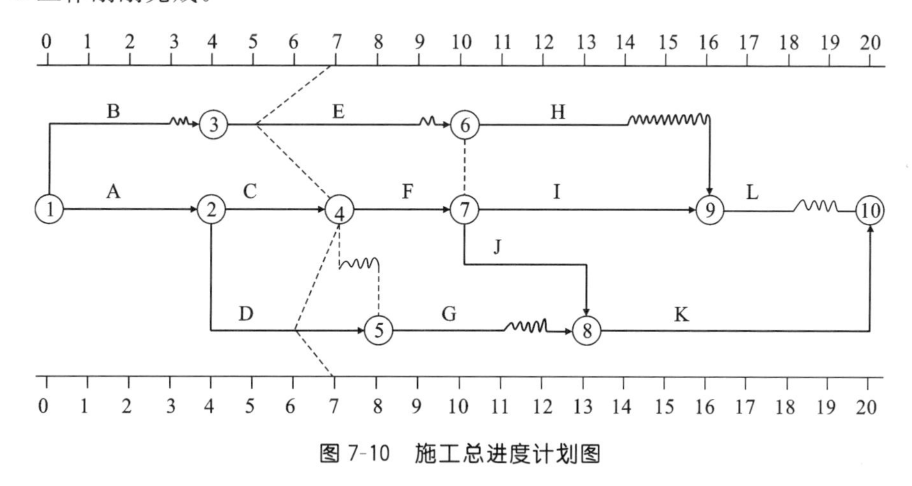

图 7-10 施工总进度计划图

问题：

(1)根据第 7 个月末工程施工进度检查结果，分别分析 E、C、D 工作的进度情况及对其后工作和总工期产生的影响。

(2)假定 A、B、C、D、E 工作均衡进行，计划所需的费用分别为 40 万元、45 万元、27 万元、16 万元、25 万元，已知第 7 个月末检查时的实际费用累计值为 150 万元，试结合第 7 个月末的实际进度前锋线，用偏差分析方法计算说明第 7 个月末的进度偏差及费用偏差。

【解】

(1)E 工作拖后 2 个月，影响 H、I、J 工作的最早开始时间，ESH＝10，ESI＝10，ESJ＝10，TFE＝1，影响总工期 1 个月。

C 工作实际进度与计划进度一致，不影响 F、G 的最早开始时间，不影响总工期。

D 工作拖后 1 个月，影响 G 工作的最早开始时间，ESG＝8，TFD＝2，但不影响总工期。

(2)第 7 个月末：

计划完成工程量的计划投资＝A＋B＋C＋3/4D＋3/5E＝(40＋45＋27＋3/4×16＋3/5×25)万元＝139 万元

已完工程计划投资＝A＋B＋C＋1/2D＋1/5E＝(40＋45＋27＋1/2×16＋1/5×25)万元＝125 万元

进度偏差＝计划完成工程量的计划投资－已完工程计划投资＝(139－125)万元＝14 万元

进度拖延了 14 万元。

投资偏差＝完成工程实际投资－已完工程计划投资＝(150－125)万元＝25 万元

费用超支了 25 万元。

3)表格法

表格法根据项目的具体情况、数据来源、投资控制工作的要求等条件来设计表格，因此适用性较强，如表

7-9所示。表格法的信息量大，可以反映各种偏差变量和指标，对全面深入地了解项目投资的实际情况非常有益。

4)曲线法

曲线法是利用投资累计曲线进行投资偏差分析的方法，如图 7-11 所示。曲线法中横轴代表时间(进度)，竖轴表示费用(投资)。曲线法进行偏差分析时，通常有三条投资曲线，即已完成工程实际投资曲线 a，已完工程计划投资曲线 b 和计划完成工程量的计划投资曲线 p，图中，曲线 a 与 b 的竖向距离表示投资偏差，曲线 p 与 b 的水平距离表示进度偏差，曲线 p 与 a 的竖向距离表示投资增加。

表 7-9 表格法偏差分析

项目编码	(1)	001	002	003
项目名称	(2)	木门窗安装	钢门窗安装	铝合金门窗安装
单位	(3)			
计划单价	(4)			
计划完成工程量	(5)			
计划完成工程量的计划投资	(6)＝(4)×(5)	20	20	30
已完工程量	(7)			
已完工程计划投资	(8)＝(4)×(7)	20	30	30
实际单价	(9)			
其他款项	(10)			
已完工程实际投资	(11)＝(7)×(9)＋(10)	20	40	40
投资局部偏差	(12)＝(11)－(8)	0	10	10
投资局部偏差程度	(13)＝(11)÷(8)	1	1.33	1.33
投资累计偏差	(14)＝ $\sum$(12)			
投资累计偏差程度	(15)＝ $\sum$(11) ÷ $\sum$(8)			
进度局部偏差	(16)＝(6)－(8)	0	－10	0
进度局部偏差程度	(17)＝(6)÷(8)	1	0.66	1
进度累计偏差	(18)＝ $\sum$(16)			
进度累计偏差程度	(19)＝ $\sum$(6) ÷ $\sum$(8)			

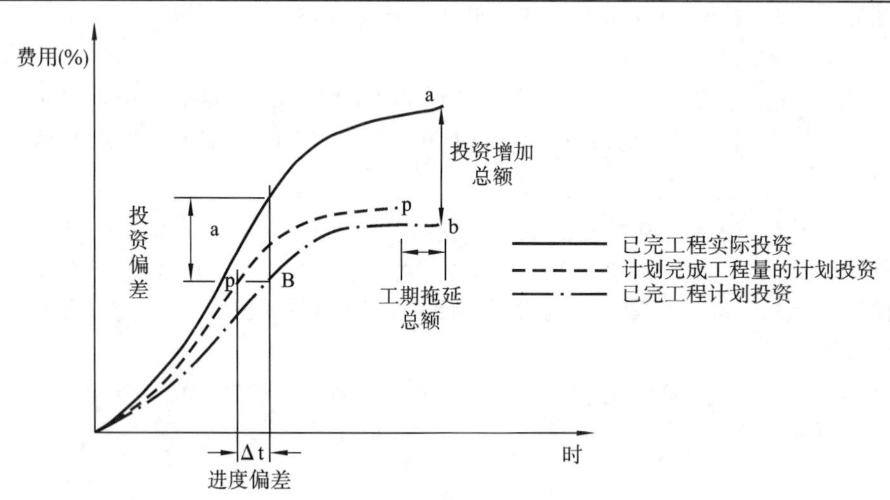

图 7-11 曲线法偏差分析

7.4.3 偏差的形成原因及纠偏措施

1. 偏差类型

偏差的类型分为四种。

1)投资增加且工期拖延

这种类型是纠正偏差的主要对象。

2)投资增加但工期提前

这种情况下要适当考虑工期提前带来的效益:如果增加的资金值超过增加的效益时,要采取纠偏措施;若这种收益与增加的投资大致相当于甚至高于投资增加额,则未必需要采取纠偏措施。

3)工期拖延但投资节约

这种情况下是否采取纠偏措施要根据实际需要确定。

4)工期提前且投资节约

这种情况是最理想的,不需要采取任何纠偏措施。

2. 引起偏差的原因

一般来讲,引起投资偏差的原因主要有四个方面,包括客观原因、业主原因、设计原因和施工原因,如图7-12所示。

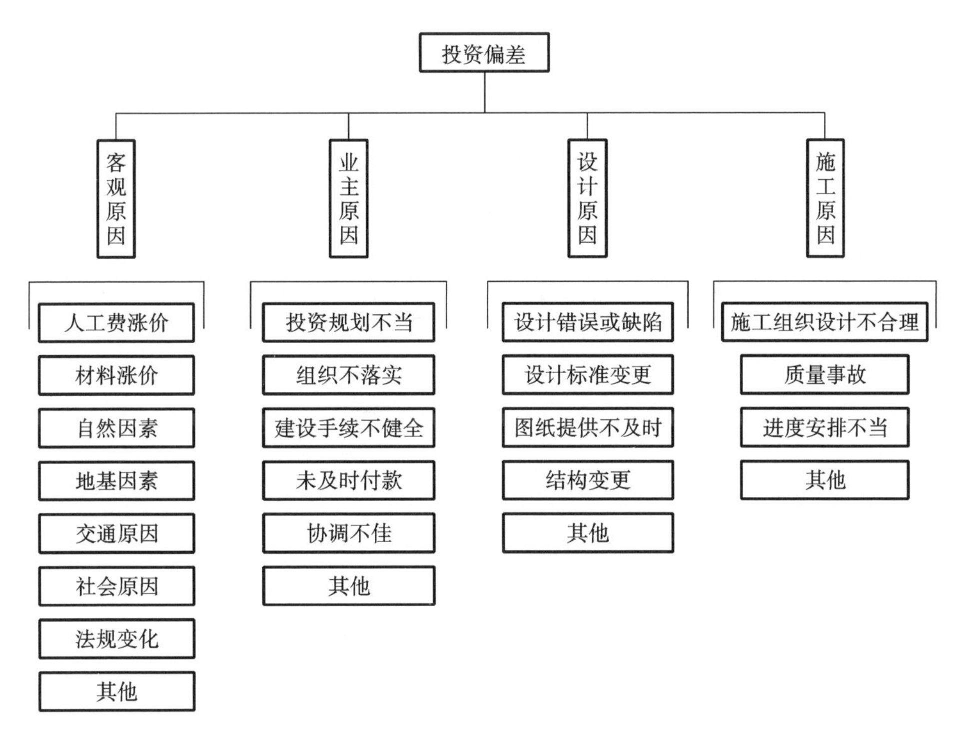

图 7-12　引起偏差的原因

3. 纠偏措施

纠偏措施分为组织措施、经济措施、技术措施、合同措施。

1)组织措施

组织措施是指从投资控制的组织管理方面采取的措施,例如落实投资控制的组织机构和人员,明确各级投资控制人员的任务、职能分工、权利和责任,改善投资控制工作流程等。组织措施往往被人忽视,其实它是其他措施的前提和保障,而且一般无须增加什么费用,运用得当可以收到良好的效果。

2)经济措施

经济措施最易被人们接受,但运用中要特别注意不可把经济措施简单理解为审核工程量及相应的支付价款,应从全局出发来考虑问题,如检查投资目标分解的合理性、资金使用计划的保障性、施工进度计划的协调性。另外,通过偏差分析和未完工程预测还可以发现潜在的问题,及时采取预防措施,可以取得造价控制的主动权。

3)技术措施

从造价控制的要求来看,技术措施并不都是因为发生了技术问题才使用的,也可能是因为出现了较大的投资偏差而运用的。不同的技术措施往往会有不同的经济效果,因此,运用技术措施纠偏时,要对不同的技术方案进行技术经济分析综合评价后进行选择。

4)合同措施

合同措施在纠偏方面主要指索赔管理,在施工过程中,索赔事件的发生是难免的,造价工程师在发生索赔事件后,要认真审查有关索赔依据是否符合合同规定,索赔计算是否合理等,从主动控制的角度出发,加强日常的合同管理,落实合同规定的责任。

案例分析

【案例目的】

(1)能够根据建设工程项目的资金使用计划以及实际资金支付情况进行投资偏差分析。

(2)能够根据工程实际情况进行进度款计算与结算。

【案例背景】

某工程项目发包人与承包人签订了施工合同,工期为 4 个月。工程内容包括 A、B 两个分项工程,综合单价分别为 360.00 元/m³、220 元//m³;管理费和利润为人、材、机费用之和的 16%,规费和税金为人、材、机费用,管理费和利润之和的 10%。分项工程工程量及单价措施项目费如表 7-10 所示。

表 7-10 分项工程工程量及单价措施项目费用表

工程量和费用名称		月份				合计
		1	2	3	4	
A 分项工程	计划工程量/m³	200	300	300	200	1000
	实际工程量/m³	200	320	360	300	1180
B 分项工程	计划工程量/m³	180	200	200	120	700
	实际工程量/m³	180	210	220	90	700
单价措施项目费用/万元		2	2	2	1	7

总价措施项目费用为 6 万元(其中安全文明施工费为 3.6 万元),暂列金额为 15 万元。合同中有关工程价款结算与支付的约定如下。

(1)开工日 10 天前,发包人应向承包人支付合同价款(扣除暂列金额和安全文明施工费)的 20%作为工程预付款,工程预付款在第 2、3 个月的工程价款中平均扣回。

(2)开工后 10 日内,发包人应向承包人支付安全文明施工费的 60%,剩余部分和其他总价措施项目费用在第 2、3 个月平均支付。

(3)发包人按每月承包人应得工程进度款的 90%支付工程进度款。

(4)当分项工程工程量增加(或减少)幅度超过 15%时,应调整综合单价,调整系数为 0.9(或 1.1),措施项目费按无变化考虑。

(5)B 分项工程所用的两种材料采用动态结算方法结算,这两种材料在 B 分项工程分析工程费用中所占比例分别为 12%和 10%,基期价格指数为 100。

施工期间，经监理工程师核实及发包人确认的有关事项如下。

(1)第 2 个月的现场计日工的人、材、机费用为 6.8 万元。

(2)第 3 个月物价上涨超过 15%，承包商要求调价，监理工程师核实情况属实，批准综合单价为 248 元/m^3

(3)第 4 个月 B 分项工程动态结算的两种材料价格指数分别为 110 元和 120 元。

问题：

(1)该工程合同价为多少万元？工程预付款为多少万元？

(2)第 2 个月发包人应支付给承包人的工程价款为多少万元？

(3)到第 3 个月末 B 分项工程的投资偏差为多少万元？

(4)第 4 个月 A、B 两项分项工程的工程价款分别为多少万元？发包人在该月应支付给承包人的工程价款为多少万元？(计算结果保留三位小数)

【解】

(1)合同价=[(360×1000+220×700)/10 000+7+6+15]×(1+10%)万元=87.34 万元。

工程预付款=[(360×1000+220×700)/10 000+7+6+15]×(1+10%)×20%万元=17.468 万元。

(2)第 2、3 月支付的措施费=(6−3.6×60%)/2 万元=1.92 万元。

第 2 个月发包人应支付给承包人的工程价款为

[(360×320+220×210)/10 000+2+1.02+6.8×1.16]×(1+10%)×90%万元=26.778 万元

(3)第 3 个月末已完工程计划投资=(160+210+220)×220×(1+10%)/10 000 万元=14.278 万元。

第 3 个月末已完工程实际投资=(160+210+220)×248×(1+10%)/10 000 万元=16.095 万元。

第 3 个月末的投资偏差=已完工程实际投资−已完工程计划投资=(16.095−14.278)万元=1.817 万元。

(4)(1180−1000)/1000=18%>15%，需要调价。

1000×(1+15%)=1150，前三个月实际工程量为(1180−300)m^3=880 m^3。

第 4 个月 A 分项工程价款为

[(1150−880)×360+(1180−1150)×360×0.9]×(1+10%)/10 000 万元=11.761 万元

第 4 个月 B 分项工程价款为

90×220× (1+10%)(78%+12%×110/100+10%×120/100)×(1+10%)/10 000 万元=2.472 万元

第 4 个月的措施费=1×(1+10%)万元=1.1 万元。

第 4 个月应支付工程价款=(11.761+2.472+1.1)×90%万元=13.800 万元。

7.5 基于 BIM 的施工阶段的工程造价管理

工程造价是指工程建设过程中的花费总额，强化工程造价管理工作不仅能够切实保障工程各环节得到合理控制，而且可以有效降低工程建设成本，提升工程经济效益。一般来讲，传统工程造价管理存在诸多缺陷以及问题，已经无法满足时代发展要求和工程建设需求。所以，应当加强 BIM 技术应用，将 BIM 技术与造价相结合，可以更加科学、合理地确定工程造价，保障工程经济效益。

建筑工程施工周期较长，施工范围比较广，存在诸多不稳定因素，直接对造价管理工作造成较大影响，加大了造价管理的难度，尤其是在工程施工阶段。将 BIM 技术运用在施工阶段的工程造价管理过程中，可以使工程整体管理质量和管理水平得到全面提升，其中，相关的审核人员可以采用信息技术针对 BIM 历史数据进行模拟计算，从而对各施工环节消耗量进行全面分析，同时完成数据汇总以及数据输出等工作。除此之外，工程施工阶段经常会存在设计变更问题，这样会造成重复性施工，还可能对施工质量和进度造成严重影响，导致工程造价成本大幅度提升，但是施工之前可以通过 BIM 技术进行实验，还可以进行审核，保障设计的合理性以及可靠性，避免变更问题。除此之外，施工阶段还可以通过 BIM 技术实时监测，使工程质量、工程造价以及工程进度等各方面工作得到良好保障。本节将详细介绍 BIM 5D 在施工阶段造价管理中的应用，如图 7-13 所示。

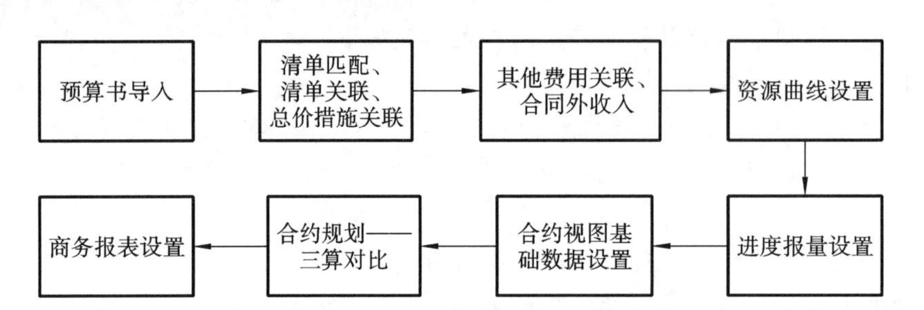

图 7-13　BIM 5D 在施工阶段造价管理中的应用

7.5.1　下载项目

双击 BIM 5D 3.5 软件快捷方式，登录 BIM 云，选择“协同项目”—“新建工程”，弹出项目列表后选择管理工具中创建的项目，点击“下载项目”，选择版本“商务端”，如图 7-14 所示。

图 7-14　下载项目

7.5.2　预算书导入

点击软件主界面左上角的“锁定/解锁”按钮。锁定商务基础数据，并输入锁定信息。

点击“预算导入”，选择“合同预算/成本预算”，新建土建、机电分组，选择“土建”，点击“新建”添加预算书。

添加后点击主界面左上角的“数据提交”按钮，填写提交日志，点击“确定”提交数据并解锁，如图 7-15 所示。

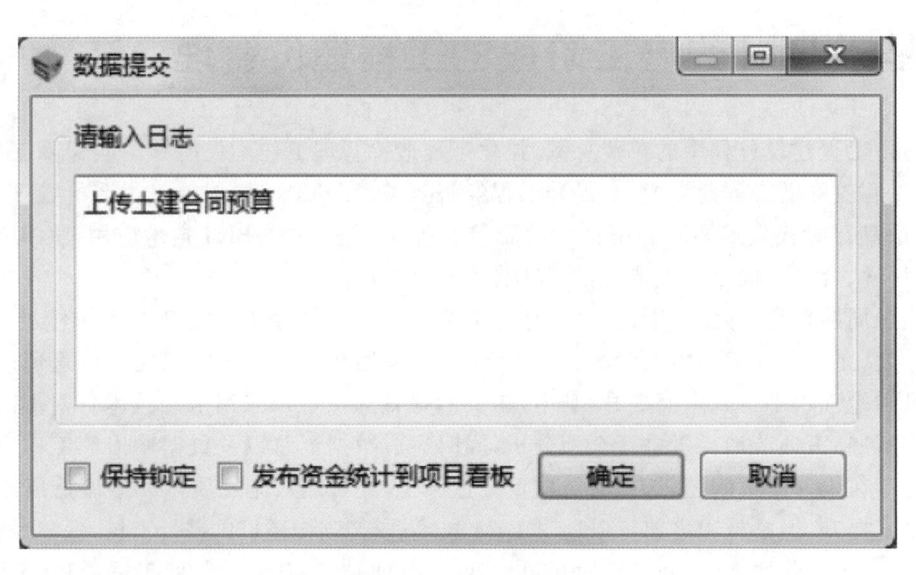

图 7-15　预算书导入

备注:勾选“保持锁定”可以提交数据并保持锁定状态,勾选“发布资金统计到项目看板”可以将资金统计数据上传到项目看版。

7.5.3 清单匹配、清单关联、总价措施关联

点击主界面左上角的“锁定/解锁”按钮,锁定清单关联模型下的土建专业,并输入锁定信息。注:锁定土建专业后,非本专业预算书不可以进行清单匹配、清单关联、总价措施关联。

进行清单匹配或清单关联,将土建预算文件和模型关联;进行总价措施关联,将措施与清单关联,匹配或关联后,提交数据并解锁。

备注:①清单匹配、清单关联此处不做详细介绍,详细操作见单机版相应章节操作手册。

②在清单关联时,如果有父子关系的图元构件,关联父关系图元构件时,构件工程量为0,关联子关系图元构件时,才有工程量,例如管理桩承台时,工程量为0,关联桩承台单元时,才会有工程量,如图7-16所示。

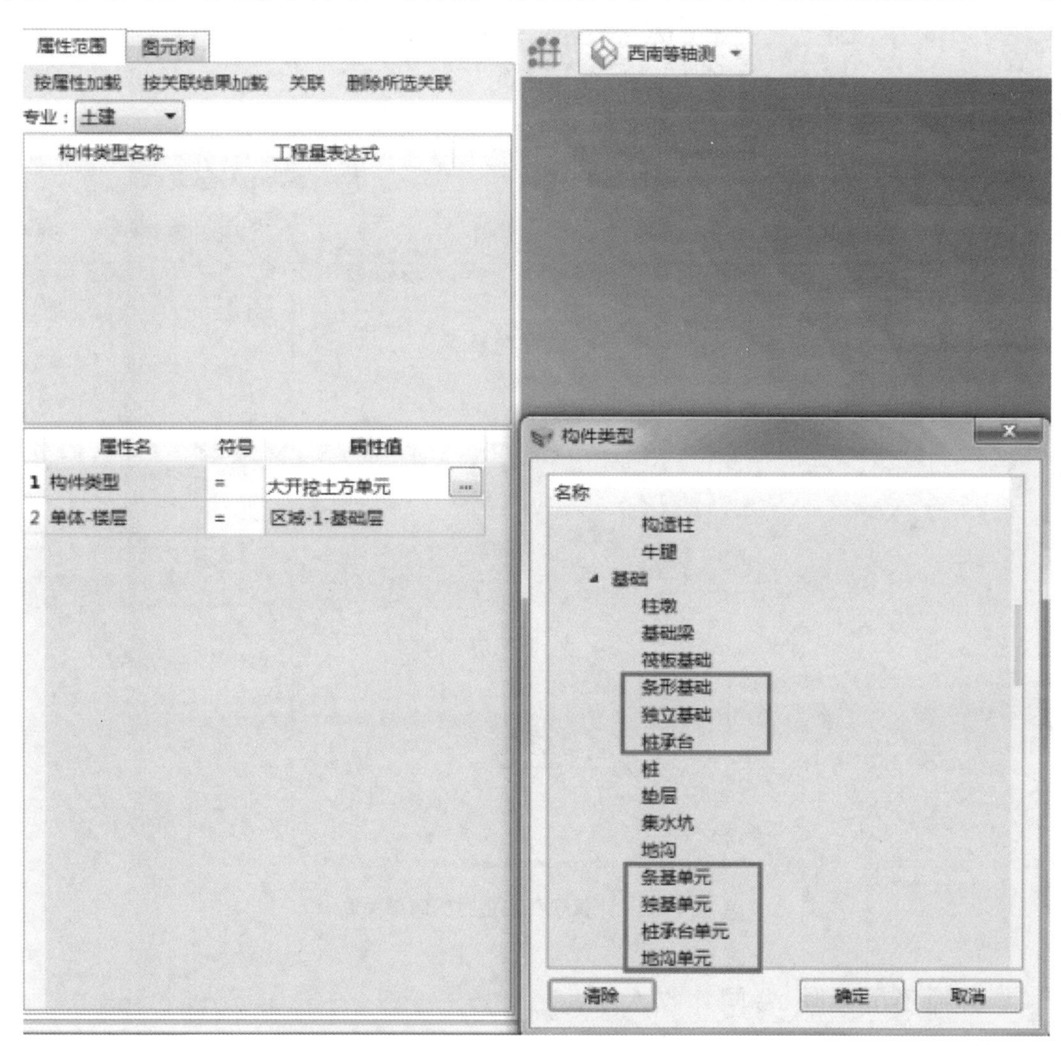

图7-16 清单关联

③选项设置,资金曲线计算规则设置成不计算规费税金,当导入的预算文件不包含GBQ文件,清单关联显示“清单关联、总价措施关联、其他费用关联”页签,由于不计算规费税金,切换到资金曲线,点击“费用预计算”—“刷新曲线”,可查看该时间段的分部分项费用、措施费用、其他费用的费用合计,如图7-17所示。

④选项设置,资金曲线计算规则设置成按GBQ文件计算规费税金,如图7-18所示,导入广联达GBQ文件,如图7-19所示,清单关联显示“清单关联、其他费用”页签,由于设置的是按GBQ文件计算规费税金,点击“费用预计算”—“刷新曲线”,资金曲线显示全费用,即包含措施费、规费、税金,该部分金额软件自动计算,用户可以通过资金曲线汇总列表-导出Q4文件查看计算金额,如图7-20所示。

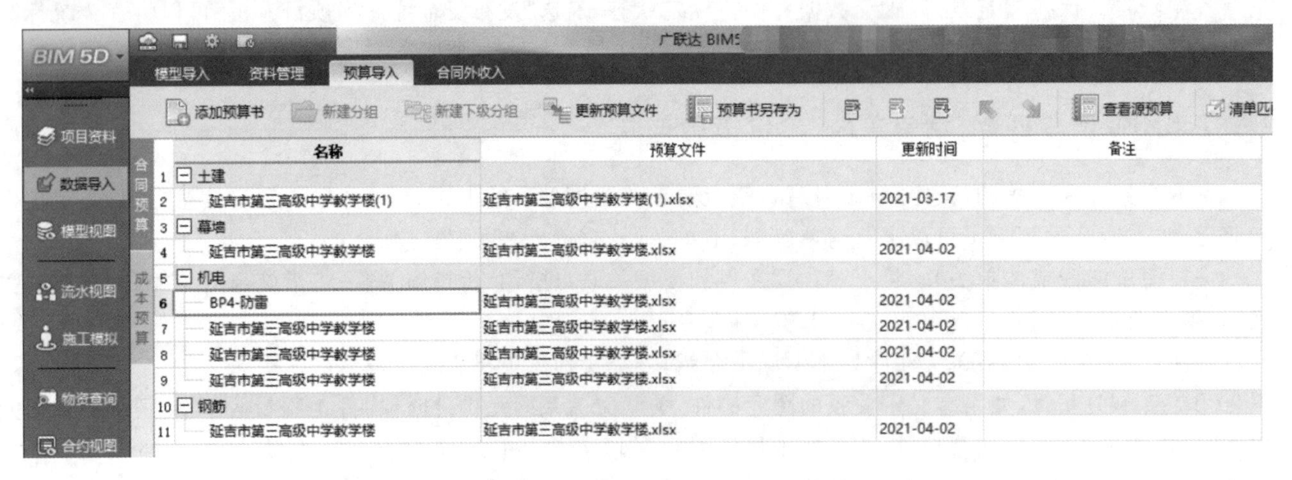

图 7-17　不计算规费税金时的清单关联

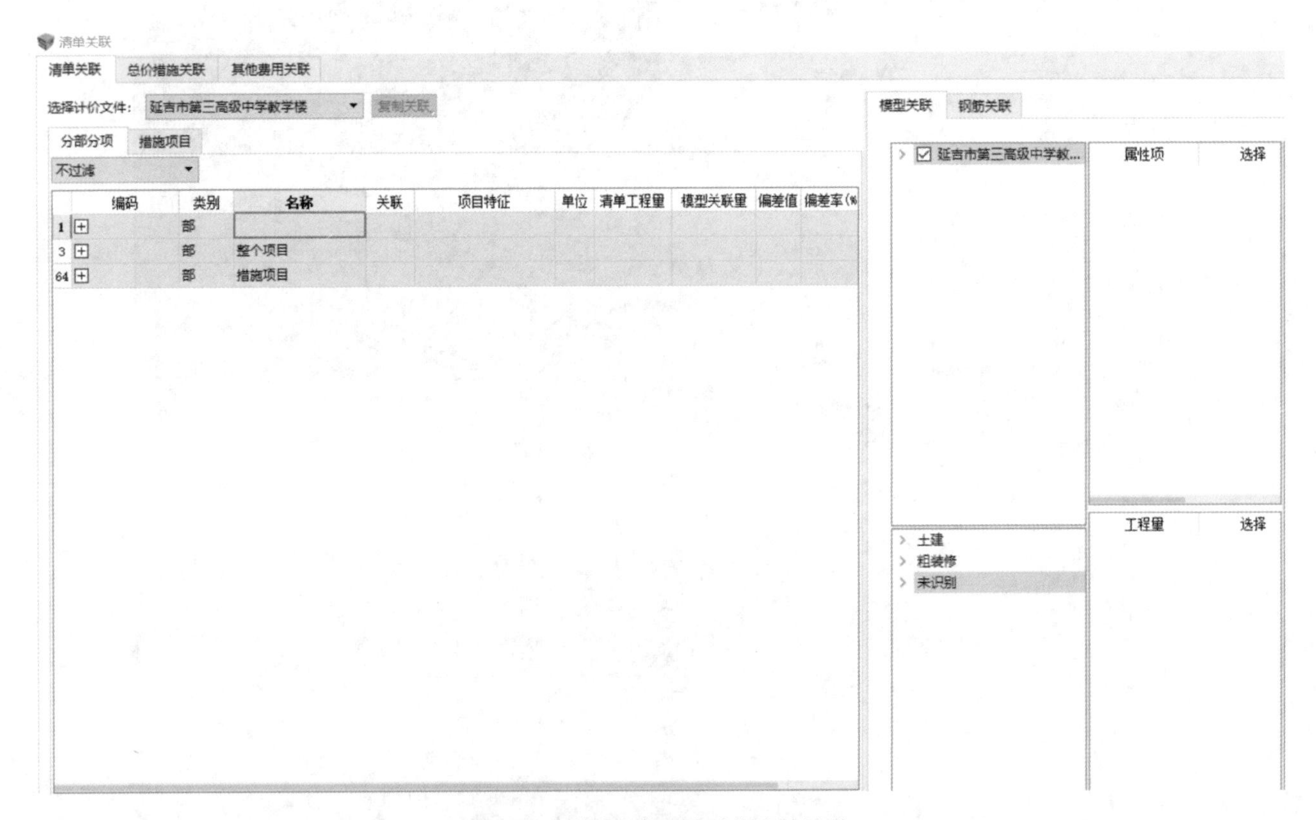

图 7-18　计算规费税金时的清单关联

7.5.4　其他费用关联、合同外收入

点击主界面左上角的“锁定/解锁”按钮，锁定商务基础数据，并输入锁定信息。“清单关联”切换至其他费用关联，新建其他费用。“数据导入”切换至合同外收入，点击“添加合同外收入”并添加附件。添加后点击主界面左上角的“数据提交”按钮，填写提交日志，点击“确定”提交数据并解锁。

7.5.5　资源曲线设置

点击主界面左上角的“锁定/解锁”按钮，锁定商务基础数据，并输入锁定信息。在施工模拟界面点击“视图”，选择“资源曲线”，点击“曲线设置”，弹出“曲线设置”对话框，设置曲线资源类别，返回施工模拟界面，点

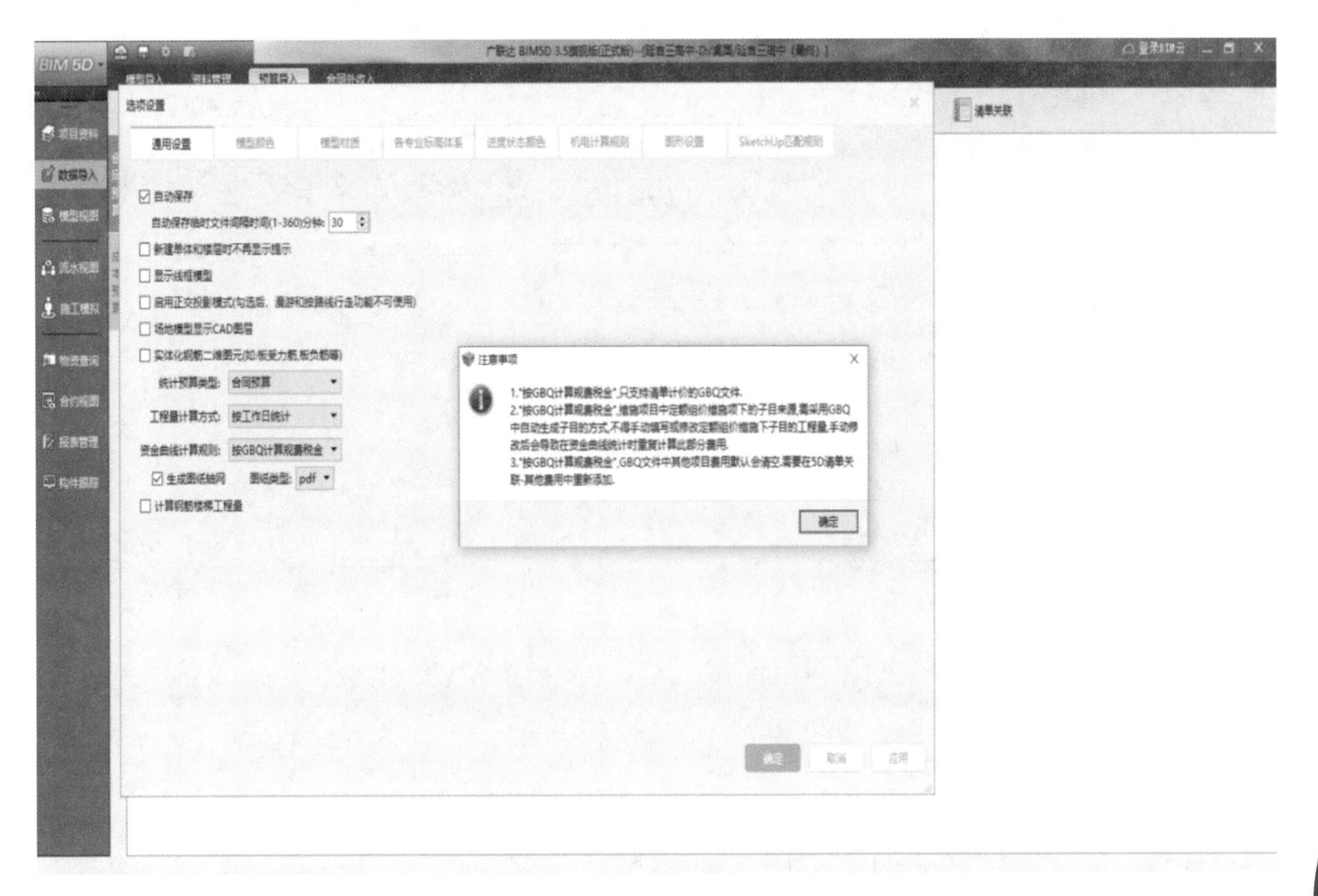

图 7-19　导入广联达 GBQ 文件

击“刷新曲线”，显示设置的资源曲线，如图 7-21 所示。

点击主界面左上角的“数据提交”按钮，填写提交日志，点击“确定”提交数据至云空间。

7.5.6　进度报量设置

点击主界面左上角的“锁定/解锁”按钮，锁定商务基础数据，并输入锁定信息。在施工模拟界面点击“视图”，选择“进度报量”，点击“新增”，新增进度报量，对“完工量对比”中的“本期完成”进行设置，如图 7-22 所示，设置完成后点击主界面左上角的“数据提交”按钮，填写提交日志，点击“确定”提交数据至云空间。

注：在模型浏览界面右键单击“构件图元”，选择“设置实际完工量（需打开进度报量窗体）”，可以设置实际完工量，如图 7-23 所示，当商务基础数据处于锁定状态才能设置。

7.5.7　合约视图基础数据设置

点击主界面左上角的“锁定/解锁”按钮，锁定商务基础数据，并输入锁定信息。切换到合约视图模块，如图 7-24 所示，新建费用项，录入分包合同，填写合同变更，批量设置分包，如图 7-25 所示。

7.5.8　合约规划——三算对比

点击主界面左上角的“锁定/解锁”按钮，锁定商务基础数据，并输入锁定信息。编辑“清单三算对比”和“资源三算对比”实际成本的工程量和单价，如图 7-26 所示。

点击主界面左上角的“数据提交”按钮，填写提交日志，点击“确定”提交数据至云空间。

清单关联

清单关联　其他费用关联

合同预算　显示全部清单　匹配构件类型　复制关联　查看未套清单图元

属性范围　图元树

按属性加载　按关联结果加载　关联　删除所选关联

专业：

构件类型名称　工程量表达式

	编码	名称	关联	工程量表达式
1	武汉某研发基地项目			
2		整个项目		
25		措施项目		
26	一	总价措施		
28	二	单价措施		
29	BQ6 防雷 - 150331			
30	武汉某研发基地项目			
31	装饰工程			
32		整个项目		
37		措施项目		
38	一	总价措施		
40	二	单价措施		
41	武汉某研发基地项目消防			
42		整个项目		
49		措施项目		
50	一	通用项目		
55	二	建筑工程		
59	三	可计量措施		
60	武汉某研发基地项目钢筋			
61		整个项目		
63		措施项目		
64	一	通用项目		
65	5	大型机械设备进出场及安拆费		
66	6	施工排水		
67	7	施工降水		
68	9	已完工程及设备保护		
69	二	建筑工程		
73	三	可计量措施		
74	武汉某研发基地项目给排水			

属性名　符号　属性值

图 7-20　通过资金曲线汇总列表-导出 Q4 文件查看计算金额

7.5.9　商务报表设置

点击主界面左上角的“锁定/解锁”按钮，锁定商务基础数据，并输入锁定信息。切换到报表管理界面，可以进行报表树下新建分组、复制报表、导入报表配置文件、设计报表等操作，如图 7-27 所示。

点击主界面左上角的“数据提交”按钮，填写提交日志，点击“确定”提交数据至云空间。

7.5.10　其他操作

预算人员还可以做其他操作，如更新合同预算、成本预算文件，更新其他费用关联，更新合同外收入，更新资源曲线类型，更新进度报量统计方式，查看资金曲线，按时间轴查看清单工程量，高级工程量查询清单工程量等。

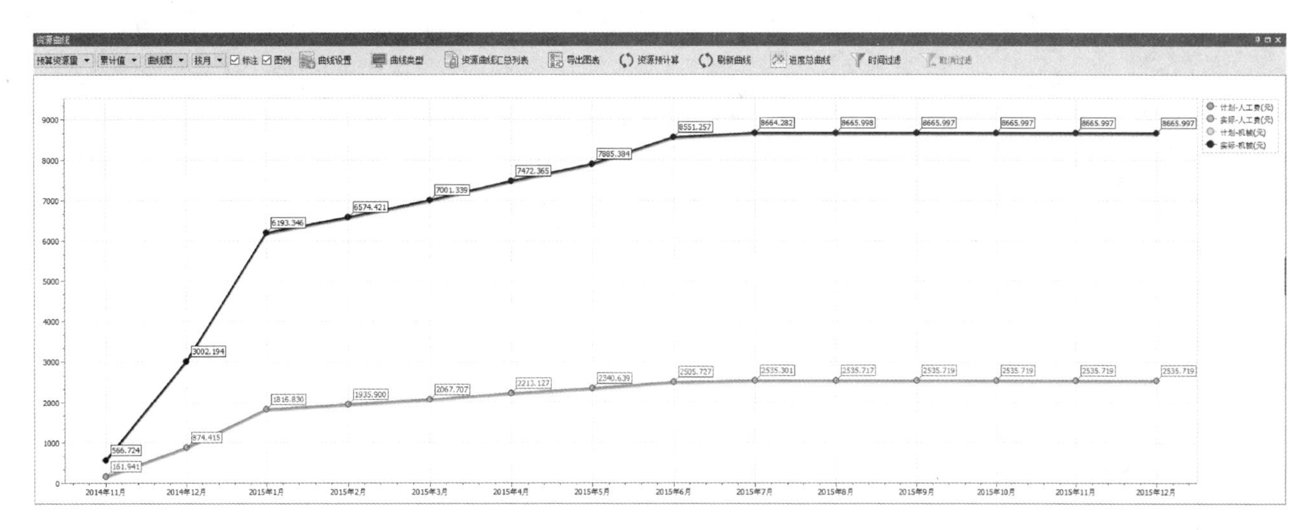

图 7-21　资源曲线设置

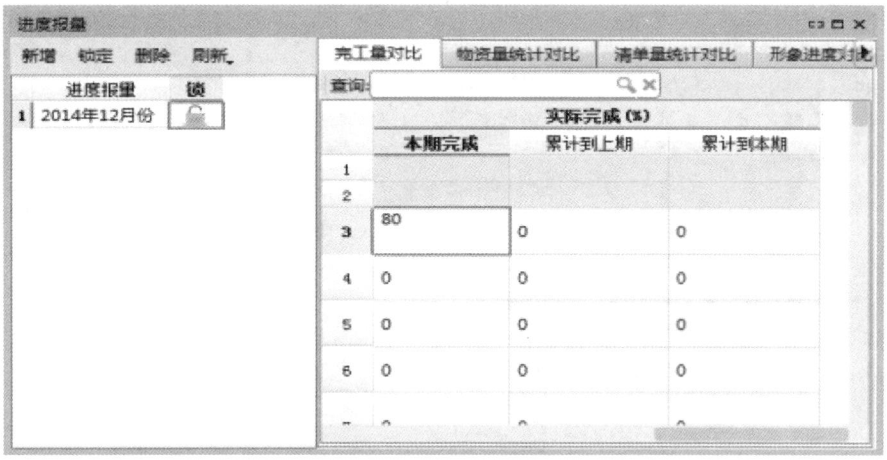

进度报量

新增　锁定　删除　刷新

	进度报量	锁
1	2014年12月份	

完工量对比　物资量统计对比　清单量统计对比　形象进度对比

查询:

	实际完成(%)		
	本期完成	累计到上期	累计到本期
1			
2			
3	80	0	0
4	0	0	0
5	0	0	0
6	0	0	0

图 7-22　进度报量设置

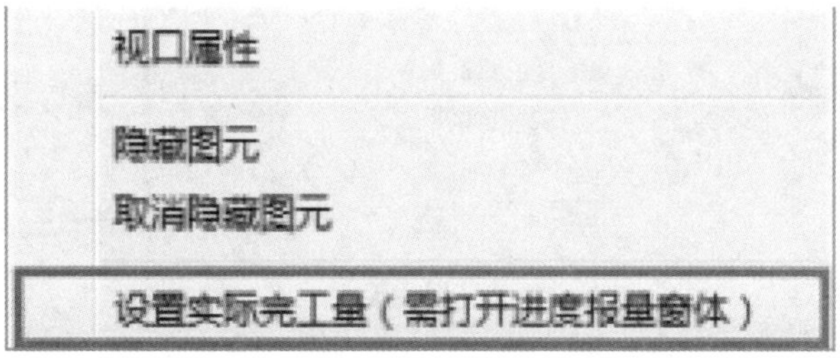

视口属性

隐藏图元

取消隐藏图元

设置实际完工量（需打开进度报量窗体）

图 7-23　实际完工量设置

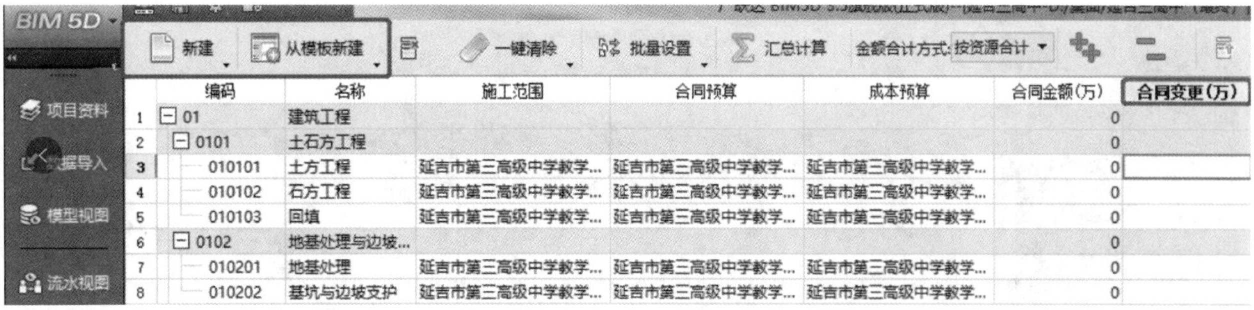

BIM 5D

新建　从模板新建　一键清除　批量设置　汇总计算　金额合计方式：按资源合计

项目资料　数据导入　模型视图　流水视图

	编码	名称	施工范围	合同预算	成本预算	合同金额(万)	合同变更(万)
1	01	建筑工程				0	
2	0101	土石方工程				0	
3	010101	土方工程	延吉市第三高级中学教学...	延吉市第三高级中学教学...	延吉市第三高级中学教学...	0	
4	010102	石方工程	延吉市第三高级中学教学...	延吉市第三高级中学教学...	延吉市第三高级中学教学...	0	
5	010103	回填	延吉市第三高级中学教学...	延吉市第三高级中学教学...	延吉市第三高级中学教学...	0	
6	0102	地基处理与边坡...				0	
7	010201	地基处理	延吉市第三高级中学教学...	延吉市第三高级中学教学...	延吉市第三高级中学教学...	0	
8	010202	基坑与边坡支护	延吉市第三高级中学教学...	延吉市第三高级中学教学...	延吉市第三高级中学教学...	0	

图 7-24　合约视图

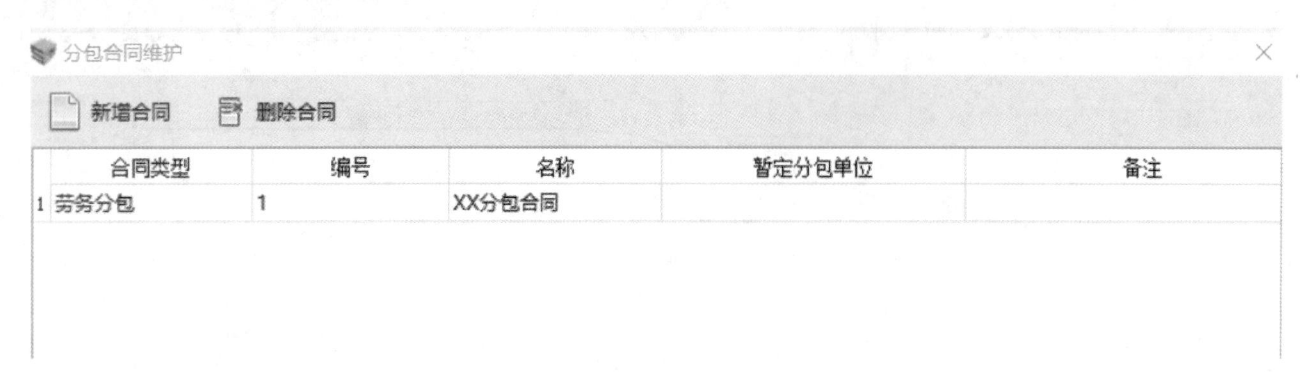

图 7-25　录入分包合同

	资源类别	编码	名称	单位	实际成本 工程量	单价	合计
3	材	040207	烧结标准砖	块	0.944	0.58	0.55
4	材	400066	快易收口网	m2	0	5	0
5	商品砼						420459.15
6	商品砼	400010	C35预拌混凝土	m3	0	410	0
7	商品砼	400008	C25预拌混凝土	m3	496.65	388	192700.2
8	商品砼	400006	C15预拌混凝土	m3	656.064	345	226342.08
9	商品砼	400009	C30预拌混凝土	m3	3.587	395	1416.87
10	人						87552.81
11	人	870002	综合工日	工日	0.003	95	0.29
12	人	870001	综合工日	工日	0	95	0
13	人	870001	综合工日	工日	795.933	110	87552.63
14	人	RGFBC	人工费补差	元	-0.106	1	-0.11
15	人	870001	综合工日	工日	0	100	0
16	机						2582.45
17	机	800138	灰浆搅拌机	台班	2.619	11	28.81
1	合计						525266.67

图 7-26　实际成本的工程量和单价

图 7-27　商务报表设置

单元总结

本章涉及施工阶段的造价管理，工程变更问题是施工中经常碰到的问题。处理工程变更后合同价款的调整，协调发包人和承包人的经济利益，是造价人员应具备的能力。

同时，在施工过程中，由于非承包人的原因，承包人可以获得工程索赔的权利，包括工期索赔和费用索赔。处理工程索赔问题时，应注意工程索赔的依据、处理原则、工程索赔程序，重视索赔费用的计算。索赔费用的组成按照我国现行规定：按照定额计价模式，建筑安装工程合同价一般包括直接费、间接费、利润和税金；按照《建设工程工程量清单计价规范》计价模式；单位工程合同价一般包括分部分项工程费，措施项目费、其他项目费、规费和税金。

工程价款结算时，首先确定工程预付备料款、预付备料款的起扣点等，然后按完成的分部分项工程数量，通过工程量的确认后，进行中间结算，直至竣工结算。工程价款的主要结算方式及竣工结算的有关规定、工程价款的动态结算在本章也详细做了说明。

基于完备的数据库和良好的分析能力，BIM 5D 可以进行合理的施工进度安排、自动进行成本分析，还可以对施工方案费用进行对比分析，找到最佳方案，提高工程的整体质量和效率。BIM 5D 在施工阶段工程造价管理中的工作流程，在本章也详细做了说明。

复习思考题与习题

一、单项选择题

1. 在工程进度款结算与支付中，承包人提交了已完工程量而监理不予计量的是（　　）。

A. 因业主提出的设计变更而增加的工程量　　B. 因承包商原因造成工程返工的工程量

C. 因延期开工造成施工机械台班数量增加　　D. 因地质原因需要加固处理增加的工程量

2. 在工程进度款结算过程中，除了对承包人超出设计图纸范围而增加的工程量，监理不予计量之外，还包括（　　）。

A. 因发包人原因造成返工的工程量　　B. 因承包人原因造成返工的工程量

C. 因不可抗力造成返工的工程量　　D. 因不利施工条件造成返工的工程量

3. 对承包人超出设计图纸范围和因承包人原因造成返工的工程量，发包人（　　）。

A. 按实际计量　　B. 按图纸计量

C. 不予计量　　D. 与承包人协商计量

4. 某独立土方工程，招标文件估计工程量为 100 万立方米，合同约定：工程款按月支付并在该项中扣留 5%的工程预付款；土方工程使用全费用综合单价，每立方米为 10 元，当实际工程量超过估计工程量 10%时，超过部分调整单价，每立方米为 9 元。某月施工单位完成土方工程量 25 万立方米，该月累计完成的工程量为 120 万立方米，该月应结算的工程款为（　　）万元。

A. 240　　B. 237.5　　C. 228　　D. 236.6

5. 某分项工程发包方提供的估计工程量为 1500 m^3，合同中规定的单价为 16 元/m^3，实际工程量超过估计工程量 10%时，调整单价，单价调为 15 元/m^3，实际经过业主计量确认的工程量为 1800m^3，则该分项工程的结算款为（　　）元。

A. 28 650　　B. 27 000　　C. 28 800　　D. 28 500

6. 如果甲方不按合同的约定支付工程进度款，双方未达成延期付款协议致使施工无法进行，（　　）。

A. 乙方仍应设法继续施工　　B. 乙方如停止施工则应承担违约责任

C. 乙方可停止施工，甲方承担违约责任　　D. 乙方可停止施工，双方共同承担责任

7.工程师进行投资控制,纠偏的主要对象为(　　)偏差。

A.业主原因　　B.物价上涨原因　　C.施工原因　　D.客观原因

8.在纠偏措施中,合同措施主要是指(　　)。

A.投资管理　　B.施工管理　　C.监督管理　　D.索赔管理

二、多项选择题

1.关于工程预付款结算,下列说法正确的是(　　)。

A.工程预付款原则上预付比例不低于合同金额的30%,不高于合同金额的60%

B.对重大工程项目,按年度工程计划逐年预付

C.实行工程量清单计价的项目,实体性消耗和非实体性消耗部分应在合同中分别约定预付款比例

D.预付的工程款必须在合同中约定抵扣方式,并在工程进度款中进行抵扣

E.凡是没有签订合同或不具备施工条件的工程,业主不得预付工程款

2.下列费用项目中,(　　)属于施工索赔费用范畴。

A.人工费　　B.材料费　　C.分包费用

D.施工企业管理费　　E.建设单位管理费

3.竣工结算编制的依据包括(　　)。

A.全套竣工图纸

B.材料价格或材料、设备购物凭证

C.双方共同签署的工程合同有关条款

D.业主提出的设计变更通知单

E.承包人单方面提出的索赔报告

4.进度偏差可以表示为(　　)。

A.已完工程计划投资—已完工程实际投资

B.计划完成工程量的计划投资—已完工程实际投资

C.计划完成工程量的计划投资—已完工程计划投资

D.已完工程实际投资—已完工程计划投资

E.已完工程实际进度—已完工程计划进度

三、思考题

1.工程发生变更后,工程价款如何调整?

2.建设工程价款索赔的程序有哪些?

3.常用的工程结算有哪些方式?

4.索赔中的费用索赔有哪些?

5.在进行工程结算时,应考虑哪些款项?

6.何为投资偏差?偏差分析有哪些方法?可以采取哪些纠偏的措施?

四、计算题

1.某工程施工总承包合同工期为20个月。在工程开工之前,总承包单位向总监理工程师提交了施工总进度计划,各工作均匀进行,如图7-28所示。该计划得到总监理工程师的批准。

当工程进行到第7个月末时,进度检查绘出实际进度前锋线,如图7-28所示。

E工作和F工作于第10个月末完成以后,业主决定对K工作进行设计变更,变更设计图纸于第13个月末完成。

工程进行到第12个月末时,进度检查时发现如下问题。

(1)H工作刚刚开始。

(2)I工作仅完成了1个月的工作量。

(3)J工作和G工作刚刚完成。

问题:(1)根据第 7 个月末工程施工进度检查结果,分别分析 E、C、D 工作的进度情况及对其后工作和总工期产生的影响。

(2)若已知 E 工作的预算投资为 100 万元,D 工作的预算投资为 40 万元,计算第 7 个月末的进度偏差。

(3)根据第 12 个月末进度检查结果,在图中绘出实际进度前锋线,此时,总工期为多少个月?

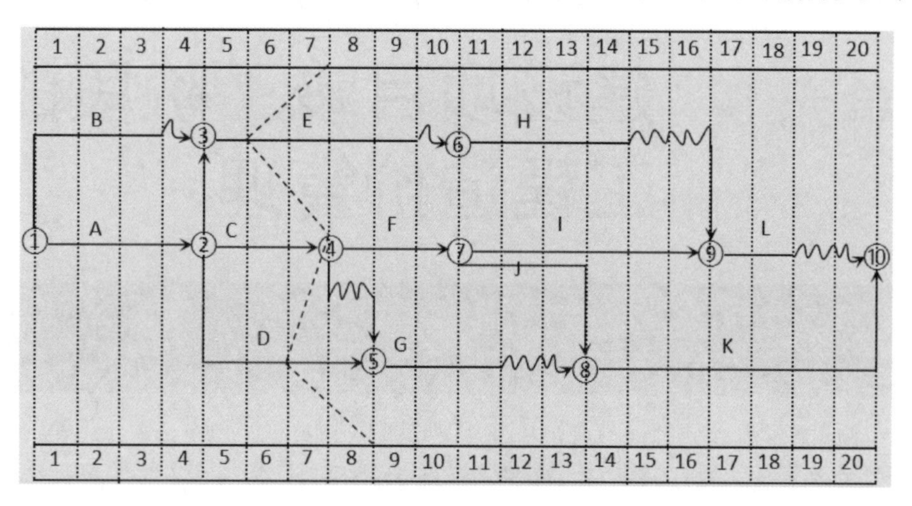

图 7-28 施工总进度计划

(4)由于 J、G 工作完成后 K 工作的施工图纸晚到 1 个月,K 工作无法在第 12 个月末开始施工,总承包单位就此向业主提出了费用索赔,造价工程师应如何处理?说明理由。

(5)为了保证本工程的建设工期,在施工总进度计划中应重点控制哪些工作?

2. 某工程项目合同工期为 22 个月。施工合同签订以后,施工单位编制了一份初始网络计划,如图 7-29 所示。由于该工程施工工艺的要求,计划中工作 C、工作 H 和工作 N 需共用一台起重施工机械,因此,需要对初始网络计划做调整。

问题:(1)指出初始网络计划的关键路线。

(2)请绘出调整后的网络进度计划图。

(3)如果各项工作均按最早开始时间安排,起重机械在现场闲置多长时间?在不增加总工期的前提下,为减少机械闲置,应如何安排?

(4)工作 G 完成后,由于业主变更施工图纸,工作 M 停工,等待 2 个月,如果业主要求按合同工期完工,施工单位可向业主索赔赶工费多少元(已知工作 M 的赶工费为每月 12.5 万元),为什么?

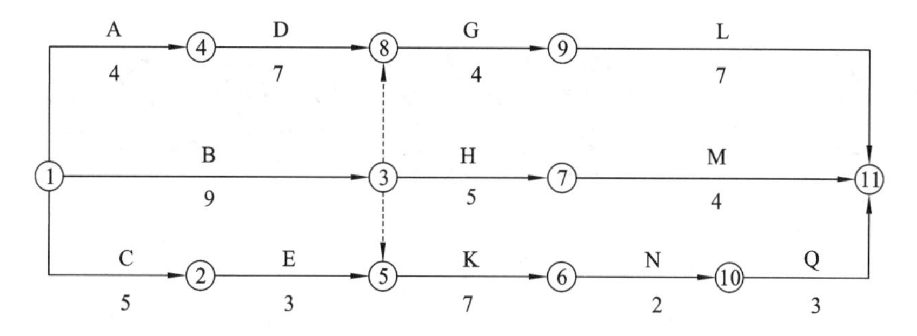

图 7-29 初始网络计划

Chapter 8

单元 8　建设项目竣工阶段的工程造价管理

案例导入

某建设单位拟编制某工业生产项目的竣工决算。建设项目包括 A、B 两个主要生产车间和 C、D、E、F 四个辅助生产车间和若干附属办公、生活建筑物。在建设期内，各单项工程竣工决算数据如表 8-1 所示。工程建设其他投资完成情况如下：支付行政划拨土地的土地征用及迁移费 500 万元，支付土地使用权出让金 700 万元；建设单位管理费为 400 万元（其中 300 万元构成固定资产）；勘察费为 80 万元；建设工程设计费为 260 万元；生产工艺流程系统设计费为 120 万元；专利费为 70 万元；非专利技术费为 30 万元；获得商标权 90 万元；生产职工培训费为 50 万元；报废工程损失 20 万元；生产线试运转支出 20 万元，试生产产品销售款 5 万元。

表 8-1　各单项工程竣工决算数据　　单位：万元

项目名称	建筑工程	安装工程	需安装设备	不需安装设备	生产工具、器具	
					总额	达到固定资产标准
A 生产车间	1800	380	1600	300	130	80
B 生产车间	1500	350	1200	240	100	60
辅助生产车间	2000	230	800	160	90	50
附属建筑物	700	40		20		
合计	6000	1000	3600	720	320	190

单元目标

知识目标

1. 了解建设项目竣工验收的范围、依据、标准和工作程序；
2. 掌握建设项目竣工决算的内容和编制；
3. 熟悉保修责任、保修费用的处理；
4. 熟悉新增资产价值的确定；
5. 熟悉项目后评价的作用、内容和方法；
6. 熟悉 GCCP 验工计价和结算计价的步骤。

能力目标

1. 掌握新增资产价值确定方法；
2. 能够确定工程保修责任，并能处理工程保修费用。

知识脉络

单元 8 的知识脉络图如图 8-1 所示。

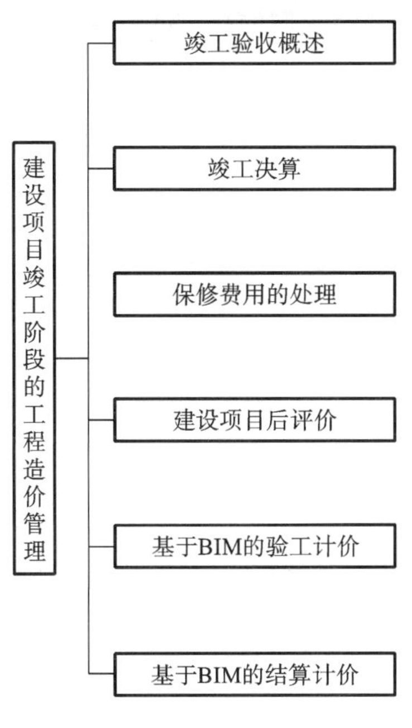

图 8-1 单元 8 的知识脉络图

8.1 竣工验收概述

竣工验收是指由建设单位、施工单位和项目验收委员会，以项目批准的设计任务书和设计文件，以及国家或部门颁发的施工验收规范和质量检验标准为依据，按照一定的程序和手续，在项目建成并试生产合格后，对工程项目的总体进行检验、认证、综合评价和鉴定的活动。

竣工验收是全面考核基本建设工作，检查设计与施工质量是否合乎要求，审查投资使用是否合理的重要环节，是投资成果转入生产或使用的标志。竣工验收对促进建设项目及时投产、发挥投资效益、总结经验教训具有重要要义。

竣工验收，按被验收的对象不同可分为单位工程验收（也称交工验收）、单项工程验收、工程整体验收（也称动用验收）。

通常所说的竣工验收，指的是动用验收，即建设单位在建设项目按批准的设计文件所规定的内容全部建成后，向使用单位（国有资金建设的工程向国家）交工的过程。其验收程序是整个建设项目按设计要求全部建成，经过第一阶段的交工验收符合设计要求，并具备竣工图、竣工结算、竣工决算等必要的文件资料后，由建设项目主管部门或建设单位，按照国家现行验收组织规定，接受由银行、物资、环保、劳动、统计、消防及其他有关部门组成的验收委员会或验收组的验收，并办理固定资产移交手续。验收委员会或验收组听取有关单位的工作报告，审阅工程技术档案资料，并实地查验建筑工程和设备安装情况，对工程设计、施工和设备质量等方面做出全面的评价。

8.1.1 竣工验收的内容与条件

8.1.1.1 竣工验收的内容

不同的建设项目，其竣工验收的内容不完全相同，一般包括工程资料验收和工程内容验收两部分。

1. 工程资料验收

工程资料验收包括工程技术资料验收、工程综合资料验收和工程财务资料验收三个方面的内容。

(1)工程技术资料验收的内容如下：

①工程地质、水文、气象、地形、地貌，建筑物、构筑物及重要设备安装位置，勘察报告与记录；

②初步设计、技术设计或扩大初步设计、关键的技术试验、总体规划设计；

③土质实验报告、地基处理资料；

④建筑工程施工记录，单位工程质量检验记录，管线强度、密封性材料试验报告，设备及管线安装施工记录及质量检查，仪表安装施工记录；

⑤设备试车、验收运转、维修记录；

⑥产品的技术参数、性能、图样、工艺说明、工艺规程、技术总结、产品检验与包装、工艺图；

⑦设备图、说明书；

⑧涉外合同、谈判协议、意向书；

⑨各单项工程及全部管网竣工图等资料；

(2)工程综合资料验收的内容如下：

①项目建议书及批件，可行性研究报告及批件，项目评估报告，环境影响评估报告书；

②设计任务书，土地征用申报及批准的文件；

③招标投标文件，承包合同；

④项目竣工验收报告，验收鉴定书。

(3)工程财务资料验收的内容如下：

①历年建设资金供应(拨、贷)情况和应用情况；

②历年批准的年度财务决算；

③历年年度投资计划、财务收支计划；

④建设成本资料；

⑤设计概算、预算资料；

⑥施工决算资料。

2. 工程内容验收

工程内容验收包括建筑工程验收、安装工程验收两部分。

(1)建筑工程验收的内容如下：

①建筑物的位置、标高、轴线是否符合设计要求；

②对基础工程中的土石方工程、垫层工程、砌筑工程等资料的审查；

③对结构工程中的砖木结构、砖混结构、内浇外砌结构、钢筋混凝土结构的审查验收；

④对屋面工程的木基、望板油毡、屋面瓦、保温层，防水层等的审查验收；

⑤对门窗工程的审查验收；

⑥对装修工程的审查验收。

(2)安装工程验收的内容如下：

①检查建筑设备安装工程(指民用建筑物中的上下水管道、暖气、煤气、通风、电气照明等安装工程)的设备的规格、型号、数量、质量是否符合设计要求，检查安装时的材料、材质、材种，检查试压、闭水试验、照明；

②工艺设备安装工程中的生产、起重、传动、试验等设备的安装，以及附属管线敷设和油漆、保温等，检查设备的规格、型号、数量、质量，设备安装的位置、标高、机座尺寸、质量，单机试车、无负荷联动试车、有负荷联动试车，管道的焊接质量、清洗、吹扫、试压、试漏及各种阀门等；

③动力设备安装工程中的自备电厂或变配电室、动力配电线路的验收。

8.1.1.2 竣工验收的条件与范围

1. 竣工验收的条件

《建设工程质量管理条例》规定，竣工验收应当具备以下条件：

①完成建设工程设计和合同约定的各项内容；

②有完整的技术档案和施工管理资料；

③有工程使用的主要建筑材料、建筑构配件和设备的进场试验报告；

④有勘察、设计、施工、工程监理等单位分别签署的质量合格文件；

⑤有施工单位签署的工程保修书。

2. 竣工验收的范围

国家颁布的建设法规规定，新建、扩建、改建的基本建设项目和技术改造项目(所有列入固定资产投资计划的建设项目或单项工程)，已按国家批准的设计文件所规定的内容建成，符合验收标准，即工业投资项目经负荷试车考核，试生产期间能够正常生产出合格产品，形成生产能力，非工业投资项目符合设计要求，能够正常使用，无论属于哪种建设性质，都应及时组织验收，办理固定资产移交手续。

有的工期较长、建设设备装置较多的大型工程，为了及时发挥其经济效益，对其能够独立生产的单项工程，也可以根据建成时间的先后顺序，分期分批地组织竣工验收；对能生产中间产品的单项工程，不能提前投料试车，可按生产要求与生产最终产品的工程同步建成竣工后，再进行全部验收。

对于某些特殊情况，工程施工虽未全部按设计要求完成，也应进行验收，这些特殊情况如下：

①因少数非主要设备或某些特殊材料短期内不能解决，虽然工程内容尚未全部完成，但已可以投产或使用的工程项目；

②规定要求的内容已完成，但因外部条件的制约，如流动资金不足、生产所需原材料不能满足等，已建工程不能投入使用的项目；

③有些建设项目或单项工程，已形成部分生产能力，但近期不能按原设计规模续建，应从实际情况出发，经主管部门批准后，缩小规模，对已完成的工程和设备组织竣工验收，移交固定资产。

8.1.2 竣工验收的依据与标准

8.1.2.1 竣工验收的依据

竣工验收除了必须符合国家规定的竣工标准(或地方政府主管机关规定的具体标准)之外，在进行工程竣工验收和办理工程移交手续时，应该以下列文件作为依据：

①上级主管部门对该项目批准的各种文件；

②可行性研究报告；

③施工图设计文件及设计变更洽商记录；

④国家颁布的各种标准和现行的施工验收规范；

⑤工程承包合同文件；

⑥技术设备说明书；

⑦建筑安装工程统一规定及主管部门关于工程竣工的规定；

⑧从国外引进的新技术和成套设备的项目及中外合资建设项目，要按照签订的合同和进口国提供的设计文件等进行验收；

⑨利用世界银行等国际金融机构贷款的建设项目，应按世界银行规定，按时编制项目完成报告。

8.1.2.2 竣工验收的标准

施工单位完成工程承包合同中规定的各项工程内容，并依照设计图、文件和建设工程施工及验收规范，自查合格后，申请竣工验收。竣工验收标准如下：

①生产性项目和辅助性公用设施，已按设计要求完成，能满足生产使用；

②主要工艺设备配套经联动负荷试车合格，形成生产能力，能够生产出设计文件所规定的产品；

③主要的生产设施已按设计要求建成；

④生产准备工作能适应投产的需要；

⑤环境保护设施、劳动安全卫生设施、消防设施已按设计与主体工程同时建成使用；

⑥生产性投资项目，如工业项目的土建、安装、人防、管道、通信等工程的施工和竣工验收，必须按照国家和行业施工及验收规范执行。

8.1.2.3 竣工验收的质量核定

竣工验收的质量核定是政府对竣工工程进行质量监督的一种法律手段，是竣工验收交付使用必须办理的手续。质量核定的范围包括新建、扩建、改建的工业与民用建筑工程、设备安装工程和市政工程等。

1. 申报竣工质量核定工程的条件

(1)必须符合国家或地区规定的竣工条件和合同规定的内容。委托工程监理的工程，必须提供监理单位对工程质量进行监理的有关资料。

(2)必须具备各方签认的验收记录。对验收各方提出的质量问题，施工单位进行返修的，应具备建设单位和监理单位的复验记录。

(3)具有符合规定的、齐全有效的施工技术资料。

(4)保证竣工质量核定所需的水、电供应及其他必备的条件。

2. 竣工质量核定的方法

(1)单位工程完成之后，施工单位应按照国家检验评定标准的规定进行自验，符合有关规范、设计文件和合同要求的质量标准后，提交建设单位。

(2)建设单位组织设计、监理、施工等单位，对工程质量进行评级，并向有关的监督机构申报竣工质量核定。

(3)监督机构在受理了竣工质量核定后，按照国家的《建筑工程施工质量验收统一标准》进行核定，对核定合格或优良的工程，颁发合格证书，并说明其质量等级，工程交付使用后，如出现永久缺陷等严重问题，监督机构将收回合格证书，并予以公布。

(4)经监督机构核定不合格的单位工程，不能获得合格证书，不准投入使用，责任单位在规定期限内返修后，重新进行申报、核定。

(5)在核定中，如施工单位资料不能说明结构安全或不能保证使用功能，施工单位委托法定监测单位进行监测，并由监督机构对隐瞒事故者依法进行处理。

8.1.3 竣工验收的方式、程序与管理

8.1.3.1 竣工验收的方式

为了保证竣工验收的顺利进行，验收必须遵循一定的程序，并按照建设项目总体计划的要求及施工进展的实际情况分阶段进行。项目施工达到验收条件的验收方式可分为项目中间验收、单项工程验收和全部工程验收，如表8-2所示。规模较小、施工内容简单的建设项目，也可以一次进行全部项目的竣工验收。

表8-2 竣工验收的方式

类型	验收条件	验收组织
项目中间验收	1.按照施工承包合同的约定，施工完成到某一阶段后要进行中间验收； 2.主要的工程部位施工已完成隐蔽前的准备工作，该工程部位将处于无法查看的状态	由监理单位组织，业主和承包人派人参加，该部位的验收资料将作为最终验收的依据

续表

类型	验收条件	验收组织
单项工程验收（交工验收）	1. 建设项目中的某个合同工程已全部完成； 2. 合同内约定有分部分项移交的工程已达到竣工标准，可移交给业主投入试运行	由业主组织，会同施工单位、监理单位、设计单位及使用单位等有关部门共同进行
全部工程验收（动用验收）	1. 建设项目按设计规定全部建成，达到竣工验收条件； 2. 初验结果全部合格； 3. 竣工验收所需资料已准备齐全	大中型和限额以上项目由发改委或由其委托项目主管部门、地方政府部门组织验收；小型和限额以下项目由项目主管部门组织验收，业主、监理单位、施工单位、设计单位和使用单位参加验收工作

8.1.3.2 竣工验收的程序

建设项目全部建成，经过各单项工程的验收符合设计要求，并具备竣工图表、竣工结算，工程总站等必要文件资料，建设项目主管部门或建设单位向负责验收的单位提出竣工验收申请报告，按图 8-2 所示的竣工验收程序验收。

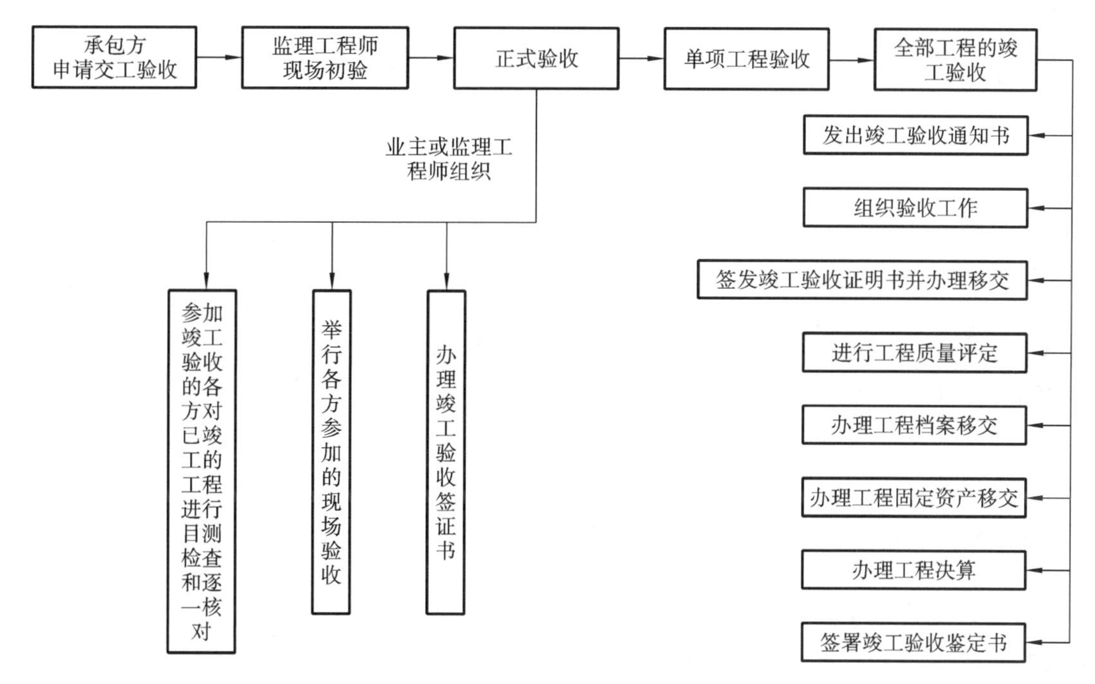

图 8-2 竣工验收程序

1. 承包方申请交工验收

承包人在完成了合同约定的工程内容或按合同约定可分步移交工程时，可申请交工验收。交工验收的内容一般为单项工程，但在某些特殊情况下也可以是单位工程的施工内容，如特殊基础处理工程、发电站单机机组完成后的移交等。承包人施工的工程达到竣工条件后，应先进行预检验，一般先从基层施工单位进行自验、项目经理自验、公司级预验三个层次进行竣工验收预验收，亦称“竣工预验”。对不符合要求的部位和项目，承包人要确定修补措施和标准，修补有缺陷的工程部位；对于设备安装工程，承包人要与业主和监理单位共同进行无负荷的单机和联动试车，为正式竣工验收做好准备。承包人在完成了上述工作和准备好竣工资料后，即可向监理工程师提交竣工验收申请报告。

2. 监理工程师现场初验

施工单位通过竣工预验收，对发现的问题进行处理后，决定正式提请验收，应向监理工程师提交验收申请报告，监理工程师审查验收申请报告，如认为可以验收，则由监理工程师组成验收组，对竣工的工程项目进行初验。在初验中发现的质量问题，要及时书面通知施工单位，令其修理甚至返工。

3. 正式验收

正式验收是由业主或监理工程师组织，由业主、监理单位、设计单位、施工单位、工程质量监督站等单位参加的验收。正式验收有三个工作程序。

(1)参加竣工验收的各方对已竣工的工程进行目测检查，逐一核对工程资料所列内容是否齐备和完整。

(2)举行各方参加的现场验收会议，由项目经理对工程施工情况、自验情况和竣工情况进行介绍，并出示竣工资料，包括竣工图和各种原始资料及记录；由项目总监理工程师通报工程监理的主要内容，发表竣工验收的监理意见；暂时休会，由质检部门会同业主及监理工程师讨论正式验收是否合格；复会，由业主或总监理工程师宣布验收结果，由质检人员宣布工程质量等级。

(3)办理竣工验收签证书，各方签字盖章。竣工验收签证书如表8-3所示。

表8-3 竣工验收签证书

工程名称		工程地点	
工程范围		建筑面积	
开工日期		竣工日期	
日历工作天数		实际工作天数	
工程造价			
验收意见			
建设单位验收人			

4. 单项工程验收

单项工程验收又称“交工验收”，验收合格后工程可投入使用。业主组织的交工验收，主要依据国家颁布的有关技术规范和施工承包合同，对以下几个方面进行检查或检验：

①检查、核实竣工项目，检查准备移交给业主的所有技术资料的完整性、准确性；

②按照设计文件和合同，检查已完工程是否有漏项；

③检查工程质量、隐蔽工程验收资料、关键部位的施工记录等，考察施工质量是否达到合同要求；

④检查试车记录及试车中发现的问题是否得到改正；

⑤在交工验收中发现需要返工、修补的工程，明确规定完成期限；

⑥其他涉及的有关问题。

经验收合格后，业主和承包人共同签署交工验收证书。业主将有关技术资料、试车记录、试车报告及交工验收报告上报主管部门，经批准后该部分工程可投入使用。验收合格的单项工程，在全部工程验收时，原则上不再办理验收手续。

5. 全部工程的竣工验收

工程全部施工完成后，由国家主管部门组织的竣工验收，也称“动用验收”。全部工程的竣工验收分为验收准备、预验收和正式验收三个阶段。正式验收是在自验的基础上进行的，确认工程全部符合验收标准，具备了交付使用的条件后，即可开始正式竣工验收工作。

(1)发出竣工验收通知书。施工单位应于正式竣工验收之日的前10天，向建设单位发送竣工验收通知书。

(2)组织验收工作。工程竣工验收工作由建设单位邀请设计单位及有关方面参加，同施工单位一起进行检查验收。国家重点工程的大型建设项目，由国家有关部门邀请有关方面参加，组成工程验收委员会，进行验收。

(3)签发竣工验收证明书并办理移交。建设单位验收完毕并确认工程符合竣工标准和合同条款规定要求以后，向施工单位签发竣工验收证明书。

(4)进行工程质量评定。建筑工程按设计要求、建筑安装工程施工的验收规范及质量标准进行质量评定验收。验收委员会或验收组，在确认工程符合竣工标准和合同条款规定后，签发竣工验收合格证书。

(5)办理工程档案移交。建设项目竣工验收前,各有关单位应将所有技术文件进行系统整理,由建设单位分类立卷;在竣工验收时,交由使用单位统一保管,同时将与所在地区有关的文件交当地档案管理部门,以适应生产、维修的需要。

(6)办理固定资产移交。在对工程检查验收完毕后,施工单位要向建设单位逐项办理工程移交和其他固定资产移交手续,并应签认交接验收证书,办理工程结算手续。工程结算审查无误后,双方共同办理结算签认手续。工程结算手续办理完毕,除施工单位承担保修工作以外,甲乙双方的经济关系和法律责任解除。

(7)办理工程决算。整个项目完工验收并且办理了工程结算手续后,建设单位编制工程决算,上报有关部门。

(8)签署竣工验收鉴定书。竣工验收鉴定书是表示建设项目已经竣工,并交付使用的重要文件,是全部固定资产交付使用和建设项目正式动用的依据,也是承包人对建设项目消除法律责任的证件。竣工验收鉴定书一般包括工程名称、地点、验收委员会成员、工程总说明、工程据以修建的设计文件、竣工工程是否与设计相符、全部工程质量鉴定、总的预算造价和实际造价、验收组对工程动用的意见和要求等主要内容。至此,项目的建设过程全部结束。

整个建设项目进行竣工验收后,业主应及时办理固定资产交付使用手续。在进行竣工验收时,已验收过的单项工程可以不再办理验收手续,但应将单项工程交工验收证书作为最终验收的附件加以说明。

8.1.3.3 竣工验收的管理

1. 竣工验收报告

竣工验收合格后,建设单位应当及时提出竣工验收报告。竣工验收报告主要包括工程概况,建设单位执行基本建设程序情况,对工程勘察、设计、施工、监理等方面的评价,工程竣工验收时间、程序、内容和组织形式,工程竣工验收意见等内容。

竣工验收报告还应附下列文件:

①施工许可证;

②施工图设计文件审查意见;

③验收组人员签署的工程竣工验收意见;

④市政基础设施工程应附有质量检测和功能性试验资料;

⑤施工单位签署的工程质量保修书;

⑥法规、规章规定的其他有关文件。

2. 竣工验收管理

(1)国务院建设行政主管部门负责全国工程竣工验收的监督管理工作。

(2)县级以上地方人民政府建设行政主管部门负责本行政区域内工程竣工验收的监督管理工作。

(3)工程竣工验收工作,由建设单位负责组织实施。

(4)县级以上地方人民政府建设行政主管部门应当委托工程质量监督机构对工程竣工验收实施监督。

(5)负责监督该工程的工程质量监督机构应当对工程竣工验收的组织形式、验收程序、执行验收标准等情况进行现场监督,发现有违反建设工程质量管理规定行为的,责令改正,并将对工程竣工验收的监督情况作为工程质量监督报告的重要内容。

3. 竣工验收备案

(1)国务院建设行政主管部门负责全国房屋建筑工程和市政基础设施工程的竣工验收备案管理工作。县级以上地方人民政府建设行政主管部门负责本行政区域内工程的竣工验收备案管理工作。

(2)建设单位应当自工程竣工验收合格之日起15日内,依照《房屋建筑工程和市政基础设施工程竣工验收备案管理暂行办法》的规定,向工程所在地的县级以上地方人民政府建设行政主管部门备案。

(3)建设单位办理工程竣工验收备案应当提交下列文件:

①工程竣工验收备案表;

②工程竣工验收报告;

③法律、行政法规规定应当由规划、公安消防、环保等部门出具的认可文件或者准许使用文件；

④施工单位签署的工程质量保修书；商品住宅还应当提交住宅质量保证书和住宅使用说明书；

⑤法规、规章规定必须提供的其他文件。

(4)备案机关收到建设单位报送的竣工验收备案文件，验证文件齐全后，应当在工程竣工验收备案表上签署文件收讫。工程竣工验收备案表一式两份，一份由建设单位保存，一份留备案机关存档。

(5)工程质量监督机构应当在工程竣工验收之日起5日内，向备案机关提交工程质量监督报告。

(6)备案机关发现建设单位在竣工验收过程中有违反国家有关建设工程质量管理规定行为的，应对在收讫竣工验收备案文件15日内，责令停止使用，重新组织竣工验收。

8.2 竣工决算

竣工决算是指所有项目竣工后，项目建设单位按照国家有关规定在项目竣工验收阶段编制的竣工决算报告。竣工决算是以实物数量和货币指标为计量单位，综合反映竣工建设项目全部建设费用、建设成果和财务状况的总结性文件，是竣工验收报告的重要组成部分。竣工决算是正确核定新增固定资产价值、考核分析投资效果、建立健全经济责任制的依据，是反映建设项目实际造价和投资效果的文件。

竣工决算是建设工程经济效益的全面反映，是项目法人核定各类新增资产价值、办理其交付使用的依据。竣工决算是工程造价管理的重要组成部分，做好竣工决算是全面完成工程造价管理目标的关键性因素之一。竣工决算，既能够正确反映建设工程的实际造价和投资结果，又可以通过竣工决算与概算、预算的对比分析，考核投资控制的工作成效，为工程建设提供重要的技术经济方面的基础资料，提高未来工程建设的投资效益。

项目竣工时，应编制建设项目竣工财务决算。在编制项目竣工财务决算前，项目建设单位应当认真做好各项清理工作，包括账目核对及账务调整、财产物资核实处理、债权实现和债务清偿、档案资料归集整理等。建设周期长、建设内容多的项目，单项工程竣工，具备交付使用条件时，可编制单项工程竣工财务决算。建设项目全部竣工后应编制竣工财务总决算。

8.2.1 竣工决算的内容

竣工决算应包括从筹集到竣工投产全过程的全部实际费用。

根据财政部、国家发改委和住房城乡建设部的有关文件规定，竣工决算是由竣工财务决算说明书、竣工财务决算报表、工程竣工图和工程造价比较分析四部分组成的。其中竣工财务决算说明书和竣工财务决算报表两部分又称竣工财务决算，是竣工决算的核心内容。竣工财务决算是正确核定项目资产价值、反映竣工项目建设成果的文件，是办理资产移交和产权登记的依据。

1. 竣工财务决算说明书

竣工财务决算说明书是分析工程投资与造价的书面总结，包括以下主要内容。

(1)项目概况。项目概况一般从进度、质量、安全、造价方面进行分析说明。进度方面主要说明开工、竣工时间，说明项目建设工期是提前还是延期；质量方面主要根据竣工验收小组(委员会)或质量监督部门的验收评定等级、合格率和优良率进行说明；安全方面主要根据承包人、监理单位的记录，对有无设备和安全事故进行说明；造价方面主要对照概算造价、资金使用计划，说明项目是节约还是超支。

(2)会计账务的处理、财产物资清理及债权债务的清偿情况。

(3)项目建设资金计划及到位情况，财政资金支出预算、投资计划及到位情况。

(4)项目建设资金使用、项目结余资金分配情况。

(5)项目概预算执行情况，竣工实际完成投资与概算差异及原因分析。

(6)尾工工程情况。项目一般不得预留尾工工程，确需预留尾工工程的，尾工工程投资不得超过批准的项目概(预)算总投资的5%。

(7)历次审计、检查、审核、稽查意见及整改落实情况。

(8)主要技术经济指标分析，概算执行情况分析，实际投资完成额与概算的对比分析；新增生产能力的效益分析，说明交付使用财产占总投资额的比例，不增加固定资产的造价占投资总额的比例；项目建设成果分析。

(9)项目管理经验、主要问题和建议。

(10)预备费动用情况说明。

(11)项目建设管理制度执行情况、政府采购情况、合同履行情况说明。

(12)征地拆迁补偿情况、移民安置情况说明。

(13)其他事项说明。

2. 竣工财务决算报表

竣工财务决算报表包括建设项目概况表、建设项目资金情况明细表、建设项目交付使用资产总表、建设项目交付使用资产明细表。

1)建设项目概况表

建设项目概况表如表 8-4 所示。该表综合反映了建设项目的基本概况，内容有总投资、建设起止时间、新增生产能力、完成主要工程量和主要技术经济指标，为全面考核和分析投资效果提供依据。

表 8-4　基本建设项目概况表

<table>
<tr><td>建设项目(单项工程)名称</td><td colspan="2"></td><td>建设地址</td><td colspan="2"></td><td rowspan="9">基本建设支出</td><td>项目</td><td>概算/元</td><td>实际/元</td><td>备注</td></tr>
<tr><td rowspan="2">主要设计单位</td><td colspan="2" rowspan="2"></td><td rowspan="2">主要施工企业</td><td colspan="2" rowspan="2"></td><td>建筑安装工程</td><td></td><td></td><td></td></tr>
<tr><td>设备及工具、器具</td><td></td><td></td><td></td></tr>
<tr><td rowspan="2">占地面积</td><td>设计</td><td>实际</td><td rowspan="2">总投资/万元</td><td>设计</td><td>实际</td><td>待摊投资</td><td></td><td></td><td></td></tr>
<tr><td></td><td></td><td></td><td></td><td>其中:建设单位管理费</td><td></td><td></td><td></td></tr>
<tr><td rowspan="2">新增生产能力</td><td colspan="3">能力(效益)名称</td><td>设计</td><td>实际</td><td>其他投资</td><td></td><td></td><td></td></tr>
<tr><td colspan="3"></td><td></td><td></td><td>待核销基建支出</td><td></td><td></td><td></td></tr>
<tr><td rowspan="2">建设起止时间</td><td>设计</td><td colspan="4">从　年　月开工至　年　月竣工</td><td>转出投资</td><td></td><td></td><td></td></tr>
<tr><td>实际</td><td colspan="4">从　年　月开工至　年　月竣工</td><td>合计</td><td></td><td></td><td></td></tr>
</table>

<table>
<tr><td>概算批准部门及文号</td><td colspan="5"></td></tr>
<tr><td rowspan="3">完成主要工程量</td><td colspan="2">建设规模</td><td colspan="3">设备/台、套、吨</td></tr>
<tr><td>设计</td><td>实际</td><td colspan="2">设计</td><td>实际</td></tr>
<tr><td></td><td></td><td colspan="2"></td><td></td></tr>
<tr><td rowspan="3">尾工工程</td><td>单项工程项目内容</td><td>批准概算</td><td>预计未完部分投资额</td><td>已完成投资额</td><td>预计完成时间</td></tr>
<tr><td></td><td></td><td></td><td></td><td></td></tr>
<tr><td>小计</td><td></td><td></td><td></td><td></td></tr>
</table>

(1)表中的各项目的设计、概算等指标，根据批准的设计文件和概算等确定的数字填列；

(2)表中所列新增生产能力、完成主要工程量的实际数据，根据建设单位统计资料和施工企业提供的有关成本核算资料填列；

(3)表中的基本建设支出是指建设项目从开工至竣工发生的全部建设支出，包括形成资产价值的交付使用资产，如固定资产、流动资产、无形资产、其他资产等，还包括不形成资产价值按照规定应核销的非经营项目的待核销基建支出和转出投资。上述支出，应根据财政部门历年批准的“基建投资表”中的有关数据填列。按照《基本建设财务规则》(财政部第 81 号令)的规定，需要注意以下几点。

①建筑安装工程投资支出，设备及工具、器具投资支出，待摊投资支出和其他投资支出构成建设项目的建

设成本。

②待核销基建支出包括的内容：非经营性项目发生的江河清障、航道清淤、飞播造林、补助群众造林、退耕还林(草)、封山(沙)育林(草)、水土保持、城市绿化、毁损道路修复、护坡及清理等不能形成资产的支出，项目未被批准、项目取消和项目报废前已发生的支出；非经营性项目发生的农村沼气工程、农村安全饮水工程、农村危房改造工程、游牧民定居工程、渔民上岸工程等涉及家庭或者个人的支出，形成资产产权归属家庭或者个人的支出。上述待核销基建支出，若形成资产产权归属本单位，计入交付使用资产价值；若形成资产产权不归属本单位，作为转出投资处理。

③转出投资支出是指非经营性项目为项目配套的专用设施投资，包括专用道路、专用通信设施、送变电站、地下管道等，是产权不属于本单位的投资支出。对于产权归属本单位的转出投资支出，应计入交付使用资产价值。

(4)表中的概算批准部门及文号按最后经批准的文件号填列。

(5)表中的尾工工程是指全部工程项目验收后尚遗留的少量收尾工程，在表中应明确填写尾工工程的内容、完成时间、投资额等，可根据实际情况进行估算并加以说明，完工后不再编制竣工决算。

2)建设项目竣工财务决算表

建设项目竣工财务决算表如表8-5所示。该表反映竣工的建设项目从开工到竣工的全部资金来源和资金占用情况，是考核、分析投资效果，落实结余资金，报告上级核销基本建设支出和基本建设拨款的依据。在编制该表前，应先编制项目竣工年度财务决算，根据竣工年度财务决算和历年的财务决算数据编制此表，表中的资金来源合计应等于资金占用合计。

(1)资金来源中的项目资本金和项目资本公积金。

①项目资本金是指经营性项目投资者按国家有关项目资本金的规定，筹集并投入项目的非负债资金，在项目竣工后，转为生产经营企业的国家资本金、法人资本金、个人资本金和外商资本金。

②项目资本公积金是指经营性项目对投资者实际缴付的出资额超过其资金的差额(包括发行股票的溢价净收入)、资产评估确认价值或者合同协议约定价值与原账面净值的差额、接收捐赠的财产、资本汇率折算差额，在项目建设期间作为资本公积金，项目建成交付使用并办理竣工决算后，转为生产经营企业的资本公积金。

(2)表中的交付使用资产、中央财政资金、地方财政资金、部门自筹资金、项目资本金、基建借款等项目，是指自开工建设至竣工的累计数，上述有关指标应根据历年批复的年度基本建设财务决算和竣工年度财务决算中资金平衡表相应项目的数字进行汇总填写。

(3)表中其余各项目的费用数据，为办理竣工验收时的结余数，根据竣工年度财务决算中资金平衡表的有关项目期末数填写。

(4)资金支出反映建设项目从开工准备到竣工全过程资金支出的情况，资金支出总额应等于资金来源总额。

表8-5　竣工财务决算表

单位：元

资金来源	金额	资金占用	金额
一、基建拨款		一、基本建设支出	
1.中央财政资金		(一)交付使用资产	
其中：一般公共预算资金		1.固定资产	
中央基建投资		2.流动资产	
财政专项资金		3.无形资产	
政府性基金		(二)在建工程	
国有资本经营预算安排的基建项目资金		1.建筑安装工程投资	
2.地方财政资金		2.设备投资	
其中：一般公共预算资金		3.待摊投资	

续表

资金来源	金额	资金占用	金额
地方基建投资		4.其他投资	
财政专项资金		(三)待核销基建支出	
政府性资金基金		(四)转出投资	
国有资本经营预算安排的基建项目资金		二、货币资金合计	
二、部门自筹资金(非负债性资金)		其中:银行存款	
三、项目资本金		财政应返还额度	
1.国家资本		其中:直接支付	
2.法人资本		授权支付	
3.个人资本		现金	
4.外商资本		有价证券	
四、项目资本公积金		三、预付及应收款合计	
五、基建借款		1.材料备料款	
其中:企业债券资金		2.预付工程款	
六、待冲基建支出		3.预付设备款	
七、应付款合计		4.应收票据	
1.应付工程款		5.其他应收款	
2.应付设备款		四、固定资产合计	
3.应付票据		固定资产原价	
4.应付工资及福利费		减:累计折旧	
5.其他应付款		固定资产净值	
八、未交款合计		固定资产清理	
1.未交税金		待处理固定资产损失	
2.未交结余财政资金			
3.未交基建收入			
4.其他未交款			
合计		合计	

3)建设项目交付使用资产总表

建设项目交付使用资产总表如表8-6所示。该表反映了建设项目建成后新增固定资产、流动资产、无形资产的情况和价值,是财产交接、检查投资计划完成情况和分析投资效果的依据。

表8-6 建设项目交付使用资产总表

序号	单项工程名称	总计	固定资产				流动资产	无形资产
			合计	建筑物及构筑物	设备	其他		

交付单位:　　　　负责人:　　　　接收单位:　　　　负责人:

表中各栏目数据根据交付使用资产明细表中的固定资产、流动资产、无形资产各相应项目的汇总数分别填写,表中总计栏的总计数应与竣工财务决算表中的交付使用资产的金额一致。

4)建设项目交付使用资产明细表

建设项目交付使用资产明细表如表8-7所示。该表反映了交付使用的固定资产、流动资产、无形资产价值的明细情况,是办理资产交接的依据和接收单位登记资产账目的依据,也是使用单位建立资产明细账和登记新增资产价值的依据。建设项目交付使用资产明细表编制时要做到齐全完整、数字准确,各栏目价值应与会计账目中相应科目的数据保持一致。

(1)表中的建筑工程项目应按单项工程名称填写结构、面积和金额。其中结构按钢结构、钢筋混凝土结构、混合结构等结构形式填写;面积按各项目实际完成面积填写;金额按交付使用资产的实际价值填写。

(2)表中的设备、工具、器具、家具部分要在逐项盘点后,根据盘点实际情况填写,工具、器具和家具等低值易耗品可分类填写。

(3)表中的流动资产、无形资产项目应根据建设单位实际交付的名称和价值分别填写。

表8-7 建设项目交付使用资产明细表

序号	单项工程名称	固定资产									流动资产		无形资产	
		建筑工程			设备、工具、器具、家具									
		结构	面积/m^2	金额/元	名称	规格型号	数量	金额/元	其中:设备安装费/元	其中:分摊待摊投资/元	名称	金额/元	名称	金额/元
	合计													

交付单位: 负责人: 接收单位: 负责人:

3. 工程竣工图

工程竣工图是真实记录各种地上、地下建筑物和构筑物情况的技术文件,是工程交工验收、维护和扩建的依据,是国家的重要技术档案。国家规定:各项新建、扩建、改建的工程项目,特别是基础、地下建筑、管线、结构、井巷、桥梁、隧道、港口、水坝以及设备安装等隐蔽部位,都要编制竣工图。为确保竣工图质量,必须在施工过程中(不能在竣工后)及时做好隐蔽工程检查记录,整理好设计变更文件。

(1)按图竣工、没有变动的工程,由承包人(包括总包、分包,下同)在原施工图上加盖"竣工图"标志后,作为竣工图。

(2)如果施工过程中有一般性设计变更,但能将原施工图加以修改作为竣工图,可不重新绘制,由承包人负责在原施工图(必须是新蓝图)上注明修改的部分,并附设计变更通知单和施工说明,加盖"竣工图"标志后,作为竣工图。

(3)如果结构形式改变、施工工艺改变、平面布置改变、项目改变以及有其他重大改变,不宜再在原施工图上修改、补充时,应重新绘制改变后的竣工图。由设计原因造成的修改,设计单位负责重新绘制;由施工原因造成的修改,承包人负责重新绘图;由其他原因造成的修改,发包人自行绘制或委托设计单位绘制。承包人负责在新图上加盖"竣工图"标志,并附有关记录和说明。

(4)为了满足竣工验收和竣工决算的需要,还应绘制反映竣工工程全部内容的工程设计平面示意图。

(5)重大的改建、扩建工程项目涉及原有的工程项目变更时,应将相关项目的竣工图资料统一整理归档,并在原图案卷内增补必要的说明。

4. 工程造价比较分析

工程造价比较分析的目的是确定竣工项目总造价是节约还是超支,总结先进经验,找出节约和超支的内容和原因,提出改进措施。

工程造价比较分析是通过对比竣工决算表中的实际数据与批准的概算、预算指标值进行的。实际分析时,可先对比整个项目的总概算,然后逐一对比建筑安装工程费,设备及工具、器具购置费,工程建设他费用,主要分析以下内容。

(1)主要实物工程量。对于实物工程量出入比较大的情况,必须查明原因。

(2)主要材料消耗量。按照竣工决算表中所列的三大材料实际超概算的消耗量,查明工程的哪个环节超出量最大,再进一步查明超耗的原因。

(3)建设单位管理费、措施费和间接费的取费标准。建设单位管理费、措施费和间接费的取费标准要按照国家和各地的有关规定,根据竣工决算报表中所列的费用与概预算所列的费用数额进行比较,查明费用项目是否准确,确定节约、超支数额,并查明原因。

8.2.2 竣工决算的编制

1. 编制竣工决算应具备的条件

(1)经批准的初步设计所确定的工程内容已完成。

(2)单项工程或建设项目竣工结算已完成。

(3)尾工工程投资和预留费用不超过规定的比例。

(4)涉及法律诉讼、工程质量纠纷的事项已处理完毕。

(5)其他影响工程竣工决算编制的重大问题已解决。

2. 竣工决算编制依据

(1)《基本建设财务规则》(财政部第81号令)等法律、法规和规范性文件。

(2)项目计划任务书及立项批复文件。

(3)项目总概算书和单项工程概算书文件。

(4)经批准的设计文件及设计交底、图纸会审资料。

(5)招标文件和最高投标限价。

(6)工程合同文件。

(7)项目竣工结算文件。

(8)工程签证、工程索赔等合同价款调整文件。

(9)设备、材料调价文件记录。

(10)会计核算及财务管理资料。

(11)其他有关项目管理的文件。

3. 竣工决算编制要求

(1)按规定及时组织竣工验收,保证竣工决算的及时性。

(2)积累、整理竣工项目资料,特别是项目的造价资料,保证竣工决算的完整性。

(3)清理、核对各项账目,保证竣工决算的正确性。

竣工决算应在竣工项目办理验收交付手续后一个月内编好,并上报主管部门,有关财务成本部分还应送经办银行审查签证,主管部门和财政部门对报送的竣工决算审批后,建设单位即可办理决算调整和结束有关工作。

4. 竣工决算编制程序

(1)收集、整理和分析资料。在编制竣工决算文件之前,编制人要系统地整理所有的技术资料、工程结算文件、施工图纸和各种变更与签证资料,并分析资料的准确性。

(2)清理项目财务和结余物资。清理建设项目从筹建到竣工投产(或使用)的全部债权和债务,做到工程完毕账目清晰,要核对账目,查点库有实物的数量,做到账与物相等、账与账相符,对结余的各种材料,工具、器具和设备,要逐项清点核实,妥善管理,并按规定及时处理,收回资金,对各种往来款项要及时清理,为编制竣工决算提供准确的数据。

(3)填写竣工决算报表,按照工程决算报表的内容,统计或计算各个项目,并将其结果填到相应表格的栏目内,完成所有报表的填写.

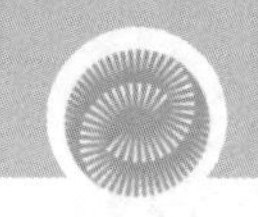

(4)编制竣工决算说明。按照竣工决算说明的要求,编写文字说明。

(5)完成工程造价比较分析。

(6)清理、装订竣工图。

(7)上报主管部门审查。

上述的文字说明和表格经核对无误,装订成册,即成为建设项目竣工决算文件,竣工决算文件需上报主管部门审查,其财务成本部分需送开户银行签证,竣工决算文件在上报主管部门的同时,还应抄送有关设计单位。大、中型建设项目的竣工决算文件还应抄送财政部、建设银行总行和省、自治区、直辖市的财政局和建设银行分行。竣工决算文件由建设单位负责组织人员编写,在竣工建设项目办理验收使用一个月之内完成。

8.2.3 新增资产价值的确定

建设项目竣工投入运营后,所花费的总投资形成相应的资产。按照新的财务制度和企业会计准则,新增资产按资产性质可分为新增固定资产、新增无形资产、新增流动资产等。

1. 新增固定资产价值的确定方法

1)新增固定资产价值的概念和范畴

新增固定资产价值是建设项目竣工投产后增加的固定资产的价值,即交付使用的固定资产价值,是以价值形态表示的固定资产投资最终成果的综合性指标。新增固定资产价值的计算是以独立发挥生产能力的单项工程为对象的,单项工程建成经有关部门验收鉴定合格,正式移交生产或使用,即应计算新增固定资产价值。一次交付生产或使用的工程一次计算新增固定资产价值,分期分批交付生产或使用的工程,应分期分批计算新增固定资产价值。新增固定资产价值的内容包括已投入生产或交付使用的建筑安装工程造价;达到固定资产标准的设备及工具、器具购置费;增加固定资产价值的其他费用。

2)新增固定资产价值计算时应注意的问题

新增固定资产价值计算时应注意以下几个问题。

(1)为了提高产品质量、改善劳动条件、节约材料消耗、保护环境而建设的附属辅助工程,只要全部建成,正式验收交付使用后就要计入新增固定资产价值。

(2)单项工程中不构成生产系统,但能独立发挥效益的非生产性项目,如住宅、食堂、医务所、托儿所、生活服务网点等,在建成并交付使用后,也要计入新增固定资产价值。

(3)达到固定资产标准不需安装的设备及工具、器具,应在交付使用后计入新增固定资产价值。

(4)属于新增固定资产价值的其他投资,应随受益工程交付使用一并计入新增固定资产价值。

(5)交付使用财产的成本,应按下列内容计算。

①房屋、建筑物、管道、线路等固定资产的成本包括建筑工程成果和待分摊的待摊投资。

②动力设备和生产设备等固定资产的成本包括需要安装设备的采购成本,安装工程成本,设备基础、支柱等建筑工程成本或砌筑锅炉及各种特殊炉的建筑工程成本,应分摊的待摊投资。

③运输设备及其他不需要安装的设备、工具、器具、家具等固定资产一般仅计算采购成本,不计分摊。

3)共同费用的分摊方法

新增固定资产的其他费用,如果属于整个建设项目或两个以上单项工程,在计算新增固定资产价值时,应在各单项工程中按比例分摊。一般情况下,建设单位管理费按建筑工程、安装工程、需安装设备价值总额等按比例分摊,土地征用费、地质勘察和建筑工程设计费等费用按建筑工程造价比例分摊,生产工艺流程系统设计费按安装工程造价比例分摊。

2. 新增无形资产价值的确定方法

在财政部和国家知识产权局的指导下,中国资产评估协会 2017 年制定了《资产评估执业准则——无形资产》,根据上述准则规定,无形资产是指特定主体所拥有或者控制的,不具有实物形态,能持续发挥作用且能带来经济利益的资源。我国作为评估对象的无形资产通常包括专利权、专有技术、商标权、著作权、销售网络、客户关系、供应关系、人力资源、商业特许权、合同权益、土地使用权、矿业权、水域使用权、森林权益、商誉、特许经营权、域名等。

1)无形资产的计价原则

(1)投资者将无形资产作为资本金或者合作条件投入时,无形资产按评估确认或合同协议约定的金额计价。

(2)购入的无形资产,按照实际支付的价款计价。

(3)企业自创并依法申请取得的无形资产,按开发过程中的实际支出计价。

(4)企业接受捐赠的无形资产,按照发票账单所载金额或者同类无形资产市场价计价。

(5)无形资产计价入账后,应在其有效使用期内分期摊销,即企业为无形资产支出的费用应在无形资产的有效期内得到及时补偿。

2)无形资产的计价方法

(1)专利权的计价。专利权分为自创和外购两类。自创专利权的价值为开发过程中的实际支出,主要包括专利的研制成本和交易成本。研制成本包括直接成本和间接成本:直接成本是指研制过程中直接投入的费用,主要包括材料费用、工资费用、专用设备费、资料费、咨询鉴定费、协作费、培训费和差旅费等;间接成本是指与研制开发有关的费用,主要包括管理费、非专用设备折旧费、应分摊的公共费用及能源费用。交易成本是指在交易过程中的费用支出,主要包括技术服务费、交易过程中的差旅费及管理费、手续费、税金。由于专利权是具有独占性并能带来超额利润的生产要素,因此,专利权转让价格不按成本估价,而是按照其能带来的超额收益计价。

(2)专有技术(又称非专利技术)的计价。专有技术具有使用价值和价值,使用价值是专有技术本身应具有的。专有技术的价值在于专有技术的使用能产生的超额获利能力,应在研究分析其直接和间接的获利能力的基础上,准确计算出其价值。如果专有技术是自创的,一般不作为无形资产入账,自创过程中发生的费用,按当期费用处理。外购专有技术,应由评估机构确认后再进行估价,采用收益法进行估价。

(3)商标权的计价。如果商标权是自创的,一般不作为无形资产入账,将商标设计、制作、注册、广告宣传等发生的费用直接作为销售费用计入当期损益。企业购入或转让商标时,才需要对商标权计价。商标权的价值一般根据被许可方新增的收益确定。

(4)土地使用权的计价。根据取得土地使用权的方式不同,土地使用权可有以下几种计价方式:当建设单位向土地管理部门申请土地使用权并为之支付一笔出让金时,土地使用权作为无形资产核算;当建设单位获得土地使用权是通过行政划拨的,土地使用权不能作为无形资产核算;将土地使用权有偿转让、出租、抵押、作价入股和投资,按规定补交土地出让价款时,土地使用权作为无形资产核算。

3. 新增流动资产价值的确定方法

流动资产是指可以在一年内或者超过一年的一个营业周期内变现或者运用的资产,包括现金、各种存款、其他货币资金,短期投资,存货,应收及预付款项以及其他流动资产等。

(1)货币性资金。货币性资金是指现金、各种存款及其他货币资金。其中,现金是指企业的库存现金,包括企业内部各部门用于周转使用的备用金;各种存款是指企业的各种不同类型的银行存款;其他货币资金是指除现金和银行存款以外的其他货币资金,根据实际入账价值核定。

(2)应收及预付款项。应收款项是指企业因销售商品、提供劳务等应向购货单位或受益单位收取的款项;预付款项是指企业按照购货合同预付给供货单位的购货定金或部分货款。应收及预付款项包括应收票据、应收款项、其他应收款、预付货款和待摊费用。一般情况下,应收及预付款项按企业销售商品、产品或提供劳务时的实际成交金额入账核算。

(3)短期投资包括股票、债券、基金,股票和债券根据是否可以上市流通分别采用市场法和收益法确定价值。

(4)存货。存货是指企业的库存材料、在产品、产成品等。存货应当按照取得时的实际成本计价。存货的形成,主要有外购和自制两个途径。外购的存货,按照买价加运输费,装卸费,保险费,途中合理损耗,入库前加工、整理及挑选费用,以及缴纳的税金等计价;自制的存货,按照制造过程中的各项实际支出计价。

8.3 保修费用的处理

8.3.1 保修与保修费用

1. 保修的概念

保修是指建设工程办理完交工验收手续后，在规定的保修期限内(按合同有关保修期的规定)，因勘察设计、施工、材料等原因造成的质量缺陷，应由责任单位负责维修。

建设项目保修是项目竣工验收交付使用后，在一定期限内，施工单位对建设单位或用户进行回访，对于工程发生的确实是由于施工单位责任造成的建筑物使用功能不良或无法使用的问题进行修理，直到达到正常使用的标准。保修回访制度属于建筑工程竣工后管理范畴。

建设产品在竣工验收后仍可能存在质量缺陷和隐患，在使用过程中才能逐步暴露出来，例如屋面漏雨、墙体渗水、建筑物基础超过规定的不均匀沉降、采暖系统供热不佳、设备及安装工程达不到国家或行业现行的技术标准等，需要在使用过程中检查观测和维修。为了使建设项目达到最佳状态，确保工程质量，降低生产或使用费用，发挥最大的投资效益，业主应督促设计单位、施工单位、设备材料供应单位认真做好保修工作，并加强保修期间的造价控制。

根据国务院颁布的《建设工程质量管理条例》(国务院令第279号)规定，建设工程承包单位在向建设单位提交工程竣工验收报告时，应向建设单位出具质量保修书，质量保修书中应明确建设工程的保修范围、保修期限和保修责任等。

建设工程质量保修制度是国家确定的重要法律制度，对于促进承包方加强质量管理、保护用户及消费者的合法权益有重要作用。

2. 保修的范围和最低保修期限

1)保修的范围

建筑工程的保修范围应包括地基基础工程、主体结构工程、屋面防水工程和其他土建工程，以及电气管线、上下水管线的安装工程，供热、供冷系统工程等项目。

2)保修的期限

保修的期限应当按照保证建筑物合理寿命内正常使用，维护使用者合法权益的原则确定。最低保修期限，按照国务院《建设工程质量管理条例》(国务院令第279号)第四十条的规定执行。

(1)基础设施工程、房屋建筑的地基基础工程和主体结构工程，为设计文件规定的该工程的合理使用年限。

(2)屋面防水工程、有防水要求的卫生间、房间和外墙面的防渗漏，为5年。

(3)供热与供冷系统，为2个采暖期、供冷期。

(4)电气管线、给排水管道、设备安装和装修工程，为2年。

(5)其他项目的保修期限由承发包双方在合同中规定，建设工程的保修期自竣工验收合格之日起计算。

建设工程在保修期内发生质量问题的，承包人应当履行保修义务，并对造成的损失承担赔偿责任。凡是由于用户使用不当而造成的建筑功能不良或损坏，不属于保修范围；工业产品项目发生问题，也不属于保修范围。以上两种情况应由建设单位自行组织修理。

3. 保修费用

保修费用是指保修期限和保修范围内的维修、返工等的支出。保修费用应按合同和有关规定合理确定和控制。保修费用一般可参照建筑安装工程造价的确定程序和方法计算，也可以按照建筑安装工程造价或承包工程合同价的一定比例计算(目前取5%)。

8.3.2 保修费用的处理办法

《中华人民共和国建筑法》规定，在保修费用的处理问题上，必须根据修理项目的性质、内容及检查修理等多种因素的实际情况，区别保修责任的承担问题，保修的经济责任的确定，应当由有关责任方承担，由建设单位和施工单位共同商定经济处理办法。

(1)承包单位未按国家有关规范、标准和设计要求施工造成的质量缺陷，由承包单位负责返修并承担经济责任。

(2)设计方面的原因造成的质量缺陷，由设计单位承担经济责任，可由施工单位负责维修，其费用按有关规定通过建设单位向设计单位索赔，不足部分由建设单位负责协同有关各方解决。

(3)建筑材料、建筑构配件和设备质量不合格引起的质量缺陷，属于承包单位采购的或经其验收同意的，由承包单位承担经济责任；属于建设单位采购的，由建设单位承担经济责任。

(4)使用单位使用不当造成的损坏问题，由使用单位自行负责。

(5)地震、洪水、台风等不可抗拒原因造成的损坏问题，施工单位、设计单位不承担经济责任，由建设单位负责处理。

(6)根据《中华人民共和国建筑法》第七十五条的规定，建筑施工企业违反该法规定，不履行保修义务的，责令改正，可以处以罚款。在保修期间，屋顶、墙面渗漏、开裂等质量缺陷，有关责任企业应当依据实际损失给予实物或价值补偿。质量缺陷如果是勘察设计原因、监理原因或者建筑材料、建筑构配件和设备等原因造成的，根据民法规定，施工企业可以在保修和赔偿损失之后，向有关责任者追偿。因建设工程质量不合格而造成损害的，受损害人有权要求责任者赔偿。因建设单位或者勘察设计的原因、施工的原因、监理的原因产生的建设质量问题，造成他人损失的，以上单位应当承担相应的赔偿责任，受损害人可以要求任何一方赔偿，也可以向以上各方提出共同赔偿要求。有关各方在赔偿后，可以在查明原因后向真正责任人追偿。

(7)涉外工程的保修问题，除参照上述办法处理外，还应依照原合同条款的有关规定执行。

8.4 建设项目后评价

8.4.1 项目后评价的含义和特点

1. 项目后评价的含义

项目后评价是指在项目建成投产并达到设计生产能力后，通过对项目前期工作、项目实施、项目运营情况的综合研究，衡量和分析项目的实际情况及其与预测情况的差距，确定有关项目预测和判断是否准确并分析其原因，从项目完成过程中吸取经验教训，为今后提高投资项目的决策水平创造条件，为提高项目投资效益提出切实可行的对策措施。

2. 项目后评价的特点

与前评价相比，项目后评价有以下特点。

1)现实性

项目后评价分析研究的是项目的实际情况，依据的数据资料是现实发生的真实数据或根据实际情况重新预测的数据。项目可行性研究和项目前评价分析研究的是项目未来的状况，所用的数据都是预测数据。

2)全面性

在进行项目后评价时，后评价人员既要分析其投资过程，又要分析其经营过程；不仅要分析项目投资的经济效益，而且要分析项目经营管理的状况和发展潜力。

3)探索性

项目后评价要分析企业状况，发现问题并探索未来的发展方向，因此，后评价人员应具有较高的素质和创造性，把握影响项目效益的主要因素，并提出切实可行的改进措施。

4)反馈性

项目后评价的目的在于为有关部门反馈信息,为今后项目管理、投资计划的制订和投资决策积累经验,并用来检测项目投资决策的正确与否。

5)合作性

项目后评价需要多方面的合作,如专职技术经济人员、项目经理、企业经营管理人员、投资项目主管部门等多方融洽合作,项目后评价工作才能顺利进行。

8.4.2 项目后评价的作用

从项目后评价的定义、特点及其与项目前评价的差别中可以看出,项目后评价在提高建设项目决策科学化水平、改进项目管理和提高投资效益等方面发挥着极其重要的作用。具体来说,项目后评价的作用主要表现在以下几个方面。

1)总结项目管理的经验教训,提高项目管理水平

项目管理是一项极其复杂的活动,涉及主管部门、企业、咨询、勘察设计、施工等许多部门。因此,项目顺利完成的关键在于这些部门之间的相互协调与密切合作并保质保量地完成各项任务和工作。通过项目后评价,对已经建成项目的实际情况进行分析研究,有利于指导未来项目的管理活动,提高项目管理的水平。

2)提高项目决策科学化水平

项目前评价是项目投资决策的依据,但项目前评价所做的预测是否准确,需要项目后评价来检验。建立完善的项目后评价制度和科学的方法体系,一方面,可以增强评价人员的责任感,促使评价人员努力做好项目前评价工作,提高项目预测的准确性;另一方面,可以通过项目后评价的反馈信息,及时纠正项目决策中存在的问题,从而提高未来项目决策的科学化水平。

3)为国家投资计划、政策的制定提供依据

由于项目后评价能够发现宏观投资管理中的不足,国家可以及时地修正某些不适合经济发展的技术经济政策,修订某些已经过时的指标参数;也可以根据反馈的信息,合理确定投资规模和投资方向,协调各产业、各部门之间及其内部的各种比例关系;还可以充分使用法律的、经济的、行政的手段,建立必要的法令、法规、制度和机构,促进投资管理的良性循环。

我国基本建设程序尚缺乏对项目决策和实施效果的反馈环节,项目后评价刚好弥补了这个弱点,它将对我国基本建设程序的完善和健全、改进宏观决策起到越来越重要的作用。

4)为银行及时调整信贷政策提供依据

通过开展项目后评价,银行能及时发现项目建设资金使用中存在的问题,分析研究贷款项目成功或失败的原因,从而为银行调整信贷政策提供依据,确保资金按期回收。

5)可以对企业经营管理进行"诊断",使项目运营状态正常化

项目后评价是在项目运营阶段进行的,因此,可以分析和研究项目投产初期和达产时期的实际情况,比较实际情况与预测情况的偏离程度,探索产生偏差的原因,提出切实可行的改进措施,使项目运营状态正常化,提高项目的经济效益和社会效益。

8.4.3 项目后评价的内容

项目后评价的内容,因项目的类型和后评价项目的不同而有所不同和侧重,但就生产性投资项目全面后评价来说,一般应包括以下几个方面。

1. 项目前期工作后评价

项目前期工作是项目从酝酿决定到正式建设以前进行的各项工作,是建设项目全过程的一个重要组成部分。前期工作的好坏,具有左右建设全局的决定性意义,因此,应将其作为后评价的重点。项目前期工作后评价包括项目立项条件的后评价、项目决策程序和方法的后评价、项目决策阶段经济评估的后评价、项目勘察设计的后评价和项目建设准备工作的后评价。

1)项目立项条件的后评价

项目立项条件的后评价主要确认立项条件和决策目标是否正确，如投资方向是否符合国家产业政策、国家法律和市场需求，产品方案、建设规模、工艺流程、设备选型、厂址选择是否合理，建筑材料、能源、动力和运输条件等是否适应项目的需要等。

2)项目决策程序和方法的后评价

项目决策程序和方法的后评价主要分析项目决策的程序和方法是否科学，项目可行性研究的单位是否经过优选，可行性研究报告的内容是否科学、可靠，对项目的审批是否客观等。

3)项目决策阶段经济评估的后评价

项目决策阶段经济评估的后评价主要评估项目立项决策时，对经济的合理性方面是否重视；在可行性研究时，是否认真地进行了财务评估、国民经济评估及风险分析；在项目决策时，是否将经济评估作为重要依据，根据项目投产或使用后的实际情况，检查决策时经济评价的意见是否正确。

4)项目勘察设计的后评价

项目勘察设计的后评价主要是分析项目勘察和设计工作的单位是否经过招标优选，勘察、设计工作的质量是否符合要求，设计依据、标准、规范、定额是否符合国家规定，是否能满足建设施工单位的实际需要，根据工程实践和项目的生产情况，检查设计方案在技术上的可行性和经济上的合理性，确定工艺流程、生产技术、设备选型是否先进合理，设计总概算的编制是否实事求是，能否控制建设工程造价等。

5)项目建设准备工作的后评价

项目建设准备工作的后评价主要是分析评价项目筹建工作、征地拆迁或土地批租工作、“三通一平”工作、施工招标工作、建设资金筹集工作、外部协作条件落实工作等是否能满足工程实施的要求，项目总进度计划是否能起到控制工程建设进度的作用。

2. 实施阶段工作的后评价

项目实施阶段包括从项目开工到竣工验收阶段的全过程，是项目建设程序中占用时间较长的一个阶段。项目前期工作的深度、工程竣工的质量、工程建设的造价、资金到位情况以及影响项目发挥效益的原因都能在建设实施阶段得到反映。实施阶段工作的后评价主要包括项目施工方式和工程监理工作后评价、生产准备工作后评价和项目竣工验收及试生产工作后评价。

1)项目施工方式和工程监理工作后评价

项目施工方式和工程监理工作后评价主要是回顾检查施工招标是否通过公平竞争来优选施工单位，施工组织方式是否科学合理，施工技术装备情况是否达到规定要求，是否重视工程监理工作，是否对工程进度、工程质量、工程施工合同、工程造价是否进行了监督管理等。

2)生产准备工作后评价

生产准备工作后评价回顾检查是否招收和培训了必要生产工人和技术管理人员，生产用原材料、协作产品、燃料、水、电、气等在项目竣工验收时是否落实，是否组建了强有力的生产指挥管理机构，是否制定了必要的生产技术和经营管理制度，是否保证了项目验收后即能投入正常生产经营。

3)项目竣工验收及试生产后评价

项目竣工验收及试生产后评价主要是回顾检查工程项目是否按时竣工验收，所有工程项目是否全部配套建成，环保设施等是否已按设计要求与主体工程同时建成使用，工程质量是否达到设计要求，试生产后能否形成综合生产能力，工程建设造价是否超过概算，超支原因是否经过分析，验收时遗留问题是否已经妥善处理，竣工结算是否及时编制，技术资料是否整理移交等。

3. 生产经营阶段工作后评价

生产经营阶段工作后评价主要是分析评估生产技术和经营管理系统能否保证产品质量、提高经济效益，有无开拓市场，是否具有根据市场需求及时调整产品结构的能力等。

4. 投资效益后评价

投资效益的好坏，是评价项目成效的关键，投资效益后评价，以项目投产后实际取得的经济效益为基础，重新计算项目各主要投资效益指标，并将它与项目决策时估算的投资效益相比较，从中发现问题，找出原因，提出

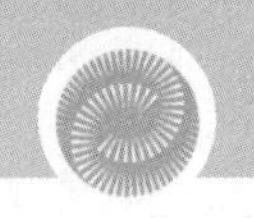

提高投资效益的具体建议和措施。

8.4.4 项目后评价的方法

1. 对比分析法

对比分析法主要是指建设项目的"前后对比法"和"有无对比法"。一般情况下,"前后对比法"是指将项目实施之前与完成之后的情况进行对比,以确定项目的作用与效益的一种对比方法。在项目后评价中,"前后对比法"是指将项目前期的可行性研究和评估的预测结论与项目的实际运行结果相比较,以发现变化和分析原因的方法。这种对比分析法用于揭示计划、决策和实施的质量,是项目过程评价应遵循的原则。

项目后评价的"有无对比法"是指将项目实际发生的情况与无项目可能发生的情况进行对比,以度量项目的真实效益、影响和作用的方法,该方法是将项目实施所付出的资源代价与项目实施后产生的效果进行对比,以评价项目好坏的后评价的一个重要方法。

对比的重点是要分清项目作用的影响与项目以外作用的影响。这种对比用于项目的效益评价和影响评价,是项目后评价的一个重要方法。这里说的"有"与"无"指的是评价的对象,即计划、规划或项目。评价是通过对比实施项目所付出的资源代价与项目实施后产生的效果得出项目的好坏的。方法论的关键是要求投入的代价与产出的效果口径一致。也就是说,所度量的效果要真正归因于项目,但是,很多项目,特别是大型社会经济项目,实施后的效果不仅仅是项目的效果和作用,还有项目以外多种因素的影响。因此,简单的前后对比不能得出项目真正的效果。

项目的效益和影响评价要分析的数据和资料包括项目实施前的情况、项目实施前的预测效果、项目的实际效果、无项目时可能实现的效果、无项目时的实际效果等。"有无对比法"的综合分析模式如表8-8所示。

表8-8 "有无对比法"的综合分析模式

效益	项目			
	有项目	无项目	差别	分析
财务效益				
经济效益				
经济影响				
环境影响				
社会影响				
综合结果				

一般来说,反映项目现金流量的数据有以下5种,它们的作用不同,主要包括以下几个方面。

(1)现状数据。现状数据指项目实施前企业的现金流量状况数据,又称原有数据。

(2)无项目数据。无项目数据指在不实施项目的情况下,计算期内各年企业的现金流量可能的变化趋势,经过预测得到的现金流量的有关数据。

(3)有项目数据。有项目数据指在实施项目的情况下,计算期内各年企业的现金流量可能的变化趋势,经过预测得到的现金流量的有关数据。

(4)新增数据。新增数据指计算期内各年的有项目数据减去现状数据得到的差额,一般只估算新增投资。

(5)增量数据。增量数据指有项目数据与无项目数据的差额,即通过"有无对比法"得到的数据。

"有无对比法"是获取投资项目增量数据的方法,以有项目状态下的相关数据与无项目状态下的相关数据相减,得到增量数据。这个增量数据,反映的是项目投资为企业产生的效果。投资人可以根据增量数据进行有关财务指标的分析和计算,做出投资决策。

无项目状态是指不对该项目进行投资时,在计算期内,与项目有关的资产、费用与收益的预计发展情况。有项目状态是指对该项目进行投资后,在计算期内,与项目有关的资产、费用与收益的预计发展情况。"有无对比法"的差额部分,即增量现金流量,才是由于项目的建设增加的效益和费用。"有无对比法"求出项目的增量效益，排除了项目实施以前各种条件的影响，突出了项目活动的效果。

采用“有无对比法”，是为了识别那些真正应该算作项目效益的部分，即增量效益，排除那些由于其他原因产生的效益，同时找出与增量效益相对应的增量费用，只有这样才能真正体现项目投资的净效益。

无项目状态与有项目状态下，现金流量的计算范围、计算期应保持一致，以具有可比性。为使计算期保持一致，应以有项目的计算期为基准，对无项目的计算期进行调整。

一般应通过设想追加投资(局部更新或全部更新)来维持无项目状态下的生产经营，延长其寿命期到与有项目的计算期相同，并在计算期末将固定资产余值回收。

2. 逻辑框架法

逻辑框架法(简称 LFA)是将一个复杂项目的多个具有因果关系的动态因素组合起来，用一张简单的框图分析其内涵和关系，确定项目范围和任务，分清项目目标和达到目标所需手段的逻辑关系，以评价项目活动及其成果的方法。

逻辑框架法是美国国际开发署在 1970 年开发并使用的一种设计、计划和评价方法，目前已有 2/3 的国际组织把 LFA 作为援助项目的计划管理和后评价的主要方法。

LFA 是一种概念化论述项目的方法，即用一张简单的框图来清晰地分析一个复杂项目的内涵和关系，使之更易理解。LFA 将几个内容相关、必须同步考虑的动态因素组合起来，通过分析其相互之间的关系，从设计、策划、目的、目标等方面来评价一项活动或工作。LFA 为项目计划者和评价者提供了一种分析框架，用来确定工作的范围和任务，并对项目目标和达到目标所需要的手段进行逻辑关系的分析。

项目后评价通过应用 LFA 分析项目的预期目标、各种目标的层次、目标实现的程度和原因，来评价其效果、作用和影响。逻辑框架法的基本模式如表 8-9 所示。

表 8-9　逻辑框架法的基本模式

目标层次	验证对比指标			原因分析		可持续性分析
	项目原定指标	实际实现指标	差别或变化	主要内部原因	主要外部原因	
宏观目标(影响)						
项目目的(作用)						
项目产出(实施结果)						
项目投入(建设条件)						

3. 成功度评价法

项目后评价的综合评价方法通常为成功度评价法。成功度评价法是指依靠评价专家或专家组的经验，综合后评价各项指标的评价结果，对项目的成功程度做出定性的结论，也就是通常所说的打分的方法。

成功度评价法的评价标准有以下几种。

(1)完全成功的。项目的各项目标都已全面实现或超过；相对成本而言，项目达到了预期的效益和影响。

(2)成功的(A)。项目的各项目标都已全面实现或超过；相对成本而言，项目取得巨大的效益和影响。

(3)部分成功的(B)。项目的大部分目标已经实现；相对成本而言，项目达到了预期的效益和影响。

(4)不成功的(C)。项目实现的目标非常有限；相对成本而言，项目几乎没有产生什么正效益和影响。

(5)失败的(D)。项目的目标没有现实、无法实现；相对成本而言，项目不得不终止。

8.4.5 项目后评价的程序

1. 提出问题

深入了解项目及其所处环境，区分评价提出单位关心的问题的主次关系，从而明确后评价的具体研究对象、评价目的及具体要求。

2. 制订后评价计划

(1)建立项目后评价组织机构，配备项目后评价人员。

(2)确定项目后评价的内容的范围与深度，选择评价标准。使用不同的评价标准，评价结论可能不同。

(3)选定评价方法，即确定评价策略。在进行项目后评价时，评价人员面临方法选择的问题。各种方法的内容、要求以及比较的重点不同，如果选择不当，势必影响项目后评价的质量，因此在进行项目后评价时，正确选择项目后评价方法极为重要。

3. 调查、收集和整理资料

调查、收集和整理资料的主要任务是制订详细的调查提纲，确定调查对象和调查方法并开展实际调查和资料收集整理工作。

需要收集的资料和数据主要包括项目建设资料、国家经济政策资料、项目运营状况的有关资料、反映项目实施和运营实际影响的有关资料、本行业有关资料、与项目后评价有关的技术资料及其他资料等，可以采用专题调查会、实地观察、抽样等方法进行资料收集。

资料整理是指对调查过程中获得的大量原始资料进行加工汇总，使其系统化、条理化、科学化，以得出反映事物总体特征的工作过程。资料整理一般有 3 个步骤：科学统计分组，这是资料整理的前提；科学地汇总，这是资料整理的中心；编制科学的统计表，这是资料整理的结果。

4. 分析研究

分析研究是指围绕项目后评价内容，采用定量分析和定性分析相结合的方法，发现问题，提出改进措施。常用的分析研究方法除了前文所述的 3 种主要方法外，也包括一些基本的统计分析和市场预测的方法，如经验判断法、历史引申法、回归分析法等。

分析研究，可以获取以下信息。

(1)总体结果，包括项目的成功度及其原因、项目投入与产出是否成正比、项目是否按时并在投资预算内实现了目标、成功和失败的主要经验教训。

(2)可持续性，包括项目在维持长期运管方面是否存在重大问题。

(3)方案比较选择，包括进行多方案比较，判断是否有更好的方案来实现成果。

(4)经验教训，包括项目的经验教训及其对未来规划和决策的参考意义。

5. 撰写项目后评价报告

项目后评价报告是项目后评价工作的最终成果，是评价结果的汇总，应真实反映情况，客观分析问题，认真总结经验。项目后评价报告是反馈经验教训的主要文件形式，必须满足信息反馈的需要，因此，项目后评价报告要有相对固定的内容格式，便于分解，便于计算机输入。

8.5 基于 BIM 的验工计价

建设项目的工期一般较长，为了使施工单位在工程建设中尽快回笼所耗用的资金，需要对工程价款进行期中结算，工程竣工之后还需要进行竣工结算。此处提到的期中结算就是验工计价，也称为进度计量与计价。

验工计价是对合同中已完成的合格工程或工作，进行验收、计量、计价并核对的工作，又称为工程计量与计价。验工计价是控制工程造价的核心环节，是进行质量控制的主要手段，是进度控制的基础，也是保证业主和承包人合法权益的重要途径。

下面，我们以专业宿舍楼为例，应用 GCCP 6.0 软件分析验工计价。

【专业宿舍楼验工计价案例】

项目概况：本次招标为广联达专用宿舍楼工程施工。

建设地点：北京市海淀区广联达办公大厦北侧，位于北京市北五环外。

甲方要求乙方按下列要求报进度。

①工程做完地下部分报一次量。

②地上部分，第一个计量周期中实际完成工作：主体部分按实报量、砌块墙完成合同总量的 30%时报量。第二个计量周期中实际完成工作：余下部分完工报量。

通过 GCCP 6.0 编制广联达专用宿舍楼验工计价。

【案例解析】

1. 新建验工计价文件

新建验工计价文件有以下 3 种方式。

（1）新建验工计价文件的方式一：打开 GCCP 6.0 软件→云计价平台菜单栏→选择“新建结算”→选择“验工计价”→点击“浏览”，选择对应预算文件→点击“立即新建”，如图 8-3 所示。

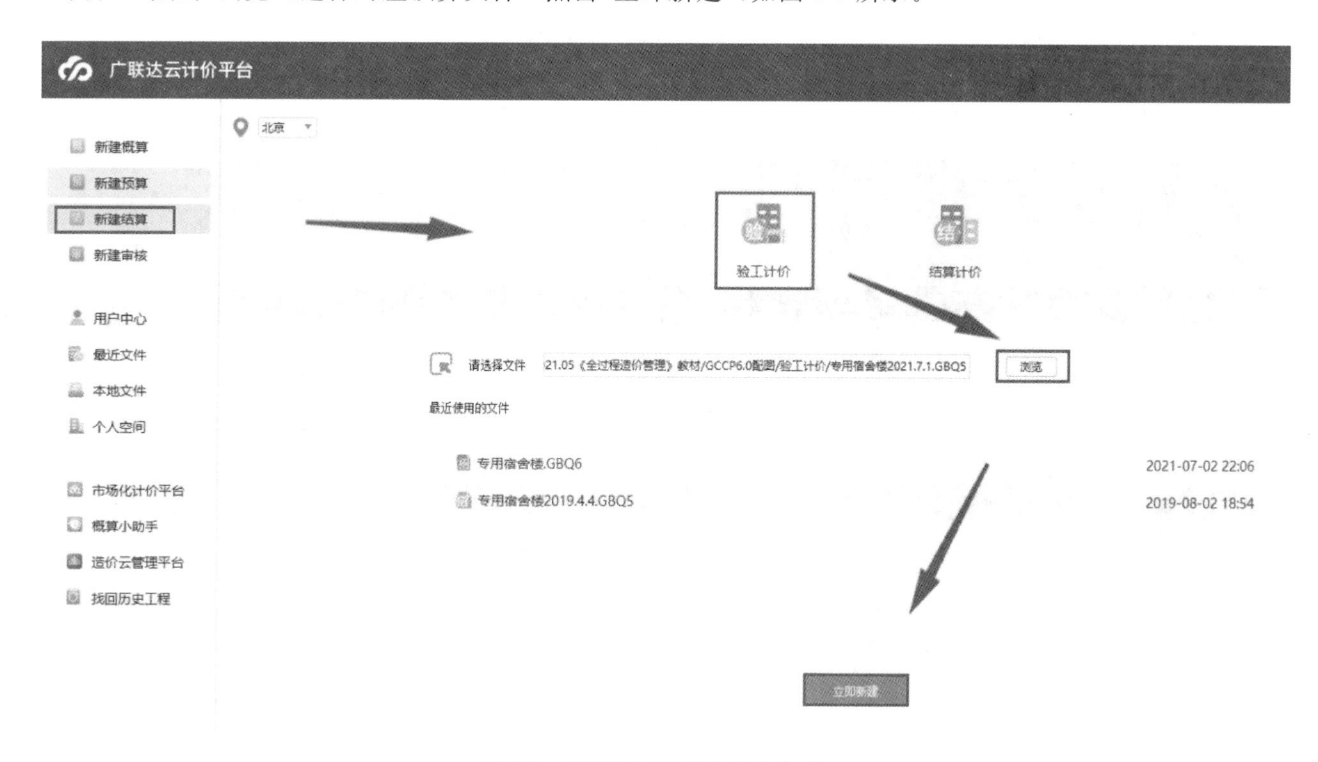

图 8-3　新建验工计价文件的方式一

（2）新建验工计价文件的方式二：打开 GCCP 6.0 软件→打开预算文件→打开菜单栏“文件”并下拉→选择“转为验工计价”，如图 8-4 所示。

（3）新建验工计价文件的方式三：打开 GCCP 6.0 软件→云计价平台菜单栏→点击“最近文件”→右键点击招投标文件，选择“转为验工计价”，如图 8-5 所示。

2. 上报分部分项工程、措施项目和其他项目工程量

（1）新建并描述分期形象进度。在功能区选择当前期，软件默认是“当前第 1 期”，设置当前期时间→点击“形象进度”→进行形象进度描述，如图 8-6 所示。

（2）添加分期——设置分期及施工时间段＋添加分期。点击功能区的“添加分期”→出现“添加分期”对话框，设置分期施工时间并确定→添加其他分期，按以上步骤操作，如图 8-7 所示。

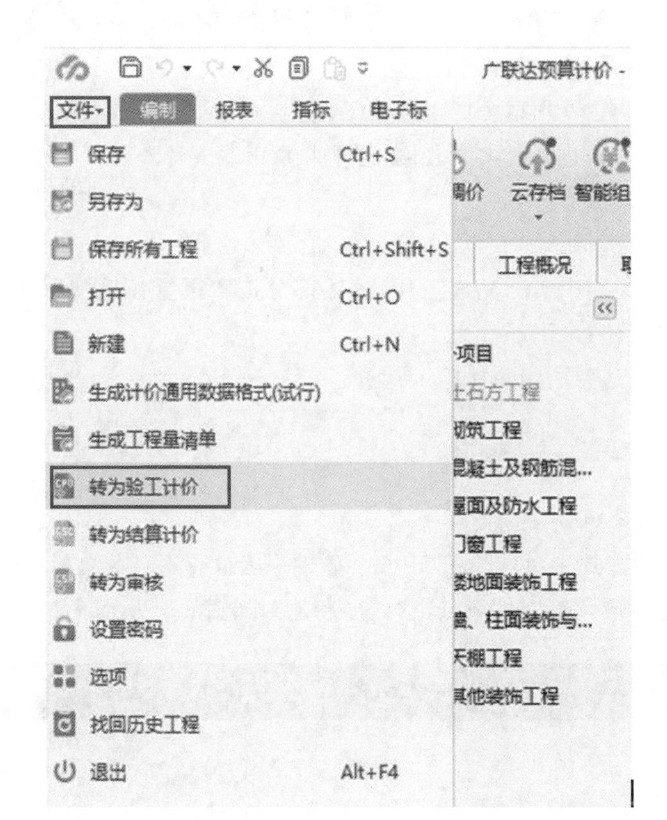

图 8-4 新建验工计价文件的方式二

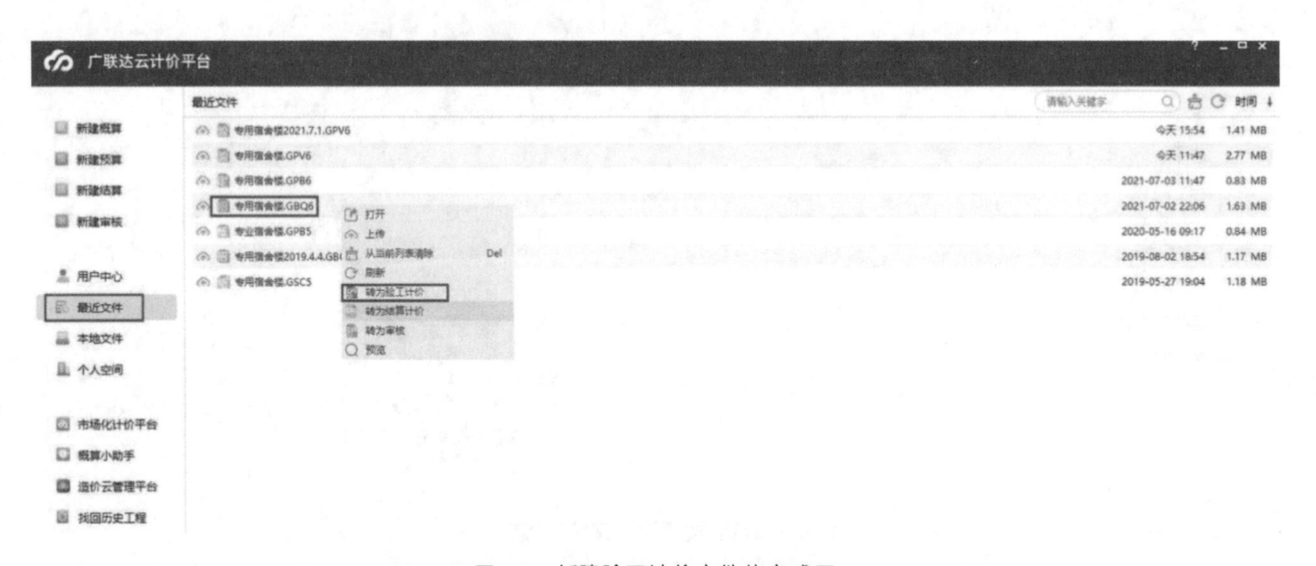

图 8-5 新建验工计价文件的方式三

(3) 输入当前期量：①手动输入完成量，找到第 n 期量（n 为当前期），输入工程量；②输入当期完成比例，找到第 n 期比例（n 为当前期），输入完成比例。软件自动统计累计完成量、累计完成比例、累计完成合价以及未完成工程量，如图 8-8 所示。

(4)批量设置当期比例。选择清单当前期工程量单元格→单击鼠标右键→批量设置当期比例，如图 8-9 所示。

(5)提取未完工程量，自动提取剩余合同工程量。选择清单当前期工程量或比例单元格→单击鼠标右键→单击“提取未完工程量至上报”。

超量预警：在累计完成比例大于等于 100，即工程量大于等于合同工程量时，累计完成量、累计完成价、累计完成比例显示为红色，如图 8-10 所示。

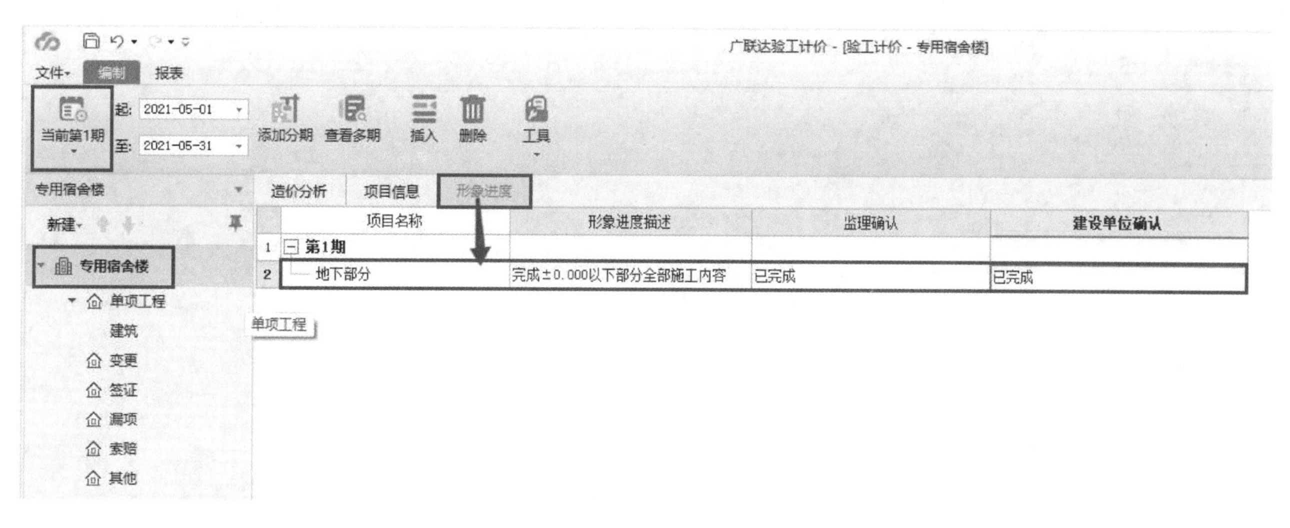

图 8-6　新建并描述分期形象进度

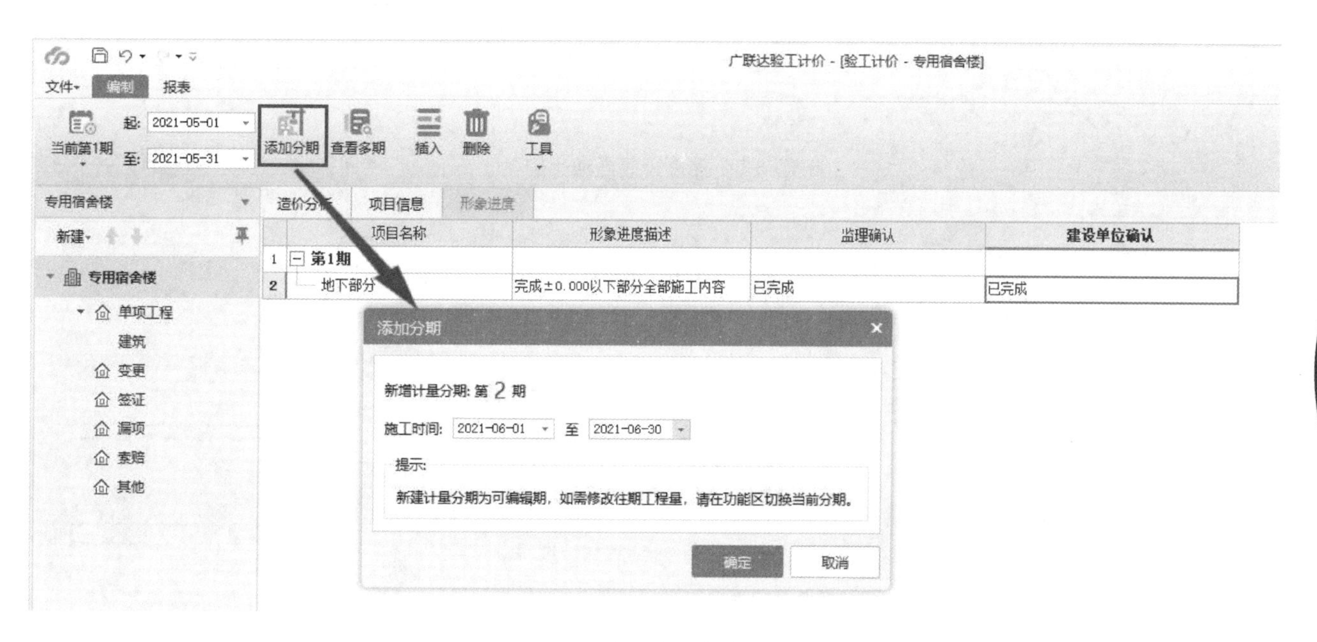

图 8-7　添加分期

分部分项　措施项目　其他项目　人材机调整　费用汇总

整个项目
- 土石方工程
- 砌筑工程
- 混凝土及钢筋混...
- 屋面及防水工程
- 门窗工程
- 楼地面装饰工程
- 墙、柱面装饰与...
- 天棚工程
- 其他装饰工程

	编码	类别	名称	单位	合同		第1期上报（当前期）			第1期审定（当前期）		
					工程量	单价	工程量	合价	比例(%)	工程量	合价	比例(%)
			整个项目					148366.09			148366.09	
B1	A.1	部	土石方工程					148366.09			148366.09	
1	010101001001	项	平整场地	m2	797.38	1.41	797.38	1124.31	100	797.38	1124.31	100
	1-2	定	平整场地 机械	m2	797.38	1.41	797.38	1124.31		797.38	1124.31	
2	010101003001	项	挖沟槽土方（坡道处）	m3	1.11	21.7	1.11	24.09	100	1.11	24.09	100
	1-16	定	人工挖沟槽 运距1km以内	m3	1.11	21.7	1.11	24.09		1.11	24.09	
3	010101004001	项	挖基坑土方	m3	1567.18	16.42	1567.18	25733.1	100	1567.18	25733.1	100
	1-21	定	机挖基坑 运距1km以内	m3	1410.46	15.45	1410.46	21791.61		1410.46	21791.61	
	1-20	定	人工挖基坑 运距1km以内	m3	156.72	25.11	156.72	3935.24		156.72	3935.24	
4	010101004002	项	基础钎探	m2	463.95	3.94	463.95	1827.96	100	463.95	1827.96	100
	1-5	定	打钎拍底	m2	463.95	3.94	463.95	1827.96		463.95	1827.96	
5	010103001001	项	回填方	m3	1270.17	94.18	1270.17	119624.61	100	1270.17	119624.61	100
	1-32	定	基础回填 灰土 3:7（宿舍楼基础）	m3	1270.17	94.18	1270.17	119624.61		1270.17	119624.61	
6	010103001003	项	回填方	m3	0.34	94.18	0.34	32.02	100	0.34	32.02	100

图 8-8　输入当前期工程量或比例

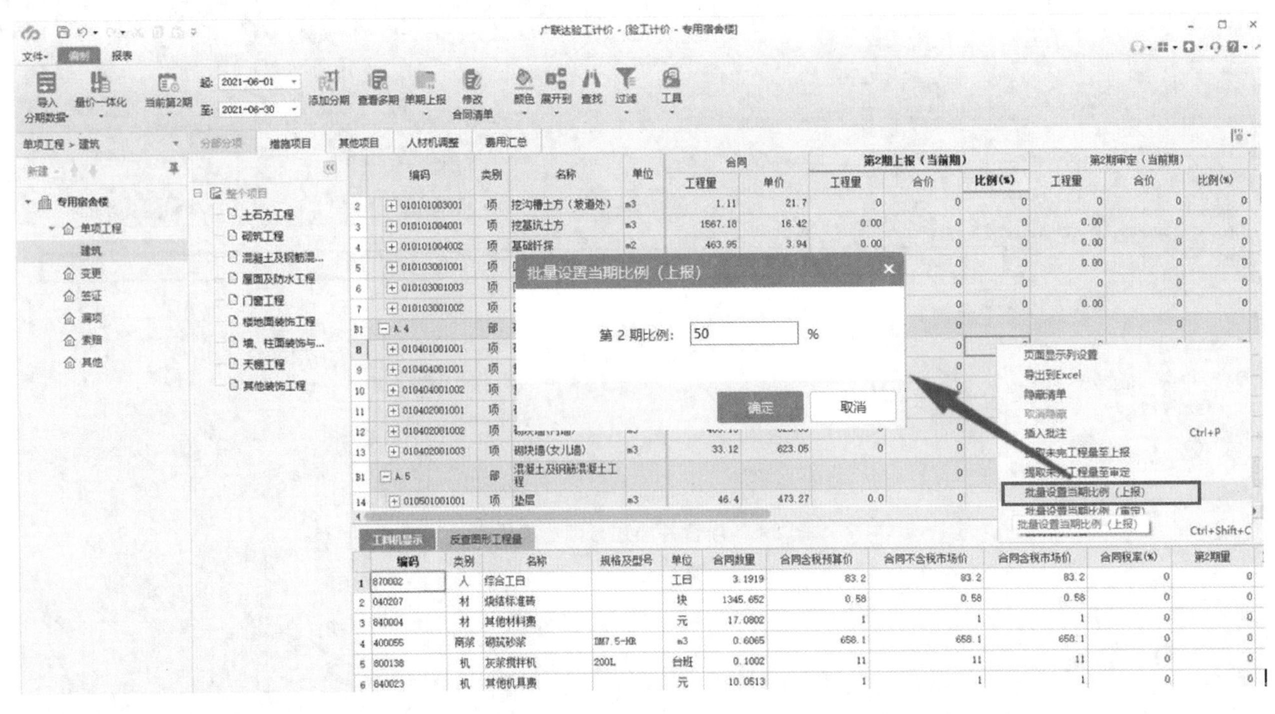

图 8-9　批量设置当期比例

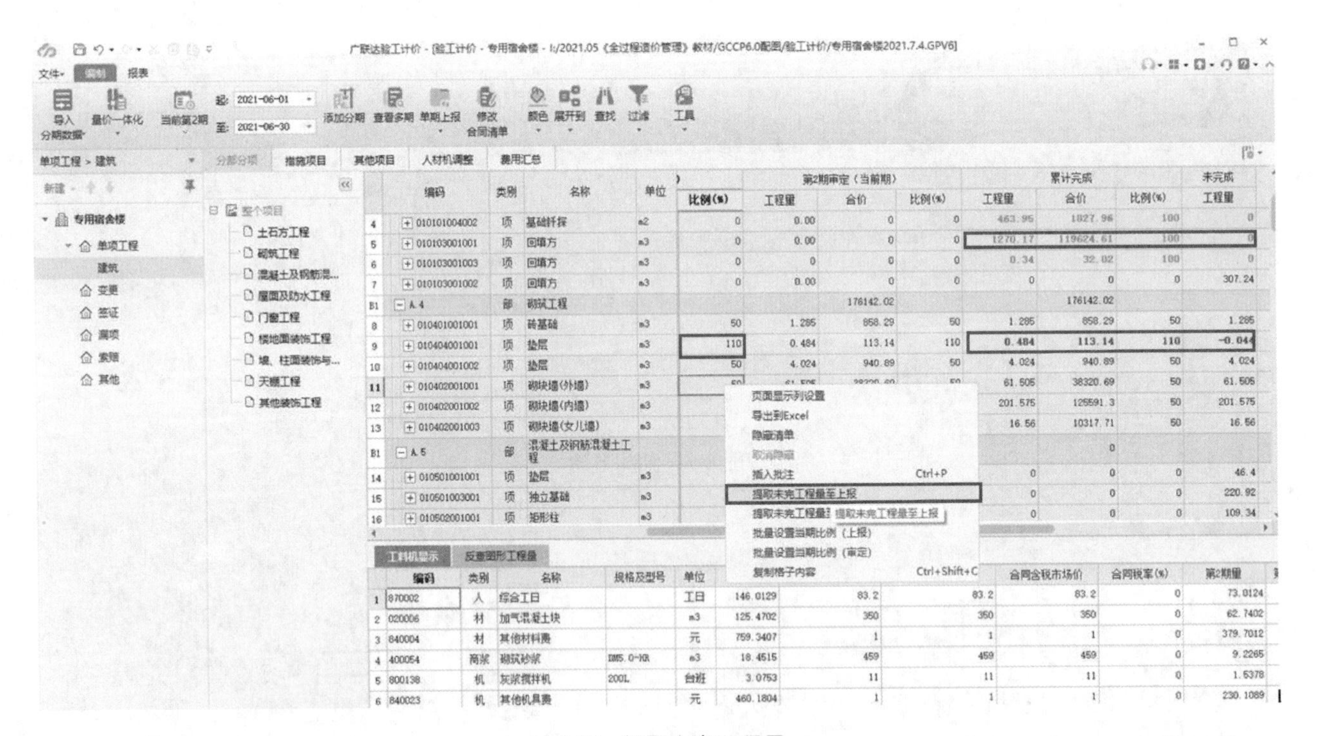

图 8-10　提取未完工程量

(6)查看多期。在功能区选择“查看多期”→勾选需要查看的分期，点击“确定”完成多期查看设置，如图 8-11所示。

(7) 建设项目的施工过程中，合同清单发生重大变更时，建设方与施工方协商后可对合同清单进行合同工程量、清单综合单价、清单子目组价等进行调整。GCCP 6.0 新增修改合同清单功能，支持修改原合同数据，一键进入预算编制状态。在功能区选择“修改合同清单”→弹出“修改合同清单”窗口→修改合同清单内容，点击“应用修改”→修改内容同步到验工计价工程合同清单中，分部分项列出现“改”图标，点击后显示具体的调整内容，如图 8-12 所示。

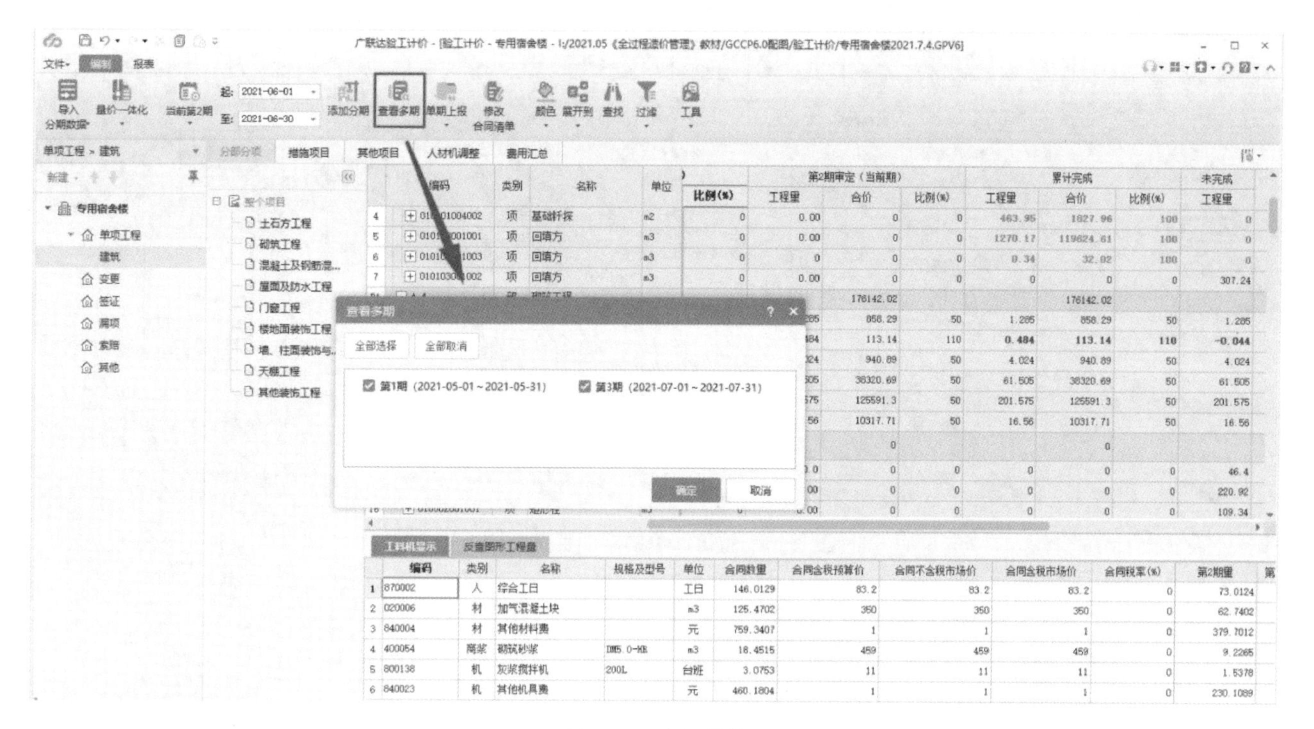

图 8-11　查看多期

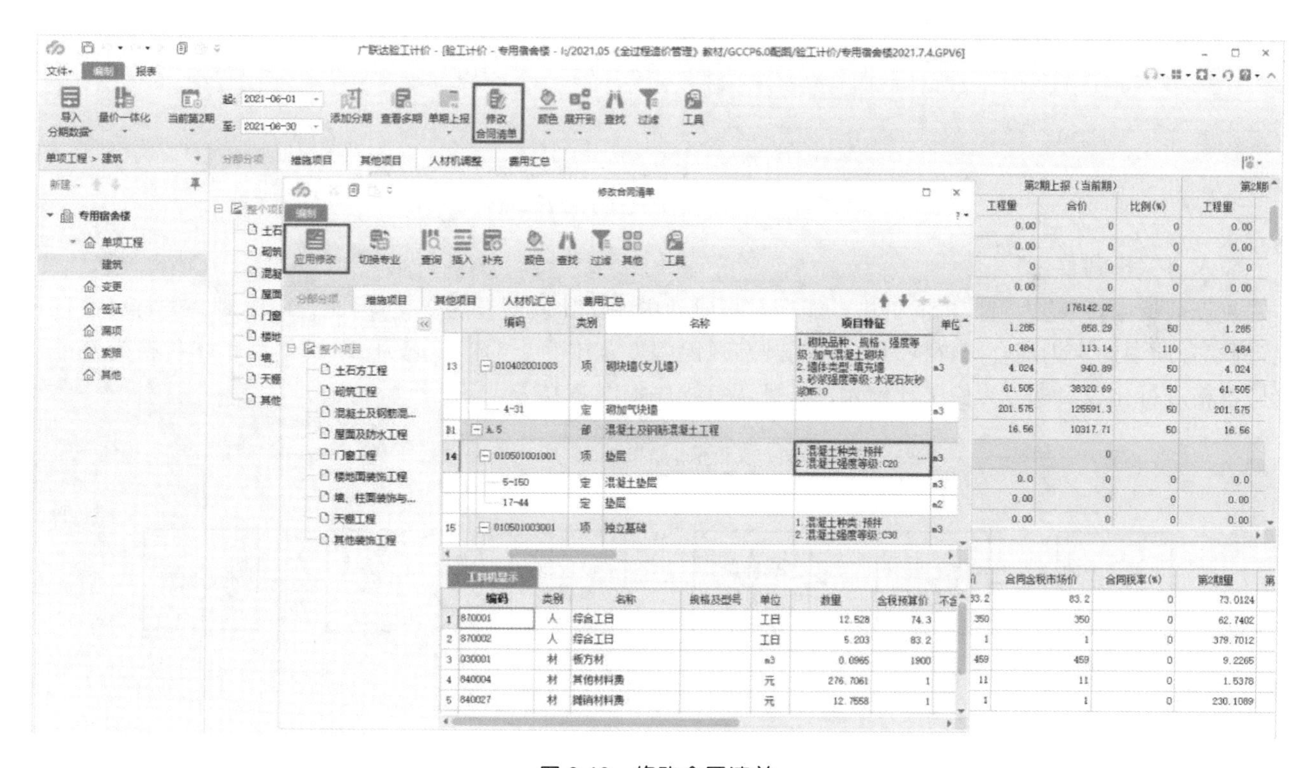

图 8-12　修改合同清单

(8)上报措施项目费。措施项目进度款支付的方式一般有三种。①手动输入比例:措施总价通过取费系数确定,每期按照上报比例记取当期措施费。②按分部分项完成比例:措施费随分部分项的完成比例进行支付。③按实际发生记取:施工方列出分期内措施项目的内容并据实上报。实际应用中措施项目费可根据自身情况进行总体或局部的调整,如图 8-13 所示。

(9)上报其他项目费。操作步骤同分部分项工程,如图 8-14 所示。

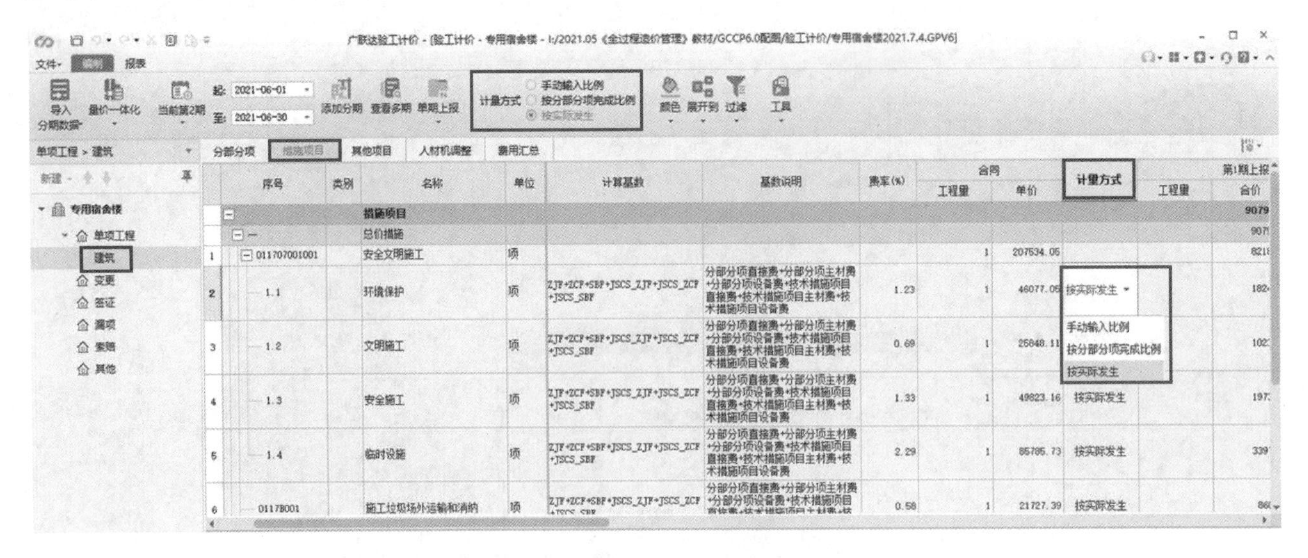

图 8-13　验工计价措施项目费编制

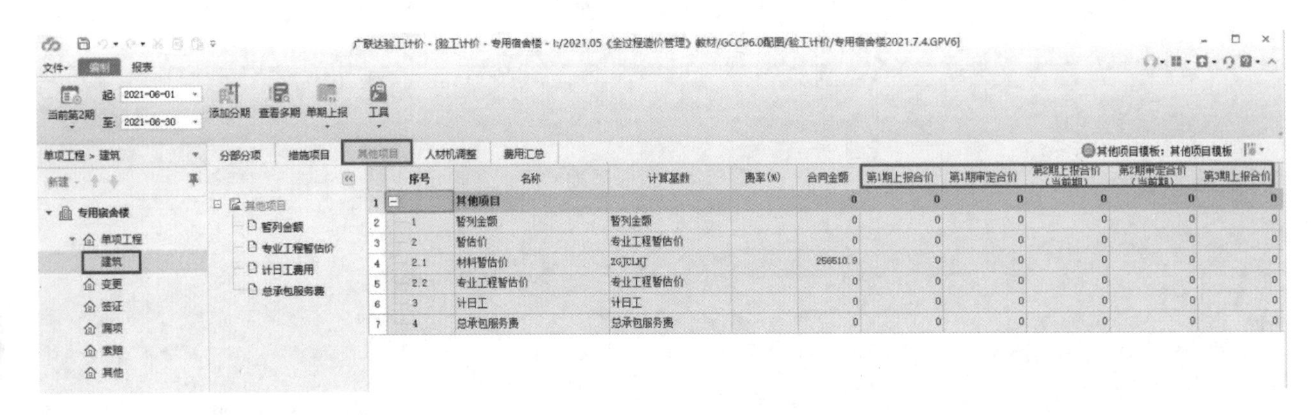

图 8-14　验工计价其他项目费编制

3. 人、材、机调差

建设项目中，一些人、材、机的价格可能会在短时间内发生比较明显的变化，因此合同会对这类材料进行约定，例如合同中约定钢筋合同价格为 4000 元/吨，风险幅度范围为±5%，以每月 20 日钢筋市场价格为基准与合同价格进行比较后调差。验工计价人、材、机调差程序如图 8-15 所示。

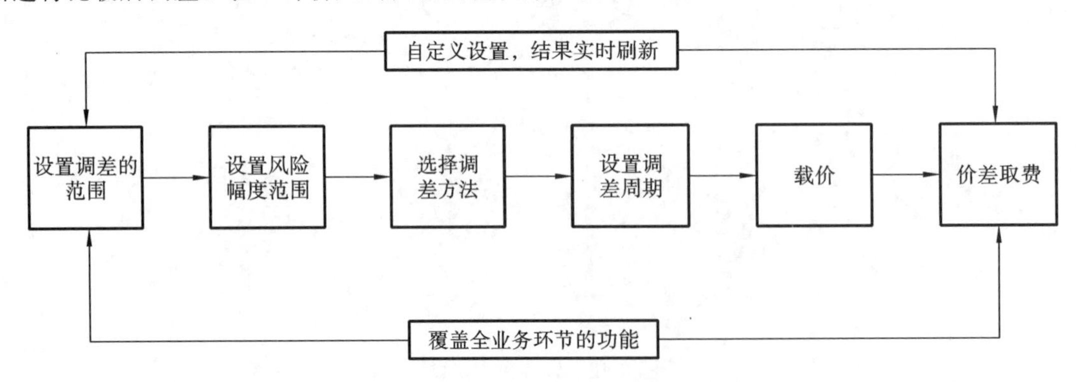

图 8-15　验工计价人、材、机调差程序

(1)设置调差的范围：在功能区点击“从人材机汇总中选择”→可以勾选人工、材料、机械分类缩小选择范围，也可以按关键字查找，在所需人、材、机前打勾→选择完需要的人、材、机后点击“确定”，软件自动设置所勾选人、材、机为价差材料，如图 8-16 所示。

(2)设置风险幅度范围：建设项目的合同文件对需要调差的材料(人工、机械)的价格风险幅度范围做了规定，在验工计价时需要进行风险幅度范围的设置。在功能区选择“风险幅度范围”→输入风险幅度范围，点击

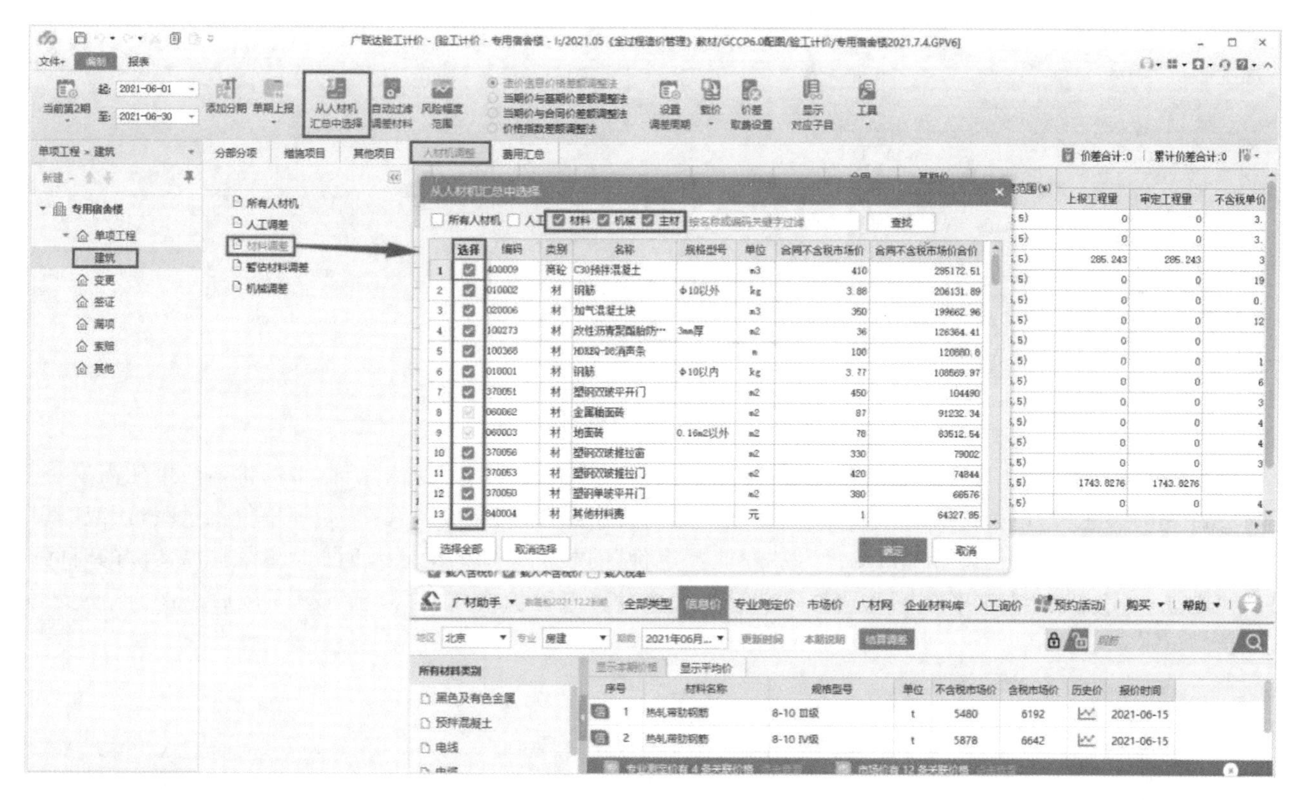

图 8-16　验工计价设置调差的范围

“确定”，完成风险幅度范围的设置，如图 8-17 所示。

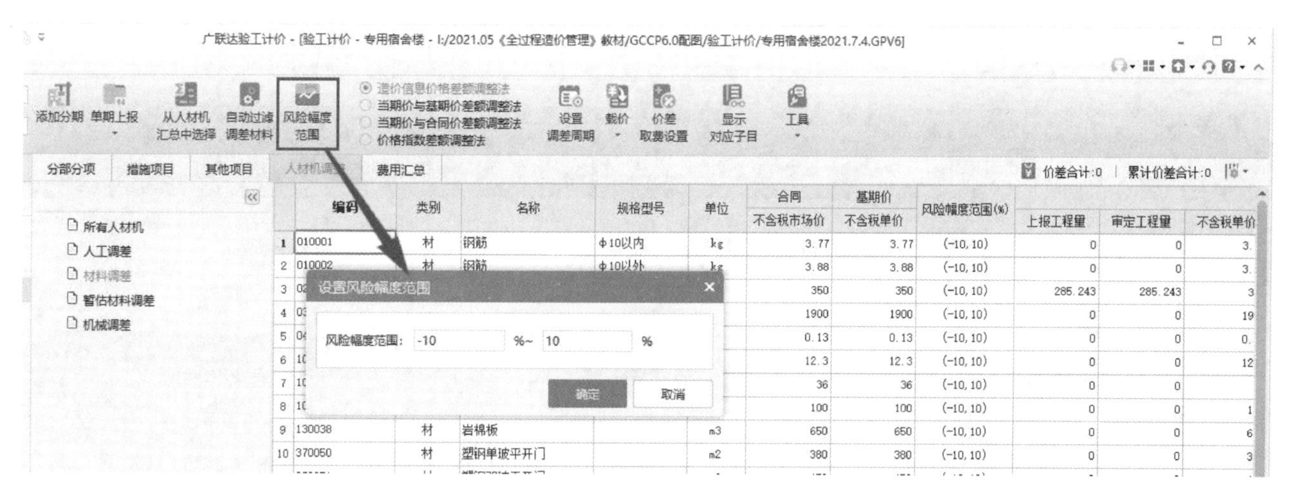

图 8-17　验工计价设置风险幅度范围

（3）选择调差方法：合同中约定的价差调整方法是结算价减合同价超出风险幅度范围时进行调差。在功能区选择“当期价与合同价差额调整法”，如图 8-18 所示。

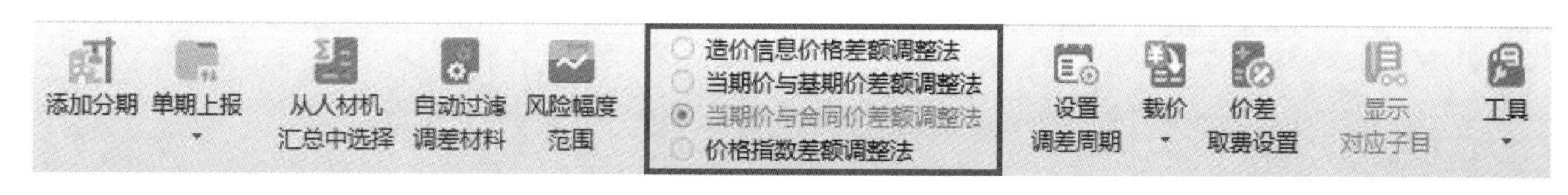

图 8-18　验工计价设置调差方法

（4）设置调差周期：某些需要调差的人、材、机在合同中约定每季度进行统一调整，可能贯穿了建设项目的某几段进度分期。在功能区选择“设置调差周期”→选择调差的“起始周期”和“结束周期”，点击“确定”，如图 8-19所示。

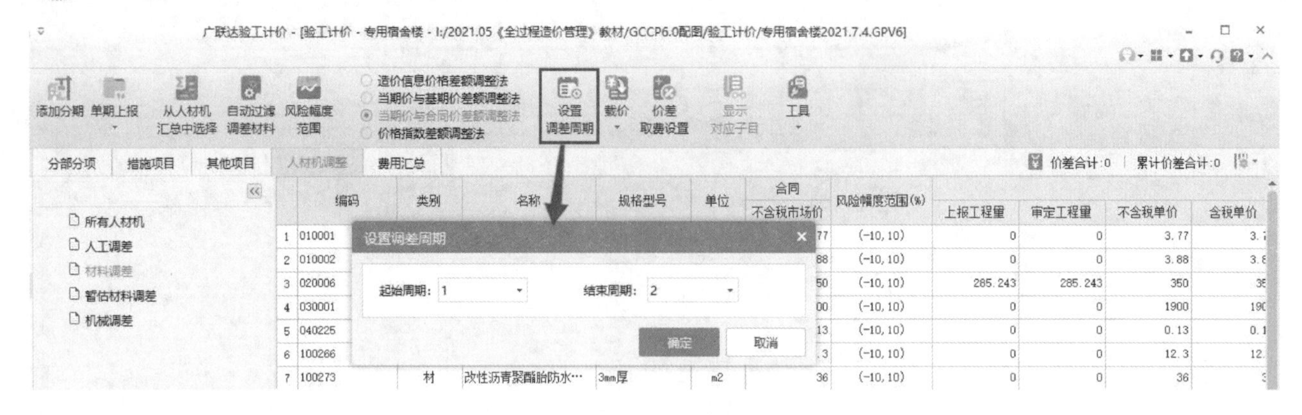

图 8-19　验工计价设置调差周期

(5)载价：验工计价在进行价差的调整时，可能需要载入某些材料的某期信息价(市场价)，还可能需要将某些材料各期的信息价(市场价)加权平均后进行载价。在功能区选择"载价"，选择"结算单价批量载价"或"基期价批量载价"载价，选择"信息价""市场价"或"专业测定价"的载价文件的地区及时间，选择载价文件的时间时可以点选某一期或点击"加权平均"后选择多期进行加权计算载价价格，载价信息选择完成后点击"下一步"完成载价，如图 8-20 所示。

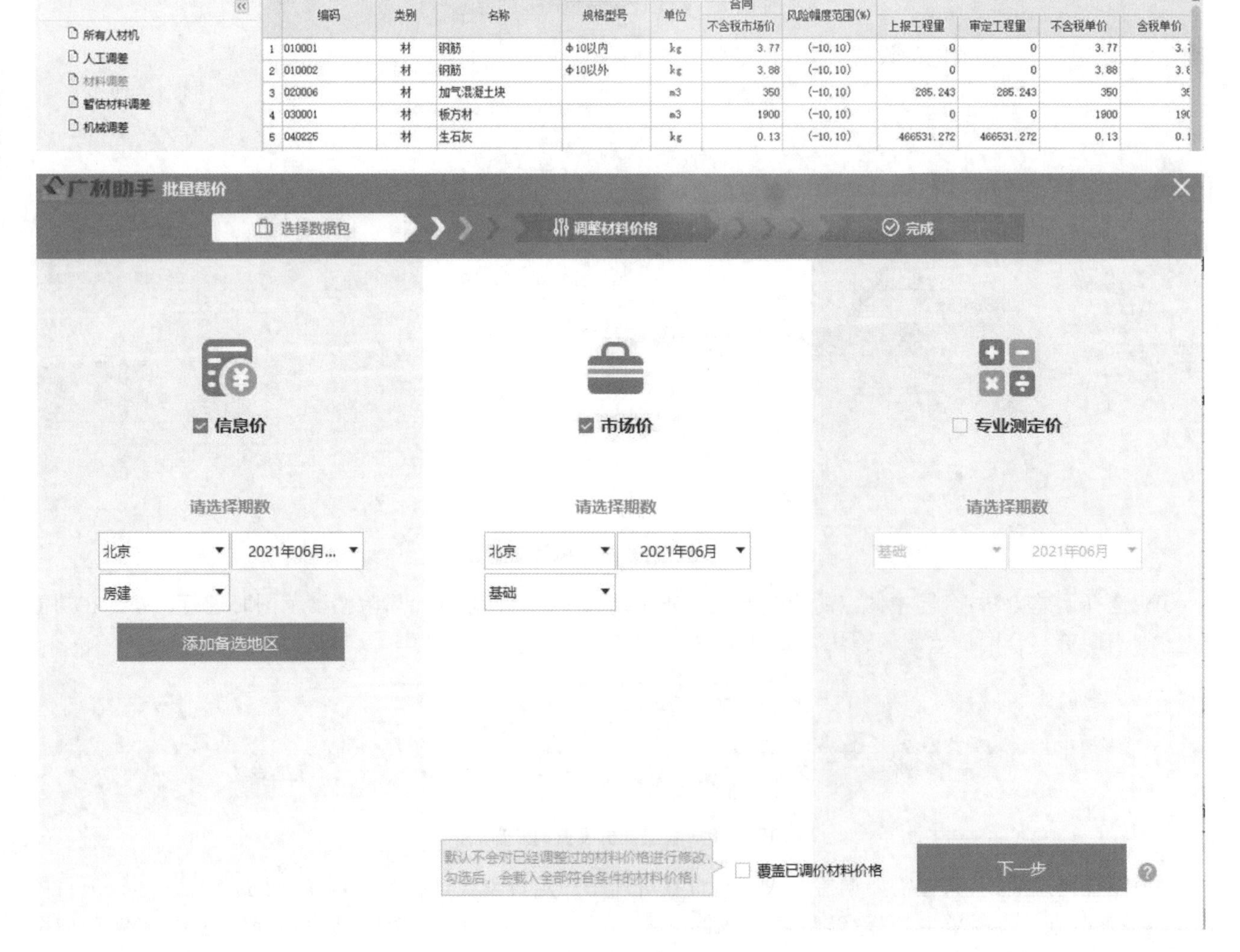

图 8-20　验工计价载价

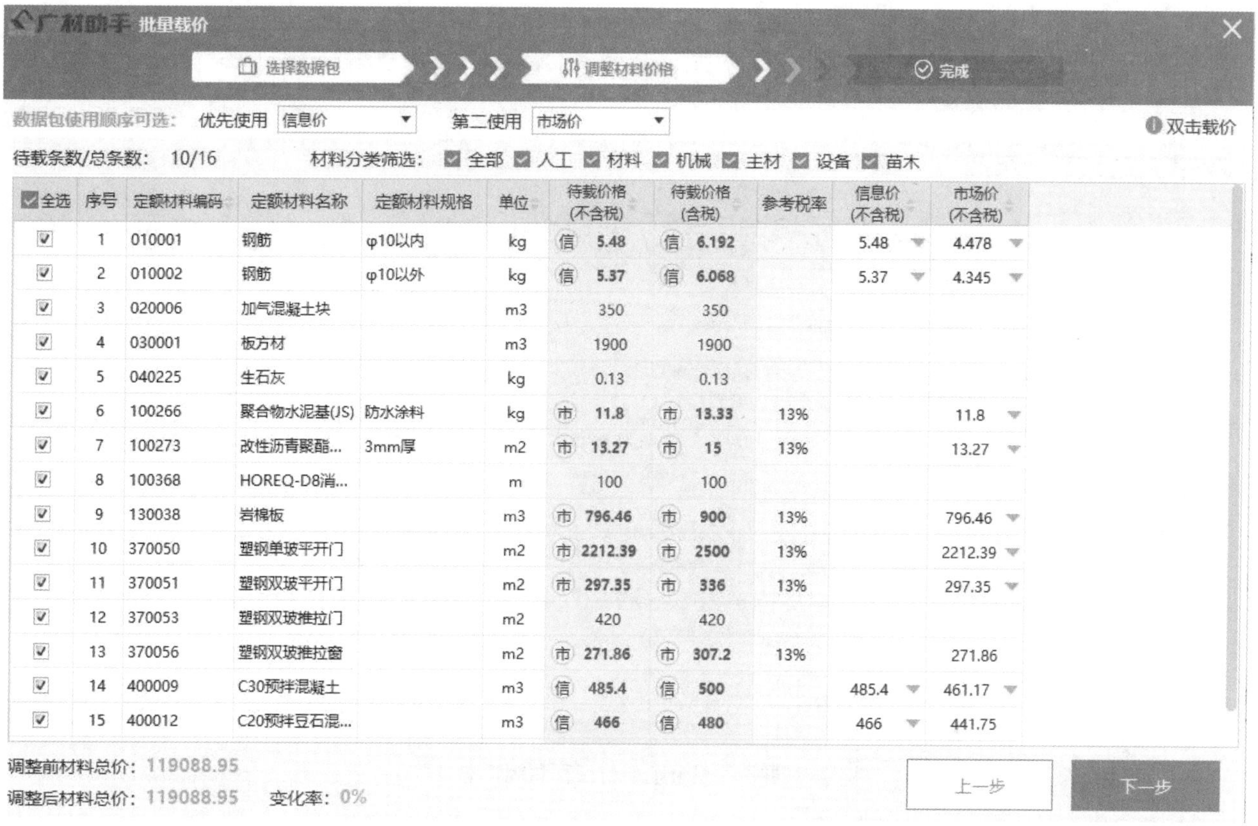

广材助手 批量载价

选择数据包 → 调整材料价格 → 完成

数据包使用顺序可选：优先使用 信息价　第二使用 市场价　　双击载价

待载条数/总条数：10/16　　材料分类筛选：☑全部 ☑人工 ☑材料 ☑机械 ☑主材 ☑设备 ☑苗木

全选	序号	定额材料编码	定额材料名称	定额材料规格	单位	待载价格(不含税)	待载价格(含税)	参考税率	信息价(不含税)	市场价(不含税)
☑	1	010001	钢筋	φ10以内	kg	信 5.48	信 6.192		5.48	4.478
☑	2	010002	钢筋	φ10以外	kg	信 5.37	信 6.068		5.37	4.345
☑	3	020006	加气混凝土块		m3	350	350			
☑	4	030001	板方材		m3	1900	1900			
☑	5	040225	生石灰		kg	0.13	0.13			
☑	6	100266	聚合物水泥基(JS)	防水涂料	kg	市 11.8	市 13.33	13%		11.8
☑	7	100273	改性沥青聚酯...	3mm厚	m2	市 13.27	市 15	13%		13.27
☑	8	100368	HOREQ-D8消...		m	100	100			
☑	9	130038	岩棉板		m3	市 796.46	市 900	13%		796.46
☑	10	370050	塑钢单玻平开门		m2	市 2212.39	市 2500	13%		2212.39
☑	11	370051	塑钢双玻平开门		m2	市 297.35	市 336	13%		297.35
☑	12	370053	塑钢双玻推拉门		m2	420	420			
☑	13	370056	塑钢双玻推拉窗		m2	市 271.86	市 307.2	13%		271.86
☑	14	400009	C30预拌混凝土		m3	信 485.4	信 500		485.4	461.17
☑	15	400012	C20预拌豆石混...		m3	信 466	信 480		466	441.75

调整前材料总价：119088.95

调整后材料总价：119088.95　　变化率：0%

上一步　下一步

续图 8-20

(6)价差取费。

建设项目的合同文件约定人材机调差部分差额的取费形式有两种：①差额部分只记取税金；②差额部分记取规费以及税金。

在调差界面选择需要修改取费形式的材料→找到“取费”列并按照实际业务情况对价差部分的取费形式进行修改→取费形式调整完成，费用汇总以及报表部分联动修改，如图 8-21 所示。

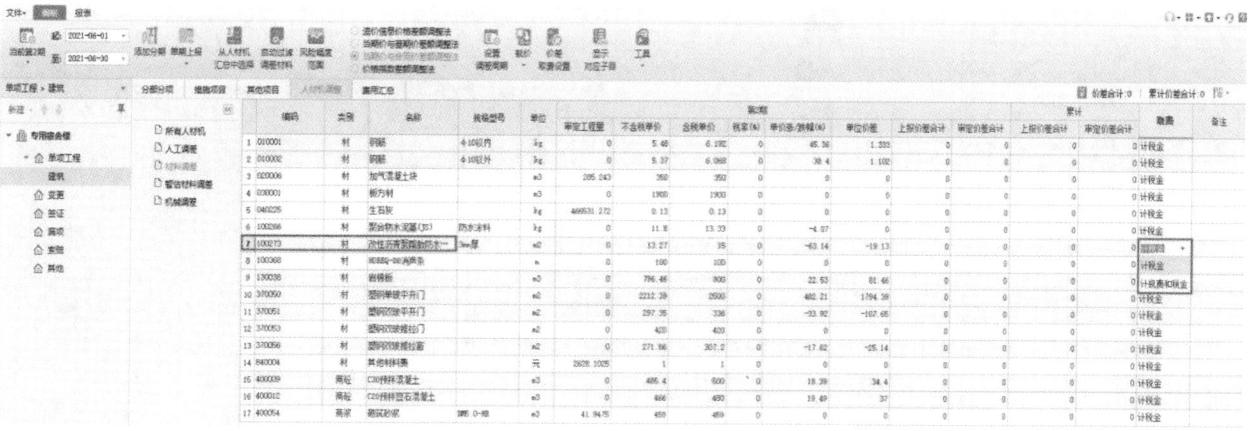

价差合计:0　累计价差合计:0

序	编码	类别	名称	规格型号	单位	第2期 审定工程量	不含税单价	含税单价	税率(%)	单价涨/跌幅(%)	单位价差	上报价差合计	审定价差合计	累计 上报价差合计	审定价差合计	取费	备注
1	010001	材	钢筋	Φ10以内	kg	0	5.48	6.192	0	45.36	1.333	0	0	0	0	计税金	
2	010002	材	钢筋	Φ10以外	kg	0	5.37	6.068	0	38.4	1.102	0	0	0	0	计税金	
3	020006	材	加气混凝土块		m3	205.243	350	350	0	0	0	0	0	0	0	计税金	
4	030001	材	板方材		m3	0	1900	1900	0	0	0	0	0	0	0	计税金	
5	040225	材	生石灰		kg	466531.272	0.13	0.13	0	0	0	0	0	0	0	计税金	
6	100266	材	聚合物水泥基(JS)	防水涂料	kg	0	11.8	13.33	0	-4.07	0	0	0	0	0	计税金	
7	100273	材	改性沥青聚酯胎防水…	3mm厚	m2	0	13.27	15	0	-63.14	-19.13	0	0	0	0	[illegible]	
8	100368	材	HOREQ-D8消声条		m	0	100	100	0	0	0	0	0	0	0	计税金	
9	130038	材	岩棉板		m3	0	796.46	900	0	22.53	81.46	0	0	0	0	计取费和税金	
10	370050	材	塑钢单玻平开门		m2	0	2212.39	2500	0	482.21	1794.39	0	0	0	0	计税金	
11	370051	材	塑钢双玻平开门		m2	0	297.35	336	0	-33.92	-107.65	0	0	0	0	计税金	
12	370053	材	塑钢双玻推拉门		m2	0	420	420	0	0	0	0	0	0	0	计税金	
13	370056	材	塑钢双玻推拉窗		m2	0	271.86	307.2	0	-17.62	-25.14	0	0	0	0	计税金	
14	840004	材	其他材料费		元	2828.1025	1	1	0	0	0	0	0	0	0	计税金	
15	400009	商砼	C30预拌混凝土		m3	0	485.4	500	0	18.39	34.4	0	0	0	0	计税金	
16	400012	商砼	C20预拌豆石混凝土		m3	0	466	480	0	19.49	37	0	0	0	0	计税金	
17	400054	商浆	砌筑砂浆	DM5.0-HR	m3	41.9475	459	459	0	0	0	0	0	0	0	计税金	

图 8-21　价差取费

4. 分期单位工程费用汇总

分期单位工程费用汇总如图 8-22 所示。

5. 合同外变更——变更、签证、索赔、漏项

某些中大型项目合同约定：施工过程中产生的签证、变更、洽商等合同外部分要随进度款同期上报，审核后按约定比例支付；施工单位逾期上报或者不上报，视为施工单位对甲方的优惠，不再进行支付。选择工程项目

	序号	费用代号	名称	计算基数	基数说明	费率(%)	合同金额	第1期上报合价	第1期审定合价	第2期上报合价	第2期审定合价
1	1	A	分部分项工程	FBFXHJ	分部分项合计		3,746,039.31	148,366.09	148,366.09	176,142.02	176,142.02
2	1.1	A1	其中：人工费	RGF	分部分项人工费		811,231.53	50,177.69	50,177.69	28,016.46	28,016.46
3	1.2	A2	其中：材料(设备)暂估价	ZGCLF	暂估材料费(从人材机汇总表汇总)		256,510.56	0.00	0.00	0.00	0.00
4	2	B	措施项目	CSXMHJ	措施项目合计		229,261.44	9,079.46	9,079.46	10,780.52	10,780.52
5	2.1	B1	其中：人工费	ZZCS_RGF+JSCS_RGF	组织措施项目人工费+技术措施项目人工费		0.00	0.00	0.00	0.00	0.00
6	2.2	B2	其中：安全文明施工费	AQWMSGF	安全文明施工费		207,534.05	8,218.99	8,218.99	9,758.84	9,758.84
7	2.3	B3	其中：施工垃圾场外运输和消纳费	SGLJCWYSF	施工垃圾场外运输和消纳费		21,727.39	860.47	860.47	1,021.68	1,021.68
8	3	C	其他项目	QTXMHJ	其他项目合计		0.00	0.00	0.00	0.00	0.00
9	3.1	C1	其中：暂列金额	暂列金额	暂列金额		0.00	0.00	0.00	0.00	0.00
10	3.2	C2	其中：专业工程暂估价	专业工程暂估价	专业工程暂估价		0.00	0.00	0.00	0.00	0.00
11	3.3	C3	其中：计日工	计日工	计日工		0.00	0.00	0.00	0.00	0.00
12	3.3.1	C31	其中：计日工人工费	JRGRGF	计日工人工费		0.00	0.00	0.00	0.00	0.00
13	3.4	C4	其中：总承包服务费	总承包服务费	总承包服务费		0.00	0.00	0.00	0.00	0.00
14	4	D	规费	D1 + D2	社会保险费+住房公积金费		164,274.38	10,160.99	10,160.99	5,673.33	5,673.33
15	4.1	D1	社会保险费	A1 + B1 + C31	其中：人工费+其中：人工费+其中：计日工人工费	14.76	119,737.77	7,406.23	7,406.23	4,135.23	4,135.23
16	4.2	D2	住房公积金费	A1 + B1 + C31	其中：人工费+其中：人工费+其中：计日工人工费	5.49	44,536.61	2,754.76	2,754.76	1,538.10	1,538.10
17	4.3	D3	其中：农民工工伤保险费				0.00	0.00	0.00	0.00	0.00
18	5	E	税金	A + B + C + D	分部分项工程+措施项目+其他项目+规费	10	413,957.51	16,760.65	16,760.65	19,259.59	19,259.59
19	6	GCZJ	工程造价	A + B + C + D + E	分部分项工程+措施项目+其他项目+规费+税金		4,553,532.64	184,367.19	184,367.19	211,855.46	211,855.46
20	7	JCHJ	价差取费合计	JDJC+JCGF+JCSJ	进度价差+价差规费+价差税金		0.00	0.00	0.00	0.00	0.00
21	7.1	JDJC	进度价差	JL_JDJCHJ	验工计价价差合计		0.00	0.00	0.00	0.00	0.00
22	7.2	JCGF	价差规费				0.00	0.00	0.00	0.00	0.00
23	7.3	JCSJ	价差税金	JDJC+JCGF	进度价差+价差规费	10	0.00	0.00	0.00	0.00	0.00
24	8	JCD1	价差取社会保险费	JCHJ_JGFHSJ	价差合计(计规费和税金)	14.76	0.00	0.00	0.00	0.00	0.00

图 8-22　分期单位工程费用汇总

节点，新建导入的类型或重命名类型的名称→用鼠标右键点击“变更”，选择“导入变更”→选择需要导入的工程，点击“打开”→选择需要导入的工程，点击“确定”，提示导入成功，如图 8-23 所示。

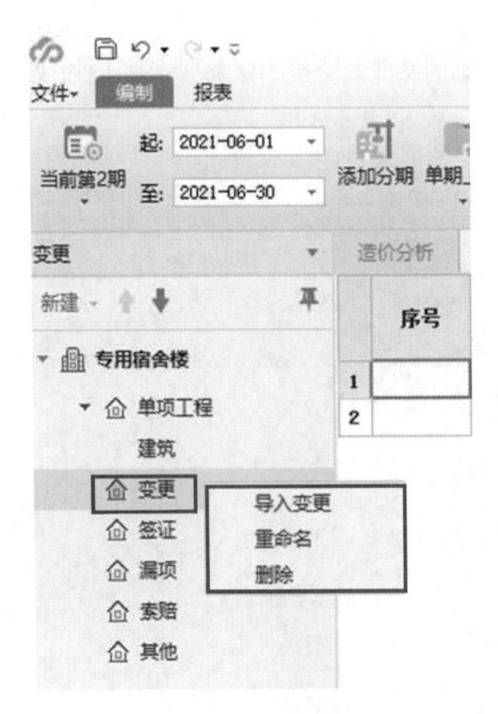

图 8-23　合同外变更

6. 输出报表

点击“报表”，可以浏览和输出报表，如图 8-24 所示。

图 8-24　验工计价浏览和输出报表

8.6 基于 BIM 的结算计价

工程竣工结算作为建设项目工程造价的最终体现，是工程造价控制的最后环节，并直接关系到建设单位和施工企业的切身利益，因此，竣工结算的审核工作尤为重要。竣工结算作为一种事后控制，是已有的竣工结算资料、已竣工验收工程实体等事实结果在价格上的客观体现。

在竣工验收阶段，经过前期投资决策阶段、设计阶段、招投标阶段、施工阶段的补充和完善，BIM 模型的信息量已经足够丰富，能够完全表现竣工工程实际完成工程量，而且信息完全公开、透明，面向所有参与方，可有效避免建设方与施工方就已完工程量的争议，此外，BIM 模型可以提供完整的结算资料，保证结算资料的完整性。BIM 模型信息的完整性、准确性可以保证竣工结算顺利进行，提高结算效率，有效节约竣工验收阶段的成本。

同时，在建设项目竣工结算的过程中，运用 BIM，可以对建设项目进行多维度的对比，对已完工程的各项数据进行多维度的统计、分析及对比，从整个项目的角度对建设投资效益进行分析，并建立相应的企业内部数据库，为今后类似的建设项目的开展提供大量、有效的参考数据。

工程竣工结算根据合同内容划分为合同内结算和合同外结算。合同内结算包括分部分项，措施项目；其他项目，人、材、机价差，规费，税金；合同外结算包括变更签证，工程量偏差，索赔，人、材、机调差等。

【专业宿舍楼结算计价案例】

项目概况：本次招标为广联达专用宿舍楼工程施工。

建设地点：北京市海淀区广联达办公大厦北侧，位于北京市北五环外。

某施工单位已经进行了 3 期验工计价，现项目处于收尾阶段，即竣工阶段，需要就该项目进行结算计价。假如你是某施工单位负责该项目结算计价的工程师，请你完成本次工程的结算计价任务。

通过 GCCP 6.0 编制广联达专用宿舍楼结算计价。

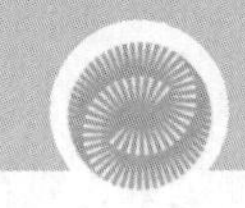

【案例解析】

1. 新建结算计价文件

新建结算计价文件有以下 3 种方式。

(1)打开 GCCP 6.0 软件→选择“新建结算”→选择“结算计价”→点击“浏览”,选择招投标文件→点击“立即新建”,如图 8-25 所示。

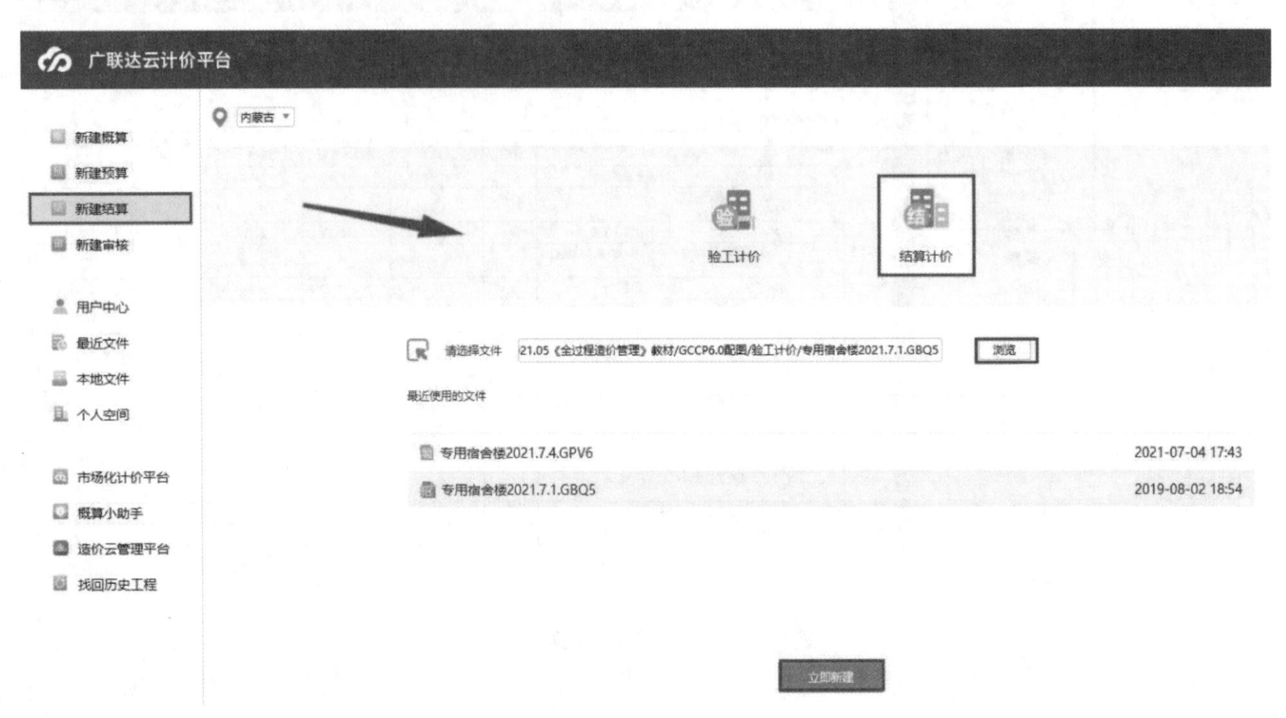

图 8-25　新建结算计价文件的方式一

(2)打开投标项目文件→打开菜单栏“文件”并下拉→选择“转为结算计价”,如图 8-26 所示。

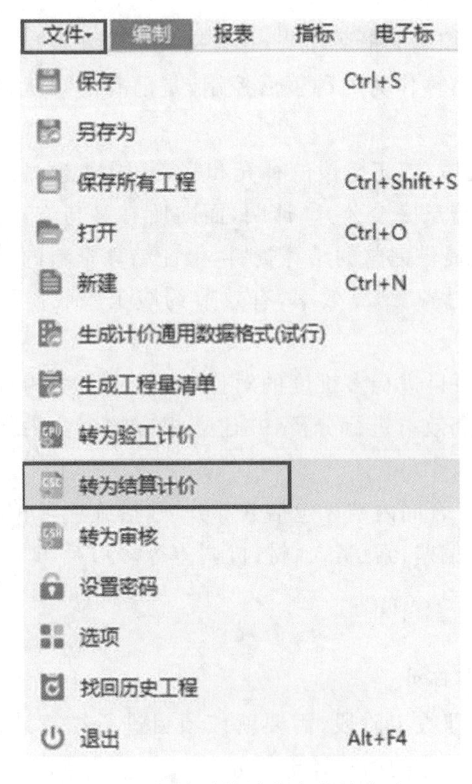

图 8-26　新建结算计价文件的方式二

(3)点击“最近文件”→找到投标项目→右键点击“转为结算计价”,如图 8-27 所示。

2. 调整合同内造价

1)完成结算工程量填写,按实际发生情况直接修改计算工程量

选择单位工程“建筑” →选择“分部分项”→在“结算工程量”中根据实际计算量进行修改,如图 8-28 所示。

2)根据竣工图纸和合同,重新提取结算工程量

建设项目在竣工结算时使用广联达图形算量软件 GTJ 针对竣工图纸重新计算工程量,在编辑结算时需要提取 GTJ 软件中的相应工程量。选择“提取结算工程量”→选择“从算量文件提取”→打开算量文件→选择“自动匹配设置”→设置自动匹配原则→匹配完成,如图 8-29 所示。

3)结算设置,工程量偏差

2013 版《建设工程工程量清单计价规范》,关于“工程量偏差”的约定如下:对于任一招标工程量清单项目,当因本节规定的工程量偏差和第 9.3 条规定的工程量变更等原因导致工程量偏差超过 15%时,可进行调整,当工程量增加 15%以上时,增加部分的工程量的综合单价应调低,当工程量减少 15%以上时,减少后剩余部分的工程量的综合单价应调高。

图 8-27　新建结算计价文件的方式三

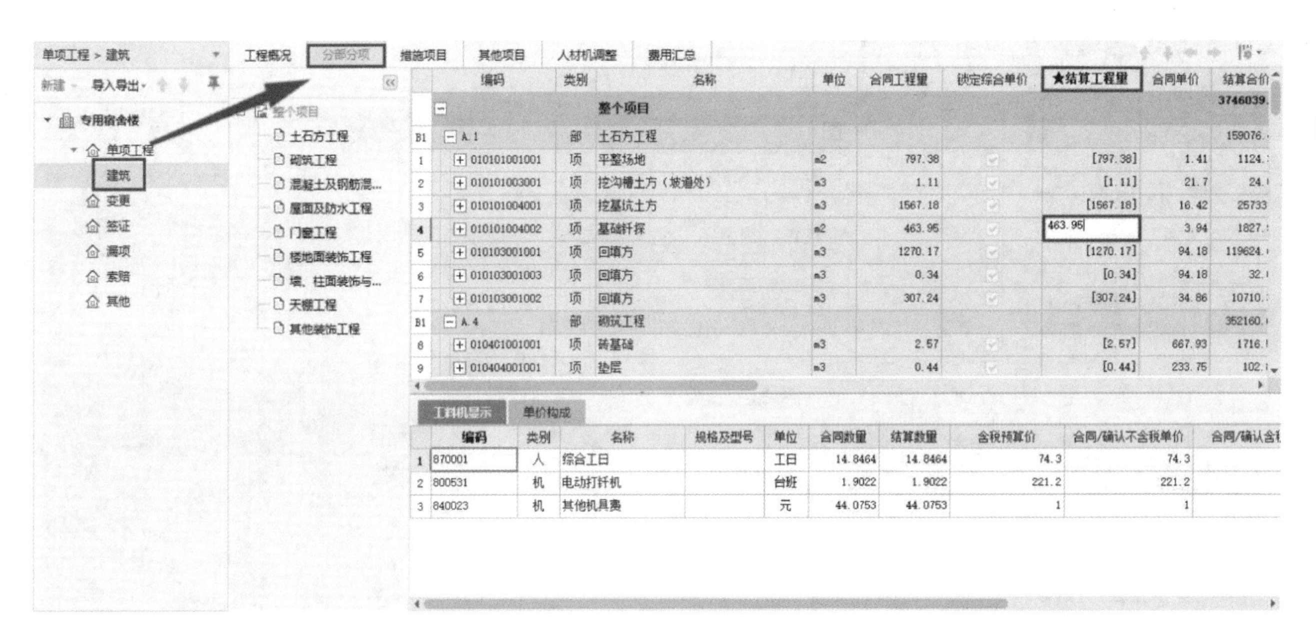

图 8-28　直接修改计算工程量

合同中写明："已标价工程量清单中有适用于变更工程项目的，且工程变更导致该清单项目的工程数量变化不足 15%时，采用该项目的单价。"因此，需要根据合同要求确定工程量偏差预警范围，本案例工程为－15%～15%。

单击左侧已建立好的单位工程名称，如"专用宿舍楼"→单击"文件"按钮，在下拉菜单中选择"选项"→在弹出的"选项"对话框中选择"结算设置"→修改工程量偏差的幅度与合同一致，如图 8-30 所示。

同验工计价一样，工程量偏差超过设定工程量偏差后，字体颜色变成红色。

4)措施项目费结算

建设项目合同文件对措施项目费的规定一般分为两种：合同中约定措施项目费不随建设项目的变化而变化，工程结算时造价人员直接按合同签订时的价格进行结算，即总价包干；合同中约定措施项目费按工程实际

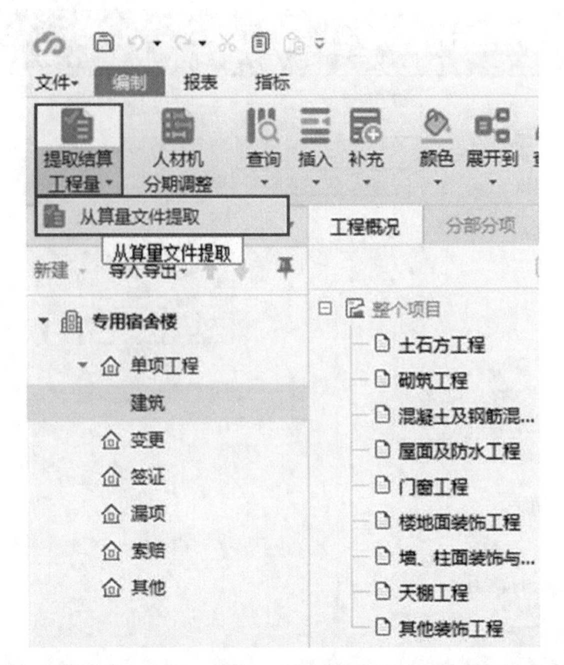

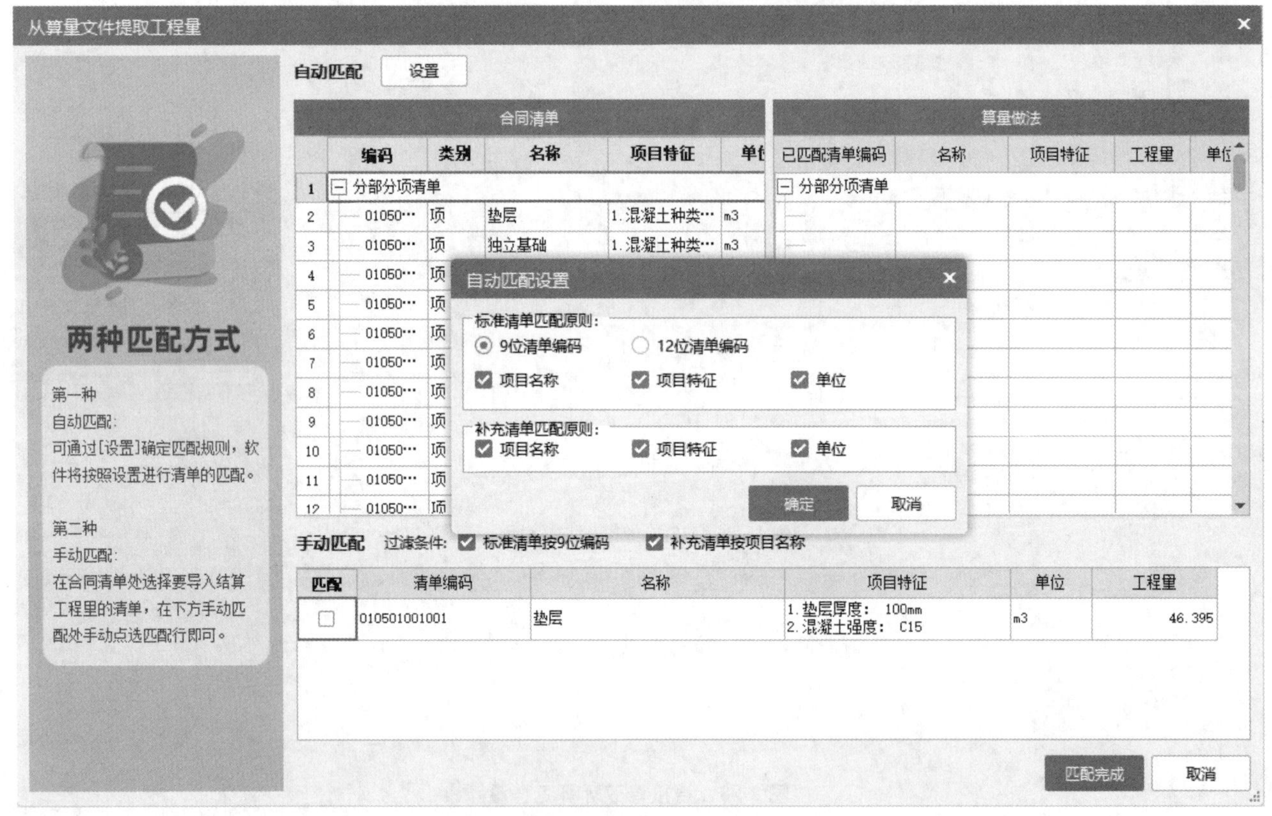

图 8-29　提取结算工程量并匹配设置

情况进行结算，即可调措施，造价人员可根据合同约定对措施项目的结算方式进行调整。

点击“措施项目”页签，选择需要修改结算方式的措施项目，在功能区设置结算方式(总价包干、可调措施和按实际发生)，所选的措施结算方式统一变化，也可以选择需要设置的措施项目结算方式列的单元格，进行措施项目结算设置，如图 8-31 所示。

5)其他项目费结算

暂列金额、专业工程暂估价、总承包服务费与预算文件或者进度文件的量和价同步，计日工费用可以根据实际情况进行输入，如图 8-32 所示。

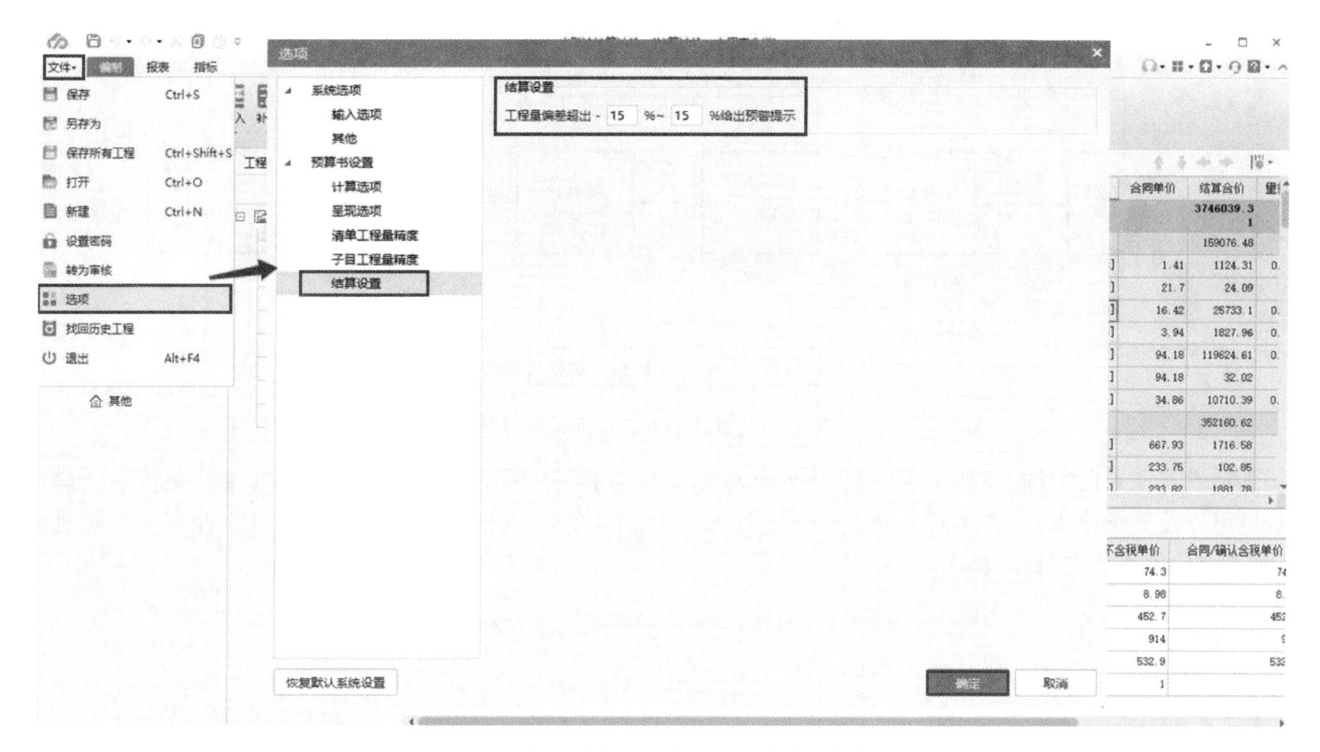

图 8-30　修改结算设置的工程量偏差预警范围

	序号	类别	名称	项目特征	单位	组价方式	计算基数	费率(%)	★结算方式	合同工程量	★结算工程量	合同单价	结算合价
			措施项目										229261.44
	一		总价措施										229261.44
1	011707001001		安全文明施工		项	子措施组价				1	[1]	207534.05	207534.05
6	0117B001		施工垃圾场外运输和消纳		项	计算公式组价	ZJF+ZCF+SBF +JSCS_ZJF +JSCS_ZCF +JSCS_SBF	0.58	[illegible]	1	[1]	21727.39	21727.39
7	011707002001		夜间施工		项	计算公式组价			总价包干	1	[1]	0	0
8	011707003001		非夜间施工照明		项	计算公式组价			可调措施	1	[1]	0	0
9	011707004001		二次搬运		项	计算公式组价			按实际发生	1	[1]	0	0
10	011707005001		冬雨季施工		项	计算公式组价			总价包干	1	[1]	0	0
11	011707006001		地上、地下设施、建筑物的临时保护设施		项	计算公式组价			总价包干	1	[1]	0	0
12	011707007001		已完工程及设备保护		项	计算公式组价			总价包干	1	[1]	0	0
	二		单价措施										0

图 8-31　措施项目费结算

	序号	名称	计算基数	费率(%)	合同金额	★结算金额	费用类别	不可竞争费	不计入合价
1		其他项目			0	0			
2	1	暂列金额	暂列金额		0	0	暂列金额		
3	2	暂估价	专业工程暂估价		0	0	暂估价		
4	2.1	材料暂估价	ZGJCLHJ		256510.9	256510.9	材料暂估价		√
5	2.2	专业工程暂估价	专业工程暂估价		0	0	专业工程暂估价		√
6	3	计日工	计日工		0	0	计日工		
7	4	总承包服务费	总承包服务费		0	0	总承包服务费		

图 8-32　其他项目费结算

6）人、材、机调差

建设项目合同规定，项目进行竣工结算时，应对某些材料（人工、机械）的价格进行调整，因此需要根据合同文件选择需要调整的材料（人工、机械）。结算计价人、材、机调差程序如图 8-33 所示。

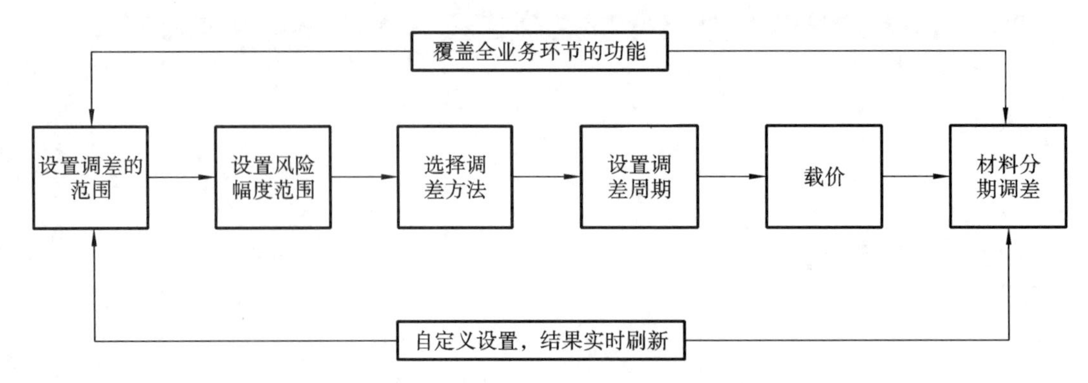

图 8-33　结算计价人、材、机调差程序

(1)设置调差的范围：在功能区点击“从人材机汇总中选择”→可以勾选人工、材料、机械分类缩小选择范围，也可以按关键字查找，在所需人、材、机前打勾→选择完需要的人、材、机后点击“确定”，软件自动设置所勾选的人、材、机为价差材料，如图 8-34 所示。

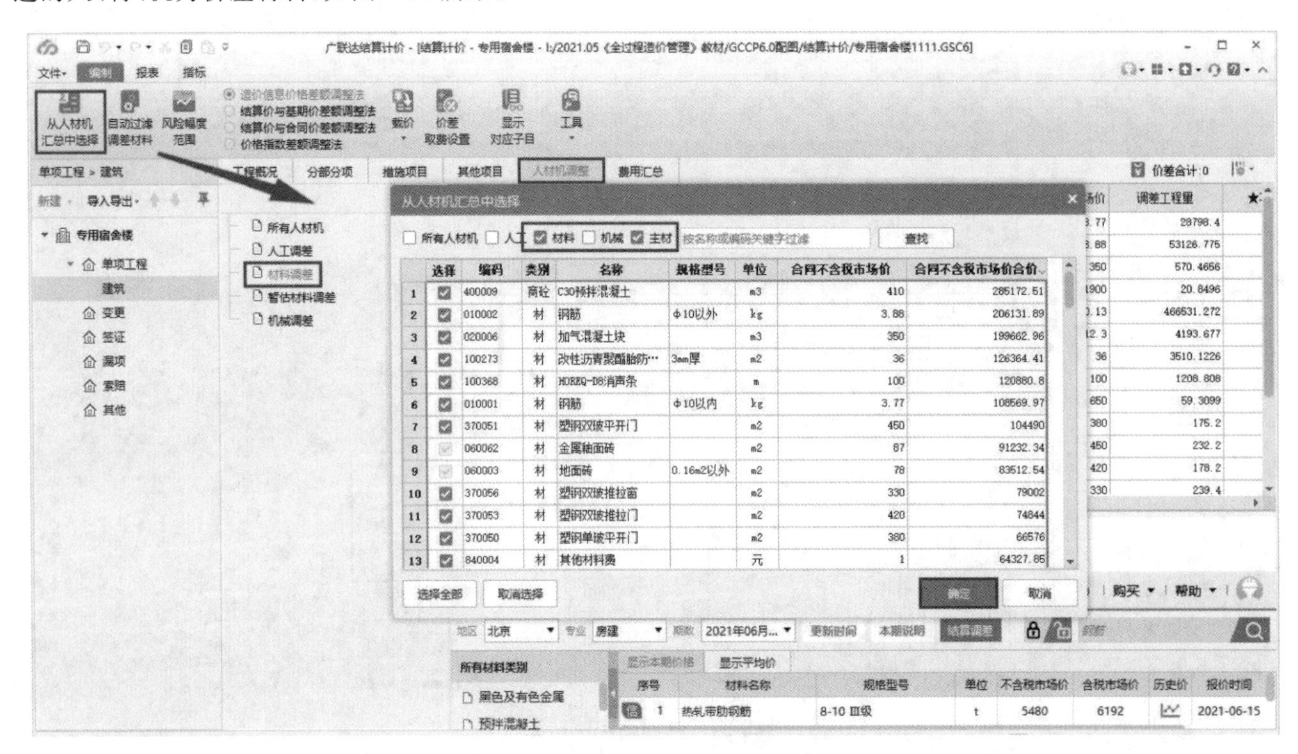

图 8-34　结算计价设置调差的范围

(2)设置风险幅度范围：建设项目的合同文件对需要调差的材料(人工、机械)的价格风险幅度范围做了规定，在结算时需要进行风险幅度范围的设置。在功能区选择“风险幅度范围”→输入风险幅度范围，点击“确定”，完成风险幅度范围的设置，如图 8-35 所示。

(3)选择调差方法：合同中约定的价差调整方法是结算价减合同价超出风险幅度范围时进行调差。在功能区选择“结算价与合同价差额调整法”，如图 8-36 所示。

(4)载价：结算计价在进行价差的调整时，可能需要载入某些材料的某期信息价(市场价)，还可能需要将某些材料各期的信息价(市场价)加权平均后进行载价。在功能区选择“载价”，选择“结算单价批量载价”或“基期价批量载价”载价，如图 8-37 所示，选择“信息价”“市场价”或“专业测定价”的载价文件的地区及时间，选择载价文件的时间时可以点选某一期或点击“加权平均”后选择多期进行加权计算载价价格，载价信息选择完成后点击“下一步”完成载价。

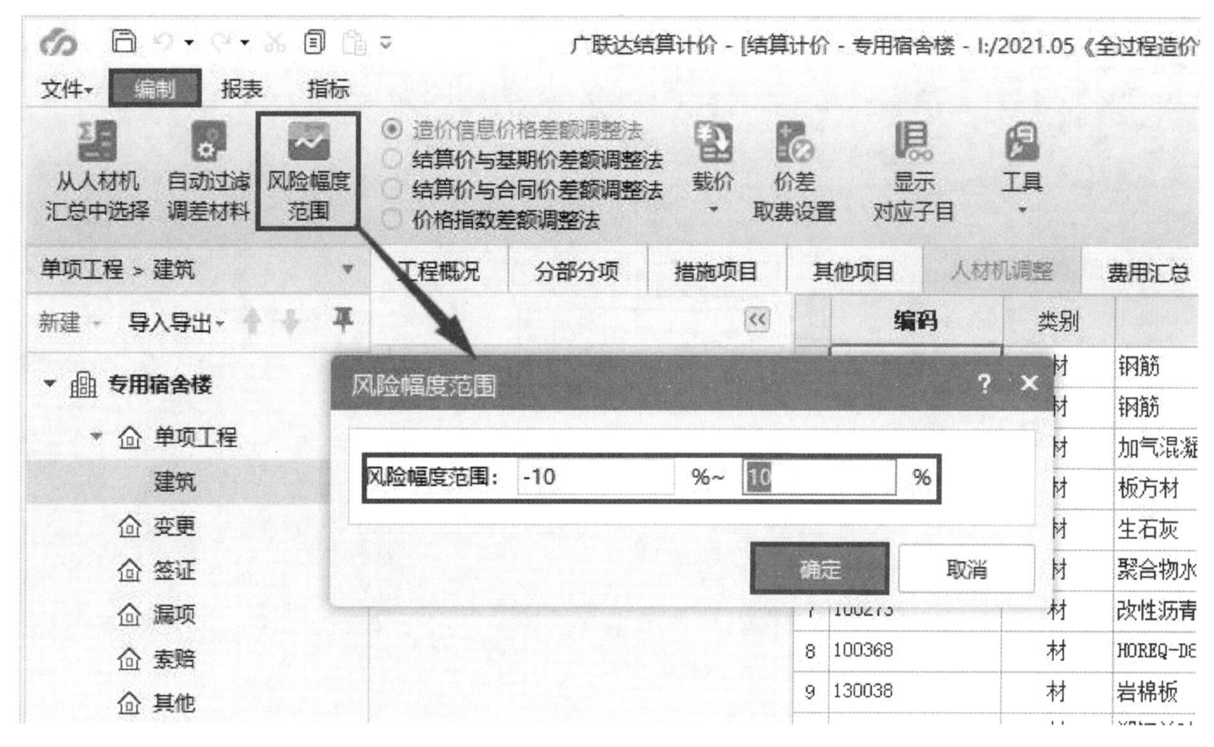

图 8-35　结算计价设置风险幅度范围

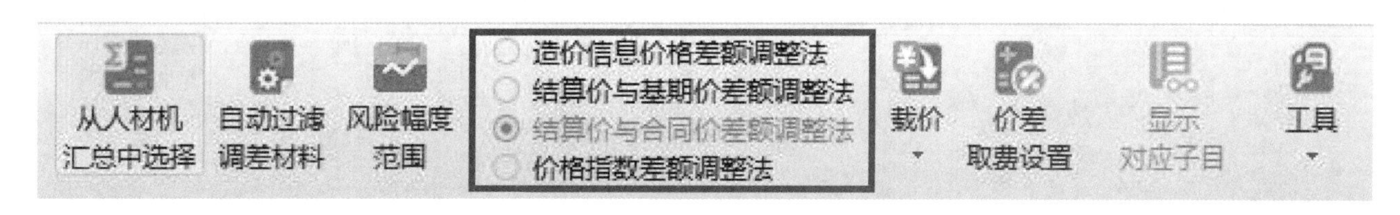

图 8-36　结算计价设置调差方法

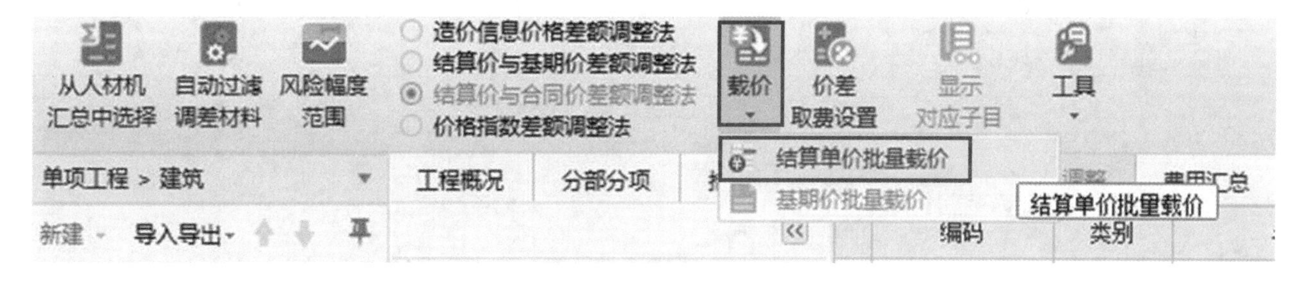

图 8-37　结算计价载价

(5)材料分期调差。建设项目合同文件约定某些材料(例如钢筋)按季度(或年)进行价差调整,或规定某些材料(例如混凝土)执行批价文件。但甲乙双方约定施工过程中不进行价差调整,结算时统一调整。因此,在竣工结算过程中,造价人员需要将这些材料按照不同时期的发生数量分期进行载价并调整价差。

①在"分部分项"界面选择"人材机分期调整"→"是否对人材机进行分期调整"项选择"分期"→输入总期数→选择分期输入方式,如图 8-38 所示。

②下方属性窗口"分期工程量明细"页签,可选择分期工程量的输入方式,可选择按分期量输入或按比例输入,输入每一期的工程量或比例,如图 8-39 所示。

③分期工程量输入完成,进入人、材、机汇总界面,选择"所有人材机",选择"分期量查看"可查看每个分期的人、材、机的数量,如图 8-40 所示。

④选择"单期/多期调差",可选择"单期调差"或"多期季度 、年度调差",在调差工作界面汇总每期调差工程量,如图 8-41 所示。

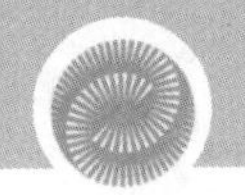

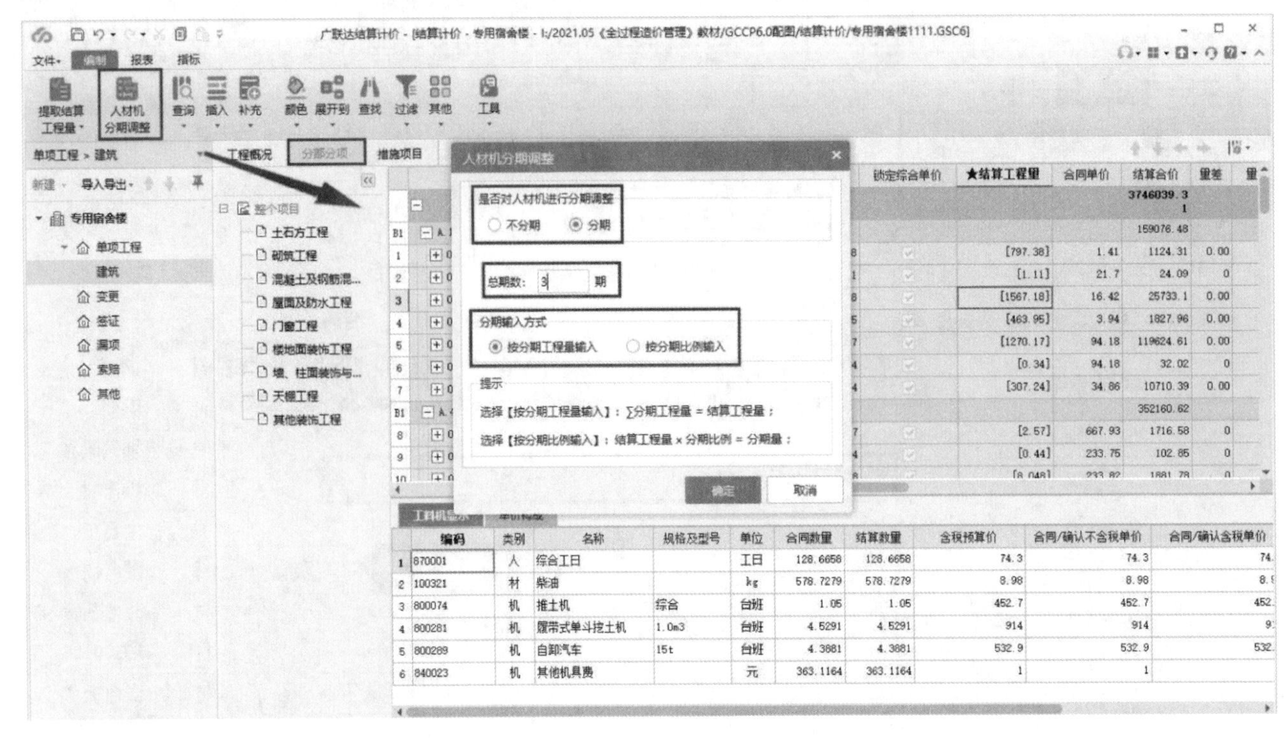

图 8-38　人、材、机分期调整设置

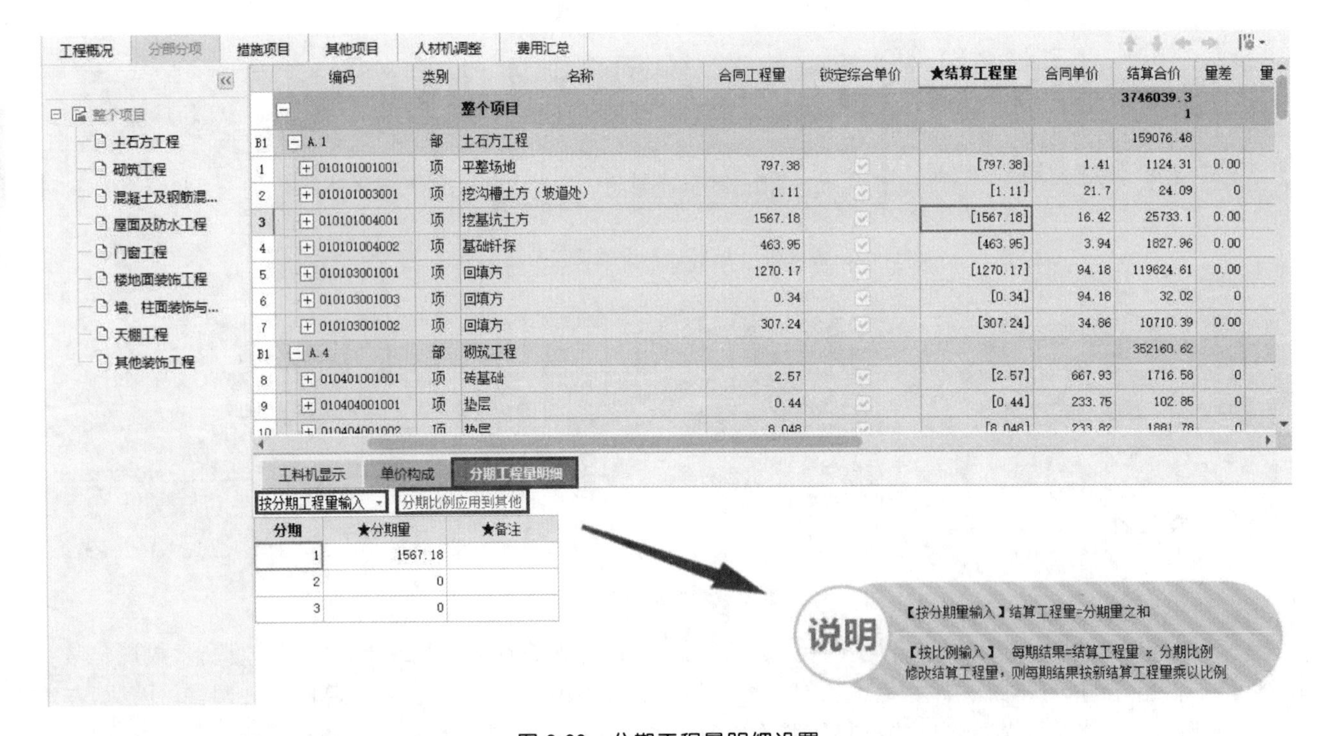

图 8-39　分期工程量明细设置

⑤选择“材料调差”的任一期，对人、材、机进行分期调整并计算差价，如图 8-42 所示。

7）费用汇总

“费用汇总”页面可以查看结算金额，如图 8-43 所示。

3. 调整合同外造价

建设项目施工过程中发生的签证、变更、索赔等合同外部分的结算资料多数情况会在结算时统一上报。造价人员可以将施工过程中发生的签证变更等资料在施工过程中进行编辑存根，并在竣工结算时将施工过程中形成的各种形式的合同外结算文件进行上报。

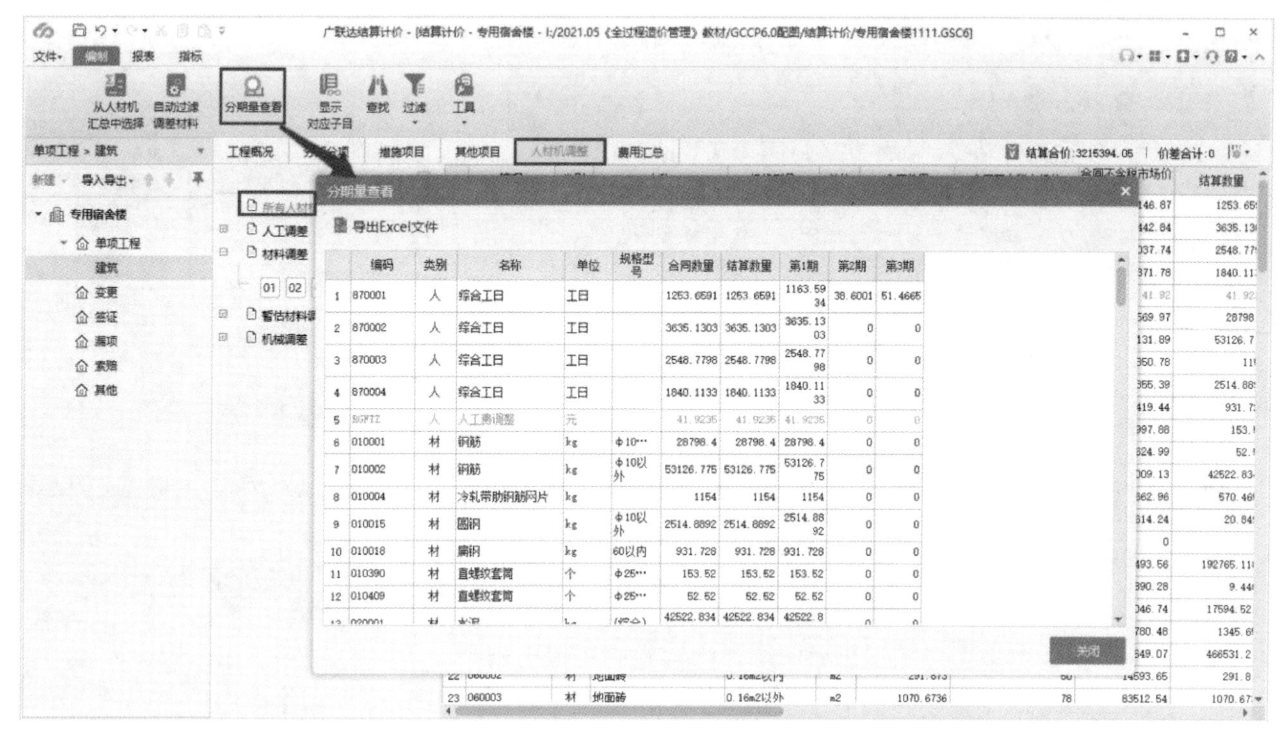

图 8-40　分期工程量查看

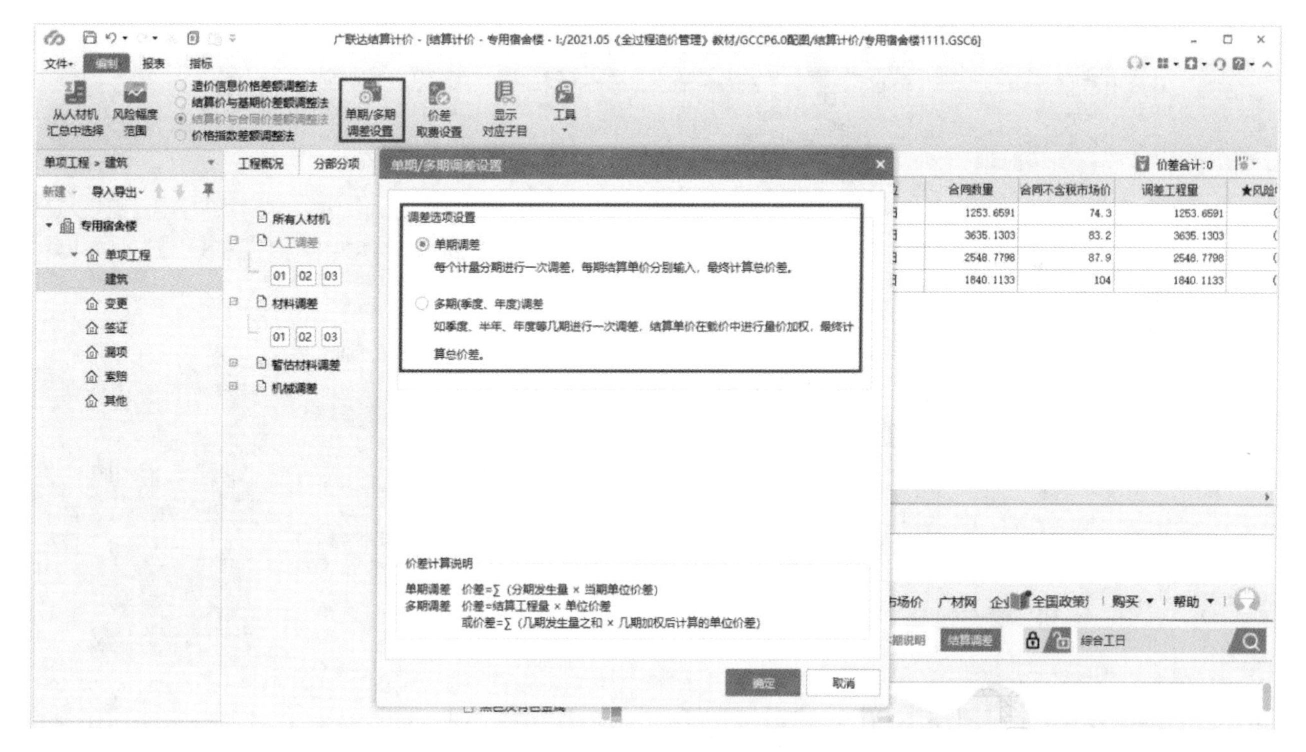

图 8-41　单期、多期调差设置

(1)复用合同清单。造价人员可利用“复用合同清单”功能，找到量差比例超过 15%的项目。单击“复用合同清单”，在弹出的对话框中勾选“过滤规则”就能自动过滤量差比例超过 15%的项目，选择“全选”就可以选中所有的项目，如图 8-44 所示。需要注意的是，“清单复用规则”选择“清单和组价全部复制”，“工程量复用规则”选择“量差幅度以外的工程量”时，单击“确定”，会弹出“合同内采用的是分期调差，合同外复用部分工程量如需在原清单中扣减，请手动操作”的提示，此时，造价人员需要在原清单中手动扣减工程量。

图 8-42　分期调整并计算差价

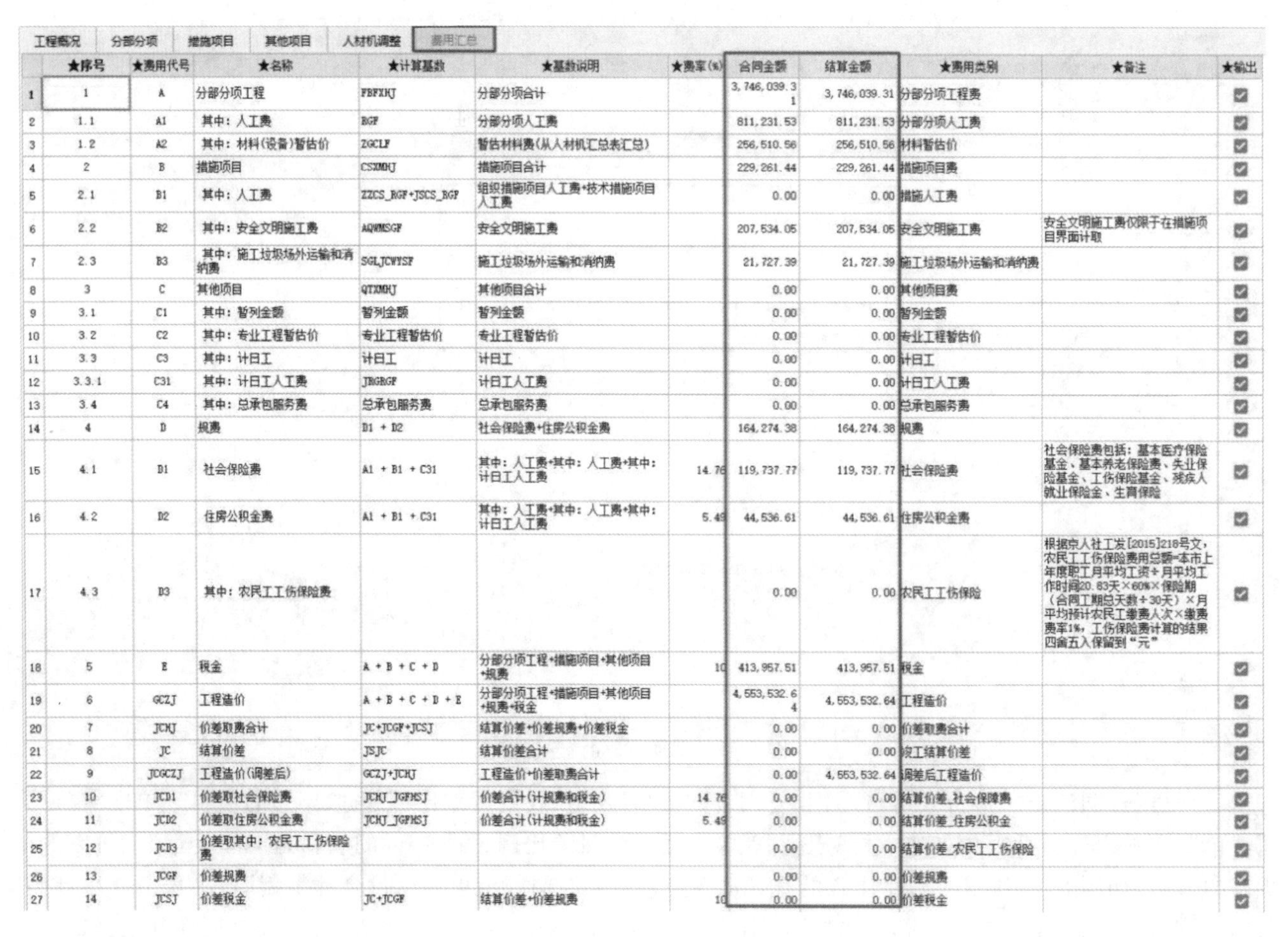

	★序号	★费用代号	★名称	★计算基数	★基数说明	★费率(%)	合同金额	结算金额	★费用类别	★备注	★输出
1	1	A	分部分项工程	FBFXHJ	分部分项合计		3,746,039.31	3,746,039.31	分部分项工程费		☑
2	1.1	A1	其中：人工费	RGF	分部分项人工费		811,231.53	811,231.53	分部分项人工费		☑
3	1.2	A2	其中：材料(设备)暂估价	ZGCLF	暂估材料费(从人材机汇总表汇总)		256,510.56	256,510.56	材料暂估价		☑
4	2	B	措施项目	CSXMHJ	措施项目合计		229,261.44	229,261.44	措施项目费		☑
5	2.1	B1	其中：人工费	ZZCS_RGF+JSCS_RGF	组织措施项目人工费+技术措施项目人工费		0.00	0.00	措施人工费		☑
6	2.2	B2	其中：安全文明施工费	AQWMSGF	安全文明施工费		207,534.05	207,534.05	安全文明施工费	安全文明施工费仅限于在措施项目界面计取	☑
7	2.3	B3	其中：施工垃圾场外运输和消纳费	SGLJCWYSF	施工垃圾场外运输和消纳费		21,727.39	21,727.39	施工垃圾场外运输和消纳费		☑
8	3	C	其他项目	QTXMHJ	其他项目合计		0.00	0.00	其他项目费		☑
9	3.1	C1	其中：暂列金额	暂列金额	暂列金额		0.00	0.00	暂列金额		☑
10	3.2	C2	其中：专业工程暂估价	专业工程暂估价	专业工程暂估价		0.00	0.00	专业工程暂估价		☑
11	3.3	C3	其中：计日工	计日工	计日工		0.00	0.00	计日工		☑
12	3.3.1	C31	其中：计日工人工费	JRGRGF	计日工人工费		0.00	0.00	计日工人工费		☑
13	3.4	C4	其中：总承包服务费	总承包服务费	总承包服务费		0.00	0.00	总承包服务费		☑
14	4	D	规费	D1 + D2	社会保险费+住房公积金费		164,274.38	164,274.38	规费		☑
15	4.1	D1	社会保险费	A1 + B1 + C31	其中：人工费+其中：人工费+其中：计日工人工费	14.76	119,737.77	119,737.77	社会保险费	社会保险费包括：基本医疗保险基金、基本养老保险费、失业保险基金、工伤保险基金、残疾人就业保险金、生育保险	☑
16	4.2	D2	住房公积金费	A1 + B1 + C31	其中：人工费+其中：人工费+其中：计日工人工费	5.49	44,536.61	44,536.61	住房公积金费		☑
17	4.3	D3	其中：农民工工伤保险费				0.00	0.00	农民工工伤保险	根据京人社工发[2015]218号文，农民工工伤保险费用总额=本市上年度职工月平均工资÷月平均工作时间20.83天×60%×保险期（合同工期总天数÷30天）×月平均预计农民工缴费人次×缴费费率1%，工伤保险费计算的结果四舍五入保留到“元”	☑
18	5	E	税金	A + B + C + D	分部分项工程+措施项目+其他项目+规费	10	413,957.51	413,957.51	税金		☑
19	6	GCZJ	工程造价	A + B + C + D + E	分部分项工程+措施项目+其他项目+规费+税金		4,553,532.64	4,553,532.64	工程造价		☑
20	7	JCHJ	价差取费合计	JC+JCGF+JCSJ	结算价差+价差规费+价差税金		0.00	0.00	价差取费合计		☑
21	8	JC	结算价差	JSJC	结算价差合计		0.00	0.00	竣工结算价差		☑
22	9	JCGCZJ	工程造价(调差后)	GCZJ+JCHJ	工程造价+价差取费合计		0.00	4,553,532.64	调差后工程造价		☑
23	10	JCD1	价差取社会保险费	JCHJ_JGFMSJ	价差合计(计规费和税金)	14.76	0.00	0.00	结算价差_社会保障费		☑
24	11	JCD2	价差取住房公积金费	JCHJ_JGFMSJ	价差合计(计规费和税金)	5.49	0.00	0.00	结算价差_住房公积金		☑
25	12	JCD3	价差取其中：农民工工伤保险费				0.00	0.00	结算价差_农民工工伤保险		☑
26	13	JCGF	价差规费				0.00	0.00	价差规费		☑
27	14	JCSJ	价差税金	JC+JCGF	结算价差+价差规费	10	0.00	0.00	价差税金		☑

图 8-43　“费用汇总”页面查看结算金额

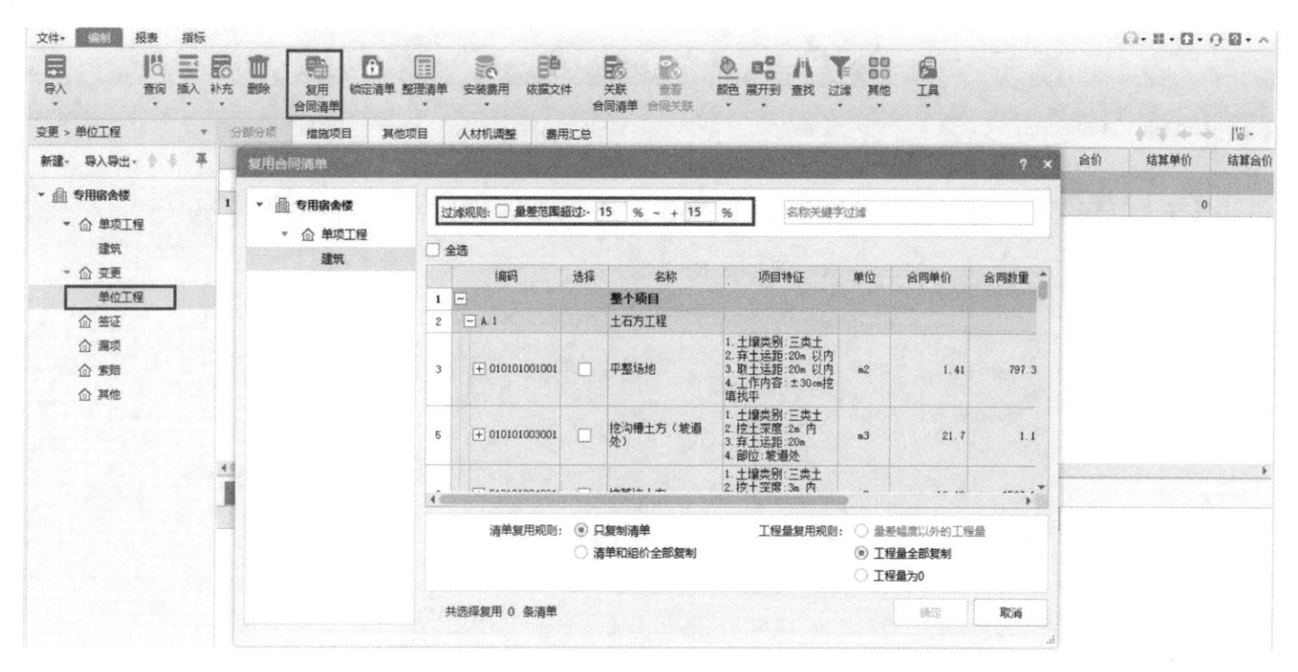

图 8-44　复用合同清单

(2)关联合同清单和查看关联合同清单，如图 8-45 和图 8-46 所示。

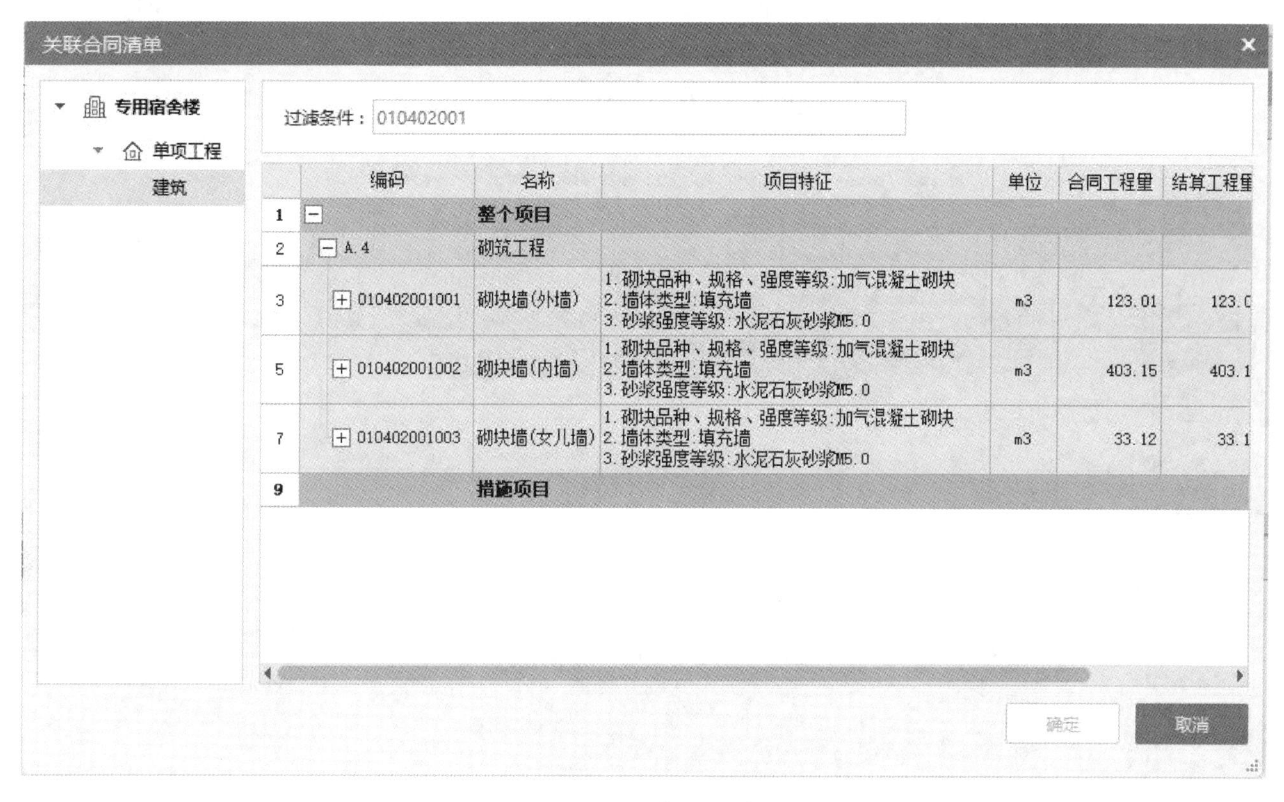

图 8-45　关联合同清单

(3)合同外部分上报时要提供相应变更签证依据文件，通过图片、Excel 文件以及附件资料包上传。点击工具栏中的“依据文件”，关联任何形式的依据文件，添加依据后，即可在“依据”列查看，如图 8-47 所示。

4. 报表浏览和输出

点击“报表”，可以浏览和输出报表，如图 8-48 所示。

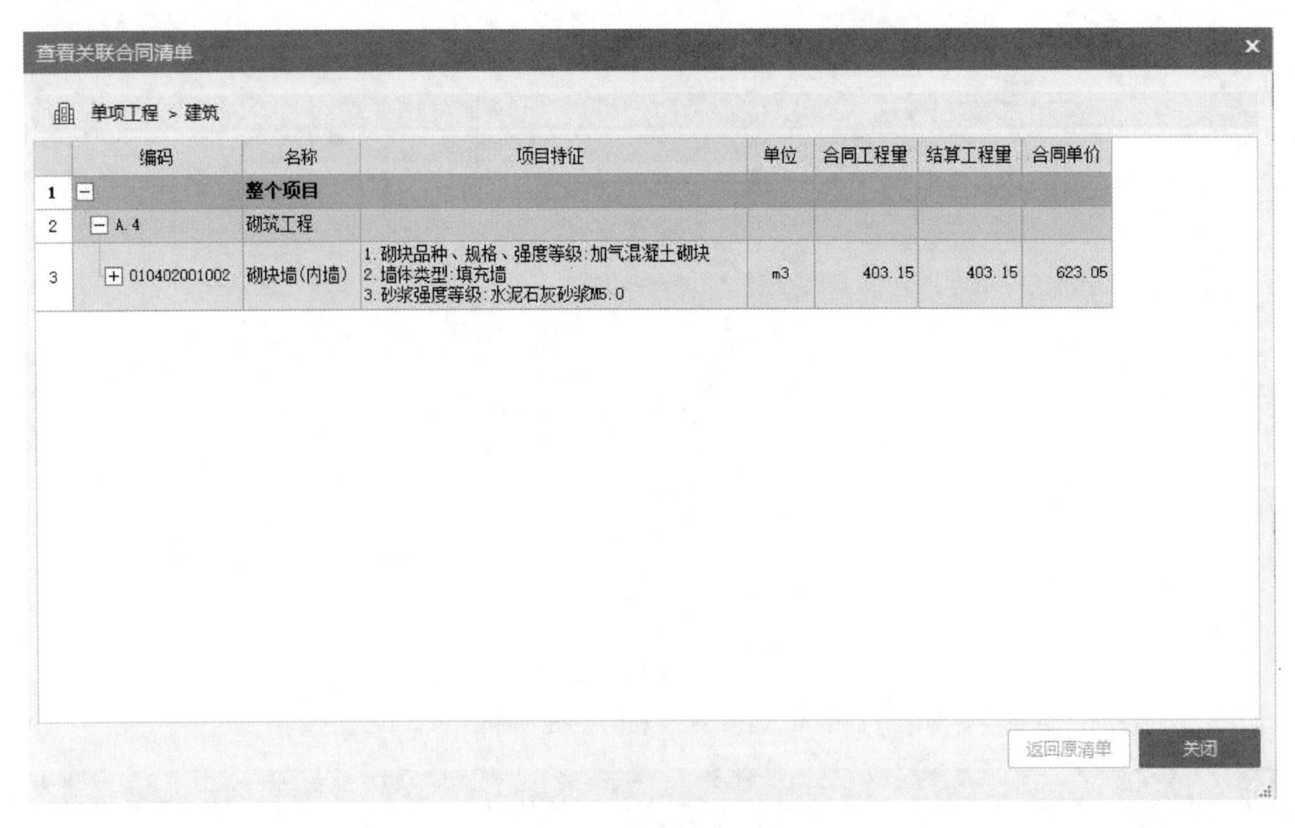

图 8-46　查看关联合同清单

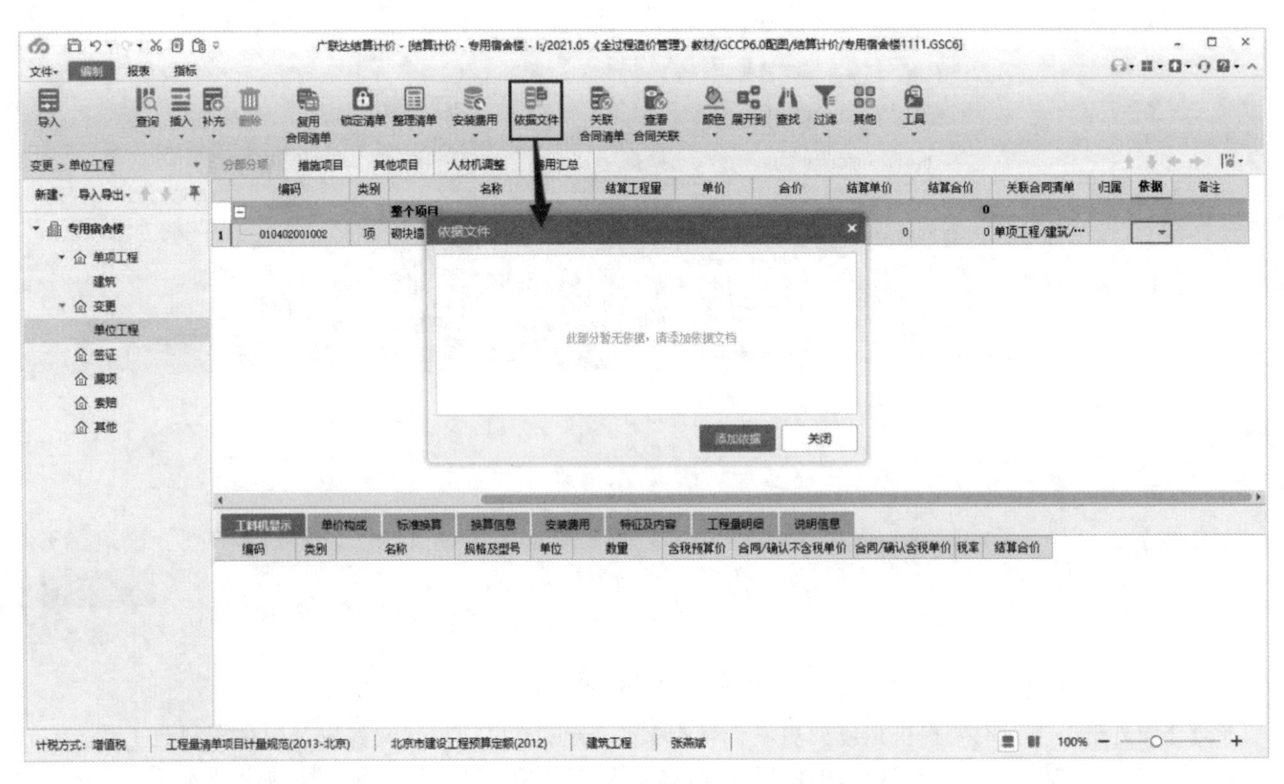

图 8-47　关联依据文件

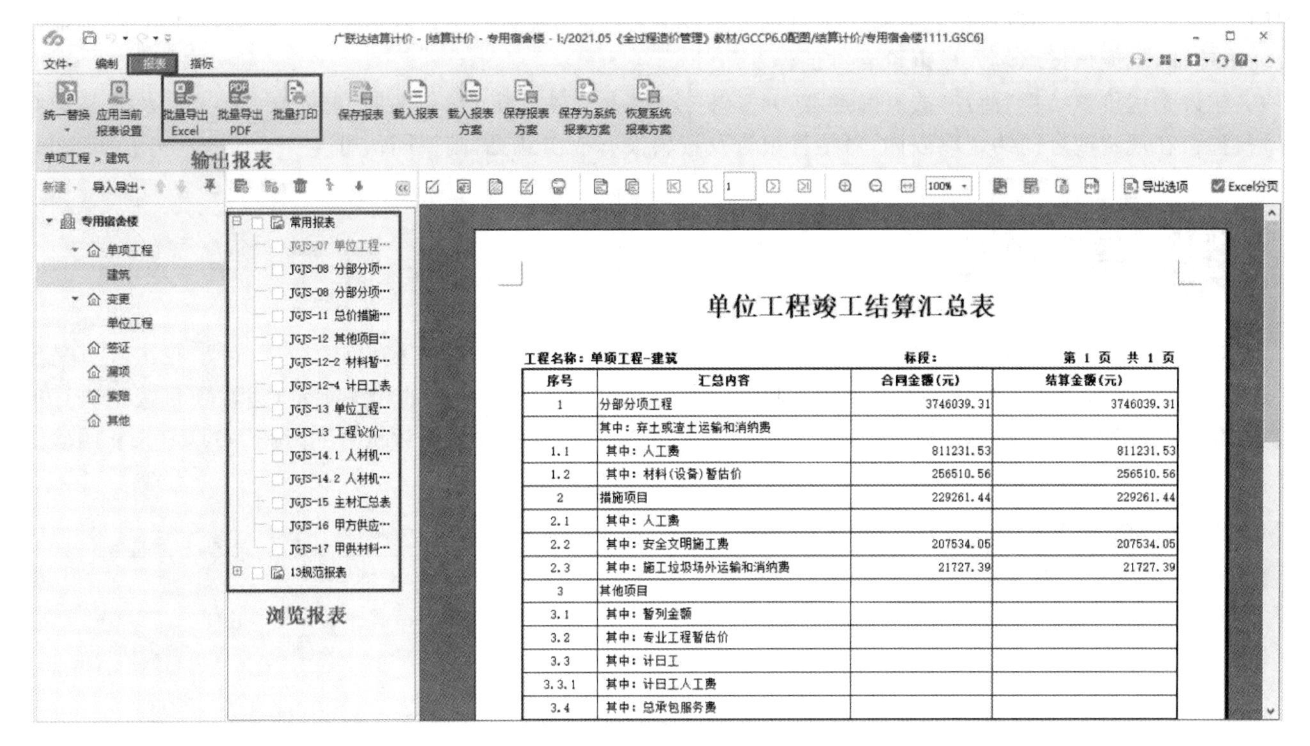

单位工程竣工结算汇总表

工程名称：单项工程-建筑　　标段：　　第 1 页　共 1 页

序号	汇总内容	合同金额(元)	结算金额(元)
1	分部分项工程	3746039.31	3746039.31
	其中：弃土或渣土运输和消纳费		
1.1	其中：人工费	811231.53	811231.53
1.2	其中：材料(设备)暂估价	256510.56	256510.56
2	措施项目	229261.44	229261.44
2.1	其中：人工费		
2.2	其中：安全文明施工费	207534.05	207534.05
2.3	其中：施工垃圾场外运输和消纳费	21727.39	21727.39
3	其他项目		
3.1	其中：暂列金额		
3.2	其中：专业工程暂估价		
3.3	其中：计日工		
3.3.1	其中：计日工人工费		
3.4	其中：总承包服务费		

图 8-48　结算计价浏览和输出报表

案例分析

【案例背景】

2005 年 6 月及 2006 年 7 月，发包人蓝海公司和承包人锦庭建筑分别就蓝海酒店改建和扩建工程签订了建设工程施工合同。上述工程竣工验收合格后，2008 年 12 月，承包人将上述工程的工程结算书提交给发包人，送审价为 3000 万元，并由其经办人员签收。2010 年 1 月 27 日，双方签订协议，发包人承诺："自本协议日起的 70 天内审核完毕，审核报告送到承包人的办公地点，如果发包人未能在此时间内审核完毕，按《建设工程价款结算暂行办法》的规定进行结算"。4 月 26 日，发包人尚未审核完毕，承包人即向法院诉讼，要求发包人按 3000 万元送审价支付工程款。5 月中旬，发包人审核完毕，发现工程竣工结算价仅为 2300 万元。

问题：

发包人按 3000 万元送审价支付工程款还是按照发包人审核的 2300 万元支付工程款，为什么？

【分析】

本案例考察竣工结算相关法律法规的实际应用。

(1)承包人在签订合同时，尽量约定该合同适用财建〔2004〕369 号文或"13 清单规范"；如果合同中没有约定，可在备忘录、补充协议、会议纪要中约定"合同没有约定的，适用上述某一文件"。承包人在申请追加合同价格及提交竣工结算报告时，要保留好对方签收的凭证，若过了签证时效，即可要求发包人按送审金额支付工程款。

(2)发包人应注意审查合同是否约定适用上述文件，并尽量避免适用；注意合同交底、风险提示的重要性；将责任落实到具体个人甚至外包，在约定或规定期限内给予答复，并要求签收，以打破签证时效，避免损失。

法释〔2004〕14 号《最高人民法院关于审理建设工程施工合同纠纷案件适用法律问题的解释》第 20 条规定："当事人约定，发包人收到竣工结算文件后，在约定期限内不予答复，视为认可竣工结算文件的，按照约定处理。承包人请求按照竣工结算文件结算工程价款的，应予支持"。财建〔2004〕369 号文作为行政规章，对合同双方没有约束力，但是一旦合同引用该规章，该规章即变成了合同的一部分，也就是说双方约定：在 70 日内即2010年4月6日前，发包人对竣工结算报告未提出意见，视同认可承包人送审价。因此，发包人在签证时效内未签证，就应该按承包人送审价支付工程款。

《建设工程价款结算暂行办法》(财建〔2004〕369号)第十六条规定，发包人收到竣工结算报告及完整的结算资料后，在规定或合同约定期限内，对结算报告及资料没有提出意见，则视同认可。

单元总结

本单元主要介绍了建设项目竣工阶段的工程造价管理。竣工阶段是建设项目的最后阶段，竣工决算是反映建设项目实际造价和投资效果的文件。本单元介绍了建设项目竣工验收的相关规定，建设项目竣工决算的内容和编制、新增资产价值的确定、工程保修与保修费用的处理、建设项目后评价，还介绍了GCCP 6.0的验工计价和结算计价的操作。

复习思考题与习题

一、单项选择题

1. 完整的竣工决算包含的内容是(　　)。

A. 竣工财务决算说明书、竣工财务决算报表、工程竣工图、工程造价比较分析

B. 竣工财务决算报表、竣工决算、工程竣工图、工程造价比较分析

C. 竣工财务决算说明书、竣工决算、竣工验收报告、工程造价比较分析

D. 竣工财务决算报表、工程竣工图、工程造价比较分析

2. 电气管线、给排水管道、设备安装和装修工程的最低保修期限为(　　)。

A. 1年　　B. 2年　　C. 5年　　D. 按合同约定

3. 关于质量保证金的使用及返还，下列说法正确的是(　　)。

A. 不实行国库集中支付的政府投资项目，质量保证金可以预留在财政部门

B. 采用工程质量保证担保的项目，发包人仍可预留2%的质量保证金

C. 非承包人责任的缺陷，承包人仍有缺陷修复的义务

D. 缺陷责任期终止后的28天内，发包人应将剩余的质量保证金连同利息返还给承包人

二、多项选择题

1. 竣工结算编制的依据包括(　　)。

A. 全套竣工图纸　　B. 材料价格或材料、设备购物凭证

C. 双方共同签署的工程合同有关条款　　D. 业主提出的设计变更通知单

E. 承包人单方面提出的索赔报告

2. 属于大、中项目竣工决算报表而不属于小型项目竣工决算报表的是(　　)。

A. 竣工财务决算表

B. 财务决算审批表

C. 建设项目交付使用资产明细表

D. 竣工财务决算总表

E. 项目概况表

3. 对于新增固定资产的其他费用，一般情况下，建设单位管理费按(　　)之和做比例分摊。

A. 建筑工程费用　　B. 安装工程费用

C. 工程建设其他费用　　D. 预备费

E. 需安装设备价值总额

4. 建设项目竣工决算时，计入新增固定资产价值的有（　　）。

A. 已经投入生产或交付使用的建筑安装工程造价

B. 达到固定资产标准的设备及工具、器具的购置费

C. 可行性研究费

D. 土地使用权出让金

E. 土地征用及迁移补偿费

三、简答题

1. 什么是竣工决算？建设项目竣工决算的作用有哪些？
2. 竣工决算与竣工结算有什么区别？
3. 新增资产按性质分为哪几类？
4. 新增固定资产的内容有哪些？
5. 建设项目保修费用的作用是什么？
6. 简述项目后评价的含义和作用。
7. 项目后评价的基本内容一般包括哪几个方面？
8. 简述项目后评价和可行性研究的区别。

参考文献

[1] 徐锡权，孙家宏，刘永坤. 工程造价管理[M]. 北京：北京大学出版社，2012.

[2] 斯庆，宋显锐. 工程造价控制[M]. 北京：北京大学出版社，2009.

[3] 全国造价工程师职业资格考试培训教材编审委员会. 全国二级造价工程师职业资格考试培训教材[M]. 北京：中国计划出社，2019.

[4] 中华人民共和国住房和城乡建设部，中华人民共和国财政部. 关于印发《建筑安装工程费用项目组成》的通知：建标〔2013〕44 号[A/OL]. http://www.gov.cn/zwgk/2013-04/01/content_2367610.htm.

[5] 中华人民共和国财政部，国家税务总局. 关于全面推开营业税改征增值税试点的通知：财税〔2016〕36 号[A/OL]. http://www.chinatax.gov.cn/n810341/n810755/c2043931/content.html.

[6] 全国造价工程师执业资格考试培训教材编审委员会. 建设工程计价[M]. 北京：中国计划出版社，2019.

[7] 全国造价工程师执业资格考试培训教材编审委员会. 建设工程造价案例分析[M]. 北京：中国计划出版社，2019.

[8] 李惠强. 工程造价与管理[M]. 上海：复旦大学出版社，2007.

[9] 任彦华，董自才. 工程造价管理[M]. 成都：西南交通大学出版社，2017.

[10] 刘霞. BIM 建筑工程计量与计价实训(江苏版)[M]. 重庆：重庆大学出版社，2020.

[11] 中华人民共和国审计法[M]. 北京：中国法制出版社，2021.

[12] 姚立根，王学文. 工程导论[M]. 北京：电子工业出版社，2012.

[13] 全国造价工程师执业资格考试培训教材编审委员会. 建设工程计价[M]. 北京：中国计划出版社，2013.

[14] 中华人民共和国住房和城乡建设部. GB 50500—2013 建设工程工程量清单计价规范[S]. 北京：中国计划出版社，2013.

[15] 赵春红，贾松林. 建设工程造价管理[M]. 北京：北京理工大学出版社，2018.

[16] 李艳玲，陈强. 建设工程造价管理实务[M]. 北京：北京理工大学出版社，2018.

[17] 陈建国. 工程计量与造价管理[M]. 上海：同济大学出版社，2001.

[18] 张友全，陈起俊. 工程造价管理[M]. 2 版. 北京：中国电力出版社，2014.

[19] 周和生，尹贻林. 建设项目全过程造价管理[M]. 天津：天津大学出版社，2008.

[20] 中华人民共和国住房和城乡建设部. 注册造价工程师管理办法[Z]，2007.

[21] 中华人民共和国住房和城乡建设部. GB/T 51262—2017 建设工程造价鉴定规范[S]. 北京：中国建筑工业出版社. 2017.

[22] 张玲玲，刘霞，程晓慧. BIM 全过程造价管理实训[M]. 重庆：重庆大学出版社，2018.

[23] 赵秀云. 工程造价管理[M]. 北京：教育科学出版社，2013.